よくわかるキーワード辞典

最新 生命科学 キーワードブック

著／野島 博（大阪大学微生物病研究所）

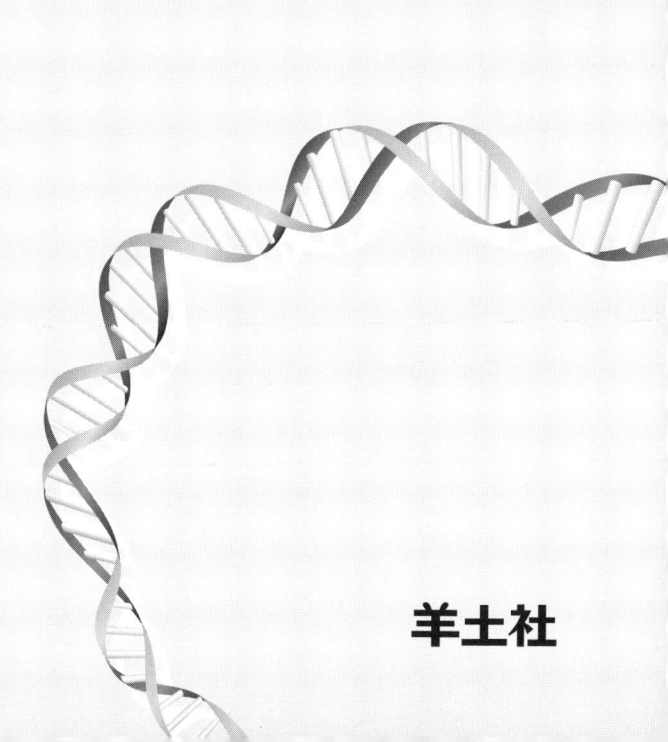

羊土社

羊土社ホームページ　http://www.yodosha.co.jp/
▼ 書籍の情報量が充実！　▼ 大学・研究機関・企業の求人情報,学会・セミナー情報なども掲載
▼ 希望書籍の購入ボタンを押すだけで,簡単に,しかも一括で書籍を購入できます
▼ ホームページ限定のコンテンツもあります！

羊土社のメールマガジン『羊土社ニュース』へご登録ください
▼ 羊土社出版物の最新情報,大学・研究機関・企業の求人情報など皆様の役に立つ様々な情報をお届けしています　▼ 登録・配信は無料です
▼ 詳細・登録は羊土社ホームページから

序

　古くから日本では「言霊（ことだま）」という考え方があって，言葉（ことば）には霊的な力が宿っていると考えられてきた．古代の「やまとことば」では「言（こと）」と「事（こと）」が同一の概念だったのも同じ思想に由来する．そんな中で，「言葉」は「こと」の「端」・「枝葉」でしかないが，「こと」自体を知るには「言の葉」が手掛かりにはなる．万葉集に

　「志貴島の日本（やまと）の国は事霊の佑（さき）はふ國ぞ福（さき）くありとぞ」

という歌が載っている．言魂の力によって幸せがもたらされる「言霊の幸ふ」国では「良い言葉には良い言霊が宿り，不吉な言葉を発すると凶事が起こる」のである．そんな時代に，自分の意志をはっきりと声に出して言うことは「言挙げ」と呼ばれ，良くも悪しくも特別な意味合いがあった．同じ万葉集には以下のような歌もある．

　「葦原の 水穂の國は 神ながら 言擧げせぬ國 しかれども 言擧げぞわがする 言幸く まさきくませと つつみなく さきくいまさば 荒磯波 ありても 見むと 百重波 千重波にしき 言擧げす吾は 言擧げす吾は」

　そのような国にも時は流れ，生命科学の時代と言われる21世紀に突入した．この間，ポストゲノム時代に入って生命科学の様相は一変した．斬新な方法論が次々と出現し，耳慣れない言葉が飛び交っている．まさに，「魑魅魍魎（ちみもうりょう）」とでも言えるような，時代の最先端をゆく「言霊」が飛び交っているのである．ひとつの言葉の意味がわからないだけで話の内容が全く理解できなくなる．これでは困るので新しい用語に出会うたびに，それを簡潔に解説したメモを蓄積する習慣をつけているのだが，この「言霊集」は「非理解」という悪霊を追い払うのに実に役に立つ．一人で楽しむのも「もったいない」ので羊土社という21世紀のバイオを担う出版社を通じて「言挙げ」することにした．

　筆者は以前，広島大学の緒方宣邦教授とともに，遺伝子工学関連の基本

的な用語の解説をまとめた「遺伝子工学キーワードブック」を，同じく羊土社より上梓した．お陰様で随分と好評を得させていただいたが，そこに載せた「言の葉」は歴史的価値のある「遺伝子工学時代」の用語であって，執筆時には存在しなかった「ポストゲノム」用語は当然ながら掲載されていない．それ以降，新しく生まれてきた用語をコツコツと書き貯めていたら，かなりの分量となったので，同じシリーズの一冊として上梓することにした次第である．掲載する用語の重複は極力避けたが，再度取り上げる必要があると判断した少数の用語については最新の情報を取り入れた解説を載せた．両書ともども愛読していただければ幸いである．

　執筆に際しては「わかりやすい」と「引きやすい」の両方を心がけた．「わかりやすい」を実現するため，文章はできるだけ簡潔にするとともに用語の内容を理解しやすいように図をふんだんに使って解説した．「引きやすい」を実現するため，まず和文用語を五十音順にし，そのあとで英文用語をアルファベット順に配置し，最後に数字が頭に付く用語を小さい数値から順に並べた．さらに巻末に和文と英文に分けた索引をつけた．これにより頻出する用語が出現するページが一覧できるようにするとともに，主たる解説のあるページは太字にした．説明が簡略な用語，あるいはひとまとめに解説したほうが理解しやすい用語は個別には項目として挙げず，索引によって用語検索できるようにした．巻末には略語一覧や英語の発音記号など役立つ情報を付録としてつけた．これらが読者のお役に立てば幸いである．

　本書を出版するにあたり大変お世話になった羊土社編集部の庄子美紀さんに感謝致したい．雑然としていた原稿が彼女の手腕により次々と整然とした形で本に仕上がってゆくさまは見事というほかは無い．ここに深く感謝いたしたい．また本書の企画全般にわたりご助力いただいた一戸裕子社長をはじめとした羊土社の方々にも改めて謝意を表したい．

2007年2月

野島　博

凡　例

1　見出し語の並べ方

1) 見出し語は長音（ー）を無視して五十音順に配列した．
   例）ファージ → ファジ
2) ギリシャ語は以下のように読み下し配列した．
   a（アルファ），　μ（ミュー）
3) 英語の略語は，慣用読みに従い，配列した．
   例）SNP→スニップ，ICAN→アイキャン
4) 同義語がある場合には，一般的に使われる用語に解説文を付した．見出し語だけのものは，原則として欧文表記を略した．
5) 外来語は原則としてカタカナ表記としているが，アルファベット表記も併記している．
   例）クローン［clone］
6) 一部のなじみのうすい語句やカタカナ表記しにくい語句，記号，略語などは，五十音順の配列の後にアルファベット順に配列している．数字が頭に付く語は最後にまとめた．
   例）BAC，DNA，293細胞

2　記号

［　］…欧文表記を示す．見出し語が略語の場合は，［　］内にフルスペルを記した．

　　例）**アイキャン**
　　　　［ICAN：isothermal and chimeric primer-initiated amplification of nucleic acids］

　　　　BAC
　　　　［bacterial artificial chromosome］

同 …同義語を表す．

➡ …参照を示す．
　①解説はその見出し語にあることを示す．
　　例）**青いバラ**［blue rose］　➡　ムーンダスト
　②その見出し語と関連が深く，参照の必要がある用語を ➡ で示す．

＊…解説文中に出てきた用語が見出し語として存在していることを示す．ただし，頻出する用語は文章が煩雑になるため＊をつけていない（ゲノム，SNPなど）．

3　略語

1) 遺伝子，生物学名，単位，化合物の結合位置，ラテン語など，イタリック表記が慣用のものはこれに従った．一般に，遺伝子の記号はイタリックで表記し，その産物（タンパク質）は立体で表記した．
2) 制限酵素の最初の三文字は，生物学名に由来するのでイタリック表記にした．
3) 本文中に頻出する略語の日本語訳を以下に示す．
   DNA（デオキシリボ核酸），RNA（リボ核酸），mRNA（メッセンジャーRNA），tRNA（転移RNA），Da（ドルトン），bp（塩基対），kb・kbp（キロ塩基，キロ塩基対）
   その他，アミノ酸の略語は付録355ページを参照．

4　付録

付録1：生命科学研究における頻出略語一覧
付録2：発音を間違えやすい英単語の発音記号一覧
付録3：ノーベル賞受賞者一覧（生命科学関連分野）
付録4：DNAやタンパク質関連データ各種早見表

5　索引

巻末に和文・欧文両方の索引を付した．見出し語として解説されているページ数は太字で示すとともに，本文中にて解説がある関連語の掲載ページも示した．

最新生命科学キーワードブック

ア
カ
サ
タ
ナ
ハ
マ
ヤ
ラ
ワ
欧文
数字

アイキャン
[ICAN：isothermal and chimeric primer-initiated amplification of nucleic acids]

温度を変動させることなく，一定温度（50〜65℃）でPCRと同等以上の感度でDNAを増幅・検出する技術（宝酒造，2000年）．反応にはDNA（5'末端）とRNA（3'末端）を接続させたキメラプライマー，耐熱性DNAポリメラーゼ（BcaBEST），RNase H，dNTPが含まれる．鋳型DNAを高温（95℃）で処理してプライマーとアニーリングするステップが反応開始に必須であったPCRに比べて，キメラプライマーとRNase Hを用いることでアニーリングする必要がなくなった点が大きな進歩である．PCRと違って反応系を拡大することが容易なので，工業的スケールでのDNA断片の大量生産などが可能となる．

原理と実際　（図参照）

❶ 一対のキメラプライマーを標的DNAにアニールさせてその3'末端からBcaBESTを働かせてDNA鎖を伸長させる
❷ 両端から伸長してきた鎖は鋳型から離れて3'末端部分でアニールし，そこからまたDNA鎖が伸長して二本鎖の反応中間体Aができる
❸ キメラプライマーに由来するDNA/RNAハイブリッドのRNA部分のみがRNase Hにより分解されて切れ目（ギャップ）が生じる
❹ この切れ目からBcaBESTによりDNA鎖が新たに伸長する
❺ ある割合で❷と同様なDNA鎖伸長反応が起こり反応中間体Bと反応中間体Cが生じる
❻ 反応中間体Cよりある割合で❷，❺と同様なDNA鎖伸長反応が起こるとともに，反応中間体Aと反応中間体Cの生成が主として繰り返される連鎖反応が生まれる．これらの総合として膨大な量の，キメラプライマーに挟まれた部分のDNA断片が，反応温度を変動させることなくPCR以上に大量に増幅産生される

アイスマン
[iceman]

オーストリア・イタリア国境のアルプス山中で1991年に発見された約5,000年前（日本では縄文時代中期）の凍結ミイラの名前．アイスマンは，氷河で覆われたエッツタール渓谷（海抜約3,200m）の溶けかけた氷水の中に凍結状態で横たわっていた．発見場所にちなんで エッツィ（Ötzi）という愛称で呼ばれることもある，このミイラは，動物の毛皮でできた着衣の上に樹皮繊維で編んだ外套を羽織り，毛皮の帽子と革製で草をつめた靴を身につけていた．さらに携行品として火打石製の短剣，櫟（イチイ）の枝でできた長弓と14本の矢を入れた毛皮の矢筒，木製の柄をもつ銅製の斧が見つかった．おそらく狩猟の最中に足を滑らせて氷河に閉じ込められたのであろう．体は多少変質していたものの筋肉が採取でき，そこからDNAも抽出できたので，世界中から集めてあった約1,300人分のDNAのミトコンドリアDNAの同一領域（約400bp）の塩基配列を決めて比較したところ，エッツタール渓谷の住民に近いことが

◆ アイキャン法の原理

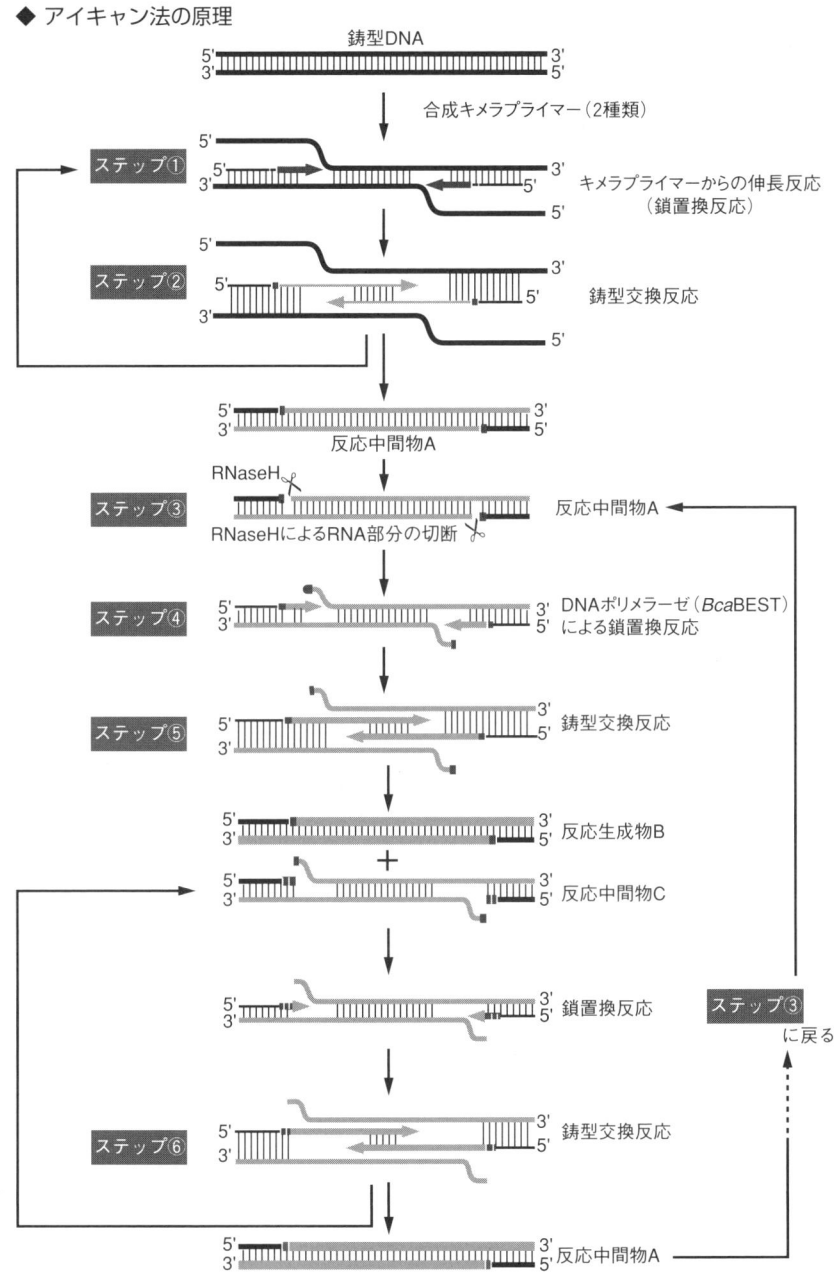

わかり，さらに欧州に散らばって在住している13人がアイスマンと全く同一の塩基配列をもっていたという．すなわち無縁だと思われていたこの13人は，お互いがアイスマンの約200代後の子孫として遠い親戚だったのである．

アイソザイム
[isozyme]

同じ化学反応を触媒する能力をもっているが，構造が少し異なる一群の酵素のこと．iso（等しい）＋enzyme（酵素）に由来する合成語．自然界にも存在するが，遺伝子工学によって人工的にアイソザイムを作ることもできる．

アイソシゾマー　同 アイソ制限酵素
[isoschizomer]

偶然に同じ塩基配列を認識して特異的に切断することができる別の生物由来の異なる制限酵素のこと．実験に有用なのは標的となる同一の塩基配列の一部がメチル化されていると切断できなくなるアイソシゾマーである．例えばHpaⅡ（*Haemophilus parainfluenzae* 由来）とMspⅠ（*Moraxella* 由来）はともに5'-C↓**C**GG-3'という塩基配列を↓の位置で切断するが5'側から2番目のC（太字）がメチル化されている時はMspⅠのみが切断できる．一方，同じ塩基配列を認識するが切断位置が異なるアイソシゾマーもある．例えばSmaⅠ［CCC↓GGG］とXmaCⅠ［C↓CCGGG］．これらは特別にネオシゾマー（neoschizomer）と呼ばれることもある．

アイソソーム
[eisosome]

エンドサイトーシス部位の目印となる大型のタンパク質集合体のこと．エイソソームと読まれることもある．ギリシア語で中へ，あるいは入口を意味する「eis」と，物体を意味する「soma」を語源とする．出芽酵母（*Saccharomyces cerevisiae*）で見つかったアイソソームは，主として2種類の細胞質タンパク質（Pil1，Lsp1）で構成，ほかにアイソソームに局在する細胞膜タンパク質Sur7も重要な役割を果たす．アイソソームはタンパク質や脂質のエンドサイトーシスが起こる部位と同一の場所にあり，既知のエンドサイトーシスの制御因子と相互作用すると考えられている．

アイティー
[IT：information technology]

パーソナル・コンピュータの普及とインターネットの整備によって発達してきた情報解析技術の総称．

アイレス
[IRES：internal ribosomal entry site]

ピコルナウイルス（picornavirus）科に属するウイルスやC型肝炎ウイルスに存在するタンパク質合成の開始シグナルとなる塩基配列．ポリオウイルスで最初に発見された．5'末端のキャップ構造の有無に依存しないIRESからの翻訳効率は高く，IRESを組込んだベクターではmRNAの途中からでも高効率でタンパク質合成を始める．そこで，翻訳開始の制御に使うため，脳心筋ウイルス（encephalomyocarditis virus：EMCV）のIRESがNovagen社より発売されている．一般の生物ではmRNAは5'末端にキャップ構造をもち，翻訳システムがこれを指標にして開始コドンを探索し終えてから翻訳が開始する．ところが，mRNAと同じ向き（プラス鎖）の小さなRNA（pico-rna）を一本鎖ゲノムとしてもつピコルナウイルスのRNAはキャップ構

造をもたない．その代わりに，VPg（viral protein genome-linked）と呼ばれるウイルス由来のタンパク質が結合し，5'非翻訳領域には IRES という特殊な二次構造をもつ配列がある．IRES はピリミジンに富んだ領域と AUG を含む7塩基からなる領域の2つの共通配列をもち，これらは18S リボソーム RNAの3'末端と相補的なためリボソーム結合部位となっている．ウイルスが感染した細胞では，まずVPgが除去され，ゲノム RNA が mRNA として機能する．そこへリボソームが mRNA 上の IRES を認識して直接に結合し，IRES の後に続く AUG の塩基配列をもつ開始コドンより翻訳が開始される．このようなキャップ構造を介さない開始コドンの認識機構を内部認識機構（internal initiation）と呼ぶ．IRES の活性を促進する宿主側の因子には La タンパク質（52kDa）や PTB（polypyrimidine tract binding protein, 57kDa）などの核タンパク質が知られている．

青いバラ　　➡ ムーンダスト
[blue rose]

　欧州では宮廷文化の花咲く時代から人気の高かったバラは，古くから交配によって多彩な色合いをもつ変種が園芸家によって樹立されてきたが，青いバラは腕利きの職人が，いくら努力しても実現できない幻のバラであった．一般に花や果物の色は，細胞が酸性かアルカリ性かというpHの状態と，アントシアニン*（糖がグリコシド結合によって付加した配糖体の一つ）という色素の構造変化に依存する．アントシアニンにはB環（ムーンダストの図参照）へ付く水酸基の数と位置の違いでシアニジン（赤），ペラルゴニジン（橙），デルフィニジン（青）という3つの型がある．青いバラが生み出せなかった理由は，デルフィニジンを産生する主要な酵素であるフラボノイド3',5'水酸化酵素（F3'5'H）（青色遺伝子）の遺伝子がバラには存在しないからである．日本のサントリー社は青いバラの花を咲かせるという試みに挑戦し，ペチュニアの$F3'5'H$遺伝子をクローニングしてバラに組込み，植物体にまで育てた．しかし，バラの花弁の細胞が酸性であったせいなのか，ペチュニアの青色遺伝子はバラではまったく機能せず，デルフィニジンが生産されなかった．さらに辛抱強くいくつかの青い花の咲く植物を試した中で，パンジーの青色遺伝子を導入したところ，ついに青いバラの花を咲かせることに成功した（2004年）．この青いバラは，花びらに含まれる色素のほぼ100％を青色色素が占めているという．この青いバラの青色色素・デルフィニジンを蓄積する能力が通常の交配によって遺伝するため，いろいろな花色をもつバラと交配させるだけで，多彩な色合いをもった青色系のバラが多種類生み出せることになるという．

赤の女王仮説
[Red Queen Hypothesis]

　真核生物は有性生殖による遺伝子の組換えによって病原体の寄生に対抗しているという仮説．英国の進化生物学者ハミルトン（Hamilton, W. H.）が1980年に提唱した．ルイス・キャロルの「鏡の国のアリス」に登場する「赤の女王」がアリスに「同じ場所に留まっていたければ全速力で走りつづけなさい」と助言する場面があるが，ハミルトンは自分の仮説をこれに喩えたのである．なぜなら，真核生物の体にはさまざまな細菌やウイルスなどが寄生するのが現状だが，それを拒絶するシステムをもたない種はやがて寄生体に乗っ取られて絶滅してしまう．ハミルトンは生殖のたびに遺伝子

組換えを行って遺伝子を多様化している有性生殖の仕組みこそが，この寄生体が「この生物種は恒常的に寄生することが不可能である」と認識させるシステムであるという仮説を立てたのである．異性間で遺伝子を交換することで生まれる子供の遺伝子を変化させる「性」の誕生によって種の生存が有利になり，真核生物の多くは現在まで生き延びたという仮説である． ➡ マラーのラチェット

アガロース
[agarose]

日本独自の食材である寒天はテングサなどの海藻類を熱で溶かして固めたものである．主な化学成分は糖が長く直線状につながったアガロース（agarose）と呼ばれる多糖で，1→3結合β-D-ガラクトースと1→4結合3,6-アンヒドロ-α-L-ガラクトースの交互結合（1：1のモル比）からなる．毒性がなく分解されにくいことから食物繊維に分類される．外部の水分子と結合し，多量の水分子を吸収してスポンジ状のネットワークを形成する．微生物の培養・研究に使われる「寒天培地」は寒天の粉に種々の栄養素を混ぜて熱で溶かしたあと，室温まで冷まして固めたものである．寒天からアガロースを精製すれば，その網目を分子が通過するスピードの差を利用して，大きさや電荷の違いにより分離するための有用な素材となる．例えば長さの短いDNAほどアガロースの孔を通過しやすいので移動が速くなり，長いDNAほど移動が遅くなる．分画したい核酸のサイズと用いるべきゲル濃度の目安は：2～20kb（0.5％），数百～10kb（1％），0.1～2kb（2％）となる．精製法により，硫酸エステル，ピルビン酸残基，メチルエーテルの残存量が異なり，目的に応じて選べるようさまざまな製品が売り出されている．例えば低融点アガロースは低分子量のDNA断片（50～1,000塩基対）の分離に有用である．

アクセッション番号
[accession number]

遺伝子銀行（GenBank）に登録されているDNAの塩基配列に与えられた識別番号．米国の国立医学図書館（National Library of medicine：NLM）に所属する生物工学情報センター（national Center for Biotechnology：NCBI）が世界中の遺伝子銀行に登録されているDNAの塩基配列も含めて総合的に管理している．

アクチベーションタギング
[activation tagging]

シロイヌナズナ＊において開発された未知の遺伝子機能を解析する技術．トランスポゾン（T-DNA）の右端付近にカリフラワーモザイクウイルス（CaMV）の35Sプロモーター由来のエンハンサー領域のみを4回反復させて配置し，これをシロイヌナズナゲノム中に無作為に挿入する．すると，このエンハンサーの作用で挿入部位近くの遺伝子が活性化（activate）され，過剰発現するようになるため，植物個体に変化が生じる．それを解析することでさまざまな遺伝子の機能が解析できる（図）．この技術によって，植物ホルモンの信号伝達にかかわる遺伝子や開花時期を制御する遺伝子などが同定されてきた．

アクチベーター 同 活性化因子
➡ メディエーター
[activator]

遺伝子（DNA）からmRNAへの転写開始が起こる過程において，遺伝子の上流に存在する特定のDNA部位に結合して，そ

の遺伝子からの転写を活性化するタンパク質の複合体の総称．一方，アクチベーターと協調して働くタンパク質複合体をコアクチベーター［coactivator］と呼ぶ．

アグリソーム
[aggresome]

細胞内にミスフォールド（正しい立体構造を作り損ねた）タンパク質（misfold protein）が蓄積すると，ユビキチンリガーゼによってユビキチンの目印がつき，それを認識したプロテアソームが速やかに分解する．プロテアソーム阻害剤を作用させたり，分解できない変異体を過剰発現させ

◆ アクチベーションタギング

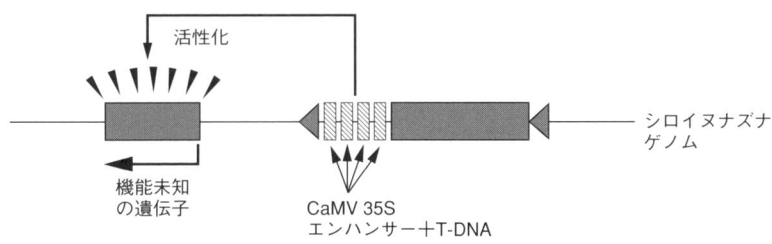

◆ アグリソーム

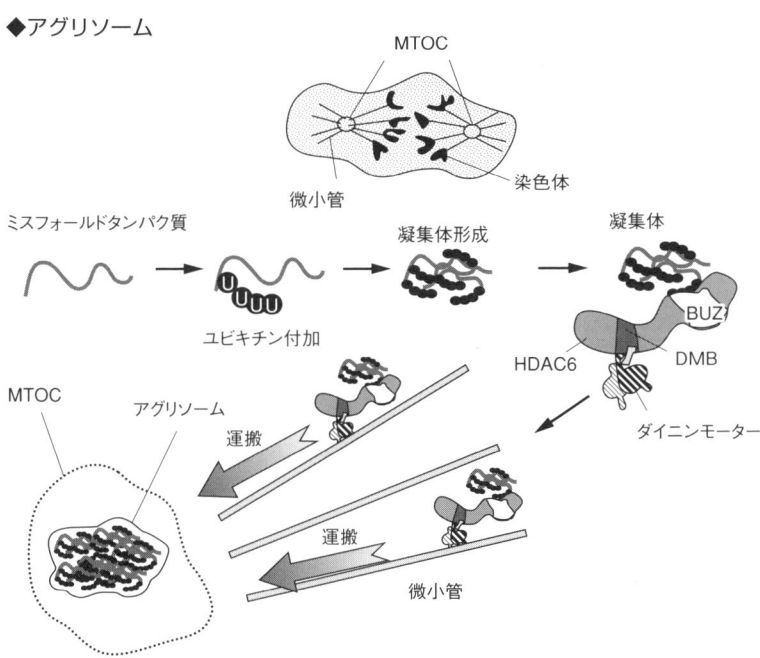

野島 博/著「医薬分子生物学」（南江堂，2004）より改変

たりすると，ユビキチン化されたミスフォールドタンパク質は分解されないまま細胞質内で凝集体を形成する．この凝集体は微小管の上を滑って運搬する役目をもつダイニンモータータンパク質によって，細胞質にある中心体の周辺領域を構成するMTOC (microtubule organizing center) に能動的に輸送されて封入体を形成する．この封入体をアグリソームと呼ぶ．ミスフォールドタンパク質凝集体を認識してダイニンモーターの荷台に載せる時には11種類あるヒストン脱アセチル化酵素の一つであるHDAC6 (histone deacetylase) がαチューブリンを脱アセチル化することにより重要な役割を果たす．HDAC6は他のHDACとは異なり細胞質に存在し，C末端側に存在する脱ユビキチン化酵素類に保存されているZincフィンガー様ドメイン（BUZ）を介してユビキチン鎖に結合して凝集体を認識し，ダイニンモーター結合領域（DMB）を介してダイニンと結合し，微小管の上を滑るようにMTOCまで移動するというモデルが考えられている．

アグレトープ ➡ パラトープ
[agretope]

T細胞は，抗原・T細胞受容体（T cell receptor：TCR）・MHC分子が複合体を形成することで活性化される（図）．このとき，抗原側のMHC分子と結合する部位をアグレトープ（antigen-restriction elementに由来），TCRと結合する部位をエピトープと呼ぶ．一方，MHC分子側のTCRと結合する部位にはヒストトープ（histotope：histocompatibilityに由来），アグレトープと結合する部位にはデセトープ（desetope：determinant selectionに由来）という名前がついている．T細胞受容体と抗原ペプチド（エピトープ）が結合する部

◆ アグレトープ

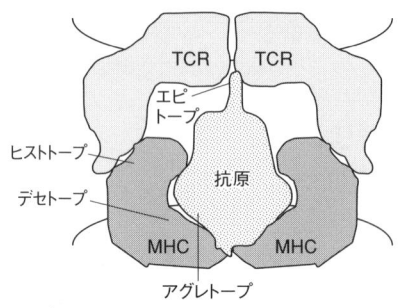

位はパラトープ（paratope）と呼ばれる．

アグロバクテリウム ➡ Tiプラスミド，オパイン
[Agrobacterium]

正式には*Agrobacterium*属の土壌細菌（グラム陰性菌*）のこと．実際には，そのうちの一種で植物のバイオテクノロジーでよく利用される，アグロバクテリウム・トゥメファシエンス（*Agrobacterium tumefaciens*）をさすことが多い．窒素固定細菌とは異なり*A.tumefaciens*は寄生細菌であって，植物にとって利益はないと考えられている．*A.tumefaciens*は多くの双子葉植物および一部の裸子植物・単子葉植物の細胞に感染して根元などに根頭癌腫（クラウンゴール：crown gall とも呼ばれる）を生じる．病原性はこの細菌がもつ Ti (pTi) と呼ばれる巨大なプラスミド*に由来するが，中でも植物ホルモンであるオーキシン（auxin）とサイトカイニン（cytokinin）を生成する酵素の遺伝子を含む T-DNA (transfer DNA) 領域は腫瘍形成に重要である．T-DNAはオパインOpineと総称される特殊なアミノ酸（アグロバクテリウムだけがエネルギー源として代謝できる）を植物に作らせる酵素もコードしている．さら

にvir（virulent）と呼ばれるDNA断片と，細菌染色体上のchv（chromosomal vir genes）と呼ばれる複数の領域も腫瘍形成に必要とされる．T-DNAを植物細胞に注入すると相同組換えにより植物細胞のゲノム中にランダムに挿入されたあと，安定に組込まれて腫瘍化する．この腫瘍化の機構を利用して*A.tumefaciens*は双子葉植物の形質転換のためのプラスミドベクターの宿主として用いられている．

アシロマ会議
[Asilomar conference]

ポール・バーグ（Paul Berg）の主催でサンフランシスコ近郊のアシロマ（図）で開かれた遺伝子操作の規制に関する初めての国際会議（1975年）．28か国から150人ほどの専門家が参加した．科学者が自主的に集まり，研究の自由を束縛してまでも科学活動の社会責任を自問したという意味で科学史に残る歴史的な事例とされている．実際，アシロマ会議での決議と提案をもとに，アメリカ，日本などで遺伝子組換え実験ガイドラインが作成された．世界各国もそれを大筋として採用している．当初厳しすぎた規制はその後の幾度かの改正によりかなり緩やかになっている． ➡ カルタヘナ議定書

アソシエーション・スタディ
[association study]

SNPのマップと表現型の個人差を比較して，どのSNPが表現型の発現に関連しているのかを系統的に調べる作業．

アダプター
[adapter (=adaptor)]

DNAを制限酵素により切断したときに

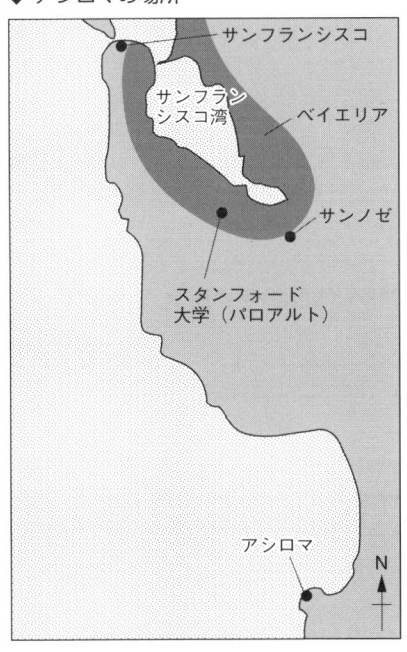

◆ アシロマの場所

◆アダプター

a）粘着末端を生成する制限酵素
 (i) 5′突出型
 　　　　　　　　Hind III
 5′… pA_OH 3′　　　　　5′ pApGpCpTpT …3′
 3′… pTpTpCpGpAp 5′　　　　3′ _HO A …5′

 (ii) 3′突出型
 　　　　　　　　Kpn I
 5′… GpGpTpApC_OH 3′　　　5′ pC …3′
 3′… Cp 5′　　　　　3′ _HO CpApTpGpG …5′

b）平滑末端を生成する制限酵素
 　　　　　　　　Pvu II
 5′… CpApG_OH　　　　　　pCpTpG …3′
 3′… GpTpCp　　　　　　_HO GpApC …5′

c）*Hind* III-(*Pvu* II)-*Kpn* I アダプター
 5′ pAGCTTCAGCTGGTAC _OH-3′
 　　　3′-_HO AGTCGAC …5′

生じる平滑末端（blunt end）を粘着末端（cohesive end）に変えるため，あるいは粘着末端の塩基配列を変更する目的で用いる合成二本鎖オリゴヌクレオチドのこと．

アディポサイトカイン/アディポカイン
[adipocytokine/adipokine]

　脂肪由来分泌因子の総称．ヒトでは脂肪組織で発現している遺伝子の約30％が分泌性タンパク質をコードしている．この中には生体の恒常性を維持するために重要な働きをする，PAI-1（plasminogen activator inhibito-1），TNF（tumor necrosis factor）-α，レプチン*，アディポネクチンなどが含まれる．脂肪蓄積状態（肥満時）には，これらの産生や分泌が過剰あるいは減少していることがわかってきたため，生活習慣病である糖尿病，動脈硬化症，高血圧症，高脂血症などと関連づけた研究が進んでいる．

アデノウイルス
[adenovirus]

　ヒトアデノウイルスは正二十面体構造のウイルスで，気管支炎，結膜炎あるいは小児の風邪の原因ウイルスとして知られている．二本鎖DNA（36kb）をゲノムとして，240個の外皮タンパク質（ヘキソン：hexon）とともに12個のペントン基（pentone base）と線維状の突起であるファイバー（fiber）をもつ（次ページ図）．アデノウイルス12型はハムスターに腫瘍を形成するが，ベクターとして用いられる5型には発癌性はない．その生活環は，まずファイバーが標的細胞の膜にあるタンパク質を受容体として認識して結合することで始まる．次いでペントン基と細胞表面のビトロネクチン受容体であるインテグリン（$\alpha V \beta 3$，$\alpha V \beta 5$）を介したエンドサイトーシスによって細胞内へ取り込まれ，エンドソームとなる．このエンドソームは細胞内が強酸性（pH2以下）になると核内へ移行し壊れてウイルスを細胞核内へ放出し，そこでアデノウイルスゲノムは複製される．やがてウイルス粒子を構成するタンパク質は発現され，複製されたDNAを内包した成熟ウイルス粒子を構成して細胞外へ出ていく．

アデノウイルスベクター
[adenovirus vector]

　「かぜ症候群」を起こす主要病原ウイルスの一つであるアデノウイルスを用いてヒトの細胞や組織に遺伝子を導入するためのベクターのこと（18ページ図）．50種類以上も知られているアデノウイルスは，ヒトに感染しても引き起こされる症状は軽いので遺伝子治療や分子生物学的実験用のベクターとして用いられている．レトロウイルスベクターでは活発に分裂している細胞でなければ遺伝子導入は困難だが，アデノウイルスベクターでは分裂していない静止期にある細胞にも導入することが可能なため，培養細胞などの接着性細胞へも非常に効率よく導入できる．導入されたのちは染色体DNAにほとんど組込まれないため発現は一過性である．

アデノ随伴ウイルス
[AAV：adeno associated virus]

　パルボウイルス科に属する一本鎖DNAウイルスで，アデノウイルス*の培養液に混入しているウイルスとして発見された．複製にはアデノウイルスやヘルペスウイルスの共存が必要だが，組込みによって宿主細胞を癌化させる恐れがなく導入遺伝子の長期発現も期待できるという利点がある．分裂型，非分裂型細胞のいずれも高い効率で形質転換できるのみでなく，ヒトの特定

の領域（第19番染色体長腕の19q13.3-qterにあるAAVS1）に組込まれるという特徴をもつため，次世代の遺伝子治療*用ベクターとして期待されている．約8割の成人が抗AAV抗体をもつが病原性はないとされる．細胞膜の普遍的成分であるヘパラン硫酸プロテオグリカンをウイルスの受容体としているので宿主域は広く，ヒト以外の哺乳動物のみでなく鳥類にも感染する．ウイルス粒子はエンベロープ*はもたずキャプシド（capsid）のみで構成されているが，物理化学的にとても安定な構造をしている．

アデノ随伴ウイルスベクター
[AAV vector]

一本鎖DNAからなるアデノ随伴ウイルス*ゲノムは両端にあるITR（inverted terminal repeat）と呼ばれるT字型のヘアピン構

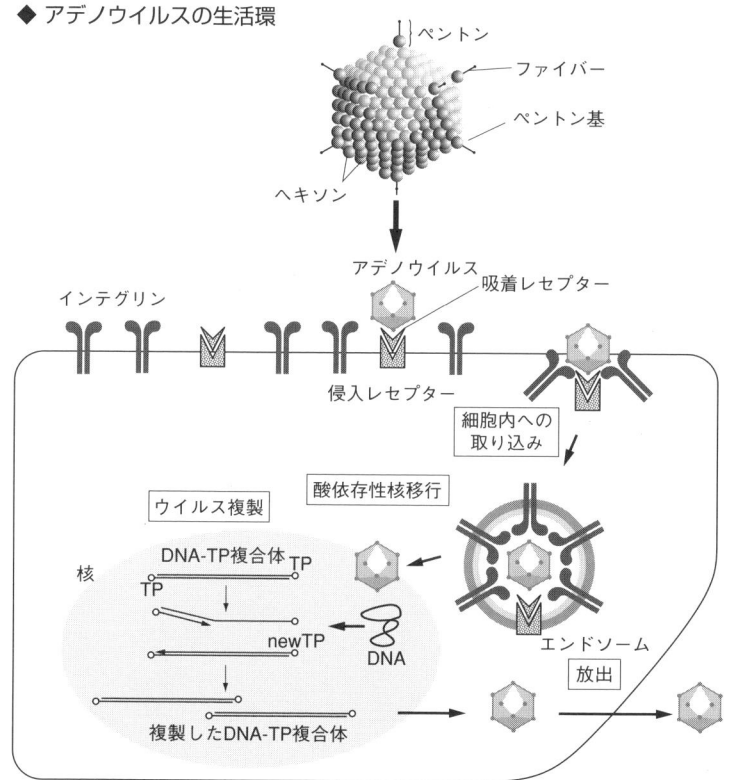

◆ アデノウイルスの生活環

ヒトの細胞にアデノウイルスが感染すると，まずファイバーが標的細胞の膜に存在する吸着受容体と侵入受容体に結合する．ついで細胞表面にあるインテグリン（aVb3, aVb5）にペントン基が結合すると，エンドサイトーシスが起こって細胞内へ取り込まれ，エンドソームとなる．細胞内が強酸性（< pH2）になると，エンドソームは核内へ移行し，その後壊れてウイルスを細胞核内へ放出する．ウイルスDNAはしばらくそのまま生きているが，やがてアデノウイルスゲノムは複製され，ウイルス粒子を構成するタンパク質も発現されると，成熟ウイルス粒子と成熟して細胞外へ出ていく

野島 博/著「ゲノム工学の基礎」（東京化学同人，2002）より改変

造を挟んで，複製と宿主ゲノムへの組込みに作用する*rep*とキャプシドをコードする*cap*の2つの遺伝子から構成されている．AAVベクターでは，*rep*と*cap*の代わりに標的遺伝子（4.5kb以下）を挿入する．これと*rep*と*cap*を発現する別のプラスミドおよびアデノウイルスのE2A，E4，VAを発現しているプラスミドをともに用いてE1A，E1Bを発現している293細胞*を形質転換すると，標的遺伝子を組込んだAAVウイルス

◆ アデノウイルスベクター

a) ベクターの構造

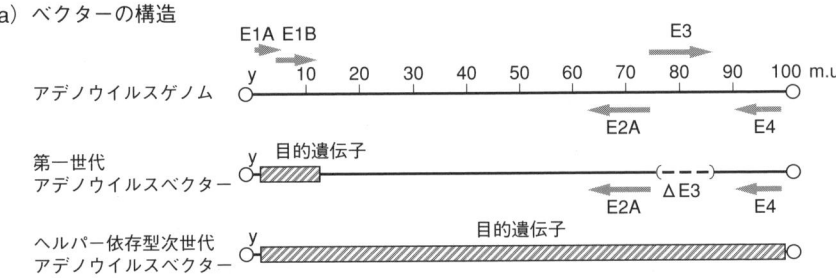

b) ベクターの使用例

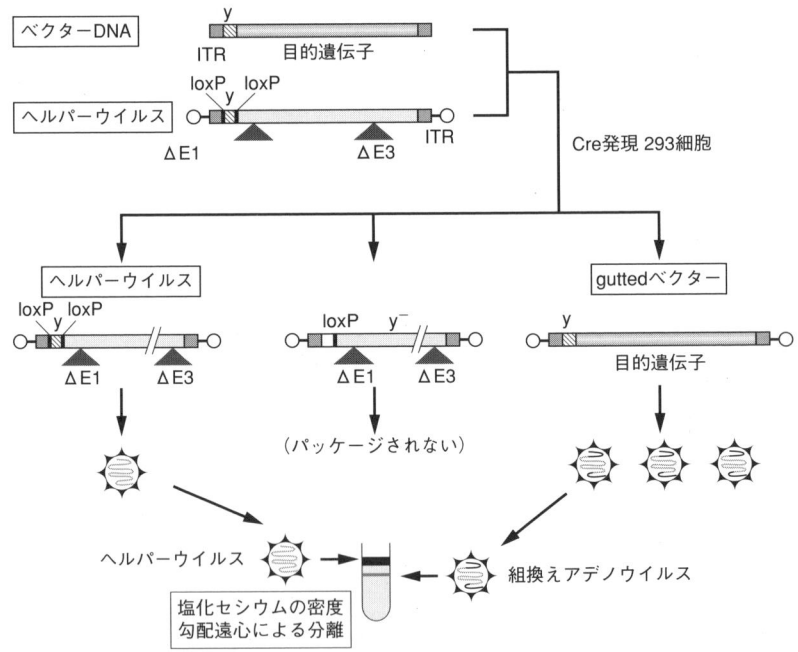

野島 博/著「ゲノム工学の基礎」（東京化学同人，2002）より改変

が産生される．これを患者の非分裂細胞に遺伝子導入して遺伝子治療*に用いる．

アナライト
[analyte]
解析される対象となる物質の総称．

アナログ
[analogue]
❶「類似・相似」という意味．類似の生理機能を発揮するが，化学的には異なる相似物質の総称．❷とびとびな（離散的）数値として扱う「デジタル」に対応する言葉

◆ アデノ随伴ウイルス（AAV）ベクター

a) AAVのゲノム構造

b) AAVの生活環

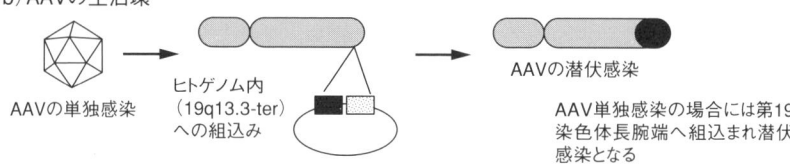

c) 293細胞における組換え体ウイルスの作製法

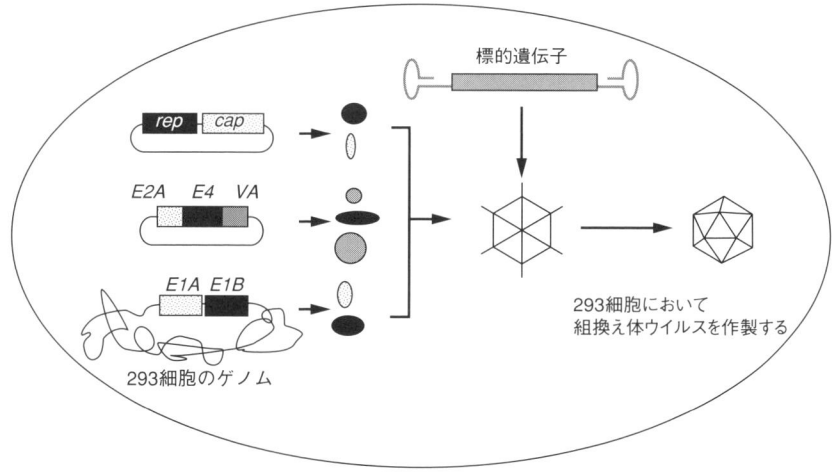

野島 博/著「ゲノム工学の基礎」（東京化学同人，2005）より改変

で，連続した量を扱い表現すること．

アニール　同 DNA 再生（DNA renaturation），徐冷再対合，再会合
[anneal]

　一本鎖の状態にある核酸を二本鎖に戻す動作のこと．名詞形はアニーリング（annealing）という．二本鎖DNAは95℃以上で熱変性して一本鎖DNAになるが，徐々に温度を下げて室温にまでもっていくとアニールして二本鎖DNAに戻る．

アノイキス
[anoikis]

　細胞接着の喪失に由来するアポトーシス*のこと．上皮細胞は生まれた場所の近くに留まり，周囲の基質や細胞と接着しながら細胞相互に連絡を取り合って生きている．何らかの原因で本来の場所から離れるとプログラムされた細胞死を引き起こす．この過程をアノイキスと呼ぶ．「宿無し」を意味するギリシア語を語源とする．

アノテーション
[annotation]

　全ゲノム塩基配列が大筋で決定されたときに出されるドラフトシークエンス*情報を一般の研究者にとって使いやすくするために，すべての同定された遺伝子に系統的なコード番号あるいは名称を与えること．そのためのコンピュータソフトウェアが開発されている（英国ウェルカムトラストのEnsemble project：http://www.ensembl.org，理化学研究所：http://www.riken.go.jp/）．

アビジン
[avidin]

　ビオチン*は卵白と混合すると不活性化されるので，その結合因子が探索され，見つかった分子量約 68,000（ドルトン）の塩基性（等電点pH 10〜10.5）糖タンパク質がアビジンと名づけられた．語源はラテン語の「強く欲する，欲望」を意味するavidusで，ビオチンときわめて強く結合するという意味が込められている．4個のサブユニットから構成され，各サブユニットは1分子のビオチンと特異的に結合してきわめて安定な複合体を形成する．実際，ビオチンとアビジンの親和力は抗原抗体反応の 100 万倍以上も強いため，ほとんど不可逆的な結合と言える．この性質を利用して，核酸の標識物質として用いられる．類似のタンパク質であるストレプトアビジンは *Streptomyces avidinii* という名前の微生物培養液由来のタンパク質（分子量は約60,000）で，分子中に糖鎖を含まず，等電点は中性（pH 6.8〜7.5）である．やはりビオチンと高い親和性をもつ．

アブイニシオ法
[*ab initio* method]

　アミノ酸情報のみからタンパク質の立体構造を予測する方法の総称（図）．プロテオミクス*においてこの技術が完成すれば頼もしいが，まだ小さなタンパク質に何とか適応できる程度に留まっており，一般的なタンパク質について信頼できるレベルにまで技術が到達していない．*ab initio* はラテン語で「第一原理から（from the beginning）」という意味をもつ．

アフィニティータグ
[affinity tag]

　遺伝子組換え技術によって大腸菌などで大量発現させたタンパク質をアフィニティー精製するために，あらかじめN末端あるいはC末端側にペプチドや既知タンパク質

◆ アブイニシオ法

| アブイニシオ
Ab initio
(「第一原理から」という意味) | スレディング
Threading
(「狭いところをくぐり抜ける」という意味) | 比較モデリング
Comparative modeling |

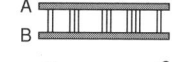
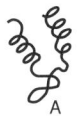

短いペプチドを中心に計算から立体構造を導き出す：ロゼッタプログラム (Rosseta)

アミノ酸配列を構造既知のいろいろなタンパク質に重ね合わせ最も適合する構造を探す

すでに構造の決まっている類似タンパク質をモデルにして，構造を推測する

を融合して発現されるようにしておくこと．ペプチドに対する抗体や酵素の基質を樹脂 (beads) につけたアフィニティーカラムにより1段階で目的とする融合タンパク質が精製できる．融合部分は後に特定のタンパク質切断酵素で分離できる．アフィニティータグには以下のものが使用されている．

1) GSTタグ

GST (glutathion S transferase) と標的タンパク質との融合タンパク質発現系．*LacZ* 発現系でIPTGを培地に添加するだけで発現誘導がかかるので，大量発現させれば培地1リットルあたり5 mgくらいのタンパク質の回収が可能となる．酵素 (GST) の基質であるグルタチオンを結合させた樹脂に高い特異性で結合させ，その後過剰のグルタチオンを含んだ溶液でカラムを洗浄して樹脂から外すことでアフィニティー精製する．一方，血液凝固因子 (Xa) あるいはトロンビン (thrombin) をカラムに流すと目的タンパク質のみが溶出されてくる．ただし，溶出液にはXaやトロンビンが混入する．そこで，GSTとの融合タンパク質と

してプロテアーゼGST-PSP (prescission protease) が考案された．これをカラムに流すと目的タンパク質を切り出しながらPSPそのものは樹脂に捕捉されて溶出されない．

2) MBPタグ

可溶性が高いマルトース結合タンパク質 (maltose binding protein：MBP) との融合タンパク質を大量発現させる系．融合タンパク質を含む大腸菌の抽出液をアミロース樹脂カラムに通過させてアフィニティー精製する．融合部の血液凝固因子Xa認識部位 (Ile-Glu-Gly-Arg) で切断の後もう一度アミロース樹脂カラムを通過させると標的タンパク質のみが精製できる．

3) FLAGタグ

DYKDDDDKという8つのペプチド (FLAGタグ) を目的タンパク質のN末端あるいはC末端に融合させて大量発現させる系．FLAGペプチドの分子量 (1 kDa) が小さいので目的タンパク質の立体構造や生物活性への影響が少ないと期待できる．高品質の抗FLAGモノクローナル抗体が市販

◆ アフィニティータグ

1) GSTタグ

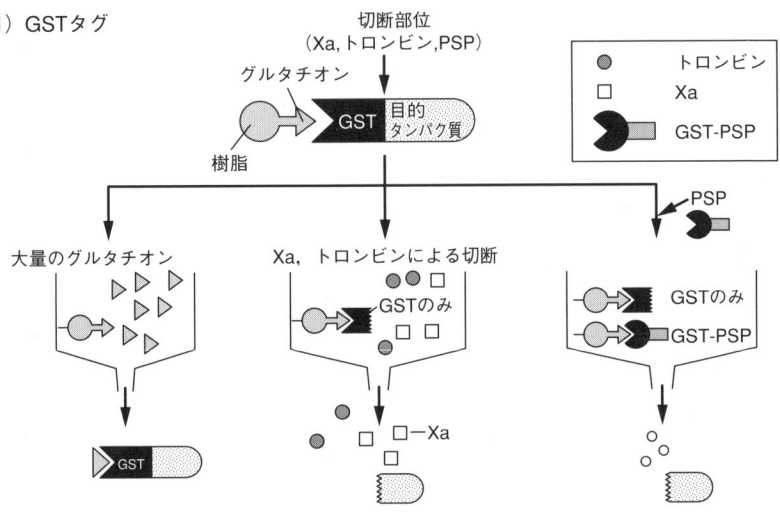

2) MBPタグ

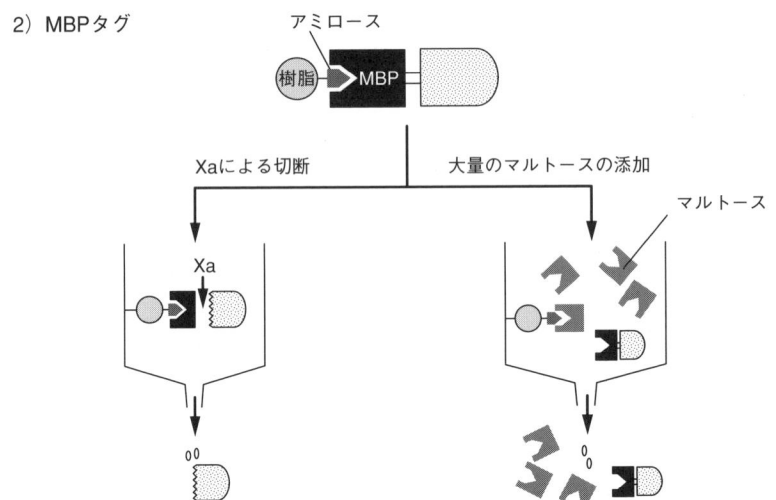

されており，それを用いて検出あるいはアフィニティー精製できる．エンテロキナーゼが認識するDDDDK配列を組込んであるので標的タンパク質のみを切り出すこともできる．

4）ヒスチジンタグ

6個のヒスチジンを並べて強い塩基性にしたペプチド（ヒスチジンヘキサマー：histidine hexamer）と標的タンパク質を融合タンパク質として大量発現させる系．ヒスチジンヘキサマーは中性溶液中でニッケル（Ni）を結合させた樹脂に結合する．この結合は低pH溶液中でヒスチジンを添加して結合を競合させることで外れるので，目的タンパク質とヒスチジンヘキサマーの融合タンパク質を作らせ，ニッケル樹脂によりアフィニティー精製できる．融合部にはエンテロキナーゼ（enterokinase）認識部位を挿入しているので，目的タンパク質のみを切り出すこともできる．

5）チオレドキシンタグ

GSTやMBPよりもっと可溶性が高いチオレドキシン（thioredoxin）との融合タンパク質を大量発現させる系．チオレドキシンは細胞タンパク質総量の40％に達しても可溶性を保つだけでなく，80℃高温でも安定なため標的タンパク質が熱安定ならば高温処理によって他のタンパク質を変性沈殿してから精製できる．発現された融合タンパク質は大腸菌の細胞膜の内側にある接着帯（adhesion zone）に蓄積するので，浸透圧ショックにより選択的に放出される性質も精製に利用できる．チオレドキシンに高い親和性を示すPAO（para-aminophenylarsine oxide）をアガロース支持体に共有結合させたチオボンド（thiobond）を用いて融合タンパク質をアフィニティー精製する．

6）アビタグ

アビタグ（AviTag™：AVITAG社．日本

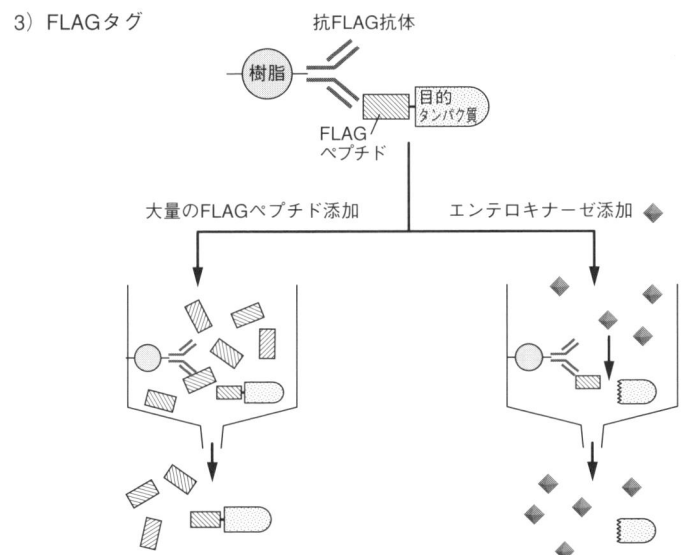

3）FLAGタグ

4) ヒスチジンタグ

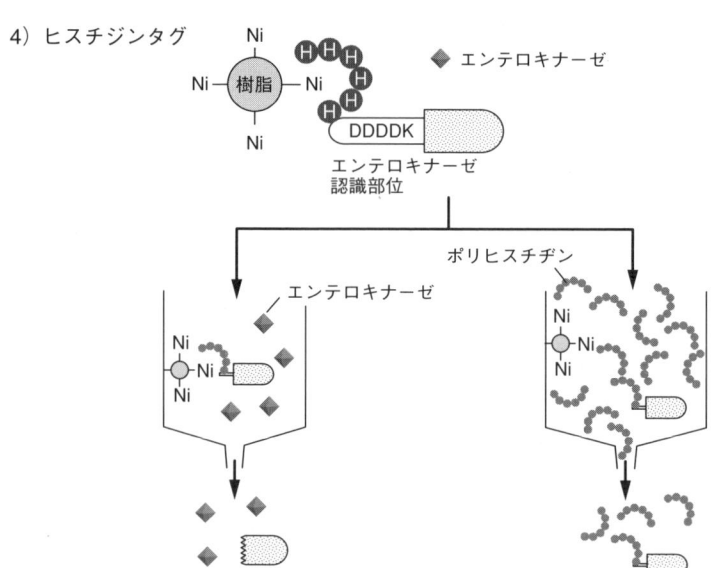

5) チオレドキシンタグ

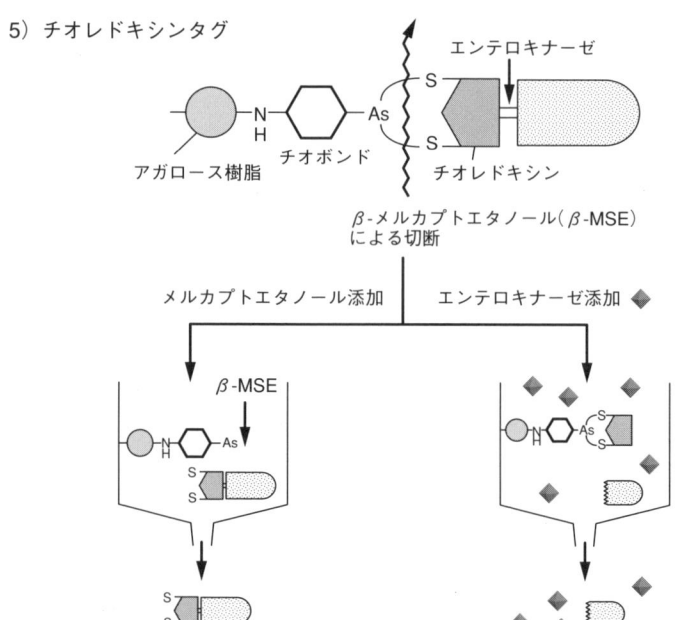

ではコスモバイオより販売）と呼ばれる15個のペプチド（GLNDIFEAQKIEWHE）との融合タンパク質を大量発現させる系．ビオチンリガーゼ（BirA）は2番目のリジン（L）残基にビオチンを付加する．*birA*遺伝子を染色体に安定に組込んだ大腸菌株（MC1061AVB-100）は培地にL-アラビノースを加えると発現誘導されてBirAタンパク質を大量発現する．標的タンパク質のN末端側あるいはC末端側にアビタグを付加して融合タンパク質として発現し，目的タンパク質にビオチンを付加する．この融合タンパク質はビオチンと結合するストレプトアビジンを用いてアフィニティー精製することができる．

7）CBPタグ

小さな（4 kDa）カルモデュリン結合性ペプチド（calmodulin binding peptide：CBP）との融合タンパク質を大量発現させる系．CBPは中性の低Ca^{2+}濃度ではカルモデュリンを結合させた樹脂に高い親和性を示すが，Ca^{2+}キレート剤であるEGTA（2 mM）を含むバッファーで洗浄すると樹脂

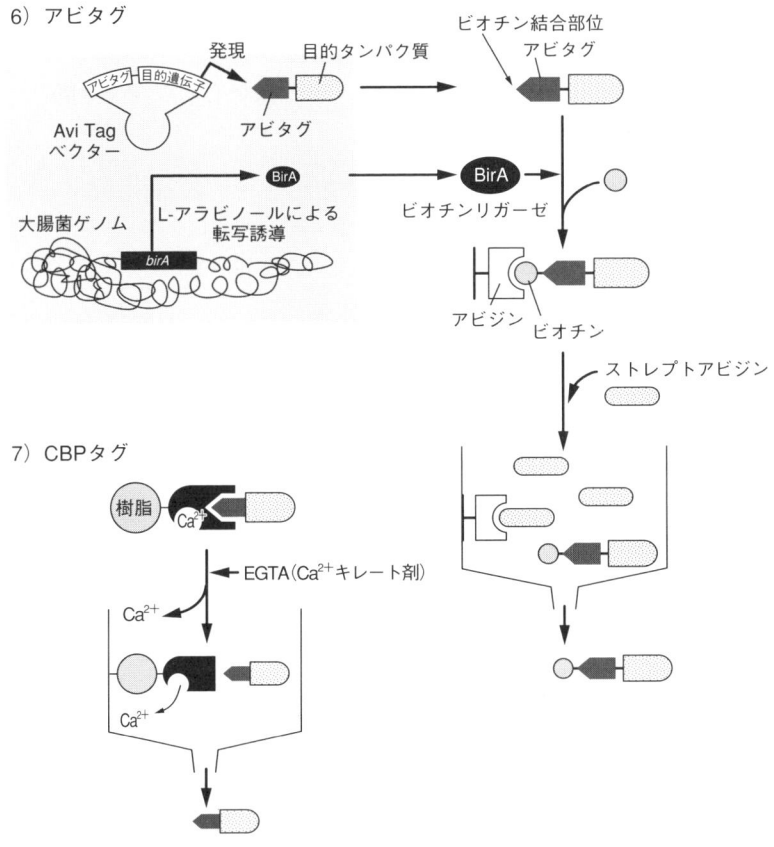

から遊離するという性質を利用してアフィニティー精製する．操作はいずれも中性溶液で行うので試料へ与える影響は温和である．またPKA（cyclic-AMP dependent protein kinase A）と［γ-^{32}P］ATPを用いればCBPを^{32}P標識できる．

アブザイム　同 触媒抗体
[abzyme]

抗体（antibody）と酵素（enzyme）の合成語で，酵素と同様に触媒活性をもつモノクローナル抗体のこと．抗体酵素あるいはcatmab（catalytic monoclonal antibody）と呼ばれることもある．元来は人工的なものであったが，ヒトの血管作動性小腸ペプチドを加水分解するVIP（vasoactive intestinal peptide）抗体が見つかって（1989年）以来，全身性エリテマトーデス（自己免疫疾患）患者の抗体（DNAに結合し加水分解する）などにおいて，天然のアブザイムが次々と見つかってきた．人工的なアブザイムもこれまでに多数創生されている．

アプタマー
[aptamer]

特定の生体物質（特にタンパク質）に特異的に結合して作用する小さなRNA分子．語源はラテン語で「適合（fit）する」という意味をもつ語（aptus）とmer（oligomerやmonomerなど"体"を示す接尾語）の合成語．DNAアプタマーとRNAアプタマーがある．標的分子はタンパク質を始めとして，アミノ酸，ATP，色素など多彩である．新しい医薬品，あるいは研究用試薬として期待されており，米国ではすでに医薬品として認可承認されている．

アプタマーは1984年にアイゲン（Eigen, M.）らによって提唱されたダーウィンの進化論に基づいた新しいバイオテクノロジーである進化分子工学*の成果の1つであり，その発想に基づいたこの手法はSELEX*と呼ばれることもある．具体的にはPCR法を主軸とした以下の手順で人工合成され選択される．このプロセスは生物が長い進化の時間をかけて選択してきたことを短時間の間に試験管内で行っていることに相当する．

操作の手順　（図2）

❶ T7 RNAプロモーター（promoter）を含む34塩基と逆転写酵素のプライマー（primer）となる18塩基に挟まれてN（AGCTすべて）が25個連なったオリゴヌクレオチドを化学合成する

❷ これを鋳型にしてT7 RNAポリメラーゼを働かせ，ランダムなRNA分子集団を合成する．25塩基を挟めば$4^{25} \fallingdotseq 10^{15}$という巨大な数の組合せをもつオリゴヌクレオチドの集団が合成できる

❸ この分子集団を標的タンパク質を結合させた樹脂をつめたガラス筒（カラム

◆ アプタマー（1）：構造

a）ヘアピン

b）バルジ

c）シュードノット

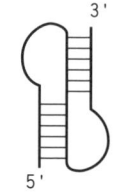

d）グアニンカルテット

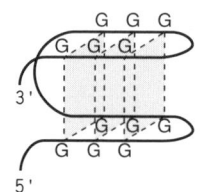

クロマト）を塩濃度を高めた状態で通過させると，標的タンパク質に親和性をもつRNAのみが樹脂に吸着される
❹ 吸着したRNA画分を低塩濃度の条件下で溶出させる
❺ 溶出したRNAを鋳型にし，18塩基部分をプライマーとして逆転写酵素を働かせてもう一度DNAに転換する．ここで1サイクルが終了する
❻ このDNAをPCR法により再び増幅する
❼ 増幅されたDNAを用い❷〜❺のプロセスを何回も繰り返して特異的に結合するアプタマーを純化してゆく

アポ酵素　同アポタンパク
[apoenzyme]

補因子（cofactor）が結合して初めて活性をもつ酵素（タンパク質）において，補因子以外のタンパク質部分のこと．補因子が結合した活性型をホロ酵素（holoenzyme）と呼ぶ．補因子としてはNADH，CoA，ビオチン*などの補酵素や，マグネシウムや亜鉛のような金属原子などが知られている．

アポトーシス
同 アポプトーシス　➡ パラプトーシス
[apoptosis]

プログラムされた細胞死（programmed

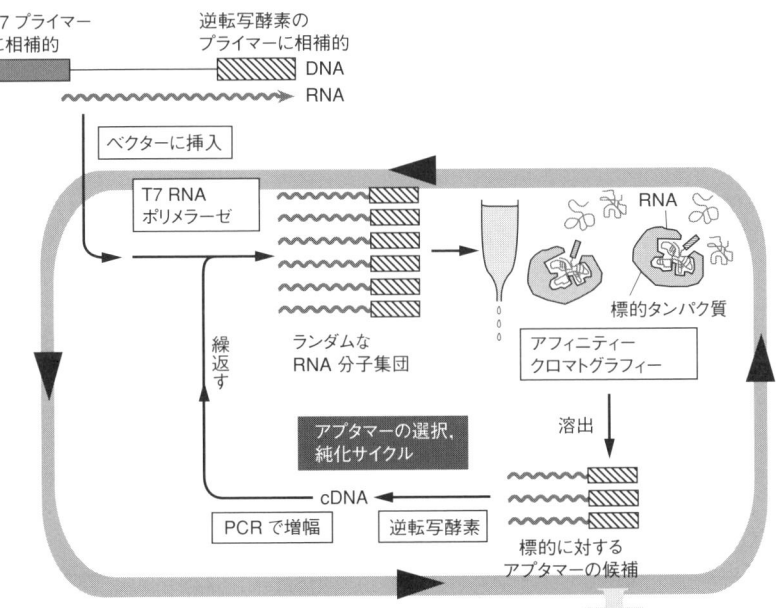

◆ アプタマー（2）：作製手順

野島 博/著「ゲノム工学の基礎」（東京化学同人，2002）より改変

cell death）のこと．"秋になって，枯葉や枯花が樹木からこぼれ落ちる"（apo＝off：離れる，ptosis＝falling：下降）という意味のギリシア語を語源とする．カー（Kerr, J. F. R.）らはさまざまな病理標本を観察していて，細胞が膨潤して死ぬネクローシス（necrosis）とは異なり，核が凝縮して縮小しながら死ぬ細胞を見出し，この細胞死の過程が遺伝プログラムによって能動的に引き起こされる細胞死，アポトーシス（apoptosis：自死）と名づけた（1972年）．生命が維持され各器官が円滑に機能するためには，細胞の増殖分化のみならず，ある場合には不要になった細胞が何らかの形で生体から排除されていく過程が必要である．その意味でアポトーシスによって不要となった細胞を除去するという過程は，増殖・分化と同じくらい基本的な機能のひとつであって，個体の発生，成熟，維持，老化に重要な役割を果たしている．

細胞はアポトーシス誘導を受けると，染色体の凝縮→核の断片化→アポトーシス小体（油滴状の細胞断片）の形成という形態的な変化を起こし，最終的には貪食細胞（マクロファージなど）によって除去される．この時，CAD（caspase-activated DNase）と呼ばれる核酸切断酵素によってヌクレオソームの連結部のDNAが切断される結果，ヌクレオソーム単位（約180bp）の整数倍のはしご（ladder）状のバンドがアガロース電気泳動によって検出される．これは形態的な変化とともにアポトーシスの良いマーカーとなっている．

アポトーシス誘導は外的な刺激によるものと内的な刺激によるものの2つの経路が知られている（図）．FasリガンドTNF，抗原などが運んでくる外界から来る死のシグナルは，これらが細胞膜に存在するFas，TNF受容体（TNFR），T細胞受容体（TCR）などに結合することで感知される．Fasの場合には，Fasの細胞内領域に結合していたカスパーゼ8前駆体（caspase 8 precursor）が，自己切断することで活性化され，細胞質へ遊離する．すると活性化型カスパーゼ8はカスパーゼ3あるいはBidを標的として切断し活性化する．活性型カスパーゼ3は核内にあるアシナス（acinus）を切断することで活性化し，活性化型アシナスはクロマチンの凝縮を引き起こす．活性型カスパーゼ3は上述のCADにも結合し，阻害しているICAD（inhibitor of CAD）を切断することで不活性化する．次にCADを自由にしてヌクレオソーム単位の切断を引き起こし，アポトーシスを誘導する．

一方，活性型Bidは内的な死の刺激となって，元来がエネルギー産生工場であるがアポトーシス誘導の場でもあるミトコンドリアに作用し，外膜と内膜の間隙に存在するカスパーゼ活性化因子（シトクロムcなど）の放出を引き起こす．これがApaf-1と協調してカスパーゼ9を活性化し，活性型カスパーゼ9はカスパーゼ3を切断することで活性化するという上述のような「死のシグナル伝達系」へ合流する．Bidと同様にアポトーシス促進因子であるBaxは二量体化することでミトコンドリアに移行し，ミトコンドリア膜上のチャネルであるVDAC（voltage-dependent anion channel）の開孔を助けることでシトクロムcの放出を促進する．ミトコンドリアにはアポトーシスを抑制するBcl-2およびその類似タンパク質も存在し，シトクロムcの放出を阻害しながらApaf-1に結合してカスパーゼ9の活性化を抑制する．一方，BadはAktキナーゼによってリン酸化されることで14-3-3というタンパク質に捕獲されて細胞質に存在するが，脱リン酸化されるとミトコンドリアに移行し，Bcl-2と結合して不活

◆ アポトーシスの起こるしくみ

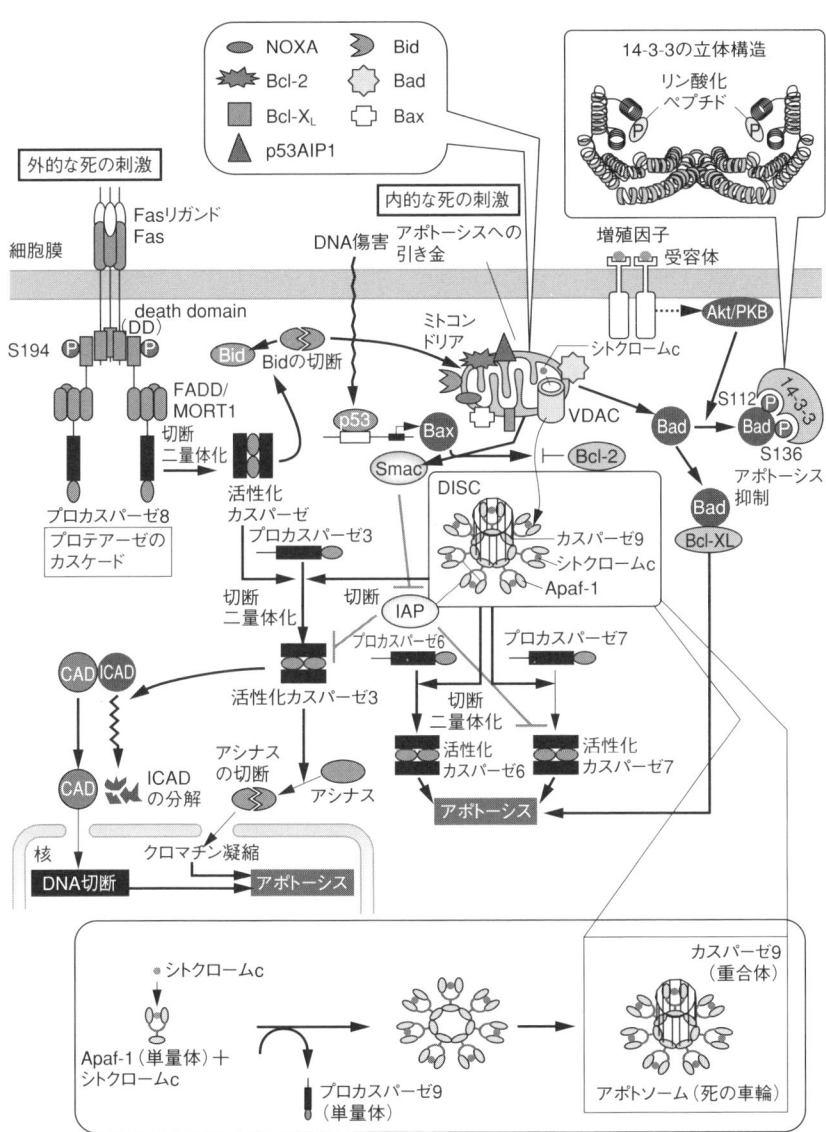

野島 博/著「医薬分子生物学」（p.61、南江堂、2004）より許諾を得て改変し転載

性化することでアポトーシスを促進する．

　TNF，抗原などを出発点とするアポトーシス信号も同様な経路で伝達される．カスパーゼ8とカスパーゼ9はいずれの経路でも重要な働きをするが，カスパーゼ3は経路によってカスパーゼ6（lamin protease）やカスパーゼ7に取って代わられる．これらはまとめて執行カスパーゼ（executioner caspase）と呼ばれる．この他，哺乳動物細胞には合計14種類ものカスパーゼが知られており，CADと同様の働きをする核酸切断酵素が他にも数種類報告されている．

アポプトソーム
[apoptosome]

　アポトーシスを制御するタンパク質複合体．Apaf-1やカスパーゼ9を含み，ミトコンドリアから放出されたシトクロムCがApaf-1のC末端側にあるWD領域に結合することで活性化され，アポトーシスを引き起こす．

アミノアシルtRNA合成酵素
[aminoacyl-tRNA synthetase：aaRS]

　アミノアシル合成酵素はタンパク質がリボソームで生合成されるとき，各コドンに特異的に結合するアンチコドンをもった61種類のtRNAに対して，特定のアミノ酸をおのおのの3'末端に共有結合させる反応を触媒する（図）．細胞には少なくとも20種類のaaRSが存在するが，これらはサイズもアミノ酸配列も大きく異なり，サブユニット構成も多彩で，α，α_2，α_4，$\alpha_2\beta_2$の4種類に分類できる．この性質からこれらaaRSは同一の祖先タンパク質に由来していないと考えられる．aaRSはアミノ酸を0.1〜1％という高い確率で誤認してtRNAに付加してしまうほど不正確な酵素だが，その欠点を補うかのようにaaRSの別のドメインには加水分解によって誤認されたアミノ酸を除くという校正機能もある．➡
人工タンパク質

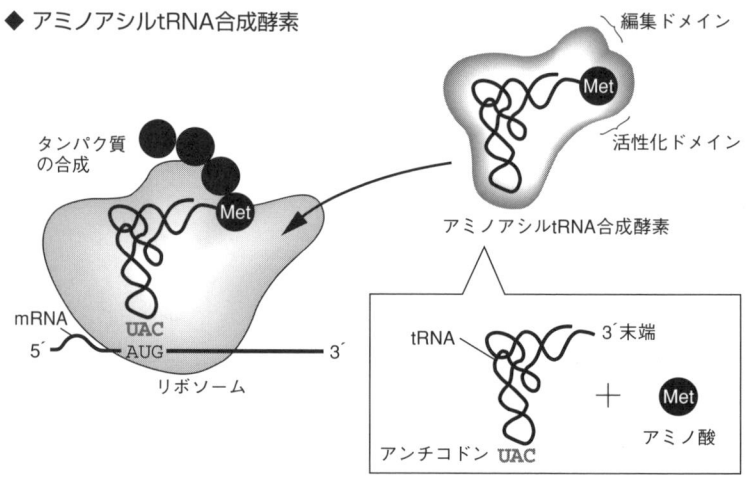

◆ アミノアシルtRNA合成酵素

アミロイド
[amyloid]

　線維状のタンパク質で，ある種のタンパク質が何らかの原因で異常な立体構造をとることで生じる．アミロイド線維（amyloid fibril）は各種溶媒に難溶性で，血液内に沈着した場合にはマクロファージの食作用に対して抵抗性を示す．そのため沈着量が少しずつ増加していき，やがて組織を破壊してアミロイドーシス（amyloidosis）と呼ばれるさまざまな病変を起こす．全身性アミロイドーシスには，免疫グロブリン性アミロイドーシス（アミロイドが免疫グロブリンのL鎖からなるもの），反応性AAアミロイドーシス（慢性関節リウマチなど何らかの基礎疾患に続発して発症するもの），家族性アミロイドーシス（FAP：Familial Amiloidotic Polyneuropathy），透析アミロイドーシス（長期透析患者で関節や軟部組織にβ2ミクログロブリン（BMG）を前駆物質とするアミロイドが沈着するもの），血清アミロイドーシス（Serum Amyloid A［SAA］が沈着）などがある．非遺伝性アミロイドーシスの発症年齢は60歳前後だがFAPでは20〜40歳で発症する．限局性アミロイドーシスには脳アミロイドーシス（ ➡ アルツハイマー病），内分泌アミロイドーシスなどがある．アミロイドはコンゴーレッドと呼ばれる色素で染色するとピンク色に染まり偏光顕微鏡で観察すると緑色偏光を示す．FAPで沈着するタンパク質は，トランスサイレチン（TTR）遺伝子の点変異が原因で産生される異型のTTRで遺伝子診断による早期診断が可能である．

アミロース
[amylose]

　デンプンの一種．コメのデンプンはアミロースとアミロペクチン（amylopectin）に分けられる．アミロースはグルコース残基6〜7個でひと巻きするらせん構造をとるグルコースの可溶性ポリマーでα-1,4グリコシド結合で直鎖状に連なる．アミロペクチンは難溶性のグルコースポリマーで，グルコースが25残基あたりに1個の割合でα-1,6結合して枝分かれしている．

アリイナーゼ
[alliinase]

　タマネギ（*Allium cepa*）を刻むと涙が出るが，この催涙性をもたらす物質を生み出す酵素のひとつ．タマネギにはPRENCSO（1-Propenyl-L-cysteine sulphoxide）と呼ばれる物質が含まれており，これがアリイナーゼに触媒されてできた不安定な中間産物（1-Propenylsulphenic acid）にLFS（lacrymatory-factor synthase）が作用して催涙物質であるPTSO（propanethial S-oxide）を産生する．この中間産物が自然に分解するとタマネギの香りの元であるチオサルフィネート（Thiosulphinate）ができることから，LFSのみを抑制すれば催涙性はないが香りは保たれるタマネギを生み出すことができると期待される．一方，アリイナーゼはニンニクに含まれるアリイン（alliin）をアリシン（allicin）に変換する反応も触媒する．ここにアリインはアミノ酸のひとつであるシステインの類縁体である（図）．

◆ alliin

アリュ配列　同 Alu ファミリー，ALU
[Alu sequence]

短鎖散在反復配列（SINE：short interspersed nuclear element）のうちの一つで，霊長類のゲノム全体に散在して数万塩基に1回の頻度で現れる（約50万コピー）．ヒトゲノムDNAの高頻度反復配列DNA分画を制限酵素（AluⅠ）で切断しアガロース電気泳動で分離すると，約半分は130と170bpの部分に切り出される．この部分がクローン化されて反復配列として同定された．各反復単位間の相同性は50〜80%である．これらALUの中には AluⅠ認識部位をもたないものが見つかっているが，便利なのでこの名称を使う．2組の反復配列（130と170bp）の各3'末端には短いポリ（A）配列と，両端に数〜十数bpの直列反復配列（direct repeat）が見つかるため，進化の過程で動く遺伝子として挿入されたものと考えられている．その由来はALUの塩基配列と類似した膜タンパク質の分泌を制御しているシグナル認識分子（signal recognition particle：SRP）の構成成分（7SL RNA）と考えられている．動くDNAには，いったんRNAに変わるレトロトランスポゾン（ALUも含まれる）と，DNAのままのトランスポゾンがあるが，哺乳類ではレトロトランスポゾンが大半を占める．レトロトランスポゾンは，哺乳類が登場した2億5千万年前ごろに爆発的に増えており，ALUは，ヒトやチンパンジーといった真猿類が，メガネザルなど原猿類から分かれた後の約4千万年前に急増している．さらにヒトはチンパンジーの8倍も多くのALUをもつ．ALU存在の意義は深長であるが不明である．挿入箇所や方向はランダムで，遺伝子外のみでなく遺伝子内のイントロン，さらにはエクソン（ただし非コード領域*）にさえ見出されている．Alu 配列は霊長類以外の他の動物には見出されていないので，マウスやハムスターなどの動物細胞に導入したヒト遺伝子を検出する際にマーカーとして利用できる．

アリール　同 アリル　⇒ 対立遺伝子
[allele]

アールエヌピー・ハンターシステム
[RNP hunter system]

RNAとタンパク質の相互作用を解析するために開発された実験系でツーハイブリッド系の応用技術である．⇒ スリーハイブリッドシステム

アールエノミクス
[RNomics]

ゲノム情報を利用して，一つの生物や細胞・組織でのあらゆる場所および時系列で発現しているすべてのRNAについて，その性質や発現動態を網羅的・系統的に解析すること，およびその方法論全体．ゲノミクスやプロテオミクスに対応させてアールエノミクス（RNomics）と呼ぶ．解析対象となるのはmRNA（messenger RNA），rRNA（ribosome RNA），tRNA（transfer RNA），snmRNA（small non-messenger RNA），snoRNA*（small nucleolar RNA），snRNA*（small nuclear RNA），hnRNA*（heterogeneous nuclear RNA）およびその他の機能性RNAなどがある．これはポリAテールがついていないので，cDNAライブラリーの作製のためには，全RNAを調製したあと，3'末端にポリAポリメラーゼとCTPを用いてCテールを付加し，逆転写酵素でcDNA化してから，Gテールをもったベクターに挿入する．

アールエノーム
[RNome]

　一つの生物がもつすべての遺伝子のセットをゲノムと呼ぶのに倣って，一つの生物に発現しているすべてのRNAを，RNAとゲノム（genome）を融合した用語として集合的にアールエノーム（RNome）と呼ぶ．

アールシーエー
[RCA：rolling circle amplification]

　環状一本鎖DNAを鋳型としてDNAポリメラーゼを働かせることでDNA断片を指数関数的に増幅する技術（図）．PCRと異なり，1種類のプライマー（P1）のみで一定温度（65℃）で反応できるという利点がある．この反応系ではトイレットペーパーを引き出すように新生鎖が次々と一本鎖の状態で産生されて鋳型からはずれてくるので加熱変性しなくてよい．別のプライマー（P2）を用いればRCA反応の開始が別の場所でも起こるため次々と枝分かれしてもっと膨大な増幅が起きる．

アルツハイマー病
[Alzheimer's disease：AD]

　進行性の中枢神経の病気で，わが国では老年性痴呆症の原因の約60％を占める．1907年にアロイス・アルツハイマー

◆ 2種類のプライマーを用いたRCA法

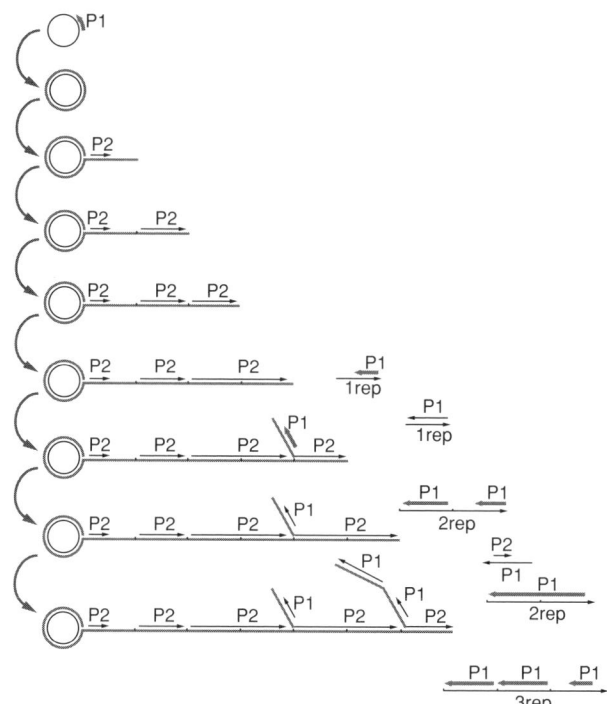

野島 博/著「ゲノム工学の基礎」（東京化学同人，2002）より改変

(Aois Alzheimer）によって初めて報告された．もの忘れに始まる症状は，失禁や失語，徘徊など尋常でない行動が現れ，喜怒哀楽の表情もなくなって，やがて横になっていることが多くなる．嚥下障害が現れると飲食ができなくなって衰弱死する．ADの特徴的な病変は，脳における神経原線維変化（neurofibrillary tangle），老人斑（senile plaque）の形成，脳血管のアミロイド変性（amyloid angiopathy）である．その本体はアミロイド前駆体タンパク質（APP；amyloid precursor protein；696アミノ酸）がβセクレターゼ（secretase）とγセクレターゼによって切り出されて生じるアミロイドベータタンパク質（Aβ：40〜43アミノ酸）で，これが不溶性のために脳神経細胞中で沈着して神経細胞を変性させる．その結果，患者の脳細胞は徐々に死滅し，脳は萎縮して痴呆の病状が進行してゆく．健常人の脳では主としてαセクレターゼが働いてAPPをAβの真ん中で二分し，生理活性のある（機能未知な）タンパク質を生成する（図）．これら3つのセクレターゼは健常人ではバランス良く働いているが，何らかの原因でバランスが崩れてβ，γセクレターゼが過剰に働くようになる．その結果，Aβを沈着するほど大量に生成させるようになったのがAD発症の原因と考えられている．

約5％のADは家族性で，APPのAβ周辺に起きた点変異と，γセクレターゼの本体と考えられているプレセニリン1（PS1：presenilin 1：第14染色体）とプレセニリン2（PS2：第1染色体）におきた点変異が見つかっている．PS1，PS2はともに小胞体やゴルジ体に局在し，生合成されたあとで切断されて1分子ずつが二量体（PS1/PS2）となってγセクレターゼとし

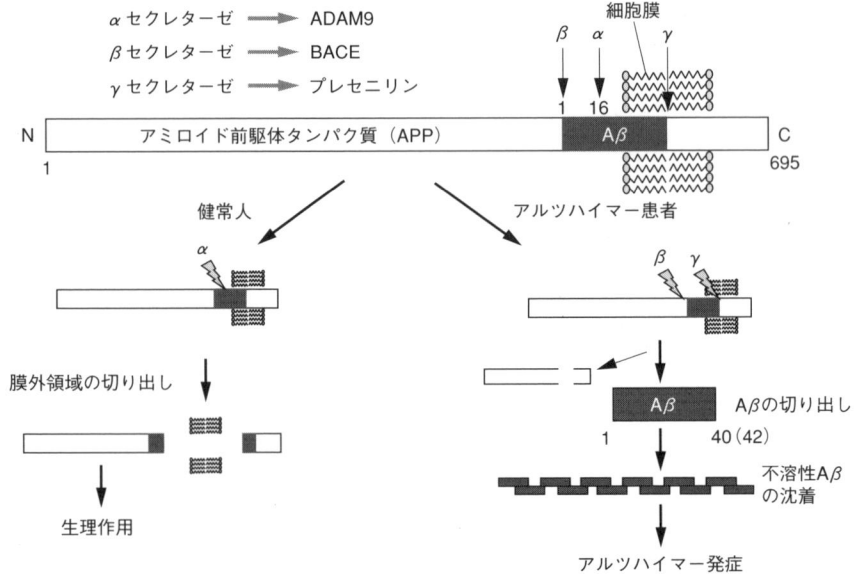

◆ アルツハイマー病発症の分子機構のモデル

ての活性を発揮する．βセクレターゼの本体としては膜結合型アスパラギン酸プロテアーゼ1（BACE1）が候補としてあがっている．BACEは脳全体に発現されているだけでなく，膵臓，卵巣，脾臓，脊髄，前立腺でも見つかる．その後，ダウン症で重複している第11染色体領域の近くに類似の遺伝子が見つかりBACE2と呼ばれるようになった．このほか，MP100あるいはTOP（thimet oligopeptidase）と呼ばれる活性に金属を必要とするプロテアーゼもβセクレターゼ活性を有する．αセクレターゼの候補としてはADAM（a disintegrin and metalloprotease）ファミリーの中のADAM9がある．

ADの危険因子として血液中に見出されるアポリポタンパク質E（ApoE：299アミノ酸）がある．アポリポタンパク質E（アポE）は体に良いタイプのコレステロールとして知られる高比重リポタンパク質（HDL）の一成分であり，血液中の脂肪輸送タンパク質の一種である．ApoEは112番目と158番目のアミノ酸がシステイン（C）かアルギニン（R）かによってE2（CC），E3（CR），E4（RR）と呼ばれる3種類の多型がある．このうち両親からともにE4を受け継いでE4/E4の組合わせをもった人は，そうでない人に比べて3〜10倍ADにかかりやすいという．ただしE4を2つもっていてもADを発症しない人もいるため，E4はAD発症の危険因子ではあるが確定診断の証拠となるほどではない．ちなみにE2は珍しく，E4をもっている人でも他方がE2であれば危険率は下がるという．

アルファ-アマニチン
[α-amanitin]

Amanita phalloides（タマゴテングタケ）などに含まれる環状ペプチド性（図）の毒素（分子量902.97）．毒性が強く加熱に対して安定で，調理では毒性をまったく失わない．タンパク質合成を阻害するため各臓器の細胞を破壊し，激しい嘔吐，下痢から始まって劇症肝炎，腎不全等の多臓器不全を起こして死に至らしめる．真核細胞のRNA ポリメラーゼ（RNA polymerase：polⅠ，polⅡ，polⅢ）のうち polⅡを強く（ID50＝25 ng/ml），polⅢをきわめて弱く（ID50＝20 μg/ml）阻害する．この性質を利用して polⅡの定量や識別の実験に用いられる．タマゴテングタケには phallotoxin という類似の毒素も含まれている．

◆ α-アマニチンの構造式

アルファ相補 　同　α領域相補
[α complimentation]

アルファ（α）相補はウルマン（A. Ullman），ジャコブ（Jacob, F.），モノー（Monod, J. L.）が1967年に報告した現象である．ここでは宿主大腸菌として，βガラクトシダーゼのα断片（N末端側185アミノ酸）しか発現していない変異株（F'*lacZ ΔM15*）を用いる．この大腸菌にβガラクトシダーゼのω断片（C末端側）のみを外

から導入して発現させると，2つの断片が足りない部分を捕捉するように会合してβガラクトシダーゼ活性を回復する．これを実用化するため，メッシング（Messing, J.）は彼が開発したベクターにω断片をコードする*laacZ*領域（約220bp）を加え，それを分断するように挿入サイト（MCS：multi-cloning site）を割り込ませた（図）．MCSには多数の制限酵素の認識配列が並べてあるので外来DNAが容易に挿入できる．このベクターを*lacZΔM15*変異をもつ大腸菌に導入し，無色の基質（X-gal）とIPTG（isopropyl thiogalactoside）を一緒にして大腸菌のアンピシリンを含む培養プレートに撒く．すると，lac リプレッサーが不活性化されて*lacZ*の発現抑制を解くため，一

◆アルファ相補

a) アルファ相補の原理

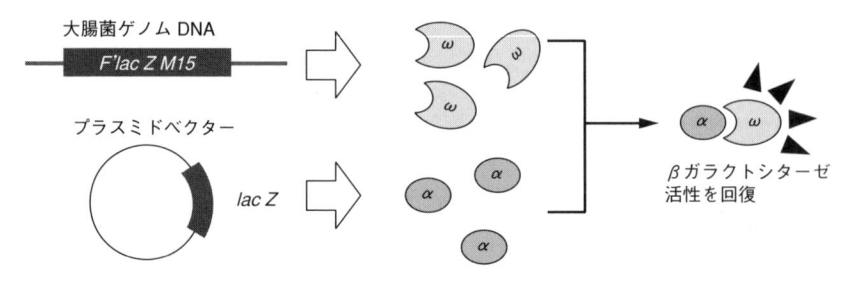

b) 青白選択の原理

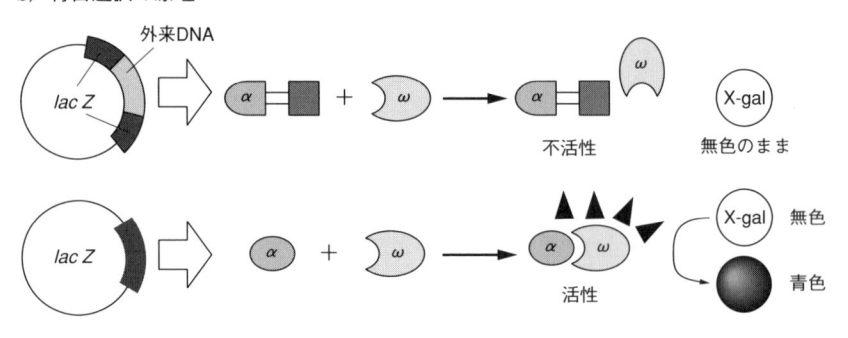

活性型β-ガラクトシダーゼは無色のX-galを青色の5'-ブロモ-4-クロロインジゴに変換する

夜培養ののちベクターを取り込んだ大腸菌だけが生えてくる．さらに，ベクターだけをもつ大腸菌は α 相補のおかげで β ガラクトシダーゼが働いて X-gal を青色に変えるため，コロニーは青くなる．一方，外来 DNA 断片が挿入された組換え体は lacZ 領域が分断されて ω 断片が発現できないため X-gal は無色のままでコロニーは白色に見える．コロニーの色によって組換え体を迅速に判別できる，この技術は青白選択（blue-white selection）と呼ばれている．

アレイ技術
[array technology]

マイクロアレイを用いた技術の総称．基本的なアレイとしてcDNAを貼り付けたcDNAマイクロアレイ（▶ DNAマイクロアレイ），精製したタンパク質を並べたプロテインアレイ（▶ プロテインチップ），ペプチドを合成して貼り付けたペプチドアレイなどがある．一方，特殊な機能を解析するためのキナーゼアレイ*，抗体アレイ*，タンパク質相互作用アレイ*，酵素アレイ*，SH3ドメインアレイ*などが考案されている．

アレイCGH法

ゲノムDNAのコピー数を調べる方法．1992年に開発されたCGH（comparative genomic hybridization）の発展型である．CGHでは，例えば腫瘍においてゲノムDNA（gDNA）の欠失，過剰，増幅という異常を検出するため，まず腫瘍由来（T）と正常組織由来（N）のゲノムDNAを別個の蛍光色素で標識して混ぜ，正常細胞の分裂（M）期中期染色体とハイブリダイズさせ，染色体上の蛍光色素強度（T/N）比を

◆アレイCGH法

シグナル比の増減からゲノム上の
増幅・欠失部分を検出する

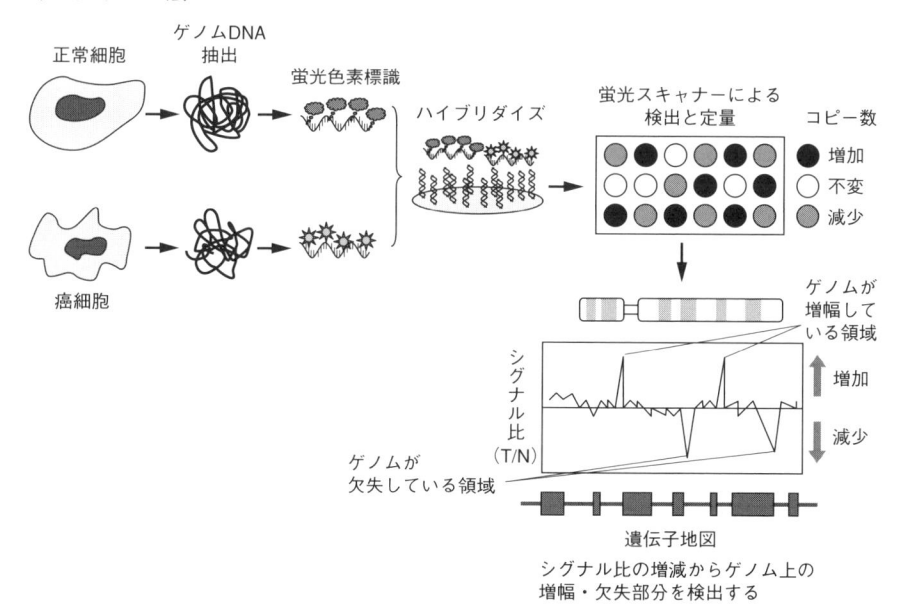

染色体に沿ってスキャンして欠失・増幅している異常部分を全染色体で網羅的に検出する技術である．当初のCGHでは検出には10Mb以上の広範囲な変化が必要であるという感度の問題があった．アレイCGH法では，染色体の代わりに高密度のタイリングアレイ*に対してハイブリダイズさせるため，この欠点が解消されている．

アレイCGH法で使われているタイリングアレイには以下のものがある．❶ACアレイ：ヒトゲノムを約1MB間隔で整列させた数千個のBACクローンDNAをスポットしたアレイ．❷オリゴアレイ：70塩基のオリゴヌクレオチドを数万個貼り付けたアレイ．❸SNPアレイ：約12万個のSNPタイピングの目的で作られたアレイで，SNPにより異状が由来するアリルを区別できるのが利点である．

アレイヤー
[arrayer]

DNAチップ*やcDNAマイクロアレイを作製するときに，少量のDNA試料を高密度に高速でスライドガラス上にスポットする機械．直接スポットする接触型と，吹きつけるようにスポットする非接触型がある．

アンキリンリピート
[ankyrin repeat]

多くのタンパク質で見つかっている33個のアミノ酸からなる繰り返し構造のこと（図）．この繰り返し構造は，最初にアンキリンで見つかったことからアンキリンリピートと呼ばれている．ここにアンキリンは赤血球細胞膜の表層に存在するタンパク質で，赤血球膜の裏側を補強しているスペクトリン（spectrin）-アクチン（actin）網目構造を，赤血球の脂質二重層につなぎとめる錨（アンカー）の役目を果たしている．

アンキリンの場合は，連続した22個の繰り返しよりなる．アンキリンリピートはタンパク質の分子を認識して結合し，何らかの機能を阻害するなどの機能をもつ．実際，CDK（cyclin dependent kinase）を阻害するCKI（CDK inhibitor）はアンキリンリピート（ankyrin repeat）だけでできており，阻害するだけのためにある．アンキリンリピートをもったI-κBは，さまざまなサイトカインやアポトーシス関連因子の転写を活性化する転写制御因子であるNF-κBに存在する核移行シグナル（NLS）を覆い隠すことでNF-κBの核内への移行を阻害している

◆ アンキリンリピートの立体構造模式図

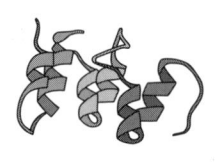

ここでは3つのアンキリンリピートが繰り返している一例を示す

アンチセンスRNA
[antisense RNA]

mRNAのもつ塩基配列と相補的な配列をもつDNAやRNAをアンチセンスDNA/RNAと呼ぶ．1981年，富沢純一は環状プラスミドの一種であるコリシンE1の複製機構の研究途上で，アンチセンスRNAがDNA複製開始に必要なRNAプライマーをハイブリダイゼーションによって失活させることで複製開始抑制因子として働いていることを見出した．これをきっかけにして，その後この調節作用を利用してアンチセンスRNAを細胞内に人為的に導入し，標的遺伝子から転写されたmRNAとハイブリダ

◆ アンチセンスRNA

```
転写  ATGCATCAT-----CATGA
```

アンチセンス

```
TACGTAGTA-----GTACT
```
転写

↓ ハイブリッド形式

5' `ATGCATCAT-----CATGA` 3'　標的mRNA
3' `TACGTAGTA-----GTACT` 5'　アンチセンスRNA

↓ タンパク質合成阻害

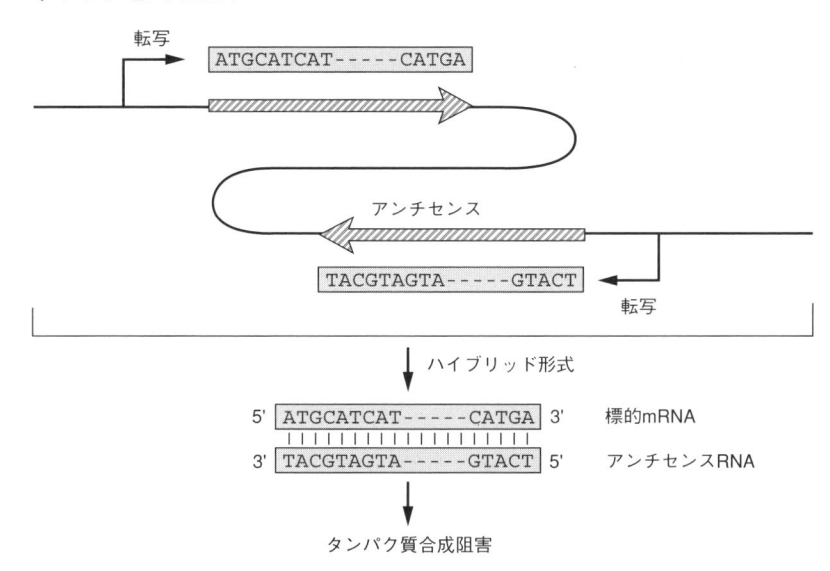

イズさせることでその発現を阻害して，その本来の生理作用を解明するという基礎研究が盛んになってきた（図）．この方法論は，RNAウイルス増殖阻害などを目的とした医薬品としても注目されている．

アントシアニン　➡ ムーンダスト
[anthocyanin]

花や果物の色素の総称であるアントシアン（anthocyan）のうち，糖がグリコシド結合によって付加した配糖体（glycoside）を示す呼び名．アントシアンのB環（ムーンダスト*の図を参照）へつく水酸基の数と位置の違いで赤・青・紫などの美しい色に変わる．　➡ 青いバラ

アンバーサプレッサー
[amber suppressor]

3種類の停止コドンの1つであるアンバーコドン（UAG）がアミノ酸に対応するtRNAを取り込むようになった抑圧変異のこと．この変異をもつ大腸菌ではUAGによって翻訳を停止することなくタンパク質合成が続行する．例えば本来 3'-AUG のアンチコドン配列をもつチロシン tRNA の G が C に変異したアンバーサプレッサーのアンチコドン配列3'-AUC は，アンバーコドン 5'-UAG を認識するので翻訳は継続することになる．ここにアンバー（amber）は宝石の一種である琥珀（コハク）の意味であるが，この名称はカリフォルニア工科大学のR．H．Epstein研究室に在籍中にUAGコドンの発見にかかわった大学院生の名前 Bernstein（ドイツ語で琥珀の意味をもつ）に由来する．その他の停止コドンの別称であるオーカー（ocher [ochre]：金貨 [UAA]，オパール（opal，UGA）は最初の名の連想から，遊び心で適当に宝物の名をつけたものである．

イオンスプレイ
[ion spray]

質量分析器用にペプチドをイオン化する方法．液体クロマトグラフィー（liquid chromatography：LC）で分離したペプチドに高電圧をかけた後で，極小のノズル（nozzle）から噴霧することでイオン化する．

一塩基多型　➡ スニップ

遺伝学的投薬基準
[genetically-based point of care：gPOC]

米国の食品医薬医局（Food and Drug Administration：FDA）が新薬の申請に際して添付することを検討している基準データ．今後，米国では薬剤がどの遺伝子に関係するのか，副作用にかかわるのはどの遺伝子であるかをSNP情報を含めて提出しなくてはならなくなる可能性が高く，この影響はまたたく間に日本へも波及するであろう．近い将来，多くの医薬品にgPOCのラベルが貼られることが予測される．

遺伝子オントロジー　➡ オントロジー
[gene ontology]

遺伝子カウンセリング
[gene counseling]

遺伝子診断が行われ，異常が指摘された場合，それが本人でなくて親族の誰かであっても，就職や結婚あるいは保険の加入などにおいて遺伝子差別*を受ける恐れが出てくる．そのような場合の精神的なダメージのケアや社会的な問題の解決の相談を受けること．現在はそのような専門家はいないため早急な育成が望まれている．

遺伝子組換え作物
[genetically modified organism：GMO]

昆虫などの遺伝子を植物ゲノムに導入して遺伝子組換えを行った作物（次ページ図）．遺伝子組換え作物の開発実験は文部科学省の出した「組換えDNA実験指針」の規制に従って設備の整った実験室で行われ，栽培実験は管理された隔離温室で行われる（42ページ図）．次いで周りを金網などで囲っただけの隔離圃場（ほじょう）で栽培実験が継続され，そこで周辺環境へ影響を与えないと認められれば一般圃場での栽培が許される．遺伝子組換え作物は病害虫や除草剤に強いという触れ込みで盛んに栽培されるようになっており，特に米国産のトウモロコシや大豆は多くが遺伝子組換え作物になっている．しかし，これを摂取する人体に対して長い時間をかけた安全性試験は行われていない（栽培され始めたのが1996年である）ため，安全性に不安が残る．また外来遺伝子が雑草に移動した場合や，益虫までも死滅してしまうことによる生態系の撹乱の問題も長期間にわたった試験がなされていないので心配されている．さらに，人によってはアレルギーを起こす可能性もある．しかし，トウモロコシ（ビールに使われているコーンスターチなど）や大豆（豆腐，味噌，醤油など）は大半を輸入に頼っている日本では，米国産の遺伝子組換え作物を食べないですますのは難しいのが現状である．ある国際的な専門調査機関によると，世界全体で2002年には日本の国土の約1.4倍に相当する5,260万ヘクタールにおいて遺伝子組換え作物の作付が行われているという．種類は1位が大豆で全体の63％，2位トウモロコシ19％，3位綿花13％，4位ナタネ5％である．世界13カ国で550万人が栽培に携わっているが，国別での1位は米国で，全体の7割を占め，

◆ 凍結融解あるいはエレクトロポレーションによる植物細胞への遺伝子導入

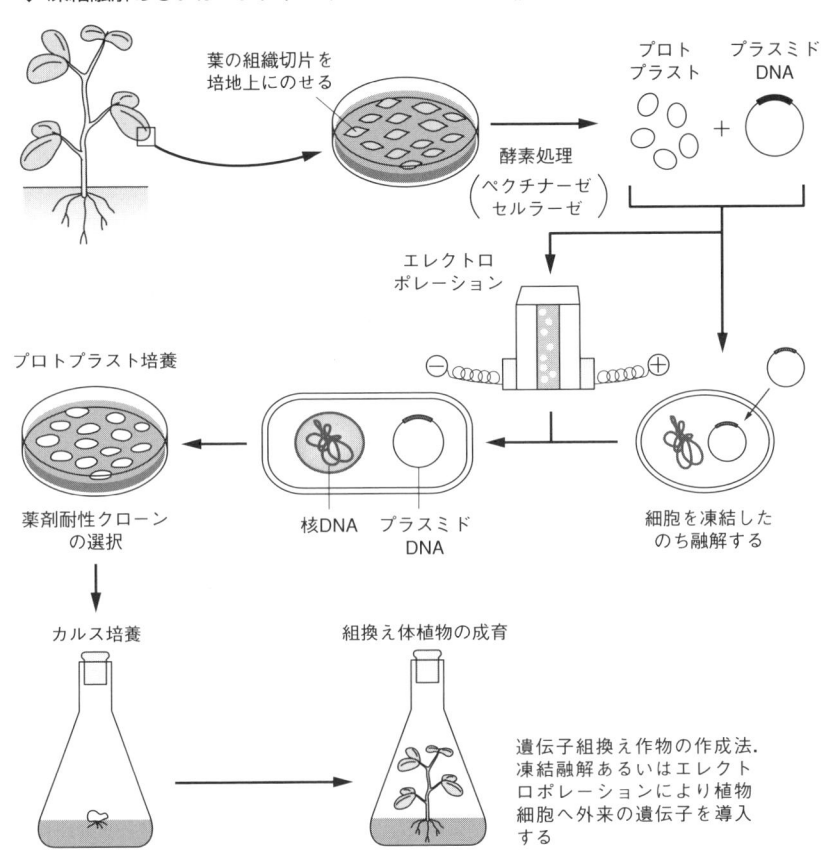

遺伝子組換え作物の作成法．凍結融解あるいはエレクトロポレーションにより植物細胞へ外来の遺伝子を導入する

2位～4位のアルゼンチン，カナダ，中国まで含めただけで世界の99%を占めるほど，作付けが一部の地域に集中していることもわかった．2004年には大豆が総作付け面積の85%，トウモロコシ30%などと急伸している．中国でも10年以内に総作付け面積の50%以上を遺伝子組換え作物にすると宣言している．これらの国から大量に輸入しているわが国への影響は大きい．

遺伝子差別
[genetical discrimination]

遺伝子を調べて得た情報をもとにさまざまな差別が生じること．ゲノム診断によって遺伝病の発症リスクが高いと判断された結果，医療保険加入が拒否されたり，保険料が高く設定されたりすることが起こりつつある．また，就職や結婚などで差別が生じたりする可能性もある．ゲノム情報は本人だけでなく，家族や血縁の一族すべての人の情報でもあるので大きな社会問題とな

◆ 遺伝子組換え作物の生産へ向けての段階的なステップの概略と生態系への影響

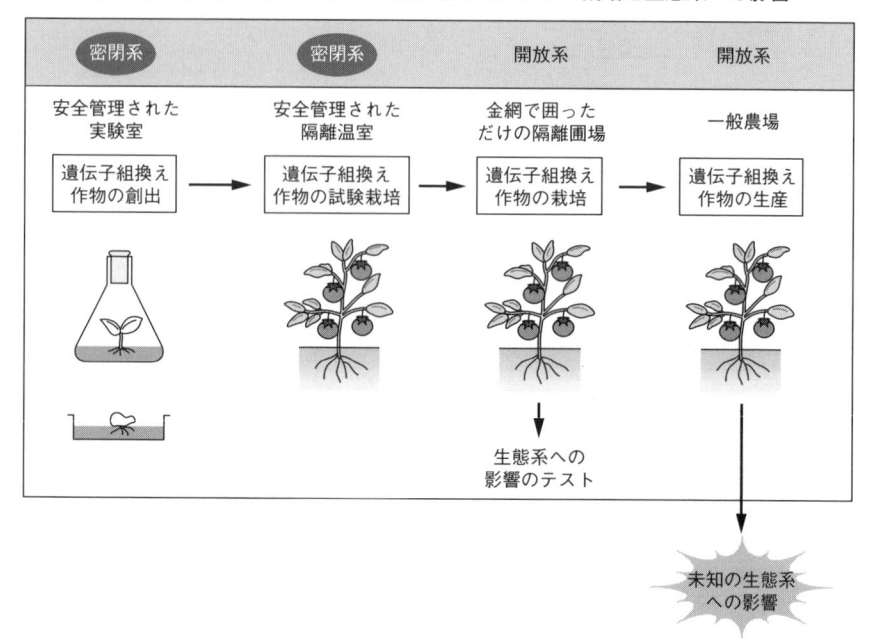

密閉系	密閉系	開放系	開放系
安全管理された実験室	安全管理された隔離温室	金網で囲っただけの隔離圃場	一般農場
遺伝子組換え作物の創出	遺伝子組換え作物の試験栽培	遺伝子組換え作物の栽培	遺伝子組換え作物の生産

↓ 生態系への影響のテスト

↓ 未知の生態系への影響

りつつある．米国では1996年に集団的医療保険は遺伝子差別をしてはならないとする内容を盛り込んだ法律ができた．また2000年にはクリントン大統領令によって連邦政府職員は遺伝子診断の結果によって採用・昇進に差別をしてはいけないことが明文化された．しかし，なお差別を保護できる範囲が狭い．日本ではいまだに意識が高まっておらず，立法化の動きもないが，差別が起こらないように未然に防ぐ手立てとして，ゲノム情報の秘匿に関する制限は強まっており，2001年には「ヒトゲノム・遺伝子解析研究に関する倫理指針」が出された．
➡ 生命倫理

遺伝子銃 　同　パーティクルガン
[particle gun]

DNAを金属微粒子に付着させて細胞や動物個体に打ち込む装置（図）．細胞内小器官である葉緑体やミトコンドリアなどを標的にできる点でも有用である．

遺伝子ターゲティング 　同　ジーンターゲティング
[gene targeting]

標的遺伝子の塩基配列と相同な配列をもつ外来性DNA断片に変異を加え，相同遺伝子組換え*という現象を利用して，ゲノム上の特定の遺伝子に改変を起こすこと，あるいはそれによって変異動物を作る操作のこと．とくにマウスにおいて用いられる用語である．「挿入される位置がランダムではない」という点で，外来遺伝子をゲノム上のランダムな位置へ挿入するトランスジェニック動物*とは決定的に異なる．1985年にアメリカのOliver Smithiesによ

◆ 遺伝子銃の構造と動作

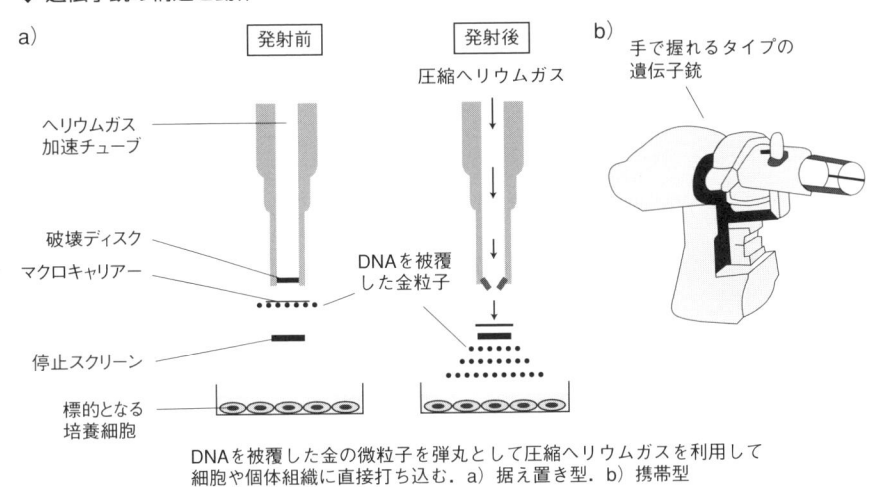

a) 発射前 / 発射後
- ヘリウムガス加速チューブ
- 圧縮ヘリウムガス
- 破壊ディスク
- マクロキャリアー
- DNAを被覆した金粒子
- 停止スクリーン
- 標的となる培養細胞

b) 手で握れるタイプの遺伝子銃

DNAを被覆した金の微粒子を弾丸として圧縮ヘリウムガスを利用して細胞や個体組織に直接打ち込む. a) 据え置き型. b) 携帯型

野島 博/著「遺伝子と夢のバイオ技術」(羊土社, 1997) より改変

って初めて実現された. 遺伝子ターゲティングを利用すれば特定の内在性遺伝子を破壊したり, 変異体と置換したりすることで, 標的遺伝子の機能を調べることができる. この技術の基盤は, 全能性をもつマウスの胚性幹細胞*の樹立にある.

ES細胞*が有用なのはシャーレの中で培養中に外来遺伝子を導入した後に仮親マウスの胚盤胞に注入すると, ES細胞と内部細胞塊とが混ざり合うことである. これがそのまま発生して生育すると母親由来の細胞とES細胞由来の細胞が混在するキメラマウスが生まれてくる. もし, 黒毛のマウス由来のES細胞を白毛の母親マウスの胚盤胞に注入すると, 毛色が白黒まだらの斑マウスが生まれてくることになる. しかも, キメラマウスの交配を繰り返すと, 何世代か後の子孫マウスは個体のほとんどすべての細胞がES細胞由来となった新たなマウスの系統を作り出すこともできる. この技術を用いればマウスゲノム中の内在遺伝子の1つを標的にしてES細胞中で置換し, 人為的に改変された遺伝子をもつ動物個体を得ることができるのである.

遺伝子治療
[gene therapy]

病気とはある遺伝性素因に環境因子が作用して発症すると考えることができる. 遺伝子治療とは病気を治療するためにその病気にかかわっている遺伝子を標的として治療することを意味する. 単一遺伝子の変異が原因で起こる生死にかかわる重篤な疾患か, ほかに適切な治療法が開発されていないが遺伝子治療を施せば格段の病像の改善が期待できる疾患が主として遺伝子治療の対象となる. 最近ではいわゆる遺伝子疾患ではないが, ほかに治療法のない重篤な癌などにも適用範囲が広がりつつある. 遺伝子治療の方法には*ex vivo*遺伝子治療法と*in vivo*遺伝子治療の2種類がある. 前者は標的細胞を患者から体外に取り出し, 培養条

件下で正常遺伝子を導入された細胞を再び患者の体内に戻す自家移植による方法である．後者は遺伝子を直接患者に投与する方法で，安全性に疑問が残るため実用化は困難である．遺伝子導入法には主としてウイルスベクターに頼る方法と化学的（リポフェクションなど）あるいは物理的（エレクトロポレーション）な操作に頼る方法がある．現状では遺伝子導入の効率の点から臨床現場ではウイルスベクターが主流である．

遺伝子治療の歴史

遺伝子治療の歴史を刻む出来事は以下のように列挙できる．

❶ 1960年代の終わりに米国のロジャース（Rogers, S.）らにより行われたウイルス療法の試みは，治療効果はなかったものの遺伝子治療の始まりといってよいだろう．彼らはショープパピローマウイルス（Shope papilloma virus）のもつアルギナーゼ（arginase）遺伝子を利用してアルギナーゼ欠損症の患者にウイルスを投与したのである．

❷ 1980年には米国カリフォルニア大学のクライン（Cline, M. J.）らが倫理的・技術的議論のないままサラセミア（thalassemia）患者にグロビン（globin）遺伝子を導入するという遺伝子治療を強行して大きな社会的問題を引き起こした．

❸ 1985年にはこの事件を契機として米国NIH（National Institute of Health：国立衛生研究所）に"遺伝子治療に関する小委員会"が設けられ，その後の遺伝子治療は認可制となった．

❹ 1989年には米国NIHのローゼンバーグ（Rosenberg, S. A.）らによって悪性黒色腫（malignant melanoma）患者において初めて遺伝子導入ベクターの安全性や効率が詳しく調べられた．

❺ 1990年には米国NIHのクリニカルセンターにおいて重症免疫不全症であるアデノシンデアミナーゼ（ADA）欠損症の患者（4歳の女児）の遺伝子治療が行なわれた．この治療は成功し，患者は普通の子供と変わらない生活を送れるようになった．この成功に勇気づけられて，さまざまな遺伝子治療が試みられるようになった．

❻ 1993年には囊胞性線維症（cystic fibrosis）の遺伝子治療が始まった．

❼ 1995年には北海道大学医学部でアデノシンデアミナーゼ欠損症の4歳の男児に対して日本で最初の遺伝子治療が行われた．

❽ 1998年以降これまでに日本で7件以上の遺伝子治療が試みられている．

❾ 2000年時点では米国において約400件ほどの遺伝子治療の研究報告がなされた．実施数は世界で3,000件を越すまでに至っている．

遺伝子ドーピング
[gene doping]

スポーツ選手に遺伝子治療を施して運動能力を高めること．2004年に米国の研究者が「骨格筋細胞の中でだけ過剰なインスリン様成長因子-1（IGF-1）を作り出すように遺伝子を組込んだ病原性のないアデノ随伴ウイルスをマウスに注射すると，マウスの筋肉が太さ筋力ともに15〜30％増加した」と報告したことで一気に現実の技術として話題になった．IGF-1は筋肉組織でだけ

増えており血液中では検出されなかったという．マウスがあまり運動しない状態でも筋肉は増えたというニュースは多くのスポーツ選手やコーチの興味を引いた．本来は高齢者の筋力増強や筋肉萎縮の病気である「筋ジストロフィー」の治療を目的として開発された技術だが，スポーツ選手に使われた場合，現状では探知することが不可能に近い（筋肉生検という危険な方法しかない）．実際，筋肉以外にも赤血球を増やす「エリスロポエチン」をつくる遺伝子や，血管を太くする成長ホルモンの遺伝子を体内に導入するなど，運動能力を上げるさまざまな方法が考えられ，技術が蔓延すると際限がないため，その広がりが危惧されている．

遺伝子トラップ ▶ エンハンサートラップ
[gene trap]

　遺伝子発現の程度をリポーター遺伝子によって検出する方法の一つ．リポーター遺伝子としてはGUS*やGFP（▶ GFP融合タンパク質）などがよく用いられる．トランスポゾンの片端にリポーター遺伝子を付加してゲノム中にランダムに挿入すると，挿入部位に存在する標的遺伝子の発現がリポーター遺伝子産物との融合タンパク質の発現として検出される．その結果，標的遺伝子の本来の発現動態を可視化して観察することができるようになる．

遺伝子ノックイン
[gene knock-in]

　遺伝子ノックアウトマウスにおいて置換された遺伝子部分に，遺伝子操作した同じあるいは異なる遺伝子を相同組換え現象を利用して組入れること．この技術はある染色体座位に標的遺伝子を別の遺伝子に置換する目的にも使われるし，*LacZ*などのマーカー遺伝子に置き換えたり，GFP融合タンパク質*を発現できるように操作した遺伝子を組入れたりすれば，標的遺伝子の産物

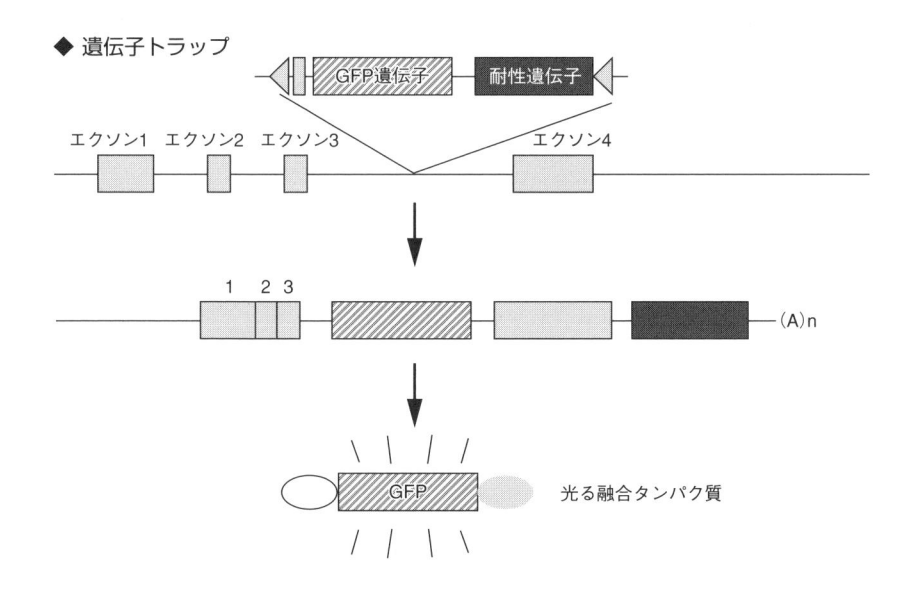

◆ 遺伝子トラップ

光る融合タンパク質

の個体レベルでの発現動態を解析することも可能となる．

遺伝子密度
[gene density]

ゲノムDNAのうち遺伝子の部分は全体の約1割くらいと考えられている．遺伝子は均一に分布しているわけではなく，生物によっても，あるいは同じ生物でもゲノム内での位置によっても大きな偏りをもって配座している．その分布の様子を遺伝子密度と呼ぶ．例えば，出芽酵母*では全遺伝子（6,340個）は約2kbに1個の割合だが，線虫*では約5kbに1個，ヒトでは平均94kbに1個と順に遺伝子密度は低くなる．ヒトゲノムの中でも偏りがあり，遺伝子密度の最も低いのは第13番染色体とY染色体で200kbに1個だが，最も高いのは第19番染色体で43kbに1個の割合と報告されている．

遺伝子量補償
[gene dosage compensation]

雌（XX）は雄（XY）に比べてX染色体を2倍もつので，なにもしないとX染色体上にある遺伝子から生じる遺伝子産物が2倍になってしまう．現実には遺伝子量補償というしくみが働いて性染色体上にコードされている遺伝子の発現量が雄と雌の間で同じになるように調節されている．そのしくみは生物によって大きく異なり，例えば哺乳動物では雌の発生の過程において一方のX染色体がランダムに不活性化されて1つしか働かない．同じく雌がXXで雄がXYであるショウジョウバエでは雄のX染色体からの発現量が2倍に高められて均衡がとられている．雄はXO型，雌雄同体（hermaphrodite）のXX型の性染色体をもつ線虫では，XX型の個体において2本のX染色体からの発現量をともに半減させている．哺乳類においてX染色体不活性化に重要な役割を果たすXist RNAや，ショウジョウバエの遺伝子量補償に関与するroX RNAなど，mRNA様ncRNA*が遺伝子量補償の主役として注目されてきつつある．

遺伝的同化
[genetic assimilation]

ワディントン（Waddington, C. H.）の提唱した遺伝学上の概念．生物の表現型は最初は環境からの刺激に対する遺伝的な応答が選択・淘汰の過程を経て遺伝子型にとって代わられたものだが，やがて遺伝的に同化して刺激がなくても表現型が発現するようになるという考え方．遺伝レベルの多様性に環境変化が選択力として作用したと考える．

イネキシン　→ コネキシン，パネキシン
[innexin]

無脊椎動物コネキシン（invertebrate connexin）のことで，脊椎動物のコネキシンとは異なる遺伝子ファミリーに属するタンパク質群から構成されるが，機能的にはコネキシンと同様にギャップ結合の構成因子である．イネキシンファミリーにはコネキシンに類似した25種類以上もの膜タンパク質が属している．ちなみに植物にはギャップ結合は存在せず，その代わりとして「原形質連絡（plasmodesm；複数形はplasmodesmata）」が細胞質間の連絡を担っている．

イブ仮説
[Eve hypothesis]

アメリカのアラン・ウィルソン（Allan Wilson）らが提出した「すべての現代人は1人の女性を共通の祖先とする」という仮説（1987年）．この学説を旧約聖書にある人類の祖先アダムとイブにちなんで"イブ

仮説"あるいは"ミトコンドリア・イブ（mitochondrial Eve）仮説"と呼ぶ．その女性は約20万年前東アフリカに生まれ，約11万年前ごろ東アフリカから大移動を開始した部族の1人であったというのだ．実際，彼らは世界各地に住む多彩な人々から口腔内の細胞を綿棒でなぞることで採取し，そこから得られたミトコンドリアDNA（mtDNA）の塩基配列を決定し，統計的に解析して系統樹を描いたところ，その根元は一点に集約されていた．その後，英国のサイクス（Sykes, B.）によって行われた大規模な調査によると，ほとんどの欧州人はイブの子孫である7人の女性を祖先とし，日本人もこれらの子孫であるという（「イヴの7人の娘たち」ソニーマガジンズ）．現代人ホモ・サピエンス（Homo sapiens）の東アフリカ起源説は類人猿の化石の研究からも提唱されていたがDNAレベルでも正しさが確認されたことになる．ホモ・サピエンスの最初期の化石（13万年前）とDNA解析の結果を総合すると，ホモ・サピエンスの出現はDNAの解析からは13～46万年前で，アフリカから世界各地へのヒトの移動は10万年前以降と推測できるという．そもそも精子のミトコンドリアは受精の時に捨てられ，受精卵には入って行けないので全人類のmtDNAは母親由来であるという事実がこの仮説の基盤となっている．すなわち，当時の地球上には多数の女性が生きていたはずだが，そのうちのたった1人の女性の産んだ女児の子孫のみが，その後の11万年間にわたって最低1人は女の子を産み続けたことを意味するのである．その意味で，現在，この地球上に生きている数十億人の女性のうち，まずは第1条件として女の子を産み，今後11万年もの間，その子孫が女の子を産み続ければ，その女性は11万年後の人類から大先祖として崇められるであろう．

異変性接着
[merotelic attachment]

細胞が細胞周期のM期前期で染色体が凝縮すると，両極の中心体から微小管（紡錘糸）が伸びてきて動原体の両側へ固定される．このとき動原体へ正常に紡錘糸が接着している正常な状態は双方向（amphitelic）接着と呼ばれる（図）．異常な接着も観察されていて両極から2本の紡錘糸が伸びているが片方の動原体にだけ紡錘糸が付いた異常は異変性（merotelic）接着，単一極から伸びた2本の紡錘糸が両方の動原体に付いた異常は同方向性（syntelic）接着，単一極から伸びた1本の紡錘糸が片方の動原体に付いた異常は単方向性（monotelic）

◆ 紡錘糸と動原体の接着様式

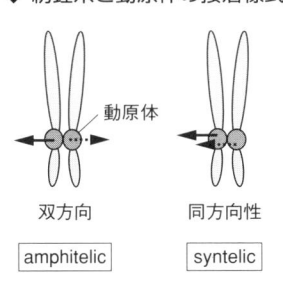

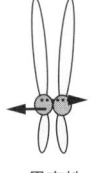

| 双方向 | 同方向性 | 異変性 | 単方向性 |
| amphitelic | syntelic | merotelic | monotelic |

（動原体）

接着と呼ぶ．このような異常接着が起こるとオーロラBと呼ばれるタンパク質が活性化され，動原体の制御タンパク質をリン酸化することで正しい接着へ修正する．

イモビライン
[Immobiline]

種々の等電点（pK値）をもつ電解質の商品名（GEヘルスケアバイオサイエンス社）．別名はアクリルアミドバッファー（Fluka社：日本ではシグマ社より販売）．これをポリアクリルアミドゲル支持体に共有結合させることで，電気泳動中に変動することのない固定化されたpH勾配を形成させて等電点電気泳動を行う．

医療の個別化
[personalized medicine]

SNP解析による個々人の遺伝子の1塩基の違いを基盤とした医療でオーダーメード医療*あるいはテーラーメード医療*と呼ぶこともある．医学的には同一の疾患でも，体質により薬の効き方が異なるという問題点を解決するために考え出された．言い換えれば体質を遺伝子レベルで理解して，それに合わせて薬の量や質を按配する医療の考え方．ウイスキーを1本空にしても平気な人と，ビールをコップ1杯飲んだだけで顔が真っ赤になる人がいるように，薬の効き方も違うのだと考えるとわかりやすい．

イレッサ
[Iressa]

抗癌作用のある分子標的治療薬の一つで一般名はゲフィチニブ（gefitinib）．非小細胞肺癌治療薬として2～3割くらいの患者に腫瘍縮小効果がみられる画期的な抗癌薬として注目を浴びた．2002年1月25日に承認申請され，同年7月5日に承認され8月には保険適用されたという超迅速の認可も話題となった．2万人以上の患者に投与された結果，著明な治療効果をもたらした一方で200人以上の間質性肺炎による副作用による死者がでたことから，賛否両論のさまざまな議論を巻き起こした．分子標的は上皮性細胞成長因子受容体（EGFR：epidermal growth factor receptor）で，イレッサはEGFRの活性化に必要なATPの結合部位に競合的に結合して活性を阻害する（図）．正常上皮細胞ではEGFRの量は少なく活性化もされていないが多くの癌細胞ではEGFRが大量発現されて活性化されていることから抗癌薬として期待された．しかし，正常細胞にも少量ながら発現されているEGFRを阻害することから副作用の予測もあった．肺では炎症や抗癌剤の影響で肺胞上皮が傷害されるとEGFRが増加し活性化されて肺胞上皮を再生しようとする．イレッサがこれを阻害するため傷害部分に線維芽細胞が入り込んで肺胞腔内を線維化させ間質性肺炎や肺線維症を起こすと考えられる．

インサイチュ・ハイブリダイゼーション
[in situ hybridization]

細胞や組織の形を保ったまま，標的した核酸をハイブリダイズ（相補鎖結合）させることで細胞や組織内のDNAやmRNAの分布を光学顕微鏡などにより調べる方法．"in situ"（インサイチュあるいはインシツー）とは"本来の場所で"という意味のラテン語である．

インシリコバイオロジー 同 in silico 生物学
[in silico biology]

ゲノム情報やプロテオーム*情報をもと

◆ イレッサ®（ゲフィチニブ）が抗癌剤として効くしくみ

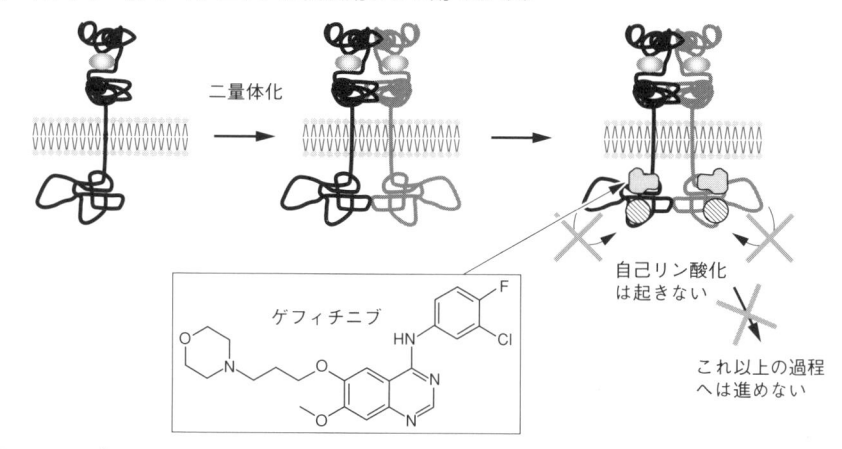

二量体化 → → 自己リン酸化
は起きない

これ以上の過程
へは進めない

ゲフィチニブ

ゲフィチニブはEGFRの細胞内領域に結合することで自己リン酸化をできなくして，シグナルが細胞内へ伝達するのを邪魔する

にして，総体的な遺伝子ネットワーク・パスウェイ（network pathway）の働きを調べた結果（⇒ システオーム）をコンピュータ内でモデル化したうえで再現する実験（simulation）を行うこと，あるいはその手法で推進される生物学．細胞システムや病理システムをモデル化してコンピュータ内でシミュレーションを行いながら，実際の生物を用いた実験を並行して行い，両者の結果を比較しながら研究が進められる．現在，すでに遺伝子ネットワーク・パスウェイのデータベースが構築されており（KEGG, http://www.genome.ad.jp/kegg/），細胞内シミュレーションモデル（E-CELL project, http://www.e-cell.org/）や病理現象モデル（Entelos, http://www.entelos.com/ など）も開発されている．⇒ バーチャル細胞

インスレーター
[insulator]

染色体上の境界を規定すると想定される領域．実在するか否かも含めて詳細は不明な点が多い．

インターラクトーム
[interactome]

相互作用（interaction）とゲノム（genome）を融合した用語．1つの生物がもつすべての遺伝子のセットをゲノムと呼ぶのに倣って，1つの生物あるいは細胞に発現しているすべてのタンパク質の相互作用のネットワークを解析すること．

インテイン
[intein]

ある種のタンパク質は自己触媒的に特定の場所で再編集されるが，このとき切り出される部分をインテインと呼ぶ（次ページ図）．両端に残った部分はエクステイン（extein）と呼ばれ，やはり自己触媒的に結合して成熟タンパク質となる．これらの用語はmRNAのイントロンとエクソンに因んで命名された．ただしmRNAのスプラ

イシングとは異なり，一般にインテインはエンドヌクレアーゼ活性をもつため反応は自己触媒的に起こる．1987年に発見されて以来，研究が進み，これまでにそれ以後真核生物，真正細菌，古細菌のいずれにおいてもこのしくみが存在することがわかってきた．例えば出芽酵母のTfp1（液胞型 H$^+$-ATPase サブユニット a）は中央にあるエンドヌクレアーゼと相同性のある領域（VDE）がタンパク質スプライシングにより切り出される．VDEは性フェロモン刺激を受けて転写誘導される一群の遺伝子の上流にある共通配列に結合して転写を制御するという機能をもつ．ワイン酵母のなかには VDE の挿入が見つかるものと，そうでないものが両方存在することから VDE の挿入は進化上比較的最近生じたものと考えられている．インテインの長さは400アミノ酸程度で，そのN末端側とC末端側が特徴的なアミノ酸配列をもつ．インテインのほとんどはホーミングエンドヌクレアーゼ（homing endonuclease）と呼ばれるDNAを切断する酵素活性をもつタンパク質をコードする領域を含む．この作用によりイン

◆ Xuらによるタンパク質スプライシングのモデル

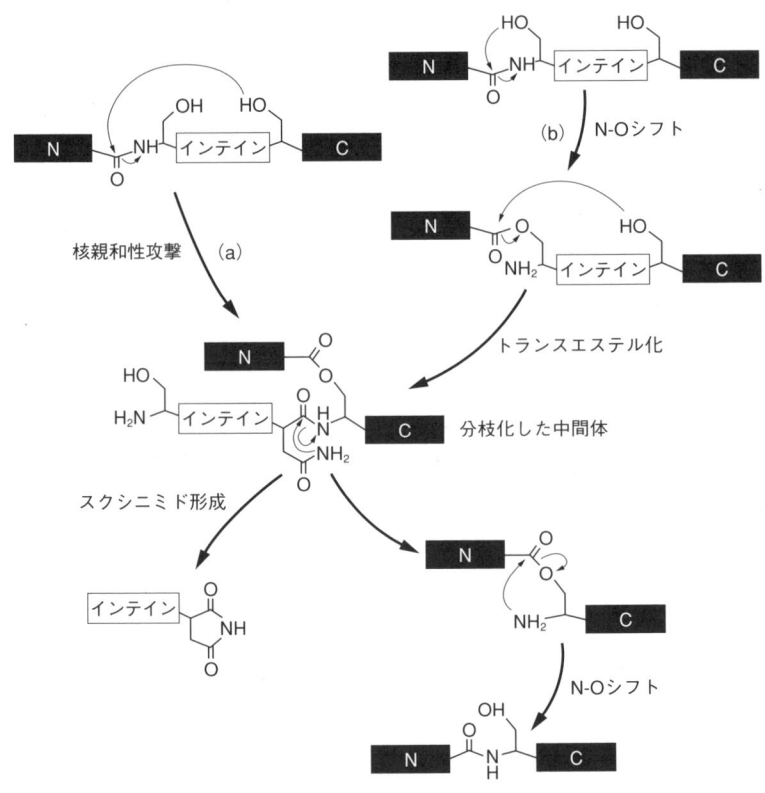

Cooper, A. A., Stevens, T.H., TIBS 20 : 351-356, 1995より改変

テインはゲノムの中に挿入されて次々と伝播してきたと考えられている．これまで細菌や酵母では100種類以上見出されているが，哺乳類ではまだ見つかっていない．インテインの命名法は特殊で，例えば*Thermoplasma acidophilum*という生物種のVacuolar ATPase subunit A (VMA) タンパク質の中にあるインテインはTac VMAと命名される．インテインがもつ作用は特殊で有用なため，タンパク質の人工合成や部位選択的な標識など，タンパク質工学の新たな技術としてさまざまな応用が考えられている．　▶ エクステイン

インテグロン
[integron]

インテグロンは，グラム陰性細菌に広く存在している可動性遺伝因子で，薬剤耐性遺伝子の細菌間の伝播に関与している．これまでに少なくとも4種類のインテグロンが発見されている．一方，抗生物質耐性因子，病原性因子，制限エンドヌクレアーゼの作用をもつ遺伝子のセットをインテグロンカセット (integron casette) と呼ぶ．これらのカセットは環状で，標的となるゲノム内に存在するインテグロンを介して挿入される．このときインテグロンはカセットを挿入するために必要となる酵素（インテグラーゼ：integrase）と挿入された遺伝子の発現に必要な塩基配列の両方を供給する．より具体的には，インテグロンはDNA鎖切断と再結合に関与する酵素（インテグラーゼ）の働きにより，GTTRRRY（Gはグアニン，Tはチミン，Rはプリン，Yはピリミジン）という塩基配列の部位でDNA鎖の組換えを引き起こし，インテグラーゼ遺伝子（*int I*）の下流にさまざまな遺伝子断片を挿入蓄積する．

イントロン　同 介在配列 (intervening sequence：IVS)
[intron]

真核細胞の遺伝子が転写されたのち，スプライシング*によって切り取られる領域のこと．介在配列 (intervening sequence：IVS) と呼んでいたこともある．主としてRNAポリメラーゼⅡによってmRNAへと転写される遺伝子に含まれているが，rRNAやtRNAをコードする遺伝子などのように，そのRNA転写物が翻訳されない遺伝子領域にも見出される．　▶ エクソン

インパクトシステム
[IMPACT (intein mediated purification with an affinity chitin-binding tag) system]

タンパク質スプライシング現象を利用して，大腸菌などで大量発現させたタンパク質の目的とする部分のみを切り出すシステム．プロテアーゼを一切使わない点でユニークなシステムで，標的タンパク質（X）とキチン結合ドメイン (chitin binding domain：CBD) の融合部位に，タンパク質スプライシングを起こすようなアミノ酸配列が挿入されている．大腸菌で大量発現したのち抽出液をキチン樹脂に通過させると融合体CBD-Xのみが捕捉されるが，次いで還元剤 (di-thio threitol：DTT) を添加するとタンパク質スプライシングが起こって標的タンパク質のみが切り出される．このシステムの応用として興味深いのは両端にインテイン*シグナルを付加した双子 (twin) 系（図b）で，N末端側は温度・pHシフトで，C末端側は還元剤でタンパク質スプライシングを誘導する．このときもし標的タンパク質のN末端側がシステインならばC末端側のチオエステルを介してタンパク質が環状化することである．円順列変異解析*にこの技術は威力を発揮するであろう．

◆ Twinインパクトシステム（インテイン／エクステインを利用したタンパク質純化法）

a）インパクトシステムの概要

b）タンパク質の環状化

N末端のシステインとC末端のチオエステルによりインテイン1，2が外れて，標的タンパク質が環状化する

イン・ビトロ・ウイルス
[*in vitro* virus]

抗生物質のピューロマイシン（pur：puromycin）は低濃度で使用すると翻訳されたばかりの全長タンパク質のC末端に特異的に連結される．一方，スペーサーを用いるとmRNAの3'末端側にピューロマイシンを結合させることもできる．これらの性質を利用すればmRNAと全長タンパク質が結合した分子（*in vitro*ウイルス）を作製できる（柳川弘志ら，1997年）．これは進化分子工学*の視点からすると遺伝子型（mRNA）と表現型（タンパク質）を連結させたことになる．cDNAライブラリーの中に含まれる遺伝子（cDNA）群を*in vitro*で翻訳するときにピューロマイシンを介して*in vitro*ウイルス（mRNA-pur-protein）群を生合成し，相互作用する複合体をアフィニティー精製すれば，相互作用するタンパク質をコードするmRNAもついてくるので，PCRで増幅すればクローニングが容易である．同時にピューロマイシンに蛍光物質を付加させておけば相互作用の解析に有用である（次ページ図b）．

◆ *in vitro* ウィルス

a) *in vitro* ウイルス対応づけ技術　　b) タンパク質のC末端ラベル化技術

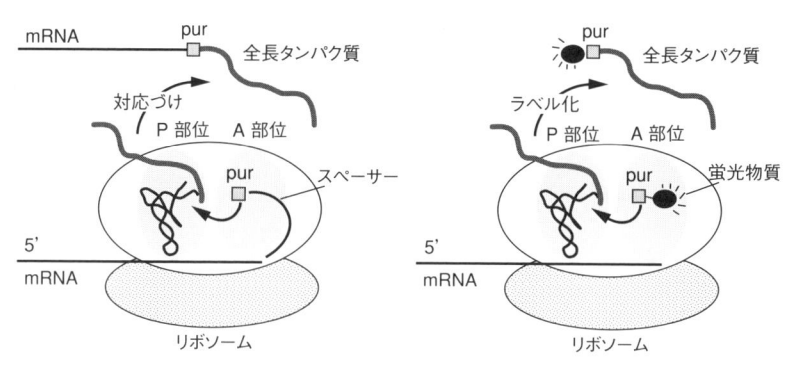

ピューロマイシン (pur) は低濃度で全長タンパク質のC末端へ特異的に結合する性質を利用して開発された2つの技術 (柳川弘志ら FEBS let., 414, 405, 97などを参照して作図)

インビボ
[*in vivo*]

　バイオ関連の実験において細胞内で, あるいは生体内で行う実験という意味で用いる用語. これに対して試験管内で, あるいは無細胞系で行う実験という意味では インビトロ (*in vitro*) という用語を使う.

インフォームド・コンセント
[informed consent]

　患者から採取した血液や組織を研究に用いるときに, 患者に研究の目的などをわかりやすく説明したうえで, 試料提供に関する同意を書面 (サイン) にて得ること. 遺伝子差別*が起きないように, 試料提供者のプライバシーをはじめとした遺伝情報管理体制の整備が不可欠である.

インフラマソーム
[inflammasome]

　炎症を制御するタンパク質複合体でアポトーシスを誘起するカスパーゼを活性化する. この複合体にはカスパーゼ-1, カスパーゼ-5, Asc/Picard, NALP1という4種類のタンパク質が含まれる. この複合体 (なかでもカスパーゼ-1) が炎症性のカスパーゼを構成し, 例えば炎症反応に重要な役割を果たすインターロイキン1β前駆体 (proIL-1β) に働きかけてAsp116の位置で切断して活性型のインターロイキン1βを切り出し, 炎症反応を促進すると考えられている.

インフルエンザ菌
[*Haemophilus influenzae*]

　北里柴三郎らが重症のインフルエンザ患者から分離した (1892年) グラム陰性桿菌で, 肺炎などを起こす. インフルエンザの病原菌と考えられたためインフルエンザ菌と名づけられた. 発育因子としてヘミン (hemin) またはヘミンを含む血液を要求することから, 愛好者を意味するラテン語 (philus：ギリシア語の [$\varphi\iota\lambda\acute{o}\sigma$] のラテン語化) を語尾につけて, ヘミン愛好菌と

いう意味で属名（Haemophilus）がつけられた．その後，1933年にインフルエンザウイルスこそが真の病原体であると証明されて名前だけが残った．実際にはインフルエンザウイルスに感染して免疫力が低下した患者に二次感染して症状を悪化させていたことがわかっている．感染した乳幼児の致死率や後遺症発生率は高いが予防接種（HIBワクチン）で感染を防げる．

インベーダー法　同 侵入法
[invader method]

SNP解析法の一つ．PCRによる増幅が不要で迅速，低コストでSNP変異が検出でき，全自動化に適している．あらかじめ設計したインベーダーオリゴヌクレオチドプローブがハイブリダイズしたときにのみ特異的に切断する酵素（clevase）がプローブを切断し，遊離した断片を検出する．米国のThird Wave Technologies社が開発した．

操作の手順　（図参照）

❶ まずフラップ（flap）領域をもつシグナルプローブ（signal probe）を標的DNAにハイブリダイズさせる
❷ 標的DNAの隣接する塩基配列を特異的に認識するインベーダーオリゴヌクレオチドをハイブリダイズさせると，フラップ領域は元来標的DNAとはハイブリダイズせずに浮遊しているのでその間に侵入できる
❸ 標的DNAのSNPがGのときはハイブリダイズしないのでclevaseが切断できず反応はそこで止まり発光しない（図b）．SNPがTのときはインベーダーオリゴヌクレオチドのAとハイブリダイズするのでclevaseにより切断できてフラップ部分を含んだ断片が遊離してくる（図a）
❹ これとフレット（FRET）プローブを混ぜると同様の原理でフラップが侵入的にハイブリダイズする
❺ フレットプローブは蛍光色素が消光剤と結合しているが，clevaseによって切断されると消光剤が外れ，蛍光色素が遊離して蛍光を発色するのでこれを検出する

陰陽ハプロタイプ
[Ying-Yang haplotype]

同一遺伝子座に見つかった2種類（陰と陽）の1塩基多型（SNPハプロタイプ）が拮抗した効果をもたらすこと．例えば*TPH2*遺伝子で見つかった2種類のSNPのうち，陰ハプロタイプをもつ人はうつ病を発症しやすく，陽ハプロタイプをもつ人はうつ病を発症しにくいという．うつ病や自殺にはセロトニン作動性の機能不全が関与しており，TPH2は脳内のセロトニン合成における律速段階酵素であるトリプトファン水酸化酵素（TPH）をコードする．脳脊髄液（CSF）における5-ヒドロキシンドール酢酸（5-HIAA）濃度はセロトニン代謝回転速度の神経化学マーカーの1つであるが，精神病患者とは異なり，健常者では陰ハプロタイプが脳脊髄液中の5-HIAA濃度の低下と関連しているらしい．

ウイルソイド
[virusoid]

植物RNAウイルスのゲノムRNAとともに殻の中に存在している約300bpからなる環状一本鎖RNA分子のこと．ウイロイドと同様に植物細胞に寄生しているRNA分子であるが，ウイロイドとは異なり単独での感染性はない．ただし，RNAを自己切断できるライボザイム*様活性が見出されている点ではウイロイドに似ている．

◆ インベーダー法

a) インベーダーオリゴと
　ハイブリダイズするSNP（**T**）の場合

フラップ（flap）
シグナルプローブ

フラップ（flap）
clevaseの認識部位
インベーダー
オリゴ
シグナルプローブ
標的DNA
← clevase

蛍光色素
消光剤
制限酵素による切断
フレット（FRET）プローブ
← clevase

蛍光発光

b) インベーダーオリゴとは
　ハイブリダイズしないSNP（**G**）の場合

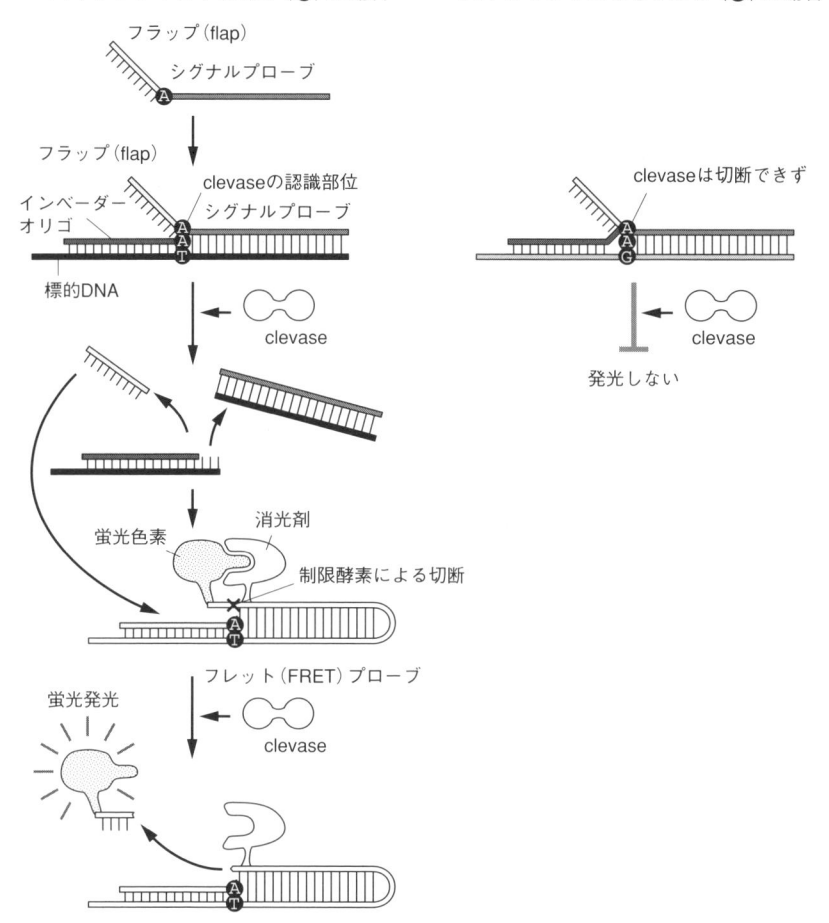

clevaseは切断できず

← clevase

発光しない

ウイロイド
[viroid]

　植物に対して病原性を示す環状一本鎖RNA（約300bp）．ウイルスと異なりタンパク質の殻をもたず，プラスミドのごとく裸で細胞内に見つかる．最初，ジャガイモの瘦芋病の病原体として発見され（1971年），その後，ホップの矮化病，リンゴのさび化病などにおいてウイロイドが病因であることが示されてきた．cDNA がクローン化され病原性に必須な領域が同定されている．ウイロイドは RNA を自己切断できるライボザイム*様活性をもつ． ➡
ウイルソイド

ウエスタンブロット　同 ウエスタン法，イムノブロット（immunoblot）
[western blot]

　タンパク質の解析法の一つ．例えば細胞抽出液をSDSを含むポリアクリルアミドゲル電気泳動（SDS-PAGE）によって分画してできた泳動パターンをそのままナイロンフィルターに移し，これを標的タンパク質に対する抗体によって検出する．概念的にはサザンブロット（開発者のSouthern, E. M.にちなんだ名称）やノーザンブロットと同じなので，ウエスタンブロットと呼ばれるようになった．

エイティーエイシー法　→ iAFLP
[ATAC：adapter-tagged competitive PCR]

　3'末端の塩基配列が既知のDNAを基質としてサイズの異なるアダプターを用いて行う競合的なPCRの変法．遺伝子発現量の解析に有用でノーザンブロット解析に比べ，少量で多数の試料を短時間に解析できるのが利点である．また，解析したい組織に特有なサイズの異なるアダプターを用意することにより，組織間の発現量比を一度に測定することも可能である．

操作の手順

❶ 各組織からRNAを抽出しcDNAを生合成して制限酵素で断片化する

❷ 制限酵素で切断した位置に，共通な配列をもつが組織によって長さの異なるATAC－アダプターを各組織ごと個別に付加する

❸ 各組織cDNAを混合して基質とし，蛍光色素を付加したアダプタープライマーと解析したい遺伝子特異的なプライマーを用いてPCRを行う

❹ 電気泳動によりPCR産物をサイズによって分ける

❺ 各バンドの蛍光強度を測定すると，これが発現量を反映する．ただし測定精度を上げるため内部標準を3点とってキャリブレーション曲線を描いておく

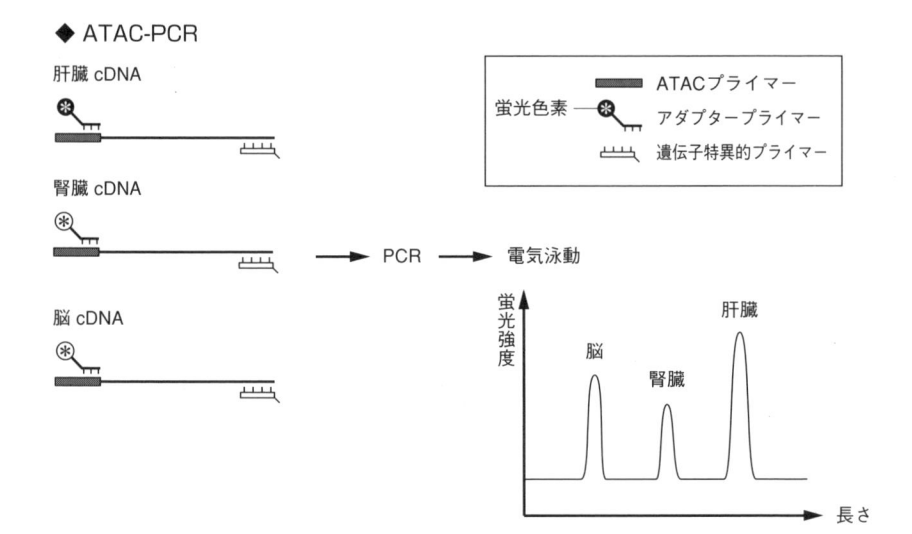

◆ ATAC-PCR

エイレス（エーアールイーエス）標識法
[ARES labeling method]

核酸標識法の一つ．アミノアリル（aminoallyl）dUTPをDNAポリメラーゼによってDNAに取り込ませてから，アミノアリル基へ蛍光色素（succinimidyl ester：SE）を共有結合させることで標識する方法（図）．アミノアリル法と呼ぶこともある．

エクステイン　→ インテイン
[extein]

タンパク質にもmRNA前駆体と同様にスプライシングという現象が見つかっており，タンパク質前駆体において切り出されずに残る部分（external protein fragment）をエクステインと呼ぶ．

エクステンシブ・メタボライザー
[extensive metabolizer：EM]

ある薬物に対して代謝能力の強い人を指す．　→ プア・メタボライザー

エクソソーム
[exosome]

細胞内（核と細胞質両方）に存在するRNAを分解する役割をもつ巨大複合体（300〜400kDa）の名称．タンパク質分解のためのプロテアソームのRNA版である．RNAを3'末端からあるいは3'末端→5'末端の方向へ分解する．出芽酵母*では少なくとも10種類のタンパク質（Rrp4, Rrp40, Rrp41, Rrp42, Rrp43, Rrp44, Rrp45, Rrp46, Mtr3, Csl4）がコアサブユニットととして同定されている．これに加えて4つの結合因子（Mtr4, Ski2, Ski3, Ski8）と核内でだけ結合する核内サブユニット（Rrp6）とが構成因子として知られている．構造が類似なタンパク質がヒトなど哺乳動物にわたって広く見つかるため，エキソソームは進化的に保存された構造体だと考えられている．

◆ エイレス標識法

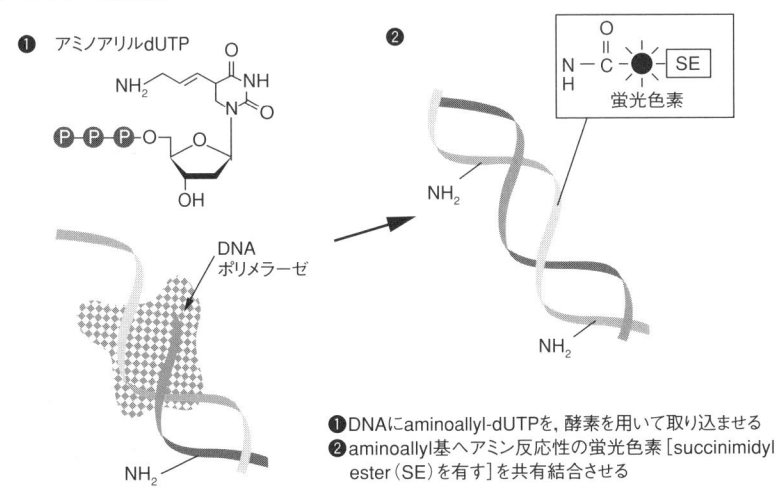

❶ アミノアリルdUTP

❷

❶DNAにaminoallyl-dUTPを，酵素を用いて取り込ませる
❷aminoallyl基へアミン反応性の蛍光色素［succinimidyl ester（SE）を有す］を共有結合させる

エクソン混成　同 DNA 混成（DNA shuffling）
[exon shuffling]

異なる遺伝子のエクソンが組合わさって新しい遺伝子を生むこと．Gilbert, W. はこの現象が地球上に多彩な生物が進化してきた原動力であると提唱した．例えば血小板由来成長因子（PDGF）受容体は3つの領域から構成されるが，そのうち細胞外領域では免疫グロブリンに似た配列が5回重複し，細胞内領域はチロシンキナーゼ共通構造をもつ．すなわち，2つのエクソンが融合して進化してきたと考えられる．真核生物において無駄と思える数多くのイントロンが存在する理由はエクソン混成の促進という役割を考えれば納得がいく．

エクトドメインシェディング
[ectodomain shedding]

ある種の増殖因子（EGFなど）が膜結合型タンパク質として生合成されたのち，細胞膜表面においてタンパク質分解酵素（プロテアーゼ）による特異的な切断を受けて液性因子として細胞外へ分泌される現象のこと．細胞間コミュニケーションに関与する調節機構の一つである．

エスエイチスリー・ドメインアレイ
[SH3 domain array]

SH3領域をもつタンパク質群をアレイ上に並べたもの（ ▶ プロテインチップ）．SH3（Src Homology 3）領域は，Srcタンパク質内に存在する50～70のアミノ酸残基からなる短い保存領域で，アンチパラレル（anti-parellel）β鎖が5～6本密集したβバレル（barrel）構造を形成している．疎水性のβ鎖は，親水性のループで結ばれて2つの直交するβシートを構成しているので，アミノ基とカルボキシル基の末端領域が接近している．プロリンを数多くもつ6～12残基の共通配列を含んだペプチド領域（リガンド）を介して標的タンパク質と特異的に結合する役割をもつ．SH3リガンドにはType I（RKXXPXXP）とType II（PXXPXR）の2つの型が知られており，プロリンが親水性のポケットを占領するようにして結合する．ヒトには約408種類のSH3領域を含むタンパク質があり，SH3は相互作用の仲介役として細胞間のコミュニケーションや細胞表面から核へのシグナル伝達を担っている．

◆ βバレルを形成したSH3領域と，その領域と相互作用するプロリンリッチのリガンド

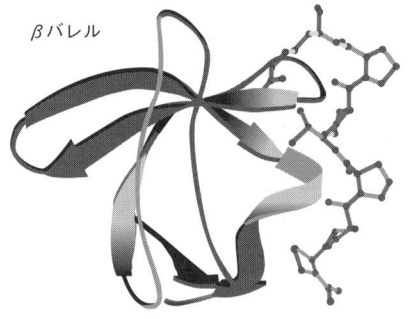

エスエスシーピー
[SSCP：single strand conformation polymorphism]

患者の一塩基レベルの置換を感度よく検出できる遺伝子診断法の一つ．塩基配列に依存して特異的な立体構造をとる一本鎖DNAは一塩基置換でも電気泳動度の違いとして検出できる．SSCPはこの性質を利用し，5'末端を標識したプライマーを用いて試料DNAをPCRにより増幅する．これを変性して一本鎖にしたうえで中性のポリアクリルアミドゲル電気泳動にかけてバン

◆ PCR-SSCP法の原理

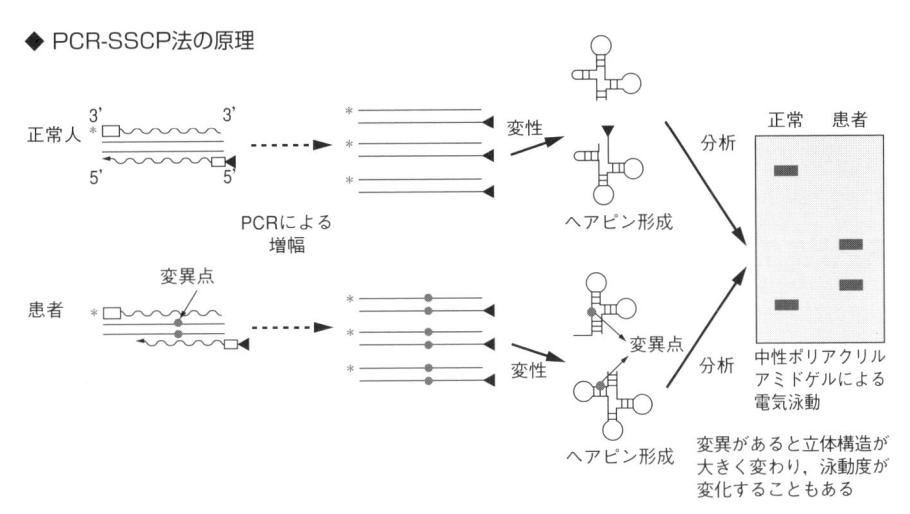

野島 博/著「ゲノム工学の基礎」（東京化学同人，2002）より改変

ドの位置変化を検索する（図）．

エックスビボ
[*ex vivo*]

患者から標的細胞（例えば骨髄細胞）を体外に取り出し，体外で何らかの操作をしたのちにその細胞を再び患者の体内に移植して戻すこと．操作には治療の対象となった遺伝子の導入を含む（遺伝子治療）が，遺伝子を導入しない操作の場合（例えば未分化骨髄細胞を分化誘導する）にも使うことができる．ex は「外」を，vivo は「生体で」という意味をもつ．

エピジェネティックス
[epigenetics]

ゲノムに記された遺伝情報（DNAの塩基配列）を変更することなく遺伝子機能を制御し，しかもそれが次世代へと継承される現象の総称．「後成性」という訳語もあるが，現代ではほとんど使われていない．

遺伝子の情報がどのように生物の働きに反映されているかを研究することを遺伝学（ジェネティックス）と呼ぶ．これに「接して」という意味をもつエピ（epi）という接頭語を付けた用語が「エピジェネティックス」で，遺伝子に記されていない形質が遺伝することを意味する．例えば遺伝子の塩基配列が全く同じであるはずのクローン生物（ヒトの場合には一卵性双生児）を同じ環境下で生育させた場合でさえ，異なった特徴を示すことがある．この現象を説明するためにエピジェネティックスという概念は役に立つ．エピジェネティックスの実体は遺伝子の働きの調節，すなわち遺伝子発現スイッチの「オン」「オフ」制御で，例えばDNAのアデニンとシトシン（AとC）がメチル化されることでゲノム刷り込み*というエピジェネティックな制御が生じる．あるいはヒストンタンパク質は，その特定のアミノ酸残基がメチル化，リン酸化，アセチル化，ユビキチン化，スモ（SUMO）化などの修飾を受けることでクロマチン構造を変化させ，巻き付いたDNAの働きを

調節することでエピジェネティックな制御を起こす．ヒストン修飾のパターンは次世代に継承されるところから，この現象を遺伝コードになぞらえてヒストンコード*と呼ぶ．

エムドゲイン　▶ GTR
[emdogain：EMD]

歯の再生研究において注目されているエナメル（enamel）基質タンパク質で主としてブタの発生期の歯胚から精製される．セメント芽細胞を誘導することでセメント質の形成を促進するだけでなく，歯根膜細胞を増殖させる作用をもつため，歯の再生における第1世代の技術（歯槽骨の再生促進）として研究されてきた．しかし，ブタ由来のタンパク質であるため，アレルギー反応を起こしたり，未知の感染体が人体に感染する危険性が指摘され，加えて有効性の低さと手技の困難さから研究は下火になった．しかし，ヒトの組換えタンパク質を使えばこれらの困難は解決できるはずであろうから，いずれ復活して再生歯科医療の切り札となる可能性を秘めたタンパク質である．

エムベーダー
[mVADER]

PNA*を用いて細胞や組織から直接に高純度のmRNAを分離する方法．ポリAテールとの特異的な結合にはオリゴdT配列を有した2種類のPNA〔HypNA（hydroxyproline peptide nucleic acid）とpPNA（phosphono peptide nucleic acid）〕の結合した安定なHypNA-pPNAを用いる．普通のmRNAの場合には直線型HypNA-pPNAを用いてトリプレックス（三重鎖）を形成させる（図a）．従来のオリゴdTを用いる方法では捕捉が困難であった高次構造のた

◆ エムベーダー

a) 通常のmRNAの場合

b) mRNAの立体構造のためポリAテールが隠されている場合

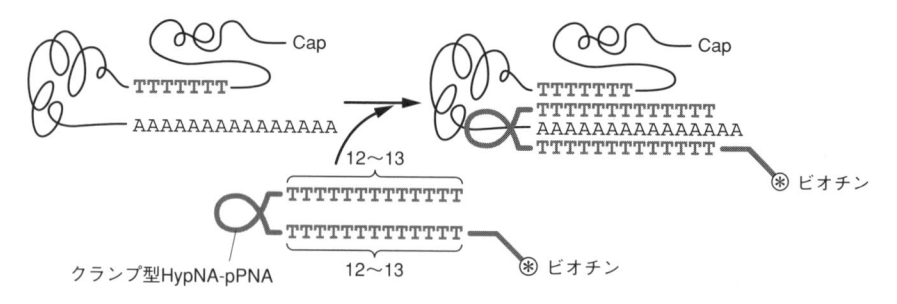

めポリAテールが隠されている特殊なmRNAの場合にも，クランプ型HypNA-pPNAを用いれば高次構造の中に侵入してmRNAとトリプレックスを形成するため，やはりmRNAを捕捉できる（図b）．こうして本来の細胞内でのmRNA集団全体を反映したmRNAが分離できるのがこの方法の利点である．

エルシーアール
[LCR：ligase chain reaction]

高度高熱菌の産生する耐熱性DNAリガーゼを用いてDNAを指数関数的に大量増幅する方法．この方法は長いDNA断片の増幅には向かないが遺伝子診断には好都合である．なぜならば，もし点変異が存在することがわかっている疾患について変異点特異的なオリゴヌクレオチドを設計すれば，ミスマッチが生じた場合には連結されないため増幅も起こらないからである．実際，オリゴヌクレオチドに最初からビオチンなどを付加しておけば増幅と同時に検出もできるので便利である．

原理 （次ページ図参照）

❶ まず増幅したいDNA断片をカバーする1組の隣接したオリゴヌクレオチドを標的DNAを熱変性（95℃）したのちアニールする（65℃）
❷ これに耐熱性DNAリガーゼを働かせて接続する（65℃）
❸ ❶〜❷のステップを自動的に繰り返してオリゴヌクレオチドでカバーされる領域を増幅する

エルシーエム
[LCM：laser capture microdisection]

強力な破壊力と高い精度をもつレーザー光をナイフ（レーザーメス）として微細な癌組織などを切り取る技術．例えば癌組織で転写誘導されている遺伝子を包括的に検索するためにcDNAマイクロアレイを検索するプローブを準備する際に，癌組織のみを正確に切り取るときに有用な技術である．ガラススライドに付着させた組織切片を染色後に，特殊なトランスファーフィルム（transfer film）をつけたキャップを載せ，顕微鏡下に観察しながらレーザー光を当てて癌細胞のみを切り取る．キャップを持ち上げれば切除した部分のみが吊り上るしくみである．

エレクトロポレーション 同 電気穿孔法
[electroporation]

細胞とDNAを混ぜてから高圧電気パルス（10KV/cm 程度）を与えることで，細胞膜にDNAが通過できるほどの小孔を一過性に作ってDNAを取り込ませる方法．小孔の形成は可逆的なので，電場を除くと細胞膜は元の状態に戻るので，そのまま次の操作に移れる．この方法において注意すべきことはサンプルの中から塩（イオン）を完全に取り除くことである．少しでも塩が残っていると高圧電気パルスによってサンプルを入れておくキュベット（cuvett）の中に火花が散って使い物にならなくなる．その問題を解決するためには63ページの図に示した手順に従って実験すると良い．

塩基性線維芽細胞増殖因子
[basic fibroblast growth factor：bFGF]

動物の細胞間あるいは組織間にある線維性結合組織を構成する細胞である線維芽細胞（fibroblast）の増殖を促進するタンパク質（18kDa：等電点9.0）のこと．2種類あり，等電点から塩基性（basic）と酸性

◆ LCR法の原理

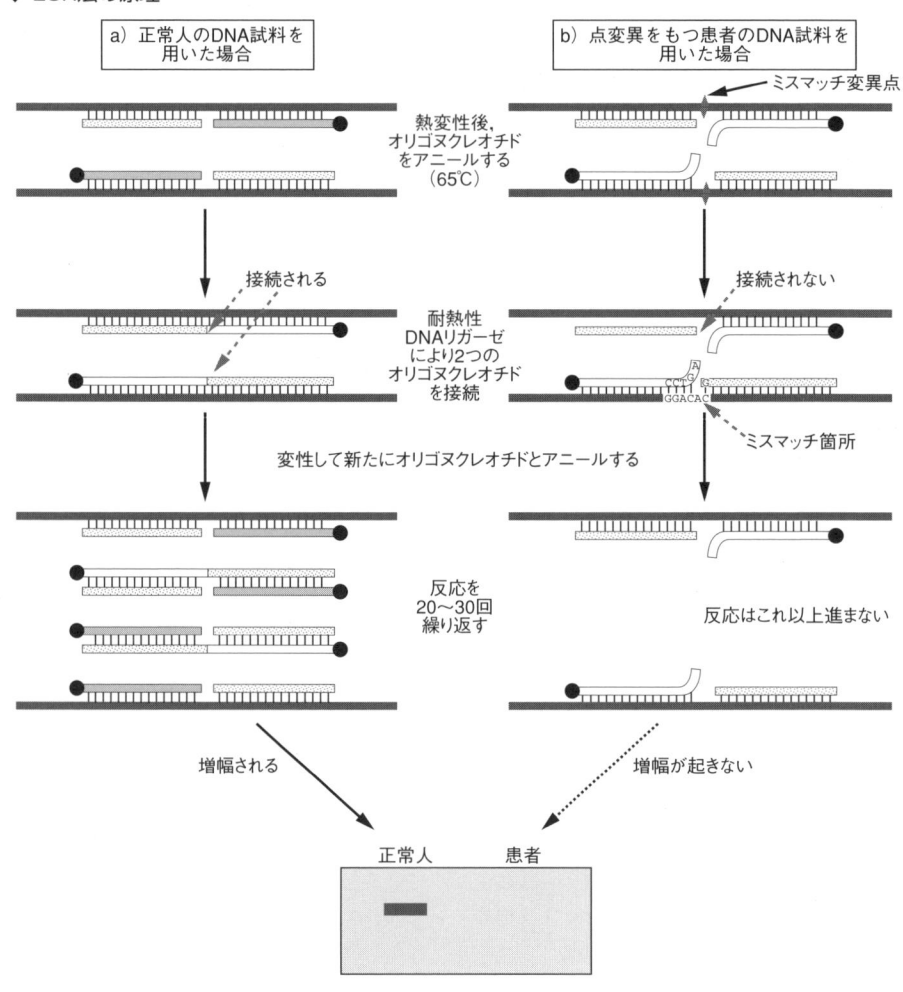

a) 正常人のDNA試料を用いた場合

b) 点変異をもつ患者のDNA試料を用いた場合

熱変性後、オリゴヌクレオチドをアニールする（65℃）

ミスマッチ変異点

接続される

接続されない

耐熱性DNAリガーゼにより2つのオリゴヌクレオチドを接続

ミスマッチ箇所

変性して新たにオリゴヌクレオチドとアニールする

反応を20〜30回繰り返す

反応はこれ以上進まない

増幅される

増幅が起きない

正常人　患者

野島 博/著「遺伝子診断入門」（羊土社，1992）より改変

（acidic）の2つの呼び方がある．再生医療にかかわりが深いのは塩基性のタンパク質である．研究が進むにつれて，線維芽細胞のみでなく中胚葉と外胚葉を起源とする細胞群（血管内皮細胞，軟骨細胞，神経細胞など）全般に作用して増殖を促進したり細胞分化を促したりと幅広い機能をもつことが明らかになってきた（64ページの図）．

エンコード計画
[ENCODE project]

　ENCODE とはENCyclopedia Of DNA Elementsの頭文字をとった言葉で，ヒトゲノムの全塩基配列のすべての領域の機能

◆エレクトロポレーション前のサンプル調整法

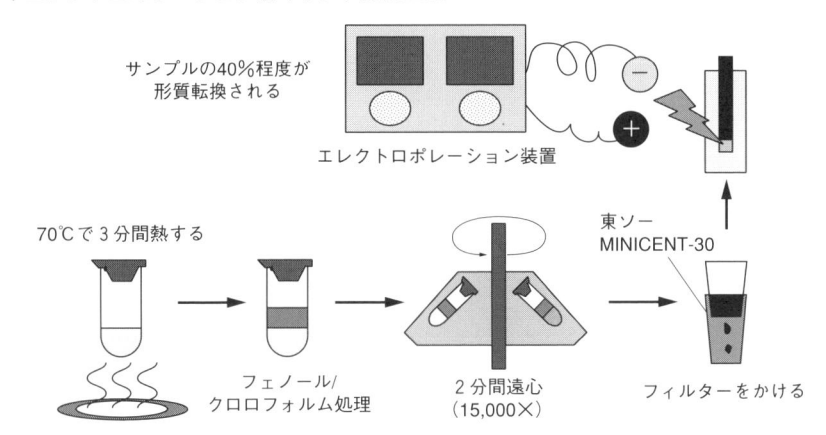

サンプルの40％程度が
形質転換される

エレクトロポレーション装置

70℃で3分間熱する → フェノール/クロロフォルム処理 → 2分間遠心（15,000×） → フィルターをかける

東ソー
MINICENT-30

◆エレクトロポレーションの手順

[サンプルの前処理法]
❶サンプルを70℃で30分間加熱する．
❷サンプルと等量のフェノール・クロロフォルム液を加え，よく撹拌してから2分間，小型遠心機（microfuge）で遠心する（毎分15,000回転）．
❸上清に等量のクロロフォルム液を加えよく撹拌してから2分間，小型遠心機で遠心する（毎分15,000回転）．
❹上清をミニフィルター（東ソー社，MINICENT-30：カタログ番号08627）を用い，フィルターの上に載せ，フィルター上の溶液がわずかに残るまで（約15分間）小型遠心機で遠心する（毎分10,000回転）．フィルターが潰れないように回転数は毎分10,000回転を守ること．
❺フィルターカップの中にTE（10mM Tris-HCl [pH7.5]，1mM EDTA）を200 μl 加えて毎分10,000回転でフィルター上の溶液がわずかに残るまで（約15分間）小型遠心機で遠心する．
❻❺の洗浄操作をもう2度繰り返す．
❼フィルターカップの中にTEを20 μl 加え，イエローチップを上下させてよく洗浄する．
❽フィルターカップを逆さにして，フタを切り取った1.5 ml のエッペンチューブ（小型遠心機用のプラスチックチューブ）に差し込み，約5秒間小型遠心機で遠心して，エッペンチューブの中にサンプルを回収する．

[エレクトロポレーションによる形質転換]
❶15ml のプラスチックチューブに1ml のSOC培地*を分注して37℃で保温しておく．またキュベットとキュベットホルダーは氷上で冷やしておく．
❷エレクトロポレーション用大腸菌（インビトロジェン社のエレクトロマックスDH12Sが優れている）を超低温冷凍庫から取り出し，氷上で溶かす．
①3本を1本にまとめ，そのうちの500 μl はスクリューキャップ付きチューブに移して7％DMSOにして−80℃に保存する（バックアップ1）．
②残りのサンプルは500 ml 用の三角フラスコに入った100 ml のLB液体培地（ウォーターバスであらかじめ37℃で温めておく）に希釈してよくかき混ぜた後，4ml を別のチューブに分注する．
③このうちの1.5 ml をスクリューキャップ付きチューブに移して7％DMSOストックにして−80℃に保存する（バックアップ2）．
④残りの溶液（2.5 ml）は1, 5, 10, 100, 500 μl 相当をそれぞれLB/Ampプレートに撒き（各3枚ずつ）37℃で終夜培養し，コロニーの数（titer）を測定する．
❸前処理の❽で回収したサンプル5 μl を，先の細い白いチップを使って，氷の上で冷やしておいたキュベットの底に均一に分注する．すべて使いたいときは4本のキュベットに分注しておく．
❹そのうえに50 μl（×4）のエレクトロマックスDH12Sをイエローチップで移す．
❺2.5キロボルト（kV），1.29オーム（Ω）の条件でエレクトロポレーションを行う．
❻遺伝子導入後の大腸菌を，あらかじめ37℃で温めておいた1.5 ml のSOC培地（×4本）にパスツールピペットを用いておのおの移し，37℃で1時間激しく（毎分200回転）振盪培養する．
❼サンプルの一部をとり，LBプレートに撒いて一夜37℃で培養した後に生えてくる大腸菌のコロニーを数える．
❽大量培養したいときはこれをすべて100 ml のLB培地に移して一夜培養する．

◆ bFGFとBMPの作用点の違い

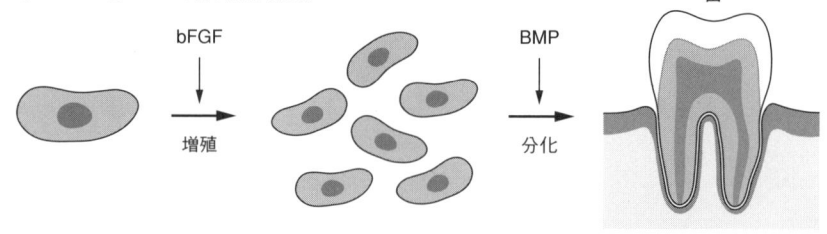

に注釈をつけるという米国が推進している壮大な計画のこと．日本ではゲノムネットワークプロジェクトという名前で同様の計画が推進されている．

円順列変異解析
[circular permutation analysis：CPA]

　タンパク質のN末端とC末端を適当なリンカー配列を用いるかインパクトシステム*を用いるかなどして結合して環状にしたのち，別の位置で1カ所だけペプチド結合を切断することで新たなN末端とC末端をもつ変異体を作製し，その機能の変化を解析すること．タンパク質の立体構造がアミノ酸配列からどのように決定されているかという折りたたみ（folding）問題と立体構造形成能（foldability）の解析に有用な方法である．

エンドスタチン
[endostatin]

　エンドスタチンはコラーゲンXVⅢのC末端にあるAla-His部位が切断されて生じているペプチド断片（20kDa）で，血管芽細胞のアポトーシスを誘導し血管新生を阻止することで腫瘍の増殖を阻害する．このほか，類似のこれら血管新生阻害ペプチドとしてアンジオスタチン（angiostatin），コラーゲンXVのNC10ドメイン，MMP-2（PEX）のC末端側ヘモペキシン様ドメイン，プロラクチンのN末端側フラグメント，N末端切断型血小板ファクター4などが知られている．ここにアンジオスタチンはプラスミノーゲン内のペプチド断片（約38kDa）で，プラスミノーゲンの中にある4つのクリングル（kringle）領域が種々のプロテアーゼによって切り出されて生じる．

エンドセリン
[endothelin]

　21個のアミノ酸からなる血管収縮性ペプチドで，類似なものが3種類（ET-1, ET-2, ET-3）見出されている（図）．これらはいずれも21個のアミノ酸からなり，分子内に2個のジルスフィド結合をもつ．2種類のエンドセリン受容体（ET-A, ET-B）はアミノ酸配列の半数が相同で，ともに7回膜貫通領域をもつGタンパク質共役型受容体である．エンドセリンとともに受容体も，血管のみでなく幅広い組織に分布する．エンドセリンは持続性の昇圧作用と一過性の降圧作用を有し，血管壁ではET-A受容体を介した血管平滑筋収縮作用とET-B受容体などを介した内皮依存性の血管拡張作用を示す．

エンハンサートラップ　➡遺伝子トラップ
[enhancer trap]

　遺伝子発現の程度をGUS*やGFP（➡

◆ エンドセリンファミリーの分子構造

エンドセリン1

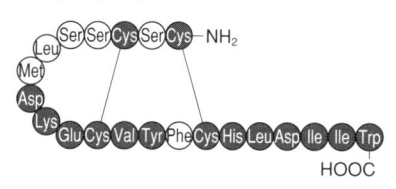

エンドセリン2

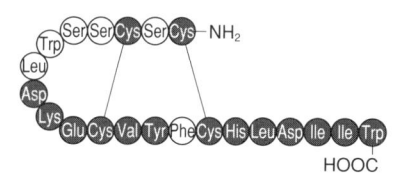

エンドセリン3

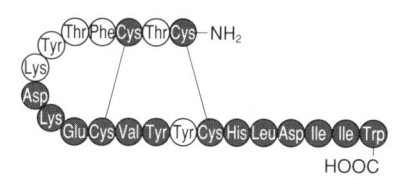

黒丸は3つの分子種の間で保存されている
アミノ酸配列，Cys-Cys：S-S結合

GFP融合タンパク質）などのリポーター遺伝子によって検出する方法の一つ．組織特異的な発現に寄与しない最小限のプロモーターをもつリポーター遺伝子をトランスポゾンに挿入してゲノム中にランダムに挿入する．もし，トランスポゾンが遺伝子の中やプロモーター領域に挿入されると，そこに存在する発現を促進する作用のあるエンハンサーと呼ばれる特別な塩基配列の働きでリポーター遺伝子も発現制御を受けるようになる．その結果，リポーター遺伝子の発現動態を解析することでエンハンサーの作用動態を可視化して研究することができる（次ページ図）．

エンベロープ
[envelope]

レトロウイルス*のコアタンパク質（キャプシド）を内包する形で外側に存在する脂質二重膜で，ところどころにエンベロープタンパク質が埋まっている．標的細胞膜表面の受容体にエンベロープが結合することによりウイルスと細胞の間で膜融合が起こり，ウイルスが細胞内へ進入できるようになる． ▶ レトロウイルス

オキシダティブバースト
[oxidative burst：OXB]

細胞内で一過的に活性酸素種（reactive oxygen species：ROS）が大量に産生されて生理的な作用を引き起こす現象のこと．生物が細胞内器官で好気的な代謝を行う過程で副産物として生じるROSは反応性に富み生体傷害を引き起こしやすいので各種の抗酸化的防御成分やROS代謝システムによって消去されることで恒常性が保たれている．真性抵抗性遺伝子をもつジャガイモ塊茎細胞にジャガイモ疫病菌（*Phytophthora infestans*）が侵入すると宿主細胞が過敏過反応（hypersensitive reaction：HR）という一連の感染防御反応が起きて細胞が急速に死滅するが，この際に大量のROSが発生することが見出され，OXBとしての最初の発見となった（1983年）．感染が成立すると病原菌が特異的に抑制する能力を獲得するためOXBは生じない．現在では，この現象は多くの植物で見出され，そのシグナル伝達経路の研究も進んでいる．

オーソロガス遺伝子
[orthologous gene]

違う生物種由来の構造や機能が類似な遺伝子のこと．同じ生物種内に存在する複数個の類似な遺伝子はパラロガス遺伝子*

◆ エンハンサートラップ

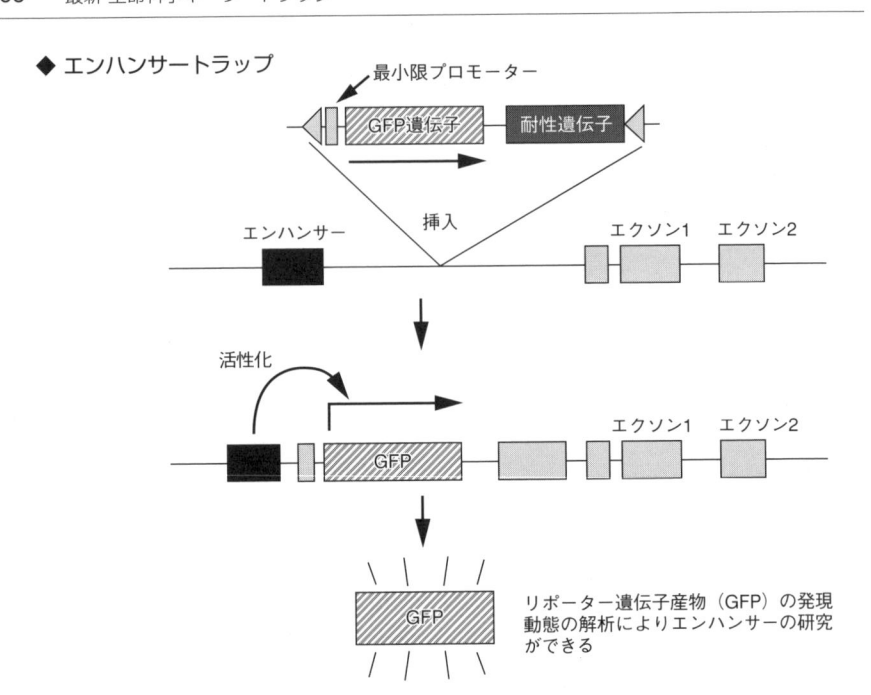

リポーター遺伝子産物（GFP）の発現動態の解析によりエンハンサーの研究ができる

（paralogous gene）と呼ぶ．系統樹において比較される遺伝子でもある．

オーダーメード医療　同 テーラーメード医療
[made-to order medicine]

SNP情報をもとにして，患者の個人差に合わせた医療を行うこと．具体的には遺伝的なリスクにもとづいた病気発症予防や，体質（SNP情報からわかるものに限る）に合わせた薬剤の使い分けや適用量の加減などが期待されている．例えば，多くの薬剤は肝臓などで代謝・分解されて排出され，それにかかわる遺伝子も数多く知られている．個人差として，この分解作用の弱い人に対しては少量を適用しないと普通の人に比べて血中内での薬剤濃度が予想以上に高くなって，この人にだけ予期しない副作用が出ることが考えられるので，その危険を避けることができる（図参照）．➡ 医療の個別化

オートファジー
[autophagy]

酵母からヒトにいたる真核生物細胞に備わっている細胞内のタンパク質を分解するしくみの一つで自食（じしょく）とも呼ばれる．ギリシャ語の「自分自身」を表す接頭語auto-と，「食べること」のphagyを語源とする．ユビキチンプロテアソーム系に並ぶ細胞がもつ主要なタンパク質分解系で，個々のタンパク質に印をつけて分解するのではなく，ひとまとめに多くのタンパク質をバルク（bulk）分解する点に特徴がある．細胞内の異常・過剰タンパク質を分解するだけでなく，栄養環境が悪化したと

◆ オーダーメード医療

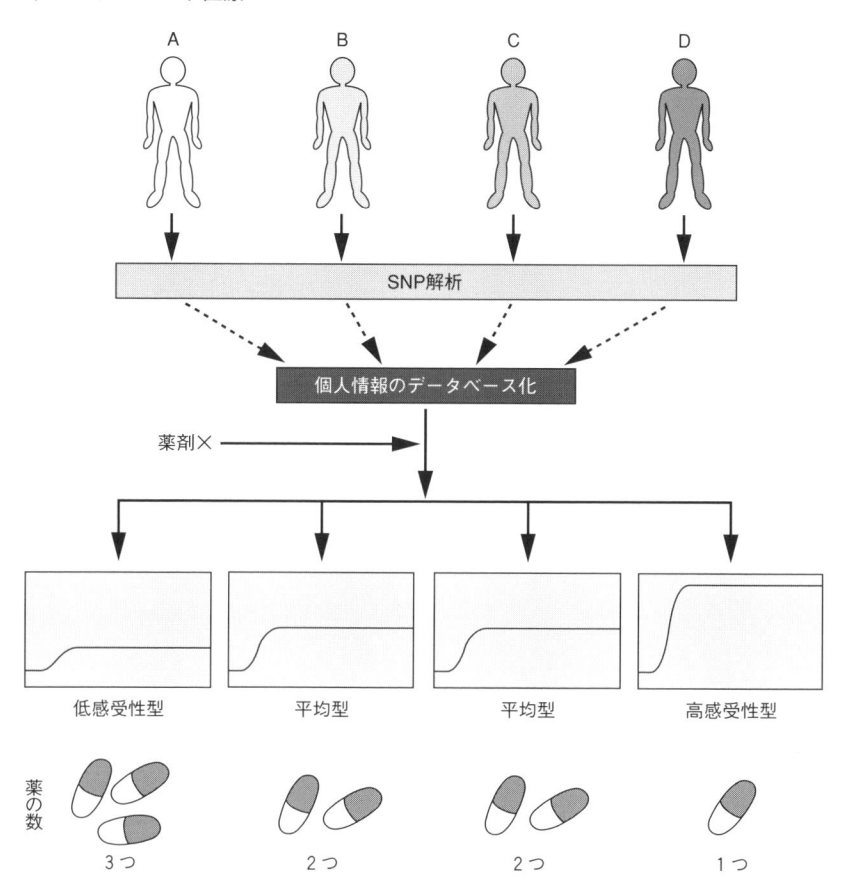

A　B　C　D

↓　↓　↓　↓

SNP解析

↓　↓　↓　↓

個人情報のデータベース化

薬剤X →

↓　↓　↓　↓

低感受性型　平均型　平均型　高感受性型

薬の数　3つ　2つ　2つ　1つ

きに細胞内の重要性の低いタンパク質を分解して必須な役割をもつタンパク質の合成に役立つアミノ酸を供給することもある．また，細胞内に侵入した病原微生物を分解するなど他では代替できない重要な機能をもって生体の恒常性維持に貢献している．分解は，Atg（旧名Apg）と呼ばれる一群のタンパク質の作用によって，標的タンパク質をオートファゴソーム（autophagosome）またはオートファジー小胞（autophagic vesicle）と呼ばれる脂質二重膜が包み込むことで始まる．次いでオートファゴソームと細胞内のリソソームが膜融合を起こして，オートリソソーム（autolysosome）を形成し，リソソームの内部にある種々のタンパク分解酵素の働きで分解が進む．

オッカムのかみそり
[Occam's razor]

近世の自然科学思想の先駆者であった英国生まれのスコラ哲学者オッカムのウィリ

アム（William Occam: 1285〜1349）にちなんだ「むやみに実体の数を増やしてはならない」ということを意味する格言．科学者にとっては「ある事象を説明するための仮説は不必要に増やしてはならない」あるいは，「同じような理論なら単純な方がよい」という説明のほうがわかりやすい．不要なものはオッカムのかみそりでざっくりと削り取ろうという意味．オッカムは英国の片田舎にあった村の名だが，ビンチ村のレオナルドがレオナルド・ダ・ビンチと呼ばれるようにオッカムも個人名と同様に扱われている．オッカムは「普遍は名にあり，実在するのは個物にすぎない」とする『唯名論』の代表的論者としても有名である．オッカムがその昔，教皇に異を唱えて身を危うくし，バイエルンの皇帝に庇護を求めたとき，「陛下が私を剣で守ってくださるなら，私は陛下をペンでお守りします」と述べたという伝説は，19世紀イギリスの作家リットンの戯曲『リシュリュー』において，「ペンは剣より強し」という有名なせりふによって不滅の言葉となった．

オートマトン 同 状態機械
[automaton]

オートマトン（状態機械）とは入力信号に従って行動する自動機械のこと（図）．より正確には「有限オートマトン」，あるいは「有限状態機械」と言う．コンピューター科学で用いられる用語で，『入力に従って別な「状態」に遷移することのできる「状態」の集合』である．数学的に記述する場合には，入力信号と出力信号を結ぶ媒介として内部状態という概念が導入される．エイドルマンはDNAに書き込まれた

◆ オートマトンとしてのDNAポリメラーゼ

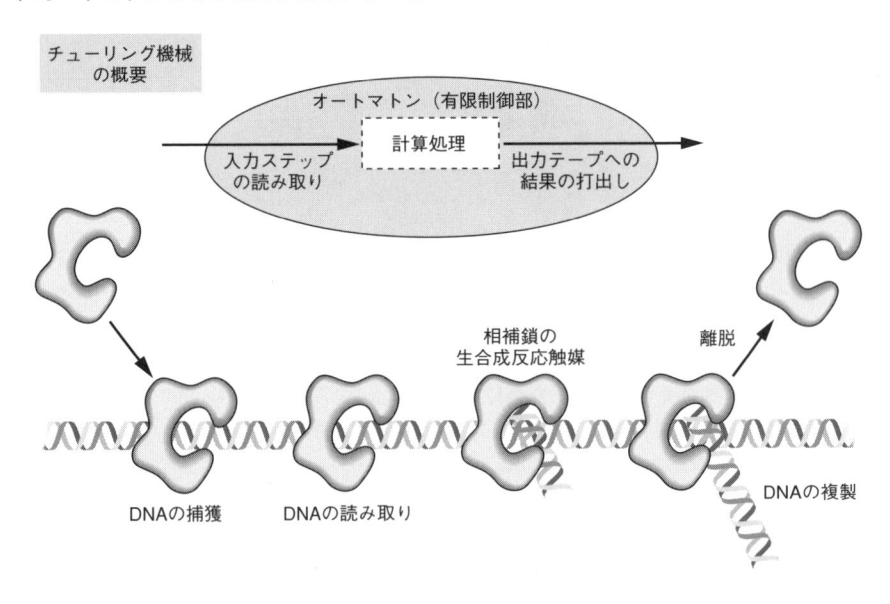

塩基配列を入力信号とし，DNAポリメラーゼやDNAリガーゼを含む反応溶液を内部状態とし，反応産物を入力信号と考えればオートマトンが構成できると気づき，DNAコンピューター*を発明した(1994年)．

おとり型核酸医薬 ➡ デコイ分子

オレキシン
[orexin]

　OX1と名づけた孤児受容体*と特異的に結合する天然のペプチドリガンドで，オレキシンA，オレキシンBの2種類がある．ともに131残基からなる共通の前駆体 (prepro-orexin) からタンパク質切断酵素の作用で生成される．構造が類似なOX2受容体も見つかっている．オレキシンは摂食中枢である視床下部外側野とその周辺の特定のニューロンに特異的に発現している．人工合成したオレキシンをラットの脳室内投与するとラットの食欲が増し，絶食により発現が増大することから摂食行動に重要な働きをすると考えられている．オレキシン遺伝子欠損マウスは摂食量が約2割減少するのみでなく，不規則な間隔で突然睡魔が襲って眠ってしまうナルコレプシー (narcolepsy) と呼ばれる睡眠発作症状も起こすことから覚醒状態の維持にも重要な働きをしているらしい．

オントロジー
[ontology]

　元来は哲学の用語で，存在について考察する形而上学の「存在論・本質論」を意味する．ゲノム学においては存在・実体としての遺伝子および遺伝子産物を包括的・系統的に論ずることを意味し，具体的には実体を記述するための用語・因子の系統的な定義をすることを指す（生物オントロジー整備委員会：http://ontology.ims.u-tokyo.ac.jp/OntologyCommittee/index_J.html）．すでに成功しているゲノムオントロジーの例としては，代謝オントロジー (metabolic ontology) があり，そこでは生体内の代謝にかかわる酵素全般をEC (enzyme code) 番号で系統的に分類整理していることがあげられる．現在作業が進行している遺伝子オントロジー (gene ontology) とは，比較ゲノム学*や機能ゲノム学*の成果をもとにしてゲノムデータベースを統合化することで用語を整理し，生体という時空内における各遺伝子の役割を明確に定義することを意味する (Gene OntologyTM CONSORTIUM：http://www.geneontology.org/)．ほかにシグナルオントロジー (signal ontology) として，シグナル伝達を担う諸因子の包括的な用語の整理も試みられている (SIGNAL-ONTOLOGY：http://ontology.ims.u-tokyo.ac.jp/signalontology/)．

階層的ショットガン法
[clone-by-clone shutgun sequencing]

　国際共同チームの採用した全ゲノム塩基配列決定のための戦略．まず，第1段階として全ゲノムDNAを長さ10～20万塩基対に分断し，BAC*ベクターに挿入したゲノムライブラリーを作成する．次いで，第2段階として各DNA断片がどの染色体に配座するかを決定してゲノム地図を作成する．この作業をBACクローンの整列化，あるいはコンティグ（contig）*の構築と呼ぶ．第3段階としてはこのBACクローンに挿入されたDNA断片を1,000塩基対くらいに分断してランダムにベクターに挿入して300～600塩基対を決定する．コンピュータを使って重複部分を検索し，つなぎ合わせて塩基配列を決定する．第4段階として，これらBACクローンをつなぎ合わせて全ゲノム塩基配列へと積み上げてゆく．このオーソドックスな戦略は，ベンター（Venter, C.）の採用したホールゲノムショットガン法*によって大きな打撃を受けた．彼は，途中を抜かして直接全ゲノムについてショットガン法を採用したのである．しかし，スピードでは負けているものの，正確さでは国際共同チームの結果の方が信用できるという意見もある．　➡ ショットガン法

核ランオンアッセイ
[nuclear run-on assay]

　核ランオフ（run-off）アッセイとも言う．特定の遺伝子のある時点における転写量を測定する方法．細胞核を単離すると新たな転写は停止するので，単離した時点ですでに転写が始まっているmRNAのみを標的に転写量を正確に測定することができる（図）．放射性ヌクレオチドを取り込ませれば転写終結までのmRNAの伸長の様子が観察できるし，特定のプローブDNA断片とハイブリダイズさせればある標的遺伝子の転写量が測定できる．

カスパーゼ　同 カスペース
[caspase]

　細胞がアポトーシス*を起こす時に細胞内で特異的に活性化されて分解による連鎖的増幅反応経路（カスパーゼカスケード）を構成するタンパク質分解酵素の総称．名前はCysteine-aspartic-acid-proteaseに由来する．活性部位にシステイン残基をもち，基質となるタンパク質のアスパラギン酸のすぐ後ろを切断する．線虫から哺乳動物にわたり幅広く見つかっており，哺乳動物ではカスパーゼ-1からカスパーゼ-14と名づけられた14種類が同定されている．　➡ アポトーシス

片親性ダイソミー
[uniparentally disomy：UPD]

　一対の相同性遺伝子（対立遺伝子）がともに父親あるいは母親のみに由来する現象．

ガッティドベクター
[gutted vector]

　アデノウイルス*ゲノムのうちパッケージングシグナル*配列（ψ）以外のほぼすべてを欠失させたベクター．挿入可能な遺伝子サイズは大きい（約30kb）が，複製・増殖にはヘルパーウイルスが必要である．

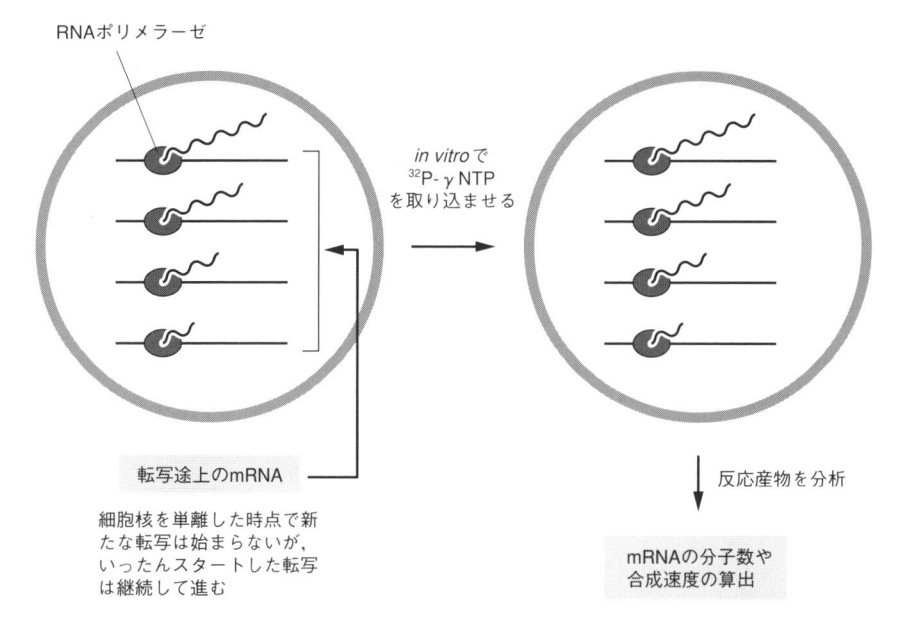

◆ 核ランオンアッセイ

RNAポリメラーゼ

*in vitro*で
^{32}P-γNTP
を取り込ませる

転写途上のmRNA

細胞核を単離した時点で新たな転写は始まらないが，いったんスタートした転写は継続して進む

反応産物を分析

mRNAの分子数や合成速度の算出

カバー率
[coverage]

　ショットガン法*でゲノムレベルの長大な塩基配列を決定する際，未決定の部分がどれだけあるかを知るための目安のこと．具体的にはある領域について，その長さの何倍の長さを実際に塩基配列決定したかという数値．例えば300,000塩基対を平均300塩基対の長さに分断して2,000クローンの塩基配列を決定したときには，(300×2,000)÷300,000＝2でカバー率は2であると言う．ショットガン法では同じDNA断片を繰り返し決定することが確率的に多いと考えられるのでカバー率が低いと隙間だらけになってしまう．9割以上の確率で全塩基配列をカバーするにはカバー率は10以上が望ましいとされる．

カーボンナノチューブ
[carbon nano tube：CNT]

　日本電気（現NEC）（株）の飯島澄男によって発見された（1991年）．炭素原子が直径数nmの細長い網かごのように円筒形に連なった物質．直径が0.4nm（1nm＝10^{-9}m）の極細のものまで作成されている．丈夫で弾性があるのみでなく電気も通し，構造によって通電性が変化する．また電子を放出しやすい特性があるため次世代の薄型ディスプレイなどの開発，集積回路の素子の小型化，表面積の広さを活かした有害物質の除去装置などへ応用が期待されている．CNTをナノピンセット*として用い，DNAをつかんで動かしたりCNTで薬剤を包んで癌細胞に運ぶ技術などさまざまな医療を始めとしたバイオテクノロジーへの応用も考えられている．

◆ カーボンナノチューブ

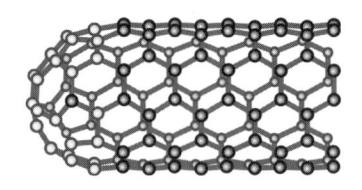

カーボンナノチューブ　　　　ナノチューブ

10^{-9}m

カラースワップ　→ 1色法/2色法
[color swap]

　2色法によるDNAマイクロアレイ実験において色素を交換して比較すること．2色法は，比較したい1組のプローブをCy3（緑）とCy5（赤）という異なる蛍光色素で別々に標識化し，1枚のマイクロアレイに同時にハイブリダイゼーションさせた後，異なる検出波長で得られたハイブリダイゼーションシグナルから2サンプル間の比較を行う方法（1色法/2色法の図参照）．Stanford大学のブラウン（Brown, P.）のグループ（1995年）が初めて，シロイヌナズナのcDNAクローン100種類を自作のピンタイプのスポッターにて標準サイズのガラススライドに約100スポット貼り付けた自作のマイクロアレイを作製し，2色法で解析した．2枚のDNAマイクロアレイを使わなくてはならないが，カラースワップによって再現性のあるシグナル強度が確認できるため，信頼性の高いデータが得られるのが利点である．

カルス
[callus]

　植物体の一部を取り出して，植物ホルモン（オーキシンやサイトカイニンなど）を含む培地で培養すると増殖してできる不定形の細胞の塊．元来は植物体を傷つけたときにできる癒傷（治癒したときに傷のまわりにできる）組織を意味していたが，近年では植物バイオの実験室でシャーレの上にできるものを指すようになった．植物細胞はどれも万能性を保っており，どの部位を取り出してもそこからカルスができて，やがてはもとの植物体が再生される．カルス培養技術は植物バイオの（遺伝子組換え）研究を実験室内のシャーレの上で行うための基本的な技術である．　→ 不定胚

カルタヘナ議定書
[Cartagena Protocol on Biosafety]

　バイオテクノロジーによって改変された生物（Living Modified Organism：LMO）の移送，取り扱い，利用の手続き等についての規制を明記した国際協定（http://www.meti.go.jp/policy/bio/Cartagena(Japanese).htm）．生物の多様性に関する条約（Convention on Biological Diversity：CBD）第19条3に基づく交渉において，南米コロンビアにあるカルタヘナ（図）で開催された国際会議において制定された（2003年）．特に国境を越える移動に焦点を当て，LMOの安全な輸送，取り扱いおよび利用の分野における適切な水準の保護を確保することを目的とする．これによって遺伝子組換え作物などの輸出入時に輸出国側が輸出先の国に情報を提供，事前同意を得ることなどが義務づけられた．日本は2003年に批准・締結し2004年2月19日に発効．2006

年2月現在，132の国および地域が批准・締結しているが，遺伝子組換え作物を盛んに栽培している米国，カナダ，アルゼンチンは批准を拒否している．

この議定書の元となった生物の多様性に関する条約の目的は❶生物多様性の保全（遺伝子組換え生物の環境への導入を適切に管理することで生態系のバランスを維持する），❷生物資源の持続可能な利用，❸生物遺伝資源の利用から生ずる利益の公正かつ公平な配分である．

◆ カルタヘナ(Cartagena)の場所

カルネキシンサイクル ➡ 小胞体ストレス応答
[calnexin cycle]

細胞内小器官である小胞体で生合成される分泌タンパク質や膜タンパク質の多くは糖付加を受けている．糖付加のモニターを介してタンパク質の正常な立体構造の形成を助けるカルネキシン（calnexin：別名calreticulin）を主体とした制御機構が存在する．レクチン様の膜タンパク質であるカルネキシンは新生タンパク質に付加されたN型糖鎖を認識し，もし適切な立体構造が形成できていない場合にはUGGT（UDP-glucose glycoprotein glycosyl transferase）によってグルコースが再付加され，再びカルネキシンによる構造構築のチェックを受け，再度立体構造形成を試みさせる制御系に回される．チェックに合格して初めて次の段階であるゴルジ体への移行などへ送り出す．このサイクルをカルネキシンサイクルと呼ぶ．EDEM*（ER degradation of enhancing α-manosidase-like protein）はカルネキシンの膜貫通領域と結合し，カルネキシンサイクルにあるタンパク質のプロテアソームによる分解経路への移行を促進する．EDEMも膜タンパク質でありカルネキシンの膜貫通領域とEDEMの膜貫通領域が結合する．EDEMと46％の相同性を示し，膜貫通領域をもたない水溶性EDEMも見つかっている．

癌幹細胞
[cancer stem cell：CSC]

「自己複製能」に加え「分化能」という幹細胞に特有の二つの特徴をもっている，癌の組織内にある少数の幹細胞的な「癌細胞」のこと．癌化した正常な幹細胞に由来する場合（自己複製能の制御喪失）と，癌化することで正常な分化細胞が幹細胞の性質を獲得した場合（自己複製能の獲得）が考えられる．「癌幹細胞」という概念は1963年に提唱されたが，証拠がないまま時がたっていた．1997年にディック（Dick, J. E.）らは，白血病患者の血液細胞の中に正常なヒトの造血幹細胞の形質をもつわずかな細胞集団が存在し，ここから大部分の白血病細胞が供給されていることを示すことで，癌幹細胞の存在を証明した．癌幹細胞も幹細胞も自己複製能と分化能をもつが，正常な幹細胞から分化した細胞は自己複製能を失うけれども，癌幹細胞から分化した細胞は自己複製能を保持しているという違いがある．もともと，白血病の血液の中には分化能と自己複製能を併せもつ幹細胞が存在することはよく知られていた．生体の

中で，自己複製ができるのは，幹細胞と癌細胞だけであり，古くなった細胞が入れ替わるのは組織幹細胞から分化したものである．そこでこれを「癌幹細胞」と呼んで正常組織中の幹細胞と区別したのである．固形の癌組織は1つの癌細胞が増殖してできているはずなのに表現型が多様である．従来はその理由を変異が次々と起こっているからだと説明していたが，少数の癌幹細胞から次々と分化しているからだと考えれば理解しやすい．「癌幹細胞」という考え方には賛否両論あるが，白血病のみでなく乳癌，脳腫瘍，食道癌などの固形癌組織内にも癌幹細胞が存在することが報告されるようになって，支持する論文も増えている．

環境ホルモン
[hormones in our environment]

内分泌攪乱物質（endocrine disruptor）とも呼ばれる．農薬や食品添加物などに含まれる人工的な化学物質のうち，生物がもともともっている内分泌ホルモンと構造が類似しているもの．生物がこれを内分泌ホルモンと誤認してさまざまな作用を起こすことが知られてきた．特に生殖ホルモンと誤認した場合が種の絶滅をもたらすため深刻で，環境汚染の一つとしてとらえられため環境ホルモンと呼ばれるようになった．現在，地球的な規模で水生生物のオスのメス化が問題となっている．精巣に卵巣特異的な細胞が出現したり，オスの生殖器が後退してメスの生殖器のように変形したりという異常現象が世界各地で報告されるようになった． ➡ ビスフェノールA

幹細胞
[stem cell]

自己増殖能と分化能を併せもつ未分化な細胞のこと．すべての細胞へと分化する全能性（totipotency）をもつES細胞*も幹細胞の一種である．一方，胎児の中から将来生殖細胞に分化することが知られている始原生殖細胞（primordial germ cell：PGC）を培養することで樹立されたEG細胞*（EG：embryonic germ cell）も幹細胞の一種である．ES細胞とEG細胞は胚性幹細胞*と総称される．受精卵は発生してゆく過程で内胚葉，外胚葉，中胚葉の3つの胚葉に分かれる．内胚葉は腎臓や肝臓などの臓器に，中胚葉は筋肉，骨，軟骨，腱，血液，血管内皮などに，外胚葉は神経と皮膚に分化するが，これらの臓器には多種類の臓器に分化できる多分化能（pluripotency）をもつ特定の幹細胞が存在することがわかってきた．例えば骨髄には造血幹細胞*（hematopoietic stem cell）と間葉系幹細胞*（mesenchymal stem cell）の二つの幹細胞が，神経には神経幹細胞（neural stem cell）が見つかっている．

ガンシクロビル
[ganciclovir：GCV]

毒性を生じる遺伝子を癌細胞に導入して自殺させる遺伝子治療*において，プロドラッグ*として用いる代謝拮抗剤．GCVを適用した患者に代謝酵素遺伝子である単純ヘルペスウイルスチミジンキナーゼ遺伝子（HSV-tk）を癌細胞に導入すると，チミジンキナーゼの作用によりGCVが毒性化して遺伝子導入された癌細胞のみが死滅する．この方法ではHSV-tkを導入されていない近隣

◆ ガンシクロビルの化学構造式

$C_9H_{13}N_5O_4 : 255.23$

の癌細胞も合わせて殺す，いわゆるバイスタンダー効果（bystander effect）がみられる．

間葉系幹細胞
[mesenchymal stem cell]

骨髄にある2種類の体性幹細胞*のうちの一つ．もう一つは造血幹細胞*（hematopoietic stem cell）と呼ばれる．間葉系幹細胞は脂肪細胞，軟骨細胞，骨細胞などに分化する多分化能（pluripotency）をもち，遺伝子治療*の運搬細胞としても脚光を浴びている．

偽遺伝子　同　シュードジーン
[pseudogene]

本物の遺伝子（bona fide gene）に相対する，機能を失った遺伝子のこと．以下の3種類が知られている．❶プロセス型偽遺伝子（processed pseudogene）：mRNA分子から逆転写酵素*によって合成されたDNAコピーが，再びゲノムのDNAへ組込まれることによって生じたもので，レトロ偽遺伝子（retropseudogene）とも呼ばれる．スプライシングされた成熟mRNA由来のためにいがいはイントロン*が見つからず，ゲノム内への挿入の痕跡と考えられる両端に短い反復配列をもつ．多くの偽遺伝子がこの方に属する．❷遺伝子配列が重複し，その一部のコピーが突然変異の蓄積によって機能を失ったもの．ヘモグロビン遺伝子座にこのタイプの偽遺伝子が見つかっている．❸ゲノム内に1つしかない遺伝子が突然変異により機能を失ったもの．ビタミンC合成に関与する酵素であるGULO（L-グロノ-γ-ラクトンオキシダーゼ）偽遺伝子が有名で，これが原因でヒトではビタミンCは食べ物から摂取しなければならない．

これまで偽遺伝子は発現されない死んだ遺伝子であると思われてきた．しかし，最近になって転写されて機能をもつ偽遺伝子がいくつか見つかってきた．なかでも広常真治らの発見したMakorin1-P1という偽遺伝子の発現が，本来の遺伝子の発現を安定化させるという現象は興味深い．本来の機能遺伝子のmRNAの5'末端側にはmRNAの分解を促進する領域があり，偽遺伝子も機能は失ったとはいえこの部分は保持している．そのため，mRNA分解の標的となって働きを奪い合い，その分だけ機能遺伝子の分解を防げるため安定化を促進するという．わが身を犠牲にし，身代わりとなって本来の遺伝子を守るという，機能性非翻訳RNA（➡ ncRNA）としての新しい機能である．カタツムリでも一酸化窒素合成酵素（NOS）の偽遺伝子が神経細胞でアンチセンスRNAとして転写されNOS遺伝子の発現を抑制する機能をもつという報告もある．これもncRNAの機能を思い起こさせ興味深い．

奇形腫
[teratoma]

多細胞生物は発生の途上で内胚葉，中胚葉，外胚葉に分かれるが，これらが腫瘍化して複雑に交じり合った混合腫瘍を奇形腫と呼ぶ．奇形腫のうち悪性のものは奇形癌腫（teratocarcinoma）と呼んで区別する．1954年に，スティーブンス（Stevens, L. C.）らは生殖巣に奇形腫を多発するマウスの近交系を開発した．1975年にミンツ（Mintz, B.）らはマウスの奇形腫細胞を初期胚に移植することで正常のキメラマウスを作ることに成功し，奇形腫細胞が正常な組織や器官に分化する能力をもっていることを示した．

技術移転機関
[technology licensing office（organization）: TLO]

大学の研究室で生まれた研究成果が特許

◆ TLOの主な業務

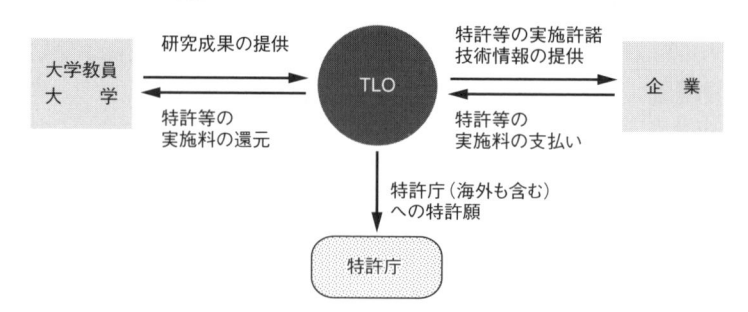

```
大学教員     研究成果の提供      TLO    特許等の実施許諾    企業
大学        ─────────→            技術情報の提供    
          ←─────────                ←─────────
           特許等の                  特許等の
           実施料の還元              実施料の支払い
                          ↓
                    特許庁（海外も含む）
                    への特許願
                          ↓
                       特許庁
```

を取るに値すると判断された場合に発明者に協力して特許出願作業を代行したり，こうして取られた特許を大学と企業の仲介をすることで実用化する手助けをしたりすることを主たる業務とする機関（図）．技術移転の対価を大学に還元し，それを元手にしてまた新たな研究開発が進むという知的創造と社会還元のサイクルがスムーズに回転するのを促進する役割が期待されている．

キナーゼアレイ
[kinase array]

タンパク質キナーゼを多数精製して並べたマイクロアレイ（→ アレイ技術）．キナーゼによるリン酸化のパターンを見分けることで細胞内のタンパク質動態を観察したり，タンパク質のリン酸化標的を包括的に探索することができる．

機能ゲノミクス
[functional genomics]

全塩基配列が決定された各生物のゲノム情報をもとにして，各遺伝子産物の機能や生理的役割を包括的・系統的に研究すること．→ ゲノミクス

機能性RNA
[functional RNA]

細胞内で何らかの機能をもつRNA．機能性RNAには以下の4種類が知られている．❶従来から知られている翻訳にかかわるmRNA，tRNA，rRNA．❷これら以外で細胞内で機能をもつ，ポリAテールをもたないRNA（snRNA*，snoRNA*，gRNAなど）．❸mRNAのように3'末端にポリAテールをもつが，読み枠（ORF：open reading frame）をもたないためタンパク質をコードしないRNA（分裂酵母*の減数分裂過程で働くmeiRNAなど）．❹人工的に作られた機能性RNA（各種アプタマー*，リボザイム*など）．

ギープ
[geep]

1984年に英国のウイラドセン（Willadsen, S. M.）らによって生み出されたヒツジとヤギのキメラ（chimera）．ギープという名称はヤギの英語（ゴート：goat）とヒツジの英語（シープ：sheep）との合成語で，髭や全身の骨格はヤギに似ており，角や体毛はヒツジの特徴を備えている．キメラという名称はギリシア神話に出てくる，頭はライオン，胴体はヤギ，尾は大蛇からなる火を吐く架空の怪獣の名前だが，神話の中の夢物語と思っていたことが現実に起こったとして社会的に大きな衝撃を与えた．た

だしヤギとヒツジとは染色体数が異なるため，ギープは不妊で子孫は作れない．再び人工的な交配を試みない限り新たなギープは生まれない．

キャナリゼーション
[canalization]

発生のプロセスは環境応答における変化に影響を受けることなく，すでにつけられた決まった道筋に従って進むという現象．

キャピラリーアレイ電気泳動チップ
[CAE (capillary array electrophoresis) chip]

微小技術を用いて小さな基板上に試料の泳動・分岐・合流を可能とする溝（管）を高度に集積させて構成したチップ．例えば96本の流路を円形基板上に放射状に配置し一挙に多数のサンプルを電気泳動して解析できるシステムが開発されている．

◆ キャピラリーアレイ電気泳動チップの一例

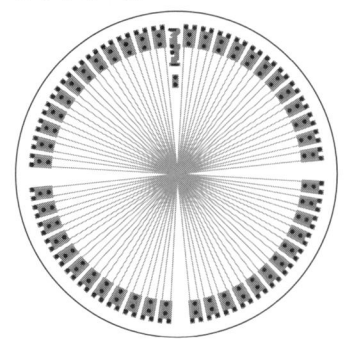

96本の微小流路を放射状に配置

キャプソマ
[capsomer]

カプソマともいう．ウイルス粒子の殻の構成単位（サブユニット）であるタンパク質．これが多数，規則正しく集合してできたウイルス粒子の殻をキャプシド（capsid）という．

緊縮性プラスミド
[stringent plasmid]

複製が宿主の細胞に強く依存しているため，細胞あたり1～2コピーの低コピー数しか存在できないプラスミド．例えばFプラスミドはその1つである．　➡弛緩性プラスミド

クオンティ・プローブ
[quanti probe]

標的に特異的な塩基配列をもつオリゴヌクレオチドプローブの一種．3'末端に蛍光色素を，5'末端に非蛍光消光分子（quencher）およびDNA小溝結合分子（MGB：minor groove binder）をもつ．リアルタイムPCRのプローブとして用いた場合，❶そのままでは蛍光は発しないが，❷標的とハイブリダイズすると消光分子と離れた位置にくる蛍光色素が発光する．その蛍光強度は標的の量に比例するため定量ができる．❸PCRにおいてDNAポリメラーゼにより相補鎖が合成されてプローブがはがされてゆくにつれて，再び消光分子が蛍光色素に接近し蛍光が消えてゆく（図）．

組換えジャガイモ
[recombinant potato]

遺伝子組換えされたジャガイモ〔商品名：ニューリーフ・プラス（モンサント社）など〕のこと．組換えトウモロコシ*と同様な方法でBTトキシンを利用して害虫抵抗性になるように細菌の遺伝子が組込まれている．また，ウイルス外皮タンパク質遺伝子の一部を対象作物のゲノムに組込むことで，ポテトウイルスY（PVY）抵抗性にしたジャガイモや，ポテト葉巻ウイルス（PLY）のDNA複製酵素（replicase）遺伝子を導入することでPLYのレプリカーゼ活性を抑制し，PLY抵抗性にしたジャガイモ

◆ クオンティ・プローブの原理

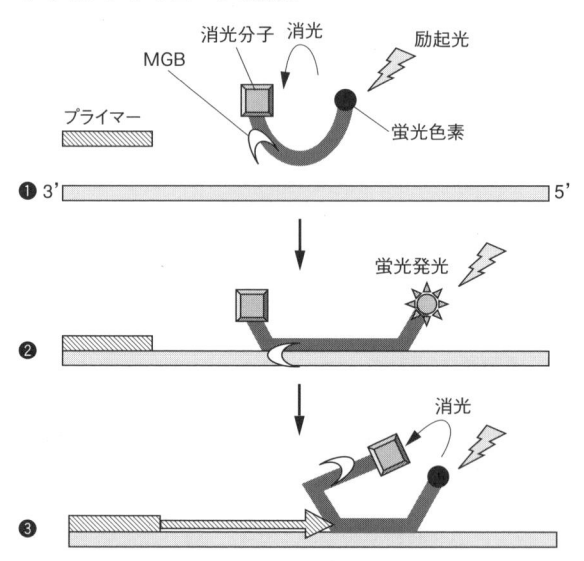

もある．生のジャガイモを輸入することは防疫の問題から禁止されているので加工された冷凍品や乾燥品として輸入される．米国で遺伝子組換えされているジャガイモはラセットバーバンクという品種だが，産地を確認できる流通のしかたをしているので，指定すれば非組換えジャガイモを区別して入手できる．

組換えダイズ
[recombinant soy beans]

遺伝子組換えされたダイズ（大豆）のこと．組換えナタネ*と同様のしくみで除草剤（グリホサート*）に強いダイズが作られている．日本のダイズの自給率は低く，醤油・豆腐・ダイズ油などの原料となる丸ダイズの約98%は輸入に頼っている（主として米国から）．丸ダイズは豆のもつ筋の黒い黒目ダイズと白い白目ダイズがあるが，遺伝子組換えされているのは黒目ダイズで，米国で生産される半数以上は遺伝子組換えされている．味噌は原料として白目ダイズを使うことが多い．米国では収穫されたダイズは運搬されて各州の集積場にある巨大な倉庫に貯蔵されるが，この過程で組換えダイズと普通のダイズは混合されるため，特に指定しない限りは収穫量に比例して組換えダイズが輸入され，われわれの口に入る．

組換えトウモロコシ
[recombinant corn]

遺伝子組換えされたトウモロコシのこと．トウモロコシは実が柔らかくて生食できるスイートコーンと実が堅くコーン油，コーンフレーク，コーンスターチ（ビールの味調節に用いられる）などの原料となったり家畜の飼料に使われるフィールドコーンに分けられる．日本はスイートコーンはほぼ自給しているがフィールドコーンは100%近くを輸入に頼っている．フィールドコーンのうちデントと呼ばれる品種が遺伝子組換えされている．

その主たる目的は害虫対策で，葉を食べて成長したあと幹に潜り込むコーンボーラー（アワノメイガの幼虫）と，根に食害を与えるコーンルートワーム（ハムシモドキの幼虫，通称根切り虫）の駆除を目指している．

例えばモンサント社が開発した遺伝子組換えトウモロコシには昆虫が食べると昆虫体内でBTトキシンという昆虫にとっての毒物に変化する物質を産生する細菌（*Bacillus thuringiensis*）の遺伝子が組込まれている．この作物に取りついた害虫（アワノメイガなど）は死ぬので殺虫剤を散布しなくてすむそうだが，これが食品として安全かどうかの長期的なテストがされないまま，あるいはこの遺伝子が飛散したとき，生態系にどのような悪影響を与えるのか十分な対策がなされないまま解禁されて市場に出回っている．　➡　スターリンク

組換えトマト
[recombinant tomato]

遺伝子組換えされたトマトのこと．例えば米国のカルジーン社が開発した組換えトマト〔商品名：フレーバー・セーバー*（flavor saver）〕では成熟後ペクチン質を分解して実を柔かくする酵素に対するアンチセンス遺伝子を組込んである．この酵素の遺伝子発現が抑えられるため，ペクチン質を分解されなくなった果肉は1ヵ月たっても変化しないほど日もちがよくなったという．日もちのよいトマトとして1994年に遺伝的組換え体野菜の第1号として米国で発売された．このほか，ウイルス外皮タンパク質遺伝子の一部をトマトのゲノムに組込むことで，キュウリモザイク病ウイルス（CMV）抵抗性にしたトマトや，トマトモザイク病ウイルス（TMV）抵抗性トマトも開発されている．　➡　フレーバー・セーバー

組換えナタネ
[recombinant rapeseed]

遺伝子組換えされたナタネ（菜種）のこと．モンサント社により自社が開発した強力な除草剤であるグリホサート*（商品名：ラウンドアップ*）に強い組換えナタネが開発された（図）．同様な品種をアグレボ社も開発した．農家は省力化によりコストを節減できるかに見えたが，ここに以下のようないくつかの問題が生じてきた．❶除草剤と種子がセット販売され，作付け面積に応じて技術料が徴収される．さらに収穫した種子は使えない契約のため，農家は毎年種子を購入しなくてはならない．❷生命力の強い雑草にはラウンドアップに対して耐性を獲得するものが出てきた．❸この遺伝子が雑草に移動して遺伝子組換え雑草ができた．これが拡散すれば生態系に大きな影響を与える恐れが出てきた．❹大量のラウンドアップを取り込んだナタネを口に入れることが長期的に見てヒトの健康にどのような及ぼすかについては未知のままである．しかし，遺伝子組換えナタネの安全性検査は不十分のままわが国への輸入が許可された．ナタネ油やマヨネーズの原料となるナタネは日本ではほとんど栽培されておらず，ほぼすべてを輸入に頼っている．特に指定しない限り，収穫後に運搬されて集積場で貯蔵される段階で，組換えナタネと普通のナタネが混合されて日本へ輸出されるという流通のしくみは知っておくべきである．

グライコーム
[glycome]

遺伝子のセットをゲノムと呼ぶのに倣って，一つの生物がもつすべての糖代謝物，糖代謝酵素，糖鎖，糖タンパク質など糖にかかわるものの全セットのこと．糖を意味

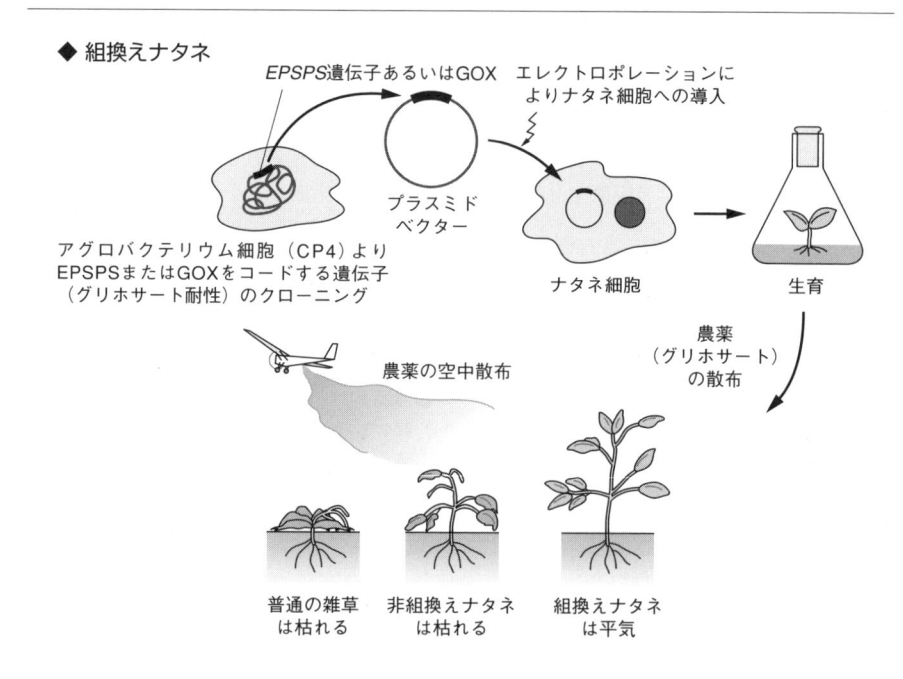

◆ 組換えナタネ

EPSPS遺伝子あるいはGOX　エレクトロポレーションによりナタネ細胞への導入

アグロバクテリウム細胞（CP4）よりEPSPSまたはGOXをコードする遺伝子（グリホサート耐性）のクローニング

プラスミドベクター

ナタネ細胞　→　生育

農薬（グリホサート）の散布

農薬の空中散布

普通の雑草は枯れる　　非組換えナタネは枯れる　　組換えナタネは平気

する接頭語（glyco-）とゲノム（genome）を融合した用語である．グライコームを対象とした研究は集合的にグライコミクス（glycomics）と呼ばれる．

クラスター解析
[clustering analysis]

　DNAマイクロアレイの実験データを一目瞭然に可視化する方法の一つ．例えば次ページの図においてA〜Jまでの10個のサンプルについて24個の遺伝子の発現量をDNAチップによってトランスクリプトーム解析する場合，生のデータから得られた発現量を緑〜赤の擬似カラー表示する．これを元にしてコンピューターにより分布の類似したものを一群として表示すると，発現が亢進している遺伝子と低下している遺伝子がグループ化されて可視化されるので，結果がわかりやすい．

グラム陰性菌
[Gram-negative bacteria]

　細菌をクリスタルバイオレットで染めてからエタノールで脱色した際に，よく染まりエタノールで脱色されない細菌を「グラム陽性菌」，脱色される細菌を「グラム陰性菌」と総称する．細菌をバイオレット・ヨード染料による染色性の有無によって分類するやり方はデンマークの医師Gram, C.が提唱した．グラム陰性菌で細胞表層が染料を保持できないのは，細胞壁（ペプチドグリカン）の層が薄い場合と，外膜がある場合とが考えられる．例えば乳酸菌などの放線菌はグラム陽性菌，大腸菌はグラム陰性菌である．ちなみに，真性細菌（eubacteria）とは根本的に区別されている古細菌（archaea）はペプチドグリカンがないためグラム陰性となる．

◆クラスター解析

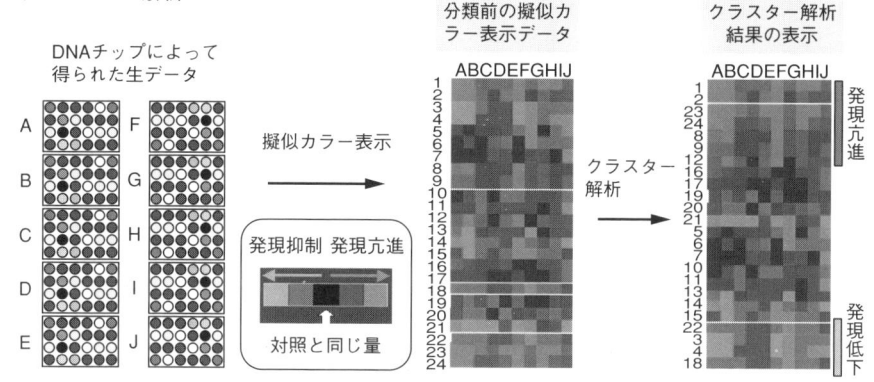

DNAチップによって得られた生データ　→（擬似カラー表示）→　分類前の擬似カラー表示データ　→（クラスター解析）→　クラスター解析結果の表示

発現抑制　発現亢進
対照と同じ量

発現亢進
発現低下

野島 博/編著「DNAチップとリアルタイムPCR」(講談社, 2006) より改変

グリベック
[Gleevec]

2001年5月に米国で認可されたノバルティスファーマ社の抗癌剤（別名STI571）で，正常細胞を傷つけない先駆けの分子医薬品として期待されている．この薬剤は細胞膜表面にあるAblタンパク質（細胞増殖を制御するチロシンキナーゼの一種）に特異的に結合する．慢性骨髄性白血病（chronic myeloid leukemia : CML）は第9染色体と第22染色体の一部が転座することによりabl遺伝子が破断されている．そのせいで異常な働きをするAblが発現され，白血球を絶えず増殖させることで発癌する．AblはAblは活性化にATPを要求するが，グリベックは異常なAblに特異的に結合して競合的にATPを締めだしてしまい異常Ablのみをブロックする．癌細胞は異常Ablのみに頼って増殖しているので，これによる増殖シグナルをブロックすれば正常細胞には影響を与えずに癌細胞の生命線のみを絶って死滅できる．完全無欠とは言わないまでもCML患者の90％に投与後半年で症状の改善が見られたと言う．ただし，癌細胞のAblのATP結合部位は変異しやすく，グリベックに耐性の癌細胞が生じてしまうという欠点もある．

グリホサート
[glyphosate]

アミノ酸系の非選択性除草剤の一つ（商品名：ラウンドアップ*，タッチダウン，ポラリス，草当番など）．遺伝子組換え作物*の中にこの除草剤に抵抗性を示すもの（ナタネガなど）が開発されている．グリホサートはシキミ酸代謝経路を構成する酵素のEPSPS（5-enolpylvylshikimate-3-phosphate synthetase）の活性を特異的に阻害する（次ページ図）．EPSPSは植物細胞内で芳香族アミノ酸（Tyr，Phe，Trp）を生合成するのに使われる重要な酵素であるので，これを阻害されると植物体は枯れる．アグロバクテリウム*の変異株（CP4）のEPSPSはグリホサートに親和性が低いため阻害されないし，またGOX遺伝子によってグリホサートは分解される．そこで，この変異EPSPS遺伝子をクローニングし，それをエレクトロポレーションによってダイズ細胞に導入すると除草剤（グリホサート）に耐性を示す遺伝子組換えダイズ*

◆ グリホサート

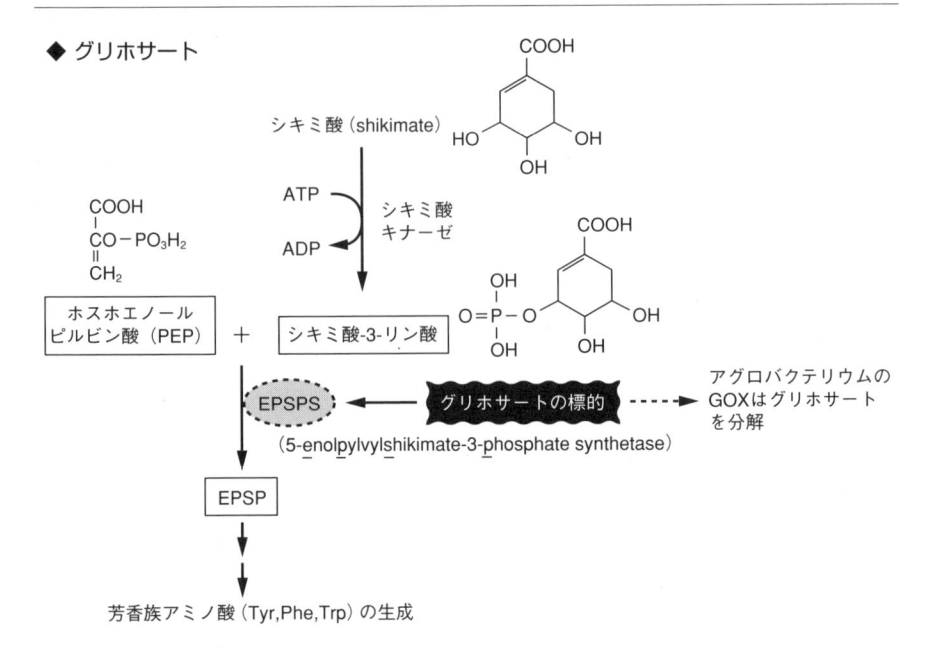

```
         シキミ酸 (shikimate)
              ↓          COOH
        ATP   シキミ酸     ║
              キナーゼ   HO   OH
        ADP              OH

COOH
|
CO-PO₃H₂                        COOH
|                                ║
CH₂                         OH
                         O=P-O    OH
                            OH   OH
ホスホエノール
ピルビン酸(PEP)  +  シキミ酸-3-リン酸
         ↓
       EPSPS   ←── グリホサートの標的 ──→ アグロバクテリウムの
                                            GOXはグリホサート
      (5-enolpylvylshikimate-3-phosphate synthetase)  を分解
         ↓
       EPSP
         ↓
         ↓
  芳香族アミノ酸(Tyr,Phe,Trp)の生成
```

(Roundup ready) ができる． ▶ ラウンドアップ，組換えナタネ

グリホサート酸化還元酵素
[glyphosate oxide reductase：GOX]

アグロバクテリウム*ゲノムにコードされる酵素で，グリホサート*を分解して不活性化する．この遺伝子をクローニングし，ナタネゲノムに導入すると除草剤（グリホサート）耐性のナタネが作製されている．▶ 組換えナタネ

グルテリン
[glutelin]

日本酒の雑味を生む原因となる生合成反応を触媒する酵素．これをコードする遺伝子をアンチセンスRNA*法により発現抑制した「低グルテリン米」が加工米育種研究所により開発されている．

グルホシネート
[gluphosinate]

アミノ酸系の非選択性除草剤の一つ（商品名：バスタ）．遺伝子組換え作物*の中にこの除草剤に抵抗性を示すものが開発されている．

クレ・ロックスピー系
[Cre-LoxP System]

ノックアウトマウスを作りたい遺伝子が発生や生育に必須な遺伝子であるとマウスは誕生できない．そこで，ある条件下あるいはある組織の中でのみ標的遺伝子が欠損するように制御できる実験系としてクレ・ロックスピー系（Cre-LoxP系）が開発された．この技術はバクテリオファージP1のCreリコンビナーゼ（recombinase）がloxPと呼ばれる塩基配列（34塩基対）を認識して，その位置でのみ組換えを起こすことを利用している．実験では，標的遺伝子

◆ Cre-loxP系による組織特異的な遺伝子ノックアウトの原理

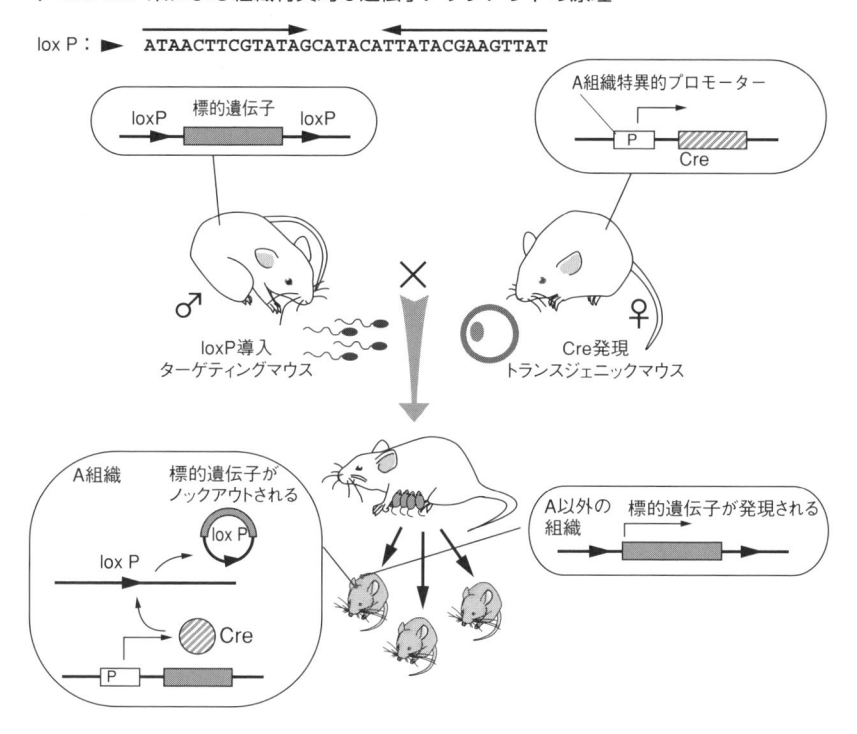

loxP： ATAACTTCGTATAGCATACATTATACGAAGTTAT

をloxPで挟んだターゲティングマウスと，Cre遺伝子を組織特異的プロモーターにつないであるトランスジェニックマウスを作製しておく．これらマウスをかけ合わせると，発生や生育の間は標的遺伝子は正常に働き，誕生するキメラマウスにおいてのみ，ある組織特異的にCreが発現されて，その組織だけで遺伝子がノックアウトされる（図）．

クロマチン 同 染色質
[chromatin]

染色体を構成するDNA-タンパク質複合体．転写される真性クロマチン（euchromatin）と，転写されない不活性な遺伝子を含むヘテロクロマチン（heterochromatin）に分けられる．真核細胞では，クロマチンはDNAとタンパク質が強く結合した領域と，核酸にほとんど何も結合していない領域からなるヌクレオソーム*構造をもっている．

クロマチンコレオグラフィー
[chromatin choreography]

コレオグラフィーとは舞踏などの舞台芸術における振り付けを意味する．クロマチンコレオグラフィーとは，とくに細胞周期のM期における染色体の挙動を総体的に表現するときに用いられる用語である．

クロマチンサイレンシング
[chromatin silencing]

染色体の何らかの変化が生じて遺伝子発

現が抑制される現象．発現抑制される遺伝子の近傍に位置するゲノム上の塩基配列をサイレンサー（silencer）と呼び，それに結合するタンパク質の作用によって染色体が不活性化された状態におかれると考えられる．具体的にはヒストンタンパク質のメチル化やアセチル化が重要な働きをする．

クロマチン免疫沈降法
[chromatin immuno-precipotation：CHIP]

転写制御因子などのDNA結合タンパク質が結合している状態を in vivo で調べる方法．この方法は対象タンパク質が結合する未知のDNA断片の塩基配列を見つける目的でも使えるが，それ以上に既知の塩基配列にどの程度の量が結合しているのかを細胞のおかれた条件によって測定するという目的で使うと有用である．

操作の手順
❶ ホルムアルデヒド（formaldehide）で細胞を処理することで核内のタンパク質・DNA複合体を架橋したうえで，4塩基認識の制限酵素などによりDNAを断片化する．タンパク質と結合しているDNA領域には酵素は作用しないので切断されない
❷ ❶を当該タンパク質の抗体あるいはタグとの融合タンパク質であれば抗タグ抗体によって免疫沈降し，フェノール処理にて除タンパク質して当該タンパク質に結合しているDNA断片を回収する
❸ 適当なプライマーを設定してこのDNA断片をPCR増幅し，反応産物をアガロース電気泳動に流しバンドを検出する

クロマチンリモデリング
[chromatin remodeling]

ヒストン八量体（H2A，H2B，H3，H4）$_2$を芯にしてDNAが巻きついたヌクレオソームと非ヒストンタンパク質の複合体であるクロマチンは部分的に凝縮したり弛緩したりさまざまな構造をとって遺伝子発現を制御している．広義にはこれをクロマチンリモデリングと呼ぶ．狭義にはヒストンの修飾（アセチル化，メチル化，リン酸化など）によるクロマチンの構造様態の変化を意味する．

クロマトイドボディー
[chromatoid body：CB]

半数体精子細胞に特異的な構造体で，細胞核周辺の細胞質に雲状に見つかる．パキテン期の精子形成細胞に出現し，ステップ16の精子細胞の段階で消失する．アクチン，ヒストン，チトクロームcのみでなく，miRNA，MIWI，MIWI，Ago2，Ago3などのmRNA分解を仲介するRNAi制御因子なども局在している．CBの機能は未知であるが，精子形成後期には核がコンパクトに凝縮してしまって遺伝子の転写活性が停止することをふまえて，不要となった一般のmRNAの分解などを担っている可能性が示唆されている．

クロモドメイン
[chromodomain]

染色体やDNAの制御などにかかわるいくつかのタンパク質の間で保存されているアミノ酸配列が構成する機能ドメインのこと．少なくともいくつかのクロモドメインはメチル化タンパク質を認識する機能をもつことがわかってきた．

クローン
[clone]

クローンは分子生物学的には「単一のウ

イルス，細胞，個体などが自己を再生することで形成した均質な構成員，またはそれから成る集合体」と定義される．小枝を意味するギリシア語（κλων）を語源とする．クローニング（cloning）とは「均質なウイルス，細胞，個体などを多様な集団の中から純化する作業」のことで，とくに分子クローニング（molecular cloning）は「単一の遺伝子断片あるいは遺伝子型をもつ遺伝子組換え体（recombinant）を純化する作業」を意味する．ここで遺伝子組換え体とは「細胞（とくに大腸菌）の中で複製可能なユニットをもつDNA分子としての運搬体（ベクター）内に挿入された他種生物のDNA断片をもつプラスミドやファージなど」を指す．こうしてできた同一のDNA（あるいはRNA）断片をもつファージやプラスミドのことは遺伝子クローン（gene[tic] clone）と呼ばれる．

クローン動物
[clone animal]

ゲノム内のすべての塩基配列が同一な複数の動物個体のこと．ヒトの場合でも一卵性双生児は1個の受精卵が発生の途中で偶発的に2個に分かれてしまい，それぞれが独立に生育して生まれたものなので，クローン個体である．アフリカツメガエルを使って，初めてクローン動物を作ることに成功したのはイギリスのガードン（Gurdon, J. B.）らである（1970年）．彼らは，オタマジャクシの肺・腎臓・小腸などの生殖器以外の器官に由来する細胞から核を取り出し，核を抜き取った未受精卵に核移植して育て，カエルにまで成長させることに成功した．この実験により「体中の細胞核には全く同一のゲノムDNAが存在する」ことが実証された．哺乳動物でも同様の実験が成功しており，クローンヒツジドリーが誕生している． ➡ ドリー

クローン人間
[cloned human]

別個体だが全ゲノム塩基配列が全く同一なヒト．体細胞の核を採取し，これを試験管内で除核した卵子に入れ，子宮に戻して誕生させる．クローンヒツジドリーの誕生（1997年）によって技術的には可能となったが実施例はまだない．2002年5月に，イタリアでクローン技術による妊娠に成功したというニュースが流れたが真偽は定かではない．1人のヒトの体細胞は約60兆個もあるから，原理的には60兆人のクローン人間さえできてしまう．この技術は放っておくと倫理的・政治的に非常に危険な技術となる可能性があるため，日本や英国ではすでにクローン人間禁止法が制定されている．研究の進んでいる米国でも，クローン人間作りにつながりかねない，核を除いた卵子に体細胞の核を移植して作製するヒトのクローン胚の研究を全面禁止している．ただし，妊娠を目的としないクローン胚の研究は拒絶反応が全くない代替臓器の開発へと発展する可能性があるため実施の道が残されている．

クローン病
[Crohn's disease]

クローン病は消化器管全体の慢性の炎症により下痢や腹痛を起こして衰弱する後天性の難病である．クローン医師が命名した病気（Crohn's disease）で，英語表記の綴りの違いから明らかなようにクローン（clone）*とは何ら関係はない．クローン病は環境要因のかかわりの少ない遺伝性疾患ではなくて，多数の遺伝子要因が環境要因と複雑に絡まって発症する一般の病気（common disease）の一つである．その原

因が遺伝子変異レベルで解明されたこと（2001年）は，21世紀における「環境と遺伝子とのかかわり」を反映した生活習慣病に対する遺伝子医療の始まりとしての歴史的意義は大きい．クローン病は10〜20代で発症し，患者は今でこそ日本では2万人弱だが，欧米ではすでに千人に1人の割合に上っており，発症率は年々増加している．第16染色体に配座している原因遺伝子の一つがNOD2であることが突き止められた．NOD2は白血球の一種である単核球で発現されて感染した細菌を検知し，生体の炎症防御反応を誘起して細菌を駆逐する役割をもつとされるNOD2をコードしている．調べた多数の患者のうちの1割近くにNOD2遺伝子の変異が見つかった．これらの変異はNOD2のC末端側にあるロイシン反復配列（leucine repeat region：LRR）を破壊して転写制御因子であるNFκBを活性化するという本来の機能を失活させていた．LRRは病原性微生物の細胞内受容体の働きもしていることから，その機能の不全も病因となっていよう．すなわち，腸内にもともと寄生している微生物あるいは感染した病原微生物の細胞の成分（とくにリボ多糖）に対する適切な免疫応答ができないのが疾患の原因である．調べた多数のクローン病患者のうちの1割近くにNOD2遺伝子の変異が見つかったという．この結果はクローン病に対するゲノム創薬*とともにSNP検索と診断をもとにしたクローン病治療と予防に関するテーラーメード医療*研究を大いに刺激するであろう．

蛍光共鳴エネルギー転移法
[fluorescence resonance energy transfer：FRET]

2種類の蛍光物質を対象としたとき，両者の距離が小さくなると蛍光エネルギーが一方から他方へと移動する性質を利用した蛍光測定技術．例えば黄色蛍光タンパク質（YFP）と青紫色蛍光タンパク質（CFP）の2種類の蛍光物質を用いる場合を考えてみる．これらはオワンクラゲの緑色蛍光タンパク質（GFP）を改変して他の波長の蛍光を発色できるようにしたタンパク質であり，融合タンパク質として発現させることができる．CFPに最適な励起光を当てるとYFPは発光しないのだが，両者の距離が縮まるとCFPから出た蛍光エネルギーがYFPへ転移して吸収され，それによってYFPが黄色に発光する（図a）．今，対象タンパク質（X）がカルシウムイオン（Ca^{2+}）を取り込むと立体構造が変化する性質をもつとする．YFPとCFPが空間的に接近してFRETが起こるように設計して融合タンパク質として（YFP-X-CFP）を細胞内で発現させると，FRETを測定すれば細胞内のCa^{2+}濃度の変化が細胞が生きたまま観察できることになる（図b）．他方，2種類のタンパク質（YとZ）に別々にY-CFP，Z-YFPという具合に融合タンパク質として発現させるとYとZが結合したときにのみFRETが起こるので顕微鏡下でYとZの結合状態の変化が細胞が生きたままの状態で記録できる（図c）．

経済スパイ法
[Economic Espionage Act：EEA]

米国連邦政府が1996年に制定した，業務上の秘密（trade secret）の盗用を厳しい刑事罰をもって取り締まる最初の連邦法．この法律では犯罪行為を以下の2つに分けて規定している．❶外国政府の利益が想定される経済スパイ条項，❷業務上の秘密の盗用全般を取り締まる条項．2001年，この法律を適用されて日本人2名が研究材料を共謀して無断で持ち出したとの容疑で起訴

◆ 蛍光共鳴エネルギー転移法（FRET）の原理

a) CFPとYFPが接近するとYFPも蛍光（黄色）を発する

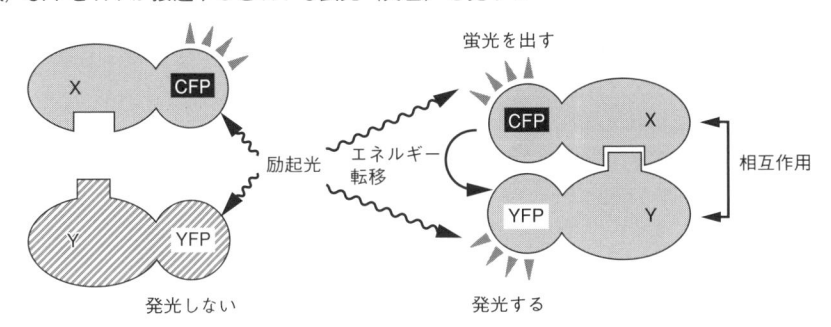

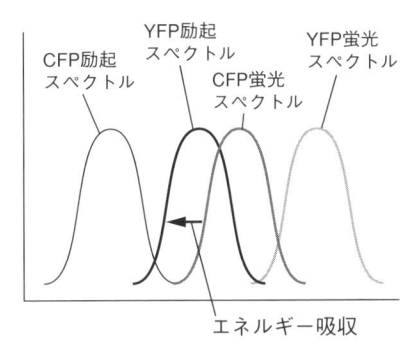

b) タンパク質の構造変化の測定

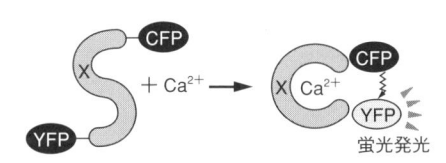

c) タンパク質の相互作用の測定

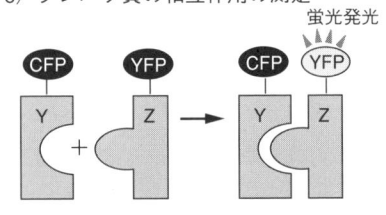

され，「遺伝子スパイ事件」として大きな問題となった．その後，被告の一人が偽証罪を認めることで検察側が経済スパイ法違反の起訴を取り下げるという司法取引が成立して事実上の幕引きとなった（2003年）．

形態チェックポイント
[morphogenesis checkpoint]

出芽酵母の細胞周期において，細胞質のアクチン構築や出芽形成に生じた異常を監視してM期開始を遅らせるチェックポイント．この細胞周期の遅れはCDK依存性キナーゼであるCdc28（Cdc2キナーゼの出芽酵母における相同タンパク質）をリン酸化するSwe1キナーゼの蓄積に由来する．他の生物でも同様なチェックポイント制御機構が存在するか否かは未だわかっていない．

ケージド化合物
[caged compound]

生理活性分子を光分解性保護基（2-ニトロベンジル基など）で化学修飾することで保護し，一時的にその活性を失わせた分子の総称．光を照射することで，保護基が外れて元の生理活性を回復させることができる．培養細胞，組織切片，あるいは個体に光照射することで，そこで発現している任意の標的分子の濃度分布を時空間的に制御することができる．シグナル伝達に関与する分子の時空間動態を，リアルタイムで制御する強力な方法として注目されている．

血管新生
[angiogenesis]

すでに発生した血管の内皮細胞が出芽（sprouting）や陥入（intussusception）を行うことで新しい管腔を作る過程のこと．一方，血管の個体発生は中胚葉から発生した血管芽細胞が血管内皮細胞に分化して未熟な血管叢を形成することから始まる．次いで，例えば卵黄嚢の場合には臓側内胚葉細胞によって血管形成が促され，隣接した胚体外中胚葉で血管が発生する．ここでは血管内皮増殖因子（vascular endothelial growth factor：VEGF）が重要な働きをする．この新たに（de novo）脈管が生み出される過程は脈管形成（vasculogenesis）と呼ばれる．

血栓性血小板減少性紫斑病
[thrombotic thrombocytopenic purpura：TTP]

血小板減少・細小血管障害性溶血性貧血，腎機能障害，発熱，動揺性精神神経症状を5徴候とし，放置すると致死率9割以上の重篤な疾患である．血漿交換によって効果的に治療できるため，致死率は下がってきたが，多くは反復治療を要するため患者の負担は大きい．多くは後天的孤発性だが，まれに常染色体性劣性遺伝を示す先天性TTPが見つかる（Upshaw-Schulman症候群）．責任遺伝子（*ADAMTS13*）が発見されており，ADAMTS13は血液凝固制御因子の一つで血小板凝集により止血を促進するフォンビルブランド因子（VWF：von Willebrand factor）のTyr1605-Met1606の間を特異的に切断する酵素（VWF-CP：VWF-cleaving protease）をコードする．実際，先天性TTPではVWF-CP活性が低下しており，後天性TTPではVWF-CP阻害因子抗体が生じている．その結果，VWF複合体の血小板凝集能力が異常亢進し，細小血管では血栓が生じて腎臓などの障害をもたらし，局所で血小板が過剰消費されたことで他の場所では血小板が減って止血がままならなくなり出血（紫斑）がみられ溶血性貧血を起こす．先天性TTPでは多数の*ADAMTS13*遺伝子における点変異が発見されている．興味深いことに健常人でも1割くらいはPro475 → Ser475の変異がみられ，VWF-CP活性が約半分に低下している．これらの人々は血栓を作りやすいはずなので，心筋梗塞や脳梗塞の危険因子をもつことになる．その意味でもADAMTS13のSNP検査はオーダーメード医療の標的となりうる．

ゲートウェイシステム
[gateway system]

λファージDNAは自身のもつ*att*P（attachment site of phage）配列と大腸菌のゲノムにある*att*B（attachment site of bacteria）配列との相同性組換えを利用して大腸菌ゲノム内に侵入する．この部位特異的組換え反応にはInt（integrase），IHF（integration host factor）という2つのタ

ンパク質が必要とされ，切り出し反応には これらに加えてラムダファージDNAに コードされるXis (e xcisiononase) タン パク質も必要となる．ゲートウェイシステ ムは，この部位特異的組換え反応を利用し た遺伝子のサブクローニング法で，従来法

◆ ゲートウェイシステム

a) attP, attB部位の塩基配列

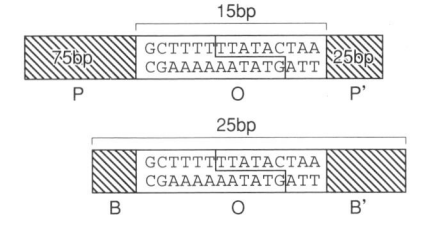

b) 組込みモデル

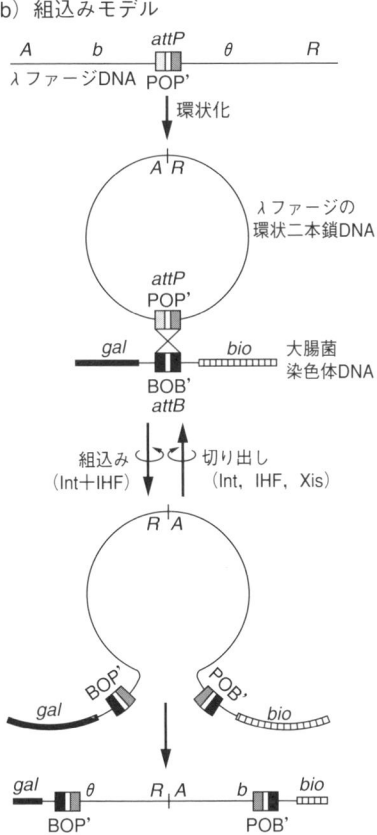

c) ゲートウェイシステムに従った サブクローニング法

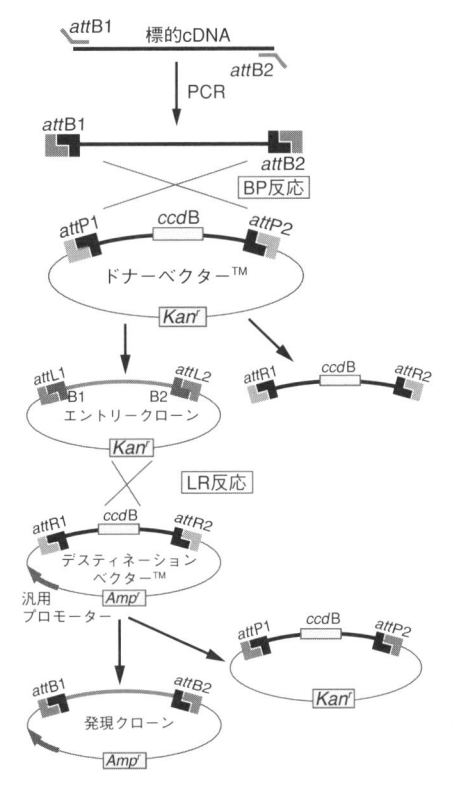

に比べて高い正確性をもちながら、より短時間で簡便に作業できる点で優れている。反応はBPとLRの2つの可逆的なステップで構成される。BPは組込み反応でInt、IHFの混合液であるBPクロナーゼ（clonase）を用いる。こうしてcDNAを組込んだプラスミドクローンはエントリークローン（entry clone）と呼ばれる。一方、LRは切り出し反応でInt、IHF、Xisの混合液であるLRクロナーゼ（clonase）を用いる。組換えを特異的に行うため実験はattP1、attP2、attB1、attB2、attL1、attL2、attR1、attR2という8つの配列をそれぞれもつベクター系を組合わせて行う。例えばBP反応ではattB1／attP1、attB2／attP2という組合わせのみが特異的に反応して、それぞれがattL1／attR1、attL2／attR2を形成できる。すなわち標的遺伝子にこれらの配列をアダプターとしてもつようにサブクローニングすれば塩基配列に関係なくサブクローニングできるしくみとなっている。こうしていったんcDNAが挿入されたエントリークローンが得られれば、あとはすでにシステムとして多数準備されている発現用のプロモーターをもったデスティネーション（destination）ベクターなどへ高い効率で入れ換えることができる。さらにこのシステムでは標的遺伝子が組込まれ損なったクローンが生じないように2つの工夫がなされている。❶ベクターのattP1、attP2に挟まれた領域にジャイレース（gyrase）阻害因子をコードするccdB遺伝子を付加していることで、挿入cDNAが入っていない（すなわちccdB遺伝子が交換反応により抜けていない）ベクターを取り込んだ大腸菌は致死的なCcdBタンパク質を発現してしまうため死滅してしまう。❷入れ換えに用いる2つのベクターに異なる薬剤耐性（例えばAmp^rとKan^r）をもたせていることで、これにより抗生物質の選択により目的とするクローンだけを増殖させることができる（前ページ図）。

ゲノミクス　▶ ゲノム解析
[genomics]

全塩基配列決定が決定されたいくつかの生物のゲノム情報をもとにして、全遺伝子の発現動態や機能などを網羅的・系統的に解析すること（次ページ図）。

ゲノム
[genome]

英語ではジェノムと発音する。本来は「一つの生物がもつすべての遺伝子のセット」を定義とする用語である。しかし、研究が進むにつれて、遺伝子ではないジャンクDNA*がたくさん見つかってきた。ジャンクDNAのところどころに遺伝子が埋まっている状態である。ジャンクDNAは現在は機能未知であるが、何らかの役割は担っていると考えられる。そこで、拡大解釈した「一つの生物がもつ全DNA」という定義が受け入れられてきた。「ヒト全ゲノム塩基配列決定」という使い方は後者の定義に拠っている。

ゲノムインフォマティクス
[genome informatics]

ゲノム情報の情報科学的解析を行う学問。ゲノム情報科学と呼ぶこともある。

ゲノム初期化
[genomic reprogramming]

生殖細胞が受精をして発生を始める状態になったとき（初期胚）、ゲノムDNAの発現特殊化が解除されて、あらゆる遺伝子の発現が可能となることでさまざまな細胞を生み出すことのできる初期状態へとリセッ

トされること.「リプログラミング」と呼ばれることもある.体細胞を用いたクローン動物作製の成功率の向上にゲノム初期化が重要だという指摘がなされている.

ゲノム診断 同 ゲノム検査,遺伝子診断
[diagnosis at the genomic level]

病院などで血液を採取してDNAチップで数多くの病因遺伝子の診断をすること.そこから得られたゲノム情報をICカードに

◆ ポストゲノム時代の研究の流れ

a) ゲノミクスとそれより派生した各研究分野の関係.特に欧米ではこれら諸分野の集束点としてゲノム創薬が考えられている

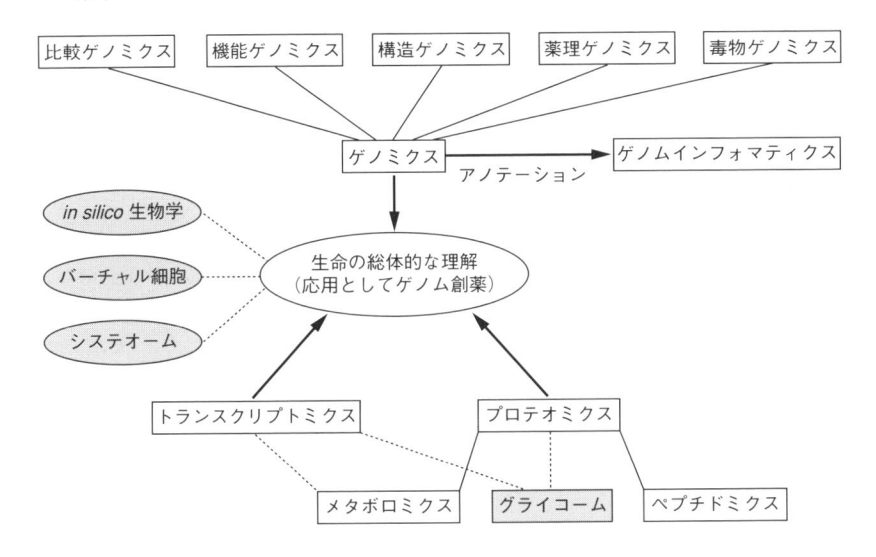

b) ゲノミクスとSNP,ゲノム創薬とオーダーメード医療との相関図

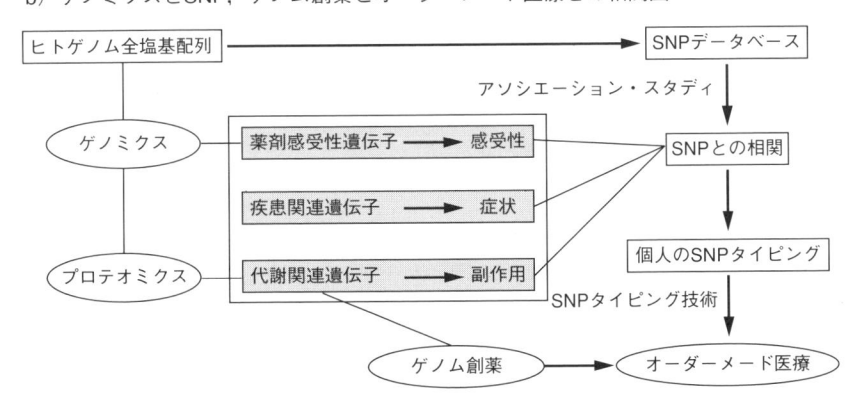

記録し，次回から病気になったときにはその情報をもとに個々人の体質にあった最適のオーダーメード医療*を受ける，あるいは，その情報をもとに発病を予防する生活上のアドバイスを受けることもできるようになる．

ゲノム刷り込み
[genomic imprinting]

　雌雄の配偶子（卵子・精子）形成過程において後世的（epigenetic）に父母由来のゲノムDNAが異なった修飾を受けることをゲノム刷り込みと呼ぶ．これによって父母由来の対立遺伝子間の発現量が大きく異なってくる．

　刷り込みは受精後の体細胞分裂において安定に維持されるが，次の配偶子形成過程においては，雌雄の違いに従って新たな刷り込みが起こる．哺乳類で単為発生が致死となる理由の一つは，ゲノム刷り込みが両親由来のゲノムの間に機能的な非等価性をもたらすためであるといえる．

　修飾としてはDNAを構成する塩基のうちシトシンのメチル化領域の違いがあり，メチル化を受けたDNAはmRNAへの転写が抑制される．特にCGという配列が集中して存在する領域（これをCpG島*と呼ぶ）のCがメチル化されやすい．一方，ヌクレオソームを構成するヒストンタンパク質のメチル化，アセチル化なども修飾により構造変化して遺伝子の転写を制御する．これらの修飾は遺伝情報としてゲノムに記されているのではなく，後世的に配偶子（卵子・精子）形成過程において起こるという意味で，この現象はエピジェネシス*と総称される．

　刷り込みを受ける遺伝子群は父由来（Peg：paternally expressed gene）あるいは母由来（Meg：maternally expressed gene）の2つに分類される．PegとMegは

◆ ゲノム刷り込みの一例

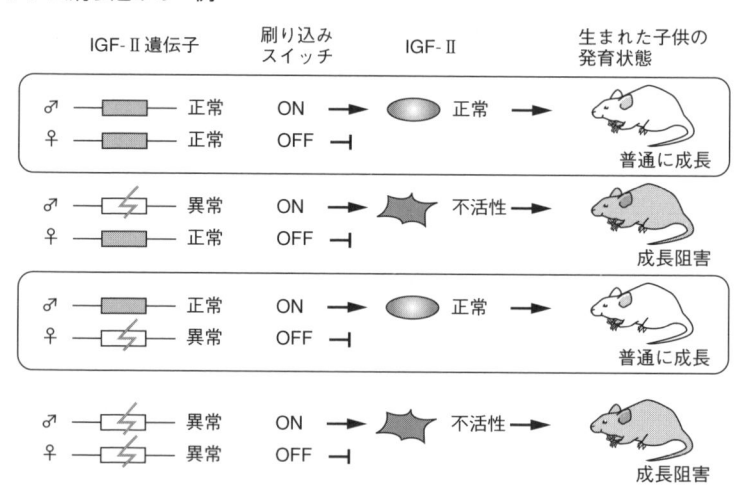

IGF-Ⅱ遺伝子は刷り込みにより父親由来の遺伝子しか発現されないように制御されている．そのため父親のIGF-Ⅱ遺伝子が異常な場合には正常なIGF-Ⅱが産生されないため，生まれた子供の成長が阻害される．
野島 博/著「遺伝子工学への招待」（p.137，南江堂，1997）より許諾を得て転載

刷り込みを受けない遺伝子と混在しているいくつかの数Mb（10^6塩基対）のゲノムの特定の領域（imprinting domain）に局在している．その領域では，発現が抑制される側の対立遺伝子のプロモーター周辺が高度にメチル化されてヌクレアーゼ抵抗性の緊縮したクロマチン構造をとっている．

ゲノム刷り込みの例としてマウスの成長因子の一つである IGF-II遺伝子（igf2）が詳しく解析されている（図）．父親より遺伝したigf2は発現してマウスの成長を促進するが，母親から遺伝したigf2はゲノム刷り込みのため全く発現しない．母由来のigf2が変異しても，もともと発現していないのだから変化はないが，父由来のigf2が変異すると異常なIGF-IIしか産生されないのでマウスは成長が止まってしまう．

ゲノム刷り込みが原因であるとされる疾患として，Prader-Willi症候群（PWS），Angelman症候群（AS），Beckwith-Wiedemann症候群（BWS），Silver-Russell症候群（SRS）などが知られている．またある種の癌の発生にもゲノム刷り込みが関与しているという．例えば骨肉腫発生の鍵を握るRBと呼ばれる遺伝子の欠落のケースでは母親由来の場合のほうが欠落しやすい．ウイルムス（Wilms）腫瘍の場合には，本来あるはずのゲノム刷り込みが消失してWilmsタンパク質が過剰に発現されていることが発癌の原因となっている．

ゲノム刷り込みセンター　同 インプリンティングセンター
[imprinting center]

ゲノム刷り込みは数Mb単位の染色体領域レベルで制御を受けている．そこに存在すると仮想されているゲノム刷り込みを規定するとされる中心的な領域のこと．例えばヒトの染色体領域（11q11-13や11p15.5）におけるゲノム刷り込みセンターに突然変異やメチル化の異常が起こると，その周辺にあるゲノム刷り込み遺伝子の発現パターンが影響を受けて異常になる現象がみられることが，その実在の状況証拠としてあげられる．Prader-Willi症候群（PWS）やAngelman症候群（AS）といった疾患の原因はゲノム刷り込みセンターの欠損が原因とされる．ゲノム刷り込みセンターの領域周辺に核マトリックス結合部位が高密度に存在することから，ヘテロクロマチンを形成する中心となっているというモデルも出されている．

ゲノム創薬
[genomic-base drug discovery]

ゲノム情報をもとにして薬を作ること．現在では薬の開発研究にゲノム研究の成果を利用することは不可欠で，研究開発の効率化と迅速化には目を見張るものがある．例えば7回膜貫通型のタンパク質は薬物受容体をコードするが，ゲノム情報によってヒトにあるすべての7回膜貫通型受容体のアミノ酸配列が明らかにされたため，これらすべてを対象にした分子薬理学研究が可能になった．系統的な研究によって新たな薬物が創生されている（図）．

ゲノム薬理学
[pharmacogenomics]

ゲノム情報を基盤とした分子薬理学．

ゲノムライブラリー
[genome library]

ゲノムDNAを均等に分断してベクターに挿入し，ゲノムの全範囲をカバーするのに十分な数のクローン*を集めた集合体（ライブラリー*）のこと．ゲノムライブラリーの作製の手順の一例を示す．❶まず大

きな分子量をもつゲノムDNAを物理的に切断しないように慎重に調製し，例えば制限酵素の*Sau* 3AI（あるいは*Tsp* 509I）によって部分分解する．❷一定の時間ごとに少量サンプルを抜き出して分解反応を止め，アガロースゲル電気泳動法によって分解反応の時間経過を観察する．適当に部分分解されたDNA試料の5'末端をアルカリホスファターゼによって脱リン酸化することで自己連結を防ぐ．❸これを*Bam* HⅠ（あるいは*Eco* RⅠ）で切断したλファージベクターにDNAリガーゼを用いて連結し，*in vitro*パッケージングによってファージ粒子に取り込みファージライブラリーとして保存する（次ページ図）．この方法では生存可能なファージとして内包できるDNAサイズは35〜52kbと限界があるから遠心操作によるサイズ分画は不要である．

◆ ゲノム創薬の戦略の例

a) 構造から標的を絞り込む戦略

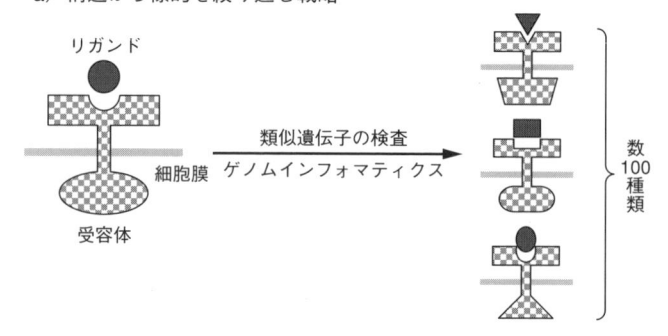

b) DNAチップによる発現パターンから標的を探り当てる戦略

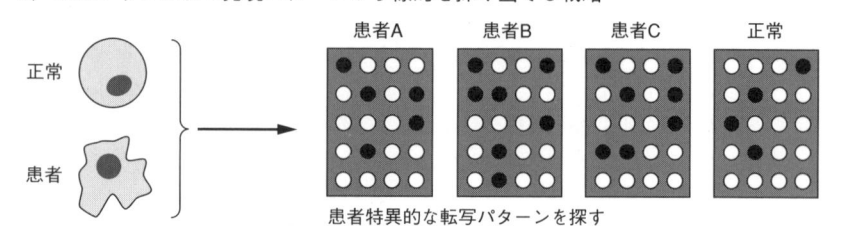

c) プロテインチップによる標的分子の高速スクリーニング

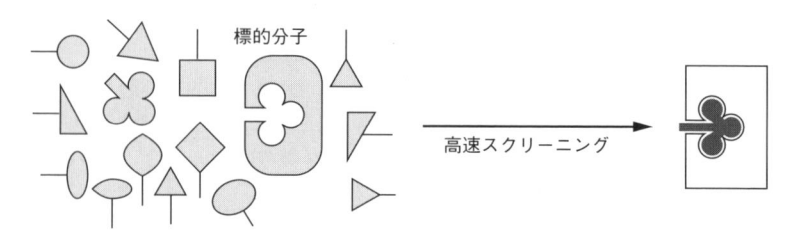

後生動物
[metazoa; metazoan]

多細胞からなる個体として生きている動物（animal）の総称．生物をモネラ（原核生物），原生生物，真菌，動物，植物の5つに分類する五界説のうちの生物界の一つ．単細胞で個体として生きている原生動物（protozoa; protozoan）と対比させるためにヘッケル（Haeckel, E. H.）（1874年）が唱えた造語．ここに原生動物は原生生物界（protista; protist）に属するもののうち動物的なものを集めた分類である．

酵素アレイ
[enzyme array]

酵素を高密度に貼り付けたマイクロアレイ．タンパク質を高密度に貼り付けたプロテインチップ*の一種．各種酵素の活性モニタリングなどの目的で使われる．

構造ゲノミクス　　同　構造ゲノム学
[structural genomics]

プロテオーム*研究の一環で，ゲノム中にコードされるすべてのタンパク質の三次元立体構造をNMRやX線結晶構造解析あるいはコンピュータによるシミュレーショ

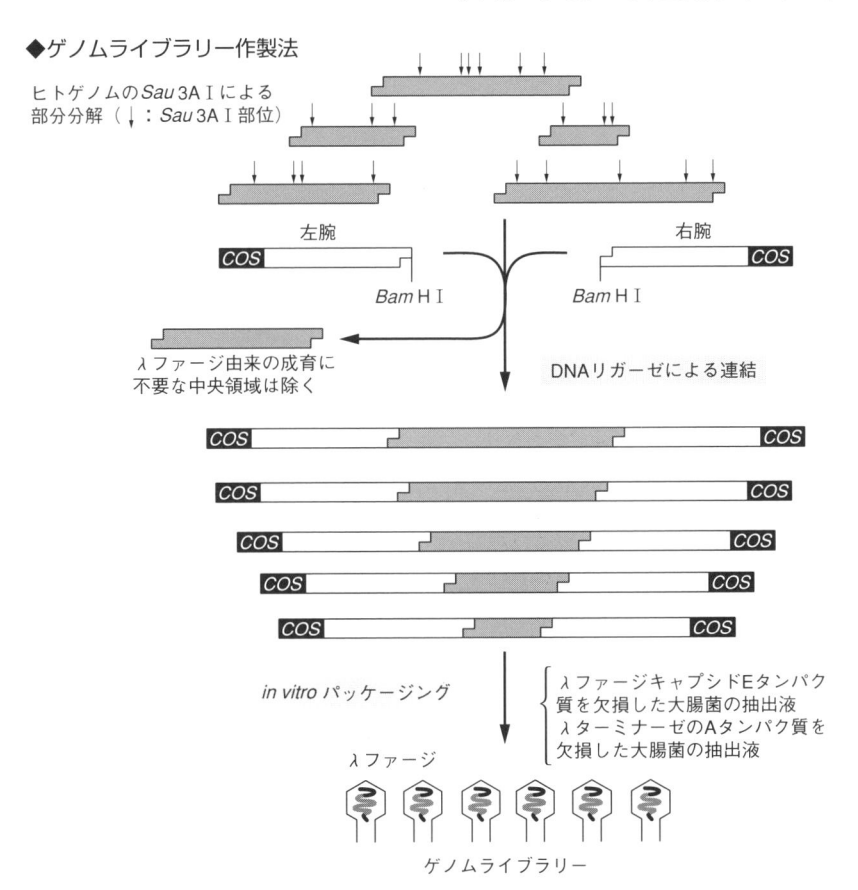

◆ゲノムライブラリー作製法

ヒトゲノムのSau 3A I による部分分解（↓：Sau 3A I 部位）

左腕　　　　　　　　　　　　右腕
COS　　　　　　　　　　　　　　　　COS
BamH I　　　　　　　BamH I

λファージ由来の成育に不要な中央領域は除く

DNAリガーゼによる連結

COS　　　　　　　　　　　　　　　　COS
COS　　　　　　　　　　　　　　　　COS
COS　　　　　　　　　　　　　　　　COS
COS　　　　　　　　　　　　　　　　COS
COS　　　　　　　　　　　　　　　　COS

in vitro パッケージング

λファージキャプシドEタンパク質を欠損した大腸菌の抽出液
λターミナーゼのAタンパク質を欠損した大腸菌の抽出液

λファージ

ゲノムライブラリー

ンなどを駆使して決定し，それを通して総体的なタンパク質の機能を理解しようとするもの．

抗体アレイ
[antibody array]

メンブレン上にある多種類の抗体を並べたアレイ．抗体チップとも言う．このアレイとタンパク質を結合させ，標的抗体と相互作用するタンパク質を検出する．　➡ プロテインチップ

コーサプレッション　[同]共抑制
[co-suppression]

ある遺伝子をクローニングしたうえで再度，細胞内に導入して過剰発現させた場合，導入した遺伝子とともに本来ゲノムに存在して発現していた（endogenousな）同一のあるいは相同な遺伝子が発現抑制される現象のこと．HDGS*あるいは導入抑制（transgene silencing）と総称されることもある．ペチュニアの花の色素合成にかかわる遺伝子の発現機構を研究している過程で発見された．その後，植物のみでなくアカパンカビ，ショウジョウバエ*，線虫*，げっ歯類哺乳動物細胞においても見つかっている．コーサプレッションのしくみとしては転写レベルでの遺伝子発現抑制TGS*と転写後の遺伝子発現抑制PTGS*があると考えられている．TGSとしては遺伝子のメチル化がある．細胞内で必要以上のmRNAが転写されると，分解スイッチが入

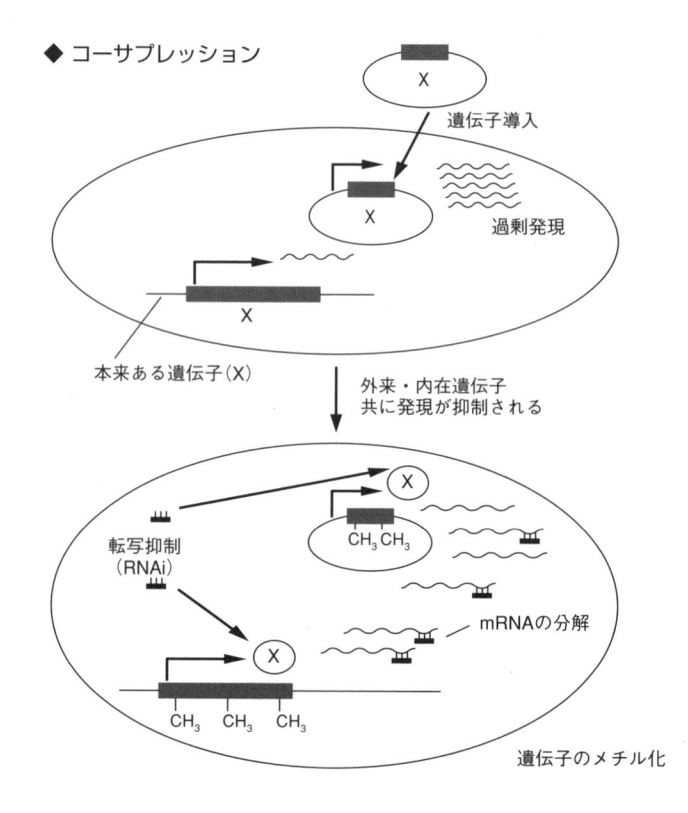

◆ コーサプレッション

遺伝子導入

過剰発現

本来ある遺伝子（X）

外来・内在遺伝子
共に発現が抑制される

転写抑制
（RNAi）

mRNAの分解

遺伝子のメチル化

ってRNaseが働き余分のmRNAを分解する．次いで，その分解産物がシグナルとなってメチル化酵素が働き，この遺伝子をメチル化してクロマチン構造を変化させ転写を抑制するというモデルである．実際，メチル化を阻害する5-アザデオキシシチジン(5-azadeoxyxytidine)を含む培地で実験するとコーサプレッションが起きにくくなる．一方，PTGSレベルでのコーサプレッションを起こしているしくみはRNAi*と同様であると考えられている（前ページ図）．

孤児受容体　　オーファン受容体
[orphan receptor]

　細胞外からの信号を細胞内へ伝達する重要な働きをしている受容体のうちシグナル伝達を制御しているGタンパク質*によって制御されている受容体は，ヒトでは約1,000種類ほど見つかっている．しかし，その多くはその天然の結合因子（リガンド）が不明である．これらをまとめて孤児受容体（オーファン受容体）と呼ぶ．

コスミド
[cosmid]

　小型だが挿入断片サイズの大きいベクターの名称．小型で扱いやすいプラスミドと挿入断片サイズの大きいファージを融合させたベクターで，自身は10kb程度の大きさでありながら，30kb以上44kbまでのDNA断片を挿入できる．感染された大腸菌内では環状のプラスミドとして増殖する．一方，プラスミドにλファージ*DNAの粘着末端（　アダプター）を付加してあるため，in vitroパッケージングという操作によって，λファージ粒子に包み込まれることができ，ファージとしても増殖できる．

古代DNA
[ancient DNA]

　古い試料から採取したDNAの総称．例えば縄文時代の人骨やエジプトのミイラからミトコンドリアDNA（mtDNA）が採取され塩基配列が決定されており，数万年前程度の試料から得られたmtDNAの塩基配列も信頼できる結果とされる．ただし，恐竜のmtDNAの塩基配列を決定したとの論文が以前Science誌に載ったが，これはヒトの核DNAにもぐりこんだDNAの塩基配列であったというような誤報もあるので注意が必要である．　　アイスマン

骨分化誘導タンパク質　　塩基性線維芽細胞増殖因子
[bone morphogenic protein：BMP]

　骨組織の形態形成を誘導する作用をもつタンパク質．10種類の類似タンパク質が見つかっており，それぞれBMP-1，BMP-2…などと呼ばれている．いずれも腫瘍増殖因子（tumor growth factor-β：TGF-β）に類似の構造をもち，それらの遺伝子はTGF-β超遺伝子族（super gene family）に属している．

コーティング
[coating]

　cDNAマイクロアレイを作製する前に，効率よくむらなくDNAを付着させるためにスライドガラスを表面処理すること．DNAを静電的に結合させるポリリジン（poly-L-lysine）法と，DNAの5'末端を共有結合させるシランコート(silane coating)法がある．　　DNAマイクロアレイ

コドン偏位
[codon bias]

　遺伝暗号としてのコドンの使われかたが

◆ヒトのコドン偏位表

1st \ 2nd	T			C			A			G		
T	TTT	0.43	Phe	TCT	0.18	Ser	TAT	0.42	Tyr	TGT	0.42	Cys
	TTC	0.57		TCC	0.23		TAC	0.58		TGC	0.58	
	TTA	0.06	Leu	TCA	0.15		TAA	0.22	TERM	TGA	0.61	TERM
	TTG	0.12		TCG	0.06		TAG	0.17		TGG	1.00	Trp
C	CTT	0.12	Leu	CCT	0.29	Pro	CAT	0.41	His	CGT	0.09	Arg
	CTC	0.20		CCC	0.33		CAC	0.59		CGC	0.19	
	CTA	0.07		CCA	0.27		CAA	0.27	Gln	CGA	0.10	
	CTG	0.43		CCG	0.11		CAG	0.73		CGG	0.19	
A	ATT	0.35	Ile	ACT	0.23	Thr	AAT	0.44	Asn	AGT	0.14	Ser
	ATC	0.52		ACC	0.38		AAC	0.56		AGC	0.25	
	ATA	0.14		ACA	0.27		AAA	0.40	Lys	AGA	0.21	Arg
	ATG	1.00	Met	ACG	0.12		AAG	0.60		AGG	0.22	
G	GTT	0.17	Val	GCT	0.28	Ala	GAT	0.44	Asp	GGT	0.18	Gly
	GTC	0.25		GCC	0.40		GAC	0.56		GGC	0.33	
	GTA	0.10		GCA	0.22		GAA	0.41	Glu	GGA	0.26	
	GTG	0.48		GCG	0.10		GAG	0.59		GGG	0.23	

数値は各コドンの使用頻度を示す（1＝100%）．かずさDNA研究所ホームページの情報（http://www.kazusa.or.jp/java/codon-table-java/）を参照して作図

生物種によって大きな偏りをもつこと（表）．とくに終止コドンの使用頻度の偏りは大きい．ヒトのタンパク質を大腸菌で大量に発現させたいときには，同じアミノ酸を生み出すようにしながらもコドン偏位をヒト型から大腸菌型に変化させておくことが発現効率を高く保つために重要となる．

コネキシン　➡ イネキシン，パネキシン
[invertebrate connexin]

細胞間の連絡経路であるギャップ結合を構成する膜タンパク質をコネキシンと呼ぶ．コネキシンが六量体としてコネクソン（connexon）ヘミチャネルを構成する（図）．2つの細胞のコネクソンヘミチャネルが合体することで細胞間の連絡通路ができ上がる．ギャップ結合は開閉するが，開いた時には内径1nm程度の親水性通路ができて分子量1,200以下の分子が双方向に通過できるようになる．ヒトには20種類以上のコネキシンタンパク質が存在し，分子量を基盤にしてコネキシン26（Cx26）などと呼ばれる．コネキシンは4回の膜貫通領域（M1，M2，M3，M4）をもち，2つの細胞外ループ（EL1，EL2）と1つの細胞内ループ（CL）をもつ．EL内およびEL間の3つのS-S結合により安定した構造が保たれている．N末端とC末端はともに細胞質に存在し，親水性アミノ酸を含むM3はチャネル内腔に位置する．MとEL領域はコネキシン間で保存性が高いがC末端側の構造は多様で分子量の差異は主としてこの領域の大きさに依存する．Cx32やCx43にはここにリン酸化部位が見つかる．この違いから進化的にαグループ（GJA：Cx40・Cx43・Cx46）とβグループ（GJB：Cx26・Cx30・Cx32），γグループ（GJC：Cx45）の3つに分類される．なかでもCx26はC末端がきわめて小さい点で特異である．これらの機能分担は発現の特異性に

◆さまざまな細胞間の情報交換機構

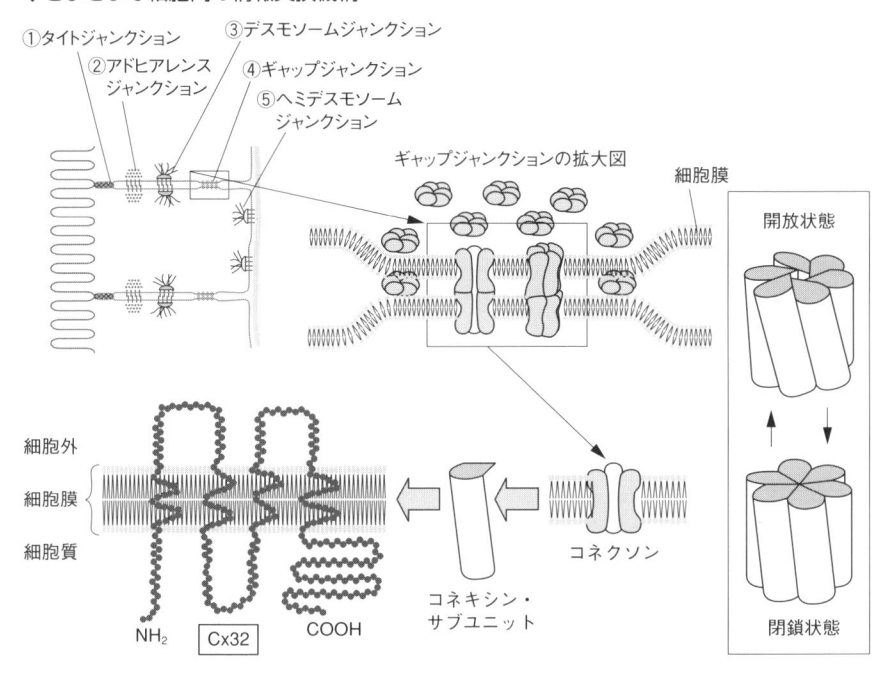

①タイトジャンクション　③デスモソームジャンクション
②アドヒアレンスジャンクション　④ギャップジャンクション
⑤ヘミデスモソームジャンクション

ギャップジャンクションの拡大図
細胞膜
開放状態
閉鎖状態
コネクソン
コネキシン・サブユニット
細胞外
細胞膜
細胞質
NH₂　Cx32　COOH

よってなされている．

　ノックアウトマウス作製により，各コネキシンの機能分担の一端が明らかになってきた．Cx30，Cx32欠損では他のコネキシンの補完によって明瞭な形態異常は生じない．Cx26の欠損胚では胎盤栄養膜絨毛細胞における本来のCx26の特異的な発現がなくなるため，母体血からの栄養供給が途絶えて胎児死する．Cx37欠損では生育は正常だが卵母細胞と周囲の顆粒膜細胞間の連絡が途絶えて雌性不妊となる．Cx46，とCx50の欠損では水晶体の発育阻害と白内障が起こる．Cx40欠損では血管内皮細胞の障害と不整脈がみられる．ともに血管内皮細胞に発現するCx37とCx40の二重欠損マウスは血管拡張，臓器出血などにより出生直後に死亡する．Cx43欠損では心臓の右室流出路奇形が原因となって新生児死する．心拍動の開始時期に心臓で強く発現するなど発生分化過程にも重要な働きをするCx45が欠損したマウスは胎児死する．

　ヒトでは以下のようなコネキシン異常症が見つかっている．❶Cx32の欠損によるX型Charcot-Marie-Tooth病（末梢神経疾患），❷Cx50の異常による白内障，❸Cx26，Cx30，Cx31の欠損による難聴と皮膚病．

コメットアッセイ
[comet assay]

　アポトーシスを起こした個々の細胞を顕微鏡下で感度よく検出する方法．スライドガラス上で培養した細胞をアルカリ処理で加水分解した後，そのまま電気泳動するとアポトーシスを起こした細胞のDNAは断

片化しているため核膜を通過して核外へ移動する．これを蛍光色素（SYBR Green）で染色すると彗星が尾を引いた（comet tail）ようなパターンが観察される．正常細胞ではDNAは加水分解されても核内へ留まるので楕円状の形を保ち明瞭に区別できる．同じ操作を施すとアポトーシスは起こしていないもののDNAに損傷を受けている細胞の核では損傷部分が核内の濃く染色される点として観察されるので，損傷レベルを定量評価する目的にもこのアッセイ法は有用である．蛍光色素染色の代わりに銀染色を行うと結果を半永久的に保存できる（図）．

コロニー
[colony]

固形培地の上に形成された細菌や培養細胞などのほかと隔離された集団．1個の細胞が増殖してできた集団なので1つのコロニーを作っている細胞はゲノムDNAが同一である．

コンソーシアム
[consortium]

巨大なプロジェクトを効率よく達成するために，いくつかの研究グループが提携して情報を交換することを前提に形成される大きな共同研究体．ゲノムプロジェクトなどにおいて大きな成果を納めてきた．例：スニップコンソーシアム*，HUGO*など．

コンティグ
[contig]

隣接したという意味をもつ英語（contiguous）を語源とするゲノム用語で，整列クローンとも呼ばれる．全ゲノム塩基配列のときに採用された階層的ショットガン法*において，BAC*クローンの塩基配列のうち重複する塩基配列をもつ部分を見つ

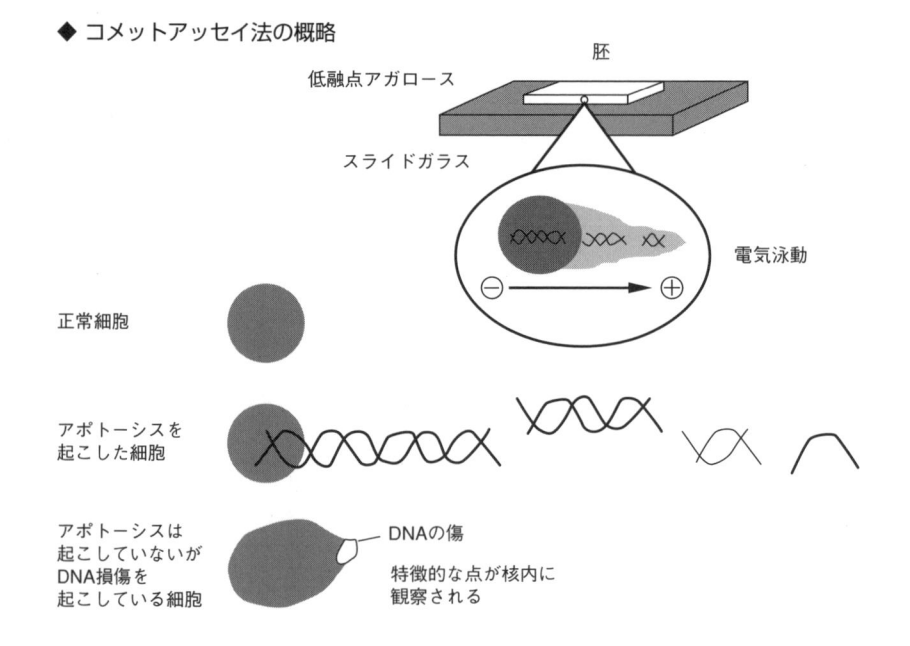

◆ コメットアッセイ法の概略

け出して整列し，順次つなぎ合わせて途切れる部分がないように全ゲノムレベルまで積み上げてゆく．この作業をコンティグの構築と呼ぶ．

コンビケム
[combinatorial chemistry]

創薬分野で注目される有機合成戦略の一つ．官能基の導入反応をユニット化し複数組合わせて実行することで一挙に多様な化合物を合成する手法のこと．

従来のように化合物を順番に合成しては生理活性を調べてゆく手法に比べ，巨大な化合物ライブラリーを一気に作製してアッセイ検索することで新薬の探索が効率化されると期待されている．

コンピテント細胞
[competent cell]

DNAを取り込む能力をもつ細胞のこと（下図）．コンピテント細胞の形質転換効率（transformation frequency）は$1\mu g$のプラスミドDNA（pBR322など）あたりのコロニー形成能（colony forming unit：cfu）で表す．阪大微研で開発されたSambrookとRussellのMolecular Cloning（1.112～115ページ）に紹介されている方法によると，大腸菌を低温（18℃）で培養することで$1～3\times10^9$cfu/μg pBR322という高効率が実現できる．その手順を次ページの図に示す．

コンフォメーション病
[conformation disease]

タンパク質の立体構造（conformation）が異常型に変化することで発症する疾患．アルツハイマー病，プリオン病，パーキンソン病などが知られている．例えばアルツハイマー病では，異常な折りたたみ構造をもったタンパク質が細胞毒性を示して細胞が死滅すると考えられている．

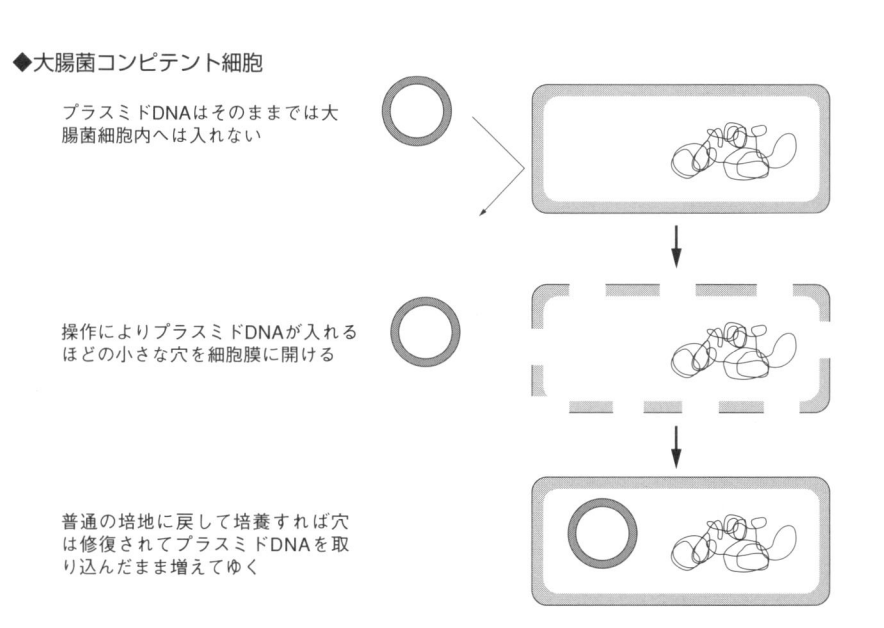

◆大腸菌コンピテント細胞

プラスミドDNAはそのままでは大腸菌細胞内へは入れない

操作によりプラスミドDNAが入れるほどの小さな穴を細胞膜に開ける

普通の培地に戻して培養すれば穴は修復されてプラスミドDNAを取り込んだまま増えてゆく

◆コンピテント細胞調製法

一夜培養 → 単一のコロニーを取り上げる → 5 l フラスコに250 ml の培地を入れて培養開始 → 18℃で激しく(毎分200回転以上)、約32時間の回転培養を行う → TB溶液処理 → 液体窒素に浸すことで急速冷却

大腸菌を培地に広げて培養する

$3×10^9$ cfu/μgのプラスミド

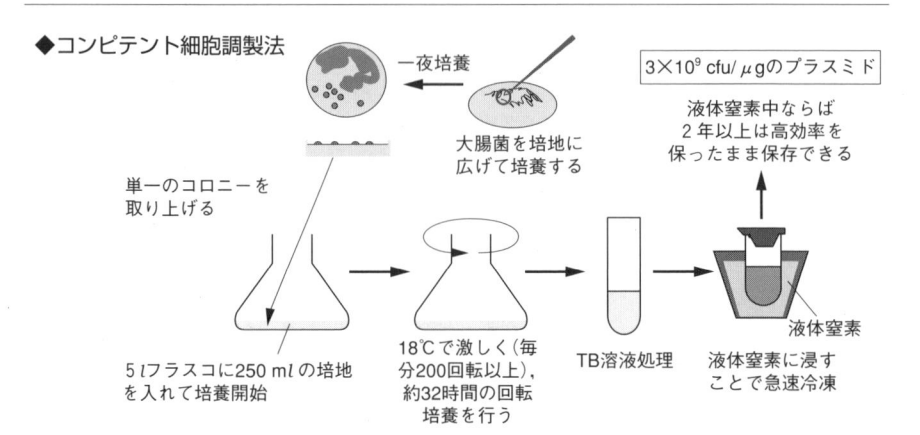

液体窒素中ならば2年以上は高効率を保ったまま保存できる

液体窒素

◆大腸菌コンピテント細胞の調製と形質転換の手順

[1．準備するもの]

❶SOB培地

		最終濃度
Bacto Tryptone	20g	2.0%
Bacto Yeast extract	5g	0.5%
5M NaCl	2ml	10mM
2M KCl	1.25ml	2.5mM

ミリQ水約990mlを加え全量を1lに調製してよく混ぜてからオートクレーブにて滅菌する。使用前に、別滅菌しておいた2M Mg^{2+}溶液(1M MgSO$_4$・7H$_2$O＋1M MgCl$_2$・6H$_2$O)を10ml加える。

❷SOC培地
SOB培地に滅菌済み2Mグルコースを1/100量加え、0.22μmのフィルターを通して滅菌する。保存は4℃。

❸Transformation Buffer〈TB〉

		最終濃度
PIPES	3.0g	10mM
CaCl$_2$・2H$_2$O	2.2g	15mM
KCl	18.6g	250mM

これらを約950mlの滅菌水に懸濁した後、5N KOHにてpHを6.7〜6.8に合わせる(低pHでは白濁状態。pH調整によって溶解する)。次いで、最終濃度が55mMとなるようMnCl$_2$・4H$_2$O(10.9g)を添加・溶解し、液量を1lに調整後、0.22μmのフィルターを通して滅菌する。保存は4℃

❹SOC：SOB培地に2Mグルコースを1/100加える。
❺寒天培地（LB＋アンピシリン）

野島 博/編著「遺伝子ライブラリー作製法」（羊土社、1994）より改変

[2．コンピテント細胞の調製法]

❶液体窒素(または－80℃)保存から取り出した大腸菌をLB培地にストリークし、37℃で1〜2昼夜培養。
❷1〜3mm径のコロニーをまず、1mlのSOBに懸濁し、それを250mlのSOB培地の入った3lの三角フラスコに移す。
❸回転型シェーカーで激しく(＞200rpm)振盪し、18℃(無理なら室温でも良い)で19〜50時間培養する。
❹OD$_{600}$＝0.4〜1.5(どこでも良い)に達したら、培養を止め直ちに氷中にて、10分間冷却する。
❺培養液を500mlの遠沈管に移し、4℃で3,000rpm、15分間遠心する。
❻上清を再使用のため元の三角フラスコに戻した後、80mlの氷冷TBに懸濁し、さらに氷中で10分間冷却する。
❼4℃で3,000rpm、15分間遠心する。
❽沈殿物を20mlの氷冷TBに懸濁した後、1.5mlのDMSO(dimethyl sulfoxide, 最終濃度7%)を添加し、氷中で10分間冷却する。
❾0.1〜0.5mlずつ1.5mlチューブに分注し、直ちに液体窒素に浸し凍結させる(コールドショックは必須)。

[3．形質転換操作]

❶冷凍庫から取り出したコンピテント細胞を手のひらの中で融解後、氷中に置く。
❷10〜50μlずつ1.5mlチューブに分注し、1〜20μlのDNAサンプルを加え、氷中で30分間冷却する。
❸42℃のヒートブロック中で30秒間保持し、氷中で2分間冷却する。
❹40〜200μl(4倍量)のSOC液体培地を加え、37℃で1時間ほど振盪培養する。
❺寒天培地（LB＋アンピシリン）にストリーク、あるいは軟寒天培地によって撒いたあと、37℃で一晩培養する。

サイクリン
[cyclin]

サイクリンボックスと呼ばれる保存されたアミノ酸配列をもつ一群のタンパク質の総称．当初，見つかったものはすべて細胞周期のある時期で発現が増えて他の時期では分解されることで細胞周期依存的（cyclic）な発現量を示したところからこの名前がつけられた．その後，サイクリンボックスはもつが細胞周期とは無関係な現象を制御しているサイクリンも数多く見つかってきた．細胞周期依存的なサイクリンはCDK（cyclin dependent kinase）というSer/Thrキナーゼと結合して細胞周期の進

◆ 細胞周期エンジンの作用機序

a) 細胞周期エンジンの構成因子（サイクリン・CDK）と標的タンパク質におけるSer/Thrのリン酸化による活性化

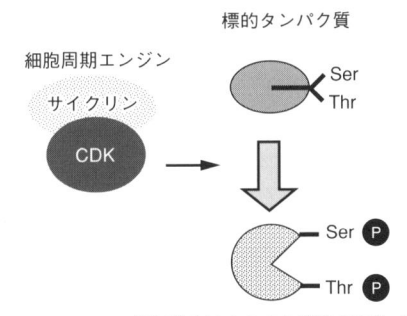

リン酸化による立体構造の変化（活性化）

b) キナーゼ活性の周期性はCDKではなくサイクリンの周期的な発現によって達成される

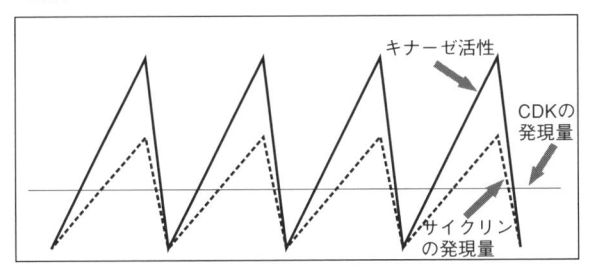

行を促進するところから細胞周期エンジン（cell cycle engine）とも呼ばれる．タンパク質サイクリンは細胞周期のある時期でのみ発現されてCDKを活性化し，その後すぐに分解される．CDKは標的となるタンパク質のセリン（S：Ser）あるいはスレオニン（T：Thr）を細胞周期のある時期でのみリン酸化することで活性化あるいは不活性化する（図a）．

酵母細胞は1台のエンジンで動いている．分裂酵母では1つのCDK（Cdc2）に対してサイクリンも1つ（Cdc13）のみだが，出芽酵母では1つのCDK（Cdc28）に対して9種類以上のサイクリンが交代で結合して異なった時期で働いている．ヒトではサイクリンA，-B，-C，-D，-E，-F，-G，-H，-I，-K，-Tと名づけられた11種類のサイクリンが見つかっており，ゲノムプロジェクトからはサイクリンP，-O，-K，-L，-Mの存在も予測されている．さらにサイクリンAには2種類の（A1，A2），サイクリンBには2種類の（B1，B2），サイクリンDには3種類の（D1，D2，D3）の，Eには2種類の（E1，E2），サイクリンGには2種類の（G1，G2）サブタイプが報告されている．

一方，CDKにも類似なタンパク質が11

◆ 細胞周期エンジンの作用機序（続き）

c）サイクリンの構造と結合するSer/Thr型タンパク質キナーゼの種類

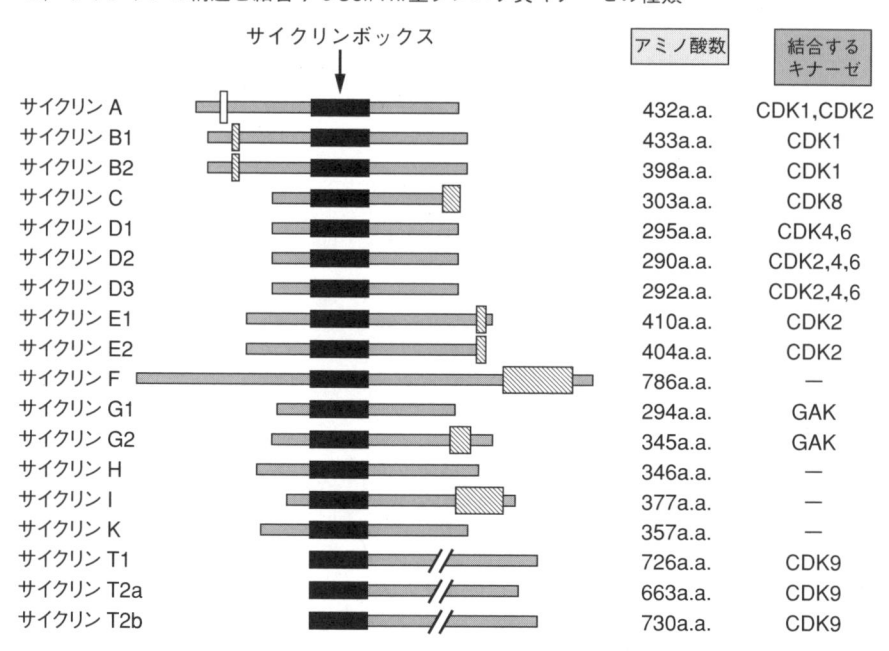

	アミノ酸数	結合するキナーゼ
サイクリン A	432a.a.	CDK1,CDK2
サイクリン B1	433a.a.	CDK1
サイクリン B2	398a.a.	CDK1
サイクリン C	303a.a.	CDK8
サイクリン D1	295a.a.	CDK4,6
サイクリン D2	290a.a.	CDK2,4,6
サイクリン D3	292a.a.	CDK2,4,6
サイクリン E1	410a.a.	CDK2
サイクリン E2	404a.a.	CDK2
サイクリン F	786a.a.	―
サイクリン G1	294a.a.	GAK
サイクリン G2	345a.a.	GAK
サイクリン H	346a.a.	―
サイクリン I	377a.a.	―
サイクリン K	357a.a.	―
サイクリン T1	726a.a.	CDK9
サイクリン T2a	663a.a.	CDK9
サイクリン T2b	730a.a.	CDK9

サイクリンはいずれもサイクリンボックス（黒い四角）と呼ばれる共通なアミノ酸配列をもつ．タンパク質分解シグナルなどのシグナルである破壊ボックス（白色の四角）やPEST配列（斜線の四角）をもつものもある．CDK=cyclin dependent kinase, GAK=cyclin G-associated kinase

野島 博/著「新 細胞周期のはなし」（羊土社，2000）より改変

種類見つかっており，順番にCDK1 (=Cdc2), CDK2～CDK11と呼ばれている．これらのうち細胞周期エンジンとしての役割が確認されているのはサイクリンB/CDK1, サイクリンA/CDK2, サイクリンE/CDK2, サイクリンD/CDK4, サイクリンD/CDK6だけである．これらは組合わせと働く時期が異なる（図b）．例えばCdk2はG1後期からG1/S期にかけてサイクリンEと結合するが，S期に入るとサイクリンEは分解されるため，主としてサイクリンAと複合体を形成して別時期での機能を果たす．サイクリンDはG1中期から後期にかけて発現し，Cdk4, Cdk6と結合して活性化して標的をリン酸化することでS期の開始を促す．

他のCDKやサイクリンは細胞周期以外の多様な細胞制御機能を果たしているらしい（図c）．例えばサイクリンT/CDK9複合体はRNAポリメラーゼⅡのC末端を過剰にリン酸化して転写伸長反応を制御する．サイクリンC/CDK8複合体も同様にしてRNAポリメラーゼⅡの活性を制御している．CAK（Cdc2 activating kinase＝サイクリンH/CDK7複合体）はCDK1をリン酸化することで，そのキナーゼ活性発現時期を制御する．サイクリンC/CDK3複合体はRbを特異的にリン酸化することでG0からG1への移行を制御している．サイクリンGはPP2A脱リン酸化酵素と複合体を形成して標的タンパク質を特異的に脱リン酸化している．これにはCDKは含まれず，代わりにGAKと呼ばれるタンパク質キナーゼが結合している．GAK

◆ 細胞周期エンジンの作用機序（続き）

d) 各種サイクリン（Cyc）が特異的に結合するCDKの種類と細胞周期における作用点

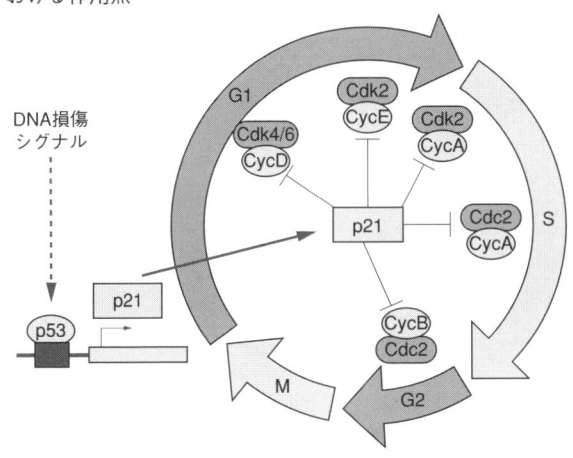

DNA傷害（損傷）が起こると，転写制御因子であるp53によりCKIの一つであるp21の発現が誘導されるが，そうして産生されたp21は各種サイクリン・CDKと結合してそれらの活性を阻害することで細胞周期をさまざまな時点で停止させる

野島　博/著「新 細胞周期のはなし」（羊土社，2000）より改変

◆ 細胞周期エンジンの作用機序（続き）

e）細胞周期以外を制御するサイクリン類の作用例

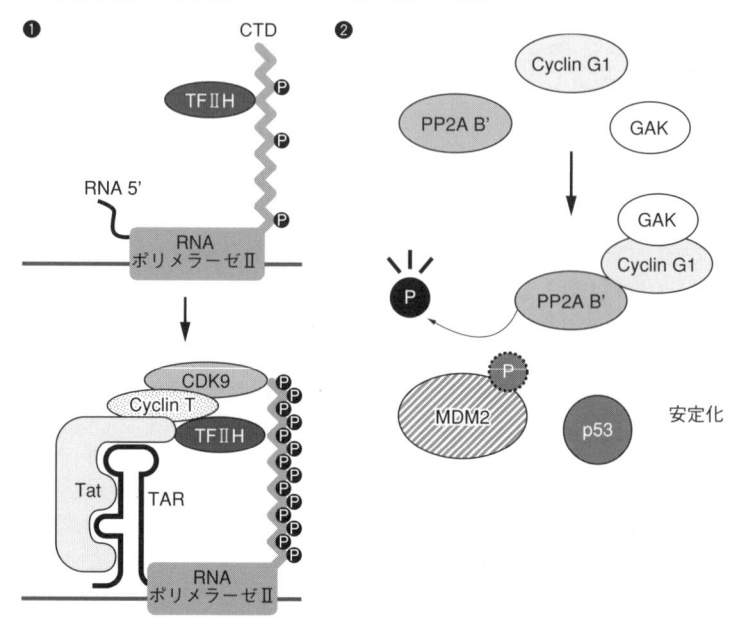

❶転写を制御するCDK9/サイクリンT複合体．RNAポリメラーゼⅡのC末端は YSPTSPS という8アミノ酸から構成される反復配列が52回繰り返すCTD（C-terminal domain）という特殊な構造をもつ．TFⅡHと呼ばれるタンパク質がCTDの一部をリン酸化してRNAの合成が開始するが，AIDSウイルスゲノムの転写の場合には自身の 5'RNA（TAR）を認識するTatタンパク質が結合して安定化し，これに CDK9/サイクリンTキナーゼが結合してCTDを過剰にリン酸化することでRNAポリメラーゼⅡの転写伸長反応を促進すると考えられている．❷サイクリンG1は脱リン酸化酵素PP2AのB'サブユニットと結合して脱リン酸化機能を活性化し，例えばMDM2を脱リン酸化してp53より引き離すことでp53を安定化する．サイクリンG1（およびサイクリンG2）には必ずGAKという機能未知のキナーゼが結合している

はPP2Aの特定の場所をリン酸化することで脱リン酸化酵素活性を調節している．

再生医療
[regenerative medicine]

病んだり傷ついたりした臓器を新しい臓器あるいは臓器の代替品と自在に取り替える，あるいは薬で幹細胞*から発生させてもとどおりに戻す医療．例えば生体内で溶ける高分子を使って，癌の手術などで顎の骨を失った患者の顎の骨の型を作り，これに患者の骨髄からとった細胞をくっつけて顎に戻す．型を足場にして型に沿った形で骨が再生するが，型は数年で溶けてなくなるので骨だけが残るというこの治療は，数十人規模で臨床試験が行われ8割の確率で骨の再生に成功している．in vitro においてヒト胚性幹細胞から臓器を自在に分化誘導できれば細胞移植という技術が生まれると期待されるが，実現までにはしばらく時

間がかかるであろう．ただし，アフリカツメガエルにおいてはシャーレの中でどのレベルまでの臓器再生ができるかについての研究がかなりの勢いで進んでいる．例えば胚の中で神経に分化することが知られている「予定外胚葉」という細胞群をシャーレの中で培養し，アクチビンと呼ばれるタンパク質を含む溶液に浸すと小腸に分化誘導でき，さらに，ある時間をおいてレチノイン酸溶液に浸すと膵臓にまで分化誘導できるという．このほか，心臓，腎臓，眼などへの分化誘導にも成功している．他方，マウスES細胞からインスリン分泌細胞へ分化できた成果は，稀少なインスリン産生細胞を移植するしか抜本的な治療法のなかったⅠ型糖尿病の治療に使えるとの期待がかかる．成体脳からも神経幹細胞が分離増殖できたので，シャーレの中でドーパミン作動性ニューロンなどの特定の神経細胞に分化させ，それを脳に移植させて中枢神経系変性疾患や事故による脊髄損傷などを治療する研究も進んでいる．　➡　胚性幹細胞，ES細胞

サイトカイン
[cytokine]

　免疫や炎症にかかわる生体反応において担当細胞から放出されて細胞間の情報伝達を担う小さな（分子量は8〜30kDa）タンパク質の総称．とくにリンパ球で産生されるサイトカインをリンホカイン（lymphokine），単球やマクロファージより分泌されるサイトカインをモノカイン（monokine）と呼ぶこともある．例えば感染などの外からの刺激に反応して白血球やマクロファージなどから放出されると，標的細胞の細胞膜表面に存在する特異的なサイトカイン受容体に結合し，その後は特定のシグナル伝達経路を刺激して細胞の増殖分化や免疫応答の制御などを行う．インターフェロン（interferon：IFN），インターロイキン（interleukin：IL），腫瘍壊死因子（tumor necrosis factor：TNF），コロニー刺激因子（colony stimulating factor：CSF），トランスフォーミング増殖因子（transforming growth factor：TGF）など多くの種類が知られている．

サイバーグリーン
[SYBR Green Ⅰ]

　二本鎖DNA分子に結合したときにのみ緑色の発光をする蛍光色素（最大励起波=494nm，最大発光波長=521nm）．

サイブリッド　同 細胞質雑種
[cybrid]

　細胞融合により人工的に作られた融合細胞の一種で，核は片親由来であるが，細胞質は両親由来であるもの．ミトコンドリアや葉緑体の遺伝子を介して起こる細胞質遺伝（非メンデル性の遺伝）の研究に役立つ．

細胞融合
[cell fusion]

　2つの細胞を1つに融合すること．岡田善雄はセンダイウイルス（Sendai virus, hemagglutinating virus of Japan：HVJ）が細胞を融合する能力があることを初めて発見した（1957年）．その後，ポリエチレングリコール（PEG）などによっても細胞融合が起こることがわかり一般に広く行われるようになる．異なる細胞どうしの融合を行うと，核も融合するので2つの細胞に由来する遺伝的性質が混合した細胞（heterokaryon）となる．生殖によることなく2種類の細胞の遺伝子を受け継いだ雑種細胞（ハイブリッド：hybrid）を作ることができるこの技術の応用範囲は広い．実際，

ハイブリドーマの作製によりモノクローナル抗体*生産技術の確立を可能とした．現在ではウイルスのかわりにポリエチレングリコール（PEG）や電気的パルスを用いる方法が主流である．植物では種がかけ離れていて自然界では交配しない植物どうしのかけ合わせに用いられる．

例：ポマト*作製の手順　（図）

❶ ポテトとトマトの細胞にそれぞれセルラーゼという細胞壁を分解する酵素を作用させてプロトプラスト（protoplast）と呼ばれる細胞膜だけの状態にする
❷ 細胞融合促進剤としてPEGを加えて2つのプロトプラストを効率よく融合させる
❸ 融合後，2つの細胞核も融合して1つになり，ポテトとトマトの遺伝子を併せもつ核が生じる
❹ この融合細胞を培養して生育させると，地上部はトマトで地下部はポテトという新種のポマトが生まれたという　➡ 遺伝子組換え作物

サザンブロット　[同] サザン法
（Southern transfer, Southern hybridization）
［Southern blot］

　英国のサザン（Southern, E. M.）により開発されたDNA断片の分析法（1975年）．制限酵素で切断したDNAをゲル電気泳動し，アルカリ処理により一本鎖に変性させ

◆ 細胞融合法

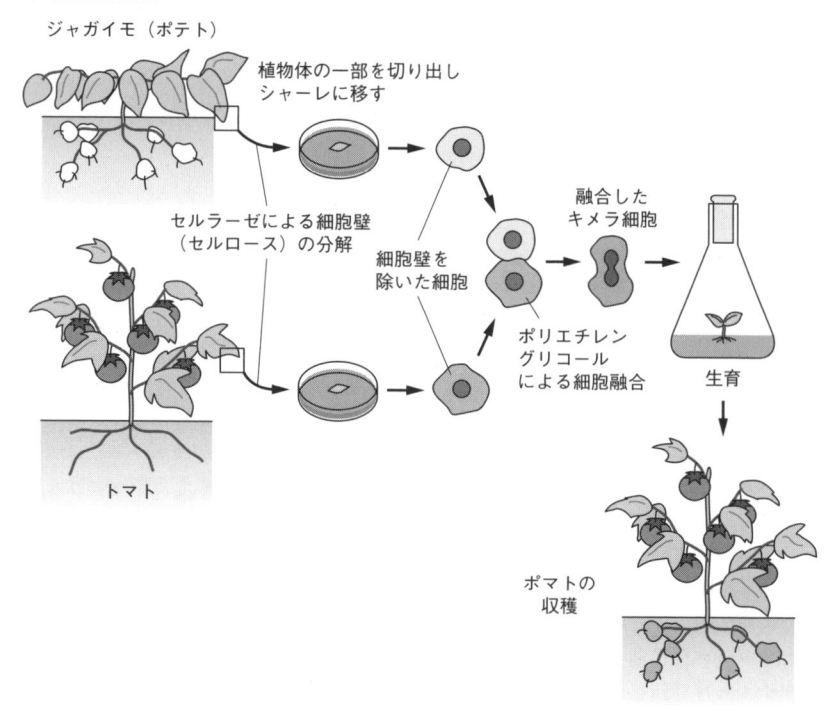

た後，毛細管現象を利用してゲル内でのDNAの分離パターンを保ったまま，一本鎖DNAをナイロン膜に写し取る．これに標識したDNAプローブを相補鎖結合させ，相補的な塩基配列をもつ特定のDNAを検出する．これら一連の操作をサザンブロット法と呼ぶ．

雑種強勢
[heterosis]

2つの異なった品種や系統の間で交配（mate）させて雑種（hybrid）を生ませると，その子供（1代目：F1）においては純系の両親より優れた形質（病気のかかりにくさなど）が現れる現象のこと．両親が互いに遠い血縁関係にあり，ともに純系であるときに雑種強勢の効果が大きく現れる．育種においては，近親交配を重ねて複数の純系を作り，その系統同士をかけ合わせて雑種が作られてきた．

サテライトRNA
[satellite RNA]

植物に感染するRNAウイルスの殻の中に見つかるRNA断片．例えばTNV（tabacco necrosis virus）やCMV（cucumber mosaic virus）がサテライトRNAをもつ．ウイルスの宿主に引き起こす病状を軽減したり重篤にしたりする．

サブトラクション
[subtraction]

ある細胞や組織に特異的に発現されている遺伝子（cDNA）を差し引き（差分化）法により単離すること．基本となる手順を以下に示す（図）．❶まず差し引きされる細胞に由来するmRNAを用いf1ファージ複製起点をもつプラスミドベクターを使ってcDNAライブラリーを作製する．❷これをヘルパーファージ（f1ファージ複製起点を活性化する）の感染によって単鎖化する．❸差し引きする細胞由来のmRNAにビオ

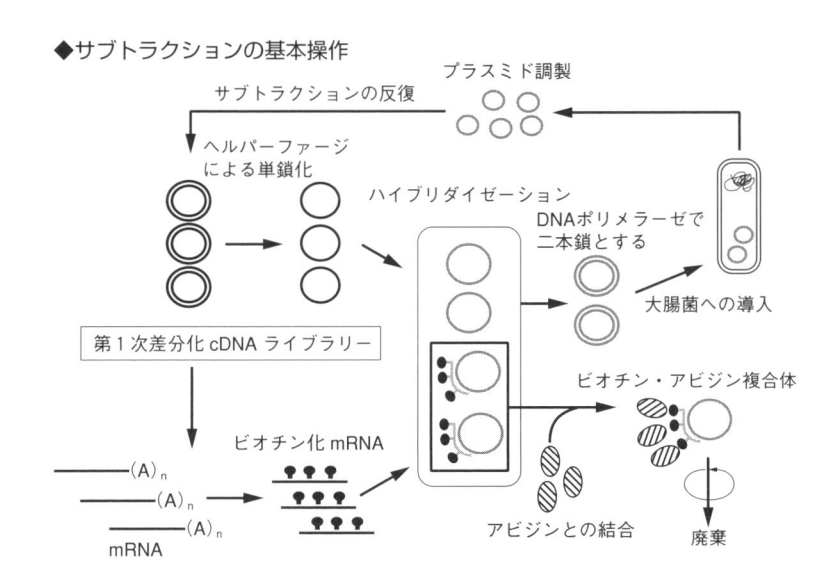

◆サブトラクションの基本操作

チン*を付加したうえで単鎖化されたcDNAライブラリーと混ぜて相補的塩基配列をもつcDNA・mRNAに二本鎖DNA（ハイブリッド）を形成させる．❹これにアビジン*を加えるとハイブリッドのみがビオチン・アビジン結合により遠心操作で排除される．❺残った単鎖cDNAをDNAポリメラーゼで二本鎖に変える．❻差し引きの効率を上げるためにこの操作を繰り返したうえで大腸菌コンピテント細胞*を用いて形質転換して，差分化（subtracted）cDNAライブラリーとして保存する．

◆ 二重鎖侵入と三重鎖侵入

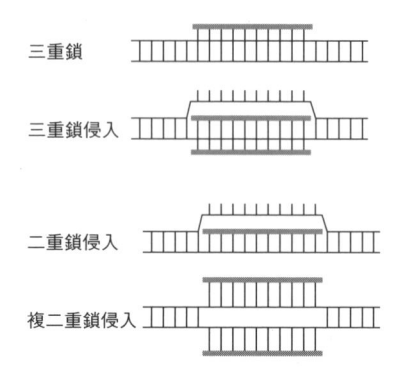

サロゲートマーカー
[surrogate marker]

代用となる指標．例えば，前立腺癌ができている場合には血液中に前立腺特異抗原（prostate specific antigen：PSA）が出ている場合が多いので，抗体を用いた血液検査によって陽性となる．PSAは前立腺癌を直接に診断できるわけではないが，一次スクリーニングに使える有用なサロゲートマーカーとしての良い例である．

サンガー法　➡ ジデオキシ法
[Sanger method]

三重鎖侵入
[triplex invasion]

DNA二本鎖の間に割り込んでDNA三本鎖を形成すること（図）．普通のオリゴヌクレオチドでは起きにくいこの反応もPNA*を用いれば比較的容易に達成できる．この性質を利用してPNAを遺伝子発現を制御する医薬品として利用するアイデアがある．

ジアルジア
[*Giardia intestinalis*]

世界中で広く蔓延している下痢を中心とした腸疾患を起こす病原性原生動物（腸鞭毛虫）で，ランブル鞭毛虫（*G. lamblia*）は同種の異名である．ヒゲハラムシ（ディプロモナス）類の仲間であるジアルジアは核をもつが明らかなミトコンドリアをもたないため細胞のエネルギー源であるATPを産生できない．酸素を嫌う（嫌気性）ジアルジアに感染されて下痢を起こした患者の治療はATP合成経路がヒトとは異なるという性質を利用する．ミトコンドリアは核をもつ生物に他の原核生物が寄生してミトコンドリアに進化したという説が有力だが，ジアルジアはその時期より以前に枝分かれして太古から生き延びた原始的な真核生物と考えられていた．まさに原核生物から真核生物への遷移の時代を代表する「生きた化石」と見なされてきたのである．ところが，最近になってジアルジアの細胞内にミトソーム*と呼ばれるミトコンドリア残存小器官が見つかり，細胞の進化を語るための良いモデル生物として注目をあびている．

ジェミニウイルス
[*Geminiviridae Mastrevius*]

植物に感染する環状一本鎖ウイルス．その名前は，2個の正二十面体粒子（直径約20nm）が双子（gemini）のようにペアを組んだウイルス粒子の構造に由来する．1つのウイルス粒子には，A環あるいはB環と呼ばれる2つの分節のうち一方のみが含まれる．ヨコバエやコナジラミという昆虫によって伝搬して感染植物には退緑条斑や黄斑を生じる．万葉集巻の十九にある孝謙天皇の和歌（752年）「この里は　つぎて霜やおく　夏の野に　わが見し草は　もみちたりけり」（やがては霜が降りるこの里に，夏だというのにこの草はもう黄葉になっているよ）において詠まれたヒヨドリバナ（沢蘭）は早い時期から葉脈が美しい黄色になることで有名である．その原因がジェミニウイルス科に属する植物ウイルスにあることが解明されてから，これが植物ウイルスに関する世界で最も古い記録であることがわかった．

ジェミュール
[gemmule]

ジェミュールはダーウィン（Darwin, C.）が汎生論（pangenesis）を唱えたときに仮説として導入した生命単位で，体細胞から生殖細胞へ移ることでその形質が子孫に伝わる物体のこと．ヨハンセン（Johannsen, W. L.）は1909年に出版した「精密遺伝学要綱」の中でgemmuleの一部の綴りを操って遺伝子（gene）という用語を作り出した．生物学の用語としては動物における芽球のことで，淡水海綿などにできる越冬用の無性芽を指す．ヒドラなどの無性芽によって繁殖する動物をgemmiparaと呼ぶ．植物の無性芽はgemma（複数形はgemmae）という用語を用い，胞芽，芽体と呼ぶこともある．

シェルテリン
[shelterin]

テロメアを保護する機能をもつ6つのタンパク質（TRF1, TRF2, TIN2, Rap1, TPP1, POT1）から構成される複合体の名称（図）．コヒーシンやコンデンシンに対応する名称としてde Langeによって命名された（2005年）．ヒトの場合，染色体の端にあるテロメアはTTAGGGという塩基配列が数百個以上も反復するが，この領域にはTRF1・TRF2・POT1複合体が直接に結合し，残りの3つのタンパク質の助けによってDNA修復機構の攻撃から保護している．真核生物にとってDNA二重鎖の断裂（DSB：double strand break）は放っておくと致命的なので，DSB監視機構がいつも働いていて染色体全体をパトロールしている．1カ所でもDSB部位を発見すると，すぐさまチェックポイント制御機構を働かせて細胞周期を停止し，DNA修復機構を動員して修復してしまう．それゆえ，もしシェルテリンがなければ染色体の端は二重鎖切断面と間違われて，修復されてしまう怖れがある．テロメアは端であることに意義があるのだから修復されてしまっては，今度はこれが致命的になってしまう．もともとDSB監視機構はテロメアの端のDNAとDSBとを区別できる能力はもち合わせていない．シェルテリンはDSB監視機構に「ここはテロメアだから修復はしないで欲しい」というメッセージを与えることで，退避所（シェルター）の目印としての役割を果たしている，というのが名前の由来である．

シグナチャー
[signature]

DNAチップで得られた解析において，ある対象とするグループで特徴ある発現を

◆ シェルテリンの構造と作用機序

a) シェルテリンを構成する 6 つのタンパク質の構造と相互作用の順序.
DNA結合領域（Myb，OB1/OB2）については標的となる塩基配列（灰色）を示す

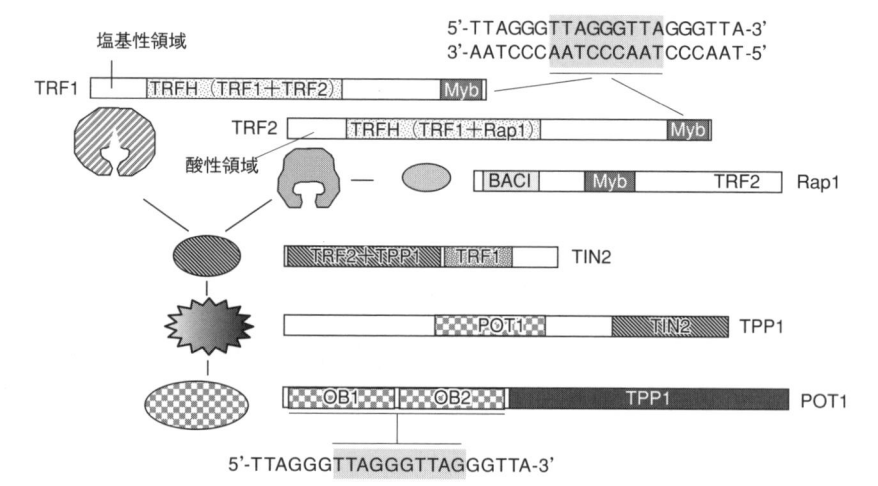

b) シェルテリン複合体の 6 つの構成タンパク質の結合様式と位置関係

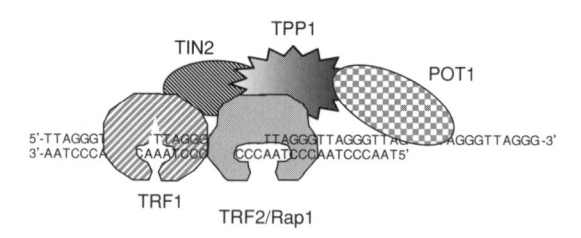

c) シェルテリン複合体のテロメアにおける挙動の例

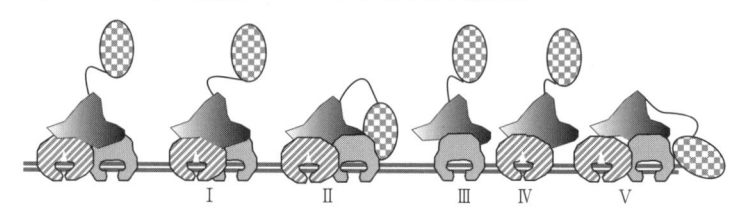

de Lange, T.Genes Dev. 19:2100-10, 2005 より改変

示している遺伝子あるいは遺伝子群のこと．例えば以下のような文例のような使い方をする：signature genes, Gene Expression Signature of Colon Cancers, DNA signature of Huntington's disease.

始原生殖細胞　⇒ EG細胞
[primordial germ cell：PGC]

マウスの胚発生において，原腸陥入開始から半日たった7.25日胚に初めて，胚後端部の尿膜基部にアルカリ脱リン酸化酵素(alkaline phosphatase：AP)陽性として組織学的に検出されるようになる細胞集団(10個程度)．その後は活発に増殖を繰り返しながら生殖隆起(生殖巣原基)へ移動する．その間細胞数は8.5日で130個，13.5日で26,000個へと急激に増えてゆき，その時点で雄では休止期，雌では減数分裂前期に入る．通常の細胞培養条件下では増えないが，培養皿にマウス胚由来の線維芽細胞(STO)を敷いてフィーダー(feeder)とし，その上に移動期の始原生殖細胞を含む胚組織片をトリプシン処理により分離させた状態で撒いて培養すると数日間はAP陽性のまま培養できる．さらに，膜結合型Steel Factor，LIF*，bFGF（⇒ 塩基性線維芽細胞増殖因子）などを培養液に加える

と増殖しつづけ，全能性をもつ胚性幹細胞*(EG細胞*)として樹立できる．

ジゴキシゲニン
[digoxigenin：DIG]

ジゴキシゲニン(DIG：分子量390.5)は薬草のジギタリス(Digitalis purpurea)の成分であるジゴキシンから3分子の糖が外れた物質(ステロイドハプテン)である．ジギタリスの和名はキツネノテブクロ(狐の手袋)で，葉はジギタリス葉として薬用とされ，強心利尿薬として用いられるが，毒性が強いので素人は使ってはならない．ジギタリスの語源はラテン語のdigitus(手袋の指)で，花の形が手袋の指に似ていることに由来する．動物には存在しないので実験のバックグラウンドは低く，環境汚染の心配もないので核酸の標識に使われる．DIGの標識は，リンカー(スペーサーアーム)を通じてウリジン(uridine)に結合させ(図)，DNAポリメラーゼやRNAポリメラーゼなどによりDNAやRNAに取り込ませる．次いでDIG標識プローブを標的DNAにハイブリダイズさせ，このハイブリッド(混成物)に抗DIG-アルカリホスファターゼ標識抗体を加え，標的DNAにアルカリホスファターゼを結合する．アルカ

◆ ジゴキシゲニンが結合したdUTPの構造

リホスファターゼによって分解（脱リン酸化）して長時間発光し続ける化学試薬を用い，その発光シグナルを検出する．光反応により直接核酸を標識できる光学活性DIG（photodigoxigenin）も利用できる．

自己スプライシング　同 セルフスプライシング
[self splicing]

RNAが自身をスプライシング（切断ののち結合）する現象．テトラヒメナのrRNA前駆体が適当な塩濃度とMg^{2+}，グアノシン存在下に自己触媒的（autocatalytic）に起こることが，Cech, T. によって初めて見出された（1981年）．植物のミトコンドリアや葉緑体の前駆体mRNAのグループIIイントロンもグアノシンのかわりにポリアミンを使って自己スプライシングを行う．
➡ ライボザイム

脂質ラフト
[lipid raft]

細胞膜に存在するスフィンゴ脂質とコレステロールに富んだ微少な（数10nm）特別な膜領域のこと．ここには受容体や酵素などのタンパク質が集積し，細胞の移動やシグナル伝達を制御している．通常の細胞膜はTritonX-100などの界面活性剤で可溶化されるが，脂質ラフトは不溶性のまま残るので密度勾配遠心法により分離できる．

歯周炎
[periodontitis]

歯周組織の雑菌感染と慢性的な炎症により歯周組織が徐々に破壊されてゆく病気．口腔内の雑菌が歯周部で繁殖すると，それらが分泌する酵素や炎症誘導物質の作用にヒト由来の炎症誘導性物質の作用が加わって炎症が起こる．以前は歯槽膿漏と呼んでいたが，現在はこの名称は使われていない．最大の危険因子は加齢で，実際，年をとって歯が抜ける最大の原因は歯周炎を主要な症状とした歯周病である．歯槽骨および歯根膜の破壊が起こり，その結果，歯周ポケットが形成され，歯を物理的に維持できなくなってやがて歯の脱落に至る．

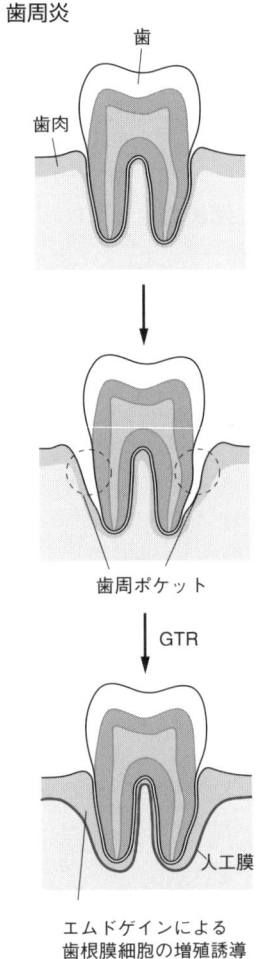

◆ 歯周炎

エムドゲインによる歯根膜細胞の増殖誘導

シス作用性
[cis-acting]

遺伝子の転写において，近傍の同じDNA鎖にコードされた別のタンパク質によって，転写が制御されること．シス作用性にはたらくDNA領域はシスエレメント[cis element]と呼ばれ，プロモーター（転写の開始），エンハンサー（転写の促進），サイレンサー（転写の抑制）などが知られている．これに対し，遠く離れた場所にコードされたタンパク質から制御を受けることはトランス作用性と呼ぶ．

システオーム
[systeome]

「ある生物システムのすべての遺伝子変異に対する，ある遺伝子構成をもったシステムの動的挙動のマップの総体」を意味する，ゲノム，プロテオーム*に倣ってシステム（system）とゲノム（genome）を融合させた造語．例えば1,000個の遺伝子によって構成された生物の場合，各遺伝子に5種類の重要な突然変異または選択的スプライシングが存在する場合には，この生物システムのシステオームは単一変異までを考えるならば，野生型と5,000種類の合計5,001セットのシステムの動態によって構成される．2つ以上の変異の組合わせまで考えると膨大な数になる．ヒト細胞などの複雑なシステムの動的挙動の全体像がつかめる利点がある．

システムバイオロジー ➡ システオーム，ロバストネス
[systems biology]

株式会社ソニーコンピュータサイエンス研究所の北野宏明によって最初に提唱された，生命をシステムとして理解することを目的とする新しい生物学の学問分野．生命現象をおのおのの要素の「共生系」と捉えて，測定技術，分子生物学，計算機科学，制御理論，システム理論など複数の分野の総力戦でシステムレベルでの生命の理解を行う．英語ではシステムズバイオロジーと「ズ」が付加された複数形で発音される．この概念は世界中で受け入れられ，分子生物学とコンピュータサイエンス，制御理論，システム理論を融合しながら大きく発展しつつある．

シスト ➡ ハブ細胞
[cyst]

一般的な意味としては嚢胞（のうほう）．動物組織がもつ中に液の入った袋．特化した意味の一つとしては，ショウジョウバエの配偶子形成における，分化を運命づけられた生殖細胞が形成する16細胞からなる小さな嚢胞のこと．ショウジョウバエの配偶子（オス・メスとも）形成では，まず生殖幹細胞が非対称分裂を行い，分裂後の娘細胞のうち一方はそのまま幹細胞の特徴を維持する．もう一方は増殖分裂を4回行い16細胞からなるシストを形成するのである．オスはでは，そのすべてが減数分裂に移行して，最終的に64個の精子細胞を生じる．メスでは16細胞のうち1細胞のみが減数分裂を行い残りの15細胞は哺育細胞（nurse cell）となる．

雌性前核
[female pronucleus]

受精卵の中にある卵由来の核．卵細胞の核は減数分裂の終了時までには巨大化して卵核胞（germinal vesicle）と特別な名称で呼ばれ，これが未成熟卵の指標となる．減数分裂が終了して卵成熟が進むにつれて核は次第に小さくなるので雌性前核と別の名前が与えられる．受精後，しばらくして

精子から放出されて進入してきた雄性前核と合体し，両方の核は融合して一つの核となって各染色体が2倍に複製されて次々と細胞分裂を繰り返しながら胎児へと発生してゆく． ➡ 雄性前核

シゾン
[schyzon]

1978年にイタリアの温泉で発見された原始紅藻（Cyanidioschyzon merolae）の略称．直径約1.5μmの単細胞で，原始の地球に似た極限環境である水温約45℃の強酸（pH 1.5）の温泉の中に生息する．シゾンの細胞には，細胞小器官のミトコンドリアや葉緑体が1つずつしかないなど単純で進化していない構造をもつことから，現在の動植物を含めたすべての真核生物の元祖細胞であるとされる．実際，植物では最小にあたる約1670万塩基対からなる核ゲノム全塩基配列が決定されてみると，遺伝子がぎっしり詰まっていて必要最小限の遺伝子しかもたず，イントロンをもたない遺伝子が多いなど，最も原始的な姿をとどめていた．地球最古の生命の化石は約38億年前の細胞内に核をもたない細菌類植物のもの．約20億年前に核をもつ真核生物が生まれ，植物や動物などに分岐していった．最古の植物化石は中国で見つかった18億年前の藻類だが，シゾンはこれより古い時期に誕生した「生きた化石」と言える．その意味で生物が細菌から真核生物に進化した謎に迫ることが可能になったと注目されている．さらに真核生物の高温タンパク質工学の道を開くモデル生物としての有用性も期待される．

実質的同等性
[substantial equivalence：SE]

遺伝子組換え食品を評価する際，「導入された遺伝子の特性が熟知されていて，科学的な見地からももとの非遺伝子組換え作物由来の食品に比べて実質的に同程度に無害であるという確信がもてる場合は，その安全性はもとの食品と同等である」という考え方．「ファミリアリティの原則*」とともに遺伝子組換え作物*の栽培を推進し，その安全性を判定する拠り所となった．しかし，科学的にも食品としての安全性の見地からもこれらは同質ではなく，この考え方は誤っているという指摘もある．

シーディング
[seeding]

タンパク質などの多量体（ポリマー：polymer）形成過程において，単量体（モノマー：monomer）の溶けている溶液に微量のポリマーを種として加えることで，ポリマー形成を誘発したり，ポリマー化の速度を速めたりすること．

ジデオキシ法　同 サンガー法
(Sanger method)，ダイデオキシ法，チェーンターミネーター法
[dideoxyribonucleotide sequencing]

現在最も一般的に行われているDNA塩基配列の決定法．以下の手順で実験する（図）．❶塩基配列を決めたいDNA断片を共通プライマーと相補的な塩基配列をもつプラスミドベクターに挿入しておく．❷反応液にこのプラスミドDNAおよびdNTPと蛍光標識したddCTPを加え，DNAポリメラーゼを働かせる．するとdCTPが取り込まれるべき位置において部分的にddCTPが取り込まれる．❸ddCTPは3'OHが3'Hになっているのでそれ以上のDNA鎖の延長は起きず合成はその位置で停止するため，さまざまな長さの反応産物が生じる．これがdCの位置を決定する反応である．❹同様にdA, dT, dGの位置決定の反応も別色の

◆ ジデオキシ法の原理

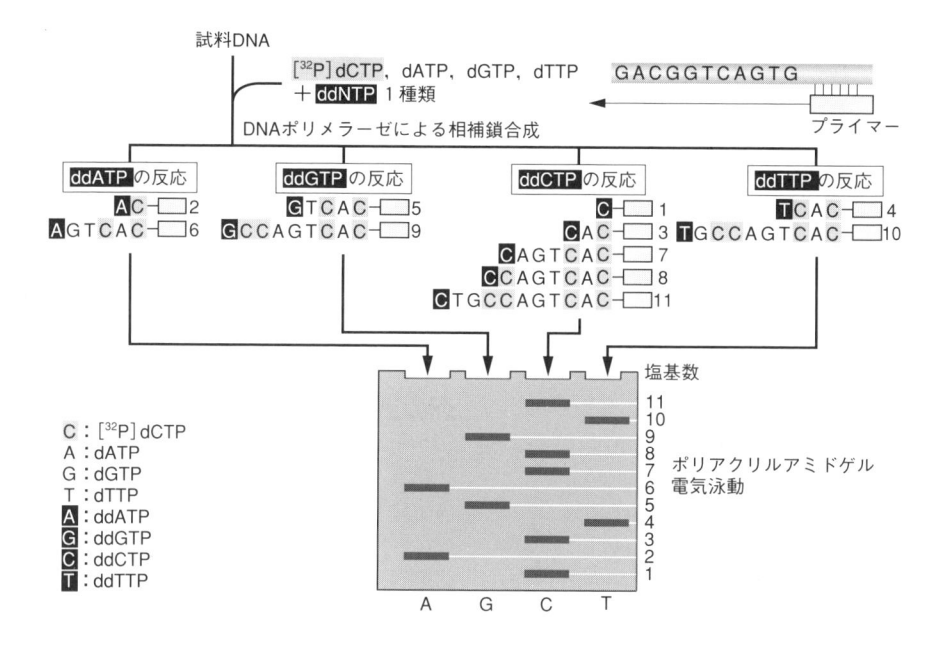

試料DNA：[32P]dCTP, dATP, dGTP, dTTP ＋ **ddNTP** 1種類
DNAポリメラーゼによる相補鎖合成
プライマー：GACGGTCAGTG

ddATPの反応
AC-□2
AGTCAC-□6

ddGTPの反応
GTCAC-□5
GCCAGTCAC-□9

ddCTPの反応
C-□1
CAC-□3
CAGTCAC-□7
CCAGTCAC-□8
CTGCCAGTCAC-□11

ddTTPの反応
TCAC-□4
TGCCAGTCAC-□10

C：[32P]dCTP
A：dATP
G：dGTP
T：dTTP
A：ddATP
G：ddGTP
C：ddCTP
T：ddTTP

塩基数 11,10,9,8,7,6,5,4,3,2,1
ポリアクリルアミドゲル電気泳動

蛍光標識したddATP, ddGTP, ddTTPを加えて個別に行う．❺4つの反応産物をまとめて細いチューブに詰めたポリアクリルアミドゲルに流すキャピラリー電気泳動を行う．❻電気泳動パターンはコンピューターによって自動的に読まれ，塩基配列が決定される．

自動スライド解析機
[automated slide processor：ASP]

スライドガラス上に貼りつけたcDNAマイクロアレイの検索データ（各スポットの強度）を自動的に読み取り解析する機器．➡ DNAマイクロアレイ

シナプシス 同 対合，シナプス形成
[synapsis]

減数分裂の前期で相同染色体が対をなして接着してゆく過程のこと．対合あるいはシナプス形成とも呼ばれる．顕微鏡下では染色体がいくつかの場所で癒着してX字様の形態が観察される（図）．第1段階でゆるやかに接着し，第2段階でシナプトネマ構造に移行する．

シナプトネマ構造
[synaptonemal complex：SC]

多くの真核生物において，減数分裂前DNA複製ののち第1減数分裂前期に形成される染色体の構造体のこと．出芽酵母や哺乳動物をはじめ大多数の真核生物ではこの構造体が観察され，その役割は遺伝子組換えを効率よく行わせることだと考えられている．ただし，分裂酵母，クロボ菌

(*Ustilago maydis*)，コウジカビ（*Aspergillus nidulans*），ショウジョウバエの雄の減数分裂ではSCは形成されないので，SCは遺伝子組換え反応に必須ではない．

細かく見ると姉妹染色体の長軸方向に形成される軸因子（axial element：AE）由来の二層の側面要素（lateral element：LE）が中心要素（central element：CE）を挟んで配置した三層構造になっている（図）．この構造は紡錘体に張力を与え，第一分裂で相同染色体を両極に正確に分配させるという役割をもつ．分裂酵母の場合SCは形成しないがSCの構成成分である軸因子と類似な線状因子（linear element）と呼ばれる構造を形成する．遺伝子組換え反応はSCの中で起こると考えられているが，SCを形成しない生物が存在することから，SCは遺伝子組換え反応に必須ではない．相同組換えにおけるSCと線状因子の役割は異なり，出芽酵母のSCはDNA二重鎖切断の修復に重要であるのに対し，分裂酵母の線状因子はDSB（double strand break）の形成に重要な役割を果たすと考えられている．

死の五重奏曲
[deadly quartet]

肥満，インスリン抵抗性，耐糖能低下，高中性脂肪血症，低HDLコレステロール血症，高血圧症という5つの症状を呈する状態のこと．これらのすべてを有すると心血管病を起こして死亡する確率が高くなるのでこのように呼ばれる．

シノビオリン
[Synoviolin]

慢性関節リウマチ（RA：Rheumatoid

◆シナプシス

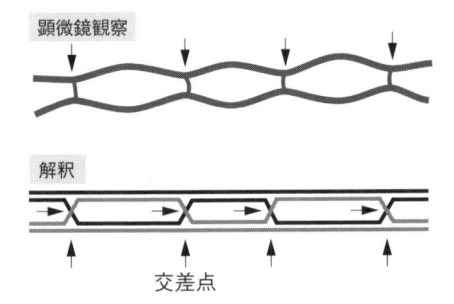

顕微鏡観察

解釈

交差点

◆シナプトネマ構造

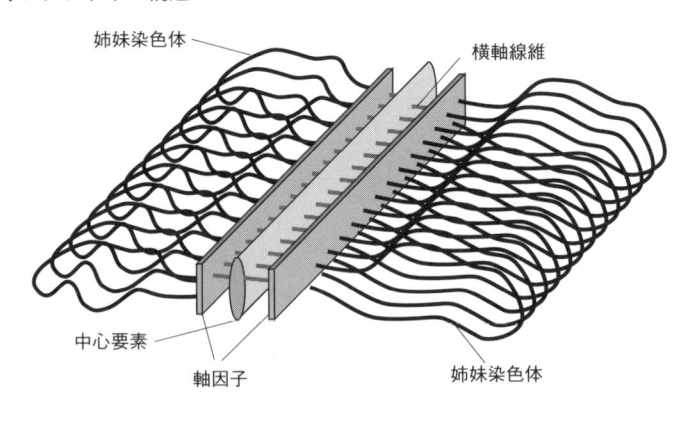

姉妹染色体　横軸線維　中心要素　軸因子　姉妹染色体

Arthritis) 患者の滑膜細胞 (synovial cell) で過剰発現している遺伝子のコードするタンパク質. 健常人の滑膜組織は1～6層の上皮様層からなり, 滑液にプロテオグリカンやヒアルロン酸を供給する. 一方, 慢性関節リウマチ患者では関節の滑膜組織は異常に増殖し, その結果として滑膜多層構造や滑膜細胞の他の組織への浸潤といった症状が起こる. シノビオリンはE3ユビキチン結合活性を有するRINGドメインをもつ6回膜貫通型タンパク質である. シノビオリン過剰発現マウスは関節炎と酷似した症状を示し, 関節において滑膜の増生や骨と軟骨の破壊がみられる. 他方, シノビオリン・ノックアウトマウスにおいてホモ欠失 (-/-) は致死であり, ヘテロ欠失 (+/-) では関節炎を惹起する刺激に対して, 滑膜細胞のアポトーシスを亢進させることによる関節炎発症への抵抗性を示す. RNA干渉 (RNAi*) によるシノビオリン・ノックダウンによる発現抑制によると, やはりアポトーシス誘導の増加により滑膜細胞全体の増殖が抑制された. 本来シノビオリンは小胞体ストレス応答に機能するが, 何らかの原因でシノビオリンが滑膜細胞で過剰発現すると小胞体ストレス応答が亢進しアポトーシスに対して抵抗性を示す. その結果, 滑膜細胞の異常増殖が起こって慢性関節リウマチ症状が出るというモデルが提唱されている. シノビオリンを標的とした有用な慢性関節リウマチ治療薬の開発に期待がかかっている.

シャトルベクター　同 両機能性ベクター
[shuttle vector]

2つの異なる種類の細胞で複製し増殖させることのできるベクター. 大腸菌と酵母, 大腸菌と哺乳動物細胞などの間を"シャトル (往復)"させるために使われる.

ジャンクDNA
[junc DNA]

発現されて機能を発揮する遺伝子とは違って, 発現されることもなく機能も未知なDNA塩基配列. ヒトのゲノムのうちの9割以上はこのような塩基配列で占有されている.

集団ゲノム学
[group genomics]

多数の化石の完全ミトコンドリアゲノムの配列を比較して統計的に処理することで, 人類の起源を探る系統樹を描いたり, 民族の起源や歴史を研究する学問のこと.
▶ 古代DNA

出芽酵母
[budding yeast]

子嚢菌類に属する単細胞の真核生物で学名はSaccharomyces cerevisiae. パン酵母 (baker's yeast) やビール酵母 (brewery yeast) をはじめとする酵母菌は近縁種である. 分裂酵母*とともに細胞周期研究を中心とした分子遺伝学, 分子細胞生物学の領域において優れたモデル生物として活躍してきた. 1996年には真核生物として他に先駆けて全ゲノム塩基配列 (～13,500kb) が決定され, 6,340個の遺伝子が同定された (Saccharomyces Genome Database, http://genome-www.stanford.edu/Saccharomyces). トランスクリプトーム*解析やプロテオーム*解析も他の生物に先駆けて進展している.

シュピーゲルマー
[spiegelmer]

あるアプタマー* (D-RNA) と鏡像関係

にあるL-RNAのこと．Spiegelはドイツ語で鏡を意味する．D-RNAと同じヌクレオチド配列をもつRNAをL体のヌクレオチドセットを用いて化学合成して作る．もしこのL-RNAが通常のD-アルギニンに親和性をもつ場合には，それに対するL-RNAはL-アルギニンにより高い親和性を示す．L-RNAはヌクレアーゼによる分解を受けにくいので医療用の素材としての応用が期待されている．

ショウジョウバエ
[fruit fly]

モルガン（Morgan, T. H.）が遺伝学の実験材料として採用していたキイロショウジョウバエ（Drosophila melanogaster）に代表される昆虫で，発生学，神経生物学，行動学などの分子レベルでの研究材料としても注目を浴びている．飼育が簡単で世代交代は約10日（25℃で飼育の場合）と短く，その間に胚期，幼虫期，蛹期を経て完全変態して成虫となる．セレラ*社のベンター（Venter, C.）とカリフォルニア大学のルービン（Rubin, G.）の共同研究により2000年2月には昆虫の中ではいち早く全ゲノムDNA塩基配列（〜180,000kb）が決定され，約13,600個の遺伝子が同定された（BDGP, http://www.fruitfly.org/）．塩基配列決定の実験を開始してからわずか4カ月で解読に成功したというスピードの速さでも有名になった．

衝突誘起解離
[collision-induced dissociation：CID]

プロテオーム*解析に用いる質量分析装置において，タンパク質の翻訳後修飾を検出するときに利用する現象の一つ．タンパク質を分解して生じた運動しているイオンがガスと衝突したときに，衝突エネルギーの一部が内部エネルギーに変換され，その結果励起されてイオンの解離が起こること．例えばタンパク質がリン酸化されているときには，リン酸化ペプチドを衝突誘起解離によって断片化するとリン酸化イオンが生成して検出されるため，リン酸化の存在が確認できる．

小胞体ストレス応答
[ER stress response]

小胞体（ER: endoplasmic reticulum）は細胞内器官の一つで，脂質二重膜に囲まれた小さな袋状の構造をしている．小胞体はリボソームが付加するタンパク質合成の場であるとともに，生合成されたタンパク質の折りたたみ（立体構造構築）と糖鎖修飾の場でもある．各種の細胞ストレスによりこれらの過程に不具合が生じると折りたたみが不完全なタンパク質（unfolded protein）が小胞体に蓄積し，それを放っておくと細胞は死滅する．これを小胞体ストレスと呼び，細胞がもつその状態からの脱却のしくみを小胞体ストレス応答と呼ぶ．

小胞体ストレスが起こる原因（あるいは実験的に起こす条件）には，以下に列挙するようなものが知られている．❶グルコース欠乏：N結合グリコシル化を阻害し，N-グリコシド・タンパク質-糖質結合の形成を妨げる作用をもつヌクレオシド系抗生物質であるツニカマイシン（Tunicamycin）を用いて誘導できる．❷小胞体内のカルシウム動態の撹乱：A23187やサプシガルジン（thapsigargin）などの薬剤で誘導できる．❸ジスルフィド結合の形成阻害：β-メルカプトエタノールのような還元剤で誘導できる．❹小胞体とゴルジ装置間の輸送阻害：ブレフェルジンA（brefeldin A）で誘導できる．❺低酸素：細胞を低酸素状態に置くことで誘導できる．❻栄養因子の除

◆小胞体におけるタンパク質品質管理の5つの戦略

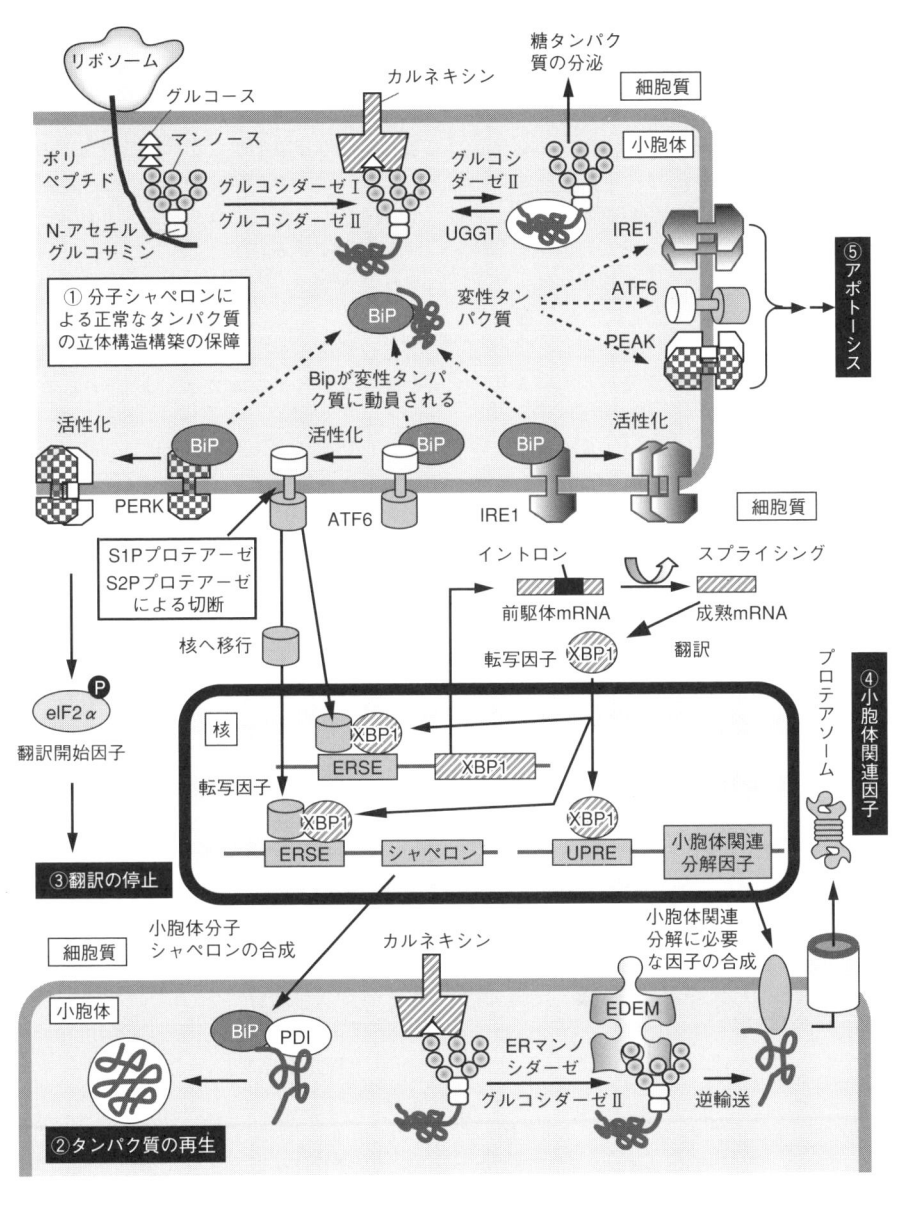

永田和宏, 他/編「細胞生物学」(東京化学同人, 2006) および、永田和宏: 実験医学増刊, 21 (14) ,2023, (羊土社, 2003) より改変

去：これにより誘導すると細胞はアポトーシスを起こして死ぬ．

　細胞は細菌から高等生物まで広く保存されている以下の5種類の制御機構によりタンパク質の品質管理を行っている（図）．❶正常な折りたたみ保障（productive folding）：自力で折りたたみできないタンパク質の立体構造の構築補助システムがある．❶が破綻すると❷〜❺に列挙する小胞体ストレス応答のしくみを順番に使ってタンパク質構造の正常化を試みる．❷再構築：立体構造形成を助ける機能をもつ小胞体シャペロンの発現量を転写誘導により増加させる．❸翻訳停止：不適切なタンパク質の蓄積を妨げるために翻訳量を減少させる．❹分解：正常な立体構造を形成できないタンパク質を分解する．❺アポトーシス：どうしても修復ができない場合には細胞死を起こして細胞を排除する．

［図の説明］

　大腸菌では約85％のタンパク質は自力あるいはDnaj-DnaK分子シャペロンの補助により，残りの約15％は七量体リング状のGroEL/GroES分子シャペロンにより立体構造を構築する．ヒトなどでは小胞体においてBipを中心としたHSP70ファミリーによる分子シャペロンとカルネキシン*を中心としたレクチン様分子シャペロン（糖タンパク質の管理）が小胞体にあるリボソームで新たに産生されたタンパク質正常な折りたたみを助けている（戦略❶）．この管理をすり抜けて不良品が生産され小胞体に蓄積すると，unfolded protein response（UPR）のスイッチが入り，分子シャペロンの大量な補充生産が始まる（戦略❷）．まずBipの結合により不活性であったATF6前駆体（p90）が，Bipが不良タンパク質へと出動したため自由となって活性化される．するとSP1およびSP2プロテアーゼにより切断されて細胞質側（p50）が核内へ移行し，多くの分子シャペロン遺伝子のプロモーター上にあるER stress response element（ERSE）と呼ばれる塩基配列に結合し，NF-Yとともに転写因子として転写誘導を起こす．標的遺伝子の一つであるXBP1は翻訳されない前駆体mRNAとして転写された後，ストレスセンサー分子であるIRE1（とくにIRE1α）によってスプライシングされてからXBP1を産生する．ここに通常IRE1はBipの結合により一量体だが，小胞体ストレスが起こるとBipが不良タンパク質へ結合するためIRE1から解離し，自由となったIre1は二量体化して活性化される．ERシャペロンの発現量を増加する経路で働くXBP1も転写因子としてERSEに結合するが，その標的の中には再構築できない不良タンパク質の分解に必要な遺伝子の転写誘導もすると考えられている．出芽酵母ではIRE1-ATF6に相当するIre1-Hac1経路があり，HAC1の前駆体mRNAがIre1によってスプライシングされてから分子シャペロン遺伝子が転写誘導される（戦略❷）．

　ついで不良品の生産ラインを停止させるためにBipの解離によって活性化されたPERK（PKR-like ER-resident kinase）が翻訳開始因子であるeIF2α（eukaryotic translation initiation factor 2α）をリン酸化することで不活性化し翻訳を全面的に停止させる（戦略❸）．一方で，不良品の廃棄処分がERAD（ER associated degradation）と呼ばれるしくみで開始される（戦略❹）．分解を起こす信号は糖鎖の削除（trimming）の程度によって発せられる．ERマンノシダーゼによって3本に分枝したマンノース鎖の中央の枝（B鎖）から1個マンノースが削られたGlu1-Man8型に変換され，グルコシダーゼIも作用してグルコ

ース失うとカルネキシンが解離する．これをEDEM（ER degradation of enhancing alpha-manosidase-like protein）が認識して結合し，小胞体の膜透過チャネルであるトランスロコン（translocon）を通じて細胞質へ放出しプロテアソームによる分解を促す．出芽酵母ではトランスロコンは3種類のサブユニット（α, β, γ）からなるSec61複合体が3〜4個集合して形成されるリング状の構造体である（戦略❹）．それでも不良品が処理できない場合には細胞をアポトーシスで死滅させて排除するしくみが働く（戦略❺）．その経路にはPERK1，ATF6，IRE1を介する3つの経路がある．

ショットガン法
[shotgun method]

多数のDNA断片を生じさせ，ランダムに選んで塩基配列を決定すること．その後，多数の塩基配列決定済み断片をコンピュータによる相同性解析で同じ部分をつなぎ合わせて長いDNA断片としてつなげていく．ショットガンは散弾銃のこと．狙いを定めて標的に命中させるのではなく幅広く散弾させて「数打てば当たる」式に標的に命中させるという意味を込めて命名された．ゲノムプロジェクトでは国際共同チームが階層的ショットガン法*を，セレラ*社がホールゲノムショットガン法*を採用した．階層的ショットガン法は全ゲノムを遺伝子マーカーなどで階層的に区分けし，ある程度のサイズになって初めてショットガン法を採用して塩基配列を決定する．時間はかかるがつなぎ合わせに誤差が少ないため決められた塩基配列は正確さが期待できる．ホールゲノムショットガン法は全ゲノムを一

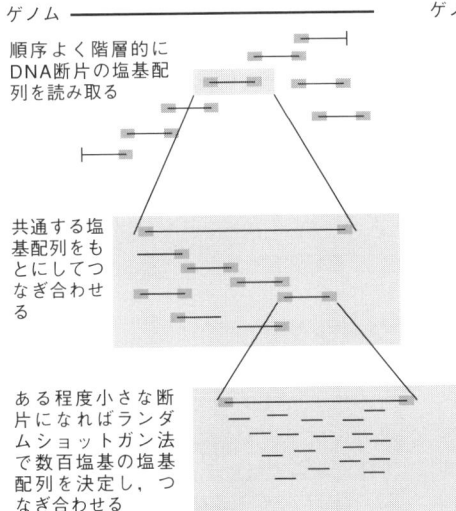

◆ ショットガン法

階層的ショットガン法

ゲノム ─────────

順序よく階層的にDNA断片の塩基配列を読み取る

共通する塩基配列をもとにしてつなぎ合わせる

ある程度小さな断片になればランダムショットガン法で数百塩基の塩基配列を決定し，つなぎ合わせる

ホールゲノムショットガン法

ゲノム ─────────

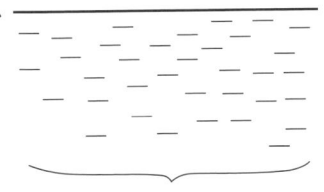

最初から莫大な数のクローンについて数百塩基ずつの塩基配列を決定し，そのままコンピュータ上でつなぎ合わせる

効率とスピードは優れているが精度が低いとされる

挙に断片化し数百塩基ずつ塩基配列を決定してゆく．その後，これら膨大な数の断片的な塩基配列を大型コンピュータによって共通な部分を検索しながらつなぎ合わせてゆく（図参照）．当初は無謀だと思われていたこの試みは多少の不正確さをもちながらもスピードのうえで国際共同チームの進展をはるかに凌駕してきたため，結果としてゲノムプロジェクトの予想以上のスピードアップを促す結果となったことは特筆に値する．

シロイヌナズナ
[*Arabidopsis thaliana*]

アブラナ科の高等植物で，俗名はペンペン草．高さ20cmと小さく実験室内で栽培しやすい．世代時間が短く，発芽して6～8週間で白い小さな花をつける．人口受粉もできるが自家受粉でも多数（100～5,000個）の小さくて扱いやすい種子を生む．染色体が少なく（5本）ゲノムサイズも既知の植物の中では最も小さい（1.25×10^8 bp）．また，反復配列が少なく（約25％），形質転換系が確立しているなどの有利さからモデル生物として優れている．ゲノムの全塩基配列が決定され（2000年12月），4.5kbの平均遺伝子密度をもって，25,000個のタンパク質をコードする遺伝子，550個のtRNA遺伝子と35個のsnRNA*遺伝子が同定された．特徴的なのは大規模な転移がゲノム全体の60％を占める領域にわたって多数見出されることで，100kb以上の重複配列が同じあるいは他の染色体に分布している例が30以上見つかった．ほかにゲノム全体の16％を占める領域（約1,500カ所）で縦列型反復配列が見つかった．はじめ4本の染色体だったのが進化の途上で倍化して8本になり，その後転移や欠失を繰り返して現在の5本に落ち着いているというモデルでこの現象が説明され，植物ゲノムのダイナミックな進化のプロセスが示唆されている．この核ゲノムのうち葉緑体ゲノム由来の配列が17カ所，ミトコンドリアゲノム由来の配列が13カ所見つかっている．そのうち最大のものはミトコンドリアゲノムの75％（270kb）に及んでいた．細胞内共生が成立した後もこれらのゲノム間でDNA移動が起こっているらしい．また，ヒトの遺伝子と高い相同性を示し，中には線虫*やショウジョウバエ*よりも類似している遺伝子も見つかっている．さらにラン藻（葉緑体の祖先）の遺伝子と非常に高い相同性を示すことは，一般に植物の核遺伝子の多くが葉緑体ゲノムからの遺伝子移動に由来していることを示唆する証拠とみなされている（TAIR, http://www.arabidopsis.org/home.html）．

進化分子工学
[molecular evolution engineering]

1984年にアイゲン（Eigen, M.）らによって提唱された，ダーウィン（Darwin, C.）の進化論に基づいた新しいバイオテクノロジー．有史以来長い時間をかけて起こった進化の道筋を試験管内でごく短時間に達成することで有用な分子を創製しようとする技術の総称．変異（mutation），選択（selection），増幅（amplification）という3つの基本単位を効率よく短時間で繰り返すシステムの構築が技術開発における重要なポイントとなる． ➡ SELEX

ジーングリップ
[gene grip]

ペプチド核酸*を用いて特定の塩基配列をもつプラスミドベクター（pGeneGrip）を蛍光物質やビオチンで標識する分子小道具．DNAの生体内分布や追跡が可能とな

りDNA輸送の研究に有用である．蛍光物質やビオチンで標識されたペプチド核酸でできたクランプ（clamp）はベクターのジーングリップ領域にある特定の塩基配列（図では5'-GAGAGAGA-3'）に自身の塩基配列（5'-CTCTCTCT-3'）を介して三本鎖を形成して特異的に結合するため標識できる．この結合はプロテアーゼやヌクレアーゼに耐性なので細胞内で安定に保持される（図参照）．

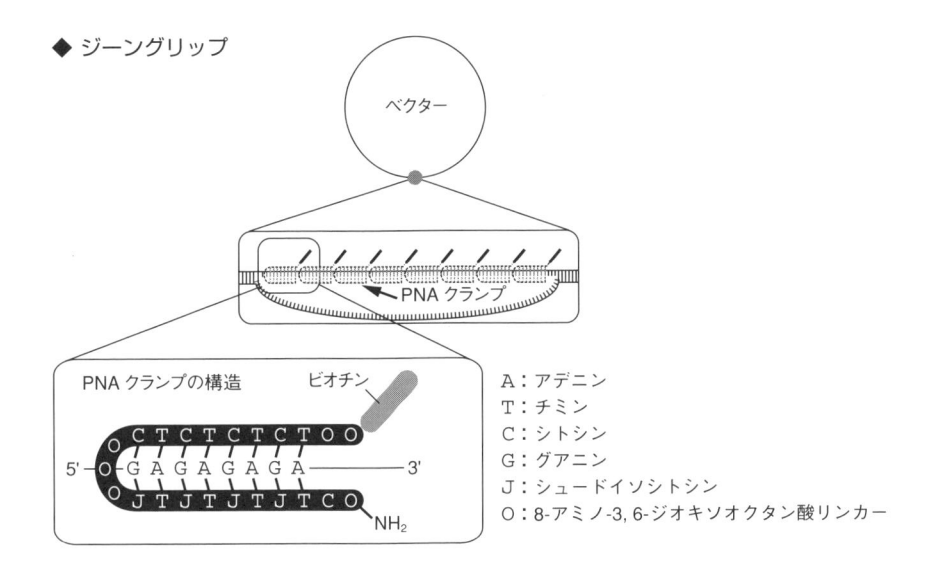

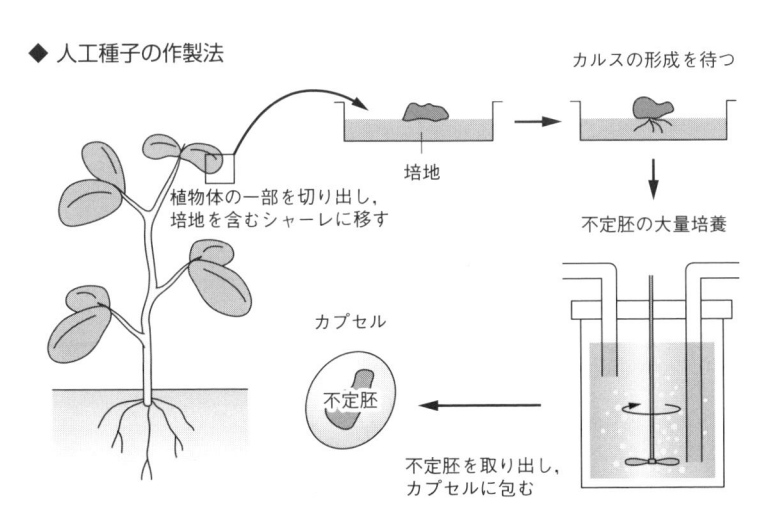

◆ ジーングリップ

A：アデニン
T：チミン
C：シトシン
G：グアニン
J：シュードイソシトシン
O：8-アミノ-3,6-ジオキソオクタン酸リンカー

◆ 人工種子の作製法

人工種子
[artificial seed]

不定胚*を養分を含めたゼリーに包埋し小さなカプセルに収めたもの．植物の組織の一部を取り出してから軟寒天培地で培養するとカルス*（callus）と呼ばれる不定形の細胞の塊として成長する．これを液体培地で半年も培養すれば，1gのカルスから数百万以上の不定胚が作製できる．人工種子は種苗と違って大量生産できるのみでなく長期間保存が可能という点で便利だが，土壌に蒔くと病原体が侵入しやすいためかうまく成長しないため，発芽には水耕栽培が必要な点が難点である（図参照）．

人工臓器
[artificial organ]

人工的な臓器．人工心臓，人工腎臓，人工肝臓，人工膵臓，人工肛門，人工心肺，人工中耳などが代替臓器として作られている．このほか，臓器の部分構成体の代替としての人工弁，人工血管，ペース・メーカーなどや人工皮膚などがある．人工心臓は医用工学的な研究が進んでおり，これまでに完全人工心臓（totally artificial heart：TAH）と心室補助装置（ventricle assistant system：VAS）が実用化されてきた．一方，医用生物・化学的な研究が進んでいる人工皮膚では創傷被覆剤として使用される人工皮膚と培養皮膚がある．これらは再生医療*の標的であり，再生研究が進んでくると飛躍的な進展が見込まれる分野である．

人工タンパク質
[artificial protein]

人工的に合成したアミノ酸を取り込んだ，自然界には存在しないタンパク質．以下の成功例が報告されている．一つはアミノアシルtRNA合成酵素*がアミノ酸を誤認してtRNAに付加しやすい特徴を利用した以下のような方法である（図1）．一般に高熱性古細菌（$M.\ jannaschii$）のtyrosyl-tRNA synthetase（TyrRS）遺伝子とtRNA^{Tyr}遺伝子を大腸菌に導入すると種の障壁が原因でTyrRSは自身のtRNA^{Tyr}しか基質としない．しかし古細菌tRNA^{Tyr}のアンチコドンを大腸菌の終止コドンであるCUAに変異させた遺伝子（tRNA$_{CUA}^{Tyr}$）を大腸菌に導入すると，終止コドンの位置にチロシンが挿入されたタンパク質を生合成できる．そこでTyrRSの活性部位（Tyr結合サイト）にある5つのアミノ酸（Tyr32, Glu107, Asp158, Ile159, Leu162）をすべてアラニンに置換した変異TyrRS遺伝子を作製して大腸菌に導入すると，終止コドンの位置に人工的に合成したチロシンの類似体（O-methyl-L-tyrosine）を取り込んだ人工タンパク質が生合成できたという．他方，アミノ酸結合ドメインの立体構造が酷似しているValRSとIleRSが正確にアミノ酸を取り込む性質に注目した系も開発されている（128ページ図2）．正確さを実現しているのはValRSに備わっている優れた校正機能のおかげであって，実際tRNA^{Val}にはCys, Thrのみでなくα-アミノ酪酸（α-aminobutyrate：Abu）も誤って付加されるが，リボソームに到達しないうちに校正機能によって速やかに加水分解するため，タンパク質には取り込まれない．校正機能は活性部位とは別のドメインにあるので，校正機能のみを失わせたValRS変異が作製できる．この変異株を用いるとAbu-tRNAが校正を免れてリボソームにもち込まれ，Abuを取り込んだタンパク質が生合成できた．この大腸菌変異株では20%以上のタンパク質にAbuが取り込まれており，抽出した全タンパク質の全バリンの24%がAbuに置換されていたというくらい効率がよいと

◆ 人工タンパク質1：非天然のアミノ酸（Tyr類似体）をタンパク質に取り込む方法

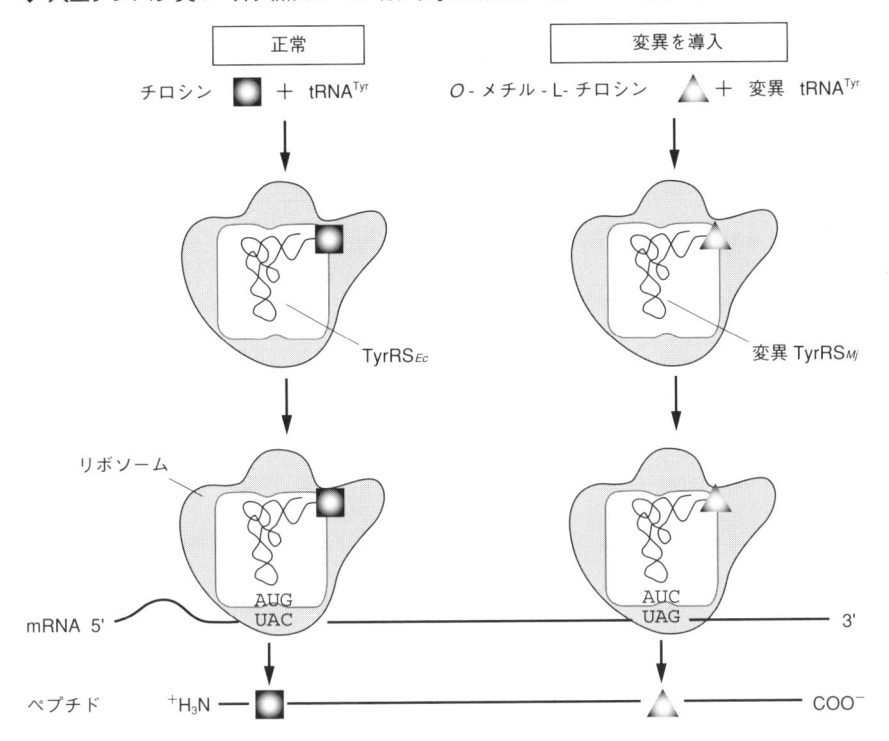

TyrRS のアミノ酸認識部位に変異を起こした酵素（変異 TyrRS）と、コドンに手を加えた変異 tRNA^{Tyr} を使い、指定の場所（終止コドンの位置）にチロシン類似体（非天然のアミノ酸）を組込む（右）

いう．この技術はタンパク質工学において幅広い応用が期待できる．

シンジェン
[syngen]

同質遺伝子個体群とも言う．繊毛虫をはじめとした原生動物の分類学上の種の中で性的に隔離された群のこと．この群の中でだけ交配して子孫を残せるので遺伝学的には種として独立に分類しても良いのだが形態学的な特徴からでは他の群と区別できないのでシンジェンと呼ぶようになった．共に（syn）世代（generation）を繰り返すという意味を込めて作られた用語．例えば，池などで普通にみられるゾウリムシは最高で8種類もの接合型が存在し，これらが互いに雌雄（性もどき）として性的に行動する．接合は同一シンジェン内の異なる接合型の間でのみ可能なので，外見は同じなのに遺伝的には異なる16群がシンジェンとして分類されることになる．

シンシチウム
[syncytium]

◆ 人工タンパク質2：非天然のアミノ酸（Abu）をタンパク質に取り込む方法

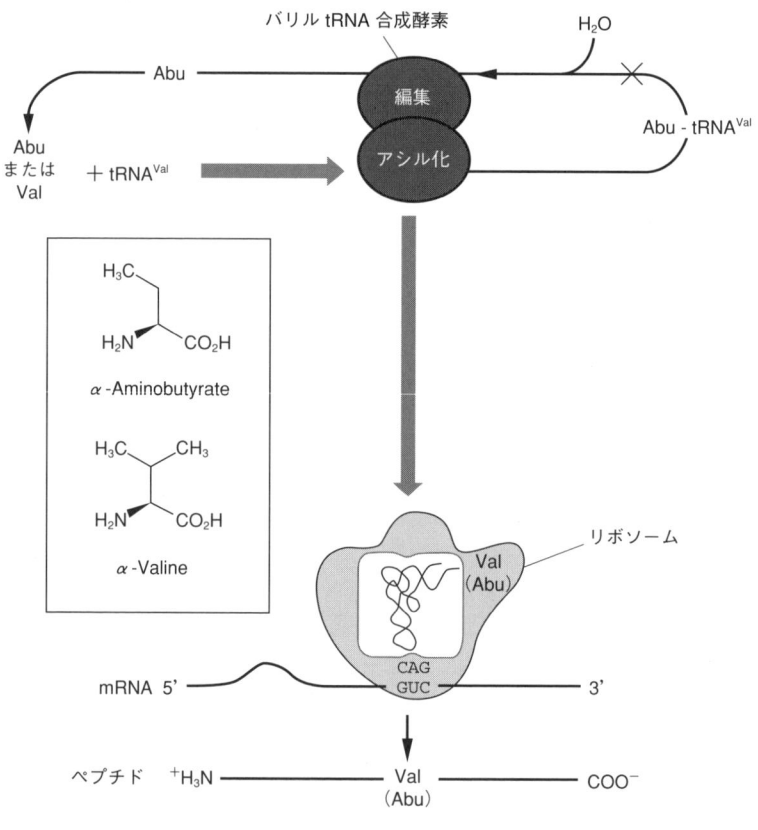

ValRSの編集機能を変異させる（×で示す）と，本来使われることのないアミノ酸（Abu）もペプチドに組込める．ここではtRNA^{Val}がしばしばアミノ酪酸（Abu）などが誤って結合する特性を利用する

合胞体と訳される．核分裂を起こしたけれどもそれに引き続くべき細胞質分裂が起きないために，多数の核を含んだまま個々の細胞には分離しないでいる細胞のこと．あるいは別個の細胞が融合することによりできた多核の細胞．

シンテニー　同 連乗
[synteny]

比較的近縁の異なる生物種の染色体の間に存在する相同領域のこと．語源は syn（同）＋teny（糸）．例えばヒトとマウスでは同じ，あるいは異なる染色体上に多くの相同領域が見つかっている．

スクレイピー
[scrapie]

ヒツジで50年以上も前に見つかっていた

伝播性の海綿状脳症．狂牛病と同じ疾患で狂ったように毛をかきむしる症状がでる．
➡ プリオン

スタート・ファミリー
[START family]

ステロイド生産急性制御タンパク質（steroidogenic acute regulatory protein：StAR）はコレステロールをミトコンドリア内膜に輸送することでステロイドホルモン生合成代謝を助けている．その輸送触媒能は約210アミノ酸からなるSTART（StAR-related lipid transfer）ドメインによって担われており，この領域をもつタンパク質をSTARTファミリーメンバーと呼ぶ．ヒトでは15種類のSTARTドメインをもつタンパク質が見つかっており，おのおのが脂質輸送を介した生理作用をもつと予想されている．

スターリンク
[Star Link]

フランスの企業（モンサント社）が開発した遺伝子組換えをしたトウモロコシの品種名．細菌（*Bacillus thuringiensis*）がコードするあるタンパク質は昆虫が食べると昆虫体内でBTトキシンという昆虫にとっての毒物に変化する．そこで，トウモロコシにこの遺伝子を組込むことで取りついた害虫（アワノメイガなど）が死ぬようにした．殺虫剤が不要になったため農薬を散布しなくなって安全という触れ込みだが，BTトキシンがアレルギーを起こすという報告もあるため，米国では家畜の飼料用以外には使用が禁じられている．しかし，ビールに使われているコーンスターチなどに使用するため，日本に輸入した加工食品の原料のトウモロコシにスターリンクが混入しているということで問題になった．さらに，BTトキシンは害虫ではない蝶などの幼虫も殺すことから生態系の破壊も問題視されている．一方，21世紀の食糧難問題を解決する鍵になるという楽観論もある．
➡ 遺伝子組換え作物，組換えトウモロコシ

ストラクチュロミクス
[structuromics]

ゲノム情報とプロテオミクス情報を利用して，一つの生物や細胞・組織でのあらゆる場所および時系列で発現しているすべてのタンパク質の立体構造を網羅的・系統的に解析すること，およびその方法論全体．

ストラクチューロム
[structurome]

一つの生物がもつすべての遺伝子のセットをゲノムと呼ぶのに倣って，一つの生物に発現しているすべてのタンパク質の立体構造の集合体を構造（<u>structure</u>）とゲノム（ge<u>nome</u>）を融合した用語としてストラクチューロムと呼ぶ．

スニップ
[SNP：single nucleotide polymorphism]

ヒトゲノムの全塩基配列には個人差がある．そのうち，1塩基レベルの個人差をSNP（スニップ：一塩基多型）と呼ぶ．SNPの有用な点は結果がプラスかマイナスかの2通りしかないためデジタル信号化できることにある．大量のSNP解析の結果を高速コンピュータで解析すればタイピング解析が容易にでき，機器開発による自動化が可能となる．その意味でもポストゲノムの時代にふさわしい技術であると言えよう．SNP部位は約千塩基に1つはあると予測されている．SNPは発生する位置によって以下のように分類される．❶非翻訳領域：uSNP（untranslated SNP），❷翻訳領

域だがアミノ酸が置換しないもの：sSNP（silent SNP），❸翻訳領域でアミノ酸が置換する（あるいは終止コドンに変化する）もの：cSNP（coding SNP），❹プロモーター領域が変化するもの：rSNP（regulatory SNP），❺イントロン領域が変化するもの：iSNP（intronic SNP），❻表現型の変化はないと考えられるその他のゲノム領域が変化するもの：gSNP（genomic SNP）．［SNPデータベース（JSNP）http://snp.ims.u-tokyo.ac.jp］

スニップコンソーシアム
[The SNP Consortium]

ヒトに存在すると予測されている300万個のSNPについて，染色体上の位置を特定する目的で，欧米13の製薬企業と英国のウエルカムトラストが協力してできた共同体（http://snp.cslh.org/）．

スニップタイピング技術
[SNP typing technology]

ヒトのゲノムの塩基配列のうち0.1％くらいは1塩基の差異として個人差（SNP）があり，ゲノム全体では300万～1,000万カ所くらいのSNPが存在すると考えられている．現在，このSNPを系統的に決定して分離する研究が世界的に競合して進んでいる．これが全体として明らかになれば従来「体質」と漠然と表現されていたものが塩基配列のレベルで科学的事実として語られるようになり，その情報をもとにしたオーダー（テーラー）メード医療*が進んでゆくだろう．

スーパー糸
[super string]

スーパー微生物*を利用して作った糸．柔らかいが黄ばみやすいナイロンと，丈夫で変色しないが硬すぎるポリエステルの長所を併せもつ夢の糸として3GTが発明された．3GTは石油を原料としてポリメチレングリコール（polymethylene glycol）とテレフタル酸（terephthalate）を重合させれば化学合成できるが，コストが高くて採算が合わない．そこでトウモロコシの滓（かす）を食べさせるとポリメチレングリコールを生合成するように遺伝子操作した微生物を作製したところ安価にできるようになったという．実際，この糸を利用した繊維がデュポン社（Dupon）により実用化されることとなった．

スーパー雑草
[super weed]

害虫を殺したり除草剤に耐性となるように遺伝子組換えされた作物が，他の作物と交配し遺伝子が拡散して雑草ゲノムに組込まれることで，害虫や除草剤に耐性となった雑草．遺伝子組換え作物が及ぼす生態系の撹乱の一つとして可能性が問題とされているが，さしたる対策もないまま遺伝子組換え作物が普通の畑で栽培されるに至っているため，近い将来現実にスーパー雑草が生まれるのではないかと危惧されている．

スーパー微生物
[super bug]

遺伝子組換えによって特別な能力をもたせた微生物．例：スーパー糸*，バイオプラスチック*

スプライシング　同 RNAスプライシング
[splicing]

真核細胞（染色体が核内に収納されている生物）において，転写されたmRNA前駆体（heterogenous nuclear RNA：

hnRNA）からイントロンが切り取られエクソンだけからなる成熟mRNAになること．スプライソゾーム（スプライセオソーム：spliceosome）と呼ばれる巨大なRNAタンパク質複合体が反応を触媒する．エクソンとイントロン境界付近（スプライス部位：splice sites）には必ずGU-AGという配列が見つかり，これをGU-AGの法則（GU-AG rule）と呼ぶ．

スペイン風邪
[Spanish Influenza]

第一次世界大戦中の1918年から翌19年にかけて世界的に大流行した新型インフルエンザウイルスによる感染症．世界中で6億人が感染し，当時の世界人口の約2％にあたる2500万人（一説では4千万人）が死んだと言われている．1918年5月にはスペインで蔓延して多数の死者を出し，そのことがスペインの新聞で大々的に報道されたことからスペイン風邪と呼ばれるようになったらしい．第一次世界大戦中に参戦していた米国や他の欧米諸国では戦時中の報道管制により大きくは報道されなかった．日本では2380万人が感染し，約39万人が死亡した．米国でも1918年春の米軍キャンプ内での発症と同年秋の欧米からの帰還兵を中心とした2度の蔓延を経験し，国民総数の28％が感染して1年間で約80万人が死亡した．

以前からこの新型インフルエンザの発生地としてSARS*と同様に中国・広東省があげられてきた．最初に家禽類に感染するウイルスで変異が発生し，これがブタのウイルスと遺伝子交換したのち新種のウイルスになって人間に感染したとされる．そこからインドの人々へ感染し，インド−マルセイユ間を行き来する船に乗る人々によってマルセイユに上陸したという説がある．フランス・マルセイユ（1918年5月末）で，かなり広く流行し始めたが，その後マルセイユ経由で欧州の西部戦線（第一次世界大戦）に送られた米軍兵士（米国内で中国人の使用人から感染？）を介して対峙していた両軍兵士達に感染し急速に広がったという．

スリーティースリー
[3T3]

正常ではあるが不死化した（immortalized）マウス培養細胞株を樹立する方法，あるいはそれによって樹立された細胞株の名称．マウスの胎仔線維芽細胞（mouse embryonic fibroblast：MEF）を3日ごとに継代（T：transfer）するがそのとき新たな培養皿に3×10^5細胞を播くという意味を込めて命名されている．ほとんどの細胞は15〜30継代ののちにいわゆる老化（seneecence）して分裂を停止するが，中にはその制限を無視して分裂を続けるものが現れ，それを単離して細胞株として樹立するのである．

スリーハイブリッドシステム

➡ ツーハイブリッドシステム，ワンハイブリッドシステム
[three hybrid system]

3種類のタンパク質（X，Y，Z）の相互作用（a）あるいはRNAとタンパク質の相互作用（b）を解析することで未知の結合タンパク質の遺伝子を単離する技術（図）．

a）3つのタンパク質の相互作用解析の原理

実験には酵母 *lacZ* の転写因子であるGal4タンパク質の，N末端側（DNA結合領域：Gal4abd）とXの融合タンパク質（Gal4bd-X）を発現するベクター

◆ スリーハイブリッドシステム

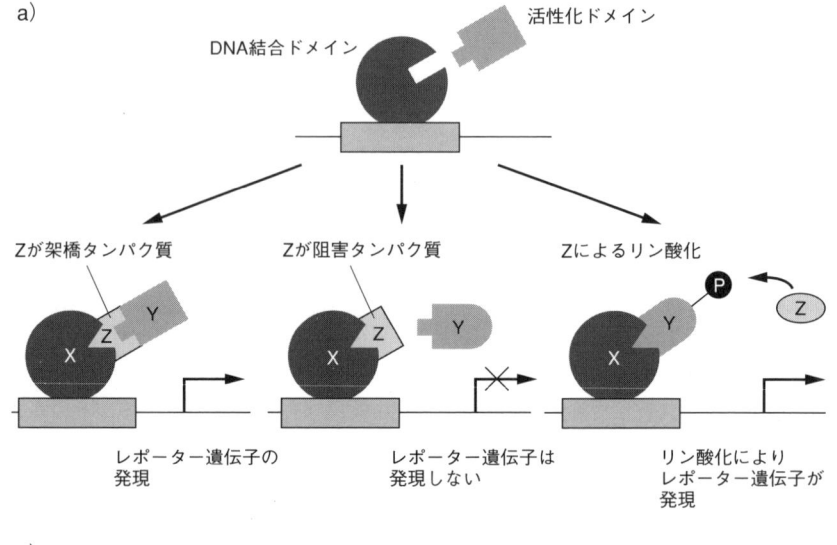

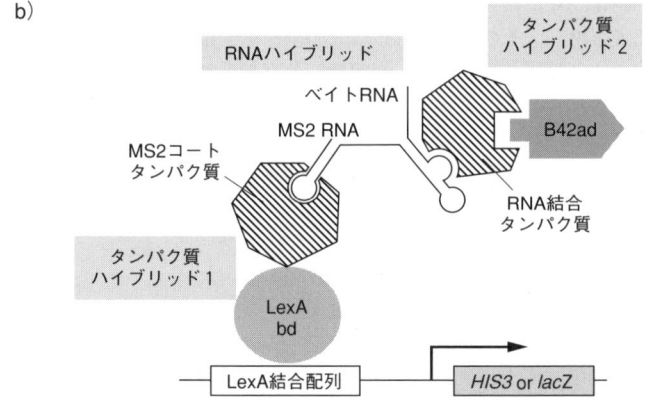

a)

図中ラベル:
- DNA結合ドメイン
- 活性化ドメイン
- Zが架橋タンパク質 → レポーター遺伝子の発現
- Zが阻害タンパク質 → レポーター遺伝子は発現しない
- Zによるリン酸化 → リン酸化によりレポーター遺伝子が発現

b)

図中ラベル:
- RNAハイブリッド
- タンパク質ハイブリッド2
- ベイトRNA
- MS2 RNA
- MS2コートタンパク質
- B42ad
- RNA結合タンパク質
- タンパク質ハイブリッド1
- LexA bd
- LexA結合配列
- HIS3 or lacZ

（pGBKT7）と，C末端側（活性化領域：Gal4ad）とYとの融合タンパク質（Gal4ad-Y）を発現するベクター（pGADT7），および相互作用を仲介（bridge）する（または逆に阻害する）タンパク質（Z）を発現できるベクター（pBridge）を用いる．ここにpBridgeはメチオニンプロモーター（MET25）をもつため，XはMet非存在下でのみ発現する．まずMetを含まない培地（プレート）の上に，ベクターのみあるいはpGADT7（→ ツーハイブリッドシステム）につないだプラスミド（cDNA ライブラリー）を導入したあとで両方のプレートに撒いて以下のようにして結果を比較する．❶もしZがXとYの相互作用を仲介するタンパク質であればMetを含まない複製

(replica) プレートでのみ酵母のコロニーが観察できる（あるいはコロニーが発色する）はずである．❷もしZがXとYの相互作用を阻害するタンパク質であればMetを含むプレートでのみ酵母のコロニーが観察できる．❸もしZがYをリン酸化標的とするタンパク質キナーゼであって，Yはリン酸化したときのみXと結合する時にも複製プレートでのみ酵母は増える．

b) RNAとタンパク質の相互作用解析の原理

RNA・タンパク質ハイブリッドハンターシステムでは，タンパク質・RNA・タンパク質という3つの因子の相互作用を利用して未知のRNA結合タンパク質をコードする遺伝子をクローニングする（図）．ここではバクテリオファージMS2外皮タンパク質とMS2のRNAゲノムの一部が結合する性質を利用する．実験では，❶宿主となる出芽酵母（L40ura MS2株）には大腸菌のlexA（SOSレギュロンのリプレッサー遺伝子）コードするLexA（DNA結合タンパク質）が結合する塩基配列（SOSボックス）を含んだユニットをlacZ（HIS3）リポーター遺伝子の上流に挿入したものを組込んでおく．❷目的RNAをコードするcDNAをMS2 RNAと融合させて転写できるベイト（bait）ベクター（pRH3'/pRH5'）に挿入する．❸他方，目的RNAとの結合能を調べたいタンパク質をコードするcDNA（あるいは cDNAライブラリーごと）をプレイ（prey）ベクター（pYESTrp2）に挿入する．こうすれば目的タンパク質はLexA の活性化ドメインであるB42との融合タンパク質として発現される．❹2つのプラスミド（❷と❸）を宿主出芽酵母（❶）に導入し発現させると，目的RNAと結合するRNA結合タンパク質を発現するプラスミドが導入された出芽酵母のみが発色（増殖）する．

制限系
[restriction system]

制限系は大腸菌が身を守るために備えている外来DNAの分解システムである．大腸菌k-12株では❶hsd遺伝子によって規定されるEcoK系，❷mcr遺伝子によるMcr系，❸mrr遺伝子によるMrr系，という3つの制限系が知られている．EcoK制限系においてはAA**G**TGCあるいはGC**A**CGTTという塩基配列の下線を引いたアデニン（A）のN6位がメチル化されていないDNAは分解される．EcoKメチラーゼがこのメチル化反応を触媒する．hsd遺伝子座は1つの遺伝子発現系（オペロン）に支配された3つの遺伝子（hsdR，hsdM，hsdS）からなり，その遺伝子から発現された3つのタンパク質がサブユニットを構成して酵素活性を発揮する．そのうち1つでも欠損させればEcoK制限系はなくなる．一方，Mcr系ではメチル化は逆の効果を及ぼす．すなわち，外来DNAのうち特定の塩基配列の中の5-メチルシトシンがメチル化され，それを標的にして制限酵素が切断する．そこでこのメチル化酵素遺伝子を変異させておけばMcr制限系から免れることができる．mcrA，mcrBC遺伝子遺伝子座も1つのオペロンに支配された3つの遺伝子（mcrA，mcrB，mcrC）から構成されており，このうち1つを欠損させるだけで制限性は失われる．Mrr系でも同様に，外来DNAのうち特定の塩基配列の中のN6-メチルアデニンがメチル化され，それを認識にして制限酵素が切断する．一般に，細菌や下等真核生物ではシトシン，アデニンのメチル化が多く見られ，高等動植物のゲノム

ではメチルシトシンが多く含まれる．したがってこれらメチル化されたDNAを大腸菌に導入する際は，宿主として*hsd*-, *mcr*, *mrr*-のうち少なくとも1つは変異させた亜株を選ぶ必要がある．

制限酵素
[restriction enzyme]

　細菌がもつ特有なDNA切断酵素（エンドヌクレアーゼ）のこと．これによって，侵入してきたDNAを自己のDNAと見分けて分解する"制限（restriction）"という呼び名はファージの感染を制限するところからつけられた．その性質によって大きく3種類（Ⅰ型，Ⅱ型，Ⅲ型）に分けられるが，遺伝子操作に使われるのは，このうちⅡ型制限酵素である．

　制限酵素の名前はそれが単離された細菌にちなんでつけられる．例えば*Bam*HⅠは*Bacillus amyloliquefaciens* H株に由来する．記載は最初の3文字のみがイタリックで示される（例えば*Bam*HⅠ）．

制限メチラーゼ　　同　制限メチレース，修飾メチラーゼ，DNA 修飾酵素
[restriction methylase]

　制限酵素と同一の塩基配列を認識する，アデニンあるいはシトシンをメチル化する酵素．制限酵素とペアとなって細菌に存在し，メチル化されているDNAは制限酵素よって切断されないという性質を利用して細菌自身のDNAが破壊されないようにしている．

セイジ
[SAGE：serial analysis of gene expression]

　転写量の変化を検出するための方法．まずcDNAを制限酵素（A）で切断し，得られた3'末端に認識配列の外側の任意配列を切り出すタイプの制限酵素（例えば*Bsm*FⅠは GGGACNNNNNNNNNN↓NNNN↑を切断する）サイトをもつアダプターを結合させる．これを*Bsm*FⅠで切断してDNAポリメラーゼで平滑化するとすべてのcDNAが制限酵素（A）の認識配列から14塩基ずつ切り出されてくる．これを多数取り込む条件でDNAリガーゼによりプラスミドベクターに挿入したうえで塩基配列を決定するとcDNAの存在量の比が推測できるという方法である．

生物情報科学　　➡　バイオインフォマティクス

生物農薬
[biological insecticide]

　酵母や大腸菌などの生物を農薬として使うこと．細菌（*Bacillus thuringiensis*）がコードするタンパク質に昆虫が食べると昆虫体内でBTトキシンという昆虫にとっての毒物に変化するものがある．この遺伝子を酵母や大腸菌などに組込んで殺虫性に改造したうえで農薬として散布するテストがなされている．

生命倫理
[life ethics]

　ゲノム情報が氾濫しヒトクローンなど生殖医療が目覚しく進展してきたことから，生命に関する倫理的な諸問題が生まれてきた．そこでいくつかの諮問委員会が構成され議論されて詳細な報告書が提出されるとともに，それをもとにした倫理規制法が制定されている．フランスでは1983年にはすでに国家生命倫理諮問委員会（CCNE）が設置され，出生前遺伝子診断，着床前遺伝子診断，HIV，遺伝子治療，クローン人間産生，ヒト胚性幹細胞の樹立と利用などに

ついての意見書を出している．米国には1995年に国家生命倫理諮問委員会（NBAC）が設立され，クローン人間*の可否，ヒト胚性幹細胞研究などについての倫理問題を審議してきた．英国では研究分野ごとに諮問委員会が作られており，例えば1996年にできた人類遺伝学諮問委員会（HGAC）は保険における遺伝子診断，クローン技術などについて審議してきた．日本では1997年に科学技術会議に生命倫理委員会が設置され，倫理問題を審議してきており，2000年には遺伝子研究に関する基本原則案を提出している．世界レベルではユネスコが「ヒトゲノムと人権に関する世界宣言」（1997年）を，世界保健機構（world health organization：WHO）が「遺伝医学と遺伝サービスにおける倫理的諸問題に関して提案された国際的ガイドライン」（1998年）を出して，ヒトゲノム研究や遺伝子診断における留意点を盛り込んだ規制を打ち出した．条約や法律については，欧州各国の間で「人権と生物医学に関する条約」が締結され，「生命倫理法」（フランス：1994年），「胚保護法」（ドイツ：1990年），「国民データベース法」（アイスランド：1998年）が制定されている．日本では「ヒトゲノム研究に関する基本原則」（2000年）が提出され，日本が主催した主要国首脳会議（沖縄サミット）で「ゲノム研究は人権を尊重しながら進めるべき」との声明を出した．

▶ インフォームド・コンセント

接合
[conjugation]

　大腸菌にも雄と雌がある．雄は接合架橋と呼ばれる管を雌につなげ，その中を通してDNAを直接伝達させる．これを接合と呼ぶ．大腸菌が雄となるにはF因子*（F [fertility] factor）と呼ばれるプラスミド（F plasmid）をもたなければならない．そのような雄はF$^+$菌と表記され，F因子をもたない雌はF$^-$菌と表記される．Fプラスミドは分子量の大きい（94.5kb）環状二本鎖DNAプラスミドで，大腸菌内では1〜2コピーしか存在しない．

　F因子は接合伝達に関与する領域，自律増殖に必要な領域，組換えに関与する領域，の3つの機能単位で構成されている．このうち自律増殖に必要な領域（5.5kb）に薬剤耐性遺伝子を連結させたベクターがミニFプラスミドである．F因子は大腸菌の染色体DNAのランダムな場所で組込まれて存在することもでき，DNAの伝達はF因子の組込まれた位置で開始する（図）が，その際には近くの大腸菌の染色体DNAの一部を奪い取って一緒に伝達してしまう．いったんDNA伝達が始まると接合架橋がはずれないかぎり止まらないので，100分もたてば大腸菌の染色体全体さえも伝達されてしまう計算となる．実際には大腸菌は動きまわっているので途中で中断してしまう．こうして，F因子DNAの最初の一部と雄大腸菌染色体の一部分を受け取った大腸菌の遺伝子型を表記する場合にはF因子の右肩に「'」（プライムと発音する）を添えてF'のように区別して記し，その中にある遺伝子の名前をつけて呼ぶ．例えばF'*lac pro*はこのF'プラスミドが*lac*と*pro*の2つの大腸菌遺伝子を搬出，保有していることを示す．F因子を宿主大腸菌から除去するには培地にアクリジン色素を加えて培養する．この操作を治療（curing）と呼ぶ．

接合子
[zygote]

　配偶子（多細胞生物では卵と精子のこと）が接合や受精によって合体してできた受精卵のこと．"zygotos"というギリシャ語

◆接合のしくみ

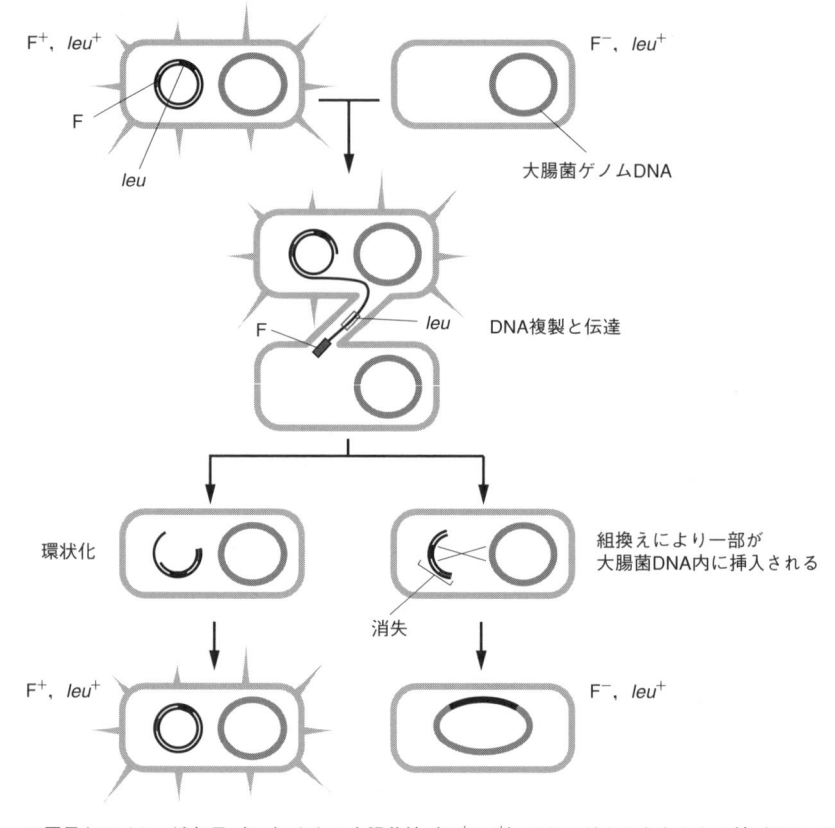

F因子とロイシン遺伝子（*leu*）をもつ大腸菌株（F$^+$leu$^+$）から，どちらももたない株（F$^-$leu$^-$）へ，接合を介してF$^+$leu$^+$の遺伝子が移動することで，あるものは（F$^+$leu$^+$），あるものはFi$^-$を失って（F$^-$leu$^+$）と変化する．いずれにせよロイシンを含まない培地で生育できる大腸菌が単離される

野島 博/著「ゲノム工学の基礎」（東京化学同人，2002）より改変

（軛くびきを意味する）を語源とする．

ゼノバイオティック　同 生体異物
[xenobiotic]

生理活性をもつ外来性の化学物質（foreign chemical compound）の総称．xeno-とは奇妙な，異物の，寄生した，などの意味を示す接頭辞（allo-の反意語）．農薬，食品添加物，医薬品，排気ガス，ゴミ処理の燃焼煙，漢方薬，自然着色料などが含まれる．

ゼブラフィッシュ
[zebrafish]

熱帯魚のゼブラフィッシュ（zebrafish：*Danio rerio*）は12週間という脊椎動物にしては短いライフサイクルと遺伝学的研

究の容易さ，および胚が透明なため内部が透けて見えるという有利さのため発生生物学の良いモデルとして注目を浴びてきた．435Mbの全ゲノム塩基配列が着々と決定されつつある．

セルピノパシー
[serpinopathy]

セルピン（serpin：serine protease inhibitor）スーパーファミリーに属するタンパク質の立体構造の異常化が引き起こすコンフォメーション病*のこと．ニューロセルピン（neuroserpin）は発育期と成熟した脳で活発に分泌されるタンパク質で感情の抑制や記憶に関与する．北米の白人家系で見つかった常染色体優性遺伝性の家族性痴呆症（familial encephalopathy with neuroserpin inclusion bodies：FENIB）では，ニューロセルピンの立体構造変異型（点変異）がポリマー化し凝集して大脳皮質細胞内に形成する封入体が病因となっている．これまで見つかった4つの点変異（発症年齢）体は：S49P（48歳），S53R（24歳），H338R（15歳），G329E（13歳）である．セルピン類はセリンプロテアーゼを阻害する際にダイナミックな立体構造変化を伴うが，その特徴はポリマー化して失活しやすい性質も併せもつ．凝集して阻害タンパクとして働けなくなると，肺気腫（$α_1$-アンチトリプシン欠乏症）や汎発性血栓（アンチトロンビン欠乏症）を引き起こす．

セレノシステイン
[selenocystein：Sec]

システインの硫黄原子がセレン（Se）に置換された異形アミノ酸．3文字表記ではSecと表される．多くの生物種においてタンパク質に少数個取り込まれており，酵素に含まれる場合には活性中心に見つかることが多い．独自なtRNAをもち，終止コドンの一つであるUGAを指定コドンとして採用している点において他の修飾アミノ酸と異なる．ただし，tRNASにSecを直接付加できるtRNA合成酵素は存在しないため，その段階の反応はセリンを付加するSertRNA合成酵素に頼っている．Secは翻訳段階でタンパク質に挿入されるため21番目のアミノ酸と呼ぶこともできる．大腸菌でSec含有タンパク質として知られているタンパク質（formate dehydrogenase）などにおいて終止コドン（UGA）をSecと読み替えるしくみがくわしく解析されてきた．その結果，UGAコドンの3'側に隣接した必要なmRNA上の信号としてb-SECIS（bacterial selenocysteine insertion sequence）と呼ばれるステムループ構造，および*selA*, *selB*, *selC*, *selD*遺伝子によってコードされるセレノシステイン合成酵素（SELA），セレノシステイン特異的伸長因子（SELB），セレノシステイン特異的tRNA（tRNAS^{Sec}），セレノリン酸合成酵素（SELD）という4つの因子が必要なことがわかった．セリルtRNA合成酵素によりまずtRNAにセリンが付加され，次いでSELAとSELDによりこのセリンがSecに置換される．SELBはC末端側を介してb-SECISのステムループに特異的に結合し，終止コドンの読み取りを邪魔しながらSec-tRNAS^{Sec}-SELB-GTPをリボソームに供給してタンパク質にSecを取り込ませる．この反応は特異性が高いため，b-SECISをもつUGAのみが高い効率でSecに変換される．動物でもselenoproteinを始めとしてglutathione peroxidase，やiodothyronine deiodaseなどでSec含有タンパク質が見出されている．変換シグナル（SECIS）としてのステムループ構造はUGAのすぐ下流ではなく3'非翻訳領域にある．10個もの

Secが含まれているラットのselenoprotein-PではSECISが3'非翻訳領域に2個並列して見つかっている．Sec取り込みのしくみは大腸菌と類似であると考えられ，実際大腸菌と共通な相同因子も見つかっている．これはSec取り込みの起源が原核生物と真核生物の分岐よりも古いことを示唆する．このしくみを改変して人工アミノ酸を自在にタンパク質に挿入する技術の誕生が期待されている．

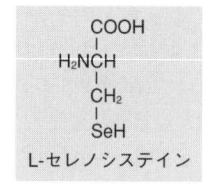

```
       COOH
        |
    H₂NCH
        |
       CH₂
        |
       SeH
   L-セレノシステイン
```

セレラ・ジェノミクス
[Celera Genomics]

1992年，米国国立衛生研究所（National Institute of Health：NIH）の研究者であったベンター（Venter, C.）はゲノム研究所（TIGR）を設立しインフルエンザウイルス*（*Haemophilis influenzae*）をはじめとする多数の細菌ゲノムの塩基配列を決定してみせた．次いで，1998年5月にはベンターはゲノム塩基配列の決定を専門とするバイオベンチャーの会社を設立したが，これが後にセレラ・ジェノミクス社（「セレラ」とはラテン語で「速い」を意味する）という名前になった．この会社の起業にあたって，彼は設立後3年以内のヒトゲノム塩基配列決定を宣言し，膨大な数の塩基配列決定機器と技術員を雇って猛然たるスピードで塩基配列を決定し始めた．彼は遺伝子の地図を使わずにホールゲノムショットガン法*に基づいて決定された膨大な量の塩基配列を大規模なコンピュータ解析によって組み上げるという，独自の方法を採用したため，周囲が予想していた以上の速度で塩基配列が決定されていった．これに刺激され米・英・日など数カ国が協力して進めていた国際共同チームも塩基配列のスピードを上げ，当初の予定よりずっと早く2001年の2月にはヒトゲノム塩基配列の概要版（draft sequence）が発表されることとなった．論文はベンターのグループの成果は科学雑誌Science誌に，国際共同チームの成果は科学雑誌Nature誌にほぼ同時に公表されている．

全ゲノムショットガン法 ➡ ホールゲノムショットガン法

センサーチップ
[sensor chip]

小さな金属片に小分子（リガンドなど）を高密度に固定化したもの．表面プラズモン共鳴*測定に使うチップについてこのように呼ぶことが多い．

センダイウイルス ➡ HVJ

センチモルガン
[centi-Morgan：cM]

近代遺伝学の始祖であるMorgan, T. にちなんだ，同一の染色体に存在する遺伝子間の相対的距離を示す単位．2つの遺伝子が近接しているほど交差が起こりにくいという事実に基づき，組換え率から求められる．2つの遺伝子座の間に1％の頻度で交差が起こるとき，両者の距離を1 cMと定義する．1 cMはマウスでは約1.6Mbに相当する．

線虫
[*Caenorhabditis elegans*]

1965年ごろからブレンナー（Brenner, S.）

によって発生や行動を分子生物学的に研究するためのモデル動物として取り上げられ，以来世界中で用いられている土壌自活性線虫（nematode）の一種．大腸菌を餌として寒天培地や液体培地で簡単・安価に増殖でき（15～25℃），液体窒素中で安定に凍結保存できる．1匹から自家受精で300個の受精卵が生まれ，4回の脱皮の後に合計3日で体長1.2mmの成虫になり，寿命は約2週間である．雌雄同体以外に雄が存在するため交雑により遺伝子地図を作成することもできる．また個体も卵殻も透明であるため生きたまま発生や細胞系譜の形態学的研究ができる．1個体の細胞数は雌雄同体で959個，雄で1,031個と少ないにもかかわらず，神経・筋肉・腸・生殖器が分化して成虫に備わっており，多くの点でヒトのモデルとなりうる．1983年にはサルストン（Sulston, J. E.）により雌雄同体のすべての細胞について1個の受精卵からどのような順序で発生してゆくかという細胞系譜が明らかにされた．中でも131個が発生の途中でアポトーシスにより死ぬことがわかったためアポトーシスの生物学的研究のモデルとしても有用とされる．また1986年にはホワイト（White, J. G.）により雌雄同体の302個の神経細胞からなる全神経回路が電顕写真連続切片から再構築され集中的に神経の研究が進められている．さらにRNAi*により簡単に遺伝子機能を破壊できることがわかったため，大規模・網羅的な遺伝子破壊株作製が進められている．1998年には全ゲノム塩基配列（～100,000kb）が決定され，約2万個の遺伝子が同定された（Worm Base, http://www.wormbase.org/；NEXTDB, http://nematode.lab.nig.ac.jp/）．突然変異株や遺伝子クローンの分与など全世界的な研究協力体制が敷かれていることも特筆に値し，ポストゲノム時代の優れたモデル動物としてショウジョウバエ*と並んでそのなりゆきが注目されている．

セントラルドグマ 同 （分子遺伝学の）中心教義
[central dogma]

遺伝情報の流れ（DNA→RNA→タンパク質）を定義した中心教義で，クリック（Crick, F. H. C.）により提唱された．遺伝情報はDNAにのみ記録されており，その情報がタンパク質から核酸へ戻されたり，タンパク質から他のタンパク質に写されたりすることはないとされる．大腸菌などの原核生物では正しいとされるこの教義も，真核生物には当てはまらないことが，以下のような例外により示されてきた．

❶ レトロウイルスのもつ逆転写酵素によってmRNAからDNAへの生合成が起こる．
❷ RNA編集*（RNA editing）によるmRNAレベルでの遺伝情報の改変がなされる．
❸ ライボザイム*（触媒能をもつRNA）による自己スプライシングによりRNAどうしで遺伝子情報の再編成がなされる．
❹ タンパク質スプライシングによりタンパク質どうしで遺伝子情報の再編成がなされる．
❺ レトロウイルス，トランスポゾンなどにより異種生物間での遺伝情報の水平伝播が起こっている．
❻ DNAの塩基修飾（➡ エピジェネティックス）によりDNAの塩基配列として記されていない配列レベルでの遺伝情報として世代を越して伝達されている．
❼ ヒストンコード*によりタンパク質の修飾レベルで遺伝情報の伝達が調節されている．

セントロイド
[centroid treatment]

　質量分析器においてセントロイド（図心，質量中心）とはスペクトルのピークの中心のことで，ピークの山をただの縦線に変換することをセントロイド処理と呼ぶ．この時，隣接するピークをどのように見分けるか，ノイズをどうやって区別するか，どのくらいの山（ピーク幅）を集めて1本の線にするかなど，多くの重要な問題が生じてくる．

セントロメア
[centromere：CEN]

　真核生物の細胞においては細胞分裂の際，染色体を分離させていくために紡錘糸が付着する部分が特定される．各染色体の中央近くに1つあるその領域が動原体（kinetochore）であり，動原体を構成する染色体DNA領域は（centromere）と呼ばれる．顕微鏡下ではセントロメアは各染色体の中央近くの長腕と短腕に分かれるくびれの部分に相当する．セントロメアは複製されたDNA分子が娘細胞に均等に分配される機序において重要な働きを果たす．すなわち，有糸分裂*や減数分裂*の際に相同染色体*の分離が確実に実行されるように機能する．出芽酵母においてはセントロメアの共通配列コアは3つの領域からなる．領域Ⅰは8bpの共通配列（5'-[A/G] TCAC [A/G] TG-3'）からなり，領域Ⅱは90％以上のATに富む78～86bpの塩基配列から構成され，領域Ⅲには25bpの保存された共通配列が見出される．これらのうちどれが欠けても細胞分裂の際に染色体が娘細胞に均等に分配されなくなる．領域Ⅰは有糸分裂よりむしろ第一減数分裂期において，姉妹染色分体の娘細胞への分離に重要な役割を果たしているらしい．領域Ⅱは塩基配列そのものより ATに富む部分の長さが，セントロメア機能に重要とされる．領域Ⅲは特に重要で，パリンドローム*配列が認められるとともに曲折構造（bent DNA）をとっているとされる．この領域特異的に結合するセントロメアタンパク質も同定されている．セントロメアを含むDNA断片はARS*プラスミドを酵母内で安定に保持する役目を有する．しかしコピー数は減少させる．例えば，ARSのみを含むプラスミドは酵母1細胞あたり50～100コピー存在できるが，セントロメアを含むプラスミドは1細胞あたり1～22コピーに減少する．

　ヒトではすべての染色体のセントロメア領域でα-サテライトDNAあるいはアルフォイド（alphoid）DNAと呼ばれる171bpを基本とする繰り返し塩基配列が数メガベースにも及ぶ巨大な領域を形成している．

造血幹細胞
[hematopoietic stem cell]

　体性幹細胞*の一種で，造血前駆細胞の段階を経たうえですべての種類の血球に分化・成熟する能力（多分化能）をもち，なおかつ細胞分裂することでこの能力を保持した細胞を複製して増殖する能力（自己複製能）ももち合わせている細胞．成熟血球には寿命があるが，造血前駆細胞が存在するおかげで個体には一生の間枯渇することなく新鮮な血球が供給されている．造血幹細胞の増殖の場は主として骨髄であるが，臍帯血中にも多数存在する．

造血幹細胞活性
[activity of hematopoietic stem cell]

　移植した造血幹細胞の再構築能のこと．その能力はRU（repopulating unit）で表示する．1RUは10万個（1×10^5）の骨髄

細胞中に含まれる再構築能で定義され，次式より計算される．

RU ＝（％テスト細胞）×（競合細胞数／10^5）÷（％競合細胞）

ここで％テスト細胞とはFACS*解析によって得られた1個のCD34⁻KSL細胞由来の細胞が占める割合で，％競合細胞とは$2×10^5$個の骨髄細胞由来の細胞が占める割合を意味する．

桑実胚
[morula]

受精卵の卵割期において割球が集塊状になっているが割腔がほとんどできていない状態の卵．桑の実と形状が似ているのでこのように呼ばれる．

相同遺伝子組換え
[homologous recombination]

塩基配列が相同な姉妹染色体の間で起こる遺伝子組換え．❶鎖交換（strand exchange），❷分枝移動（branch migration），❸解消（resolution）と呼ばれる3つの過程で順序良く反応が進行する（図1）．あるいは前シナプシス（pre-synapsis），シナプシス（synapsis），後シナプシス

◆相同遺伝子組換え（1）

	出芽酵母	分裂酵母	大腸菌
	Spo11（398）	Rec12（345）	
切り取り Resection	Rad50（1312） Mre11（692） Xrs2（854）	Rad50（1290） Rad32（649） Nbs1（506）	
鎖交換 Strand Exchange	Rad51（400） Dmc1（334）	Rhp51（365） Dmc1（332）	RecA（352）
分枝移動 Branch Migration			RuvA（203） RuvB（336）
解消 Resolution	Mus81（632）	Mus81（572） Eme1（783）	RuvC（172）

遺伝子組換えを制御するタンパク質
〔（ ）内の数字はアミノ酸数〕

相同組換えによるDNA二重鎖切断（DSB：double-stranded DNA break）の各ステップで働く因子の出芽酵母，分裂酵母，大腸菌における名称の対比

◆相同遺伝子組換え（2）：相同組換えによるDNA二重鎖切断修復（DSBR：double-stranded DNA break repair）の過程

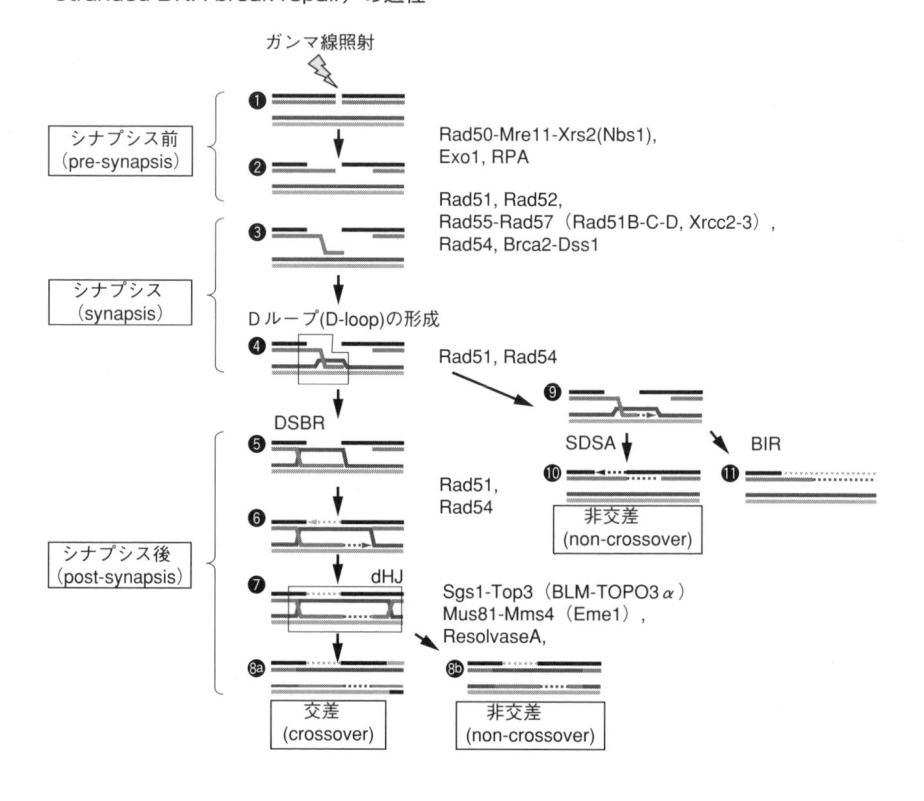

それぞれのステップで働くタンパク質の名前（出芽酵母のもの）を図の右端に示した．ヒトや分裂酵母における各因子の異名は括弧内に示す．ステップ❶～❹までは共通だが，Dループ形成後は経路はDSBR，SDSA（synthesis-dependent strand annealing），BIR（break-induced replication）の3つに分かれて進む．ステップ❼以降も交差型と非交差型へ分離する

Hyer, W. D. et al., Nucleic Acids Res, 34（15）：4115-25, 2006より改変

（post-synapsis）という分類をすることもある（図2）．詳しく解説すると，まず二重鎖切断（DSBs）が起こる．その修復のため，Rad50/Mre11/Xrs2複合体が切断部分に結合し，切断後の5'末端の一部を切り取る（Resection）．その結果できた一本鎖部分をRad51とDmc1がホモログ配列内に進入させる（D-ループ*形成）．次いで鎖の交差（strand exchange）が起き，二重ホリデイ結合（double Holliday junction）と呼ばれる構造に変換される．ホリデイ結合の位置は動くため，ヘテロ二本重鎖（heteroduplex）の領域が広がる分枝移動がみられる．最後に二重ホリデイ結合を解消する（resolution）ことにより相同組換えは完了する．Mus81とEme1はホリデイ結合

◆相同遺伝子組換え(3):相同組換えにおけるRad51, Rad54の働くしくみ

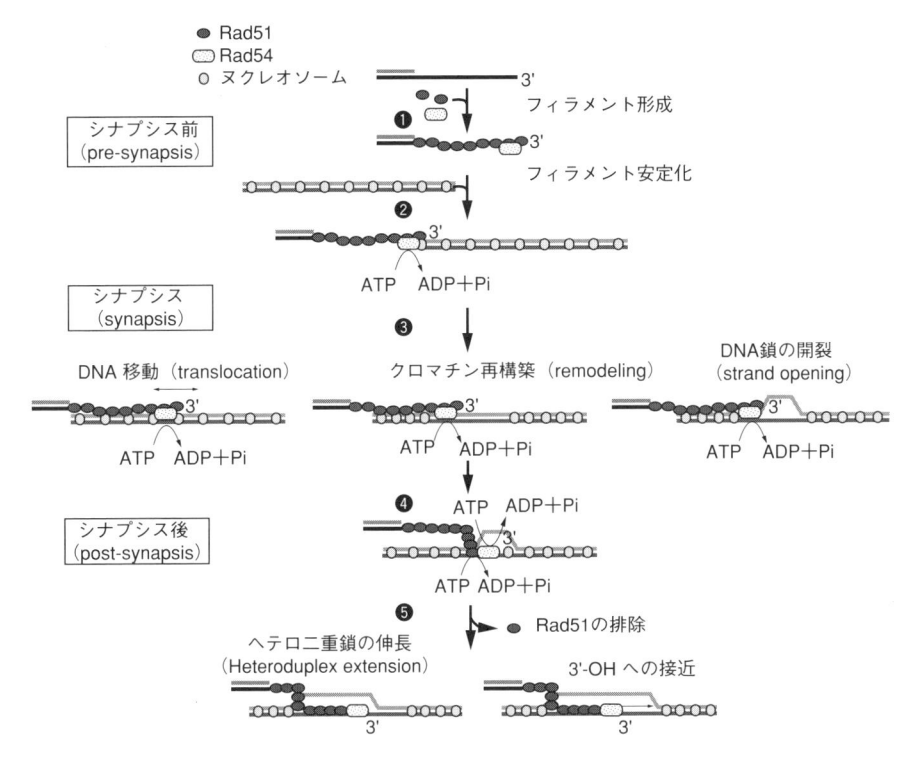

シナプシス前の段階でRad51は単鎖DNAとフィラメント構造を形成しRad54がその先端に結合するとフィラメントが安定化してヌクレオソームに覆われた修復相手のDNAにRad54のもつATP分解活性で生じるエネルギーを利用して結合する.次いでRad54はATP分解のエネルギーを使ってDNA上を移動しクロマチンの構造を変化させながらDNAの一方の鎖を開裂してDループを形成する.その後,Rad51を排除してヘテロ二重鎖の伸長を行いながら一方のDNA鎖の3'-OHに接近して結合し,シナプシスの最終段階へ進む

Hyer, W. D. et al., Nucleic Acids Res, 34(15): 4115-25, 2006より改変

(dHJ: double Holliday junction)中間体を解消するエンドヌクレアーゼの構成因子で,相同組換えの最後の過程で重要となる.大腸菌においては鎖交換にRecAが,分枝移動にはRuvAとRuvBが,解消にはRuvCが働いている.

ホリデイ結合中間体の解消後は,交差(crossover)あるいは非交差(non-crossover)のどちらかが観察される.出芽酵母において非交差産物はホリデイ結合中間体と同時に形成し,交差はその後に現れる.ndt80変異株による減数分裂停止の際,未解消のホリデイ結合中間体が蓄積し,交差産物はほとんど観察されないのに対し,非交差産物は通常の量,通常のタイミングで形成する.これらの結果は交差産物

がホリデイ結合中間体の解消によって形成するのに対し，非交差産物は異なった経路で形成されていることを示す（図2）．その過程におけるRad51, Rad54の役割が出芽酵母を中心として研究が進んできたが，このしくみは哺乳動物細胞でも保存されていると考えられている（図3）．

組織 *in situ* ハイブリダイゼーション
[tissue *in situ* hybridization]

組織切片を用いて細胞や組織レベルでの遺伝子発現を観察する方法．その手順は以下のようである．❶組織切片を作製する．❷蛍光色素あるいは放射能を標識したDNAプローブを作製する．❸組織切片を処理してmRNAを露出させた後，プローブとハイブリダイズさせる．❹過剰な未反応プローブを洗浄する．❺ハイブリダイズした標識プローブのシグナルを検出する．❻画像データを解析して，遺伝子発現を図式化する．

側系遺伝子　➡ 直系遺伝子
[paralog]

組織幹細胞　➡ 体性幹細胞
[tissue stem cell]

第2世代遺伝子組換え作物
[GMO of second generation]

　従来のいわゆる第1世代遺伝子組換え作物では，害虫や除草剤に強いという性質を遺伝子組換えによって作物に付加するという，生産者の利益が重視されてきた．そこで第2世代遺伝子組換え作物として消費者の利益になる性質を付加する試みがある．例えば抗癌性があるとされるカボチャやニンジンに多く含まれるβカロチンを含む米，タンパク質不足を補うための大豆成分を組込んだ高タンパク質の米，骨粗鬆症患者を減らすためのカルシウムを多く含む米や野菜の開発，動脈硬化予防のため善玉コレステロールの素であるオレイン酸を多く含む大豆，特定の栄養成分を増減させてダイエットや糖尿病予防によい作物，ビタミンCを多く含む美容によい小麦などが考えられている．

第3世代遺伝子組換え作物
[GMO of third generation]

　薬を含んだ遺伝子組換え作物*の総称として使われることのある用語．胃腸では分解されないタイプのワクチンを産生する遺伝子を牛に組込んで乳で分泌されるように工夫しておけば，牛乳を飲むだけでワクチンを接種したのと同じ効果が期待できるし，ジャガイモにある種の薬を産生する遺伝子を組込めば，ジャガイモを食べるだけで治療ができる．また米や小麦に含まれるグロブリン系タンパク質（アレルギー抗原となる）をコードする遺伝子を除いた低アレルゲン米や小麦も考えられている．さらにエイズウイルスのコート（外殻）タンパク質を作る遺伝子をバナナに組込み，エイズが蔓延している南アフリカの人々に食べるエイズワクチンとして提供しようという計画がある（図）．

大規模染色体再構成
[gross chromosome rearrangements：GCR]

　癌細胞は一般的に染色体の不安定性を特徴とするが，これら癌細胞で頻繁にみられる，ゲノムの広範囲にわたる大規模な染色体の再構成現象のこと．染色体の転座，染色体腕部の欠失，染色体中間部の欠損，染色体の逆位などが含まれる．

◆ 第3世代遺伝子組換え作物

| エイズワクチンを含んだバナナ | β-カロチンを含んだコメ | ワクチンを含んだ牛乳 | アレルギー抗原（グロブリンタンパク質）を含まない小麦 |

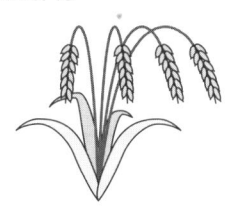

体性幹細胞

[tissue-specific stem cell]

　組織幹細胞とも呼ばれる．あるいはES細胞*と対比させてTS細胞と呼ばれることもある．成熟個体の組織の中にありながら新たな機能細胞を発生させることのできる未分化な幹細胞．ES細胞とは異なる点は，体性幹細胞はある一定の細胞系列への分化が運命づけられており，その中で多分化能と自己増殖能を示すことにある．しかし，骨や軟骨にのみ分化すると考えられていた骨髄間質幹細胞が心筋や神経系の細胞にも分化するなど，本来の細胞系列以外の細胞へ分化する能力（分化能力の可塑性）に富んでいることも明らかにされている．最初は骨髄細胞などの本来再生能力をもつ組織の

◆ 体性幹細胞の種類とES細胞との関係

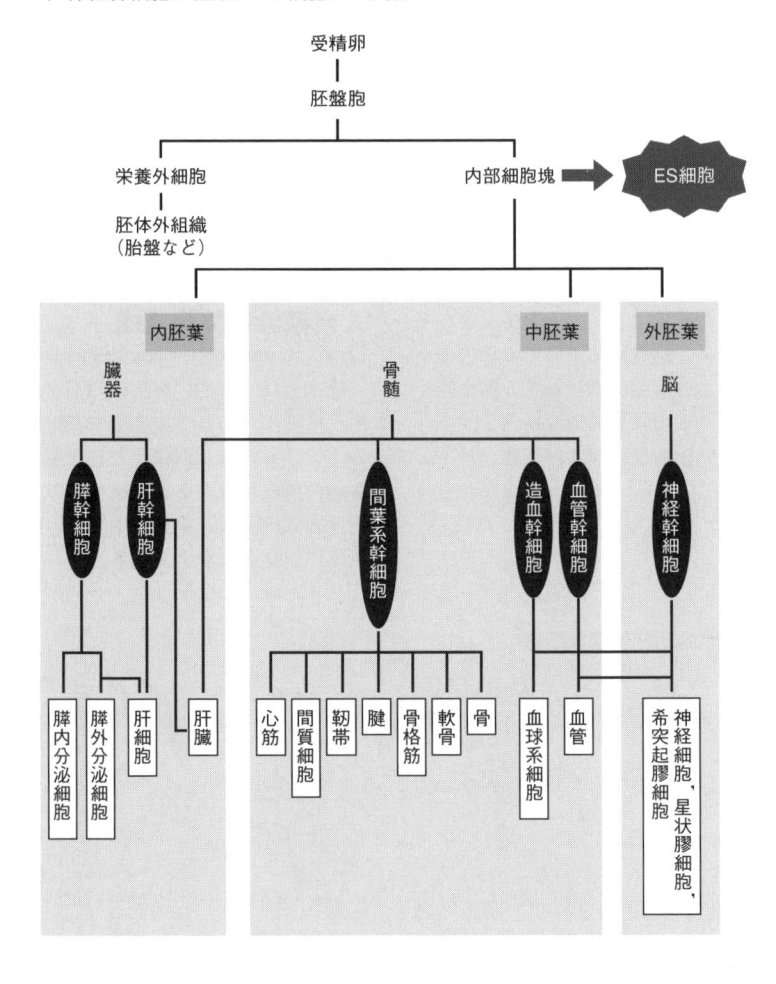

中にのみ存在すると考えられてきたが，最近になって，再生はしないと考えられてきた脳などの組織にも幹細胞が存在することが発見された．現在までに神経幹細胞，血管幹細胞，造血幹細胞*，間葉系幹細胞*，肝幹細胞，膵幹細胞などの体性幹細胞が成人の組織に見出されている（図）．

ダイマーセプト
[dimercept]

EGF受容体（HER2）を標的とする，分子標的癌治療薬の一つ．EGF受容体は二量体を形成して活性を表すが，ダイマーセプトはこの二量体化する部分に競合的に結合して活性化を防ぐ．一方，同じくHER2を標的とするハーセプチン*はEGF受容体の二量体化そのものは阻害しないが，その後の働きを抑えるモノクローナル抗体であるという点でダイマーセプトとは異なる．

タイムラプス解析
[time-lapse analysis]

細胞を生きたまま顕微鏡下で観察・記録し，空間的・時間的な動態を解析する手法．CCD*カメラを装備した顕微鏡を用いて細胞に導入した（あるいは細胞内で発現させた）GFP融合タンパク質*を観測する手法が頻繁に用いられる．タンパク質が局在する細胞内器官内での動きや細胞周期あるいは発生過程におけるタンパク質の経時観察はタンパク質の機能解析に有用な情報を与えてくれる．

対立遺伝子 同 アリール，アリル，対立形質
[allele]

染色体上の同一の遺伝子座を占める2つ以上の異なった遺伝子のこと．性をもつ生物においては父母由来の一対の遺伝子を意味する．重複した遺伝子の場合には複数の遺伝子を意味することもある．対立遺伝子は，優性を大文字（A），劣性を小文字（a）で示す．ホモ接合体（両親由来の遺伝子がともに優性または劣性の場合）ではAAまたはaa，ヘテロ接合体（両親由来の遺伝子が優性・劣性混在の場合）ではAaまたはaAと表示する．

対立遺伝子特異的オリゴヌクレオチド法
[allele specific oligonucleotide：ASO]

遺伝子診断法の一つで患者の一塩基置換を検出できる（図）．オリゴヌクレオチドを標識してDNAにハイブリダイズさせるが，変異点には弱くしか結合できない性質を利用する．

対立遺伝子特異的増幅法
[allele specific amplification：ASA]

患者の一塩基置換を検出する遺伝子診断法の一つ．変異部とはアニールしないプライマーを設計してPCRを行えば，患者DNAを試料としたときにはPCR反応が開始せずに増幅されないので容易に検出できる（図）．

対立遺伝子排除
[allelic exclusion]

1組の対立遺伝子のうちの一方のみが発現し，他方の発現は抑えられる現象．免疫グロブリン遺伝子において最初に発見された．

タイリングアレイ
[tiling array]

ゲノムのあらゆる部分で遺伝子発現の有無を検出する目的で，解読済みのゲノムデータから等間隔に（タイル状に）抜き出した塩基配列を，あたかもタイルを敷き詰め

◆ 対立遺伝子特異的オリゴヌクレオチド法による遺伝子診断

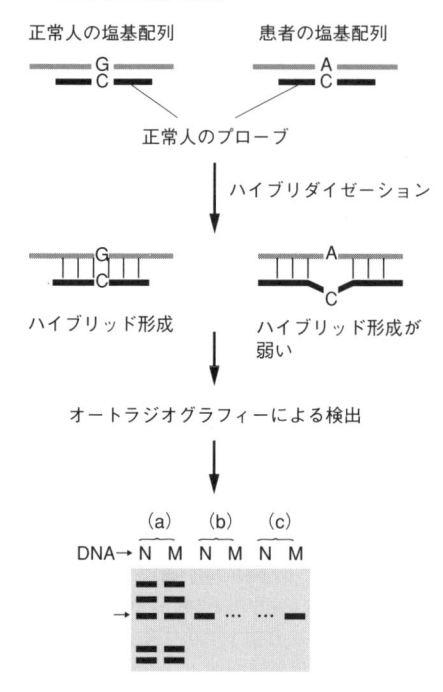

正常人の塩基配列　患者の塩基配列

　　　　G　　　　　　　A
　　　　C　　　　　　　C

　　　　↓正常人のプローブ
　　　　ハイブリダイゼーション
　　　　↓

ハイブリッド形成　　ハイブリッド形成が弱い

　　　　↓
オートラジオグラフィーによる検出
　　　　↓

　　　(a)　　(b)　　(c)
DNA→　N M　N M　N M

(a) …クローン化されたDNAのエチジウムブロマイド染色
(b) …正常人プローブ(N)を用いた時に比べ，患者プローブ(M)を用いた場合はシグナルが弱い
(c) …患者プローブを用いたテスト実験

◆ 対立遺伝子特異的増幅法

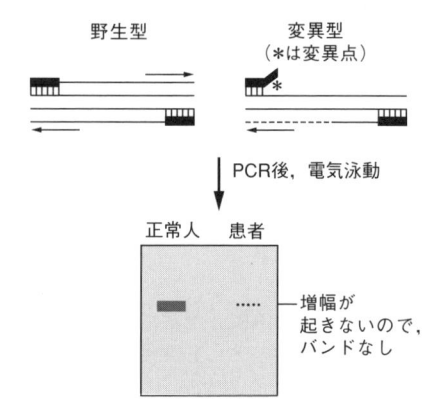

野生型　　変異型（*は変異点）

　　　　↓PCR後，電気泳動

正常人　患者

　　　　―増幅が起きないので，バンドなし

をタイリングアレイデータと呼ぶ．例えば，タイリングアレイを使って，ヒトの肝臓で発現する転写活性化領域（transcriptionlly active regions：TARs）が1万個あまりも検出されている．

タグスニップ
[tag SNP]

　ある領域のSNPは1セットとして遺伝していることが多い．その場合に，その領域にある他のSNPがどのようになっているかを推測することのできる指標となるような特定のSNPのことをタグスニップ（SNP）と呼ぶ．例えば，ある遺伝子領域にSNPが30カ所あっても，そのうち2つのタグスニップを調べれば残りのSNPがどのようになっているかがわかる．

タクマンプローブ
[TaqMan probe]

　標的に特異的な塩基配列をもつオリゴヌクレオチドプローブの一種．5'末端に蛍光色素を，3'末端に非蛍光消光分子

るかのようにして，検出用プローブとして搭載したDNAマイクロアレイ（チップ）のこと．ゲノムタイリングチップとも言う．遺伝子発現の様子は，例えば転写されているRNA（リボ核酸）を鋳型にして蛍光色素で標識してプローブとして用い，タイリングアレイと相補的に会合（ハイブリダイズ）させたのち，アレイの洗浄後に残ったシグナル強度により観察できる．この情報

◆ タクマンプローブの原理

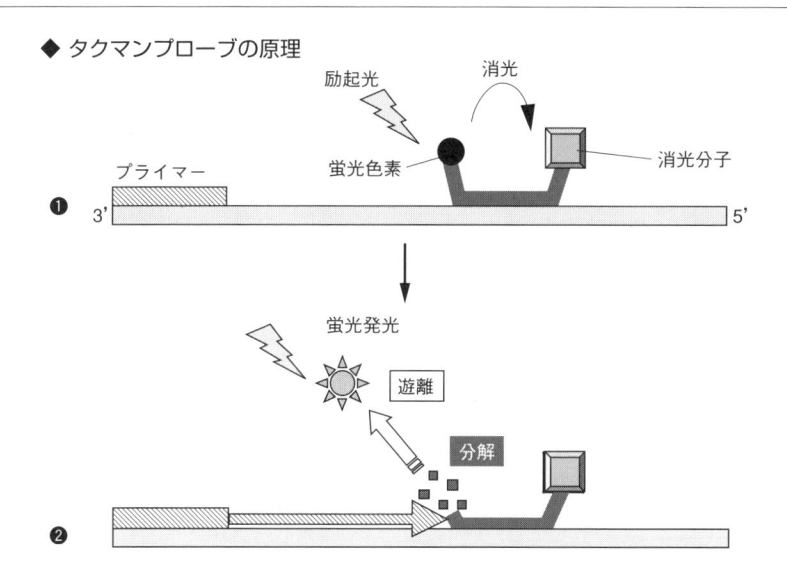

(quencher) をもつ．リアルタイムPCRのプローブとして用いた場合，❶標的とハイブリダイズしている状態では消光分子の影響で蛍光色素は発光できない．❷PCRにおいてDNAポリメラーゼにより相補鎖が合成されてプローブに達すると，5'→3'エキソヌクレアーゼ活性によってプローブ末端のDNAが分解され，蛍光色素は遊離することで発光する．その蛍光強度は標的の量に比例するため定量ができる．

タクマン法
[TaqMan PCR]

スニップタイピング*に用いられる有用な技術の一つ．

実験の手順 (次ページ図)

❶ 5'末端を蛍光物質で，3'末端を消光物質 (quencher) で標識した約20塩基からなる対立遺伝子 (アリル) 特異的なオリゴヌクレアーゼ (SOA：別名タクマンプローブ) を準備する (図a)．タクマンプローブはPCRのプライマーとしては働かないように，その3'末端は前もってリン酸化しておく

❷ 標的DNAにおいてタクマンプローブより上流に相補的な別のプライマーも作製する

❸ タクマンプローブを試料DNAと混ぜてハイブリダイズさせ，プライマーから *Taq* DNAポリメラーゼで相補鎖を生合成させてPCR反応を開始する

❹ DNAポリメラーゼにより相補鎖が生合成されてタクマンプローブに突き当たると*Taq* DNAポリメラーゼの5'ヌクレアーゼ活性により，標識した蛍光物質が切り取られ，消光物質が作用しなくなって蛍光が観察される

❺ PCRにより鋳型が増幅されるにつれ，この蛍光強度は指数関数的に増強する

スニップタイピングのためには，スニップをもつ2人のアリル特異的なタクマンプローブを個別な蛍光物質 (図bではFAMと

◆ タクマン法の原理

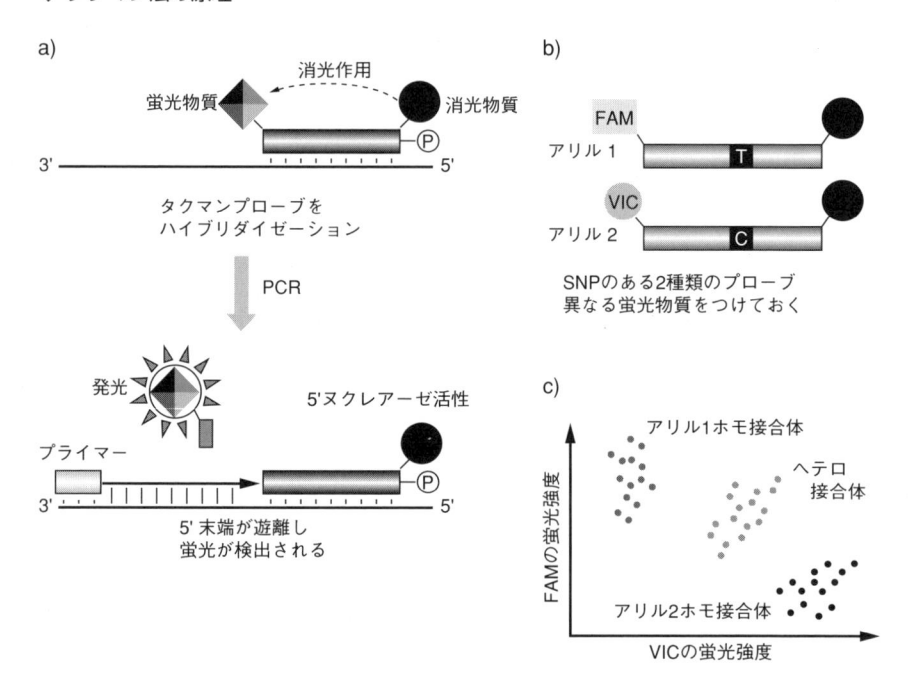

a)

消光作用
蛍光物質　　　　　　　消光物質

タクマンプローブを
ハイブリダイゼーション

PCR

発光　　　　5'ヌクレアーゼ活性

プライマー

5' 末端が遊離し
蛍光が検出される

b)

FAM
アリル1　　T

VIC
アリル2　　C

SNPのある2種類のプローブ
異なる蛍光物質をつけておく

c)

アリル1ホモ接合体
ヘテロ接合体
アリル2ホモ接合体

縦軸: FAMの蛍光強度
横軸: VICの蛍光強度

VIC）で標識するとよい．これらタクマンプローブを用いてPCRを行ったのち，蛍光測定器で比較測定すると試料がアリル1のホモ接合体ならFAMのみの蛍光がみられる．もし，アリル1とアリル2のヘテロ接合体ならFAMとVIC両方の蛍光が観察される．さらに，アリル2のホモ接合体ならVICのみの蛍光が検出できる．こうして効率よくスニップタイピングが実現できるのである（図c）．

タグライン
[tag line]

　シロイヌナズナ*においてポストゲノム時代のプロジェクトとして進行している体系的変異体の総称．シロイヌナズナの全遺伝子の破壊株を作製し，これを用いて機能未知な遺伝子群の役割を包括的に解明してゆこうとする計画が進んでいる．シロイヌナズナでは相同的組換えによる遺伝子破壊は困難なことからT-DNAやトランスポゾンなどの外来遺伝子をランダムに挿入して遺伝子破壊する．このときに挿入した遺伝子をタグとして用いればゲノム上のどこに挿入されたのかがわかるしくみとなっている．
➡ T-DNAタグライン

多段差引法
[stepwise subtraction]

　サブトラクション（差し引き）とは比較したい2つの細胞や組織間で発現量の差があるmRNAをハイブリダイゼーションにより差し引きして濃縮し単離する技術．段階的サブトラクション法（多段差引法）は，

このステップを段階的に行って，2つの細胞や組織間で発現量の差があるmRNAを短期間で網羅的に単離する技術である．

脱癌化療法

遺伝子治療*の一つ．癌細胞で変異している遺伝子の正常型を導入して癌細胞の増殖を抑制する治療法．例えば，p53は約半数の癌細胞で欠損しているので，ウイルスベクターなどにより正常のp53を補って癌を治療する．あるいはp53遺伝子導入したうえで，患者に抗癌剤を適用したり患部に放射線を照射するなどして，癌細胞にDNA傷害を起こすと効果的に癌細胞にアポトーシスを起こして殺すことができる．

タッグドMS法
[tagged-MS method]

標的タンパク質に，免疫沈降を可能にするタイプの目印（タグ：tag）を付加して，標的タンパク質・結合タンパク質を含む複合体ごと免疫沈降することで分離・精製し，その後質量分析法（mass spectrometry：MS）により，これらのタンパク質を同定する方法．1個のタンパク質対多数のタンパク質の結合状態を一挙に解析できるので，ポストゲノム時代における相互作用ネットワークの解析に有用である．

タネル
[TUNEL：Terminal deoxydyl transferase mediated dUTP Nick End Labeling]

アポトーシスを起こした細胞を顕微鏡下で観察してそのまま in situ で検出する方法の一つ．スライドガラスに固定した組織や培養した細胞を非親油性界面活性剤（cytonin）とプロテアーゼK（proteinase K）で処理したのち，末端修飾酵素（terminal deoxydyl transferase：TdT）や試薬を染み込ませて，アポトーシスを起こして断片化したDNAの3'末端のOH基にBrdUTP（bromodeoxyuridine triphosphate）を取り込ませる．その後，ビオチン標識抗BrdU抗体で染色し，HRP（horseradish peroxidase）標識ストレプトアビジン，HRP基質を用いて蛍光発色させ，顕微鏡下で画像記録してアポトーシスを起こした細胞のみを検出する．

ターミネーター技術　同　根絶やし技術
[terminator technology]

米国農務省と種子会社（Delta & Pineland社：現在はモンサント社に買収されている）が1998年に開発して特許を取得した，「作物からとった種子が発芽しないように遺伝子操作する技術」に対して環境保護団体がつけた名前．この技術では，まず作物の発芽を阻害する物質を作る遺伝子Xと，その遺伝子の働きを阻害する遺伝子Yを同時に組込んだ遺伝子組換え作物*を作製する．ただし，Y遺伝子は特定の薬剤に浸すことで1回の発芽にだけ働くとする．会社の専用農場では栽培したいときには薬剤に浸すことで発芽・成長させて種子を増やす．しかし，市場に出すときには薬剤に浸してあるので発芽できるが，栽培後に取った種子は薬剤が入手できないかぎり発芽させることができないため，農民は高いお金を払って毎年種子を購入しなくてはならない．これでは土地はもっていても小作農民に成り下がってしまう．そこで大きな問題となっているのである．

タンデムアフィニティー精製法
[tandem affinity purification：TAP]

2種類のアフィニティータグ*により，融合タンパク質のより高度な精製を目指す

システム．原理と実際の手順は以下のようである．

原理と実際の手順　(図)

❶ 目的タンパク質（X）と3つのドメイン（カルモデュリン結合ペプチド配列・TEVプロテアーゼ認識配列，プロテインAのIgG結合配列）との融合タンパク質が配列できるベクターに目的遺伝子を組込む

❷ これを出芽酵母*を宿主として大量発現

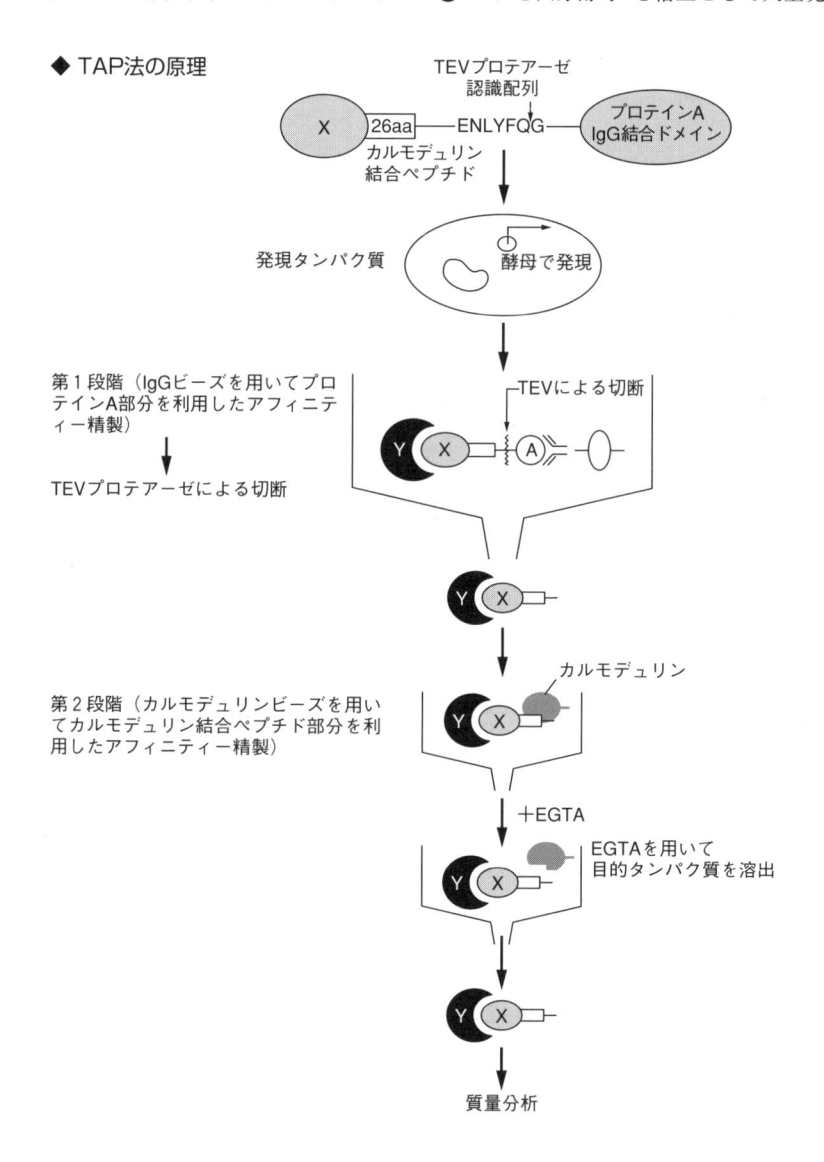

◆ TAP法の原理

発現タンパク質　酵母で発現

第1段階（IgGビーズを用いてプロテインA部分を利用したアフィニティー精製）

TEVプロテアーゼによる切断

TEVによる切断

第2段階（カルモデュリンビーズを用いてカルモデュリン結合ペプチド部分を利用したアフィニティー精製）

カルモデュリン

+EGTA

EGTAを用いて目的タンパク質を溶出

質量分析

させる

❸ タンパク質抽出液をIgGを結合した樹脂の入ったカラムクロマトグラムにかけて融合タンパク質のみを結合させ，混在するタンパク質は洗浄液で洗い流す

❹ TEV（tobacco etch virus）プロテアーゼを加えて認識配列のQとGの間で特異的に切断する

❺ Xとカルモデュリン結合ペプチド配列部分のみをカラムから溶出する

❻ これをカルモデュリン結合樹脂をつめたカラムクロマトグラムにかけて特異的に吸着させる

❼ TEVプロテアーゼや不要な混在物を洗浄液で洗い流す

❽ Ca^{2+}イオンのキレート剤であるEGTAでカラムを洗って，Xとカルモデュリン結合ペプチド配列の融合タンパク質のみを溶出する

❾ これをポリアクリルアミド電気泳動にかけて純度を確認したうえで質量分析器にかける．

他の方法よりずっと純度が高いのがこの技術の利点である．

タンデム質量分析法
[tandem mass spectrometry：MS/MS]

効率よく多数のタンパク質・ペプチドのアミノ酸配列などを決定する質量分析の一手法．ナノ液体クロマトグラフ（nanoflow liquid chromatograph：nanoLC）でペプチドを分離・濃縮して，ナノスプレー法*（nanoES）により各多電価ペプチド分子イオンを液体試料から生成し，質量分析計の中でペプチドイオンをさらにアルゴン（Ar）やヘリウム（He）と衝突させて壊すことでアミノ酸配列などイオン構造を明らかにする．より確実に構造を決定するには，低流速のナノ液体クロマトグラフ（nanoLC）と組合わせたnanoES-MS/MSを用いて，ペプチドの質量数と配列の両情報を得ればよい．タンデムまたはMS^2と略されることもある．

タンパク質スプライシング　➡ インテイン
[protein splicing]

タンパク質相互作用アレイ
[protein interaction array]

タンパク質の相互作用を検索するマイクロアレイ（➡ プロテインチップ）．例えば酵母菌から6,000のGST融合タンパク質を発現させて貼りつけたマイクロアレイが作られている．それらタンパク質のいろいろな条件下での相互作用を見分けるため，まず100種類のタンパク質を1組とし，60組の中から活性のあるものを選ぶ．それをさらに数十種類に再分別してアッセイを行い，最終的には標的に相互作用するタンパク質を1種類に絞り込む．

チェックポイント
[checkpoint]

細胞周期はいくつかの独立した過程が順番にこなされて秩序正しく進行する．もし，一つの過程に異変が生じると細胞周期は直近の特定の時点で停止され，その間に異常を修復したうえで再開する．こうした時点，あるいはそれを基盤とした細胞周期の監視機構をチェックポイントと総称する．チェックポイントはビール工場における瓶詰めベルトコンベアーの監視係と同じ働きをする．すなわち，いつもは監視室から瓶詰め作業をモニターしているが，1本でも瓶が倒れたら急いでスイッチを切ってベルトコンベアーを一時停止させる．すぐにインターホンを使って作業場の係の人に倒れた瓶の取りのぞきを命じ，もとどおりになった

と判断したらベルトコンベアーのスイッチ再びオンにして作業を再開させるのである．

この概念はハートウェル（Hartwell, L. H.）とワイナート（Weinert, T. A.）により初めて提出された（1989年）．ある過程（A）が正常に完了しないと次の過程（B）が始まらないしくみを保証するために，2つの過程を連携する別の独立した過程（C）が存在することを指摘し，それをチェックポイント（制御）と定義したのである（図a）．その後の研究から，DNAが損傷を受けたときにG2期で停止させるDNA損傷（傷害：damage）チェックポイント，DNA複製が異常となったときにG2期で停止させる複製（replication）チェックポイント，適切に並ぶまで染色体分配が起こらないようにM期の中期（metaphase）で停止させておく紡錘体（spindle assembly）チェックポイント，M期を適切に終了しないままG1期に侵入した際にS期が開始する直前でG1期を停止させる4倍体（tetraploid）チェックポイントなどが存在することが証明されてきた（図b）．

一般にチェックポイント因子は細胞周期が順調に動いている時は機能しないが，いったん異常が生じると，異常部分を察知した感知因子（sensor）が変換因子（transducer）を介して異常を作動因子（effector）に伝達する．活性化された作動因子が標的（target）に作用し，細胞周期を停止したうえで修復機構のスイッチを押す．異常部分が回復すれば細胞周期は再開する．こうしたシグナルは主に標的タンパク質のSerやThrをリン酸化することにより伝達される．例えばDNAの傷害を検知してG1後期あるいはG2期で細胞周期停止を起こすDNA傷害チェックポイント制御は以下のようなしくみで起こる（図c）．まずDNAに生じた傷は修復酵素複合体〔Rad50/Xrs2（NBS）/Mre11〕などにより検知されてATRあるいはATMというリン酸化酵素（キナーゼ）を活性化し，標的であるChk1キナーゼあるいはChk2キナーゼをリン酸化し活性化する．活性化されたChk1/Chk2キナーゼは脱リン酸化酵素であるCdc25Cの216番目のセリンをリン酸化する．リン酸化されたCdc25Cは14-3-3σに補足されて核の外へ運び去られるため，標的であるCdc2から遠ざかってM期を開始させ

◆ 図a：チェックポイント制御の原理

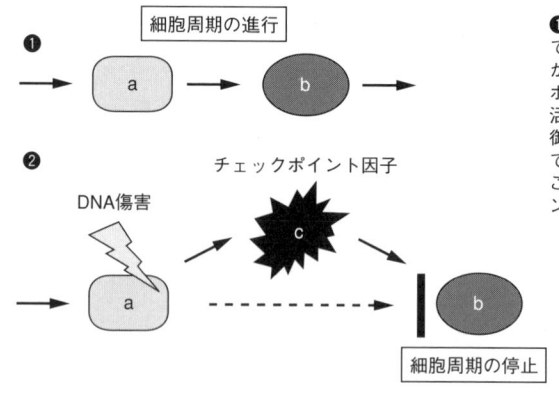

❶通常は細胞周期は順調に進行している．❷もし，ある過程に異常が生じると，その信号がチェックポイント因子（c）に伝えられる．活性化されたチェックポイント制御機構因子は異常が修復されるまで細胞周期の進行を停止させておく．この一連のしくみをチェックポイント制御機構と呼ぶ

◆ 図b：チェックポイントの種類

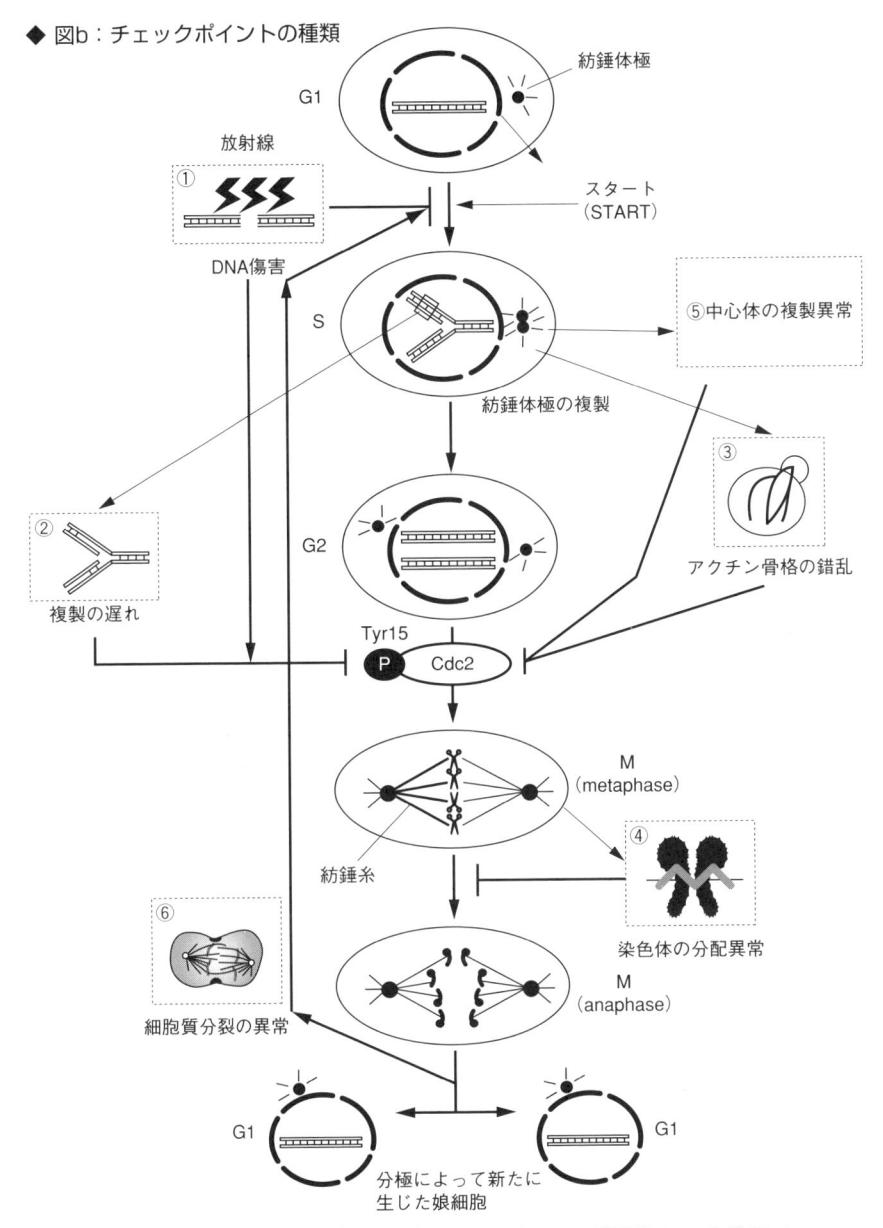

紡錘体極
G1
放射線
① スタート（START）
DNA傷害
S
紡錘体極の複製
⑤ 中心体の複製異常
② 複製の遅れ
③
G2
アクチン骨格の錯乱
Tyr15
P Cdc2
M (metaphase)
紡錘糸
④
染色体の分配異常
⑥
M (anaphase)
細胞質分裂の異常
G1 G1
分極によって新たに生じた娘細胞

①DNA傷害チェックポイント，②DNA複製チェックポイント，③形態チェックポイント，
④紡錘体形成チェックポイント，⑤中心体チェックポイント，⑥四倍体チェックポイント

る働きをもつCdc2のTyr15を脱リン酸化できず，活性化が進まない．この結果，M期侵入を阻害されてG2期停止となる（図d）．

多くの癌細胞ではチェックポイント制御が異常となっている．実際，染色体分配にかかわるチェックポイントが変異すると，染色体の複製・分離が不備のまま娘細胞へ分配されて，不完全な染色体をもつ細胞が生じる．これが多くの癌細胞で観察される染色体不安定性（染色体の数や形が異常となっている）の原因であろうと指摘されている．染色体が不安定となった癌細胞は細胞分裂を重ねてゆくうちに重要な制御遺伝子を次々と脱落してしまい，最後には転移癌となるまで悪性化してゆくのである．

➡ 適合

◆ 図c：分裂酵母におけるDNA傷害チェックポイント制御因子の作用機序

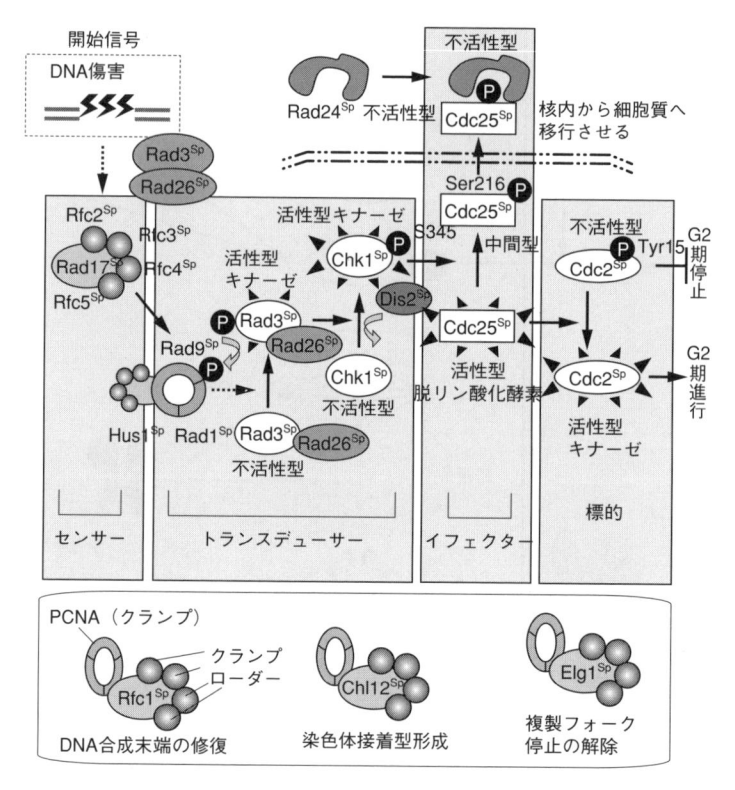

分裂酵母（*S.pombe*：Sp）におけるDNA傷害チェックポイントにおける信号の伝達には主として各タンパク質におけるSer/Thrのリン酸化が用いられる．9-1-1複合体（Hus1/Rad1/Rad9）はセンサーにおいてDNAにはまり込んで調節するクランプ（clump）の役割を果たすが，クランプのはめ込みを助けるのがクランプローダー（clump loader）と呼ばれるRad17/RFC2，−3，−4，−5複合体である．Rad17をRfc1，Chl12，Elg1に交換すると，DNA合成末端の修復，染色体接着型形成，複製フォーク停止の解除などのチェックポイント制御以外のさまざまなDNAの調節機能をもつ，PCNAをクランプとした複合体が形成される

◆ 図d：ヒトのDNA損傷チェックポイントにおけるG2/M期停止の分子制御機構

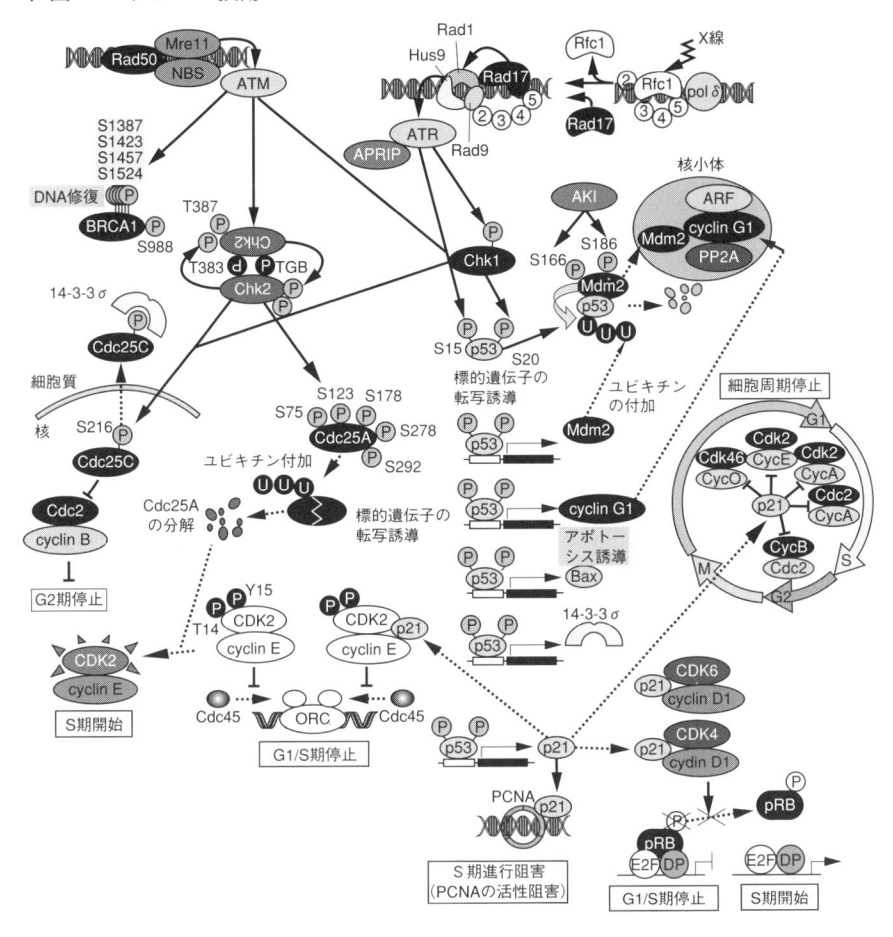

ヒトのDNA傷害チェックポイントにおけるシグナル伝達経路は分裂酵母と良く似た機序で起こっている．異なる点は分裂酵母には見つからないp53などの数多くの因子が絡んでいることと，Cdc25Aのリン酸化と分解を介してG1期停止も起こすことができる点である．

チェックポイント・ラド
[checkpoint rad]

分裂酵母の体細胞周期におけるDNA傷害チェックポイントに必要な因子の総称で，Rad1, Rad3, Rad9, Rad17, Hus1, Rad26が含まれる．

着床
[implantation]

子宮に着床する直前の初期胚のこと．ヒトの場合，受精卵は受精してから30時間くらいたったところで発生を始める．まず2個，4個，8個の細胞へと分裂（卵割）し，

そこから桑実胚（そうじつはい），胚盤胞（はいばんほう）と変化しながら，約3日の間に卵管内を移動して子宮腔に到達する．子宮腔内に達した胚盤胞は，その後，約6日の間に子宮内膜に取り込まれ，やがて埋没して一体化する．これを着床という．胚盤胞の中では内部細胞塊（ICM）と外部細胞塊（OCM）の間に液が充満した胞胚腔が生じている．そのうち内部細胞塊は多くの器官に分化できる能力をもっており，ここから分化して胎児となる．他方，外部細胞塊は栄養膜細胞になり，やがて胎盤へと分化して胎児の発育を支えてゆく．

中間ベクター法
[intermediate vector method]

Tiプラスミド*による遺伝子導入法の一つ．植物細胞は細胞壁をもつなどの理由で哺乳動物細胞に比べて遺伝子導入は容易でないが，この技術のおかげで遺伝子導入が随分と楽になった．

操作の手順　（次ページ図）

❶ まず野生型T-DNAから onc 遺伝子のみを除去したTiプラスミドをもつ土壌細菌を準備する
❷ 植物細胞で選択できる薬剤マーカーを組込んだ大腸菌プラスミドベクター（中間ベクターと呼ぶ）に外来遺伝子を挿入してから，この土壌細菌に導入する
❸ やがて両方のプラスミドがもつ同一塩基配列間の相同的組換えによってTiプラスミド上のT-DNA領域に中間ベクターごと外来遺伝子が組込まれる
❹ この細菌を植物に接種すればRBを起点としてLB方向へ向けて外来遺伝子が植物染色体ゲノムへ組込まれる．ただし，ゲノムのどの位置に組込まれるかは不確定で操作できない

中心体
[centrosome]

動物細胞の細胞質に存在する細胞内小器官の名前．チューブリン（tubulin）から構成される2個の円筒状の中心粒（centriole）がねじれの位置に直交して配置し，そのまわりをPCM（pericentriolar material）と呼ばれる周辺物質が綿飴のように覆っている（160ページ図）．ここにチューブリンは α（アルファ）と β（ベータ）というサブユニットからなる二量体が筒状に集合してできた構造体である．植物細胞では中心粒は存在しない．細胞周期の間期では1つしかないが，S期で2つに複製し，G2期の間に移動して核の両端に対峙するよう配置する．M期になると中心体のまわりには α/β チューブリンからなる微小管（microtubule）が中心体から放射状に伸びた星状体（aster）が形成される．紡錘糸は中心粒ではなくPCMと結合し，α/β チューブリンとPCMは γ（ガンマ）チューブリンを介して結合している．この状態にある中心体は紡錘体極（spindle pole）と呼ばれる．酵母では中心体はなく，代わりにスピンドル極体（SPB：spindle pole body）と呼ばれる類似の構造体が核膜に埋まって存在する．

直系遺伝子
[ortholog]

進化の過程で各生物ゲノムの間で保存された相同遺伝子（homolog）のこと．これとは対照的なのが側系遺伝子（paralog）で，これは同じゲノムの中で重複して生まれた相同遺伝子を意味する．例えば分裂酵母*で最初に発見された $cdc25^+$ 遺伝子は出芽酵母*をはじめとして各種生物に相同遺

◆ 中間ベクター法

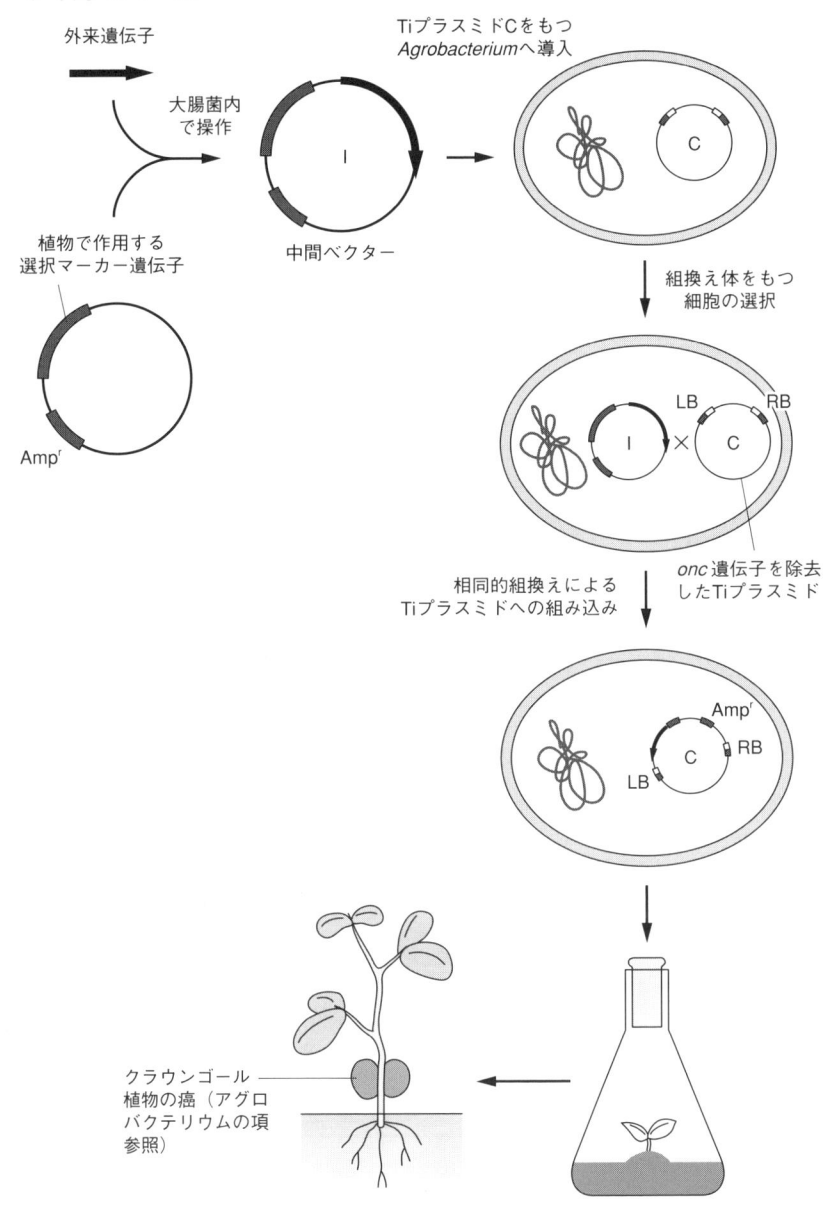

外来遺伝子

大腸菌内で操作

植物で作用する選択マーカー遺伝子

Amp^r

中間ベクター

TiプラスミドCをもつ*Agrobacterium*へ導入

組換え体をもつ細胞の選択

相同的組換えによるTiプラスミドへの組み込み

*onc*遺伝子を除去したTiプラスミド

クラウンゴール 植物の癌（アグロバクテリウムの項参照）

伝子が直系遺伝子として見つかってきた．ところがヒトにはCDC25A，CDC25B，CDC25Cと名づけられた，塩基配列（アミノ酸配列）が酷似しているが機能は少しずつ異なる3種類の相同遺伝子が存在することがわかってきた．これら3種類のCDC25相同遺伝子を側系遺伝子であると呼ぶ．

超らせん 同 スーパーコイル
[supercoil]

DNA二重らせんが，さらにコイル状になった形状のこと．DNA鎖の一部が巻き戻されると，ねじれが生じて輪ゴムが巻き上がったような超らせんが形成される．とくに環状（circular）プラスミドDNAは，1本の鎖が他の鎖に比べて巻き足りないかあるいは巻きすぎていると超らせんを生じやすい．細胞内での弛緩型（relaxed）の環状DNAはDNAジャイレース（gyrase）により負の（右巻きの）スーパーコイルとなり，DNAトポイソメラーゼ（topoisomerase）によって元の弛緩型に戻る．負のスーパーコイルは，AやTに富んだ塩基配列での局所的な二本鎖の巻き戻しや，片方の鎖にニック（切れ目）が入ることによっても，弛緩型の環状DNA（open circular DNA：ocDNA）になる．ほとんどの細胞中の環状DNA*（例えばプラスミド

◆中心体の構造と複製

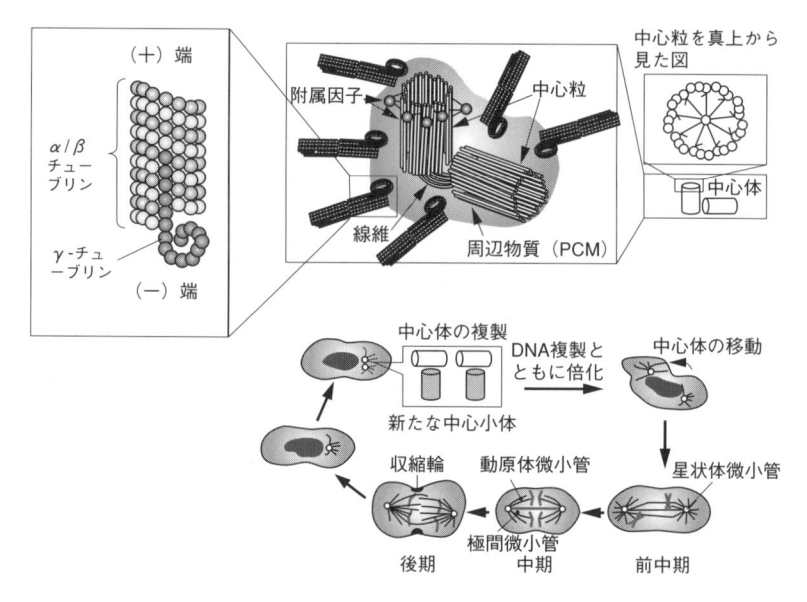

中心体は，そのまわりを中心体周辺物質（PCM）と呼ばれる無定形な物質が取り囲んでいる．中心粒の複製は細胞周期の間に一度しか起こせない．この制御機構に異常が起これば，癌特有の染色体数の異常が観察されることとなる

DNA）は負のスーパーコイルとなっており，巻き戻しによって生じる一本鎖DNAの露出によってDNAを調節するタンパク質が接近しやすくなっているらしい．

チンパンジーゲノム
[chimpanzee genome]

チンパンジー（Pan troglodytes）のゲノムサイズ（約3.0Gb）はヒトとほぼ同じである．ヒトの21番染色体に相当する22番染色体の全塩基配列が誤差1万分の1の精度で決定され，一塩基ごとにヒトと比べたところ，塩基置換頻度は1.44％であった．68,000個もの挿入・欠失置換のうち大部分は30塩基以下の範囲だったが，中には54kbに達するものもあった．ゲノム全体のドラフト塩基配列も報告され，ヒトとの比較研究にも拍車がかかってきた．注目すべきはヒトの10種類以上もあるミオシン重鎖遺伝子（MYH）のうちMYH16の違いである．チンパンジーではエクソン18にヒトでは見つからない2塩基の挿入があり，ヒトより大きなタンパク質を産生していたのである．逆から見れば，ヒトでは2塩基の欠失変異が起こっており，フレームシフトによって短いサイズのタンパク質しか産生していないことを意味する．さまざまな人種のサンプルでも同じ欠失が起こっていた．一方，ゴリラ，オラウータン，アカゲザルなどでは欠失はなかった．アカゲザルで転写の分布を調べるとMYH16は咀嚼にかかわる筋肉でだけ発現されていた．塩基配列の系統樹よりMYH16は240万年前に他のMYHと分かれたらしい．ヒトとチンパンジーは約500万年前にアフリカ東部の大地溝帯で突如出現した山脈の東西に分かれて独自に進化し始めた．ラミダス猿人，アファール猿人を経て約200万年前のホモハビリスでは石器を使えるまでに進化し，約180万年前にはホモ・エレクトス（原人）が登場した．ヒトらしい知能が芽生えた少し前にこの変異が起こっていたということは意義深い．類人猿や猿人の容貌がヒトと大きく違う理由の一つに咀嚼筋が発達している点があげられる．そのため頭蓋骨が両方の顎から伸びた筋肉で覆われて食物を噛むたびに圧迫される．一方，ヒトでは筋肉は萎縮して頭の側面の中央あたりまでにしか届いていない．これによって頭蓋骨が上に成長する力が自由になり，脳の容積の目覚しい拡大を可能にしたというのである．石器を使えるほどの知能の進化は固い物を噛む力が衰えた不利益を優に凌駕した．実際，脳の容積はアファール猿人（約600 ml）以降，ジャワ原人（約900 ml），北京原人（約1,100 ml），ネアンデルタール人（約1,300 ml）と急速に拡大している．

対合
[synapsis]

生殖細胞ができるときの減数分裂のザイゴテン期において相同染色体が互いに接着すること．

ツーハイブリッドシステム 同 ツーハイブリッド系，タンパク質複合体検出システム
[two hybrid system]

出芽酵母を用いてタンパク質の間の相互作用を解析する技術．餌（bait）となる目的タンパク質（X）の結合タンパク質（target：Y）をコードする遺伝子を，タンパク質の情報なしに直接クローニングできる．実験には酵母lacZの転写因子であるGal4タンパク質の，N末端側（DNA結合領域：Gal4bd）とXの融合タンパク質（Gal4bd-X）を発現するベクター（pGBKT7）と，C末端側（活性化領域：

Gal4ad）とYとの融合タンパク質（Gal4ad-Y）を発現するベクター（pGADT7）を用いる．まずXをコードするcDNAをpGBKT7につないで酵母菌に導入して発現させ（Trp選択），lacZ（あるいはHIS3）リポーター（reporter）遺伝子の転写制御領域にGal4bd-X融合タンパク質がいつも結合している状況を作る．この酵母にY cDNAをpGADT7につないだプラスミド（またはcDNAライブラリー）を導入して（Leu選択）Gal4ad-Y融合タンパク質を発現させる．もしYがXと複合体を形成するものならばGal4adがGal4bdと接近してlacZ遺伝子のプロモーター部分に結合することができるようになるため，lacZを発現させてコロニーが青くなる．一方，何も起こらなかった酵母は白いコロニーを形成する（図a）．こうしてXと結合する未知のタンパク質YをコードするにクローニングGできる．

哺乳動物細胞内でツーハイブリッドアッセイができる実験系もある（図b）．ここではGal4bd-X（pMベクター）はそのまま使い，Yは哺乳動物の転写因子であるNFκBの活性化領域（NFκBad）との融合タンパク質ができるようにする（pVDl6ベクター）．さらに蛍光を発するルシフェラーゼ遺伝子をリポーターとしてその上流に

◆ツーハイブリッドシステムの原理

a）出芽酵母で行うツーハイブリッドシステム

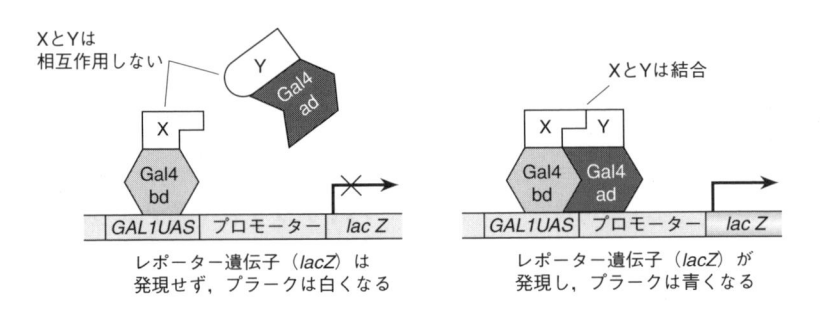

b）哺乳動物細胞で行うツーハイブリッドシステム

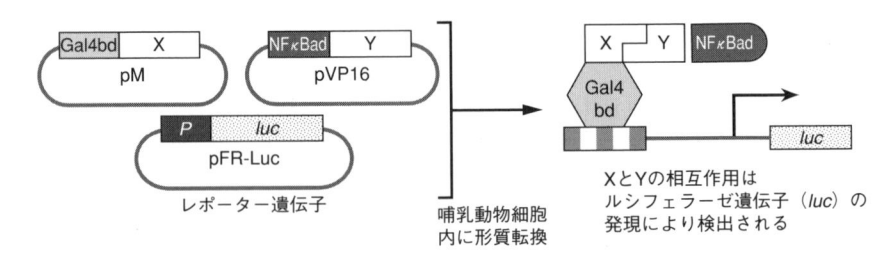

GAL1プロモーターを5個つけたベクター（pFR-Luc）も準備する．これら3つのプラスミドを共に哺乳動物細胞に形質転換させるとXとYが結合したときにのみ，NFκBadが活性化されてルシフェラーゼが発現されて蛍光を発するようになっている．

ティーエー・クローニング
[TA cloning]

PCR反応により生じた増幅されたDNA断片を，プラスミドベクターに，そのまま挿入する技術のこと．PCR反応に使われるTaq DNAポリメラーゼは弱い末端転移酵素活性を有しているため，増幅後のDNAの3'末端にはアデニン（A）が1塩基ほど付加されている．そこでPCRの反応産物を精製することなく，3'末端にチミン（T）1塩基分の突出末端をもつプラスミドと混ぜてやれば，そのままプラスミドに挿入されるというしくみとなっている．

ディーエスレッド
[DsRed]

珊瑚（サンゴ）から採取された橙赤色の蛍光を自家発光するタンパク質の名前．DsRedは四量体を形成することがわかっているが，ある変異体では発現しはじめのときには緑色で，時間が経つにつれて橙赤色に変化することが発見された．これは発現されたタンパク質が時間経過とともに挙動が変化するのを発色変化でリアルタイムで追跡できるという点で，さらにユニークな解析手段を与える．珊瑚からはこのほか，青（AmCyan）や黄（ZsYellow），緑（ZsGreen），紅（AsRed）などの色彩で自家発光する蛍光タンパク質が採取され，融合タンパク質として発現できるベクターも開発されている．

ティカ
[Theca]

核周辺ティカ（perinuclear theca：PT）とも呼ばれる．哺乳動物の精子の先端に位置する先体（acrosome）に精子の核を包むように存在する特殊な細胞質構造体のこと．形態および構成タンパク質の違いにより先体下層（subacrosomal layer）と先体後鞘（post-acrosomal sheath）に分類される．その役割には精子形成過程における核の形態形成制御や受精の時の卵の活性化，受精時の前核形成などが考えられている．

◆ティカ

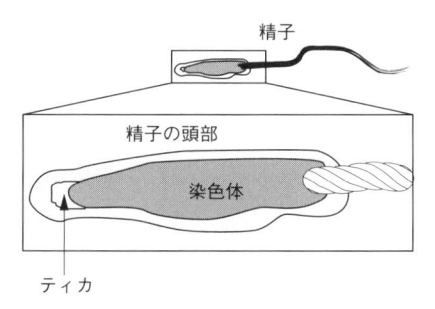

ティー抗原
[T antigen, large tumor antigen]

DNA型腫瘍ウイルスであるSV40やポリオーマウイルスが動物に感染することで生じた腫瘍（tumor）に対する抗体はサイズの異なる3種の抗原に対して反応する．これらを大型（large），中型（middle），小型（small）のトランスフォーミング抗原（T antigen）と呼ぶ．例えばSV40のT抗原は核内に存在するタンパク質で，p53やRbと結合して転写制御に影響を及ぼす．

ティッシュ・エンジニアリング
同 組織工学
[tissue engineering]

1993年にランガー（Langer, R.）とバカンティ（Vacanti, J.）が提唱した研究分野の名前．「生命科学と工学の原理・技術を使って組織の機能を再生・維持・修復することを目的とする，生物学的な代用品を開発する学際的な研究分野」と定義される．究極の目的の一つは高性能の人工臓器*や組織を創生することであるという具合に，主として疾患治療を目的とした応用研究分野であるため，バイオ産業の注目する分野となっている．バカンティらが始めた軟骨組織の研究や，1975年にグリーン（Green, H.）らが始めてヒト正常表皮角化細胞の培養法を確立して以来，多くの臨床治療が行われている皮膚の研究が進んでいる．

ディファレンシャルディスプレイ
[differential display：DD法]

PCRを用いて，比較する細胞や組織でのみ発現している遺伝子をクローニングする方法（図）．"ディスプレイ"とは"目的遺伝子をゲル上で視覚的に表示する"という意味である．感度が高く実験操作も容易で，

◆ ディファレンシャルディスプレイの原理

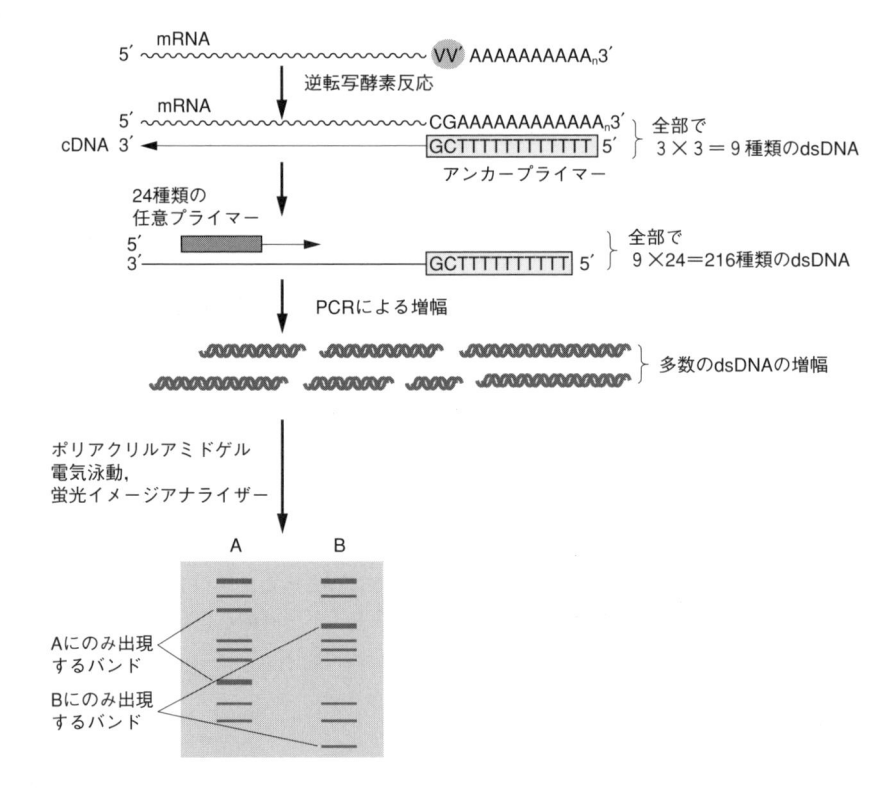

単一ゲル上で多数の試料のバンド分布を同時に比較できるので効率が良い．ただし，感度が高いためPCR条件を上手に選ばないと，偽のバンドが出やすくなる．実験は以下の手順で進める．❶比較する2種類の細胞から抽出したmRNAを，ポリ（A）鎖と結合するアンカープライマー（anchor primer）と逆転写酵素を用いてcDNAに変換する．ここにアンカープライマーとしてはT（チミジン）12個からなるオリゴヌクレオチドの3'端に1個の任意の塩基を付加したものを用いる．ここに1つの細胞で発現される約15,000種類の遺伝子すべての発現を漏れなくカバーして検索するためには4種類のアンカープライマーと20種類の混成プライマー（10mer）を用いてPCRを行わなくてはならない．❷このアンカープライマーと任意の混成塩基配列をもつ10merのオリゴヌクレオチド群をプライマーとしてPCRを行う．これによって任意の共通塩基配列をもつ複数のcDNA断片を，同時にPCR増幅することになる．❸反応産物をポリアクリルアミド電気泳動で展開し，特異的泳動パターンを示す，あるいは強度に変化のあるバンドを切り出す．❹ゲルからサンプルを回収し，それを基質としてPCRを繰り返し，再現性を高め，cDNAクローンを回収する．❺ノーザン解析により単離した遺伝子の転写の変化を確認する．

適合
[adaptation]

細胞周期のチェックポイント制御を解除するしくみのこと（図）．「適合」はチェックポイント制御という概念を提唱したハートウェル（Hartwell, L.）らが，新たに1997年に提出した概念で，チェックポイント制御がかかって細胞周期が停止している場合でさえ，しばらく時間がたつと傷害が残ったまま指令を無視して細胞周期を再開してしまう現象（overriding a checkpoint）を指す．細胞周期停止している間に傷害が

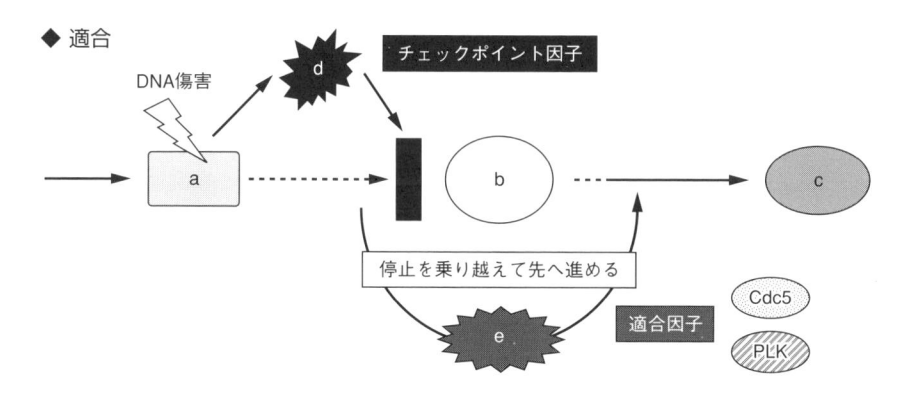

◆ 適合

チェックポイントと密接に関連する"適合"という概念の説明．細胞周期はa→b→cと進行してゆくはずだが，DNA傷害が起こるとチェックポイント因子（d）が働いて細胞周期をbの直前で停止させる．しばらく停止しているが，状況によっては，しばらくたつと適合因子（e）が働いて停止を乗り越えて細胞周期を先へ進めてしまう細胞が出てきて，それらはcへと進入する．適合因子として知られているCdc5は細胞周期（主としてM期）を制御するSer/Thr型タンパク質キナーゼで哺乳動物などではポロキナーゼ（PLK）と呼ばれている

修復され，正常な細胞周期が再開される「復帰」（recovery）とは異なる現象であるため，混同してはならない．

　この概念は次のような背景のもとで提出された．すなわち，1989年にHartwellがWeinertとともにチェックポイントという概念を提出したときの定義では，異常を検出したときには異常が復帰される間は細胞周期はずっと「停止」し続けているという点が核心であった．実際，最初に扱った酵母細胞では実験的な時間感覚では停止していた．ところが，実験をつづけてゆくうちに停止してから10時間ぐらいたつと我慢できずに細胞周期を再開する少数の酵母細胞が見出されたのである．これらを調べてみると異常点は復帰しないまま見切り発車をして細胞周期を再開し，次のS期にまで進入して不完全なままDNA複製を完了していることがわかった．これは厳密に言えば彼らが提唱したばかりのチェックポイントの概念を根本から覆しかねない事実である．そんな時，Hartwellは最初の定義を撤回するかわりに，それを保存したまま新たに"適合"という概念を導入してチェックポイントという概念の枠を広げることにした．ここに"適合"が実際に起こっているがどうかは，以下の3つの現象が観察されることが証拠となる．❶チェックポイント信号により，しばらくは細胞周期を停止すること，❷ある程度の時間がたつと細胞分裂を始めてしまうこと，❸細胞分裂を始めた時点でも停止信号を保持していること．

　実際，その定義のもとに従来のチェックポイントを再検討してみると，適合という概念をあてはめると説明のつく現象がいくつか見つかった．次いでHartwellらは"適合"を起こさない変異株を作製して，この新たな概念の実体を実験によって解明した．具体的には，酵母の染色体に巧妙なトリックを組込むことによって，DNA傷害（損傷）チェックポイントに由来するG2/M期停止において適合を起こせない（adaptation-defective）出芽酵母の変異株を単離した．正常な酵母ではDNAが二重鎖切断を起こしたときにチェックポイントが働いて8〜10時間はG2期で停止しているが，やがて適合を起こして細胞周期を再開する．ところが，この変異株ではいつまでも停止していた．こうして変異株を2つ取得したが，そのひとつはM期後期（anaphase）の完了に必要なさまざまなタンパク質をリン酸化することで制御しているタンパク質キナーゼを産生する*CDC5*遺伝子の変異であった．哺乳動物などではポロキナーゼ（PLK）と呼ばれているCdc5はチェックポイント因子をリン酸化することで細胞周期の停止制御を外しているのかもしれない．

　適合という現象は，単細胞生物にとっては合理的である．実際，傷害が致死的なものでないときにさえいつまでも細胞周期停止を命じるチェックポイントに従うことは，自然淘汰において必ずしも有利でない．無理してでも細胞分裂してしまえば致死でない傷害を抱えた細胞は何とか分裂を続けるうちに修復されてしまうものも現れてくる．それに引き換え，生真面目にじっと細胞周期を停止していた細胞は，もたついているうちに大切な栄養分を他の生物に奪われてしまってそのまま全滅してしまうかもしれない．それよりは，不完全でも何とか増殖を再開して，そのうちの1つの細胞が生き延びさえすれば淘汰の世界で勝利することを考えれば，適合という現象を獲得している生物の方が有利である．しかし多細胞生物では別の問題が生じてくる．すなわち適合して生き延びた細胞の中からは，他の細胞の存在を無視してひたすら増殖してゆく癌細胞が出現するであろう．細胞その

ものは淘汰に勝って生き延びはしたが，その所属する個体は死んでしまう．進化の過程において，単細胞生物の時代に獲得した適合という淘汰に有利だった制御機構は多細胞生物となった現在でも引き継がれてしまい，それが癌細胞という形で個体を苦しめているのである．

デコイ分子
[decoy molecule]

おとり（decoy）となって標的物質をひきつける分子のこと．例えば，血管内膜細胞が異常増殖して血管内腔をつまらせてしまうタイプの血管病変に対する遺伝子治療*に用いられるDNA断片をデコイと呼んでいる．これは異常増殖を抑制する方法として採用されているもので，細胞周期のS期開始を制御する転写制御因子である E2F タンパク質を不活性化させて細胞増殖を抑制する目的で使う（図）．遺伝子治療でのデコイとはE2F結合性の塩基配列をもつオリゴヌクレオチドを意味し，デコイを細胞に大量に導入することでE2Fをこのデコイに吸いつけて本物のプロモーターに少ししか結合しないようにして細胞周期を抑制する．このほか標的物質に対するアプタマー*を作り，これをデコイとして用いる試みもなされている．

デコード・ジェネテイックス
[deCODE Genetics]

1996年に米国ハーバード大学元教授のステファンソン（Stefanson, K.）が，母国である北大西洋に浮かぶ島国アイスランドに戻って設立した会社の名前．アイスランドに住む約28万人の国民のほとんどが9世紀後半に住み着いたバイキングの直系子孫であり，国民全員がその意味ではほぼ均一な遺伝子をもつことがわかっている．また教会の出生記録がそろっていて，多くの国民が家系図によって何世紀も前の先祖をたどることができるという点で家系図記録も充実しているため，遺伝子診断の連鎖解析に適している．ステファンソンはアイスランド政府と交渉してアイスランド国民の全医療記録の包括的データベースを作成して遺伝子のかかわる病因の解析に供することと，それを利用した商業的運営の独占権を獲得した．すなわちアイスランド国民の全ゲノム情報を獲得したのである．アイスランド国民はその見返りとして，そこから得られた情報をもとに開発された薬を将来の子孫

◆デコイ分子によるE2F転写制御因子の機能の阻害のしくみ

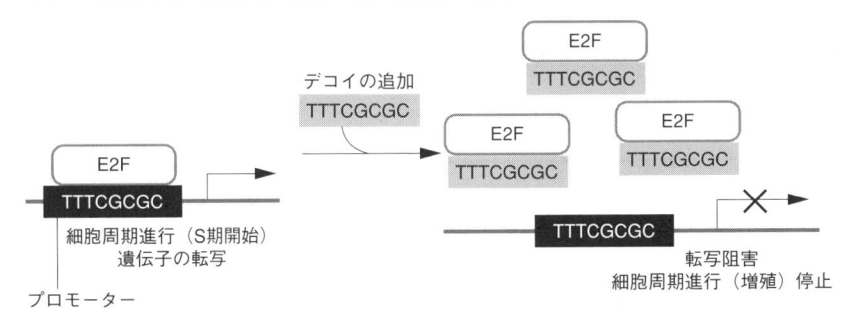

にわたって無償で提供される契約をした．データは患者の人権保護のため暗号化してあり，機密保持には万全の体制を整えてあるという．首都レイキャビクにあるデコード・ジェネティクス社のコンピュータにはほぼ全国民の医療歴，本人の同意を得て集めた血液から得た約4万人分以上の遺伝情報，膨大な数の家系図の情報がつまっているという．この情報をもとに従来困難であった脳卒中，関節炎などの数個の病気の原因遺伝子を突き止めてきた．ただし，国民の個人情報保護の問題が出てきて計画は予定通りに進んでいない．

デザイナーチャイルド
[designer child]

　胚の遺伝子操作などによってよい遺伝形質だけを集めた子供．受精卵から少しだけ発生が進んだ段階で子宮から取り出して疾患の原因となる遺伝子を正常遺伝子と取り替え，再び子宮に戻して正常な子供を産むという技術は生殖技術の進展によって技術的には遠からず可能となろう．この技術を利用して重篤な疾患ではないが正常な遺伝子に取り替えるという発想が生まれている．しかし，この考え方はきりがなく，運動神経や芸術の才能に恵まれた，容姿にすぐれた子供をもちたいという考えに発展すると倫理的には大きな問題となるため，何らかの規制が望まれる．

テトラプロイディ・チェックポイント
[tetraploidy checkpoint]

　紡錘体の破壊は紡錘体チェックポイントを活性化してM期で細胞周期を停止するが，この制御機構に異常が生じると停止指令を無視してM期の正常な過程（染色体分離や細胞質分離）が未完成のままG1期へ侵入してしまう．これをM期スリップ（mitotic slippage）と呼ぶ．ただし，この場合には次のG1/S期で細胞周期を停止させることで2本の染色体が2倍になって4本（テトラプロイド）となるS期には侵入しないような細胞周期の停止機構が存在する．これをテトラプロイディ・チェックポイントと呼ぶ．

テーラーメード医療 [tailor-made medicine] ➡ 医療の個別化，オーダーメード医療

テロメア
[telomere]

　真核生物のゲノムは直線状の二本鎖DNAとして複数の染色体に分かれて収納されている．おのおのの染色体においてDNAは2つの端をもつが，このDNAの先端領域をテロメアと呼ぶ．テロメアにおけるDNA鎖の両端は特別な縦列（タンデム）反復配列（ヒトの場合はTTAGGG，テトラヒメナではGGGGTT）から構成される．ヒトのテロメアではこの配列が数千kb，テトラヒメナや酵母のテロメアでは数百kbにわたって反復する．テロメアが反復配列をもつ理由は次のように考えられている．まず，DNA複製はラギング鎖おいてRNAプライマーが合成され，その3'末端からDNAが合成される．この時，RNAプライマーは上流からDNA合成を進行させてきた酵素複合体によって消化されてDNAに置換され，複製は完了する．しかし，テロメアの最先端になると，もはや上流からは酵素複合体はやってこないから，RNAプライマー領域はDNAに置換されることなく，複製されないまま遺伝情報としては失われてしまう．すなわち，細胞分裂のためDNA複製反応が1回行われるたびにRNAプライマー分だけテロメア領域は末

端から短くなってゆく．つまり多少は失われても致死的ではない緩衝DNA領域の役割をテロメアが果たしているのである（図）．もちろん，あまりに短くなって緩衝部分を使いきってしまうと，これ以上はDNA複製を行えなくなってしまう．一般に哺乳動物の初代培養細胞は培養を数十世代繰り返すとDNA複製が進まなくなって増殖しなくなる．これが細胞の老化現象の主な特徴のひとつであるが，この原因はテロメアを回数券と考えて，短小化を繰り返すことは回数券を使い切ってしまうことを意味するので，これ以上は細胞分裂ができなくなると説明されている．

どの細胞にも見つかるテロメラーゼ（telomerase）はテロメアの伸長を触媒する酵素である．自身の構成成分の1つであるガイドRNAを鋳型として，反復配列をDNAの3'末端へ次々と付加してゆく．正常細胞はごく弱いテロメラーゼ活性しか示さないが，不死化された細胞である癌細胞は強いテロメラーゼ活性をもつ．癌細胞が老化することなく増殖し続けていける理由の一つとして，強いテロメラーゼ活性がテロ

◆ テロメアの構造とその生合成機構のモデル

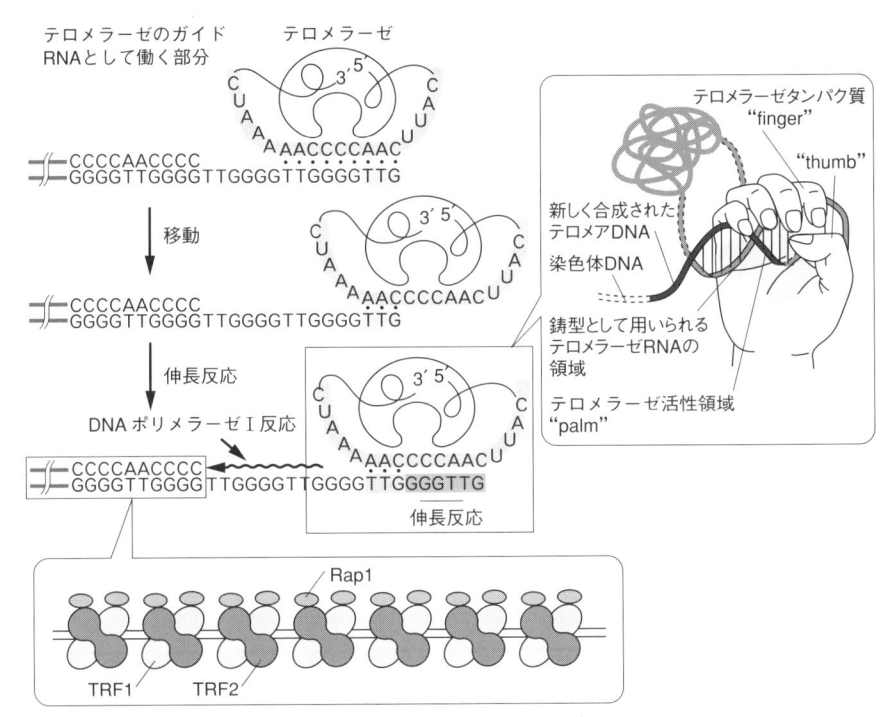

二本鎖繰り返し配列（TTGGGGなど）にはTRF1とTRF2が結合しTRFにはRap1などのテロメア特異的なタンパク質が結合する

野島 博/著「医薬分子生物学」（南江堂，2004）より改変

メアの短小化に逆らってテロメアを伸長して長さを元に戻してしまうことが考えられている．

転位 _同 転置
[transposition]

特定のDNA断片（トランスポゾンなど）がゲノム上を移動して別の場所へ挿入されること．➡ 転置

転換
[transversion]

核酸を構成する塩基のうちプリンがピリミジンに，ピリミジンがプリンに置換する変異．➡ 転位

転座
[translocation]

癌細胞や遺伝性疾患患者の細胞でしばしばみられる，染色体の一部が，同じ染色体の別の部位，あるいは他の染色体に移動している状態．

転移メッセンジャーRNA
[transfer-messenger RNA：tmRNA]

転移RNAとメッセンジャーRNAの合体した分子の総称．それによって起こる現象はトランス・トランスレーション（Trans-translation）と呼ばれる（図）．その生理的意義は翻訳を終止できずに困っているリボソームの救出である．大腸菌で ssr A 遺伝子にコードされた10Sa RNA（362ヌクレオチド）がtRNAとmRNAの機能を併せもつことが最初に見つかった例である．同様な役割を担うtmRNAがマイコプラズマ（*Mycoplasma capricolum*）や枯草菌（*Bacillus subtilis*）などからも次々と単離され，現在までに70種類以上の細菌で発見されてきた．ただし真核生物では藻類の葉緑体に存在することが示唆されているのみで，古細菌（Archea）からは見つかっていない．tmRNAはCCA（3'）末端を含むアミノ酸アクセプターステムとTΨCアームに相当するtRNA様の構造をもち，細胞内では多くのtmRNAが70Sリボソームに結合し，*in vitro*でアラニルtRNA合成酵素に認識されてアラニンを付加される点でtRNAに似ている．一般に大腸菌はストレスを受けると転写が途中で阻止され，終止コドンを欠損したmRNAが細胞内に蓄積してしまう．この種のmRNAにおいて翻訳を開始してしまったリボソームは翻訳プロセスを終止できないためmRNAの3'末端まで届いたまま行き詰まっている．そのようなリボソームを標的として以下のようなしくみでトランス・トランスレーションが起こる．❶行き詰まっているリボソームとmRNAの複合体にアラニンをもった10Sa RNAが結合する．このときリボソームのPサイトへ入り込むために10Sa RNAの偽装クローバー葉構造が役に立つ．❷リボソームはtRNAと同様なしくみで新生ポリペプチドにアラニンを付加する．❸未熟なmRNAは排除され，tmRNAのmRNA様の構造を利用したアラニンから始まる新たな翻訳が開始される．❹通常の翻訳どおり *ssr A* の塩基配列に従って次々とアミノ酸が付加される．❺*ssr A* の終止コドンに到達すると解離因子が入り込み，翻訳ずみのタンパク質と10Sa RNAがリボソームから解離する．リボソームは再利用されて新たなmRNAの翻訳を開始する．❻一方，*ssr A* のコードする10個のペプチドが付加されたタンパク質は，これを分解シグナルとして認識する大腸菌細胞内のタンパク質分解酵素系によって壊される．その結果生じたアミノ酸もまた再利用される．

◆ tmRNAによる翻訳停止したmRNAの翻訳続行と終了のしくみ

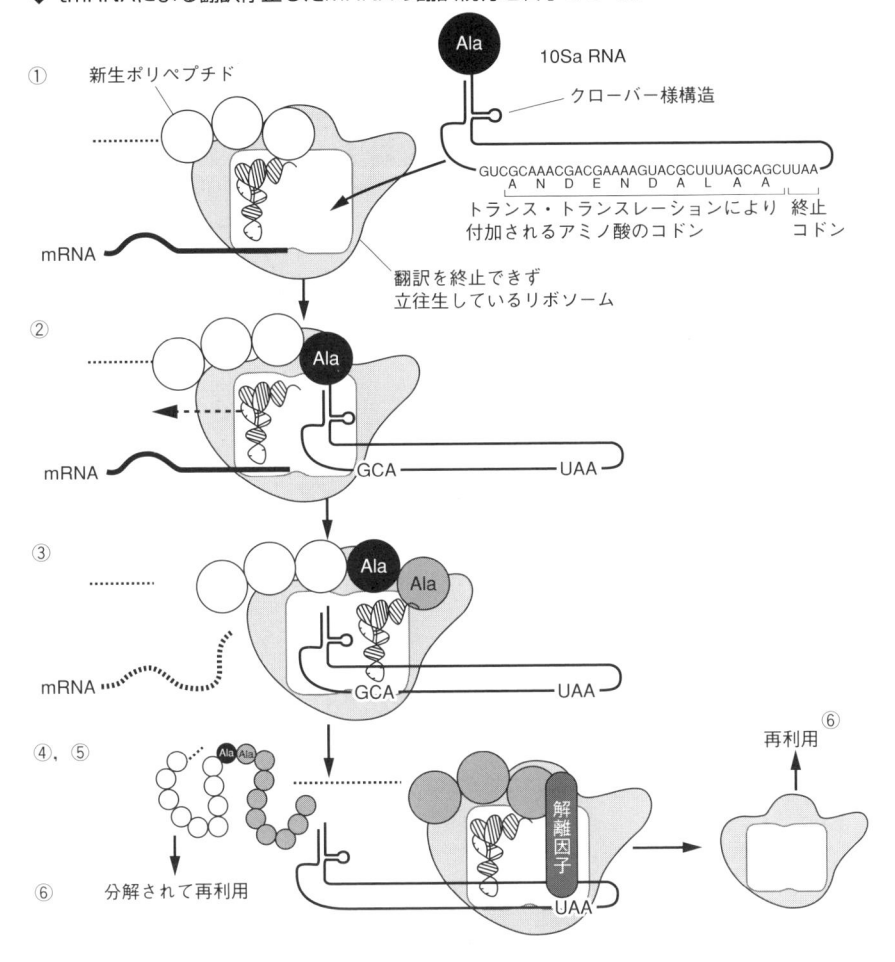

① 新生ポリペプチド
Ala
10Sa RNA
クローバー様構造
GUCGCAAACGACGAAAAGUACGCUUUAGCAGCUAA
　　　　 A N D E N D A L A A
トランス・トランスレーションにより　終止
付加されるアミノ酸のコドン　　　　　コドン
mRNA
翻訳を終止できず立往生しているリボソーム

②
Ala
mRNA
GCA ─── UAA

③
Ala Ala
mRNA
GCA ─── UAA

④,⑤
Ala Ala
⑥ 再利用
解離因子
UAA

⑥ 分解されて再利用

伝達不平衡解析法

[transmission disequilibrium test：TDT]

　ある病気にかかわる対立遺伝子が親から子供へと伝達しているか否かを，患者とその両親から採取した試料をもとにして解析する方法．少なくとも片親が疾患遺伝子マーカーに関してヘテロ接合体である，1人以上の患者をもつ複数の小家系をサンプルとし，SNPを利用して解析する．疾患に関連する遺伝マーカーは2分の1以上の確率で遺伝すると期待されるので，χ^2検定により伝達の様子が解析できる．

転置　同 転位

[transition]

　核酸を構成する塩基のうちプリンが別の

プリン（A→GまたはG→A）に，ピリミジンが別のピリミジン（C→TまたはT→C）に置換する変異．転置の原因には核酸塩基の互変異性シフトが考えらる．シトシン（C）とグアニン（G）が対合したC-Gという塩基対が複製される時には，Gと相補結合すべきピリミジン塩基（C）が互変異性シフトにより，チミン（T）へ変化すれば，次の複製によってできる新生鎖の一方はT-Aという塩基対へ変化する．転置はGのアルキル化によっても起こる．C-G塩基対において，Gがアルキル化されると通常の3つの水素結合からなるC-G対合が障害され，次の複製の際にはGはTと対を形成（T-G）する．さらに複製を重ねるとT-GがT-Aに変化することになる．
➡ 転換

デンドリマー
[dendrimer]

中心の核から枝分かれをもつ樹木のような構造の分子を多数結合させ化学物質の総称で，ナノバイオテクノロジーを牽引する新しい材料として注目を浴びている．語源は樹木を意味するギリシャ語の「dendron」（樹木）に由来する．アメリカの化学者が1980年代の半ばに最初に合成した．デンドリマーでヘムのまわりを覆って血中のヘモグロビンと同じように機能する分子，光を吸収するポルフィリンをたくさん組み込んだポルフィリンデンドリマーを用いて人工光合成を行おうとする試みなどがある．また，水に溶けにくい抗癌剤などをポリアミドアミン（PAMAM）デンドリマーに取り込ませると可溶性になるという．難溶性のフラーレン*も水溶性のデンドリマーで覆うと水溶性となるが，さらに必要に応じてデンドリマーから切り離して標的を攻撃させることも可能になってきた．生体に害のないグリセリンやシュウ酸などに分解される「バイオデンドリマー」も合成されている．

同位体コード化アフィニティー標識法
[isotope coded affinity tag：ICAT]

質量分析の特徴を活かしたタンパク質の定量法の一つで，ペプチドイオンの同位体比やタンパク質の発現量も見積ることができる．ペプチドのシステイン残基を，ビオチンとヨードアセトアミドの間にd_0化またはd_8化したリンカーを導入した標識化合物を用いてラベル化することで定量する．従来の蛍光や銀で染色されたタンパク質スポットを密度計測（densitometry）で定量するより正確で，特にゲルを用いないプロテオーム*解析に有用である．ダイナミックレンジもゲル上のスポットを密度計で測る場合の1万倍も高い．

ドギーマウス
[Doogie Mouse]

米国プリンストン大学の銭卓（Joe, Z. Tsien）らによって作製された，2B型NMDA（N-methyl-D-aspartate）受容体の一部をマウスの脳で普通のマウスの2倍過剰発現するように遺伝子操作したトランスジェニックマウスの名前．米国の人気テレビドラマの主人公である天才少年ドギー・ハウザー博士にあやかってドギーマウスと名づけた．記憶・学習の成立は同時に活動したニューロン間でのシナプス伝達効率が変化することで達成されると考えられているので，記憶・学習能力を向上させるにはシナプス同時活動の検出器（その本体はNMDA受容体である）の能力を高めてやればよい．実際，濁ったプールに入れて見えない足場を探させる実験をしたところ，

ドギーマウスは賢くて，より早く足場の場所を覚え，その記憶を保つ能力も高かった．このほかさまざまな課題についても通常マウスより優れた記憶・学習能力を示したという．銭らは知能や記憶といった心理や認知に関する機能を遺伝的に改良することは可能であると指摘している．

毒性ゲノム学
[toxicogenomics]

薬の副作用などの毒性を遺伝子レベルで解明しようとする研究分野．薬の原材料となる化合物がどの遺伝子に作用して副作用を起こすかをゲノムレベルで解析し，化合物と遺伝子の副作用データベースを作る試みが始まっている．そのデータは副作用の少ない薬づくりに役立つだけでなくオーダーメード医療*のために基礎データとしても有用であると期待されている．具体的には製薬会社が所有している，動物をモデルとした薬の投与で起きた副作用に関する膨大なデータを産官学共同で集積し，コンピュータを駆使してどの遺伝子に影響するかを解析するのみでなく，試験管内で遺伝子産物と薬との相互作用を研究するなどして新たなデータも蓄積する．ヒトゲノムの解読が完了したことで，その成果がゲノム医療やゲノム創薬*として応用されつつあるが，ゲノムレベルでの毒性検索により医療現場や製薬現場にも反映される研究として注目される分野である．

ドットコム企業
[dotcom company]

米国で生まれた商品の情報流通をインターネットに載せてマーケティングや販売を行なう会社（E-Commerce）の総称．そのいずれもメールアドレスやホームページサイトの最後に .comという表示をもつため，

このように呼ばれるようになった．とくにカリフォルニア州のシリコンバレーを中心として全米で数千を超えるドットコム企業が乱立し，米国におけるIT*バブル景気に乗じた形で株価や地域全般の土地を高騰させてきた．しかし，純粋なIT企業や本格的なE-Commerceを支えるネットワーク系の会社とは違って，これらは単にインターネットを利用しただけで決してIT革命とは呼べるものではなかったため，バブルと呼ぶのがふさわしい状況であった．そのせいもあってか，やがて2001年末には米国におけるITバブルは崩壊してしまった．

ドープ選択
[dope selection]

機能性RNA*の部分的な変異体を選ぶためのアプタマー*作製において，完全にランダムな塩基配列の集団をPCRの基質とするのではなく，天然型の標的RNAの塩基配列に相当する合成試薬の塩基割合を増やしてからオリゴヌクレオチドを合成し，そのプールの中から選択すること．

トポロジー形成
[topogenesis]

タンパク質がリボソームで翻訳された後，細胞の中で特定の区画に局在化し，細胞内小器官膜との配置関係を構築する一連の過程のこと．

ドミナントネガティブ変異 同 優性阻害
[dominant-negative]

変異型が野生型より優先的に標的に結合しやすい場合に，標的本来の機能を野生型より強く阻害すること．変異型が正常な機能（他のタンパク質との相互作用など）を一部残している時には，本来の正常な機能

が欠失している（ネガティブ）かのような特異的阻害の表現型を示すのに，遺伝様式は優性（ヘテロ接合体でも形質が現れる）となる（図）．

トモグラフィー
[tomography]

被写体を連続的に微小回転させて撮影した後，コンピューター解析によって統合して立体画像として再構成する技術の総称．その画像はトモグラム（tomogram）と呼ばれる．医療におけるX線CT（computer tomography）コンピュータートモグラフィー（CT）は，計測機器の発展により細かい情報が取れるようになり，病気の診断において重要な位置を占めている．トモグラフィーの応用はこれ以外にも幅広く行われている．例えば電子線トモグラフィーによって電子顕微鏡レベルの極微小画像も立体的に把握できるようになってきた．海の中では光や電波は役に立たないので音波の伝搬時間が水温によって変化する現象を利用する．海洋音響トモグラフィーでは広大な海の海流変化の様子をわずか数分で観測することができる．あるいは地震波トモグラフィーでは地震波の到達時間や波形から地球内部構造の画像が得られる．

ドラフトシークエンス
[draft sequence]

ゲノムの中には繰り返し塩基配列が数多くあり，何回繰り返しているかを正確に決定することは現在の技術では困難である．そのためゲノムプロジェクトにおいて，全塩基配列を完全に決定したと発表することは難しい．しかし大多数の研究者にとって

◆ ドミナントネガティブ変異のしくみ

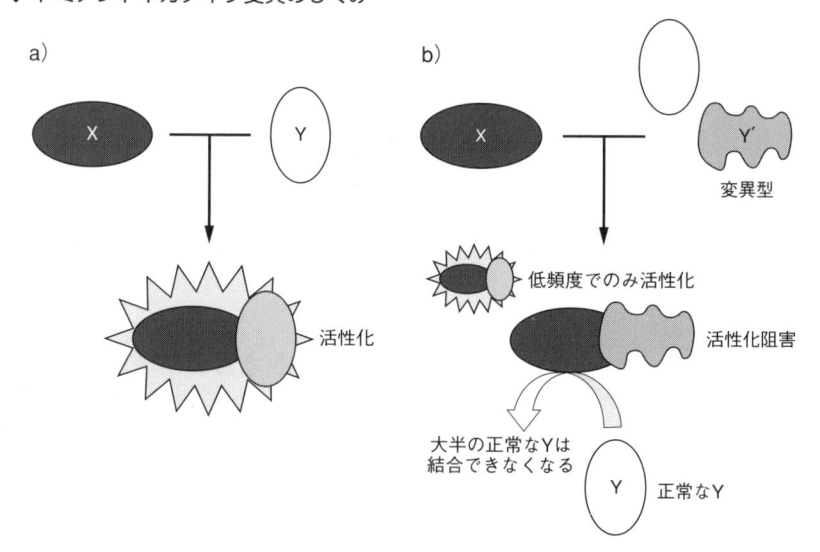

a) 正常細胞では，XとYは結合することで活性化される．b) 変異型（Y'）をもつ癌細胞では，優先的にY'がXと結合するが，そのXY複合体は活性をもたないため，優性に阻害効果が現れてしまう

は90％も決定されればそれでポストゲノムプロジェクトをスタートさせるには十分有益な情報となる．そこでドラフト（＝草稿，概要）と呼んで，未完成であるという前提のもとで塩基配列が公表されるのである．

トランス
[trans]

転移して，越えて，横切ってなどを意味する接頭語．逆はシス（cis）という．生化学では化合物の間で反応基が転移するときに，酵素名や反応基の接頭語となる．例えばアセチル基を転移する酵素はトランスアセチラーゼ（transacetylase）と呼ぶ．有機化学では，ある原子が二重結合の炭素原子の反対側に位置することを意味する．遺伝学では2組の対立遺伝子*が互いに反対の相同染色体上にある状態を意味する（＝相反）．反対はシス（相引）と呼ぶ．分子生物学では染色体を越えて起こる事象を示すこともある．例えば，異なる染色体に配座する遺伝子の転写産物（mRNA）の間で起こるスプライシングはトランス-スプライシング*（trans-splicing）と呼ぶ．

トランスクリプトソーム
[transcriptososme]

遺伝子の転写にかかわる多数のタンパク質が形成する巨大な複合体のこと．細胞内では転写制御の場となっている．

トランスクリプトミクス 同 トランスクリプトーム解析
[transcriptomics]

ゲノム情報を利用して，一つの生物や細胞に含まれるすべての転写産物について網羅的・系統的に発現動態などを解析すること．ゲノミクス*に対応させてトランスクリプトミクスと呼ぶ．

トランスクリプトーム
[transcriptome]

転写産物（transcript）とゲノム（genome）を融合した用語で，一つの生物において転写されているすべての転写産物を意味する．すべてのmRNAのみでなく，すべての機能性RNA*も含む．

トランスジェニック動物 同 遺伝子導入動物，形質転換動物
[transgenic animal]

発生の初期に外来性DNAを導入することで，成体のすべての細胞が同じ外来性DNAをもつようになった動物のこと．米国のゴードン（J.Gordon）らが開発した外来の遺伝子が導入されたマウスの産生が先駆けとなった（1980年）．一般に哺乳動物受精卵は受精してしばらくの間は受精卵の中に雌性前核（卵子由来の核）と雄性前核（進入した精子由来の核）が離れて存在する．しばらくすると両方の核は融合して1つの核となって各染色体が2倍に複製されて次々と細胞分裂を繰り返しながら胎児へと発生してゆく．ゴードンらはこの現象を利用して以下のような実験をした．❶まず核が融合する前にマウスにホルモン注射をして強制的に排卵させる．❷受精卵を1つ選んで顕微鏡下で操作し保持用ピペットをマイクロシリンジで吸引することで固定する．❸そこへ極微ガラス針の先端部を受精卵に突き刺して，ガラス針内部にあるウイルスDNA溶液を雄性前核に微量注入する（図）．❹こうした操作を施した受精卵を偽妊娠状態にした雌マウスの卵管内に移植する．偽妊娠状態とは，実際は妊娠しないのにホルモンや子宮の状態が妊娠時と同じになった状態で，あらかじめ輸精管の結紮によって不妊状態にしておいた雄マウスと雌マウスを交尾させて作る．❺あるいはしば

◆ トランスジェニック動物作製法

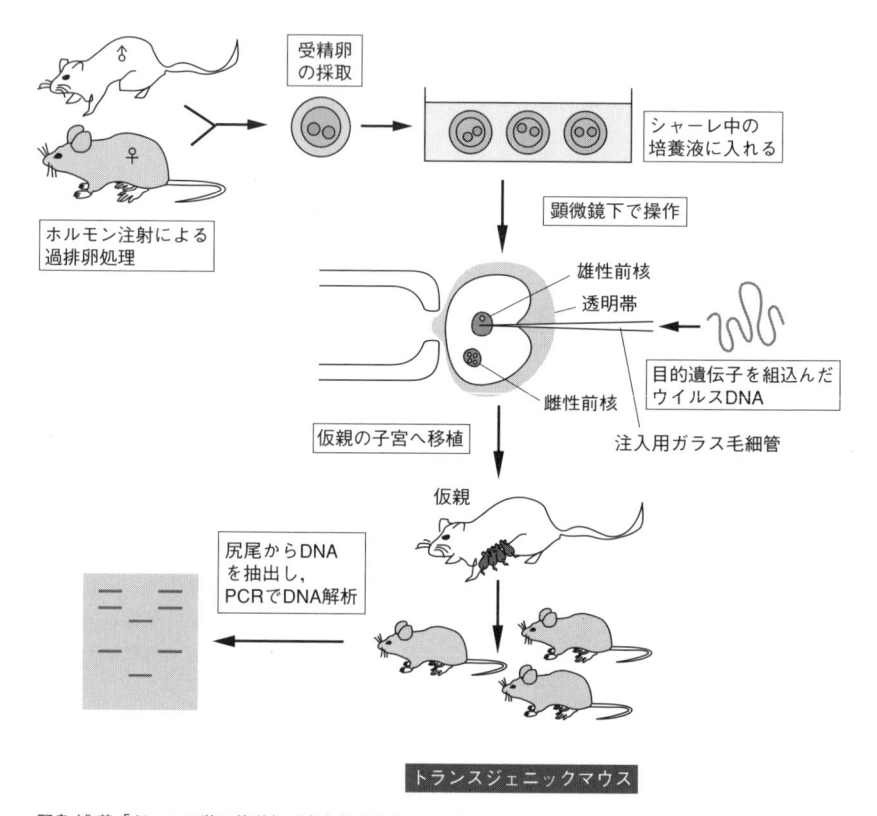

図中ラベル:
- ホルモン注射による過排卵処理
- 受精卵の採取
- シャーレ中の培養液に入れる
- 顕微鏡下で操作
- 雄性前核
- 透明帯
- 雌性前核
- 目的遺伝子を組込んだウイルスDNA
- 注入用ガラス毛細管
- 仮親の子宮へ移植
- 仮親
- 尻尾からDNAを抽出し，PCRでDNA解析
- トランスジェニックマウス

野島 博/著「ゲノム工学の基礎」（東京化学同人，2002）より改変

らく体外で培養して桑実胚（morula）や胚盤胞（blastocyst）に発育させたのち子宮内へ移植する．❻移植された胚子が無事に子宮壁に着床して発育すれば20日ほどで仔マウスが誕生する．❼これら子マウスが離乳するまで4週間ほど育ててからシッポの端を切り取ってゲノムDNAを抽出し，サザンブロット解析を行い，注入したウイルスの遺伝子がマウスの染色体DNAに組込まれた個体を選ぶ．マウス以外にも数多くの種類のトランスジェニック生物が作製されている．　➡ 遺伝子ターゲティング，動物細胞への遺伝子の導入，ノックアウトマウス

トランス-スプライシング
[trans-splicing]

　通常の成熟mRNAが作られる時には，同一のmRNA前駆体の中でイントロンが取り除かれる．ところが線虫や原生動物のような下等生物において，異なるmRNA分子から供給されたスプライス供与部位とスプラ

◆トランス-スプライシングのしくみ

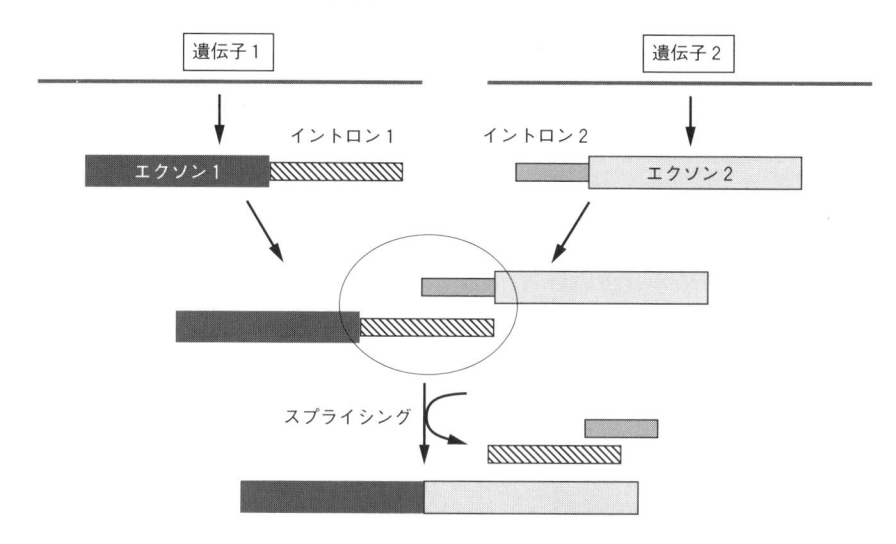

イス受容部位がスプライシングされるという珍しい例が見つかり，トランス-スプライシングと名づけられた（図）．比較のため，従来のものをシス-スプライシング（cis-splicing）と呼ぶこともある．

トランスベクション
[transvection]

類似な遺伝子の近傍で遺伝子発現が影響を受ける現象の総称．遺伝子の発現を抑制する場合と活性化する場合の2通りがある．抑制する場合はHDGS*の一種であると言える．DNAどうしが互いに直接接触する場合とタンパク質やRNAなどが介在する場合が考えられているがくわしいしくみは不明である．それでも以下のようなモデルが提唱されている．どのモデルが正しいかの決着はついていない．

トランスベクションのモデル

a) 相同染色体どうしがペアリングをしたときに一方の遺伝子のエンハンサーが別の染色体の相同遺伝子の発現を活性化するというもの（図a）

b) ある複合体の結合によって不活性化されている染色体とペアリングした相同染色体が影響を受けて共に不活性化され転写抑制を受けるというもの（図b）

c) 3つには間に非相同領域をもつ2つの相同染色体のペアリングによってループが形成され，離れていたエンハンサーがプロモーターに接近して活性化するというもの（図c）

トランスレーショナル・リサーチ
[translational research]

ゲノミクス*やプロテオミクス*などの成果を基盤としたゲノム創薬*やゲノム医療へ向けての技術基盤を提供する研究分野の総称．特に医療分野への応用を強調する場合にはトランスレーショナル医療（trans-

◆ トランスベクションのモデル

a) 相同染色体 → 相同遺伝子間のペアリング → トランス活性化
エンハンサー E
別の染色体の相同遺伝子の発現を活性化する

b) 相同染色体 不活性化複合体 → ペアリング → 両方とも不活性化してしまう

c) 相同領域 E P 非相同領域 → ペアリング → ループの生成により離れていたプロモーター（P）とエンハンサー（E）が接近して活性化する

lational medicine）と呼ばれ，研究上の発見を速やかに医薬品開発へ展開させるため，「ベンチからベッドサイドへ」という標語が基礎医学と臨床医学を結びつける意味で象徴的に用いられる．

ドリー ➡ クローン動物
[Dolly]

1996年7月5日に英国スコットランドのロスリン研究所のウイルムット（I. Wilmut）が世界で初めて作製した乳腺細胞由来のクローンヒツジの名前．ドリーの乳の中には新生児が必要とするアミノ酸の大半を含む高価なアルファ・ラクトアルブミン（a-lactoalbumin）が含まれるよう，遺伝子操作されている．6歳の雌ヒツジの乳腺由来ということで，乳房が大きいことで有名なカントリー・ミュージックの大御所ドリー・パートン（Dolly Parton）にちなんで命名された．5歳の時に異常な若さで関節炎を発症して衰弱し，2003年2月14日に6歳の若さでヒツジ肺腺腫により死んだことで，生まれたときにすでに6歳であったからだという議論もあるがその真偽は

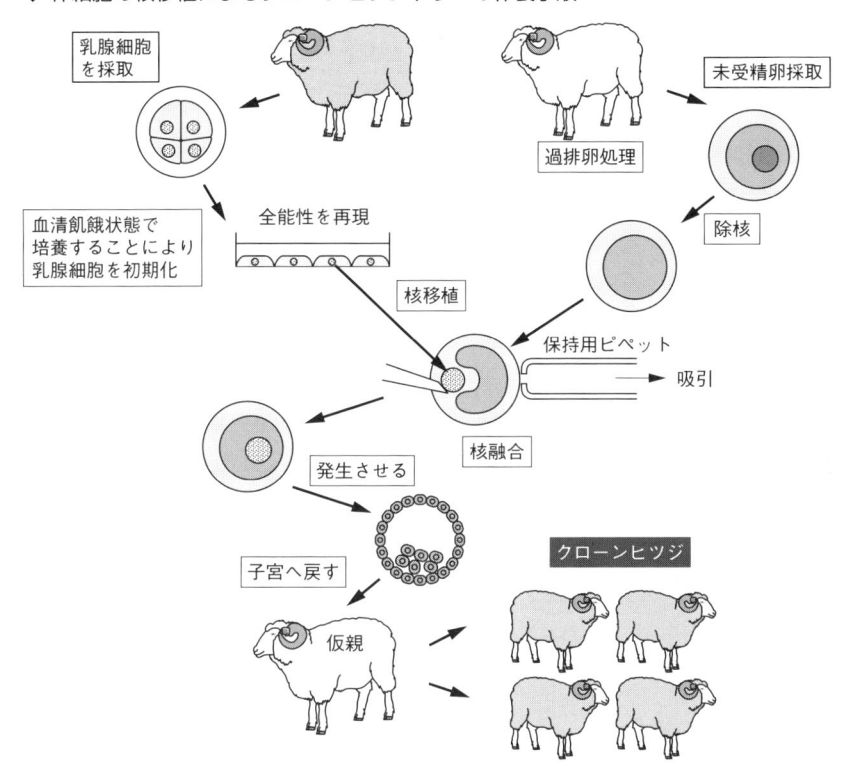

◆ 体細胞の核移植によるクローンヒツジドリーの作製手順

[図: 乳腺細胞を採取 → 血清飢餓状態で培養することにより乳腺細胞を初期化 → 全能性を再現 → 核移植; 過排卵処理 → 未受精卵採取 → 除核 → 保持用ピペット・吸引 → 核融合 → 発生させる → 子宮へ戻す → 仮親 → クローンヒツジ]

不明である．これに引き続き1997年には新たなクローンヒツジであるポリー*（Polly）が生み出された．ポリーの乳腺細胞には血友病の治療に使われる血液凝固第9因子が乳に大量に発現されるよう遺伝子操作がしてある．この成功に刺激されて，その後クローンウシ，クローンマウス，クローンブタ，クローンネコなど哺乳動物の体細胞クローンが次々と生み出されてきた．ドリーやポリーは以下の手順で作製された（図）．

❶親ヒツジ（6歳の雌）の乳腺細胞を血清飢餓状態で培養し，細胞周期を静止期に誘導することでゲノムの全能性をリセットした後に核を取り出す．

❷親ヒツジの受精卵を顕微鏡下で固定し，極微ガラス針の先端部を受精卵に突き刺して，核を抜き出したのち，❶で抜き出した核を差し替え注入する．

❸こうした操作を施した受精卵をしばらくシャーレ内で培養した後，偽妊娠状態にした仮親となる雌ヒツジの卵管内に移植する．

❸'あるいはしばらくシャーレ内で培養して桑実胚（morula）や胚盤胞（blastocyst）に発育させたのち仮親の子宮内へ移

植する．

❹移植された胚子が無事に子宮壁に着床して発育すればクローンヒツジが誕生する．

トリスタン・ダ・クーナ島
[Tristan da Kuna island]

南太平洋にある火山性の孤島で，南アフリカから船で1週間もかかる．最初の入植者は1816年に派遣された英国人兵士であったが，その後約100年にわたって入植者がつづき彼らの子孫が住み着いて現在に至っている．ほかの土地と隔絶しているため住民の多くは遠い親戚となっている．全住民の半数が喘息を患っていることに注目したカナダのトロント大学の研究者らは全住民の血液を連鎖解析し喘息の原因遺伝子を2つ突き止めた．この病因遺伝子は100年以上も前にセントヘレナ島から入植した血縁関係にある3人の女性がもち込んだことまで突き止められている．

トリプトファン事件
[tryptophan accident]

1989年に米国で起こった遺伝子組換え食品がかかわる食中毒事件．白血球の一つである好酸球の異常増加によって引き起こされた発疹や筋肉痛，呼吸困難を訴える患者が急増したので原因を捜査してみると，ある企業の作った健康食品に含まれるトリプトファンに混在していたEBT（ethylene bis-tryptophan）とPAA（3-phenylamino alanine）であることが突き止められた．このトリプトファンは，遺伝子組換えによって別の細菌の遺伝子の一部を組み込むことで大量にトリプトファンを産生するようになった細菌を用いて生産されていた．この企業は遺伝子組換え前にも同じ細菌を使って生産したトリプトファンを長いこと出荷していたので，この細菌も安全性には何の問題もないと判断されて認可が降りていたのである．通常の不純物検査にはひっかからなかった，予想もしない物質が副産物として混在していたことは遺伝子組換え作物＊の安全性に警鐘を鳴らすよい例としてしばしば取り上げられる事件である．

トリプレットリピート病
[triplet repeat disease]

トリプレット・リピートとはCAG，CGGなどの3塩基を単位としたヒトのゲノムに散在する反復配列で，その反復回数には健康に無関係な程度での個人差がある．しかし，その反復回数が極端に増加すると，その近傍にある遺伝子の作用発現に異常を生じ，重篤な脳・神経筋系の病状を呈する．これらをトリプレットリピート病と総称する．たとえばハンチントン舞踏病では，ハンチンチン（Huntingtin）と呼ばれるタンパク質をコードする遺伝子領域内に3塩基（CAG）の繰り返しが，健常人は10〜34個程度の繰り返しのところが患者では40〜121個と増加している（表）．このわずかな違いが舞踏しているように見える不随意運動を起こし，30〜50歳になって痴呆化が進行する．これらの疾患における反復配列の存在位置は以下に示すように3つの場合に分類される（図）．

❶mRNAのうちタンパク質をコードする領域内に存在するもの．翻訳のフレームが保存されているため，患者の異常タンパク質にはCAGコドンに対応するポリグルタミン（Gln）の長い挿入が含まれる．その影響により疾患に特異的な神経細胞が脱落する．ほとんどのトリプレットリピート病はこのタイプだが，眼咽頭筋ジストロフィーではGCGという3塩基の異常な反復増加が病因となっており，健常人での6〜7

◆ さまざまなトリプレットリピート病の特徴

病名	リピートユニット	正常リピート数	発症リピート数	原因遺伝子（遺伝子座）
ポリグルタミン・ポリアラニン病（リピートがエクソン内にあるもの）				
DRPLA	(CAG)n	7〜25	49〜75	atrophin-1 (12p13.31)
Huntington 病	(CAG)n	10〜34	40〜121	huntingtin (IT15) (4p16.3)
球脊髄性筋萎縮症 (BSMA)	(CAG)n	9〜36	38〜62	アンドロゲン受容体 (Xq11-q12)
SCA1	(CAG)n	6〜39	40〜82	ataxin-1 (6p23)
SCA2	(CAG)n	13〜33	32〜200	ataxin-2 (12q24)
SCA3 (Machado-Joseph 病)	(CAG)n	13〜44	55〜84	MJD (14q24.3-q31)
SCA6	(CAG)n	4〜18	20〜29	CACNA1A (19p13)
SCA7	(CAG)n	4〜35	37〜306	SCA7 (3p21.1-p12)
SCA17	(CAG)n	25〜42	47〜63	TATA box-結合タンパク質 (6q27)
眼咽頭筋ジストロフィー (OPMD)	(GCG)n	6〜7	8〜13	ポリA シグナル結合タンパク質 (PABPN1) (14q11.2-q13)
CTG リピート病（リピートが遺伝子の3'非翻訳領域にあるもの）				
筋強直（緊張）性ジストロフィー (DM1)	(CTG)n	5〜37	80〜1000	DMPK (19q13.2-q13.3)
SCA8	(CTG)n	16〜92	100〜127	SCA8 (13q21)
リピートが遺伝子のイントロンにあるもの				
Friedreich 失調症	(GAA)n	6〜32	80〜1000	FRDA (FRATAXIN) (9q13)
リピートが遺伝子の5'非翻訳領域にあるもの				
脆弱X 染色体症候群A (FRAXA)	(CGG)n	6〜52	230〜2000	FMR1 (Xq27.3)
脆弱X 染色体症候群E (FRAXE)	(CGG)n	4〜39	200〜900	FMR2 (Xq28)
脆弱X 染色体症候群F (FRAXF)	(CGG)n	7〜40	306〜1008	FAM11A (Xq28)
脆弱11 染色体症候群B (FRA11B)	(CCG)n	11	100〜1000	CBL2 (11q23)

http://www.med.kyushu-u.ac.jp/neuro/neurogen/triplet_disease.pdfを参照して改変

◆ トリプレットリピート病における3塩基反復配列の存在部位

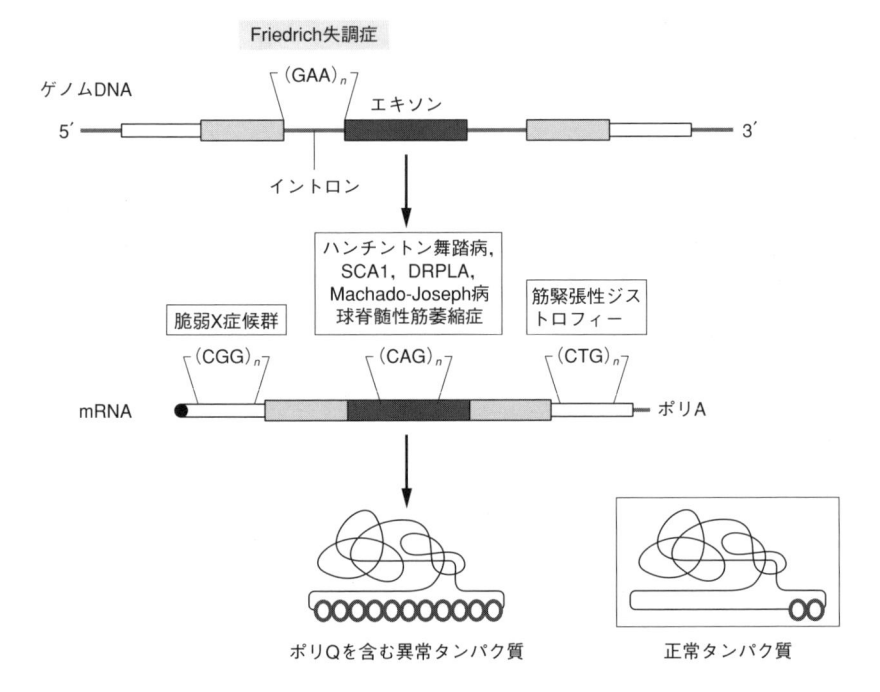

```
Friedrich失調症
            (GAA)n
ゲノムDNA        エキソン
5'─□─■─□─3'
        イントロン
            ↓
    ハンチントン舞踏病，
    SCA1，DRPLA，      筋緊張性ジス
脆弱X症候群  Machado-Joseph病  トロフィー
    球脊髄性筋萎縮症
   (CGG)n    (CAG)n    (CTG)n
mRNA ●─□─■─□─ポリA

ポリQを含む異常タンパク質    正常タンパク質
```

個のポリアラニンが含まれているポリA結合タンパク質（PABPN1）の遺伝子の反復数が8〜13個と少し増えただけで発病してしまう（表）．

❷mRNAのうちタンパク質をコードしない非翻訳領域に存在するもの．患者のタンパク質の構造は正常であるため発症の理由は未知である．翻訳制御に異常が生じているのかもしれない．

❸イントロン内に存在するため患者のmRNAもタンパク質も構造上は正常であるが転写制御や染色体の構造安定性に異常が生じていると考えられる．

内部細胞塊 ⇒ 胚盤胞
[inner cell mass]

内分泌撹乱物質 ⇒ 環境ホルモン
[endocrine disruptor]

ナスバ 同 ナズバ ⇒ TRC反応
[NASBA: nucleic acid sequence based amplification]

　目的一本鎖RNAに対して相補的な塩基配列をもつ（アンチセンス）一本鎖RNAを一定温度（41℃）で高効率に指数的増幅することのできる方法．オランダのオルガノン（Organon Teknika）社の発明．反応液に基質となる一本鎖RNA（DNAは不可），逆転写酵素（AMV-RT），RNase H，T7 RNAポリメラーゼ，NTP，dNTPが含まれる．RNase Hを外から加えずに逆転写酵素が本来有しているRNase H活性を利用する方法もあり，TMA（transcription mediated amplification）と呼ばれている．これらの方法はPCRと違ってRNAを直接増幅できるという点でユニークであるが，実際には逆転写酵素は基質特異性が低いので副産物が多く，校正機能がないので合成ミスが多いため，PCRほどのきれいな結果は期待できない．

ナスバの原理　（次ページ図）

❶ 目的一本鎖RNAにT7 RNAポリメラーゼのプロモーター配列を付加させたプライマーP1をアニールさせて逆転写酵素を働かせcDNAを生合成する

❷ ❶にRNase Hを働かせてRNA部分を分解する．そこにプライマーP2をアニールさせて再び逆転写酵素を働かせ二本鎖DNAを生合成する

❸ ❷を基質としてT7 RNAポリメラーゼが働いてアンチセンス鎖RNAのコピーを多数生合成する

❹ 新生RNAに再びプライマーP2がアニールし逆転写酵素，RNase Hが順次働いてセンス鎖DNAができる

❺ これにプライマーP1をアニールさせて逆転写酵素のもつDNA依存性DNAポリメラーゼ活性を利用して二本鎖DNAとなるように生合成する

❻ ❺を基質としてT7 RNAポリメラーゼを働かせRNAを生合成する．❹～❻が増幅サイクルとなって大量のRNAが増幅される

ナノスプレー
[nanoelectrospray: nanoES]

　質量分析器において使われる技術．先端を熱して細く引いたときにできるガラス管（内部を金属メッキしておく）の微細（径2～5μm）な管（ナノ・スプレー・チップ）に高電圧（1～3kV）を加えておく．脱塩したサンプルをこの管を通して空中に吹き出すと，内部の金属メッキがイオン源となり，毛細管現象とイオンのもつ静電力によって毎分数十ナノリットルという低速でサンプルをじわじわとスプレーし続けることができる．加電によって噴霧しイオン化するため多価イオンが生成しやすいという特徴をもつ．

◆ ナスバ法の原理

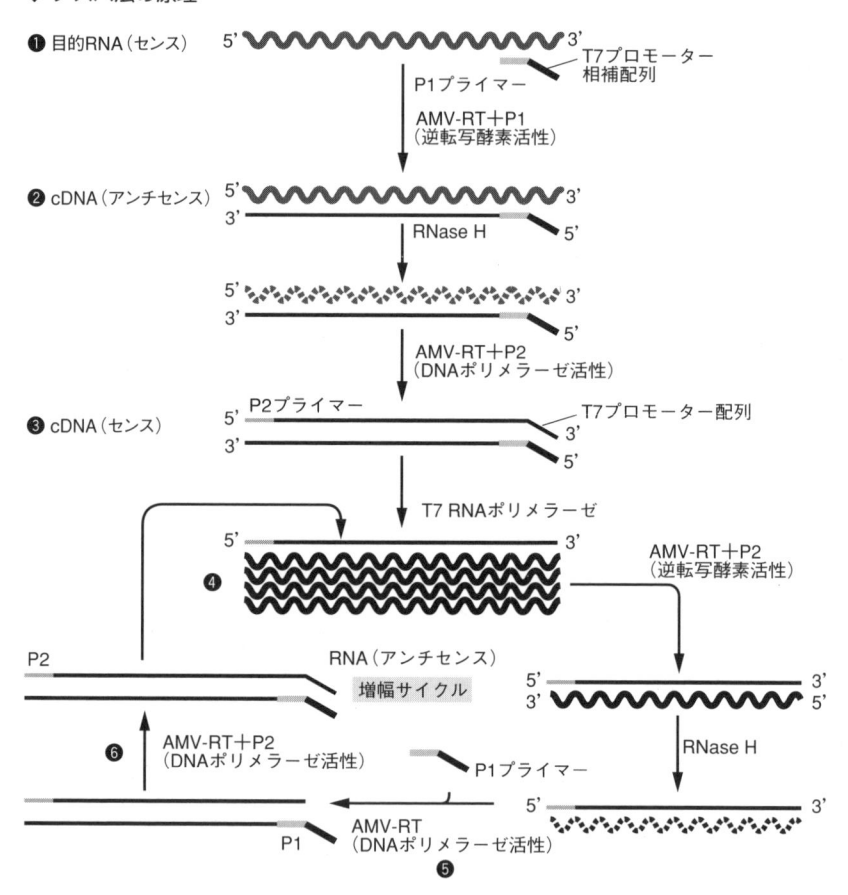

❶ 目的RNA（センス） 5'〜〜〜〜〜〜3'　T7プロモーター相補配列
　　　　　　　　　　P1プライマー
　　　　　　　　　　AMV-RT＋P1
　　　　　　　　　　（逆転写酵素活性）

❷ cDNA（アンチセンス） 5'〜〜〜〜〜〜3'
　　　　　　　　　　　3'　　　　　　5'
　　　　　　　　　　RNase H

　　　　　　　　　　5'〜〜〜〜〜〜3'
　　　　　　　　　　3'　　　　　　5'
　　　　　　　　　　AMV-RT＋P2
　　　　　　　　　　（DNAポリメラーゼ活性）

❸ cDNA（センス） P2プライマー　T7プロモーター配列
　　　　　　　　5'　　　　　　　　3'
　　　　　　　　3'　　　　　　　　5'
　　　　　　　　T7 RNAポリメラーゼ

　　　　　　　　5'　　　　　　　　3'
　　　　　　　❹ 〜〜〜〜〜〜〜〜　AMV-RT＋P2
　　　　　　　　　　　　　　　　　（逆転写酵素活性）

P2　　RNA（アンチセンス）　5'　　　　　　3'
　　　　　増幅サイクル　　　3'〜〜〜〜〜〜5'
　　　　　　　　　　　　　RNase H
　AMV-RT＋P2
　❻（DNAポリメラーゼ活性）　P1プライマー
　　　　　　　　　　　　　　5'　　　　　　3'
　　　　　　　　　　　　　　3'〜〜〜〜〜〜5'
　　P1　AMV-RT
　　　　（DNAポリメラーゼ活性）
　　　　　❺

ナノチューブ　➡ カーボンナノチューブ
[nano tube]

ナノテクノロジー
[nano technology]

　10のマイナス9乗メートルの長さを意味するナノメーター（nanometer：nm）の極微の世界を制御する技術の総称．物理工学のみでなく医療も含めた幅広いバイオテクノロジーの世界に浸透しつつある．1981年にビニッヒ（Binnig, G.）とローラー（Rohrer, H.）によって初めて作製された原子分解能の走査型トンネル顕微鏡（scanning tunneling microscope：STM）と，その改良型である原子間力顕微鏡（atomic force microscope：AFM）はナノテクノロジーの推進に大きな役割を果たしてきた．1985年にはカール（Curl, R. F. Jr.），クロトー（Kroto, H. W.），スモーリー（Smalley, R. E.）が直径が1nmのサッカーボール型炭素分子（C_{60}）であるフラーレン*を発見した．1986年にドレクスラー

(Drexler, E. K.)が『創造する機械・ナノテクノロジー』を出版しナノテクノロジーの概念が広く普及した．1989年に米国IBM社のアイグラー（Eigler, D. E.)がキセノン原子を1個ずつ並べて世界最小の文字として「I.B.M.」を描いて発表し，ナノテクノロジーの威力を視覚的に広く世に知らしめた．1991年には（株）日本電気（NEC）の飯島澄男がカーボンナノチューブ*を発見した．1999年には米国のデッカー（Tour, J. M.)とリード（Reed, M. A.)らが単一分子によるナノスイッチを開発し，2000年にはアイグラーが量子蜃気楼を初めて観察した．これは原子でできた楕円形の2つある焦点のうちの1つに磁性原子1個を置くことで他方の焦点にその原子の像を蜃気楼として結ばせる技術として，配線なしで情報伝達できる技術へ発展できるのではないかとの期待がもたれている．

ナノピラーチップ
[nanopillar chip]

ポリマーなどで構成されるナノメーターサイズの柱状構造体であるナノピラーを集積化して並べたチップのこと（図）．従来のマイクロチップを用いたDNAやタンパク質など生体高分子の分離分析システムにおける分離媒体（アガロースゲルなど）は概して高粘度であるため幅100μm，深さ50μm程度のマイクロチャネルへの注入は容易でない．それに比べて1992年に米国プリンストン大学のオースチン（Austin, R.H.)らにより提唱されたナノピラーを密に並べた構造体は粘性の問題が少ないため高度の集積化が可能であるという利点をもつ．実際，直径150nm，高さ160nm，ピラー間隔100nmという極微小のナノピラーチップも製作されている．当初は絶縁性のない不透明なシリコン基盤に作製されていたナノピラーも，現在では透明な絶縁体である石英・ガラス基板で作製可能となった．

◆ ナノピラーチップ

分離中のDNA

高分子（ゲル）を充填したチップ

ナノピラー

μTAS
（ミュータスの項参照）

ナノピラーを搭載したナノピラーチップ

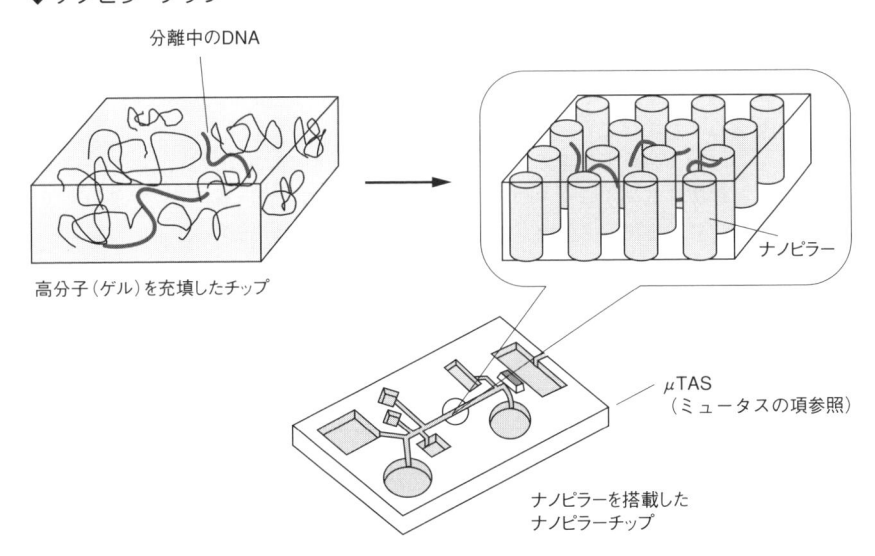

そのためDNAやタンパク質の電気泳動や蛍光色素観察のできるナノピラーチップの作製も可能となってきた．➡ ミュータス

ナノピンセット
[nano forceps]

1本の脚（針）のサイズが13nm（1nm=10⁻⁹m）のピンセット．針は炭素からなるカーボンナノチューブ*を用いてあり，電圧をかけると閉じるため，微粒子をつかんで動かすことができる．ピンセット（pincette）はフランス語で，英語ではフォーセップス（forceps）と呼ぶことに注意．

ナル突然変異　同　全欠失突然変異，
ヌル突然変異
[null mutation]

ある遺伝子をすべて欠失した突然変異．一部分を失うなどした変異遺伝子が発現しても本来の機能が発揮されない場合には欠損変異（defective mutation）といって区別する．

ナンセンスサプレッサー
[nonsense suppressor]

ナンセンス変異*を抑制する変異．停止コドンが突然変異した場合でも，さらなる変異によって再びアミノ酸を指定するコドンへ変化すると翻訳は継続する．3つの停止コドンにそれぞれ対応するナンセンスサプレッサーが存在する．

ナンセンス変異
[nonsense mutation]

タンパク質へと翻訳されるアミノ酸の遺伝暗号（コドン）が，翻訳停止を指定する終止コドンへ変化した突然変異．翻訳中のポリペプチド鎖は，未熟なまま翻訳を停止するため，タンパク質分解酵素の攻撃を受けて壊れやすい．

二次元電気泳動
[two dimentional electrophoresis：2-DE]

タンパク質をカラムゲル電気泳動によって等電点（一次元）の違いによって分離したのちにゲルを管から抜き出し，平面状ポリアクリルアミドゲルの上側に載せて分子量で分離して分析する方法．

二重鎖切断
[double strand break：DSB]

一連の減数分裂遺伝子組換え反応の最初に起こるDNA二重鎖の切断．二重鎖切断が起こる領域はだいたい決まっており，相同組換えのホットスポットと呼ばれている．出芽酵母においてDNAの二重鎖切断を起こす酵素はSpo11（分裂酵母ではRec12）で，トポイソメラーゼ様の機構により二本鎖DNAを切り出し，切断された5'末端に共有結合する．

ニック　同　切れ目
[nick]

二本鎖のDNAの一方の鎖に入っている切れ目のこと．ニックを人工的に作り，ここを利用して大腸菌のDNAポリメラーゼと放射活性のあるdNTPsにより，放射活性をもつDNA断片を得ることをニックトランスレーションと呼ぶ．

ニッチ
[niche]

幹細胞ニッチ（stem cell niche）ともいう．幹細胞*が各組織において存在する位置はほぼ特定されていて，周辺組織との相互作用の絡みから特別な環境が必要と考えられている．この環境をニッチと呼ぶ．本来は壁がん（彫刻などを置くための壁面の

窪み）を意味した言葉で，ラテン語の巣（nidus）が語源だが，フランス語では現在でも巣を作る（nicher）という意味で使われている．nicheという綴りはフランス語（ニッシュと発音する）由来であるが英語ではニッチと発音される．具体的な役割は，幹細胞の機能を維持するために何らかのシグナルを提供し，一定数の幹細胞が維持されるべく増殖の増減を調節することである．その存在は永らく示唆されてきたが，実際に解剖学的に同定するのは困難である．

ヌクレオソーム
[nucleosome]

真核細胞の染色体はおよそ幅 $1\,\mu m$（= 1,000nm），長さがその数倍のサイズをもつフランスパンのような格好をしている（図）．染色体は何段階かに分かれて規則正しく，合計およそ数百倍の縮小率で折りたたまれて収納されていることがわかっている．まず染色体を少し解きほぐすと染色小粒（クロモメア）と呼ばれる構造が見える状態になる．それは直径30nmのソレノイドと呼ばれる線維状の構造体から構成されており，ソレノイドはヌクレオソームと呼ばれる数珠玉構造体6個を1単位にコイル状に巻き付けた形状をしている．ヌクレオソームは4種類のヒストンと呼ばれる塩基性タンパク質（H2A，H2B，H3，H4と略称する）が2分子ずつ合計8個結合した複合体（ヌクレオソームコア）に約140塩基対のDNA二重らせんが1.75回転して巻き付いたもので，2つのヌクレオソーム間の連結部分の長さは平均60塩基対である．

ヌードマウス
[nude mouse]

マウスのnu遺伝子（第11染色体中央部）の欠損により無毛（ケラチン化の異常）と胸腺欠損（胸腺原器の発生異常）を表現型とする劣性突然変異マウス．免疫不全のため，異種動物の組織移植が可能である．またヒトの癌組織を移植した場合，その腫瘍の性質がそのまま保たれるため，新しい制癌剤の検索や感受性のテストなどに有用である．さらにはT細胞機能の欠損など胸腺依存の免疫機能に障害があるため，ヒトのディ・ジョージ症候群（Di George's syndrome）やネゼロフ症候群（Nezelof syndrome）の疾患モデルとなる．

ネオセントロメア
[neocentromere]

ヒトなどの高等真核生物の培養細胞において，セントロメアを含む領域が転座等により欠失した場合に，ごくまれに形成される新たなセントロメア活性を有する染色体領域のこと．欠失部分以外に新たな染色体座位に紡錘糸（スピンドル：spindle）との結合部位が新生され，その後その領域がセントロメア活性を継承する現象をネオセントロメアの形成と呼ぶ．この事実はセントロメア活性中心の形成がDNA配列のみに依存しているのではなくタンパク質などのクロマチンがもつ因子にも依存していることを示唆する．

ネオテニー
[neoteny]

性的に成熟した個体において幼生や幼体の性質が残る現象のこと．幼形（幼態）成熟とも呼ばれる．ドイツ語のNeotenieに由来する英語にとっては外来語で，語源はギリシア語の幼若（$\nu\varepsilon o\sigma$：neos）と延長（$\tau\varepsilon\iota\nu\varepsilon\iota\nu$：teinein）である．幼体と成体で大きな形態上の差異があるときに顕著に見出される．例えば両生類のアホロートル（axolotl）はサンショウウオ類の幼生の

◆ 真核生物におけるDNA二重らせんから染色体への規則正しい折りたたみ構造の模式図

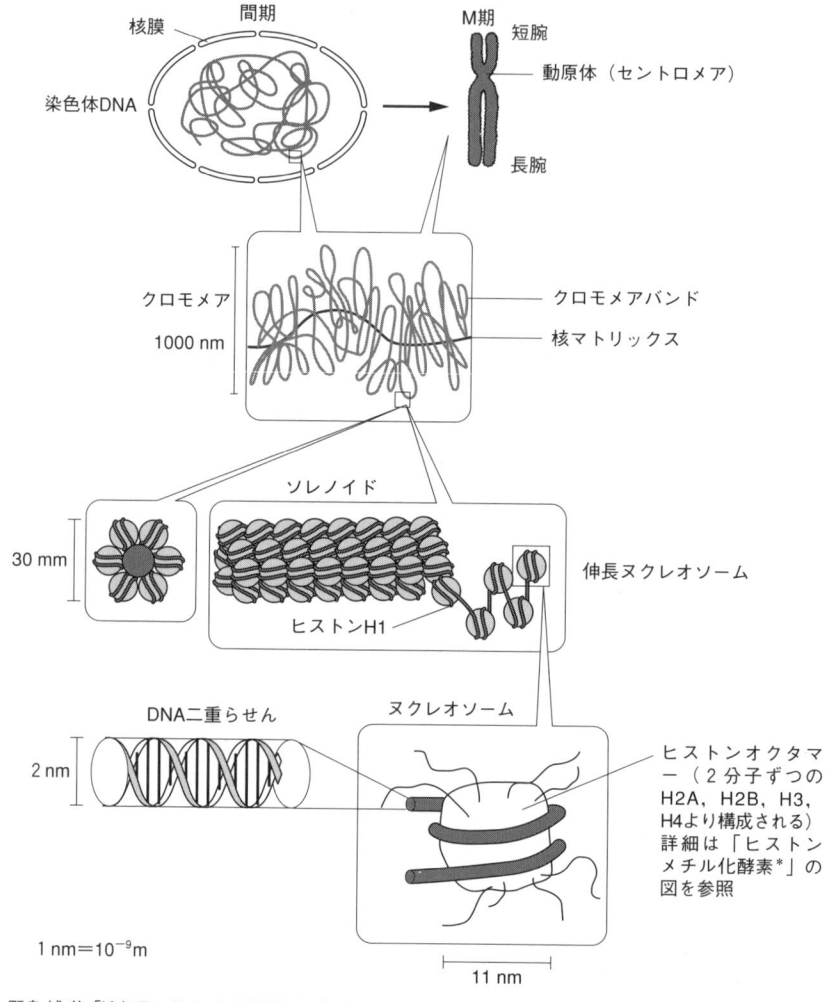

野島 博/著「遺伝子と夢のバイオ技術」（羊土社，1997）より改変

姿のままで成体となる．すなわち肺呼吸をするべく変態によって失うはずの鰓（えら）を成熟した成体も有しており，そのため水中で全生活史を過ごすというサンショウウオのできない生活ができる．生育条件を変えれば鰓を失った通常のサンショウウオ類の形態をとることもある．昆虫も変態で幼生と成体の形が大きく異なるため幼虫の形で生殖を行うネオテニーがいくつか知られている．幼若なチンパンジーは骨格がヒト

と類似しており，もの覚えが成体にくらべて優れていることから，ヒトはチンパンジーのネオテニーで進化的に発生したという説もある．

根絶やし技術　➡ ターミネーター技術

ノーザンブロット　同 ノーザンブロッティング，ノーザン法
[northern blot, northern transfer, northern hybridization]

RNAを電気泳動して，その泳動パターンを電気的にナイロン膜に移しとり，標識プローブ*とハイブリダイズさせてmRNAの存在量や長さなどを解析する方法．英国のサザン（Southern, E.M.）が開発した，DNAをアガロースゲル電気泳動し，変性させた後，ナイロン膜に移しとるという方法（サザン法）の逆という意味でノーザン法と呼ばれるようになった．ちなみにタンパク質を電気泳動して分離し，ナイロン膜に移して抗体などで検出する方法はウエスタン法と呼ばれる．

ノックアウトマウス
[knockout mouse]

標的遺伝子が部分的あるいは完全に削除されて欠損したマウス．対象とする遺伝子産物が本来もっているはずの機能を，遺伝子欠失によって生じる表現型の変化を観察することで解析できる．標的遺伝子が発生に必須であれば，その破壊は発生異常を引

◆ ノックアウトマウス作製法

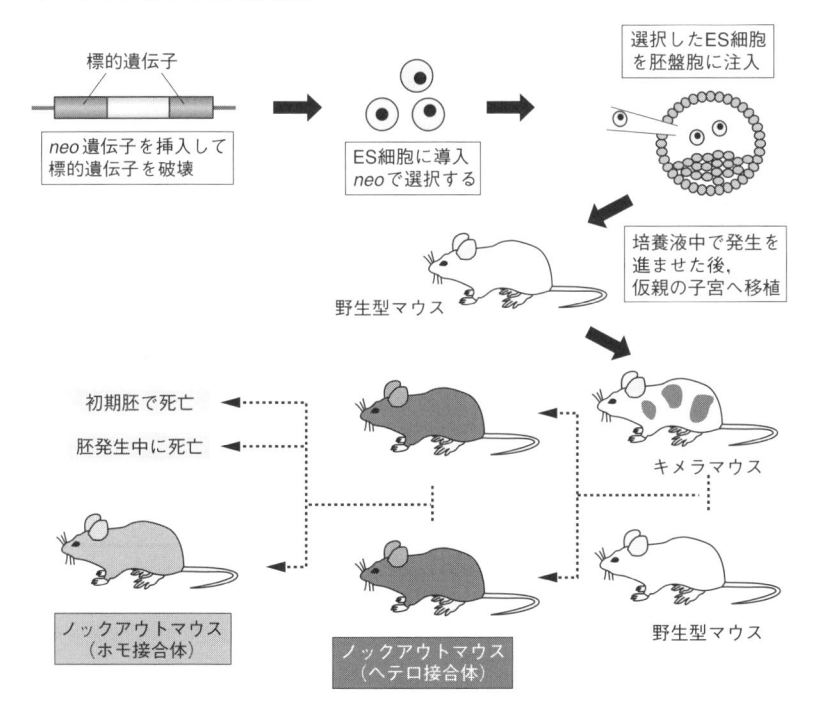

き起こすのでホモ接合体は原理的には生まれてこない．その際は発生途中で死んだ胚を子宮から取り出し，どの時点で異常を生じて死んだかを解析する．もしマウスがある程度まで無事に生育すればそこから培養細胞系を樹立することで標的遺伝子が破壊された細胞が実験に使えるようになる．遺伝子ノックアウトマウスは以下の手順で作製する（図）．

❶まず欠失させたいマウスの標的遺伝子を単離して構造を決定し，この標的遺伝子の一部をマーカー遺伝子（ネオマイシン[neo]など）で置換しておく．

❷この置換遺伝子を含むDNAをES細胞に導入し，マーカーを指標にして（neoを用いた場合はG418という薬剤に抵抗性となった細胞）相同組換えを起こした細胞のコロニーを選別する．

❸選別された置換標的遺伝子をもつES細胞を胚盤胞に注入してキメラ胚を作製する．

❹キメラ胚を仮親の子宮に移植して生育させキメラマウスを産ませる．

❺生まれてきたキメラマウスが置換（破壊）された標的遺伝子をもつか否かを尻尾を一部切り取って調製したDNAを材料にしたPCR法によって決定する．仔マウスのいくつかは破壊された遺伝子を片方の染色体にもつヘテロ接合体（＋／－）である．

❻これらヘテロ接合体であるマウス同士を交配すると破壊された遺伝子を両方の染色体上にもつホモ接合体（－／－）が得られる．

ノックイン
[knock-in]

相同組換え現象を利用して望むような発現を示す遺伝子座位に標的遺伝子を導入する技術．ある染色体座位に標的遺伝子を別の遺伝子に置換できる．またLacZなどのマーカー遺伝子に置き換えれば標的遺伝子の個体レベルでの発現動態を解析できる．

ノニルフェノール ➡ DEHP
[nonylphenol]

内分泌撹乱物質（➡ 環境ホルモン）の一つ．メダカなど魚類を雌化する作用をもつ．ノニルフェノール（図）はヒトの女性ホルモン受容体に比べてメダカの細胞内にある女性ホルモン（estradiol-17β）受容体と約100倍の強さで結合するという．工業用の界面活性剤などに大量に使われ（国内の生産量は2000年では16,500トン），排出されている．生物に影響がないとされる濃度は0.6μg/lであるが，調査によると一般水域でこの許容量を超える地点が多く見つかり，環境汚染の影響が懸念されている．ヒトへの直接の影響は少ないとされるが，魚類のみでなく藻類や甲殻類など生態系への影響は大きいと考えられている．

◆ ノニルフェノールとエストラジオール-17βの構造の比較

ノニルフェノール

エストラジオール-17β
（estradiol-17β）

ハ

バイオインフォマティクス
[同] 生物情報科学
[bio-informatics]

さまざまな種類の生物の全塩基配列が決定されたのち，そこから得られる膨大なゲノム情報を効率よく蓄積し使いやすいように加工する技術・学問の総称．情報科学（informatics）と生命科学（bioscience）の融合領域である新しい学問分野．生命情報科学と訳されることもある．ゲノムデータベース，スーパーコンピュータ，ソフトウェア開発の3つの分野が補い合って急速に進展している．

バイオテックベイ
[biotech bay]

カリフォルニア州のサンフランシスコにはバイベンチャーの草分けであるジェネンテック社（Genentech）があり，そこからサンフランシスコ湾を左手に40分も車を飛ばすと，パロアルト（Palo Alto）にある遺伝子工学発祥の地であるスタンフォード大学（Stanford University）に着く．これらの影響もあって立地がよいためかサンフランシスコ湾の周辺には大きなバイオ関連企業や小さなバイオベンチャー企業が集合している．地元では湾（bay）と愛称されていることもあって，これをバイオテックベイと呼ぶようになった．以前，サンフランシスコ湾西岸のパロアルトからサンノゼ（San Jose）に至る地域にコンピュータ関

◆バイオテックベイ

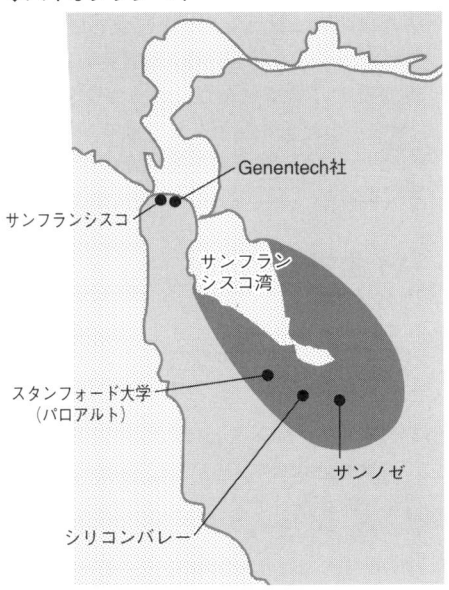

連の先端企業が集中していたことから，この地をシリコンバレー（silicon valley）と呼んでいたことに比する意味もあろう．

バイオファブ
[BioFab：Biotechnology Fabrication]

生物工学における道具（tool）や部品（parts）を規格化することで，電子工学で集積回路の構築において成功したような形のものを生物工学において構築すること．エレクトロニクス産業が今日の隆盛をみているのは1957年に（米）フェアチャイルド社のホーニー（Jean Hoerni）によってプレーナー（Planar）技術が開発されたおかげである．彼は蒸着によってシリコン上に金属や化学物質の膜を形成させ，作りたい回路の型に合わせた枠をかぶせて保護されていない部分だけを削って回路を作った．この技術により，ばらつきのない集積回路（IC）が生産でき，枠の設計により多様な

回路が大量生産できるようになった．この方法は「チップファブ」と呼ばれており，これと同じしくみを生物工学に持ち込んで構成要素の規格化を進めようとする方法（概念）をバイオファブと呼んでいる．プレーナー技術に代わる具体的な技術は模索中である．

バイオプラスチック
[bioplastic]

スーパー微生物*により生合成された原料を利用して作ったプラスチック．過去の生物の化石燃料（石油など）を原料としたプラスチックがごみとして廃棄された場合には分解されないでいつまでも残るため，あるいは有害な物質に壊れるため大きな環境となっているのに比べて，生きている現在の生物から生み出されるバイオプラスチックは廃棄すれば微生物に食べられて自然分解するので環境に優しい．コストを改善することが現在の課題である．

バイオマス
[biomass]

生物の残骸を分解させて作ったエネルギーの原料．グリーンオイル（green oil）と呼ばれることもある．石油や石炭も古代の植物の残骸や動物の死骸が長い時間をかけて化石化したバイオマスの一種である．小麦や米の藁やトウモロコシやサトウキビ収穫後の茎，製材工場から出る木屑など，大量に産生されるが従来はごみとして厄介者扱いだったものを有効利用するためのバイオテクノロジーが進展している．

バイオレメディエーション
[bioremediation]

生物の力を借りて環境を改善すること．例えばタンカーの座礁などで石油が大量に海に漏出したときなどに石油を分解するバクテリアを撒いたり，工場で微生物によって汚染物質を分解除去する装置を作って利用したりするなどの応用がなされている．このうちすでに環境中に存在する微生物を栄養補助剤を撒くなどして活性化することをバイオスティミュレーション（biostimulation）と呼び，その環境には元来存在しなかった新たな微生物を導入することをバイオオーグメンテーション（bioaugmentation）と呼ぶ．

配偶子
[gamete, haploid gamete]

接合や受精によって新しい個体となる接合子（zygote）を作る生殖細胞のこと．ヒトでは卵と精子が配偶子に相当する．サイズや形が同じ配偶子は同型配偶子（isogamete）と呼ばれ精子（小型で運動性に富む配偶子）や卵子（大きくて栄養を蓄えた配偶子）のように異なるものは異型配偶子（anisogamete）と呼ばれる．アオサやミルのように雄と雌の配偶子がともに鞭毛をもって泳いで合体するものもある．配偶子を形成するために行われる，染色体数を半減する特別な細胞分裂を減数分裂（meiosis）と呼ぶ．多くの生物では子孫を作るための特別な配偶子を形成するが，真核生物のなかでも藻類や単細胞生物の一部では配偶子を形成せずに，それ自身が配偶子として子孫を作り出すものもある．

ハイスループットスクリーニング
[high throughput screening：HTS]

多数の遺伝子またはタンパク質を一度にスクリーニングでき，短時間で簡単に解析できる方法あるいは技術．タンパク質の機能解析などは従来は一つ一つを単離精製して行ってきたがポストゲノム時代に入って

もっと効率のよい方法が探索されている．プロテインチップ*や種々のアレイ技術*などは多数のタンパク質の機能解析のHTSを実現する一つの技術として期待されている．

胚性幹細胞　➡ ES細胞
[embryonic stem cell line：ES]

　1981年に，英国のエバンス（Evans, M. J.）とカウフマン（Kaufman, M. H.）によって単離された，発生分化的に全能性をもつマウスの胚性細胞．ES細胞は，正常細胞でありながら不死性（immortality）を獲得しているため，シャーレの中で培養して増殖させることができる．さらに分化の全能性をもつので，培地に分化誘導能をもつ物質やタンパク質を加えるだけで脳や筋肉などの特殊に分化した細胞へ分化誘導できる．その後，ヒトからも同様の胚性幹細胞が単離されている．彼らの行った実験の概略は以下のようである．

胚性幹細胞樹立の方法の概略　（図）

❶ マウスを受精させてから4日後に卵巣を除去し，胚盤胞*を回収する
❷ 胚盤胞の内部にある内部細胞塊*を顕微鏡下で分離して採集する．内部細胞塊はあらゆる細胞に分化できる全能性（totipotency）をもつ未分化細胞である
❸ これを特殊な培養液で培養することで胚性幹細胞株として樹立する

バイ・ドール法
[Bayh-Dole Act]

　米国のドール上院議員の名前を冠したこの法律（1985年）は，米国のハイテク産業が産官学共同で研究開発することや，産業界がメリットをもてるような特許実施・技術移転制度などを定めてあり，その後制定されて米国でのベンチャー企業を育てる大きな推進力となる「技術移転法」（1986年）の基盤となった．皮肉なことに，この法律は当時日本企業の海外での活躍が盛んになってきたころ（バブル景気の初期）であり，日本の強さは産官学連携にあると見て，米国でも連携を強力に推進すべきであると考えたのである．その後，日本は景気が失速し，バイオベンチャーの分野で大きな差がついてしまった．日本政府が遅ればせながら「バイオテクノロジー産業の創造に向けた基本戦略」を作り，バイ・ドール法に相当する「産業活力再生特別措置法」を制定・施行したのは1999年になってからである．次いで，大学で生まれた研究成果を企業に移転するための「大学等技術移転促進法（通称TLO法）」ができ，2000年からはミレニアム・プロジェクトがスタートしゲノム研究が重点課題の一つとして取り上げられて，いよいよ日本も挽回を計りつつある．　➡ 技術移転機関

バイナリーベクター法
[binary vector method]

　Tiプラスミド*による遺伝子導入法の一つ．

バイナリーベクター法の手順　(195ページ図)

❶ 境界配列と薬剤マーカー遺伝子をもち，土壌細菌内で複製できる大腸菌とのシャトルベクター（バイナリーベクター）を準備し，その境界配列の間に外来遺伝子を組込む
❷ 境界領域を含むT-DNAの全領域を欠失しているがvir領域は保持しているTiプラスミドをもつ土壌細菌へ導入する
❸ やがて2つのプラスミドがもち寄った組込み能力（RB/LB）と感染性（vir）

◆ 胚性幹細胞株樹立の手順とその応用

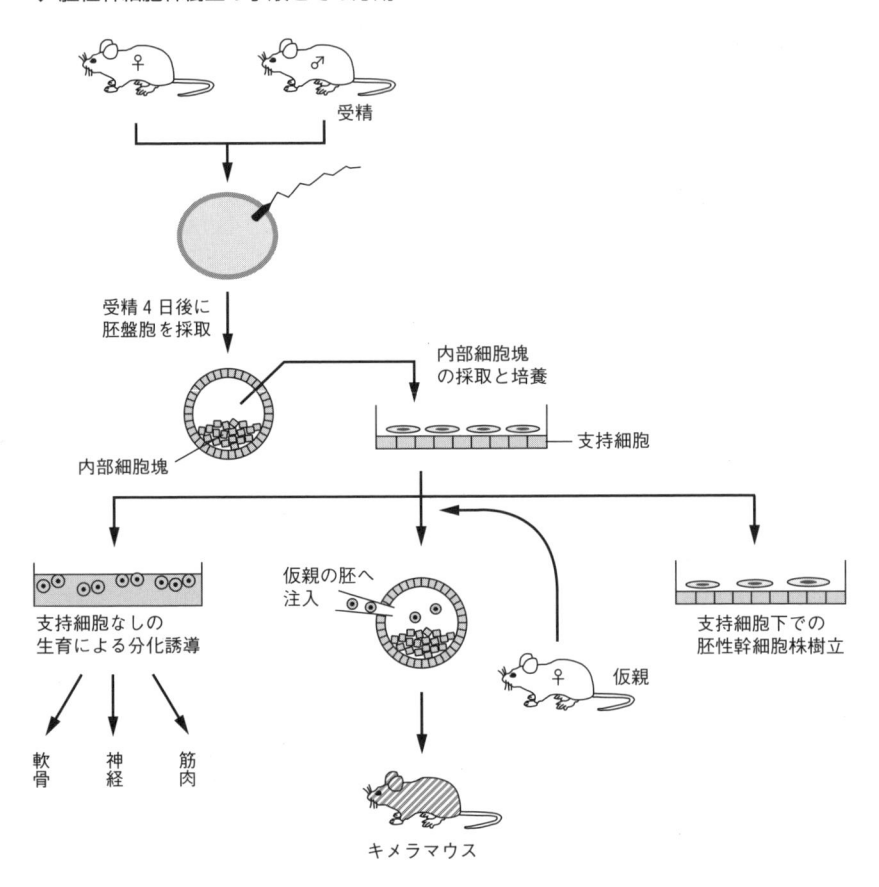

によってこの土壌細菌は植物に感染される．ここでは vir の機能は異なるプラスミド上のT-DNAにも働くという性質を利用している
❹ その後，境界領域（RB/LB）に囲まれた外来遺伝子は植物ゲノム内に組込まれる．ただし，ゲノムのどこに組込まれるかはわからない

胚培養
[embryo culture]

動物の場合は卵殻から，植物の場合は子房を切開して胚を取り出して培養すること．植物の胚は培養を続けると生育し，やがて成熟した植物体に成長する（196ページ図）．

胚盤胞
[blastocyst]

哺乳類の初期発生において卵割期の終了した初期胚のこと．4回卵割したのちの16細胞期には，卵割が終わった細胞の塊である集塊は，外側を包む栄養芽層（tro-

◆ バイナリーベクター法

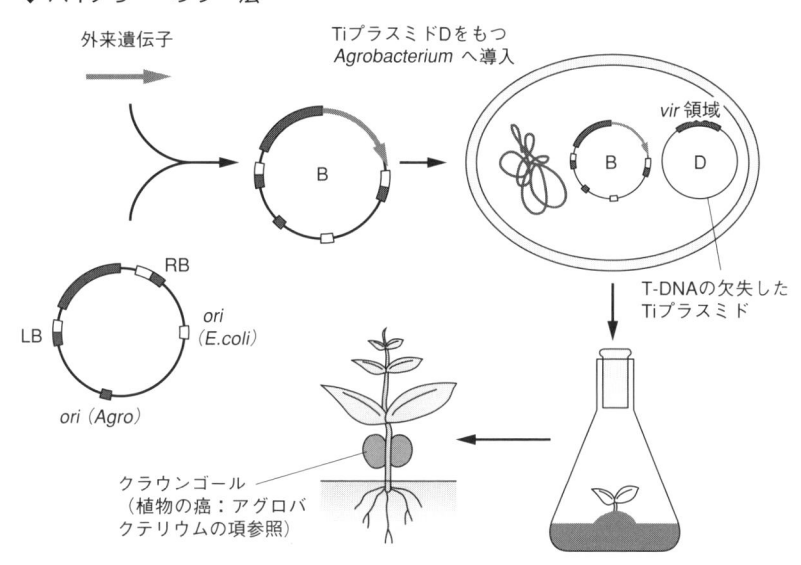

phoblast）と内側の内部細胞塊（inner cell mass）に分かれ始め，32細胞期には分離が完了する．内部細胞塊は胚結節（embryoblast）と呼ばれることもある．そのとき，集塊内に腔隙が生じ，それが徐々に拡大して胞胚腔となるが，この状態は胚盤葉（blastderm）と呼ばれる．通常，この段階で子宮壁に着床＊する．

ハイブリダイゼーション 同 雑種形成
[hybridization]

塩基配列が相補的な2本のDNA（RNA）鎖が水素結合によってGCとAT（U）のペアを形成して安定な二本鎖を形成すること（197ページ図）．ハイブリダイゼーションの起こりやすさを決める要因には反応温度，相補鎖結合する核酸の長さやGCとATの比率，塩濃度（イオン強度）などがある．一般に塩濃度が高いほど，温度が低いほどハイブリダイズしやすく，安定な二本鎖DNAの形成には少なくとも15bpは必要である．DNAの場合，この二本鎖は熱処理（90℃，5分）するか溶液をアルカリ性にすることによって変性して一本鎖になる．一般にRNA/DNAの間の結合のほうがDNA/DNAの間の結合より安定である．水素結合はGとCの間は3本，AとTの間は2本であるのでGC結合の割合が多いほど二本鎖は安定となる．そこで対象となるDNA断片のGCの割合（GC content）を数え，そこからDNAが二本鎖から一本鎖へと解離（変性）する融解温度（melting temperature：Tm）温度を計算することができる．通常はTmより15～25℃低い温度で反応させる．反応溶液にホルムアミド（formamide）を加えることにより，この反応温度を下げることができる．簡便なTmの計算式として以下が知られている．

❶ 長さが18塩基以下の場合

◆ 胚培養の例（ハクランの作成）

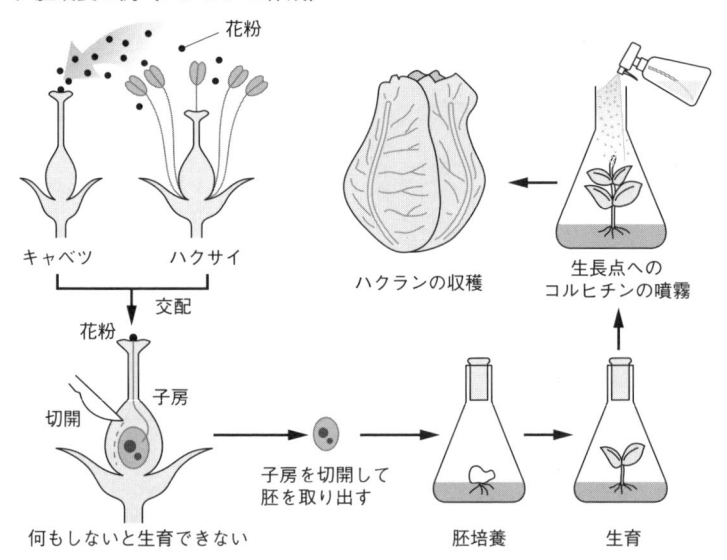

$Tm（℃）= 4℃（GCペアの数）+ 2℃（ATペアの数）$

❷ 長さが19塩基以上の場合

$Tm（℃）= 81.5 - 16.6\log_{10}[Naイオン濃度] + 0.41（GC\%）-（500/N - [FA]\%）$

ここにGC%はDNA断片にGCペアの占める割合（%），
[FA]%は反応溶液中のホルムアミドの濃度

ハイブリッド種子
[hybrid seed：F1 seed]

植物において，遺伝的に固定された2種類の純系品種どうしを交配してできた雑種第1代（F1）の種子．F1は両親の優れた形質を受け継いだ多様な品種を育種できるのみでなく，雑種強勢*という現象によって純系の品種に比べて成長速度や収量に優れている．しかし自家採取ができないため，農家が次の年に収穫した雑種第2代（F2）種子を蒔くと，メンデルの分離の法則で知られているとおり，劣性形質が現れてくるため非生産的となる．優れた作物を得るために農家は毎年F1種子を購入しなくてはならないので，ここにビジネスが生まれる．一般にレタス，ニンジン，ネギなどのように多数の花が固まって咲いていたり，マメ科の植物のようにおしべとめしべが花弁に包み込まれていて自家受粉しやすいものはF1化が難しかったが，バイオテクノロジーの進展によって開発が進んできた．

ハイブリッド・ライス
[hybrid rice]

イネ（稲）のハイブリッド種子外被のこと．生産性の向上が期待されている．

胚様体
[embryoid body：EB]

◆プローブとのハイブリダイゼーションによる相同DNAの検出

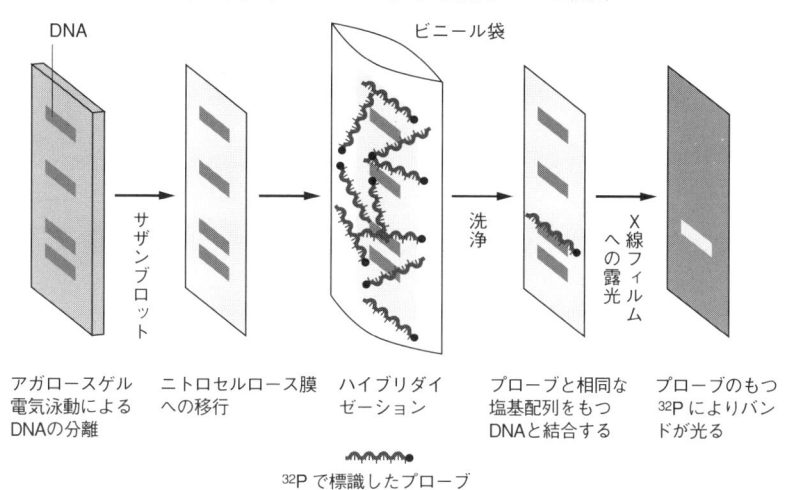

| アガロースゲル電気泳動によるDNAの分離 | ニトロセルロース膜への移行 | ハイブリダイゼーション | プローブと相同な塩基配列をもつDNAと結合する | プローブのもつ ^{32}P によりバンドが光る |

^{32}P で標識したプローブ

野島 博/著「ゲノム工学の基礎」(東京化学同人, 2002)より改変

ES細胞*はLIF*によってその未分化能が維持される付着性細胞である。LIFの存在しない培養液中でES細胞を浮遊培養すると、集塊状となって分化するようになる。この集塊を胚葉体と呼ぶ。胚葉体はマウス発生の初期段階である卵筒(egg cylinder)に相当するものと考えられており、三胚葉(外胚葉、中胚葉、内胚葉)を有する。実際、EBを適当なサイトカインの存在下で培養すると、EB内部には卵黄嚢における血島(blood island)によく似た組織が発生し、そこには造血前駆細胞も見出される。

配列認識部位　➡ STS

ハウスキーピング遺伝子
[housekeeping gene]

あらゆる細胞に普遍的に発現されている遺伝子のこと。多くは細胞の維持や増殖に不可欠な遺伝子で、その代表格であるGAPDH (glyceraldehyde-3-phosphate dehydrogenase)、β-アクチン、チューブリンなどは実験における発現量の対照(コントロール)として使われることが多い。

パキテンチェックポイント　➡ 減数分裂
[pachytene checkpoint]

減数分裂遺伝子組換えをモニターし、修復されていないDNA二重鎖切断*部位、もしくはシナプトネマ構造*の異常が見つかると減数第一分裂への進行を阻止する減数分裂組換えチェックポイントのこと(図)。この時期は減数分裂のパキテン期*に相当することからパキテンチェックポイントと呼ばれる。パキテン期以前であれば栄養源を与えると体細胞周期に戻ることができるが、パキテン期を過ぎるともはや体細胞周期には戻れない。その意味でパキテン期は減数分裂の進行を最終決定する重要な時期である。パキテンチェックポイントは、パキテン期で停止する出芽酵母の*dmc1*変異

◆ パキテンチェックポイント

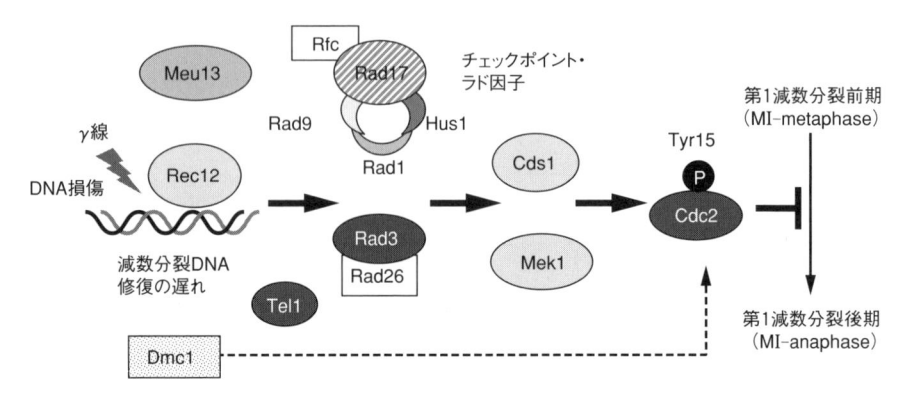

パキテンチェックポイントはγ線などにより生じたDNA損傷が修復されるまでは第一減数分裂前期から後期へ進展しないようCdc2に作用して停止（あるいは遅延）させる作用をもつ

株にDNA傷害チェックポイント遺伝子の変異を導入するとその停止が解除されることで発見された．

バキュロウイルス
[vaculovirus]

節足動物（主として昆虫）にのみ感染する，約130kbの環状二本鎖DNAをゲノムとする膜構造をもった棒状の昆虫ウイルスで，脊椎動物や植物には全く感染しない．なかでも有用なのは核多角体病ウイルス（nuclear polyhedrosis virus：NPV）で，ウイルスのタンパク質が細胞全体の40％を占めるまで大量に発現する．その理由は，感染細胞の核内に多角体と呼ばれる封入体を形成することにある．スミス（Smith, G.：1983年）らは，ウイルスの増殖には必須でない多角体遺伝子のポリヘドリンプロモーターをもつプラスミドを作製し，その下流に対象遺伝子を挿入（上限約10kb）して大量発現できるベクターを開発した．実際には鱗翅目昆虫夜蛾科 Autographa californica由来のAcNPVと蚕（カイコ；Bombyx mori）由来の BmNVP 由来のウイルスDNAがベクターとしてよく使われる．これらバキュロウイルス（<u>bac</u>ulovirus）DNAとプラスミド（plas<u>mid</u>）DNAを融合させた融合ベクターはバクミッド*（bacmid）と呼ばれる．この系の利点は安全性が高いこと，大量に組換え遺伝子産物が得られること，高等動物細胞でなされるタンパク質の修飾（糖鎖付加やリン酸化）が本来行われているのと同様になされることなどである．

実験は以下の手順で進める（図）．❶バキュロウイルスゲノムへの転移に必要な遺伝子をすべて含み，大腸菌で増殖できるプラスミドであるトランスファーベクターに対象cDNAを組込む．❷制限酵素切断で直線状にしたバクミッドと，対象cDNAが組込まれたトランスファーベクターを同時に夜蛾（Spodoptera frugiperda）の幼虫由来株化細胞（Sf9）へ形質転換する．❸その後，細胞内で相同組換えを起こすことで対象cDNAをバクミッドへ移動させる．大腸菌内で部位特異的トランスポジションに

◆バキュロウイルスによるタンパク質の大量発現

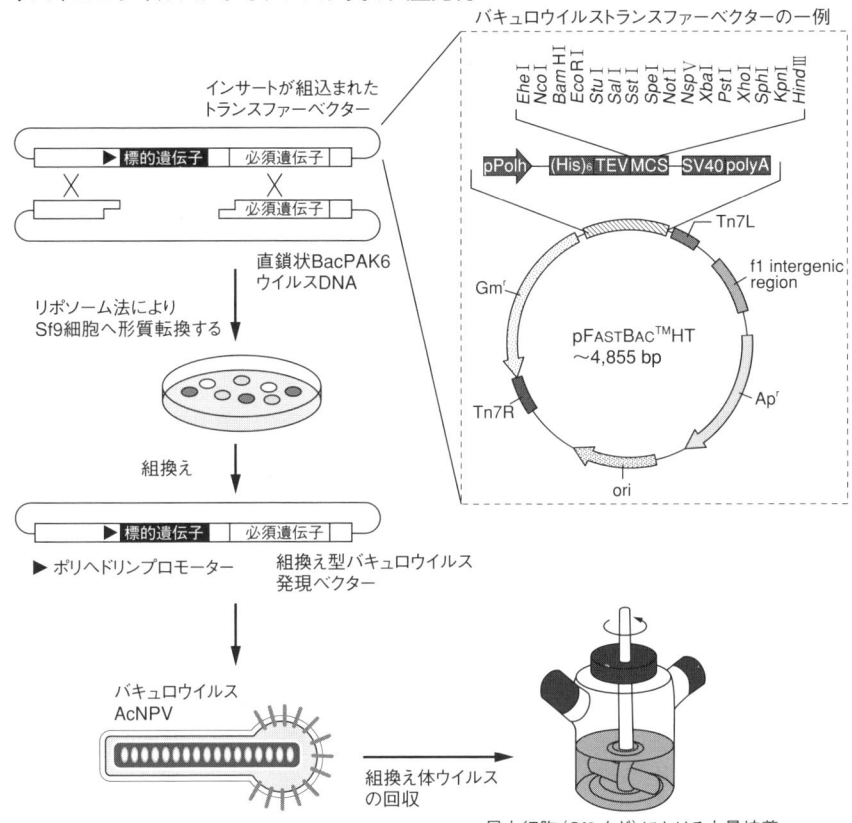

```
                      バキュロウイルストランスファーベクターの一例
          インサートが組込まれた
          トランスファーベクター       EheI NcoI BamHI EcoRI StuI SalI SstI SpeI NotI NspV XbaI PstI XhoI SphI KpnI HindIII

          ▶ 標的遺伝子  必須遺伝子       pPolh (His)₆ TEV MCS SV40 polyA
          ×          ×
               必須遺伝子                              Tn7L
                                                        f1 intergenic
          直鎖状BacPAK6                Gmr               region
          ウイルスDNA
                                            pFASTBAC™HT
   リポソーム法により                        ~4,855 bp
   Sf9細胞へ形質転換する
                                      Tn7R              Apr

               組換え                        ori

          ▶ 標的遺伝子  必須遺伝子
       ▶ ポリヘドリンプロモーター  組換え型バキュロウイルス
                              発現ベクター

       バキュロウイルス
       AcNPV              組換え体ウイルス
                          の回収
                                        昆虫細胞（Sf9など）における大量培養
```

野島 博/著「ゲノム工学の基礎」（東京化学同人，2002）より改変

よる組換え体を作製できるベクター (pFASTBAC) もある．❹形質転換の数日後に多角体を形成しない組換えウイルスの透明プラーク（非組換え体は白色）を顕微鏡下で検索して採集する．❺このような純化を繰り返して均一なウイルスを得る．❻これを単層に培養した細胞に感染させ46〜72時間後に培養液あるいは感染細胞を採取する．

もっと多量のタンパク質を発現させる目的でカイコの幼虫を宿主にする実験系もある．その系では，数時間絶食した5齢幼虫を氷水の中に数分間浸すことで冷却麻酔を行ったうえで感染培養の上清を10倍に希釈した組換え体ウイルス液を体腔内に注射する．4日後にカイコ個体から目的タンパク質が大量に発現されている抽出液を採取し，すぐに酸化防止剤（DTTなど）を加えてメラニン化を防ぐ．目的タンパク質が分泌性ならば腹脚を注射針でつついて体液を採取する．

バクテリオシン
[bacteriocin]

数多くの細菌が産生するタンパク質またはペプチドからなる抗菌物質の総称．主に同種または近縁種の菌株に対して抗菌作用を示す．標的となる感受性細菌の細胞膜には各バクテリオシンに特異的な受容体がある．大腸菌（*Escherichia coli*）はコリシン（colicin）を，緑膿菌（*Pseudomonas pyocyanea*）はピオニシン（pyonicin）を，巨大菌（*Bacillus megaterium*）はメガシン（megacin）を産生する．これらをコードする遺伝子は多くがプラスミド上にあるが，ピオシンR因子のように細菌の染色体遺伝子内にコードされているものもある．

バクミッド
[bacmid]

バキュロウイルス*（baculovirus）DNAとプラスミド（plasmid）DNAを融合させ，昆虫細胞でも大腸菌でも増殖できるようにしたシャトルベクターの一種．

ハーシェイ・チェイスの実験
[Hershey-Chase's experiment]

米国のハーシェイ（A.D.Hershey）とチェイス（M.Chase）による，DNAが遺伝物質であることを示した歴史に残る実験（1952年）．彼らは，DNAはリンをもつが硫黄をもたず，タンパク質はシステイン（Cys）に由来する硫黄元素（S）をもつがリン（P）をもたない点に着目した．用いたファージT2は遺伝物質であるDNAと外被タンパク質のみから構成されていることがすでにわかっていた．まず放射性同位元素（^{35}S）で標識（label）したファージT2を未標識の大腸菌に感染させると大腸菌は^{35}Sでは標識されなかった（図）．次に，^{32}Pで標識したファージT2を大腸菌に感染させると大腸菌は強く標識された．この結果により感染細菌の中に入った物質（すなわち遺伝子）はDNAでありファージの外被タンパク質ではないことが示された．すなわち，遺伝子の本体はDNAであることが証明されたのである．

ハーシェイの天国
[Hershay's paradise]

ハーシェイ・チェイスの実験*で有名な，アルフレッド・ハーシェイ（Alfred Hershay；1908-1997）にちなんだ格言．とくにサイエンスにおいて，ある境地に達すると「それを行っている本人にとっては単なる繰り返しにすぎないので簡単だが，他人からみると神業とみえる状態」のこと．シーモア・ベンザー（Seymour Benzer；1921〜）がラムダファージの遺伝子地図を作成していた時に自分が置かれた状況をこのように呼んだのが始まり．この話は，ハーシェイの同僚がハーシェイに「科学者としてもっとも幸福な時は？」と尋ねたときに返ってきた答え「良い実験系を発見し，それを何度も何度もやり続けること」に由来する．

橋渡し実験
[bridgeing study]

新薬開発において，民族独自のSNP情報をもとにして，民族差に応じた薬の使用量などを考慮すること．例えば米国で欧米人を対象にして開発された薬を日本人に使うときには，開発途上で得られたデータをそのままあてはめることをせずに体格や体力差を考慮して適応量や使用法を決めなければならない．また，例えばある薬を分解する酵素の活性は日本人（モンゴロイド）では欧米人（コーカソイド）に比べて弱いことが知られている．一般に欧米人はアルコ

◆ハーシェイ・チェイスの実験

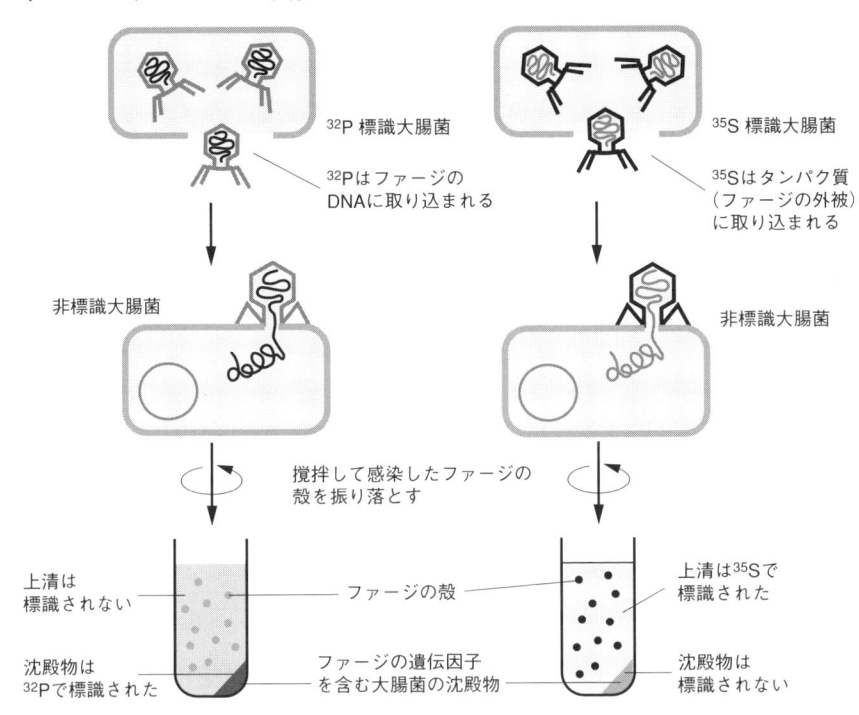

^{32}P 標識大腸菌
^{32}P はファージの DNA に取り込まれる

^{35}S 標識大腸菌
^{35}S はタンパク質（ファージの外被）に取り込まれる

非標識大腸菌

撹拌して感染したファージの殻を振り落とす

上清は標識されない
ファージの殻
沈殿物は ^{32}P で標識された
ファージの遺伝因子を含む大腸菌の沈殿物
上清は ^{35}S で標識された
沈殿物は標識されない

ール分解酵素の活性が強いため日本人より酒に強いことを思い起こせば納得できる話である．

ハーセプチン
[Herceptin]

世界で初めて実用化されたテーラーメード薬（モノクローナル抗体）の名称．乳癌の治療薬として米国のバイオベンチャーであるジェネンテック社（Genentech）により開発された．ハーセプチンは上皮細胞成長因子の受容体であるHERに特異的に結合する抗体を抗癌剤として使用する薬剤で，HERから発せられる増殖シグナル伝達を阻害することで乳癌の増殖を抑制できる．HERは約30％の乳癌患者の癌細胞で過剰発現していることが知られているので，実際の臨床試験では，まず免疫染色法でHERが過剰発現されているかどうか診断し，陽性の患者についてのみハーセプチンが適用された．その結果，非常に高い確率で治療効果が現れた．しかし，正常細胞の受容体にも結合するので重い副作用を生じる． ➡ グリベック

バーチャル細胞
[virtual cell]

ゲノム・プロテオーム情報をもとにして，細胞内であたかも起こっているようなモデルをたててコンピュータ内でシミュレーション（simulation）実験を行うための模擬的な細胞（図）．シミュレーションと

◆ バーチャル細胞

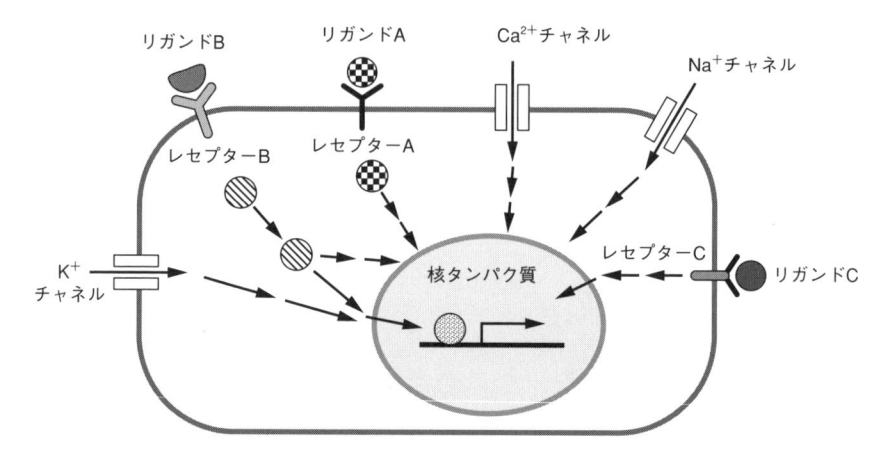

ある仮想細胞にイオンを交換するチャネルやイオンポンプ，リガンドやレセプターおよびそれらの制御因子など数十種以上にも及ぶ機能を設定し，シミュレーション実験を行う

現実の細胞で得られる結果をつき合わせることで，より in vivo に近いモデルが得られるような努力がなされている．遺伝子発現やタンパク質の機能の総体的な動態を調べる目的で使われる．米国でバーチャル細胞創製のための研究助成計画が発表されて研究の盛り上がりが図られ，米国ではカリフォルニア大学サンディエゴ校のインフルエンザ菌やピロリ菌などのゲノムモデルの設計，コネティカット大学健康センターの数理シミュレーター，ソーク研究所のシナプスシミュレーター，プリンストンにある企業（Physiome Sciences社）の「CellML」言語で書かれたシミュレーター，米国エネルギー省（DOE）のバーチャル細胞プロジェクトなどのプロジェクトが走っている．日本では非常に単純なゲノムからなる Mycoplasma genitalinm などから得られた127個の遺伝子をもとに生命体モデルを構築した，慶応大学の数理シミュレーションシステム（E-CELL）が動いている．▶

in silico バイオロジー

パッケージング細胞
[packaging cell]

レトロウイルス*粒子を産生することなくウイルス構成タンパク質のみを産生している細胞．同種指向性（ecotropic）ウイルスを産生するよう設計されたもの（ψ2）と，異種指向性（amphotropic）ウイルスを産生するよう設計されたもの（ψAM, PA12, PA317）がある．

パッケージングシグナル
[packaging signal]

ウイルス粒子の構成に必須なレトロウイルス*ゲノムの特定の塩基配列．ψ（プサイ）と略記される．ψを組み込んだレトロウイルスベクターをパッケージング細胞*に感染させるとベクターDNAから転写されたRNAのみが内包されてウイルス粒子として培養上清に放出される．

パッケージングプラスミド
[packaging plasmid]

レトロウイルス*ベクターにおいてウイルス粒子を作るのに必要なタンパク質を外部から供給するためのプラスミド．パッケージングシグナル*配列（ψ）をもつRNAのみがウイルス粒子に内包されるように設計してある．

パドロックプローブ
[padlock probe]

RCA*を用いたSNPタイピング*に用いる南京錠（padlock）型プローブ．2つのアリルをそれぞれ特異的に識別できるようにSNP部位だけ塩基が異なるように設計してある．もし試料DNAがTアリルのホモ接合体の場合にはハイブリダイズさせてDNAリガーゼを作用させると，マッチする場合だけ環状になってRCA反応を開始し増幅される．その結果，試料DNAはTアリルのホモ接合体であると判断できる．異なるアリルに対して別個の配列をもつパドロックプローブを準備すれば，異なる蛍光色素で標識した別個のプライマー（P1，P2）を用いて1本のチューブ内で反応させることでアリルの識別がつけられるため自動化に便利な方法である（図）．

ハブ細胞　→ シスト
[hub cell]

ハブの本来の意味は扇風機あるいは自転車の車輪の軸．プロペラやスポークを受ける中心となることから，中核・中枢の意味をもつようになっていった．バイオの世界では幹細胞が非対称に分裂するための中核となる細胞をハブ細胞と呼ぶ．例えばショウジョウバエの精子形成において生殖幹細胞が非対称に分裂するためには，幹細胞ニッチが出すシグナル伝達の微小環境だけで

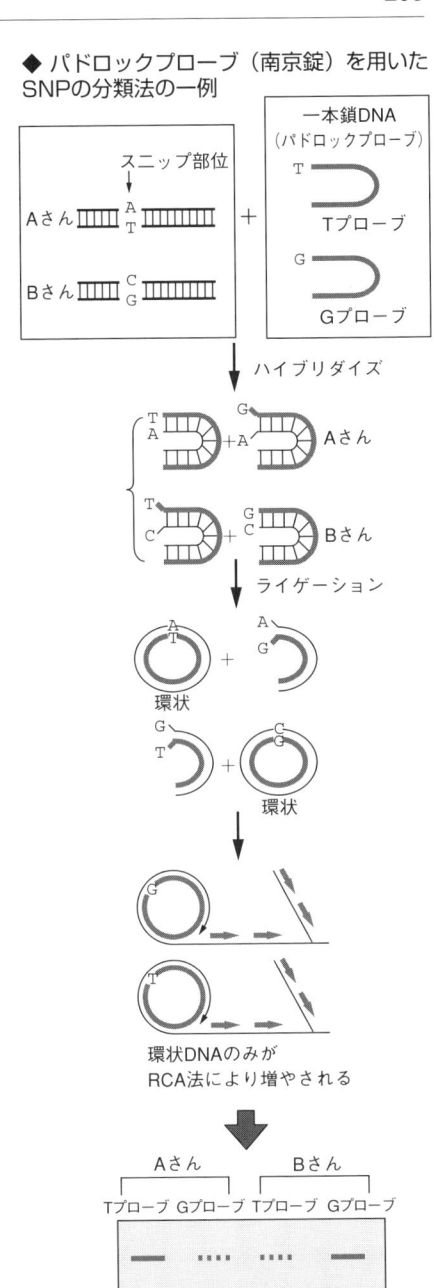

◆ パドロックプローブ（南京錠）を用いたSNPの分類法の一例

は不十分である．それに加えて幹細胞分裂の向きがハブ細胞に対して垂直に向くことで，非対称分裂後の娘細胞のうち一方はハブ細胞に接着し，他方はハブ細胞から離れるように位置することが重要なのである．この細胞分裂の向きは紡錘体の向きに支配されており，それは中心体（centrosome）の位置づけによって細胞周期の間期の時にすでに決定されている．実際，中心体の機能が損なわれた変異株の場合には幹細胞の非対称分裂が異常となり，対称分裂が起こって幹細胞の数が異常に増加してしまうという．

ハプロタイプブロック
[haplotype block]

ゲノム医療におけるハプロタイプとは「染色体のある領域に並んでいる遺伝子多型としての1セットのSNPの組合わせ」と定義される．ヒトゲノムには遺伝子多型（SNP）が約1千万カ所あるが，その中には複数のSNPが一群として強い連関をもって遺伝していることがわかってきた．このようなハプロタイプの機能的な単位をハプロタイプブロックと呼ぶ．このうち一定の領域から特定のSNPだけを選別して調べていけば医学的に重要なハプロタイプを見つけることができよう．

バミューダ原則
[Bamuda rule]

1996年2月に英国領バミューダ諸島において，ゲノムプロジェクトにおいて協力的な関係にある研究者が集合した国際的な会合が開かれた（日本からも3名が参加）．そこでは，ゲノムプロジェクトで決定された塩基配列の公開の規則が話し合われ，「決定された塩基配列は公的なデータベースに24時間以内に提供する」という原則が合意された．これをバミューダ原則と呼ぶ．公開された塩基配列は誰でも無料で閲覧が可能となる．一方，ベンター（Venter, C.）が設立したセレラ・ジェノミクス*社（以下セレラ社）は私企業であるため，この原則に従わないとの方針を打ち出し，彼らが決定した塩基配列は使用用途に関する厳しい契約をしたうえで高額な金額を支払った者だけが閲覧できることになった．公的なプロジェクトグループと対立する形でヒトゲノムプロジェクトが並行して進められることとなった．それでもベンターらの塩基配列決定の方がスピードがかなり速かったので時間を買うという意味で高額な閲覧料を払っていち早くゲノム創薬*に取り組んだ企業も多い．このベンターの刺激によって公的なプロジェクトグループの塩基配列決定のスピードも格段と上昇した．2000年6月26日にはセレラ社と日米欧の研究者が共同で，予定よりも数年早く「ヒトゲノム全塩基配列の大部分（ドラフト塩基配列）を解読した」と公表し，2001年2月にはセレラ社がScience誌に，公的グループがNature誌に同時に論文として発表した．

パラクリン　同 パラクライン，パラ分泌，傍分泌　⇒ 分泌
[paracrine]

神経伝達物質，オータコイド*やサイトカイン*にみられる作用様式の一つ．パラクリンはホルモン産生細胞が放出したホルモンが隣接細胞に直接作用して応答させること．

パラトープ　⇒ 抗原決定基，アグレトープ
[paratope]

パラトープとは抗体分子のY字形の2つの頭に存在する抗原が直接結合する抗体側

の部位のこと．トープの語源はギリシア語で場所（place）や地点を（spot）を意味するtopos［τοπος］である．この部位は抗体ごとにアミノ酸配列が異なる可変領域（hypervariable region）となっている．これに対する抗原側の結合部位はエピトープ（epitope）と呼ばれる．エピトープは，構造既知の抗原決定基（antigenic determinant）を意味し，とくに構造に重点を置く場合に使われる．ここに抗原決定基とは，「生体の免疫反応を誘導し，その結果産生された抗体と特異的に結合する抗原側の部位」のことで，より生物学的な意味合いをもつ用語である．すなわち，対応する抗体ができて初めて定まる相対的なもので，抗体ができないタイプの構造は抗原決定基とはならない．その意味で絶対的なものではない．エピトープはすでに抗体ができたときに初めて使える用語である．分子レベルの記述では，「エピトープとパラトープは三次元的に相補的な立体構造をとるため，鍵と鍵穴のようにピッタリと結合して，抗原・抗体反応の高い特異性を保つ」というふうに使う．

一方，1つのB細胞クローンの産生する抗体（免疫グロブリン）に固有の抗原性をイディオタイプ（idiotype：Id）と呼ぶ．1つの抗体の可変領域は複雑な高次構造を構成するため，それら自身が抗原決定基となりうる．そのうち，抗体全般に共通する立体構造（抗原決定基）を除き，各抗体に固有な立体構造（抗原決定基）の1つ1つをイディオトープ（idiotope）と呼ぶ．1つの抗体には多数のイディオトープが存在しうるので，イディオタイプはそれらの集合体であると言うこともできる．イディオタイプに対する抗体も存在し，それは抗Id抗体と総称される．このとき，抗Id抗体自身も同じイディオタイプをもつため，それを介して多数の抗Id抗体が結合してネットワーク（idiotype network）を生じる．

パラプトーシス
[paraptosis]

プログラムされた細胞死（programmed cell death）の一つの様式．アルツハイマー病における神経細胞の死にみられるように，ミトコンドリアの膨潤とともに細胞質に液胞と呼ばれる空隙がみられる点でアポトーシスと異なる．アポトーシスを阻害する薬剤によってはパラプトーシスは阻害されないので，両者の制御機構は異なると考えられる．アポトーシスを起こせない下等生物でもパラプトーシスは起こすことから，より原始的な細胞死のしくみではないかという考え方もある．

パラロガス遺伝子
[paralogous gene]

塩基配列が相同（類似）な遺伝子はホモロガス遺伝子［homologous gene］と呼ばれるが，それはオーソロガス遺伝子［authologous gene］とパラロガス遺伝子とに区別される．前者は進化的に分岐した種の間の相同な遺伝子で，例えばヒトとマウスのαグロビン遺伝子は互いにオーソロガス遺伝子である．後者は同じ種の中で重複して生じた類似な遺伝子で，例えばヒトのαグロビンとβグロビンの遺伝子は互いにパラロガス遺伝子である．

パリンドローム　同　2回転対称的配列，回文
[palindrome]

逆さに読んでも同じになる文章のこと（回文）．日本語では，「定期預金，満期よ聞いて」，英語では"No, it is opposition"など．転じて，二本鎖DNAにおいて5'→3'

あるいは3'→5'の両方向から読んでも同一な塩基配列のこと．例えば5'-GAT-CATATGATC-3'の相補鎖は同じ塩基配列となる．多くの6塩基，あるいは8塩基認識の制限酵素の認識配列は回文となっている．数の世界では1326＋6231＝7557もパリンドロームという．語源は「再び走って戻る」（running back again）を意味するギリシア語のpalindromos（$\pi\alpha\lambda\iota\nu\delta\rho o\mu o\sigma$）に由来する．

パンデミック・インフルエンザ
[pandemic influenza]

パンデミックとは「病気などが世界的に流行する」ことを意味する．1918年から1919年にかけて世界的に大流行した新型インフルエンザウイルスによるスペイン風邪*が代表的なパンデミック・インフルエンザの例である．この病気は中世イタリアでは天体が原因と考えられており，語源の"インフルエンツァ"は「天体の影響」を意味する．インフルエンザウイルスには，A型・B型・C型の3種類がある．このうち，最も変異を起こすのがA型ウイルスで，これまで世界的に大流行し，多くの人命を奪ってきた．B型の変異は少なく，C型はほとんど変異を起こさない．この変異のため，一度罹患して抗体ができても，次の冬にはその抗体が効かなくなって再度感染してしまうのである．インフルエンザウイルスの表面には2種類の抗原（HとN）がある．A型ウイルスの場合，Hには13種類，Nには9種類あり，HとNの組合わせを変えたり（抗原シフト），HやNの一部分を変異させたり（抗原ドリフト）することで，多彩な変異型ウイルスが生じる．変異の温床は中国が世界最大の産地であるカモにあるらしい．ヒトでは肺や気管支などの呼吸器に感染し増殖するが，カモでは腸の中で増殖し何の症状も出ないためウイルスが大量生産されて糞とともに排泄される．渡り鳥であるカモはウイルスを世界に撒きちらす可能性もあるが，家禽として接する中国人に感染して広まる可能性も高い．スペイン風邪（1918年）はH1N1，アジア風邪（1957年）はH2N2，香港風邪（1968年）はH3N2，ソ連風邪（1977年）はH1N1である．1996年北海道でH5N4，1997年香港でH5N1，1999年香港でH9N2が発見されている．このうち病原性が強いH5N1はカモからニワトリに伝播した後ヒトが感染して6人が死亡した．この時，香港政府は約160万羽のニワトリの殺処分を英断し，大流行の阻止に成功した．

半量不足性
[haplo-insufficiency]

体細胞に存在すべき父母由来遺伝子のうちの1つが欠損して半数体（haploid）となったことにより，遺伝子産物（タンパク質）の発現が量的に不足して表現型が変化する現象のこと．癌抑制遺伝子について使われることが多い．一般に体細胞ではある遺伝子領域をプローブとしてサザンブロットを行うと父母由来の一対の遺伝子（対立遺伝子）が別個に出現して2本のバンドとして検出できる場合がある．この現象をヘテロ接合性（heterozygosity）と呼ぶ．これが癌抑制遺伝子の場合には，癌細胞において，このうちの1つがすでに欠損している場合が多い．その際には本来2本あるべきバンドが1本しか観察されなくなる．この現象をヘテロ接合性の消失（LOH）と呼ぶ．この現象が癌の原因になるには2つの場合が考えられる．1つは残ったもう1つが変異を起こして正常なタンパク質を発現できなくなる場合であり，もう1つが半量不足性で，十分量のタンパク質が産生さ

れなくなるためタンパク質のもつ本来の機能が果たせなくなる場合である．

ビアコアシステム
[BIA（Biospecific Interaction Analysis）core System]

　溶液に溶けている物質間の相互作用を，溶液の屈折率の変化と反射光の強度変化としてリアルタイムで測定する機器のこと（次ページ図a）．スウェーデンのPharmacia社によって開発された．実際の機器（BIAcore）では光源，プリズム，センサーチップ（プリズムの底に50nmの金フィルムを貼り付けたもの），検出器，自動試料解析装置から構成される（図b）．測定にはプリズム底部とフィルムの界面に760nmの偏向を照射して生じたフィルム上のエバネッセント波を検出する（図a）．具体的には，❶まず，センサーチップの表面に固定しておいたリガンド（ligand：例えばタンパク質X）にアナライト（analyte：例えば試料タンパク質Y）を溶かした溶液を流動させる．❷すると，リガンドとアナライト（タンパク質XとY）が結合したときのみプラズモン共鳴シグナルが変化する．これを記録して結合の強度や速度などの相互作用の動態を解析すると，一般的に測定曲線（censorgram）は図dのようになる．❸アナライトを解析器に注入後リガンドとアナライトが結合すると共鳴シグナルが曲線状に上昇するが，その形状から結合速度定数が算出される（図e）．❹注入が終わると緩衝液を流して洗う．するとXとYは解離を始め減少曲線を描くが，その形状から解離速度定数を算出することもできる．❺さらにこの2つの定数から解離定数（Kd）を計算できる．　➡ 表面プラズモン共鳴

ビー（B）染色体
[B chromosome]

　常染色体をA染色体と呼ぶときに対する用語で過剰染色体を意味する．動物ではニワトリやバッタなどで，植物ではライ麦などで見つかっている．これらの細胞核内には，性染色体および1組の常染色体が基本的な染色体として存在するが，しばしば余分な染色体が観察される．これを区別してB染色体と呼ぶのである．B染色体では異質染色体を含むものや端に動原体が見つかるものが多く見つかり，個体間あるいは細胞間でさえ数や形が異なる．減数分裂ではA染色体と相同的に接合することはできない．

ピエゾドライブ
[piezodrive]

　日本の会社（プライムテック社）が開発した核移植を可能とするシステム．piezo-は「圧力」を意味するギリシア語"πιεζο"を語源とする接頭語である．ある種の結晶やセラミックに圧力を加えると，その際に生じたひずみに応じた強さの電圧が生まれる．これを圧電効果（ピエゾ効果）と呼ぶが，これ自体は1880年に発見された古い物理現象である．身近な応用例に，結晶に圧力をかけて瞬時に1万ボルトにも及ぶ電圧を生じさせて火花を飛ばすライターの着火源がある．ピエゾドライブでは逆圧電効果を応用する．すなわち，電圧を制御して先端に器具をつけたセラミック結晶をゆっくり縮ませてから急速に伸ばす操作を繰り返させると，器具を瞬時に少しずつ力強く動かすことができる．核移植操作では，極細になるように引き伸ばしたガラス管の先端を高速に$0.1\mu m$動かすことで卵子の細胞膜に傷害を与えないまま小さな穴を空けることができる．その穴が広がる前にドナー細胞の核を注入してガラス管を素早く抜く

◆ビアコアシステムの原理

a) SPR（surface plasmon resonance）の原理

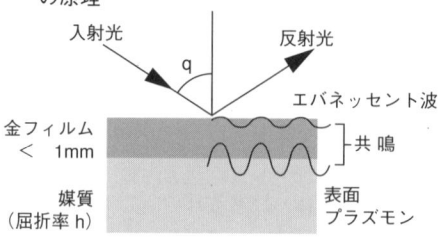

入射光　反射光
q
エバネッセント波
金フィルム
< 1mm
共鳴
媒質
（屈折率 h）
表面プラズモン

c) センサーチップの構造

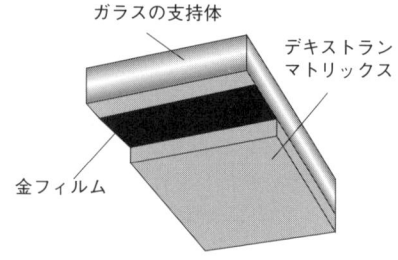

ガラスの支持体
デキストランマトリックス
金フィルム

b) ビアコア（BIAcore）システム

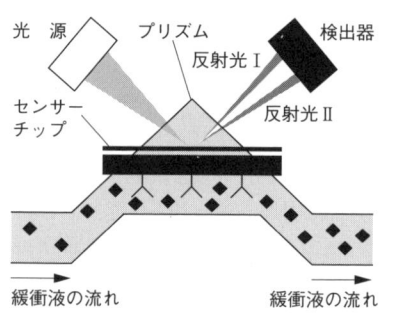

光源　プリズム　検出器
反射光Ⅰ
センサーチップ
反射光Ⅱ
緩衝液の流れ　緩衝液の流れ

d) 反射強度光と共鳴シグナル曲線の関係

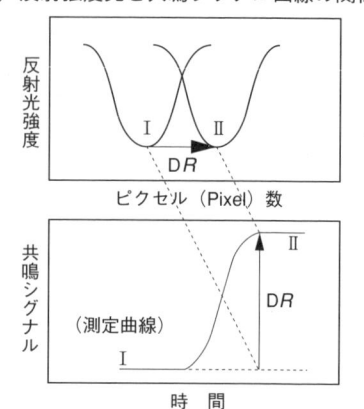

反射光強度
Ⅰ　Ⅱ
DR
ピクセル（Pixel）数

共鳴シグナル
Ⅱ
DR
（測定曲線）
Ⅰ
時　間

e) ビアコアより得られるシグナル曲線とその際のセンサーチップの作用の模式図

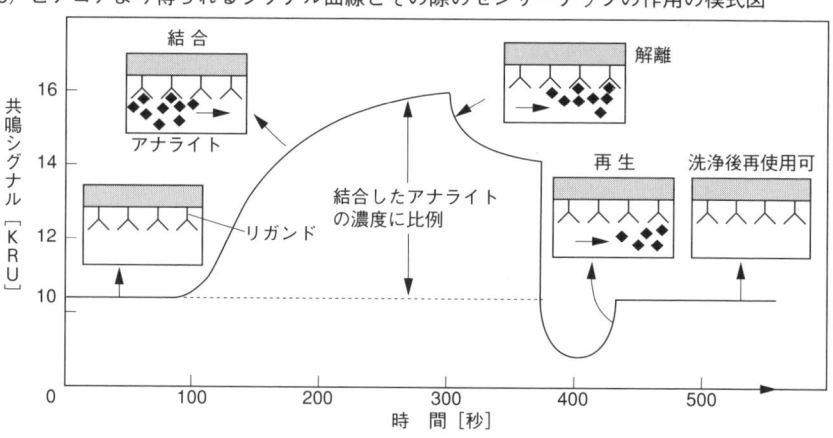

共鳴シグナル［KRU］

結合
アナライト
リガンド
結合したアナライトの濃度に比例
解離
再生
洗浄後再使用可

時　間［秒］

野島 博/著「ゲノム工学の基礎」（東京化学同人，2002）より改変

と，卵子は生き残り適当な条件下で発生を始める．マイクロマニピュレーターを組合わせたこの技術の開発成功により，細胞質の混じらない純粋な核だけを移植できるようになり，生殖工学が急速に進展する原動力となった．

ビオチン 同 ビタミンH，補酵素R
[biotin]

ビタミンB群に分類される水溶性ビタミンの一種で，ビタミンB_7，補酵素R，ビタミンHと呼ばれることもある．酵母の増殖に必要な因子であるビオスの一成分（biosⅡb）として初めて卵黄から単離されたことにちなんでビオチン（分子量244.3）と呼ばれる（図）．一方，ラットにタンパク源として大量の乾燥卵白を与えると皮膚障害が起こり，成長が低下する（卵白障害）が見つかり（1927年），この異常は，肝臓や酵母を与えるとおさまった．そこで「抗卵白障害因子」が存在すると推測され，ビタミンHと呼ばれて探索された結果，それがビオチンであることが確認された．ビオチンはピルビン酸カルボキシラーゼやカルボキシル基転移反応に関与する酵素の補酵素として働く．不斉炭素を3個含むため，理論的には8個の異性体が存在しうるが天然にはD型しか存在しないため，生理活性のあるD型ビオチンのみである．ヒトでは腸内細菌によって合成，分泌されて血液中に流れているため通常は欠乏しないが，もし不足すると皮膚障害，抜け毛，疲労感などが起こる．

水溶液は数カ月安定でオートクレイブしても分解されない．ビオチン特異的結合タンパク質であるアビジン*（avidin：分子量68kDaの糖タンパク）と強く結合して安定な複合体を形成するので，これを利用して核酸の標識などに利用される．

比較ゲノム学
[comparative genomics]

全塩基配列が決定された各生物のゲノムを比較研究すること．生物進化の研究のみならず，従来不可能であった生物学の基本的な謎のいくつかに迫れるのではないかという期待が大きい．すでに全生物に共通な必須遺伝子の解明や基本的な共通保存配列の発見など興味深い結果が続々と出されている．

ピークピッキング
[peak picking]

質量分析器のスペクトルデータを解析器に入力するために，まずスペクトルからピークを拾い出し，それを数値化すること．

飛行時間型質量分析器 ▶ MALDI-TOF型質量分析器

◆ ビオチンとアビジンの結合様式

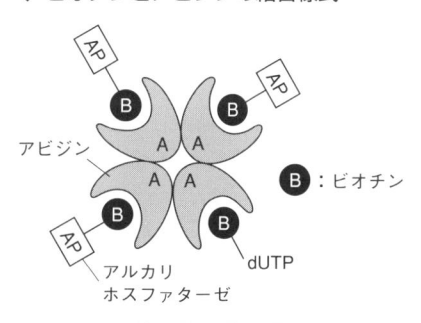

アビジン
AP アルカリホスファターゼ
B：ビオチン
dUTP

ビオチンの化学構造

ヒストンコード説
[histone code hypothesis]

ヌクレオソーム*の構成因子であるヒストンはDNAと複合体を形成し，遺伝子の転写に対して阻害的に働く．ヌクレオソームの中でのヒストンの構造は球形のカルボキシル（C）末端と，直鎖状のアミノ（N）末端（ヒストンテール）に分けられる．ヒストンテールのリジンやアスパラギン残基はアセチル化，メチル化，リン酸化，ユビキチン化といった化学修飾を受ける（図）．ヒストンコード説は，これらの修飾が連続的に，あるいはいくつかが組合わさって暗号（code）を構成するという仮説である．すなわち，これら化学修飾は遺伝子発現に意味をもち，特定のタンパク質に読まれて翻訳され，さまざまな細胞学的な現象を引き起こす情報を構成している暗号だという提言である．DNAの塩基配列がもつ遺伝子コードに匹敵する重要性をもつ可能性も指摘されている．

ヒストンメチル化酵素
[histon methylating enzyme]

染色体の中のDNAは4種類のヒストン（H2A，H2B，H3，H4）が2個ずつ結合した八量体を基本単位としたヌクレオソームに巻きついた形で収納されている．

ビスフェノールA
[bisphenol A：BPA]

幼児用の玩具や缶詰の内側に大量に使用されているので問題となっている内分泌撹乱物質としての環境ホルモン*の一種．1930年代に行われた人工女性ホルモン物質探索作業で見つかった物質で，女性ホルモンであるestradiol-17βの千分の一程度しかないことからホルモンとしては見捨てられていた．その後の実験で米国環境保護局が定めた安全用量の2万分の1という低用量

◆ヒストンの修飾

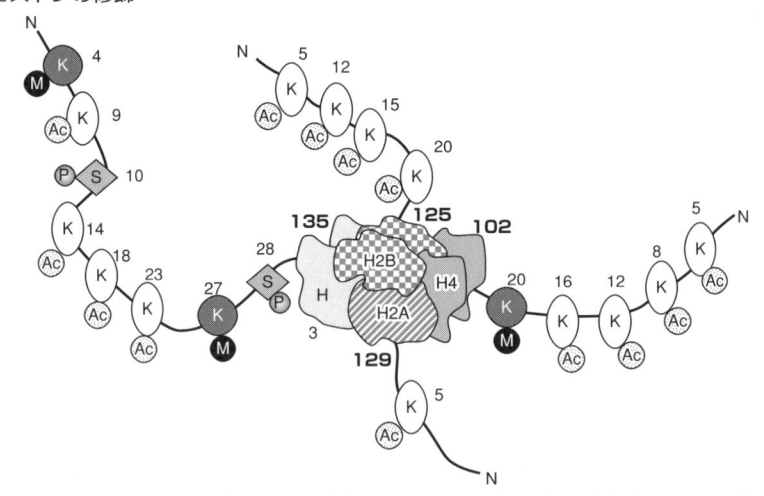

各ヒストン（H，H2A，H2β，H4）のセリン（S）あるいはリジン（K）がリン酸化（P），メチル化（M），アセチル化（Ac）される位置．**太字**は各ヒストンタンパク質の総アミノ酸数

◆ ビスフェノールA

ビスフェノールA

エストラジオール-17β

でも女性ホルモンとして作用し，雌マウスの性的成熟を早めることがわかり，環境に拡散すると生態学的に大きな問題となる可能性が指摘され始めた．例えば缶コーヒーの缶内コーティングに使われているため，ホットで飲むとかなりの量が体内に入ることから，妊婦への影響などが懸念されている．また幼児はおもちゃをなめるので体内に摂取しやすく，それが成長過程で生殖器に影響を与えるのではないかという心配もある．

ビーティートキシン
[BT toxin]

昆虫が食べると昆虫体内でBTトキシンという昆虫にとっての毒物に変化する，アグロバクテリウム*（Bacillus thuringiensis）がもつ遺伝子がコードするタンパク質．害虫に抵抗性の遺伝子組換え作物*を作る目的で広く利用されている．

ビテロゲニンアッセイ
[vitellogenin assay]

ビテロゲニンは卵黄に含まれるリンタンパク質の前駆体（24kDa）で，肝臓で大量に合成され血中に二量体として分泌されたのち，卵巣に摂取される．本来は雄では検出されないはずだが，女性ホルモン作用を有する内分泌撹乱物質（環境ホルモン*）に曝されると雄でも血中ビテロゲニン値が顕著に上昇する．魚類のビテロゲニンと特異的に反応する抗ビテロゲニンモノクローナル抗体を用いた本アッセイ法は内分泌撹乱物質の検出用バイオマーカーとして有用である．

ヒトゲノム機構
[human genome organization：HUGO]

ヒトゲノムの全塩基配列を国際的に協力して解読するために1988年にコールドスプリングハーバー研究所のシンポジウムにおいて結成された科学者の組織．

ピューロマイシン
[puromycin：pur]

1959年に発見された抗生物質の一つで細菌のタンパク質生合成を特異的に阻害する．構造的にはアミノアシル-tRNAのアナログ（相似物質）で，タンパク質生合成のときにリボソームのA部位に入り込んで拮抗することで阻害する．ペプチジル転移酵素の基質となりうるので，高濃度では生合成途中の未成熟な新生ペプチドと部位非特異的に結合してペプチジルピューロマイシンとなる．低濃度では新生された全長タンパク質のC末端特異的に結合することが発見され，in vitroウイルス*として用いる技術が開発されている．

表現型スクリーニング
[phenotype screening]

変異体のスクリーニングの方法の総称．大きく分けて以下の2つに大別できる．
A) 特定の遺伝子に限定して変異を探し表現型解析はあと回しにする方法（gene-

driven screening）．

B）表現型解析を先にして遺伝子の特定はあと回しにする方法（phenotype-driven screening）でEMUミュータジェネシスはその代表と言える． ➡ マウスEMUミュータジェネシスプロジェクト

表現型模写
[phenocopy]

ある遺伝子型があらわすはずの表現型を，その遺伝子型をもっていない別の個体が主として環境の影響によりあらわすこと．例えばある種の向精神薬の乱用者（環境要因による類似の表現型）が遺伝性疾患であるパーキンソン病（遺伝的に決められた表現型）と同じ症状を示した例があげられる．

表現促進
[anticipation]

とくに遺伝性疾患において世代を経るごとに表現型としての発症年齢の若年化（anticipation）や症状の重症化（potentiation）が起こる現象．筋緊張性ジストロフィー，原発性緑内障，脆弱X染色体症候群，ハンチントン舞踏病などのトリプレットリピート病*で数多く報告されている．その原因の一つとしてトリプレットリピートの反復度が世代を経て増大していくことが考えられている． ➡ ポリグルタミン病

表面プラズモン共鳴
[surface plasmon resonance：SPR]

光を金属薄面で全反射させると上層界面にエバネッセント（evanescent）波と呼ばれる電磁波が生じる．他方，下層界面には振動自由電子（表面プラズモン）が生じる．表面プラズモン共鳴とはこれら両者の波数が一致するときに共鳴することを意味する．共鳴する分エネルギーの一部が減少するが，その減少の度合いは金属薄面の下層界面が接する物質の屈折率で決定される．タンパク質の溶液はタンパク質同士が相互作用するか否かで濃度（屈折率）が微妙に変化する．そこでこの微少な減少率（共鳴シグナル）を測定することでタンパク質相互作用の程度を測定するビアコアシステム*という機器〔BIA（biospecific interaction analysis）core system：BIACORE社〕が市販されている． ➡ ビアコアシステム

ピロリ菌
[*Helicobacter pylori*]

正式な名前はヘリコバクター・ピロリ．胃・十二指腸潰瘍の発生に深く関与している，一端に4〜8本の有鞘極鞭毛をもったらせん状グラム陰性桿菌．「ヘリコ」はらせん状鞭毛をヘリコプターの羽のように回転させて移動することから，「ピロリ」は最初の発見場所（胃幽門部：pylorus）の複数形にちなんでつけられた．1893年にはすでにイタリアの解剖学者ビッツォゼロ（Bizzozero, G.）によりイヌの胃の中に螺旋菌を見出したとの報告があり，その後，ヒトの胃の中にも細菌がいるという報告が続いた．しかし，多数の胃の組織を調べて胃には細菌はいないという20世紀の半ば頃に出た著名な学者の報告が定説となり，以降は研究が停滞した．その後，オーストラリアの病理学者ウォレン（Warren, J.R.）が炎症のある胃粘膜には螺旋菌がすんでいると報告した（1979年）が注目されなかった．若き内科（消化器病）研修医であったマーシャル（Marshall, B.J.）はウォレンの慢性胃炎患者の胃粘膜から取り出した螺旋菌の純粋培養を手伝い始めたが，培養時間を規定の48時間に限っていたためなかなか成功しなかった．その年のイースターで実

験助手が培養シャーレを恒温室に放置したまま4日間も休んだおかげで、5日目の朝、培地上にコロニーが発見されたのである（1982年）。発見されてからも、ピロリ菌が慢性胃炎の原因だとする彼らの説はなかなか認められなかったが、マーシャルは自らピロリ菌を飲む感染実験を行い、自分の胃粘膜に炎症が起こるが、それは抗生剤の内服で改善することを証明したおかげで、徐々に認められていった。成育至適pHは6〜8で、pH 4以下では発育しないにもかかわらず、強い酸性の胃液の中でも胃粘膜に定着している理由は、ピロリ菌が尿素を分解してアンモニアを作り胃酸（pH 1〜2）を中和する作用をもつウレアーゼを産生しているからである。かつてはストレスや生活習慣が原因と考えられていた胃・十二指腸潰瘍の主たる原因がピロリ菌であることが判明したおかげで、現在では消化性潰瘍は抗生物質と胃酸の分泌を抑える薬剤の組合わせで短期間に治る病気となった。この除菌を主とした治療は消化性潰瘍の再発を防ぐのみでなく、胃癌発生の予防効果もあるとされている。

ファージディスプレイ
[phage display]

M13ファージを用いて標的タンパク質に対する抗体を迅速・簡便に産生できる実験系のこと（図）。抗原に親和性をもった一本鎖可変領域断片（ScFv：single-chain fragment variable）と呼ばれる抗体断片がM13ファージ*の先端表面にファージのg3p（gene 3 protein）との融合タンパク質として提示（display）される。ここにScFvは重鎖（heavy chain）と軽鎖（light chain）の可変領域が屈伸自在のペプチド（リンカー）によって結ばれて、単一なタンパク質として発現されたものである。抗原を用いた選抜（screening）によって標的タンパク質に対する抗体の断片を発現しているファージを選択する。ScFvとg3pの間には翻訳停止信号（UAG）が組込んであるため、これを停止信号として認識しないアンバー

※（次ページ図より一部拡大）免疫グロブリンの基本構造の模式図

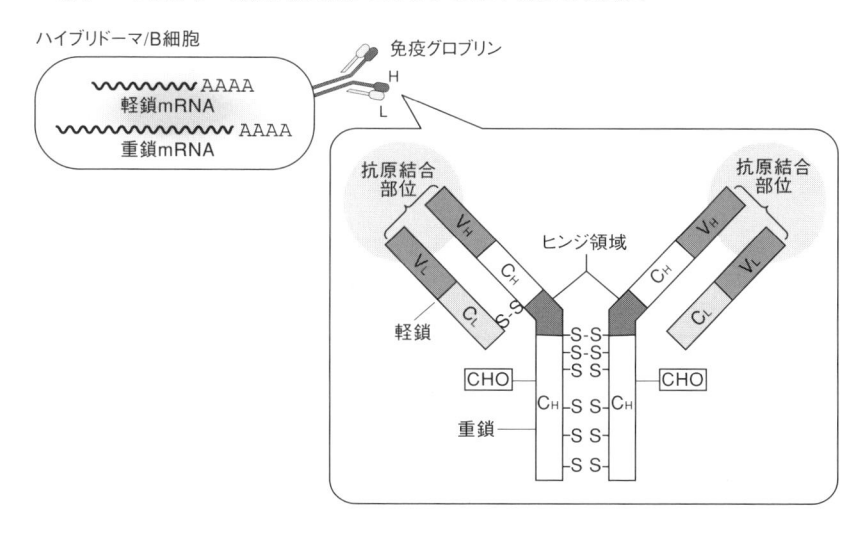

◆ ファージディスプレイの概略

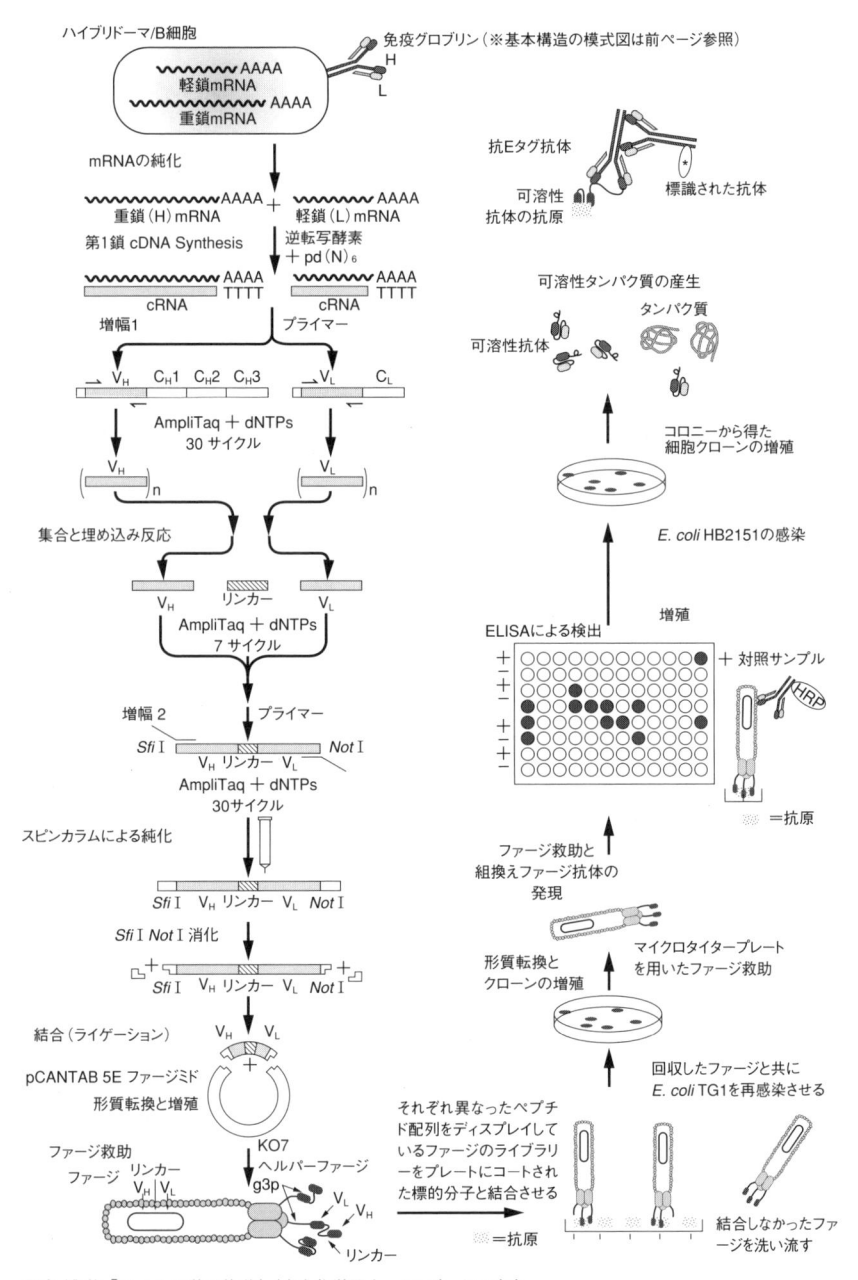

野島 博/著「ゲノム工学の基礎」(東京化学同人, 2002) より改変

変異株*ではScFv-g3p融合タンパク質ができて提示型となる．一方で，これを停止信号として認識する大腸菌株では可溶型（ScFvのみ）となって通常の抗体と同じくウエスタンブロットなどに用いることができる．この方法は一過性に形質転換された細胞のみを選択する目的でも使われる．その際には，まずphOx（4-ethoxymethylene-2-phenyl-2-oxazoline-5-one）ハプテンに対する一本鎖抗体（sFv）をPDGFR（Platelet Derived Growth Factor Receptor）の膜貫通ドメインを介して提示するように設計したベクター（pHook）を形質転換する．ついで，細胞とphOxで覆った磁気ビーズを混ぜると，遺伝子導入されてsFvを提示している細胞のみがビーズと結合するので，それを磁石により単離する．

ファージミドベクター
[phagemid vector]

λファージベクターの中にプラスミドベクターを組込んだ線状二本鎖DNAからなる混成ベクター（ExAssist）のこと．λファージあるいはプラスミドとして複製できる．基本的にはλファージベクターとして扱うが，ヘルパーファージを共感染させると*in vivo*で組換え体プラスミド領域のみを切り出すことができ，その後はプラスミドとして扱える．例えばλZapⅡベクターではプラスミドベクター（Bluescript）領域の両端をf1ファージの（＋）鎖DNAの合成開始と終結領域で挟んであるので，ヘルパーファージ（R408）を感染させるだけでλファージからプラスミドを切り出すことができる（図）．

このプラスミドベクターにはf1ファージの単鎖DNAの生成に必要な複製開始点（IG領域）が組込まれている．そのためf1ファージをヘルパーファージとして感染させるだけで組換え体DNAが単鎖DNAに変換されてファージ粒子へとパッケージングされる．このファージ粒子は自然に細胞外へ放出される性質をもっているので培養上澄から大量のファージが回収できる．さらに，そこから単鎖となった組換え体DNAが容易に抽出できる．Bluescriptベクターではl G領域の挿入方向が逆の2種類のベクターが作られており，選択によって（＋）鎖も（－）鎖も自在に調製できる．

ファックス
[FACS：fluorescent-activated cell sorter]

フローサイトメトリー（flow cytometry）と呼ぶこともある．蛍光標識した細胞などの懸濁液を細い管の中に高速で流し，レーザー光を照射して生じた蛍光を測定する技術あるいは機器．分析器（analyzer）だけでなく蛍光標識された細胞のみを分離して採集する専用の機器（cell sorter）もある．

ファミリアリティの原則
[principle of familiality]

遺伝子組換え作物*を野外で栽培するにあたっては，用いる遺伝子組換え作物や栽培される場所の環境についての十分な知識と経験を踏まえたうえで，一歩ずつ段階を経て（step by step）進めてゆくべきであるという原則．「実質的同等性*」とともに遺伝子組換え作物の栽培を推進し，その安全性を判定するよりどころとなった．

プア・メタボライザー
[poor metabolizer：PM]

ある薬物に対して代謝能力の弱い人を指す．➡ エクステンシブ・メタボライザー

フィージビリティー
[feasibility]

◆ ファージミドベクターを使ったExAssistシステムの原理

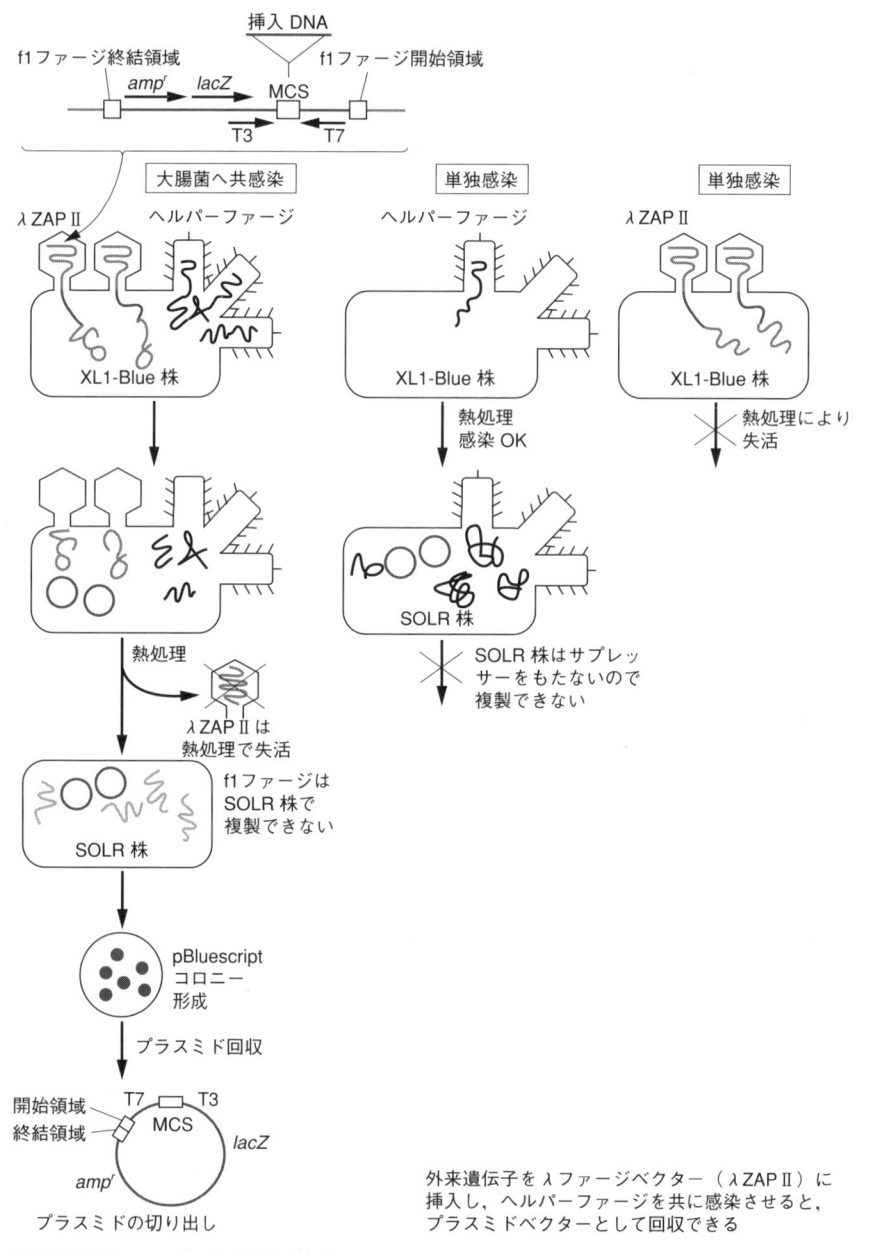

図中テキスト：

挿入DNA
f1ファージ終結領域　amp^r　lacZ　MCS　f1ファージ開始領域
T3　T7

大腸菌へ共感染
λZAPⅡ　ヘルパーファージ
XL1-Blue株

単独感染
ヘルパーファージ
XL1-Blue株
熱処理感染OK
SOLR株
SOLR株はサプレッサーをもたないので複製できない

単独感染
λZAPⅡ
XL1-Blue株
熱処理により失活

熱処理
λZAPⅡは熱処理で失活
f1ファージはSOLR株で複製できない
SOLR株
pBluescriptコロニー形成
プラスミド回収

開始領域
終結領域
T7　T3　MCS　lacZ　amp^r
プラスミドの切り出し

外来遺伝子をλファージベクター (λZAPⅡ) に挿入し、ヘルパーファージを共に感染させると、プラスミドベクターとして回収できる

野島 博/著「ゲノム工学の基礎」(東京化学同人、2002) より一部改変

フィージビリティーとは実行可能性，企業化可能性あるいは採算性のこと．新事業を計画する際，これらを調査することにより，採算面からその事業が成立する可能性を事前に調査することを，フィージビリティー・スタディー（feasibility study）と呼ぶ．

フェノミクス
[phenomics]

ゲノム情報を利用して，一つの生物の現す表現型を網羅的・系統的に解析すること，およびその方法論全体．ゲノミクス*やプロテオミクス*に対応させてフェノミクスと呼ぶ．

フェノム
[phenome]

個体のもつ遺伝形質あるいは遺伝型（genotype）に対比して遺伝子が発現して現れてくる個体レベルの現象を表現型（phenotype）と言う．一つの生物がもつすべての遺伝子のセットをゲノムと呼ぶのに倣って，一つの生物の表現型の総体を表現型（phenotype）とゲノム（genome）を融合した用語として集合的にフェノムと呼ぶ．

フグ
[globefish]

猛毒をもつトラフグ（globefish：*Fugu rubripes*）は反復配列（20％以下）も遺伝子以外の領域（60％程度）も少ないために，脊椎動物としてはゲノムサイズが小さい（365Mb）．2002年には全ゲノム塩基配列が決定され，約38,000個の遺伝子が同定された．そのうち27,779個（73％）のタンパク質をコードする遺伝子がヒトとの相同性があった．イントロンの数（161,536個）はヒト（152,490個）と同等だが，平均サイズはフグ（425 bp以下），ヒト（2,609bp以下）で，10kb以上のイントロンをもつ遺伝子はフグ（500個），ヒト（12,000個）であった．

複雑度
[complexity]

cDNAライブラリーに含まれる独立クローンの数．CFU（colony forming unit）で表される．通常のヒト細胞に含まれるmRNA分子種を99％以上の確率で含むには100万CFU以上の複雑度が必要とされる．

フタル酸ジエチルヘキシル
➡ ノニルフェノール
[diethylhexylphthalate：DEHP]

精巣細胞に毒性があるとされる内分泌撹乱物質*の一つ．プラスチックより出る可能性があるため玩具のうち赤ちゃんが使う「おしゃぶり」に使うことは禁じられている．許容一日摂取量（accepted daily incorporation：ADI）は40〜120μg/kg/日．マウスでは発癌性があるがヒトではないとされる．

$$\text{C}_6\text{H}_4(\text{COOCH}_2\text{CH}(\text{C}_2\text{H}_5)(\text{CH}_2)_3\text{CH}_3)_2$$

不定胚
[adventive embryo]

植物の体細胞から生じる胚．動物の受精卵の発生と同様な形態的変化の過程を経てできる．自然界でみられる不定胚には，柑橘類の珠皮細胞や珠心細胞が単為生殖で生じるものがある．実験室では取り出して培

養した植物体の一片が不定胚を形成し，そこから完全な植物体が再生する．人工種子*の作製に利用される．　→ カルス

不妊虫放飼法
[sterile insect technique：SIT]

　害虫を駆除する手段の一つ．放射線照射などで不妊とした害虫を大量に育て，環境に放散させて野生の害虫が子孫を残せないようにする．1950年以降に進められたこの方法により，例えば沖縄でのウリミバエの撲滅など，害虫の駆除に大きな成果をあげてきた．この技術を使ったマラリアや日本脳炎を媒介する蚊の駆除の研究も進んでいる．蚊のうち血を吸うのはメスだけなので，不妊のオスを大量に放散させれば効率よく目的は達成できる．蚊のオスの睾丸にだけ発現するβ2チューブリンとオワンクラゲ蛍光タンパク質（GFP）をつないだ遺伝子を組込んだ蚊の幼生（ボウフラ）はオスのみが睾丸に蛍光を発するので蛍光標示式分取器によれば短時間でオスのみが大量に分離できる．これを育てて大量に環境に放散してよいかどうかは社会問題として別次元の議論が必要だが，技術的には蚊の撲滅は可能となってきた．

プライマー伸長法
[primer extention：PEX]

　患者ゲノムの一塩基レベルの置換を検出する遺伝子診断法の一つ．変異点のすぐ近傍にアニールするようなプライマーを用い，PCRで相補鎖を伸長させて直接塩基配列を決定して変異点を検出する．ミニシークエンス法とも呼ばれる（図）．

フラッグタグ
[FLAG tag]

　8アミノ酸（DYKDDDDK）からなるペ

◆ プライマー伸長法

野生型　　　　　変異型
　　　　　　　　（▲は変異点）
PEX

↓ DNA塩基配列
　ポリアクリルアミドゲル
　電気泳動

正常人　　患者
AGCT　AGCT

← 変異点

↓

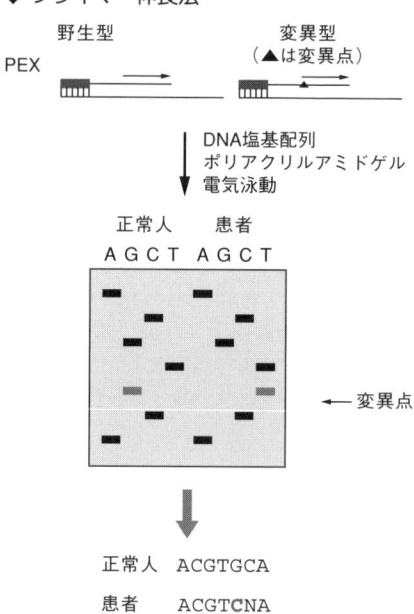

正常人　ACGTGCA
患者　　ACGTCNA

プチドマーカーで，解析したいタンパク質のN末端あるいはC末端側に付加して免疫学的検出や精製を容易にするために開発された．フラッグタグを内蔵した便利な発現ベクターが販売されており，解析したいタンパク質をコードするcDNAを組込むだけで，細胞内に発現させて免疫沈降やウエスタンブロットなどに使用できる．免疫染色はバックグラウンドを検出する場合があるので注意を要する．C末端側の5アミノ酸（DDDDK）はペプチド切断酵素であるエンテロキナーゼ（enterokinase）の標的配列となるように設計してあるため，大腸菌などで大量発現させたのちに解析したいタンパク質のみを切断して抗FLAG抗体アフィニティーカラムクロマトグラフィーにより精製することも可能である．　→ アフィニティータグ

プラテンシマイシン
[platensimycin]

　米国メルク社のチームが南アフリカの土壌試料から得られた放線菌（Streptomyces platensis）の株の1つから見出した（2006年）抗菌性の低分子化合物（抗生物質）．脂質の構成成分である脂肪酸の合成にかかわる酵素を阻害するという，新規な作用機序をもつ抗生物質で，メチシリン耐性黄色ブドウ球菌（MRSA）やバンコマイシン耐性腸球菌（VRE）を含む多くのグラム陽性菌を強力に殺す力をもつ．抗生物質の大部分は1940〜60年の間に発見されており，それ以降の40年間で発見された抗生物質で臨床応用まで進んだのはわずか2つに過ぎない．そんな中での新型の抗生物質として多くの期待が寄せられている．

プラトー効果
[plateau effect]

　強度や濃度の違いを測定して比較している実験において，変化曲線が高平部（プラトー）に達してしまい（図1），差異が議論できなくなる状態のこと．DNAマイクロアレイにおいて，この点は重要であるので以下に詳しく解説しよう．

　今，図2のように2つの実験系（X：Y）における存在比が10倍の遺伝子を5個取り上げ，それぞれをXではA〜E，Yではa〜eと呼ぶことにしよう．ここに，その細胞あたりの分子数は，同じ10倍の差があるといってもA〜E，あるいはa〜eの間には以下のような発現量の差があると仮定する．すなわち，A：(50)：a (5) の存在比がB (500)：b (50) の間にもC (5,000)：c (500) やD (50,000)：d (5,000) やE (500,000)：e (50,000) の間にも成り立つとする．一般に10^6個のヒト細胞から約20μgの全RNAが採取できる．そのうち5％

◆ プラトー効果（1）：プローブ量の変化に伴うシグナル強度の増加曲線

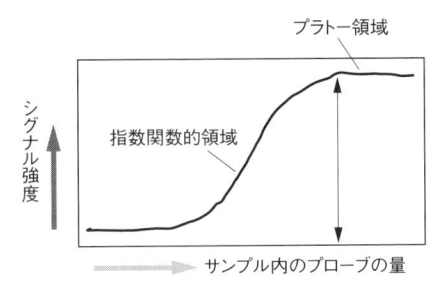

ある量（矢印）を越えるとそれ以上はシグナル強度は増えない

程度がmRNAであるので，10^6個の細胞には1μg，すなわち1個の細胞には約1ピコ［pico］（10^{-12}）グラムのmRNAが存在する．mRNAの平均鎖長10^3塩基，1塩基の平均分子量を320とすると，これは3アト［atto］（10^{-18}）モルを意味する．アボガドロ数（$6.0×10^{23}$）を考えると，1個のヒト細胞には$2×10^6$という総mRNA分子数が存在すると推測できるので，5〜$5×10^5$個という分布は実際に細胞内に存在するmRNA分子数の現状をほぼすべてカバーできる．

　この時，DNAチップの会社から提供されるプロトコールに従って実験した場合，シグナル強度に定量性をもたせて検出できる範囲（ダイナミックレンジ）は10^3〜10^5という分子数であると仮定する．これ以下の分子数ではもっと感度を上げないかぎりは10^3以下のmRNAを検出できず，10^5以上だとシグナルの強度が飽和して差異を区別できない（プラトー効果）と考えるのである（図3）．現実には会社のプロトコールや検出機器の性能によって異なるが，ここでは概念として説明することが目的であるので，このまま進めたい．そうすると，Aもaもバックグラウンド程度の弱いシグナ

◆ プラトー効果（2）：X，Y実験における対応するmRNAの分子数の比の一例

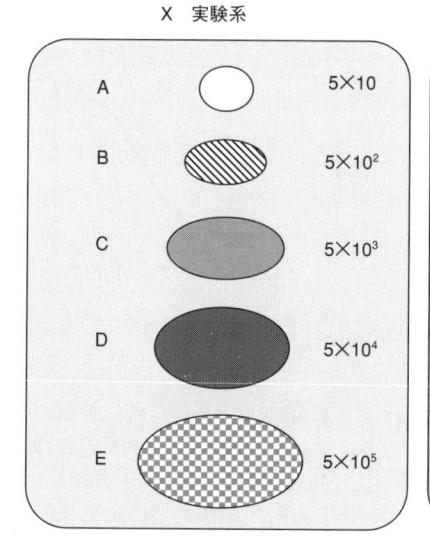

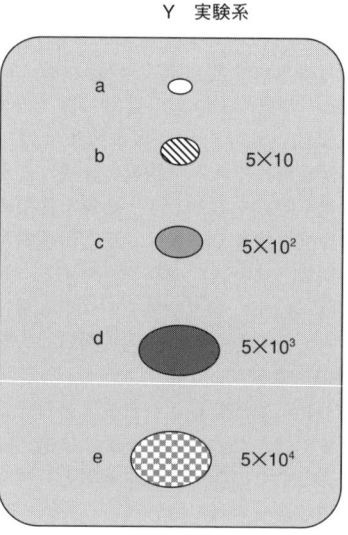

X 実験系		Y 実験系	
A	$5×10$	a	
B	$5×10^2$	b	$5×10$
C	$5×10^3$	c	$5×10^2$
D	$5×10^4$	d	$5×10^3$
E	$5×10^5$	e	$5×10^4$

X：Yにおける存在比が10倍の遺伝子を5個取り上げ，それぞれをXではA～E，Yではa～eと呼ぶ．数値は各細胞におけるmRNAの分子数を示す

野島 博/編著「DNAチップとリアルタイムPCR」（講談社，2006）より改変

ルしか検出されないので選抜対象にはならない．Bは弱いながらも，Cは強くシグナルを出すがbやcはシグナルを出さないので両方の組とも選抜の対象になる．dでは弱いシグナルを出すがDはもっと強いシグナルを出すので，選抜の対象になるだろう．しかし，シグナルの強度次第では，この範囲の組合わせでは，強度が飽和してDとdの間の違いが顕著でなくなり，見落としてしまうかもしれない．Eとeの場合にはともに強いシグナルを発するので，まず見逃してしまうであろう．このように，検出器のダイナミックレンジの問題から選抜から漏れる遺伝子が数多く出てくることが考えられる．この場合，とくに大事なのはDとdやEとeのようにともに発現量が多い遺伝子の組合わせが優先的に漏れることにあ

る．このような遺伝子の転写量の違いこそが重要な役割を果たしているだろうことは用意に推測できるため，この問題はDNAチップの実験をするときにはぜひとも克服すべきである．

一つの解決法は，プローブの感度を極度に低くして，ダイナミックレンジが例えば$5×10^4$～10^6となるように設定することである（図3ではプローブ$α$）．現実にはDNAチップに貼り付けてある遺伝子のうち1％くらいしかシグナルを発しない程度の感度の低さにするのである．そうすればDとdやEとeの範囲にある組合わせも検出できるようになろう．あるいは，プローブの感度を何種類か変化させて実験することも考えられる．高価なDNAチップを潤沢に使わなければならないが，重要な遺伝

◆ プラトー効果(3):プローブの感度を5段階(α〜ε)に変化させた場合にスポットが与えるシグナルの変化の例

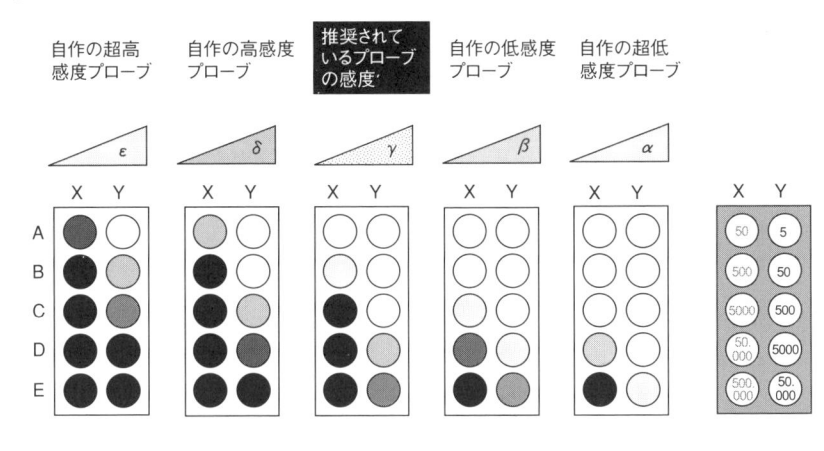

自作の超高感度プローブ　自作の高感度プローブ　推奨されているプローブの感度　自作の低感度プローブ　自作の超低感度プローブ

ε　δ　γ　β　α

	X	Y
A	50	5
B	500	50
C	5000	500
D	50,000	5000
E	500,000	50,000

図2と同様に10倍の発現量の差異があるA〜Eという5つの遺伝子においても,XあるいはYのプローブの感度によって,差異が検出できる感度と,できない感度がある.ひとつの実験条件によって設定される感度では幅広い発現範囲すべての遺伝子について差異が見出せない.この点がDNAチップの弱点である.この問題点を克服するためには5種類くらいの感度をもつプローブを作製して,5セットのハイブリダイゼーションを行うべきである

野島 博/編著「DNAチップとリアルタイムPCR」(講談社, 2006)より改変

を網羅的に単離・同定するには必須な作業である.

フラーレン
[fullerene]

1985年に発見された,ナノテクノロジーにおいて有用な極微物質の一つ.60個の炭素原子が直径数ナノメートルの球形網かご状に規則正しく集積したもので外見はサッカーボールに似ている.紫外線や可視光を照射すると温度変化に伴い強度が変わる赤色の発光をする特性を利用して,フラーレンを塗布した物体の表面温度の変化を面情報を得るかたちで測定する技術が開発され,材料開発研究などの分野での応用が期待されている.また薬剤を内包させたり付加させたりして患部に届ける運搬物質とし

◆サッカーボール状分子フラーレンの構造

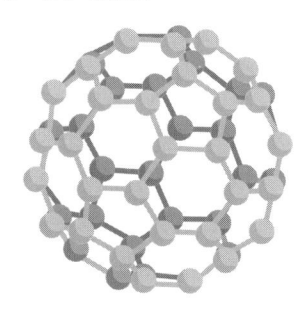

ての期待もかかっている.

プリオン
[prion]

狂牛病*,ヒトのクルー病*,クロイツフェルト・ヤコブ病*, Grestmann-Straussel

症候群（GSS）などの遅発性感染症の病因と疑われている感染能力をもつ病原性タンパク質のこと．プリオン（PrP：ヒトでは253アミノ酸）は水溶性の正常型プリオン（PrP^C）と不溶性のスクレイピー型プリオン（PrP^{Sc}）という2つの立体構造をとる（図）．PrP^{Sc}は何らかの翻訳後修飾の違いにより，αヘリックス*構造を主体とするPrP^{C}と比べてβシート*と呼ばれる高次構造が正常型の10倍以上も増えている．しかも，PrP^{Sc}は接触するだけでPrP^{C}をPrP^{Sc}へ変換してしまう．まるで触るものがすべて金に変わったギリシア神話に登場するミダス王のごとく，PrP^{Sc}は次々と不溶性のPrP^{Sc}を生み出し，それがまた新たな標的を変換してしまう．この逆の反応は起こらないのでネズミ算式にPrP^{Sc}が増えてゆく．その結果，脳内の神経細胞はPrP^{Sc}でいっぱいになってしまい，凝集した不溶性線維となって神経細胞を死滅させる．PrP^{Sc}はPrP^{C}と違ってタンパク質分解酵素により消化分解されないので，胃液で消化されるこ ともなく，血液中を無傷のまま運搬され，長い時間をかけて脳組織まで到達する．もともと，プリオンは脳神経系で何らかの重要な働きをしているらしく，プリオン遺伝子（Prn-p）を欠損させたマウスでは若いうちは普通のマウスと変わりない挙動を示す．しかし老齢（70週齢）になると運動を制御する小脳の神経細胞が著しく消失し，まっすぐ歩けないなどの運動障害を起こす．ヒトの海綿状脳症のうち遺伝性が疑われている症例においてはプリオン遺伝子の患者に特異的な点変異がいくつか見つかっている．

フレアモジュール
[FLARE（fragment length analysis using repair enzyme）module]

紫外線照射や酸化的ストレスによって生じたDNA損傷を検出するシステムでコメットアッセイ*と組合わせて使用する．スライドガラス上で培養した細胞をFLARE処理するとモジュール内に含まれる修復酵

◆ 正常のプリオンタンパク質（PrP^C）とスクレイピー型プリオンタンパク質（PrP^{Sc}）の立体構造の比較

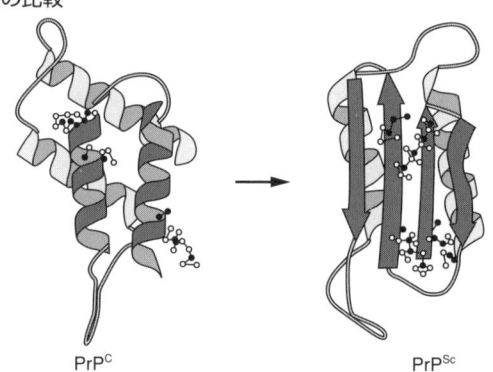

PrP^C　　　　　PrP^{Sc}

PrP^{C}のαヘリックス部分がPrP^{Sc}ではβシートに変化している

野島 博/著「遺伝子工学への招待」（南江堂，1997）より改変

素（endonuclease Ⅲ, PyrOx-Cutter Ⅰ, Frg）によってDNA損傷部分が露出され，コメットアッセイにより検出される．

フレーバーセーバー
[flavor saver]

米国で開発され，1994年には遺伝的組換え体野菜の第一号として実際に発売された日もちのよいトマトの商品名．通常のトマトは，ペクチン（pectin）分解酵素であるポリガラクツロナーゼ（polygalacturonase）の働きで成熟後ペクチン質が分解されて実が柔らかくなってしまう．土壌細菌のアグロバクテリウム*を利用して，この酵素のアンチセンス遺伝子をトマトに組込むと，この酵素の遺伝子は発現が抑えられるため，ペクチン質を分解されなくなった果肉は1カ月たっても変化しないほど日もちがよくなっただけでなく，甘みも増したという． ➡ 組換えトマト

不連続エピトープ
[noncontinuous epitope]

タンパク質の相互作用において特異的に認識される部位をエピトープ（epitope）と呼ぶ．相互作用の例としては抗体と抗原，受容体とリガンド，酵素と基質があげられる．タンパク質の一次構造（アミノ酸配列）がエピトープとして認識される場合には直線状エピトープと呼ばれ，通常は7～30残基のアミノ酸で構成される．それ以外のエピトープは一次構造上は離れているアミノ酸残基が，高次構造を構成することで隣接するがために認識されるようになったもので，これを不連続エピトープと呼ぶ．標的タンパク質と同じアミノ酸配列をもつ一部重複して連続な一連のペプチドを固相に固定化したペプチドアレイを用いて直線状エピトープを見出す作業を線形スキャン（linear scan）法と呼ぶ．一方，30アミノ酸以上のポリペプチドを用いて立体構造を取りやすくして不連続エピトープを見出す作業は領域スキャン（domain scan）法と呼ばれる．さらに，標的タンパク質に由来する2種類以上の離れた領域を組合わせてできる任意のペプチドを貼り付けたペプチドアレイを用いて不連続エピトープを探す方法をマトリックススキャン（matrix scan）法と呼ぶ．

プログラム細胞死
[programmed cell death]

高等生物の細胞に備わった自発的に死んでいくためのしくみ．以下の3種類が見つかっている．とくに個体発生の過程では一度分裂によって生じたものの形態形成において不要になった細胞が自発的に死ぬことが，その後の発生過程の進行に重要で，これを阻害すると個体発生に異常が起こる．❶アポトーシス*，❷オートファジー*を伴う細胞死，❸ネクローシス*型プログラム細胞死．

フローサイトメトリー ➡ ファックス

フロストバン
[Frostban]

イチゴやジャガイモなどの霜害の原因は，葉に寄生する細菌が産生するタンパク質が霜の核になるためである．フロストバンは米国のAGS（Advanced Genetic Sciences）社が開発した新たな細菌株で，このタンパク質をコードする遺伝子を抜き取ってある．これをイチゴやジャガイモに散布して感染させて，この細菌が感染したら霜害が防げるようにした．

プロテアソーム 同 多機能性プロテアーゼ（multicatalytic protease）[proteasome]

ユビキチン*（76アミノ酸）が付加されたタンパク質を標的としてATP依存的にアミノ酸まで分解する細胞内にあるタンパク質複合体のこと．四層のリングから構成される円筒型粒子（沈降係数20S）である

◆ プロテアソームによるタンパク質分解のしくみ

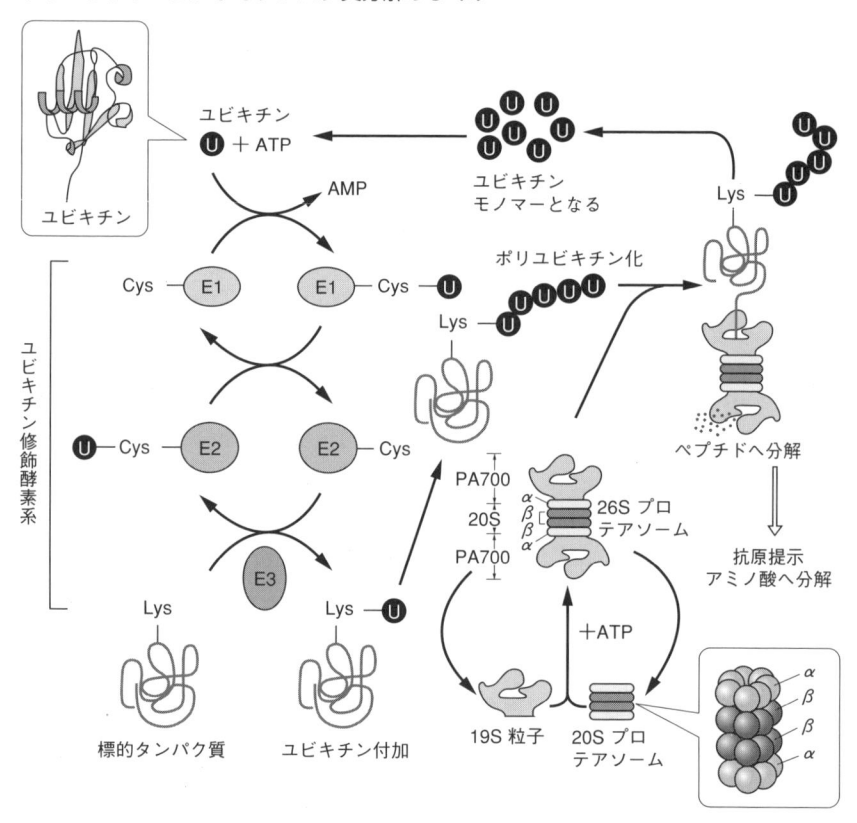

タンパク質分解の過程は，大きく2つのステップに分けられる．第1ステップでは，ユビキチン修飾酵素系によって標的タンパク質にユビキチンが付加される．このステップでは，E1（ユビキチン活性化酵素），E2（ユビキチン共役酵素），E3（ユビキチン付加酵素）という3つの酵素が連続して働き，ユビキチンを順序よくリレーして，第3段階のリレーにおいて，標的タンパク質のリジン（Lys）残基に複数のユビキチンを付加する．それをきっかけにして，次々とユビキチンが標的タンパク質に付加される（ポリユビキチン化）．第2ステップでは，ポリユビキチン化されたタンパク質をプロテアソームに運んで，オリゴペプチドにまで分解する．プロテアソームは，20Sと19Sの2つのユニットから構築されるタンパク質複合体である．ユビキチン化されたタンパク質は19S粒子に捕獲され，20Sの筒に取り込まれるようにして分解される．ユビキチンはモノマーになったあと，再利用される

野島 博/著「医学分子生物学」（南江堂，2004）より改変

ATP非依存型（分子量75万）の中心部分と，その両側に2つの粒子（沈降係数19S）がV字型に配置するATP依存型複合体（沈降係数26S；分子量200万）によって構成される．リングは7つずつのα，βサブユニットが$\alpha 7 \beta 7 \beta 7 \alpha 7$というふうに並んでできている．標的タンパク質はこの円筒を通過する際にペプチドにまで分解され，その後は翻訳系などで再使用される．ユビキチンも単量体（monomer）まで分解されて再使用される．ユビキチンは標的タンパク質のリジン（Lys）残基に複数個付加される（前ページ図）．この付加反応を触媒する酵素はユビキチン活性化酵素（E1；Ub activating enzyme），ユビキチン結合酵素（E2；Ub conjugating enzyme），ユビキチンリガーゼ（E3；ubiquitin protein ligase）で，これらはユビキチン修飾複合体を構成する．標的タンパク質の特異性を決定するのはE3で，標的タンパク質の特定アミノ酸（Ser・Thr）のリン酸化をユビキチン化の指令と認識する．

プロテインキネシス
[protein kinesis]

細胞内でタンパク質が選別輸送（protein traffic, sortingなど）されて，適切な細胞内器官へ配置され機能するという一連の複雑なプロセスを総合的に意味する用語．1995年に米国で開かれた国際学会で初めて登場してからは，重要な研究課題として世界的に注目されている．

プロテインチップ
[protein chip]

タンパク質を高密度に貼り付けたチップ．目的に合わせてさまざまな化学的性質を表面にもたせて実験し，読み取り機器（チップリーダー）によってデータを解析できるシステムが販売されている．疎水性物質・イオン交換体・金属イオンなどを貼り付けて血清・尿・培養液などのタンパク質発現解析に使われるケミカルチップと，抗体などを貼り付けてタンパク質間の相互作用を解析するバイオロジカルチップの2種類がある（図1）．これらはタンパク質

◆ プロテインチップ（1）：種類

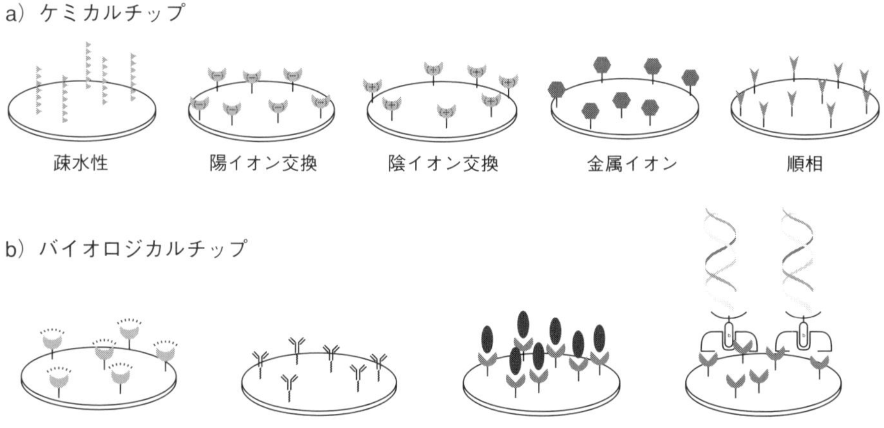

a）ケミカルチップ

疎水性　　陽イオン交換　　陰イオン交換　　金属イオン　　順相

b）バイオロジカルチップ

活性化型チップ　　抗体　　レセプター　　DNA

の発現・相互作用・翻訳後修飾などの機能解析を包括的に行うことを目的に作製されたシステムで，タンパク質の精製のモニタリングやペプチドマッピングによる同定を効率的に行う目的でも使われる（図2）．

◆ プロテインチップ（2）：解析例

a) 解析の流れ

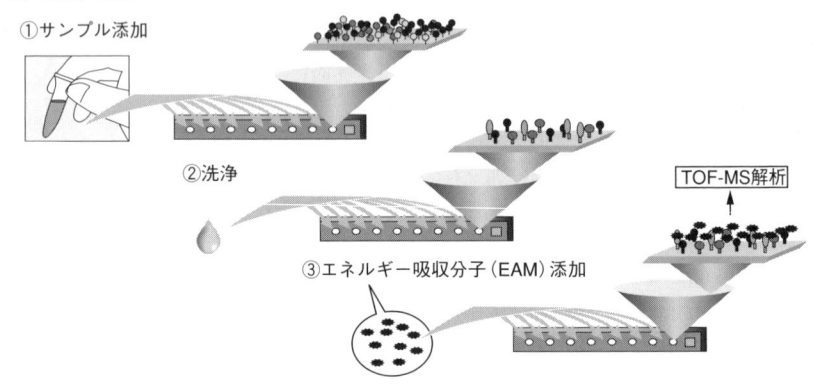

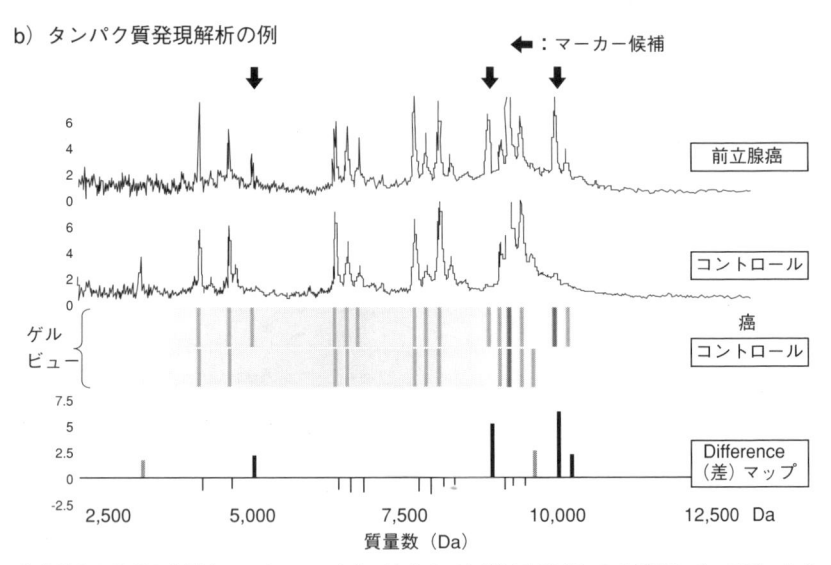

①サンプル添加
②洗浄
③エネルギー吸収分子（EAM）添加
TOF-MS解析

b) タンパク質発現解析の例

←：マーカー候補

前立腺癌
コントロール

ゲル
ビュー

癌
コントロール

Difference
（差）マップ

質量数（Da）

前立腺癌の患者の血清をコントロールと比べたもので矢印は癌患者にのみ発現しているピークを示す．中間のゲルビューは上段のシグナルを色の濃淡に変換してゲルのイメージで表した（バーチャル）ものである
（サイファージェン・バイオシステムズ社のカタログを参照して作図）

プロテインディファレンシャルディスプレイ
[protein differential display：PDD]

1つの細胞や組織で発現されているすべてのタンパク質を二次元電気泳動*で展開することで，発生，分化，癌化，老化などに伴って発現に差異のあるタンパク質を明示すること．その後差異のあったタンパク質のスポットを分離しアミノ酸配列を決定して，ゲノム情報によって何というタンパク質であるかを同定する．当初mRNAの発現動態の差異を検出するために開発されたディファレンシャルディスプレイのタンパク質版．

プロテインプロファイリング
[protein profiling]

タンパク質を分離同定し，構造や機能を解析してその特徴を記載すること．

プロテオグラフ
[proteograph]

分子クラスターインデックス*で整理されたタンパク質のスポットに対して相対発現量を示したリストのこと．タンパク質名や配列またリン酸化部位などの注釈は各タンパク質の構造の解析後に与えられる．

プロテオミクス　同 プロテオーム解析
[proteomics]

ゲノム情報を利用して，一つの生物や細胞・組織でのあらゆる場所および時系列で発現しているすべてのタンパク質について，その性質や発現動態を網羅的・系統的に解析すること，およびその方法論全体．ゲノミクス*に対応させてプロテオミクスと呼んでいる．このうちある現象に標的を当てて研究するものを標的化（targeted）プロテオミクスと呼ぶ．翻訳後修飾に焦点を当てたモディフィコミクス*がその一例としてあげられる．また，ある作用様式（mode of action）に焦点を当てたものを焦点化（focused）プロテオミクスと呼ぶ．

プロテオーム
[proteome]

一つの生物がもつすべての遺伝子のセットをゲノムと呼ぶのに倣って，一つの生物に発現しているすべてのタンパク質をタンパク質（prot<u>e</u>in）とゲノム（gen<u>ome</u>）を融合した用語として集合的にプロテオームと呼ぶ．

プロテオームプロファイリング
[proteome profiling]

ある個体の全ゲノムにコードされる全タンパク質の発現量，発現動態，物理化学的性質などを解析して系統的に記述すること（図）．二次元電気泳動*で展開するなどの方法によって各タンパク質を系統的に分離精製することが必要とされる．

プロトコール
[protocol]

実験の手順を示した文書．

プロトプラスト　同 原形質体
[protoplast]

細胞壁をもつ生物（細菌，酵母菌，植物など）において細胞壁溶解酵素により細胞壁を取り除いた細胞のこと．動物細胞はもともと細胞壁をもたないのでプロトプラストという用語は用いない．少しの衝撃で破壊されるほど弱いので扱いくいが，逆にその性質を利用して動物細胞なみの扱いができるため，遺伝子導入や細胞融合などの目的に有用である．ある種の生物において細胞融合*により雑種細胞を作製する際にも

用いられる．さらに，プロトプラスト状態の細胞は適当な培地上で再び細胞壁を再生して，正常な増殖を始める能力を保持しているため，植物の品種改良などに有効な手段として用いられてきた．細胞壁溶解酵素には細菌用にリゾチーム（lysozyme），糸状菌や酵母用にリティケース（lyticase）あるいはザイモリエース（zymolyase），植物細胞用にセルラーゼ（cellulase），ペクチナーゼ（pectinase）などが使われる．

プロドラッグ
[prodrug]

遺伝子治療*のうち，毒性を生じる遺伝子を癌細胞に導入して自殺させるプロドラッグ療法において用いる薬剤の総称．例えば非活性型の代謝拮抗剤であるガンシクロビル*（GCV）をプロドラッグとして患者に適用しておき，代謝酵素遺伝子である単純ヘルペスウイルスチミジンキナーゼ（HSV-tk）をウイルスベクターにつないで患者の癌細胞に導入すると，プロドラッグが毒性化して遺伝子が導入された癌細胞のみが死滅する（次ページ図）．

プロバイオティックス
[probiotics]

抗生物質（antibiotics）に対抗して名づけられた用語で，寄生している腸内で宿主にとって有益となる働きをする微生物を意味する．宿主の免疫力を高めたり，腸内に取り込んだ食物の消化を助けたりする．乳酸菌やビフィズス菌がこれに分類される．pro-という接頭語はアンチ（anti-）と対照的で，「味方の，親しい」という意味をもち，宿主に味方して共生するという意味を

◆ プロテオームプロファイリング

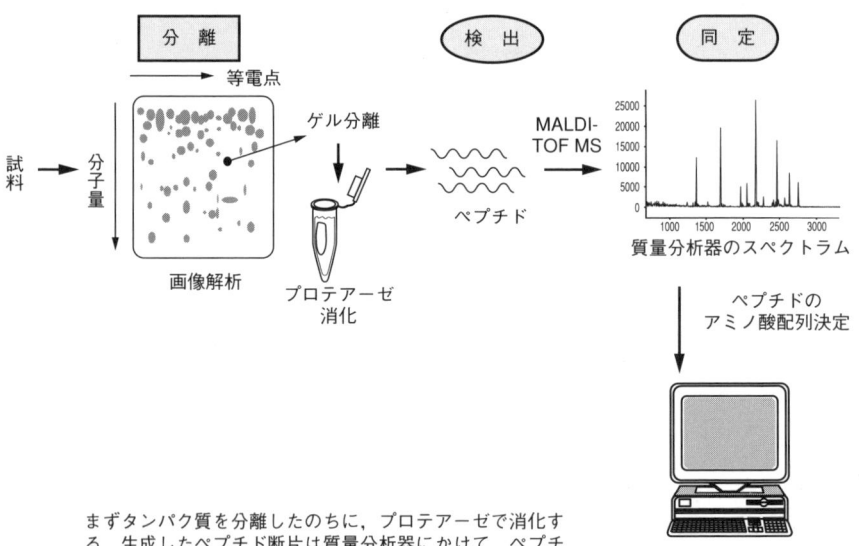

まずタンパク質を分離したのちに，プロテアーゼで消化する．生成したペプチド断片は質量分析器にかけて，ペプチドのアミノ酸配列を決定する．これをコンピュータを用いてデータバンクに問い合わせ，何であるかを同定する

同定，プロテオームデータベースの作成

込めて名づけられた．

プローブ法
[PROBE：primer oligo base extension]

マスアレイ法*において検出感度を上げるために開発された方法．DNAポリメラーゼによるプライマーの伸長を，4種類のddNTPを用いる代わりに3つのdNTPと4つ目のddNTP存在下で行うことで，より長いDNA鎖を伸長させる．試料の質量数の差が大きくなることで精度が向上する．
➡ マスアレイ法

フロリゲン
[Florigen]

旧ソ連の植物生理学者チャイラヒャン

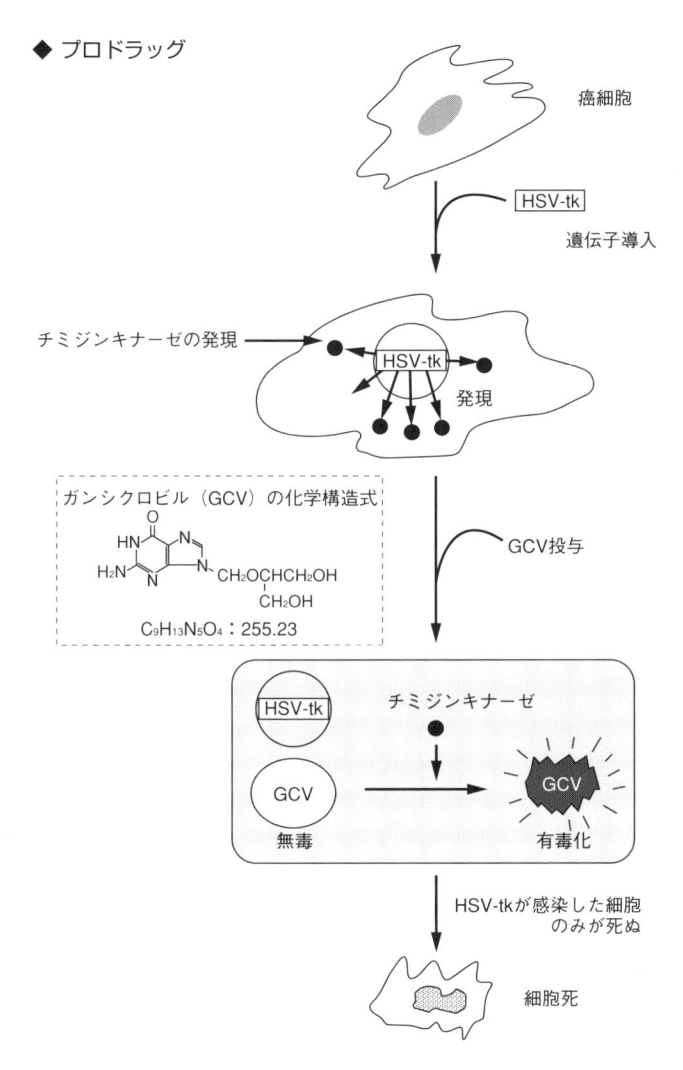

◆ プロドラッグ

癌細胞

HSV-tk
遺伝子導入

チミジンキナーゼの発現 ← HSV-tk 発現

ガンシクロビル（GCV）の化学構造式
$C_9H_{13}N_5O_4$：255.23

GCV投与

HSV-tk
チミジンキナーゼ
GCV 無毒 → GCV 有毒化

HSV-tkが感染した細胞のみが死ぬ

細胞死

(Chailakhyan, M.)が1937年に提唱した「花を咲かせる」仮想因子．花芽形成は日長によって支配されている．多くの植物では葉身で日長変化を感知し，そのシグナルがフロリゲンによって葉身から葉柄や茎を通って茎頂（shoot apex）に伝達され，そこで葉芽が花芽に分化して花が咲く．その実体は長い間謎であったが，最近になってシロイヌナズナ*を用いた研究からFT（flowering locus T）と呼ばれる遺伝子の産生するタンパク質がフロリゲンである可能性を示唆する報告が相次いで出されてきた．FTは茎頂にあるFDと呼ばれるbZip型転写制御因子と結合して花芽を作るために必要な遺伝子を転写誘導するという．日が長くなると花芽をつける「長日植物」であるシロイヌナズナだけでなく，日が短くなると出穂する「短日植物」であるイネにも塩基配列が7割もFTと同じタンパク質を産生する「Hd3a」遺伝子が見つかっており，このしくみが広く保存されていると考えられている．

分子擬態
[molecular mimicry]

擬態とは生物体の一部もしくは全体が形態や色彩などをほかのものに似せることである．食物連鎖において捕食者の目をごまかす目的で行われる．カメレオンの色彩のように環境に左右されるものもあるが，コノハムシのように遺伝的に木の葉の形をした昆虫もいる．分子の世界でも同じことが起こっていることがまず免疫現象から指摘され，それは分子擬態と呼ばれている．宿主の分子レベルでの防御機構を欺いて侵入してくる寄生体は宿主のもつタンパク質に擬態したタンパク質の衣をまとったり，立体構造を模倣することで非自己として認識されるのを避けている．これは立派な分子擬態の例である．免疫以外においてもアミノ酸配列が全く異なるにもかかわらず，酷似した立体構造をもつ分子が数多く見つかってきた．例えばタンパク質合成（翻訳）においては，終止コドンを識別するために解離因子がペプチド性のアンチコドンを構成することでtRNAの機能を模倣している．アミノ酸をリボソームへと運ぶ役割をもつアミノアシル-tRNA-延長因子Tu（EF-Tu）-GTP複合体と，ペプチジル-tRNAの移動（translocation）に関与する延長因子G（EF-G）も立体構造が驚くほど良く似ているだけでなく，その一部はtRNAの形を模倣している．このほか，ウラシルDNAグリコシラーゼの阻害タンパク質は二本鎖DNAの立体構造を擬態しており，転写制御因子（TAFII230）の一部はプロモーターDNAの立体構造を模倣していることが見出された．

分子クラスターインデックス
[molecular cluster index：MCI]

プロテオミクス*において二次元電気泳動*で変動が観察されたタンパク質のスポットを一つの集合（クラスター）として解析し，各スポットの等電点（isoelectric point：pI）と分子量を指標として索引を作成して整理すること．その後，解析が進んで明らかになった各タンパク質の種類や翻訳後修飾のデータなどを付加してゆく（図）．

分子時計
[molecular clock]

多種類の生物のゲノムDNAの塩基配列を比較することで，ある特定の塩基配列の変異速度を計算し，それを基準として生物進化の歴史を解析するときに用いるDNA塩基配列の時計．突然変異によるDNAの

◆ プロテオミクスにおけるクラスター解析による比較

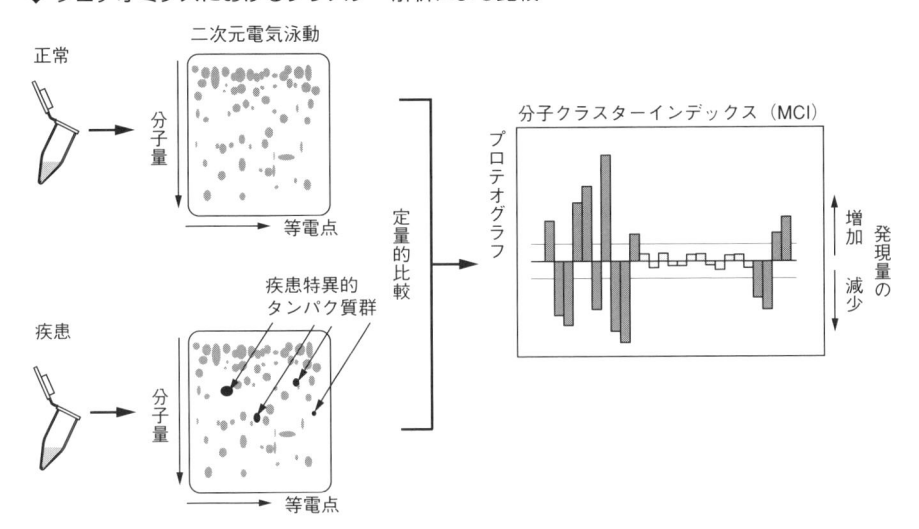

塩基配列の変化は生物の種に関係なくほぼ一定なので，比較したい生物の相同遺伝子の塩基配列を比べて相同の位置の変異の数を数えあげると，それらがどのくらいの時間をかけて同じ祖先から分岐・進化してきたかが推測できる．100万年で 1 ～ 2 ％しか変異しないほど安定に保存されているミトコンドリアDNAの塩基配列の比較解析はホモ・サピエンスのルーツを探る研究など，人類学や考古学に用いられて大きな成果をあげてきた．

分子ビーコン
[molecular beacon]

標的に特異的な塩基配列をもつオリゴヌクレオチドプローブの一種．プローブの末端は相補的になるように設計されているため，ヘアピン構造を形成し，その 1 つは 5'末端に蛍光色素を，3'末端に消光分子をもつ．リアルタイムPCRのプローブとして用いた場合，❶そのままでは消光分子の阻害により蛍光は発しないが，❷標的とハイブリダイズするとヘアピン構造が解けて消光分子と離れた位置に来る蛍光色素が発光する．その蛍光強度は標的の量に比例するため定量ができる．❸PCRにおいてDNAポリメラーゼにより相補鎖が合成されてプローブがはがされてゆくにつれて，再びヘアピン構造を取るようになり，消光分子が蛍光色素に接近して蛍光が消えてゆく（図）．

分泌
[secretion]

細胞が代謝産物などを排出すること．細胞からの放出様式や，標的細胞への作用様式によって，以下のような名称で分類される．

まず放出様式による分類では，❶皮脂腺など腺細胞が壊れることで放出される離出分泌（アポクリン，apocrine），❷汗腺や乳腺など細胞の一部が出芽してちぎれることで放出される漏出分泌（エクリン，

◆ 分子ビーコンの原理

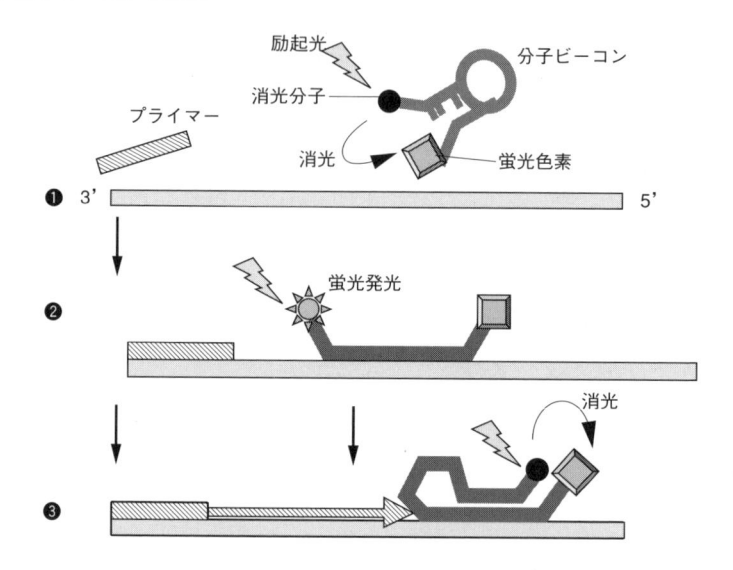

eccrine），❸漏出分泌のうち，タンパク質などのように小胞が細胞膜と融合して放出する開口分泌（exocytosis），❹漏出分泌のうちステロイドホルモン，胃酸などのように透過やポンプによって放出される透出分泌（ダイアクリン，diacrine）がある．

作用様式による分類（図）では分泌された物質が，❶分泌した細胞自身に作用する自己分泌（オートクリン，autocrine），❷近隣の細胞に作用するパラ分泌（パラクリン，paracrine），❸体内に放出し体液によって遠くの器官に運ばれて作用する狭義の内分泌（エンドクリン，endocrine），❹体外へ放出して作用する外分泌（exocrine）．

分裂酵母
[fission yeast]

子嚢菌類に属する桿形の単細胞微生物で学名は*Schizosaccharomyces pombe*．アフリカでは分裂酵母を利用してポンベ酒が作られている．出芽酵母*と並んで分子遺伝学や分子細胞生物学の発展につくした優れたモデル生物で，特に細胞周期の研究に大きな役割を果たしてきた．出芽酵母が2倍体が安定なのに比べて1倍体が安定で，多くの点でヒトには出芽酵母より分裂酵母が似ている．2002年4月に全ゲノム塩基配列（13.8Mb）が英国サンガーセンターのグループによってついに完成した．それによると，3つの染色体（Ⅰ：5.7MB，Ⅱ：4.6Mb，Ⅲ：3.5Mb）の動原体領域（Ⅰ：35kb，Ⅱ：65kb，Ⅲ：110kb）は合計で0.2Mbとなり，10.4kbからなるリボソームRNA（5.8S，18S，25S）遺伝子が100〜120回繰り返して1.1Mbを占拠していたが，そのほかの繰り返し配列はなく，総計12.5Mbの中に単一の遺伝子群がコードされていた．この数値は出芽酵母と同じくらいだが，線虫*（97Mb），シロイヌナズナ*（125Mb），ショウジョウバエ*（137Mb）に比べると格段に小さい．平均81bpからなる4,730個のイントロンをもつ遺伝子が

◆ 分泌の種類

①内分泌（エンドクリン）

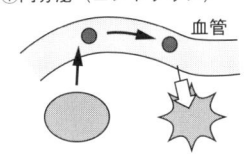

②自己分泌（オートクリン）

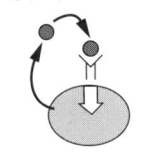

③外分泌（エキソクリン）

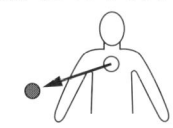

④パラ分泌（パラクリン）

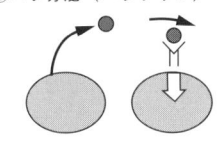

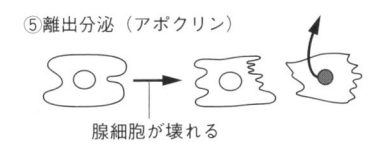

⑤離出分泌（アポクリン）
腺細胞が壊れる

⑥漏出分泌（エクリン）
細胞の一部が出芽して離れる

⑦透出分泌（ダイアクリン）
ポンプによる放出

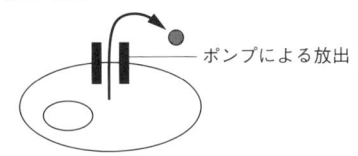

確認されているが，この数は出芽酵母の272個に比べてずっと多い．ミトコンドリア（20kb）由来のもの（11個）と偽遺伝子（33個）を含めて遺伝子が4,940個が見つかったが，これには100個以上，あるいは25～99個のアミノ酸配列をもつタンパク質をコードできる遺伝子のみならず，それ以下のコード能力しかもたない116個の不明な遺伝子も含まれる．これを除けば4,824個となるが，この数は出芽酵母の5,570～5,651個や最大の原核生物（Streptomyces coelicolor）の8.67Mbのゲノムにコードされる7,825個に比べれば少ない．これらの遺伝子はゲノムの60％を占め，GC比は36％，遺伝子濃度は2,528bpに1個に相当するが，これらは71％，38％，2,088bpという出芽酵母の値と大差ない．16個のsn（small nuclear）RNA*と33個のsno（small nucleolar）RNA*遺伝子が見つかり，tRNA遺伝子は17個でこれら45個はイントロンをもっていた．11個のトランスポゾン（Tf2型）は分散してゲノムの0.35％も占拠しているが，これでも出芽酵母の59個（2.4％）より小さい．このほか25個のLTR（long terminal repeat）のセットと180個の単独LTRが見つかった．また，ヒトの疾患にかかわる遺伝子と類似な遺伝子が172個も見つかったことは分裂酵母が臨床医学のモデル生物としても優れていることを示唆するものである．

ペットシステム
[pET system]

　RNAポリメラーゼの発現を抑制することで大腸菌に対して毒性をもっている標的遺伝子でも発現できるように工夫した実験系．T7 RNAポリメラーゼ遺伝子を欠失している大腸菌（HB101, JM109）を宿主とすると挿入遺伝子は転写されないので有毒

◆ pETシステムの原理

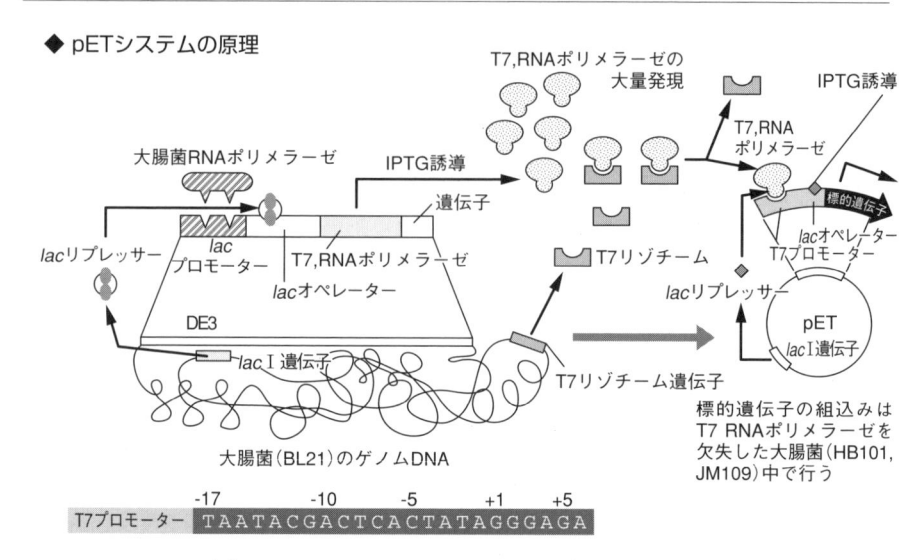

T7プロモーター配列: `TAATACGACTCACTATAGGGAGA` (-17, -10, -5, +1, +5)

pETシステムでは宿主のT7 RNAポリメラーゼ遺伝子およびプラスミドの標的遺伝子のそれぞれのプロモーターの直後に*lac*オペレーターを配置してあるので、通常は*lac*リプレッサーにより両者の発現が抑制されている。IPTG誘導により、これらの抑制が解かれ、T7 RNAポリメラーゼの発現が起こり、それによりプラスミドの標的遺伝子の発現が初めて始まる

遺伝子も遺伝子操作できる。こうして作った組換え体を、*lacUV5*プロモーター下流にT7 RNAポリメラーゼ遺伝子をもつラムダファージの溶原菌である大腸菌BL21（DE3）に形質転換する。次いでIPTGを加えて転写誘導すると、まずT7 RNAポリメラーゼが、次いで標的遺伝子が大量発現する。このときpETシステムではT7プロモーターの直後に*lac*オペレーター配列を挿入してあるので、プラスミド上にある*lac*Ⅰ遺伝子により*lac*リプレッサーを過剰発現させてT7 RNAポリメラーゼの発現を抑制できる（図）。

ヘテロクロニー
[heterochrony]

ヘッケル（Haeckel, E. H.）が提唱した発生生物学の概念。祖先から受け継がれた発生プログラムが守られず、子孫における発生のタイミングが変化してしまう現象。
➡ ヘテロトピー

ヘテロトピー
[heterotopy]

ヘッケル（Haeckel, E. H.）が提唱した発生生物学の概念。一群の同じ細胞や組織をもっている生物間でも個体の中でそれらの位置が異なることが原因となって組織間の相互作用が変化するため、異なる形態形成機構が生じ（ヘテロトピックな効果）、その結果形態に大きな差異が生まれること。➡ ヘテロクロニー

ヘテロ二重鎖法
[heteroduplex method：HET]

患者ゲノムの一塩基レベルの置換を検出する遺伝子診断法の一つ。変異により生じるヘテロ二重鎖は中性ゲルで遅れて電気泳

◆ ヘテロ二重鎖法

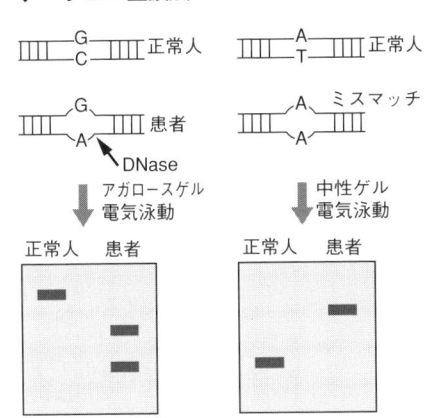

アガロースゲル電気泳動では患者由来のサンプルは正常人由来のサンプルより早く泳動されるが、中性ゲル電気泳動では正常人より遅れて泳動される

動される性質を利用して変異の有無を検出する（図）．

ペプチドアンチコドン
[peptide anticodon]

　トリペプチド（tripeptide）アンチコドンともいう．アミノ酸の翻訳における停止信号（終止コドン）に対するtRNAは存在しないが，代わりにタンパク質である解離因子（RF1, RF2）がtRNAの働きをする．tRNAがコドンを識別するために3つの相補的な塩基配列によってアンチコドンを構成しているのを真似て，解離因子が3つのアミノ酸からなるペプチドによって構成するものをペプチドアンチコドンと呼ぶ．大腸菌ではアンチコドン終止コドンのうちUAGはRF1のうち3つのアミノ酸（Pro-Ala-Thr）の構成する立体構造が，UGAはRF2のうち3つのアミノ酸（Ser-Pro-Phe）が，UAAはRF1とRF2がともに100万回に1回ほどしか間違いを起こさないほどの正確さをもってコドンを読み分けている．実際，RF1もRF2も立体構造がtRNAと驚くほど類似しており，リボソームの中のtRNA用の指定席にすっぽりとはまり込む．この現象を解離因子によるtRNAの分子擬態*と呼ぶ．真核生物では1種類の因子解離因子（eRF1）がUAG, UGA, UAAの3種の終止コドンを認識している

ペプチド核酸
[peptide nucleic acid：PNA]

　1991年にニールセン（Nielsen, P. E.）らによって初めて報告されたペプチド結合を骨格にした核酸様の物質（次ページ図a）．中性であるところが核酸（名前からして酸性である）と異なり，トリプレックス（三重鎖）構造をとりやすい．ペプチド固相合成法によって化学合成する．不斉中心がなく，溶解性が高く，核酸分解酵素にも耐性である．DNAやRNAと二重鎖を形成できるのみでなく，容易に三重鎖も形成する（図b）．この三重鎖はPNAが中性であることから安定で，DNAの二重鎖を押し破って新たな三重鎖を形成することもできる（strand invasion）．この性質は医薬品としての応用も期待されている．その後の技術改善により本来の2-アミノエチル・グリシン（2-aminoethyl glycine）骨格を改変したPNAも作製されてきた（図c）．またPNAとDNAの構成物質（キメラ）も合成されている（図d）．細胞内や個体内で安定に保持できる点で従来の核酸にないユニークで有用な使用法が次々と生み出され，有用なアンチセンス試薬としての期待も大きい．

ペプチドディスプレイ
[peptide display]

　大腸菌や酵母菌の細胞表面にペプチドを提示して未知のリガンドや阻害物質を検索

◆ ペプチド核酸（PNA）

a）PNAとDNAの構造の比較

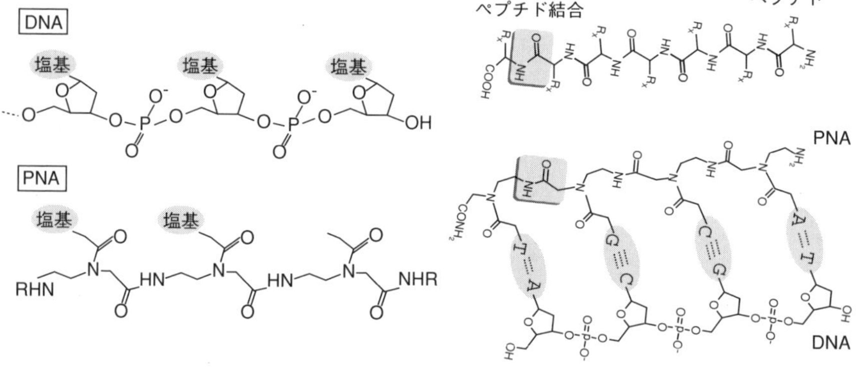

b）
二重鎖 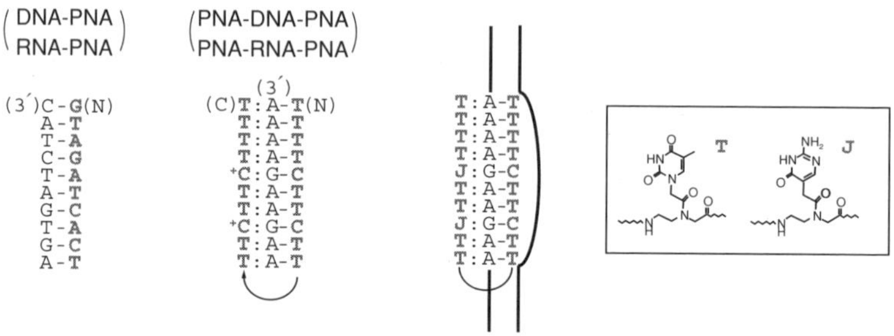
$\begin{pmatrix} \text{DNA-PNA} \\ \text{RNA-PNA} \end{pmatrix}$

(3')C-G(N)
A-T
T-A
C-G
T-A
A-T
G-C
T-A
G-C
A-T

三重鎖
$\begin{pmatrix} \text{PNA-DNA-PNA} \\ \text{PNA-RNA-PNA} \end{pmatrix}$

(3')
(C)T:A-T(N)
T:A-T
T:A-T
T:A-T
⁺C:G-C
T:A-T
T:A-T
⁺C:G-C
T:A-T

strand invasion

T:A-T
T:A-T
T:A-T
T:A-T
J:G-C
T:A-T
J:G-C
T:A-T

T J

c）
PNA　　シクロヘキシルPNA　　アミノプロリンPNA　　エチルアミン

アミノ酸　　Retro-inverso　　ホスホノ　　プロピニル

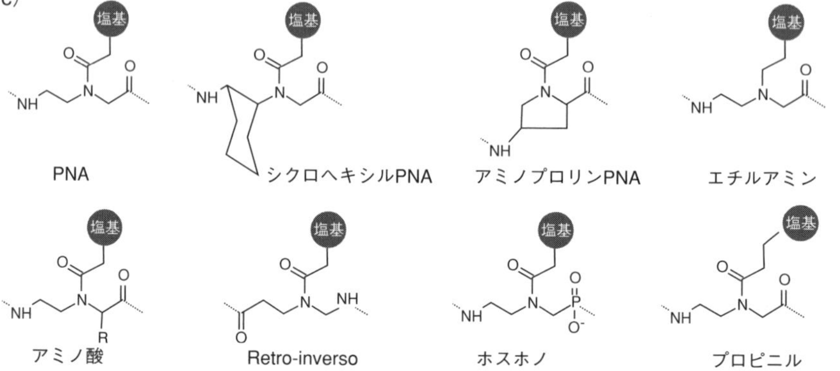

（次ページに続く）

◆ ペプチド核酸のつづき

d) H-PNA-5'-DNA-3'-PNAキメラ

する実験系のこと．M13ファージ*の外殻タンパク質（g3p）と6〜8アミノ酸からなる超可変ループを挿入したヒト膵臓トリプシン阻害タンパク質（PSTI：Pancreatic Secretary Trypsin Inhibitor）との融合タンパク質を発現させ，標的と特異的に結合するクローンを抗体により選抜して単離する．超可変ループとして6〜8個のランダムアミノ酸配列を挿入することで10^7種類以上のペプチドループを含むcDNAライブラリーが作製できる（図a）．よく使われるpFliTrxベクターではフラジェリン（Fli：flagellin）遺伝子（fliC）とチオレドキシン（Trx）遺伝子（TrxA）を用いる．ここにフラジェリンは大腸菌の鞭毛タンパク質で，チオレドキシンは大腸菌のDNA合成に必須の酵素であるリボヌクレオチド還元酵素（ribonucleotide reductase）に水素イオンを供与する補酵素である．このベクターではTrxAの生理活性に不要な部分を欠失させた融合タンパク質をフラジェリン変異体として大腸菌表面に12個のランダムペプチドとして提示する（図b）．検索が効率よく行われるように，ランダムペプチド部

◆ ペプチドディスプレイ

a) 超可変部のアミノ酸ループ
HyA(n=8), HyB(n=7) and HyC(n=6)

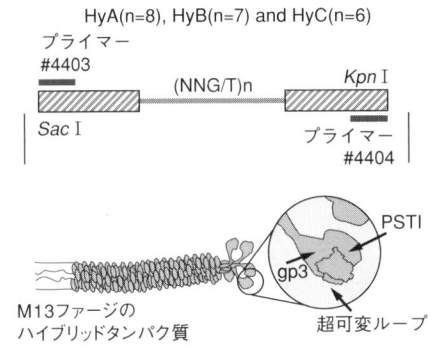

b)

c) 融合タンパク質の提示

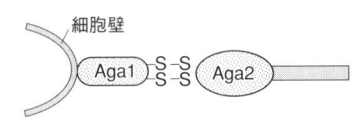

分はチオレドキシンのS-S結合により立体的に表面に露出するように設計されている．他方，出芽酵母の細胞膜タンパク質Aga（a-Agglutinin yeast Adhesion receptor）を用いる方法もある．Agaは2個の領域（Aga1，Aga2）をもつ．標的遺伝子（X）を*AGA2*遺伝子と翻訳の読み枠（frame）を合わせてベクター（pYD1）に挿入し，この組換え体を出芽酵母株（EBY100）で発現させると，Aga1とAga2-Xは出芽酵母の分泌過程でS-S結合を形成して細胞表面へ提示される（図c）．

ペプチドマスフィンガープリンティング
[peptide mass finger printing]

プロテオーム*解析の一つとして，ゲル電気泳動でタンパク質を分離精製した後にアミノ酸配列の一部を決定し，それをコードする遺伝子を同定する方法がある．この際，分離精製されたタンパク質は化学処理によりペプチドに分断され，そのまま質量分析器にかけて質量スペクトルのペプチドマッピング解析が行われるが，そのプロセスのこと．

ペプチドーム
[peptidome]

ペプチド（peptide）とゲノム（genome）を融合した用語．一つの生物がもつすべての遺伝子のセットをゲノムと呼ぶのに倣って，一つの生物あるいは細胞に発現しているすべてのペプチドのセットを意味する．全ゲノム解析で得た情報を基盤とし，包括的・網羅的に捉えて同定・解析し，データベース化する作業が進められている．

ペリセントロメア
[pericentoromere]

染色体の中央付近にある紡錘体が付着する領域を動原体（セントロメア）と呼ぶが，そこに隣接した領域をペリセントロメアと呼ぶ．生物種に特異的な繰り返し塩基配列（マウスの場合には234塩基の繰り返し）によって構成されている（図）．

ペリリピン
[perilipin]

脂肪細胞における脂肪滴形成に必須の働きをするとともに，ホルモン感受性リパーゼによる脂肪分解を促進するタンパク質．その遺伝子は核内受容体PPARγ転写因子に応答し，スプライシングの違いによりA（58kDa），B（46kDa），C（38kDa），D（26kDa）という4つのアイソフォームを産生する．脂肪細胞の脂肪滴に局在するタンパク質（perilipin A）として見つかったが，その後副腎や精巣などでも見つかってきた．ペリリピン・ノックアウトマウスでは脂肪滴形成が抑制されるため肥満抵抗性を示す．このため抗肥満薬開発のための有望な標的となっている．

ヘルパーファージ
[helper phage]

ラムダファージベクターの働きを助けるためのf1ファージあるいはM13ファージの総称．大腸菌細胞内でラムダファージをプラスミドに変換したり，二本鎖プラスミドを一本鎖プラスミドに変換する目的でヘルパーファージを追加感染させる．f1ファージもM13ファージも共に一本鎖DNAからなるファージで F'因子をもつ大腸菌を宿主としたときにのみ，f1ファージ複製開始領域をもつプラスミドベクターから大腸菌細胞内で一本鎖DNAを産生する．f1ファージ由来のR408（4.0kb）とM13ファージ（M13K07）由来のExAssist（7.3kb）また

◆ ペリセントロメア

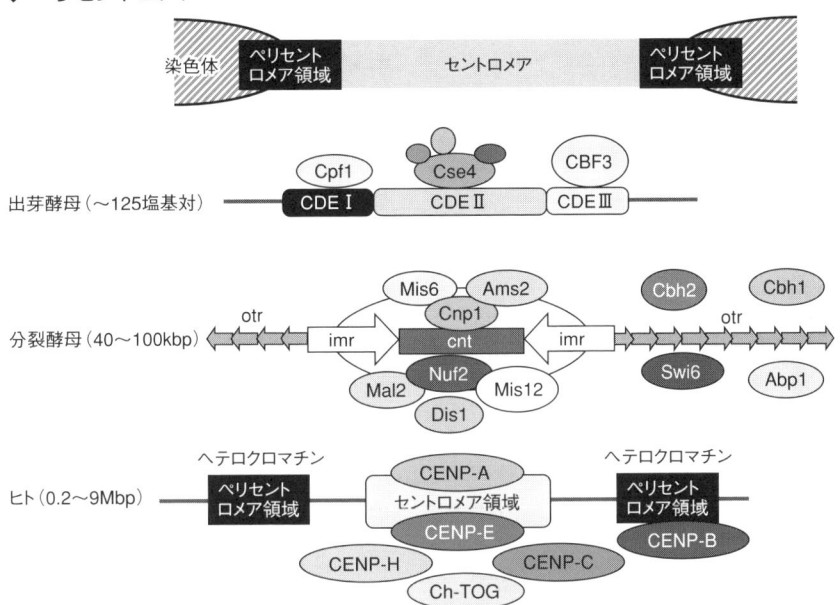

セントロメアの構造．両端に位置するペリセントロメア領域にはさまざまな制御タンパク質が結合している．出芽酵母のセントロメアはわずか125bpに収まるが，分裂酵母では数十Kbp，ヒトでは0.2〜9Mbpにまで広がっている．

otr：outer repeat, imr：innermost repeat, cnt：central core region, Cpf1：Centromere Promotor factors 1, CDE1：centromere determining element, Cse4：chromosome segregation protein, CBF1：centromere binding factor, Ams2：AdoMet synthetase, Cnp1：centromere protein, Nuf2：nuclear-filament related 2, Mis6：minichromosome instability 6, Cbh2：CENP-B homolog 2, CENP：centromere protein, Mal2：Maltose, Dis1：defect in sister chromatid disjunction, Abp1：ARS-binding protein 1, Swi6：Switch 6

はVCSM13（6.0kb）がヘルパーファージとしてよく使われる．

ベロ毒素
［Vero Toxin：VT］

病原性大腸菌の1グループである腸管出血性大腸菌（EHEC）が産生する毒素．アフリカミドリザル由来のVero細胞に極微量で致死性を発揮することが名前の由来である．細胞内で産生し，菌体外に分泌するタンパク質性の外毒素で溶血性尿毒症の原因物質である．A群赤痢菌1型の産生するベロ毒素1（VT-1）以外に，それと類似したベロ毒素2（VT-2）が知られている．VT-1，VT-2ともにA，B2つのサブユニットから構成され，A，BともにVT1とVT2の間で約60％のアミノ酸配列相同性を示す．Aサブユニットは真核生物リボソームの28SRNA中の保存された塩基配列のうちA（アデニン）を脱プリン化することでタンパク質合成を阻害する．Bサブユニットは五量体を形成して糖脂質の一種で

ある細胞膜上の受容体と結合する．VT-1は大腸菌のペリプラズムに蓄積されるがVT-2は菌体外へ分泌される．下痢止めを服用すると，ベロ毒素が排出されないため，病状が重くなったり死亡したりするので注意が必要である．

変性勾配ゲル電気泳動法
[denaturing gradient gel electrophoresis：DGGE]

患者ゲノムの一塩基レベルの置換を検出する遺伝子診断法の一つ．変異により生じるヘテロ二重鎖を変性させ，尿素やホルムアミドなど無荷電の変性剤の濃度勾配をかけたゲルで電気泳動する．患者あるいは正常人由来のバンドの変化を検索して変異の有無を診断する（図）．

ボディマップ
[BODYMAP]

一つの細胞や組織のcDNAライブラリーから無作為（random）にピックアップした膨大な数のcDNAの塩基配列を決定することで発現しているmRNAの絶対量を測定して記録したデータベース（http://bodymap.ims.u-tokyo.ac.jp/）．cDNAマイクロアレイではmRNAの相対的な存在量しかわからないといった欠点を補うことができる．

ポマト
[pomato]

1978年にドイツのマックスプランク研究所が，共にナス科のジャガイモ（ポテト）とトマトを，細胞融合*法でかけ合わせて生み出した新種の野菜の名前．地上部はトマトで地下部はポテトを実らせる．ジャガイモ（potato）とトマト（tomato）の合成語である．ポマトにはソラニンと呼ばれるジャガイモの芽に多く含まれる有害なアルカロイドがたくさん含まれており食用にはならなかった．同様な技術を用いて，オレンジとカラタチを細胞融合させて作ったオレタチ，イネとヒエの融合品種ヒネ，メロンとカボチャをかけ合わせたメロチャなどが開発され，植物体にまで育ったが商品化はなされていない．

ポリー
[Polly]

1996年7月に世界で最初のクローン*ヒツジであるドリー（Dolly）を生み出した英国ロスリン研究所のウィルムット（Wilmut, I.）とPPL Therapeutics社が第2弾として1997年7月に産生したクローンヒツジの名前．ポール・ドーセット（Paul

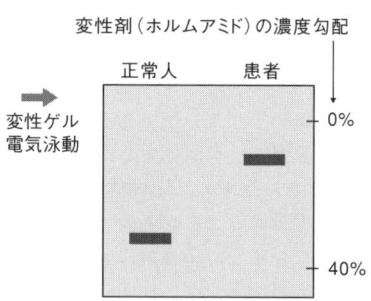

◆ DGGEによるミスマッチの検出

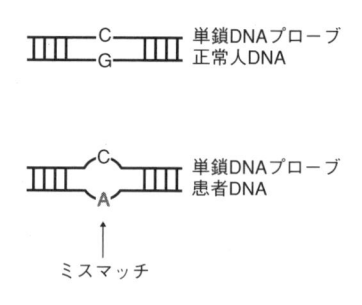

Dorset）種のヒツジでドリーの後継であることが名前の由来である．乳腺細胞に血友病の治療に使われる血液凝固第9因子をコードする遺伝子を組込んであり，乳に大量に発現されるよう遺伝子操作してある．

ポリグルタミン病　→ トリプレットリピート病
[polyglutamine disease]

ポリグルタミン鎖の異常伸長による疾患．球脊髄性筋萎縮症，ハンチントン病，脊髄小脳変性症1型（SCA1），SCA2，Machado-Joseph病（＝MJD，＝SCA3），SCA6，SCA7，歯状核赤核・淡蒼球ルイ体萎縮症（DRPLA）の8疾患が知られている．疾患遺伝子のCAG（グルタミンをコードする）という3塩基の繰り返し配列が伸長し，その結果グルタミン反復配列をもつタンパク質が生じて，細胞核内に封入体が生じるなどの異常が起こる．長いポリグルタミン鎖が構成するβ-シート構造を介して相互に結合して凝集すると考えられている．病因遺伝子の発現は，多くの臓器にまたがるにもかかわらず，神経系の特定の部位が選択的に障害される．CAGリピートの長さは健常者においても多様性があり，臨界値（多くは35〜40リピート）を越すと発症する．伸長したCAGリピート数が多いほど発症年齢が若年化・重症化し，同じ疾患でも世代を経るごとに発症年齢が若年化する（これを表現促進現象と呼ぶ）．

ホールゲノムショットガン法
[whole genome shotgun method]

セレラ・ジェノミクス*社のベンター（Venter, C.）がインフルエンザウイルスの全ゲノム塩基配列（1,830kb）を決定する際に最初に採用した塩基配列決定の戦略．方法は単純で，まず全塩基配列を決定したい生物の全ゲノムDNAを制限酵素などでランダムに切断する．次いで，それらすべてをベクターにクローニングし，それらの塩基配列を片端から300〜600bpほど決定する．それを超高速のコンピュータを使って重複部分を探索し，つなぎ合わせ積み上げて全ゲノムレベルまでの一つの長大な塩基配列に構築してゆく．当初は，この方法では情報が多すぎてゲノムレベルの塩基配列決定には使えないと誰もが思っていた．しかし，ベンターはこれを実現するために投資家より資金を集めて会社（Cerela Genomics社）を設立し，ABI社の高価な塩基配列決定機器（PRISM 3700）を300台も並べて約50人の技術員が総がかりで塩基配列を決定する体制を整えた．彼はまず手始めにインフルエンザ菌*（Haemophilis influenzae）ゲノム（183万塩基対）の全塩基配列を約5年がかりで決定してみせた（1995年）．これが全ゲノム塩基配列が決定された最初の生物の例となったこともあって，このニュースは世界中に大きな衝撃を与え，この戦略の有用性を認識させた．この成功によって彼らは次々と新たな生物の全ゲノム塩基配列を決定していった．現在ではスピードが次第に上がり100万塩基対程度なら1日で決定できるという．事実，1億8千万塩基対もあるショウジョウバエ（Drosophila melanogaster）の全ゲノム塩基配列を始めてからわずかに4カ月で決定してみせて世の中を驚かせた．ヒトゲノムについてもこの方法で迫って公的なグループを追い上げ，結果として2000年には同時にドラフト配列*を発表するに至った．これと対照的な戦略に国際共同チームの採用した階層的ショットガン法*がある．　→
ショットガン法

ボルバキア
[Wolbachia]

主な節足動物群（昆虫など）の生殖組織に高い確率で見出される細胞内に寄生する共生細菌（ボルバキア属）の名称．宿主の性を操作することで寄生に成功した．細胞質をほとんどもたない精子には潜りこめないため基本的には卵を介して母親からその子孫に伝えられる（垂直伝播）．雄に感染して次世代に伝えられるチャンスのないボルバキアは，将来雄になる卵だけが孵化前に殺される（雄殺し）という現象により抹殺されることで，雌に感染した同類の餌を奪うことを避ける．殺されないように宿主の雄を雌に性転換する能力を発揮する（雌化現象）ボルバキアもいる．一方，雄がいなくなって宿主集団が絶滅するのを防ぐため，非感染の雌では，感染雄と非感染の雌が交配した時だけ受精卵が死に，非感染の雄と交配したときのみ子孫を残せる（細胞質不和合）というしくみも温存している．もちろん感染雌は雄が感染していてもいなくても繁殖に成功する．細胞質に寄生する遺伝因子の利己的な振るまいが動物の生殖様式を歪めるという現象の分子制御機構を理解することで，それを新技術の開発に応用する試みもある．ボルバキアには特殊なファージ遺伝子が感染してゲノム内に潜んでいるが，ボルバキアにストレスをあたえるとゲノムから切りだされ，ファージ粒子を形成して細胞外に放出される．このファージ遺伝子は宿主のゲノム内へ潜り込むことで微生物から多細胞生物への遺伝子の水平転移を促進する役割も果たしている．実際，豆類の害虫として知られるアズキゾウムシのX染色体の中にボルバキアゲノムの大きな断片が入りこんでいることが見つかった．ヒトにおいても，腸内に存在する微生物や寄生微生物に感染しているファージやウイルスを介して，遠い種の壁を越えて遺伝子が移ってきていることが，ゲノムプロジェクトから明らかにされている．

ポロキナーゼ
[polo kinase]

主として細胞周期のM期を制御する，タンパク質キナーゼ（M期キナーゼ）の一つ．もとはショウジョウバエにおいてM期紡錘体形成不全あるいは多極性紡錘極を呈する変異体の原因遺伝子として同定されたが，その後，酵母からヒトまで保存されていることがわかった．ヒトではplk（polo like kinase）と呼ばれている．

ホロセントリック
[holocentric]

真核生物では染色体の中央に動原体（セントロメア：centromere）と呼ばれる特殊な塩基配列から構成される領域がある．この部分には他の領域とは異なった特別なタンパク質がくっつき，細胞分裂の際には動原体にチューブリンが付加し，染色体を引っ張って分離する．出芽酵母ではわずか125塩基対からなる共通配列が16本すべての染色体でみられるが，3本の染色体しかもたない分裂酵母で30〜120kbにわたる長大な領域を構成している．このように生物種の間でのセントロメア線虫では染色体全体にわたってセントロメアとしての活性をもつ状態となっており，これをホロセントリックと呼ぶ．

マイクロRNA → miRNA

マイクロサテライト
[microsatellite]

ヒトゲノムの中に散在する2～5塩基対の反復単位（CA, GT, AATGなど）が数個から数十個繰り返した反復配列で，反復数には個人差がある．それをマイクロサテライト多型（microsatellite polymorphism）あるいはSTR（Short Tandem Repeat）と呼んで個人の識別（DNA鑑定）に利用されている（図）．その反復数の異常は特定の病気の原因ともなっている．例えば3塩基対（トリプレット）の反復数の異常増大が病因となるトリプレットリピート病[*]や，遺伝性非ポリポーシス大腸癌におけるマイクロサテライトの反復数の変化が知られている．

マイクロ染色体
[micro chromosome]

主として鳥類でみられる微小サイズの染

◆ マイクロサテライトマーカーによるDNA鑑定

a) マイクロサテライトマーカーの原理

CAを単位とした反復配列

被験者A　父由来　CACACACA（4回反復）
　　　　　母由来　CACACACACACACA（7回反復）

被験者B　父由来　CACACACACA（5回反復）
　　　　　母由来　CACACACACACACACACA（9回反復）

↓ PCRで増幅

B母由来 ── 9
A母由来 ── 7
B父由来 ── 5
A父由来 ── 4

b) よく使われるTH01鑑定法の実際

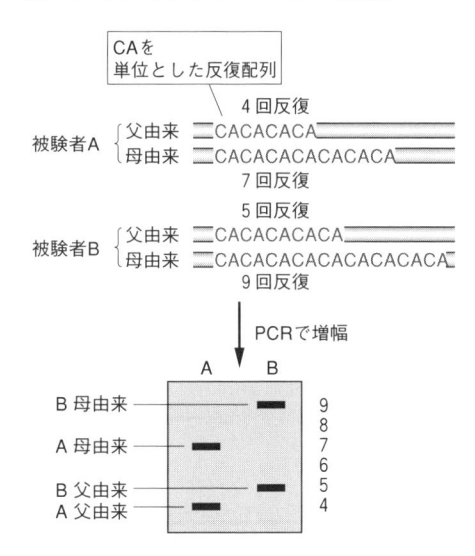

AATG
AATG
AATG
……
AATG

第11染色体短腕（端）
（5～11回の繰返し）

8・9型　6・9型　6・8型

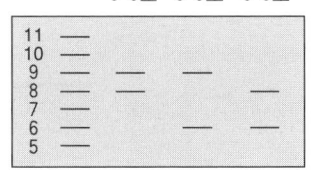

日本人にみられる分布の偏り
8型：6％
9型：40％
6型：26％
その他：28％

TH01鑑定法では6, 8, 9回の繰り返しの組合わせで個人を特定する．
8・9型　8回と9回の繰り返しをもつヒト
6・9型　6回と9回の繰り返しをもつヒト
6・8型　6回と8回の繰り返しをもつヒト

色体のこと．ほとんどの鳥類は76〜84本という多数の染色体をもつ．このうち性染色体を含む7〜8対は大型（マクロ）染色体だが，30〜32対については小型あるいは微小なサイズの染色体である．

マイクロフルイディクスチップ
➡ ミュータス
[microfluidics chip]

　微小流量を操作したバイオチップの総称．1990年にマンツ（Manz, A.）により，その概念が提唱されてから，省サンプルのみでなく分析時間の短縮化の利点を活かして，飛躍的に技術が向上してきた．例えば数センチ角の基盤上に微小な流路を作製し，微小量サンプルの電気泳動などによる解析の場とするチップが作製されている．マルチチャネル化やマイクロチャネルの合流・分岐などにより，少数の細胞からのDNA抽出・精製などといった全処理過程までを集積して，チップ上の研究室（➡ラブオンナチップ）化することも可能である．実際，約15cmの基盤上で，96本のマイクロチャネルを放射状に配置したチップを作製し，回転型の共焦点スキャナーを用いて，プラスミドDNAの制限酵素消化物96個を2分以内に分離・精製することに成功した例もある．また，同じチップで同時に95サンプルの塩基配列（430塩基対まで）を正確に決定することにも成功している．

マウスENUミュータジェネシスプロジェクト
[mouse ENU mutagenesis project]

　大規模なマウスの変異体の集団を作製するプロジェクト．現在知られているマウスの突然変異体は5,000種類程度なので，これを10倍程度まで増やした全遺伝子に対する変異体を網羅的に作製しようというプロジェクトが英国（http://www.mgu.har.mrc.ac.uk/facilities/mutagenesis/mutabase/），ドイツ，米国，カナダなどの世界各国で立ちあがっており，2001年には国際マウス変異体作製共同体（international

◆ ENUの作用機序

mouse mutagenesis consortium）も発足した．ENU（N-ethyl-N-nitrosourea）はアルキル化剤の一種で，DNAのグアニン塩基をエチル化することにより特異的にアデニンに変換する．マウスの腹腔に注射したENUは代謝された後に活性化されてエチルカチオンとなり，核内のDNAに作用して高い効率で点変異（G→A）を起こす．この点変異が雄の生殖細胞に固定されば，このマウスを長期間に渡って多数の雌マウスと交配させることにより多数の独立した突然変異マウスを作製できる（図）．

マウスエンサイクロペディア計画
[mouse encyclopdia project]

マウスを材料としてすべての組織や細胞から全長cDNAのクローンおよびその塩基配列を網羅的に収集する計画．日本の理化学研究所で進められており，すでに塩基配列が決定された2万種類以上の cDNAに対して機能注釈を行うために，2000年にはFANTOM（functional annotation of mouse）と銘打った国際会議がつくば市で開催された．

マーカー補助選抜
[marker assisted selection：MAS]

農産物の品種における優れた形質と連鎖するDNAマーカーを見つけ出し，それを利用して交雑育種することで効率的に品種改良を行う技術のこと．遺伝子組換え作物（GM）が時代遅れとなりそうな勢いで，環境に優しい新しい技術としてMASが推進されつつある．ゲノムプロジェクトの推進の結果，数多くの植物に関する膨大な遺伝情報が蓄積されつつあり，ゲノムが完全に解読されていない植物についてもDNAマーカーの整備が進んできた．ゲノムにおいてDNAマーカーは住所における「番地」に相当する．ある農産物の品種において優れた形質が見つかれば，その形質と連鎖するDNAマーカーを見つけ出すことは比較的容易である．その優れた形質を支配する遺伝子をDNAマーカーで判別できれば，伝統的な交雑育種のスピードが加速される．MASにおける新種の育成は交雑ができる種の中で行われるため，環境を乱す心配や食物としてとった場合に健康に与える害に対する懸念も，GMに比べると大幅に低減される．MASはすでに市場に導入ずみで，GMに反対してきた環境保護団体も支持に傾きつつある．

マキシザイム
[maxizyme]

リボザイム*の一種で慢性骨髄性白血病の原因遺伝子である転座により生じたBCR/ABL融合mRNAのみを切断する．1分子のリボザイムは壊されることなくリサイクルされて次々と多数の標的RNAを切断できるので遺伝子治療*に有用である．

マクロRNA
[maRNA]

タンパク質を翻訳していないncRNA*のうち，1万塩基対（10kb）を超えるサイズをもつ巨大なRNAのこと．例えばインスリン様成長因子II型受容体（Igf2r）のアンチセンス遺伝子であるAirは約100kbの長さをもつncRNAである．またXistは約18kbの長さをもつncRNAとして転写されたのち自身がコードされているX染色体の全体を覆うように結合してX染色体不活性化に大きな役割を果たす．大規模な探索の結果，ヒトやマウスのゲノムにはマクロRNAが転写されている可能性が高い領域（ENOR: expressed noncoding region）が約60領域も同定されている．

マスアレイ
[mass array]

スニップ*（SNP）解析のために開発された技術の名称．シリコンチップ上にヒトゲノムDNA断片を固定化し，標的スニップの近傍に相当するオリゴヌクレオチドを合成してハイブリダイズさせる．これをプライマーとしてDNAポリメラーゼにより伸長させるとヒトによってスニップに対応する1塩基のみが異なるDNA断片が生合成される．これを溶出しMALDI*によってイオン化した後，飛行時間型質量分析器*により塩基1個分の質量の違いを検出してスニップの型を決定する．検出感度を高めるためにプローブ法*を採用するのが一般的となっている．

マラーのラチェット仮説 ▶ 赤の女王
[Muller's ratchet]

マラー（Muller,H.J.）とフィッシャー（Fisher,R.Y.）によって提唱された有性生殖のしくみが種の生存に有利であることを説明する仮説．種が無性生殖のみで子孫を作りつづけると，ガンマ線や化学物質あるいはウイルスによる侵入などによって遺伝子に傷がついた場合に，それがずっと子孫に受け継がれる．それが有害遺伝子として蓄積すると種はやがて絶滅してしまう．ところが有性生殖によって遺伝子組換えを起こし多様な子孫を作ることで，傷だらけの遺伝子を引き継いだ子孫のみが死滅することで淘汰され，正常な遺伝子を引き継いだ子孫が生き延びることができると説明する仮説である．ラチェットとは歯車の逆回転を防ぐ装置で，例えばテニスのネットを巻き上げる回転具に使われている．有害遺伝子が一方通行的に蓄積していく様子を例えるのに使われている．有性生殖は巻き上げ過ぎを緩めるためのしくみであるとされる．

ミスマッチ化学切断法
[chemical cleavage of mismatch：CCM]

患者の一塩基レベルの置換を検出する遺伝子診断法の一つ．ハイブリッドを形成できず立体構造が変わる変異点をRNaseあるいはDNaseで切断して電気泳動などで断片を検出する．

◆ ミスマッチ化学切断法の原理

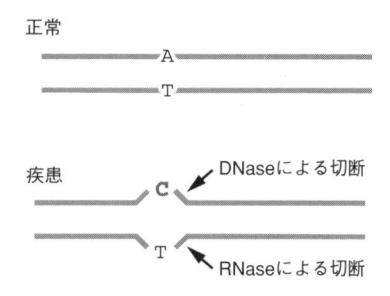

正常
――― A ―――
――― T ―――

疾患
――― C ――― ← DNaseによる切断
――― T ――― ← RNaseによる切断

ミトソーム 同 マイトソーム
[mitosome]

ミトソームとは，ミトコンドリアをもたないとされてきた下等な原生生物である赤痢アメーバ（Entamoeba histolytica）や微胞子虫類（Trachipleistophora hominis）ジアルジア*などにおいて発見された，二重膜で包まれたミトコンドリア様の細胞内小器官を意味する．とくにジアルジアは原核生物から真核生物への遷移の時代に「生き証人」としてミトコンドリアをもたないという特徴が有名だっただけに，その細胞内に他の真核生物と同様に細胞内共生生物に由来する原初ミトコンドリアが見つかったことは重大な意味をもつ．ジアルジアのミトソームはミトコンドリアとは違ってエ

ネルギー源であるATPは産生できないが,その代わりにATP産生にとって必須な補因子である鉄-硫黄（Fe-S）クラスターを生合成するジアルジア特有のタンパク質複合体をもっている．これらタンパク質に対する特異的抗体を使って細胞内における局在を調べた結果，そこに二重膜に囲まれた小さな構造体（ミトソーム）が見つかったのである．普通の真核生物とは違って，これらの生物は核をもつのに細胞小器官（ミトコンドリアやペルオキシソームなど）は見つからず，それ以外にも内膜系が未発達で，いくつかの遺伝子を対象とした系統樹で根元近くで枝分かれすることから，原始的だとされてきた．しかし，ミトソームが見つかったことでその見解は修正を迫られる．すなわち，ミトコンドリアをもたない真核生物は原始的で下等であるという考え方は否定され，むしろ省略化する進化の結果であることが示唆されている．

ミニサテライト
[minisatellite]

ヒトのゲノムで見出される，反復単位が7〜40塩基対で反復回数には個人差があるVNTR（Variable Number of Tandem Repeat）と呼ばれる反復配列のこと（図）．全ゲノム中の数千〜数万カ所に存在する．VNTRを挟むようにプライマーを設計してPCRで増幅すると反復回数の多い人ほど長いDNA断片を生じる．それをアガロースゲル電気泳動を用いてVNTR（ミニサテラ

◆ ミニサテライトマーカーによるDNA鑑定

a) VNTRミニサテライトマーカーの原理

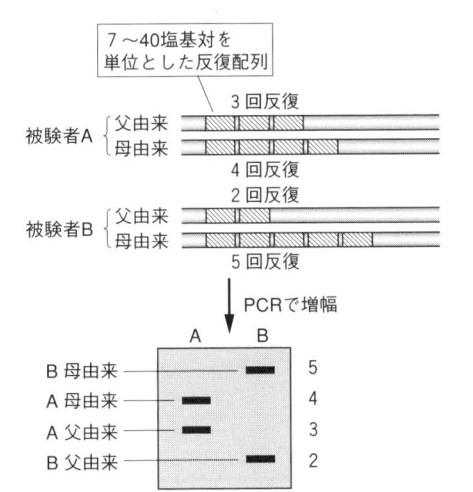

b) よく使われるMCT118鑑定法の実際

第1染色体短腕（端）
（14〜41回の繰返し）

TCAGCCC-AAGG-AAG
ACAGACCACAGGCAAG
GAGGACCACAGGCAAG
GAAGACCACCGGAAAG
GAAGACCACCGGAAAG
GAAGACCACAGGCAAG
……
GAGGACCACTGGCAAG

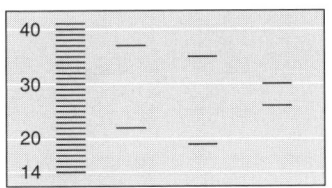

MCT118鑑定法では例えば
22回と37回の繰り返し（22・37型）
19回と35回の繰り返し（19・35型）
26回と30回の繰り返し（26・30型）
などの繰り返しの組合せにより個人を特定する

イト）マーカーとして検出することでDNA診断やDNA鑑定ができる．さらにPCRとサザンブロット法を組合わせて用いた検出結果は，商品に張りつけられたバーコードそっくりの20本程度の濃淡のバンド模様で示されることからDNAバーコードあるいはDNA指紋とも呼ばれる．

ミミウイルス
［Mimivirus］

アメーバに感染して，増殖する二重鎖DNAウイルス．肺炎流行時の英国で単離同定されたことからヒトで肺炎を起こす可能性がある．既知のウイルスとしては最大のサイズをもち（400nm），細菌のマイコプラズマ属と同程度，あるいはブドウ球菌の半分ほどの直径をもつ．電子顕微鏡で見ると正二十面体の外形が観察される．120万塩基対からなるゲノムの中に900個以上の遺伝子をもち，これまでに見つかった最小の細菌より2倍の大きさのゲノムをもつ．そのなかには，細胞にしかないと思われていたDNA複製やタンパク質生合成関連の遺伝子も含まれていた．特にアミノアシル基転移RNA合成酵素など翻訳にかかわる成分の遺伝子が多い．

ミモトープ
［mimotope］

ミモトープは「エピトープを真似る（mimic an epitope）」に由来する用語で，本来のエピトープと同様の相互作用を示すがアミノ酸配列上は相同性が低いペプチドを意味する．ランダムなアミノ酸配列をもつペプチドを多数貼り付けたペプチドアレイを用いて迅速にミモトープの探索をする作業をRPA（random peptide array）法と呼ぶ．

ミュータス　同　マイクロ化学・生化学分析システム，マイクロ総合分析システム
［μ-TAS：micro total analytical system］

マイクロタスとも言う．分析化学（生化学）の実験室で使用される類の機器のもつ機能を集約的に1枚の小さなチップ上に装備し（図），一連の分離・前処理・測定・解析を一挙に（自動的に）行う実験系で「マイクロ化学・生化学分析システム」と訳されることもある．分析に要する試料の微量化・時間の短縮化・コストの低減化を可能とするため，いくつかの実験系で，特

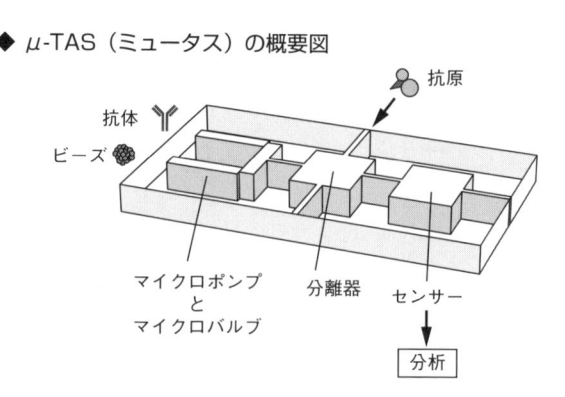

◆ μ-TAS（ミュータス）の概要図

にDNAチップ*などポストゲノム研究を応用した医療の現場での実用化に期待がかかっている．

→ ラブオンナチップス

ミリストイルスイッチ
[myristoyl switch]

　タンパク質は脂質による修飾を受けることで細胞膜の細胞質側へつなぎ止められている（アンカーされている）．この状態は細胞膜で受容体が受け止めた信号を細胞内へ伝達する時に重要な働きをする．N-ミリストイル化はタンパク質のN末端側に炭素数14の飽和脂肪酸であるミリスチン酸（myristic acid）が共有結合する修飾で，多くのシグナル伝達に直接関与するタンパク質がこの形で細胞膜にアンカーされている．標的タンパク質は必ずN末端にグリシン残基をもっており，これに続いてN-ミリストイル化を指令するシグナル配列（6〜9アミノ酸からなる）が見つかる．標的タンパク質がリボソーム上で翻訳されている途中でメチオニンアミノペプチダーゼにより開始メチオニンが切断除去されると，N-ミリストイル転移酵素（NMT）に触媒されて，露出したN末端のグリシン残基のαアミノ基にミリストイル-CoAのミリストイル基が転移される．これ以外に，アポトーシスを抑制するBidがカスペースによる切断に伴って生じる断片の1つがN-ミリストイル化される例が見つかっている．

　一般にミリストイル基の膜への親和性は弱いので膜結合を増強するためには以下の3つの要素が必要である．❶標的タンパク質における正電荷アミノ酸のクラスター，❷標的タンパク質のパルミトイル（palmitoyl）修飾，❸ミリストイル基が標的タンパク質から突き出て露出している状態にあること．この3つの要素は異なる機構で制御されて標的タンパク質が細胞膜に結合したり解離したりして生理機能を発揮するのを調節している．この制御機構をミリストイルスイッチと呼ぶ（図）．

◆ ミリストイルスイッチのしくみ

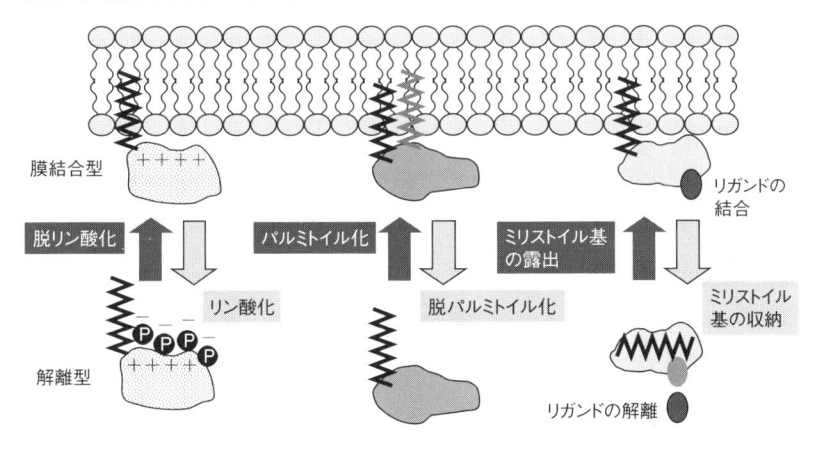

ムーンダスト
[moon dust]

　青いバラ*の開発途上で生まれた青紫色のカーネーションの商品名（サントリー）．赤・青・橙などのフラボノイド系色素であるアントシアニン*はB環へつく水酸基の数と位置の違いで色調が変化する．青色を出すデルフィニジン（delphinidin）を産生する主要な酵素であるフラボノイド3',5'水酸化酵素（F3'5'H：flavonoid 3'5' hydroxydase）の遺伝子をもたないカーネーションのゲノムに，ペチュニアの同遺伝子を組込んで発現させ，青紫色の花を咲かせるカーネーションの大量生産に成功している（サントリー）．赤色カーネーションに導入するとペラルゴニジン（pelargonidin）由来の赤色と混じり合うため赤紫色となる．白色カーネーションはペラルゴニジン合成に必要な酵素（dihydroflavonol 4-reductase：DFR）の遺伝子を欠損しているので，ペチュニアのF3'5'HとDFRを共に導入したところ，ほぼすべてのアントシアニンがデルフィニジンとなって藤色のカーネーション（商品名ライラックブルー）になったのである．その後発現効率を上げてより濃い青色の花を咲かすムーンダスト・ディープ

◆ ムーンダストの咲くしくみ

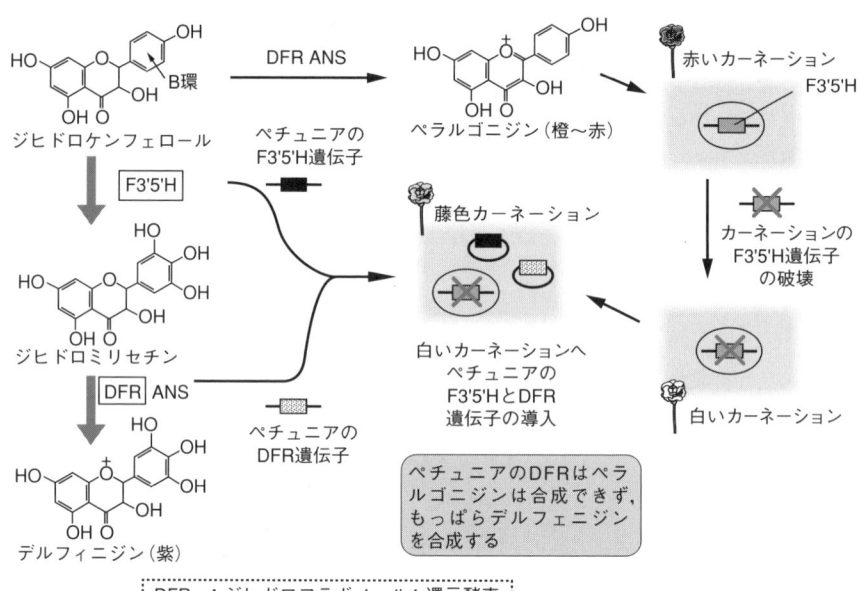

赤いカーネーション：ペラルゴニジン
白いカーネーション：ペラルゴニジンの欠失（F3'5'H遺伝子の欠損）

DFR　：ジヒドロフラボノール4-還元酵素
ANS　：アントシアニン合成酵素
F3'5'H：フラボノイド3'5'-水酸化酵素

ブルーという品種も発売されている．

メカノセンサー
[mechanosensor]

伸展・流れ・圧などの機械刺激に応答するために細胞がもっている受容体の総称．メカノレセプター（mechanoreceptor）ともよぶ．例えば，機械受容（SA：Stretch Activeted）チャネルは細胞膜伸展で生じる膜張力により開閉が制御されるイオンチャネルである．接着分子（インテグリン，PECAM）やATP放出機構などもメカノセンサーである可能性が示唆されている．

メダカ
[medaka fish]

淡水魚である日本産のメダカ（medaka fish：$Oryzias\ latipes$）も全ゲノム塩基配列決定が進んでいる．メダカは古くから生物材料として親しまれたおかげで，突然変異体も多く樹立されており，体長が小さく，胚が透明で3カ月で成魚になるという利点もあって世界中に流布しつつある発生学の良いモデル生物である．

メタ解析
[metaanalysis]

とくにDNAチップの結果の解析において，個々の実験解析結果を統合してさらに解析すること．個々のDNAチップの結果はすでに解析されているが，多くのDNAチップ結果間を統合して比較することをメタ解析と呼ぶのである．

メタゲノム解析
[meta genome analysis]

これまでゲノムプロジェクトにより全塩基配列が決定された微生物はいずれも培養することで大量に菌体が入手できた微生物である．ところが環境に存在する多くの微生物は培養することが不可能である．そこで，細菌の群集として採取し，単離培養することなく遺伝子プールのまま丸ごとゲノムを抽出して直接に塩基配列を決定する解析論が生まれた．これをメタゲノム解析と呼ぶ．得られるデータはどの細菌由来かわからないDNA断片（約700bp）の大量の配列情報であるが，解析次第で有用な情報を得ることができる．深海微生物，ヒトの腸内細菌など幅広い応用が進んでいる．

メタボローム
[metabolome]

代謝（metabolism）とゲノム（genome）を融合した用語．一つの生物がもつすべての遺伝子のセットをゲノムと呼ぶのに倣って，一つの生物あるいは細胞に発現しているすべての代謝経路（metabolic pathway）・代謝ネットワーク（metabolicnetwork）を構成するタンパク質群や代謝産物群のセットを意味する．全ゲノム解析で得た情報を基盤とし，代謝現象を包括的・網羅的に捉えて同定・解析する代謝プロファイリング（metabolic profiling）が進められている．

メディエーター
[mediator]

真核生物のmRNA転写を調節する20個のサブユニットからなる巨大なタンパク質複合体のこと．Stanford大学のコーンバーグ（Kornberg, R.）らのグループにより発見された．RNAポリメラーゼ（pol II）や基本転写因子と並ぶ真核生物における3つめの主要な転写制御因子である．エンハンサーや遺伝子ごとに異なるプロモーターの塩基配列に結合して転写の特異性を決めてい

る転写調節因子からの正負のシグナルをRNAポリメラーゼ（pol Ⅱ）や基本転写因子群に伝達する役割を果たしている．すなわち，エンハンサー（増強）→アクチベーター（活性化）→メディエーター（仲介）→pol Ⅱ →プロモーター認識→転写開始，という順番で転写が開始される．このしくみは酵母からヒトにいたるまですべての真核生物で保存されていると考えられている．

原核生物の大腸菌では5つのサブユニット（$\alpha\alpha\beta\beta'\sigma$）からなる1種類のRNAポリメラーゼですべての遺伝子の転写が進むが，真核生物では3種類のRNAポリメラーゼによって役割が分担されている．すなわちRNAポリメラーゼⅠ（polⅠ）がリボソームRNAを，RNAポリメラーゼⅢ（polⅢ）が低分子RNA（tRNAなど）を，RNAポリメラーゼⅡ（polⅡ）がmRNAを転写する．ただし転写の開始の制御は複雑で，例えばpolⅡ（12個のサブユニットから構成される）の場合には遺伝子の種類と開始のタイミングが調節される．そのために，まずRNAポリメラーゼⅡがプロモーターに結合している2種類の基本転写因子（TFⅡB，TFⅡD）と相互作用することで準備を整える．ついで，これに3種類の転写因子（TFⅡE，TFⅡF，TFⅡH）が結合してpolⅡが活性型となり，実際に転写が開始される．ついで生合成されたmRNA鎖を伸長する過程に入ると伸長因子がpolⅡに作用して反応を助ける．

◆ 真核生物の転写開始におけるメディエーターの位置

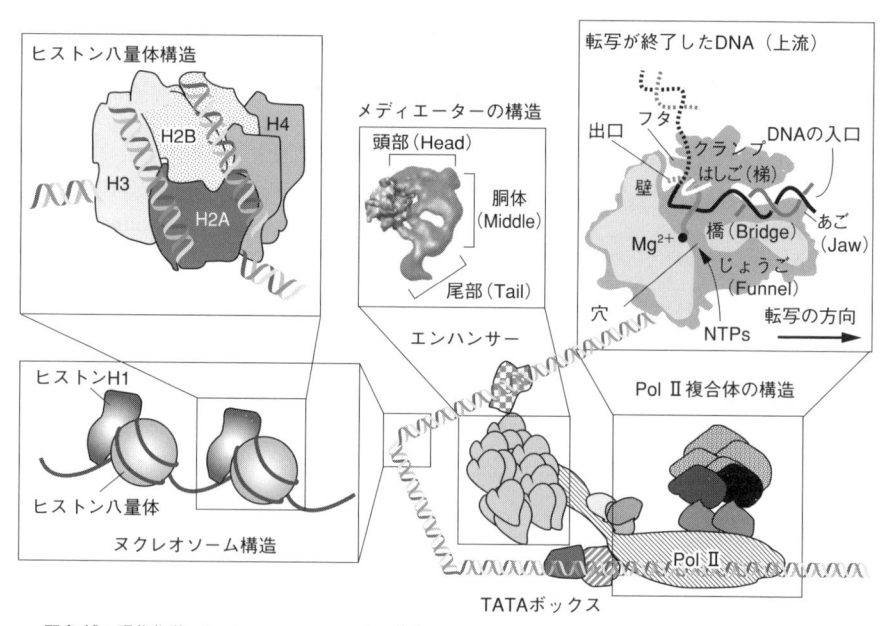

野島 博：現代化学 No.429, 27-30, 2006より改変
P. Cramer 他, Science 292, 1863（2001），Y, Takagi. Mol. Cell 23, 355（2006）などを参照して作図

免疫遺伝子治療法
[immunological gene therapy]

遺伝子治療*法の一つ．癌細胞にGM-CSF，インターロイキン（IL-2, IL-4），インターフェロン（IFN）などをコードする遺伝子を導入してリンパ球などを賦活化し抗腫瘍免疫を高める．

モジュール
[module]

特定の生物学的機能を果たすために協調して働く遺伝子セットのこと．例えばシグナル伝達経路を構成する遺伝子セットがある．モジュールとして利用される遺伝子セットのデータベースとしては表に示したものが公開されている．

モディフィコミクス
[modificomics]

修飾（modification）とゲノム（genome）を融合した用語．1つの生物がもつすべての遺伝子のセットをゲノムと呼ぶのに倣って，1つの生物あるいは細胞に発現しているすべてのタンパク質の翻訳後修飾と機能の関係を解析したり，翻訳後修飾を検出してタンパク質機能を網羅的・包括的に解析する研究分野のこと．リン酸化タンパク質の発現量を定量するために，酵素消化で生成したリン酸化ペプチドをリン酸化部位特異的に標識する方法や，Ser-リン酸化タンパク質の部位特異的な化学修飾によりビオチン基を導入して固定化したアビジンで濃縮する方法，あるいはタンパク質のリン酸化，グリコシル化，アシル化，メチル化，プロセッシングおよびトランケーション（truncation）を含めたより系統的な翻訳後修飾の同定法が開発されつつある．

モノクローナル抗体　同　単クローン性抗体
[monoclonal antibody]

単一の抗体産生細胞に由来する抗体（免疫グロブリン）分子のこと．この抗体産生細胞を増殖させると，単一の抗体を繰り返し産生させることができる．免疫グロブリンは2本ずつのH鎖とL鎖が寄り合ってY字型の立体構造を構成している（図a，b）．H鎖にはIgG，IgA，IgM，IgD，IgEの5種類があり，L鎖にもλとκの2種類がある．各抗体は基本構造を保つ不変（C）な領域と，アミノ酸配列が多様な可変（V）領域から成り立っており，抗原とは可変領

◆ 各種データベースのURLの一覧表

データベース名	種類	URL
KEGG	代謝経路	http://www.genome.jp/kegg/
MetaCyc	代謝経路	http://metacyc.org/
GenMAPP	代謝経路	http://www.genmapp.org/
BioCarta	シグナル伝達経路	http://www.biocarta.com/
STKE	シグナル伝達経路	http://stke.sciencemag.org/
AfCs	シグナル伝達経路	http://www.signaling-gateway.org/
KeyMolnet	代謝経路，シグナル伝達経路	http://www.immd.co.jp/keymolnet/
GO	体系的な遺伝子語彙	http://www.genontology.org/

◆ モノクローナル抗体

a) 免疫グロブリンの基本構造の模式図

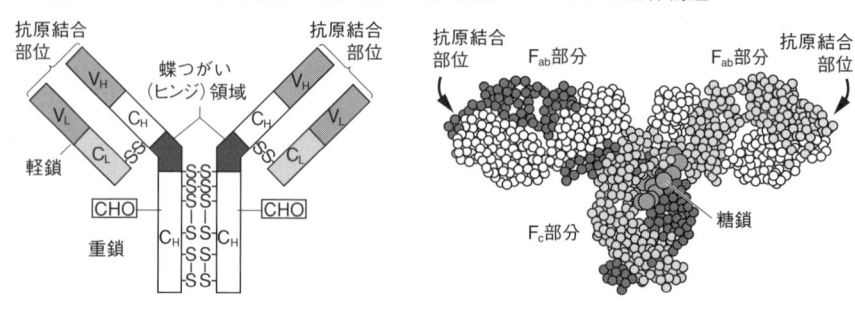

b) 免疫グロブリンの立体構造

c) 免疫グロブリン遺伝子の再編成による多様な免疫グロブリン mRNA の発現のしくみ

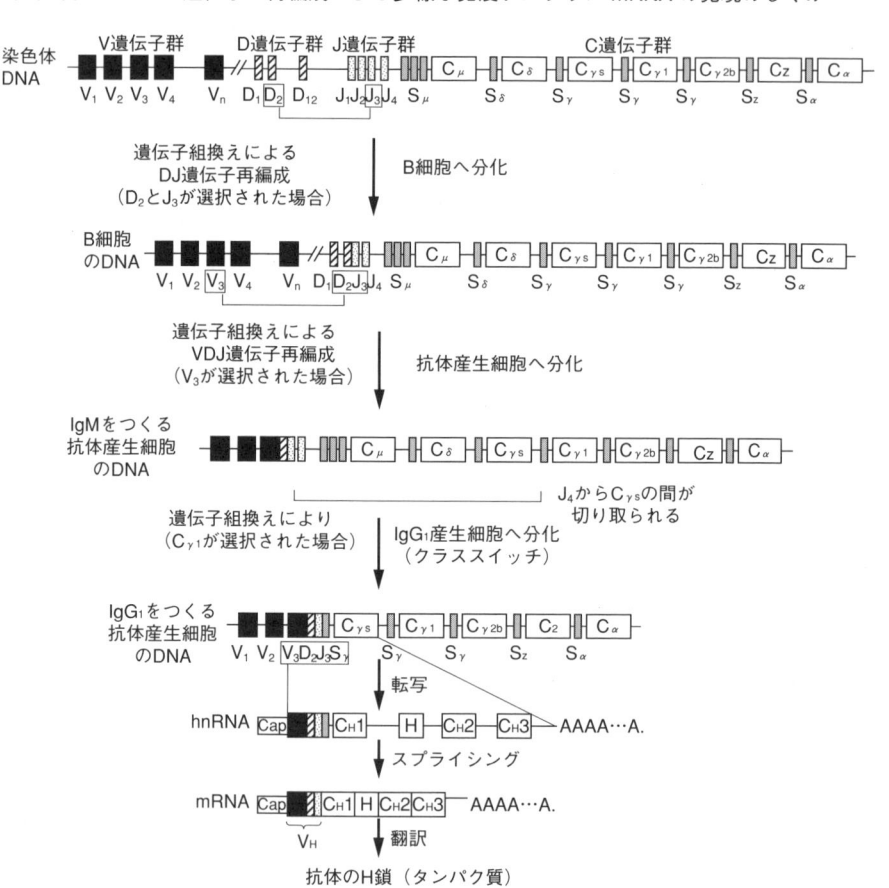

◆ モノクローナル抗体・ポリクローナル抗体の作製法

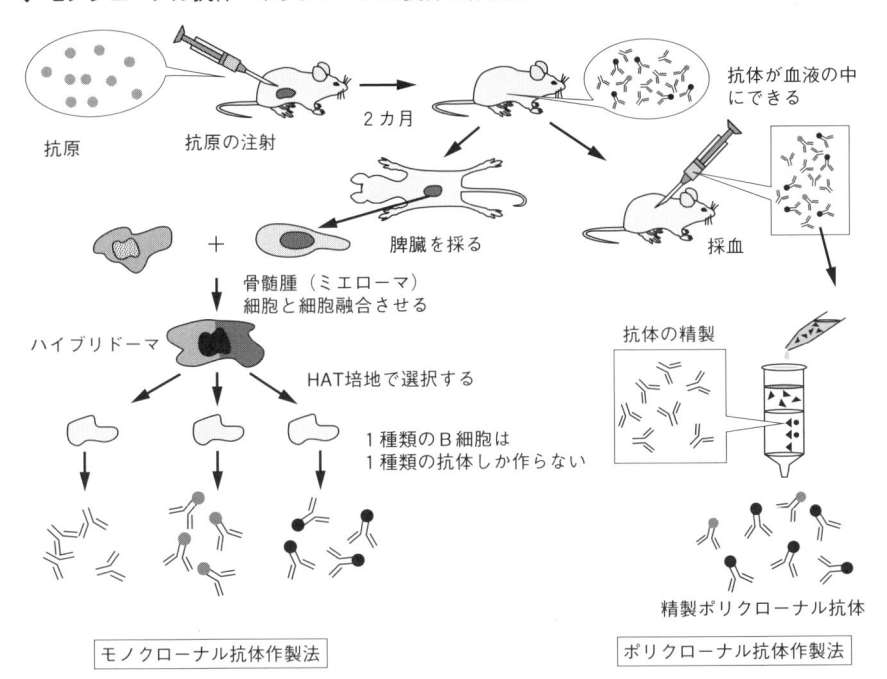

域において結合する．抗体の多様性は，ヒト14番染色体に配座する免疫グロブリン遺伝子領域（H鎖：V_H-D-J_H, L_κ鎖：V_κ-J_κ, L_λ鎖：V_λ-J_λ）の組合わせにより生ずる（図c）．すなわち，H鎖には機能をもつ40個のVH遺伝子と25個のD遺伝子と6個のJH遺伝子が備わっており，それらの中からそれぞれ1つずつ選び出されて$40 \times 25 \times 6 = 6000$種類のVDJの組合わせとなるように遺伝子が再編成される．またL_κ鎖のV域にも機能をもつ45個のV遺伝子と5個のJ遺伝子があり，それらが同様に再編成されて$45 \times 5 = 225$種類の独自なL_κ鎖（VJ）が産生される．同様にL_λ鎖にも50個のV遺伝子と7個のJ遺伝子があるので，ここからも$50 \times 7 = 350$種類の独自なL_λ鎖（VJ）が選択される．さらにV, D, Jの接合部分で生じる2通りずつの塩基のずれを総計すると再編成後には，$6000 \times 225 \times 2^3 = 1.1 \times 10^7$種類のH/$L_\kappa$鎖からなるIgGと，$6000 \times 350 = 1.7 \times 10^7$種類のH/$L_\lambda$鎖からなるIgGを生み出す遺伝子が各B細胞に分配できるしくみとなっている．

このようにある抗原に対して産生された抗体は，単一の抗原決定基*に対して産生された抗体であっても，免疫グロブリンとしてはアミノ酸配列が少しずつ異なるタンパク質からなる不均一なポリクローナル抗体である．一方，モノクローナル抗体は単一のB細胞クローンから産生された抗体であり，免疫グロブリンとして均一である．ところが単一のB細胞株は分裂能がない．

ミルシュタイン（Milstein,C.）とケーラー（Koehler,G.）はマウスのB細胞と，B細胞由来の自己増殖性のある腫瘍細胞株（ミエローマ：myeloma）を融合させることで抗体産生も増殖も可能な融合細胞株（ハイブリドーマ）を作製することに初めて成功した（1975年）．その実験手順を以下に示す（前ページ図）．

❶抗原で免疫したマウスの抗体産生細胞（Bリンパ球）を多数含む脾臓細胞を採取する．❷ポリエチレングリコールを用いて核酸塩基合成系に変異をもつ骨髄腫（ミエローマ）細胞と細胞融合させる．❸骨髄腫細胞のみでは生育できないが，抗体産生細胞と融合した細胞のみが生育できるHAT培地中で選択を行う．この融合細胞はハイブリドーマ（hybridoma）と呼ばれる．❹ハイブリドーマを増殖させて，その中から目的とする抗体を産生している細胞を探し出し，細胞株として樹立する．❺ハイブリドーマの培養上清から抗体を回収したり，マウス腹腔内に注射することにより，抗体を大量に調製する．

モルフォリノ・オリゴヌクレオチド
[morpholino oligonucleotide]

ヌクレアーゼ耐性なモルフォリノ化合物を骨格としたオリゴヌクレオチドでアンチセンス試薬（➡ アンチセンスDNA）として有用である．高濃度に水解し，細胞毒性がなくオートクレーブ滅菌可能なほど熱安定な物質である．高い特異性をもって標的RNAの二次構造にかかわらず強く結合するので，mRNAの5'キャップ部位から開始コドンの25塩基下流の間の塩基配列と相補鎖を形成させるだけで強力なタンパク質翻訳阻害作用を示す．さらに，タンパク質に対する非特異的な結合がないため培地に血清が含まれていても阻害効果は強いという利点もある．また3'末端をビオチンや蛍光色素で標識したモルフォリノオリゴ鎖も合成できるため導入後の可視化ができる．

◆ モリフォリノオリゴの構造

a) モルフォリン　　b) モルフォリノオリゴ

Ⓑ =Adenine
　　Cytosine
　　Guanine
　　Thymine

薬剤耐性
[drug resistence]

　細菌は生来保有している何らかの遺伝子の変異により，あるいは他の細菌から伝達性プラスミドやそれに担われたトランスポゾンなどを介して，耐性遺伝子を獲得する．前者の例として，各種細菌におけるフルオロキノン耐性はDNAジャイレース，トポイソメラーゼの変異あるいは薬剤能動排出ポンプの機能亢進に由来する．結核菌のリファンピシン耐性はRNAポリメラーゼの変異が，結核菌のストレプトマイシン耐性はリボソームの変異が，インフルエンザ菌のペニシリン耐性はペニシリン結合タンパク質の変異が，緑膿菌のイミペナム耐性はD2ポリンと呼ばれる外膜タンパク質の減少が原因となる．

　後者の例として，例えばMRSAはトランスポゾン様の転移エレメントにより，mec遺伝子群を保有するメチシリン耐性黄色ブドウ球菌（Methicillin-Resistant Staphylococcus Aureus：MRSA）が外部から病院内に侵入し，入院患者間に伝染して広がったものである．あるいはバンコマイシン耐性腸球菌（vancomycin-resistant enterococcus：VRE）は伝達性プラスミドによるvanAやvanB遺伝子クラスターの獲得により，緑膿菌におけるアミカシン耐性は伝達性プラスミドなどに媒介されるアミノグリコシドアセチル化酵素の産生により生じる．

雄性前核
[male pronucleus]

　受精卵の中にある，精子から放出されて進入してきた精子の核（sperm nucleus）．コンパクトにたたまれていた精子の核は卵に侵入後は転回して向きを変えつつ頭部が膨れて普通の核の状態になる．その後，単一の星状体が形成された精子星状体（sperm aster）となって雌性前核*と合体し，発生が始まる．

ユビキチン　→　プロテアソーム
[ubiquitin]

　タンパク質を分解する際の目印となる74個のアミノ酸からなるタンパク質のこと．酵母からヒトまで真核細胞に普遍的に存在するという意味（ubiquitous）を語源とする．類似の機能をもつタンパク質としてSUMO1，SUMO2，SUMO3，ISG15，NEDD8などが知られており，これらをまとめてユビキチンファミリータンパク質と総称する．

ユ–DNA
[U-DNA]

　DNA複製過程で誤って生じるデオキシウリジン（dUTP）の取り込みや，シトシンの脱アミノ化に誤って生じたデオキシウリジンを含むDNAのこと．U-DNAにウラシルDNAグリコシラーゼ（uracil-DNA glycosylase：UNG）を作用させると，デオキシウリジンが除去されてDNA内に無塩基部位ができる．この部位はアルカリ条件下の加熱処理に感受性なためDNAがそこで切断される．RNAのリボウラシル塩基はUNGの基質とならないため，意図的にdUTPを取り込ませて，その後，部位特異的にU-DNAを切断できる．PCRにおいて擬似陽性の増幅をもたらす原因となるも

ち込み混雑物（carry-over contamination）を除くためにこの技術が用いられる．

ユリシス標識法
[ULYSIS labering method]

グアニンのN₇部位と反応して核酸と蛍光色素との間に安定な配位錯体を形成することのできるULS（Universal Linkage System）試薬を用いてDNAやRNAを直接蛍光標識する方法（図）．

◆ ULYSIS標識法による核酸ラベリング

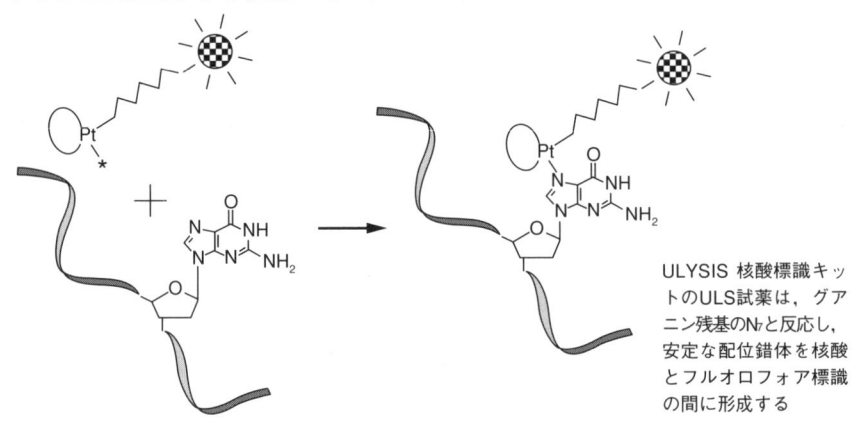

ULYSIS核酸標識キットのULS試薬は，グアニン残基のN₇と反応し，安定な配位錯体を核酸とフルオロフォア標識の間に形成する

ライブラリー
[gene library]

多種類の遺伝子クローン*の集合体のこと．各クローンを1冊の本になぞらえて，それらの集合体としての図書館に例えた用語である．ライブラリーにはゲノムライブラリーとcDNAライブラリーの2種類がある．ゲノムライブラリーはゲノムDNAを均等に分断してベクターに挿入したもので，ゲノムの全範囲を解析の対象にする目的に用いる．cDNAライブラリーは転写されたmRNAをcDNAに変換してベクターに挿入したもので，遺伝子発現の動態を知るうえで欠かせない．ゲノムライブラリーとcDNAライブラリーは表に列挙するように特徴や使用目的が異なる．大半の遺伝子がイントロンをもたない出芽酵母の場合は両者は発現制御以外はほとんど同等に扱えるが，その他の真核生物を扱う場合は目的によって使い分ける必要がある．

ゲノムライブラリーはゲノムDNAを均等に分断してベクターに挿入したもので，ベクターの選択とライブラリー作製法に工夫がなされている．ゲノムの全範囲を網羅的に含むために挿入サイズは大きく（20～600 kb），それを運ぶベクターもさまざまなタイプのものが開発されてきた．イントロンを含む1遺伝子が広がるDNA領域が巨大なため，発現の解析には向いていない．また発現していない偽遺伝子も含まれるので注意を要する．cDNAライブラリーはベクターにもたせるプロモーター次第で自在に遺伝子の発現を調節できるという利点をもつ．動物遺伝子はイントロンを含んでいて巨大なのでスプライシング後のmRNAをcDNA化して扱う．どちらかというと遺伝

◆ ゲノムライブラリーとcDNAライブラリーの違い

	ゲノムライブラリー	cDNAライブラリー
ベクター	λファージ，P1ファージ，コスミド，YAC	プラスミド，ファズミド，λファージ
イントロン	イントロンを含む	イントロンは原則として含まれない
挿入遺伝子サイズ	20～600kb	0.5～10kb（平均は1.5kb程度）
臓器や組織における偏在	なし．大半の遺伝子がゲノムあたり1個存在する	あり．発現（転写）量に依存する
偽遺伝子の存在	あり	原則としてない
すべてをカバーするために必要な複雑度	1×10^6pfu（平均20kbとして）	1×10^6pfu, 1×10^6cfu
ゲノムサイズ/mRNAの分子数	3.3×10^9bp（ヒト）	～2×10^5 分子/細胞
形質転換法	in vitro パッケージングなど	大腸菌コンピテント細胞，電気穿孔法
発現制御	自己プロモーターによる転写制御	各種外来プロモーターによる転写制御

子の設計図という観点から「静的」な研究が主題となるゲノムライブラリーに比べると，cDNAライブラリー遺伝子を発現させて活用するという点で「動的」な研究に有用である．

ラウンドアップ
[Roundup]

国際的な化学企業モンサント社（Monsanto）（本社米国）が独占販売している除草剤．同社はこの除草剤に耐性をもつように遺伝子操作を施したナタネ（菜種）を開発した．普通のナタネは強い除草剤を撒くと枯れてしまうから弱い除草剤を選んで何回も撒かなければならず，手間が大変であった．このナタネならラウンドアップを少ない回数撒くだけですむので農家にとっては大きな省力化になる．ナタネの栽培が盛んなカナダでは50%以上の農家がこのナタネを用いている． ➡ 組換えナタネ

ラクトースオペロン
[lactose operon]

オペロン（operon）とはタンパク質をコードする遺伝子群と，その発現を制御する塩基配列部分とを合わせた1つの発現単位のこと．大腸菌のゲノムにおいてジャコブ（Jacob, F.）とモノー（Monod, J.）によってラクトースオペロンとして初めて提唱された概念である（1961年）．ラクトース（lactose）をグルコース（glucose）とガラクトース（galactose）に加水分解する酵素であるβ-ガラクトシダーゼ（β-galactosidase）は，大腸菌では $lacZ$ 遺伝子によりコードされている．$lacZ$ はβ-ガラクトシドパーミアーゼ（β-galactoside permease）をコードする $lacY$，β-ガラクトシドアセチルトランスフェラーゼ（β-galactosideacetyl-transferase）をコードする $lacA$ とともに1つのプロモーターの支配下にあってひとつづきのmRNAとして転写される（次ページ図）．このプロモーターが支配する発現系をラクトースオペロンと呼ぶ．ラクトースオペロンのすぐ上流にある $lacI$ のコードするリプレッサー四量体はオペレーター（operator）と呼ばれる特定の塩基配列に結合してその発現を抑制する．$lacI$ は独立したプロモーター（p）による転写制御を受ける．リプレッサーの認識するオペレーターは2ヵ所あり，それらは O_1，O_2 と呼ばれる．O_1 はプロモーター（Plac）の後半部に，O_2 は $lacZ$ 遺伝子の中にある．誘導物質（inducer）と呼ばれる低分子物質がリプレッサーに結合すると立体構造が変わってオペレーターからはずれてしまう．これをアロステリック効果（allosteric effect）と呼ぶ．その結果RNAポリメラーゼはプロモーターへ結合できるようになり転写が開始する．実験に使われるIPTG（isopropylthiogalactoside）はラクトースオペロンの誘導物質であるラクトースの誘導体である．

ラブオンナチップ ➡ ミュータス
[Lab on a chip]

1枚の微小な基盤上に分離・前処理・測定・解析を行える装置を装備したチップ．1つの生化学・分析化学の実験室を小さなチップ上に載せてあるという意味を込めた用語で，ミュータス*あるいは「マイクロ化学・生化学分析システム」とも呼ばれる．分析に要する試料が微量ですむだけでなく，分析に要する時間が短縮されることでコストが下げられるという利点が期待できるが，実用化できるまでに乗り越えなければならない技術的な困難も多く残されている．ナノテクノロジー*と組み合わせた微細な加工技術の進展により精密化が加速されるのではないかという期待もある．多くのチップ

◆ラクトースオペロン

a）1つのプロモーター（ラクトースオペロン）によって支配される3つの遺伝子（*lacZ*, *lacY*, *lacA*）

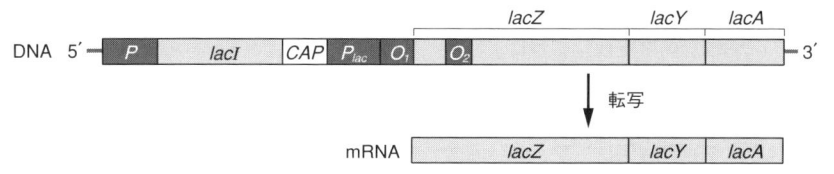

b）リプレッサーのはたらくしくみ

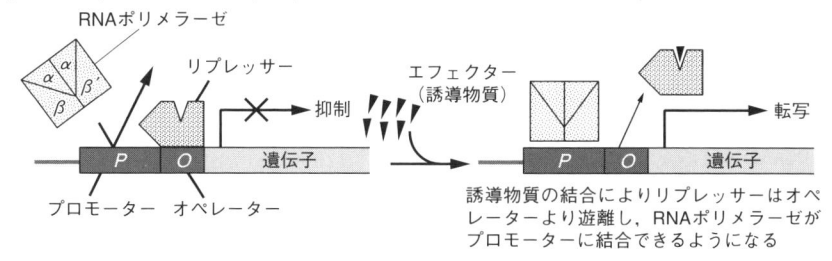

P：プロモーター，*lacI*：リプレッサー遺伝子，O_1, O_2：オペレーター，*lacZ*：β-ガラクトシターゼ遺伝子，*lacY*：β-ガラクトシドパーミアーゼ遺伝子，*lacA*：β-ガラクトシドアセチルトランスフェラーゼ遺伝子，CAP：cAMP結合部位

を集積して解析効率を高めれば医療の現場などでの多くの検体の迅速な解析など，幅広い範囲における応用が見込めるであろう．

罹患同胞対法
[sib-pair analysis]

ある病気の原因遺伝子を突き止めるために数十組から数百組にわたる同じ病気に罹患している兄弟姉妹から採取した試料をもとにして，彼らが両親から病気と関連した共通の遺伝子座を受け継いでいるか否かを指標として解析する方法．SNP情報をもとにして解析を進めると効果的ではないかと期待されている．

リアルタイムPCR
[realtime PCR]

試料の中のRNAやDNA量をPCRによって測定する技術．試料中のmRNAはRT-PCRによって毎回2倍ずつ増幅されるが，検出器によって検出可能な濃度に達する増幅回数は試料の中に元々存在するmRNA量に比例する．試料の量が少なければより多くの増幅回数が必要となる．アプライドバイオシステムズ社により開発された（1995年）このシステムはTaqMan®プローブを利用してPCRの増幅産物量をPCR反応中にリアルタイムで検出して定量を行うもので，精密な定量精度と広い測定範囲（10^5オーダー以上）が実現されている．この技術を用いて得られる結果は定量性に優れているため，mRNAの存在量（コピー数）を測定する目的において有用で，ノーザンブロット解析では検出できない量のmRNAを迅速に決定できる．

理論上，PCRではすべてのサイクルにおいて目的とする標的配列分子を指数関数的に増幅させることができる．しかし反応回

数（サイクル数）が進むにつれて，dNTPとプライマーの枯渇や加水分解，増幅産物の蓄積によるDNAポリメラーゼの有効濃度の低下，非特異的PCR増幅産物による競合阻害などが原因で増幅率は低下し，指数関数的増幅から一次直線的増幅に，そして最終的にPCR増幅産物量はプラトーに達して一定の値をとる（➡ プラトー効果）．それゆえ，量比の計算は指数関数的な増幅領域を対象としなければ精密な値は出せない．この領域では，あるサイクルでの増幅産物量と鋳型DNA量との間には

$$[DNA]_n = [DNA]_0 (1+e)^n \cdots\cdots ①$$

という数式が成立するため高精度の定量が可能である．ここにnはPCRサイクル数，$[DNA]_n$はnサイクル時のPCR増幅産物量，$[DNA]_0$は鋳型DNA量，eは平均PCR増幅効率を示す．実際，ある一定のPCR増幅産物量に達するまでに必要なサイクル数は鋳型DNA量に依存して図のような曲線を描く．定量したいすべてのサンプルの反応が指数関数的に増幅している範囲内で，中央あたりに任意の閾値を定めて直線（Threshold Line）を引き，増幅曲線と交差する位置で矢印を降ろしてサイクル数（Threshold Cycle：C_T）を決定する（図）．このC_T値と既知の鋳型DNA量の相関性を用いて検量線を作製したうえで，サンプルのC_T値をこの検量線から求める．

リコーディング
[recoding]

　DNAに刻まれた遺伝情報をずらして翻訳するしくみ．re-programmed genetic decodingの略称である．指定する塩基配列をもつ特定のmRNAの特別な位置でしか起きない．最初に見つかった大腸菌の翻訳の最終段階で必須なRF2（release factor 2）では，RF2の終止コドン26（UGA）のうち，30％のリボソームで，塩基1個分ほど右にずれた（+1）フレームシフト変異を起こしており，代わりにアスパラギン酸（Asp）

◆ リアルタイム定量PCRの原理

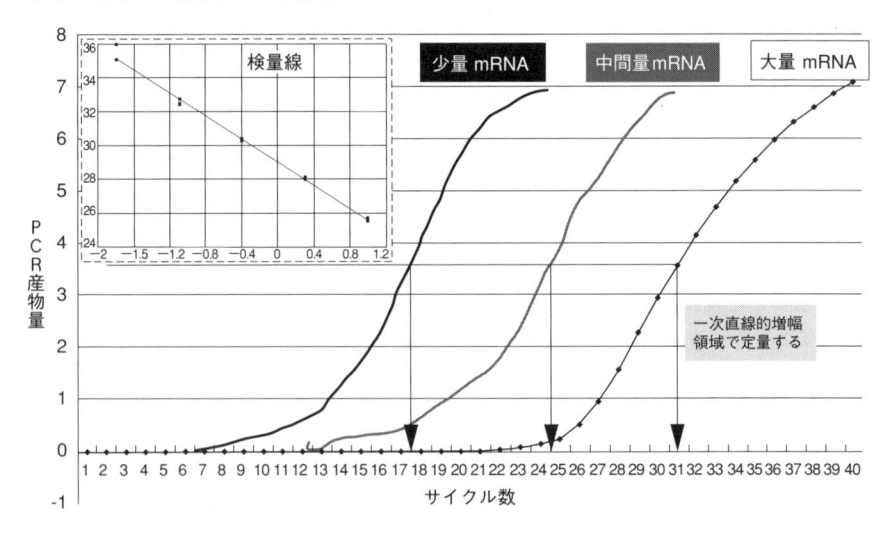

をコードしていた（下図）．この現象を起こす原因となる刺激部位（stimulator）と呼ばれるシグナルは，5'上流にある塩基配列（ACUA）で，リボソームの構成因子のひとつである16S rRNAの3'末端と塩基対を形成して結合してフレームシフトを助長する．コロナウイルスIBV（infectious bronchitis virus）にはF1, F2と呼ばれる2つの読み枠が存在する．IBVが感染した細胞内にはF1由来のタンパク質（45kDa）と未知の大きなタンパク質（95kDa）が見つかるが，F2由来のタンパク質は見つからない．その理由はF1とF2との境界領域で（−1）フレームシフト・リコーディングを起こしていて，F1とF2の2つのフレームが融合して翻訳されているからである（次ページ図）．F1とF2の境界領域の塩基配列にはステム・ループ（stem-loop）構造が存在し，F2の下流の塩基配列がシュードノット（pseudoknot）と呼ばれる特殊な立体構造をとってリボソームに影響を及ぼしている．そのため，本来はUUA・AACと読んでいた読み枠を（−1）フレームシフトによりUUU・AAAと読みずらせて，ステムの中にある終止コドンが無効になっている．実際，この3'下流部分を取り除くとリコーディングの効率が下がる．ラットのポリアミンの生合成酵素ODC（ornithine decarboxylase）に結合して活性を阻害するアンチザイム（antizyme）はポリアミンの存在によって発現誘導され，ODCの分解を促進する．アンチザイムのmRNA（cDNA）には2つの読み枠（ORF1, ORF2）があるが，ORF1は終止コドンがすぐに出現して小さなタンパク質しかコードしないし，ORF2には開始コドンが見つからない．すなわち，ORF1は終止コドン（UGA）が（＋1）フレームシフト・リコーディングを起こしており，ふだんは不完全なmRNAしか発現されていないので活性をもつアンチザイムは翻訳されない．ところがポリアミンの量が増えてくると，これ以上のポリアミンを合成しないようにODCを分解する必要が生じ，フレームシフト・リコーディングが起こってODC分解活性をもつアンチザイムが翻訳されてくるというしくみになっている．

リーフディスク法
[leafdisk method]

　リーフディスクとは，植物の葉をコルクボーラー（cork borer）などで円盤（disk）

◆リコーディングのしくみ

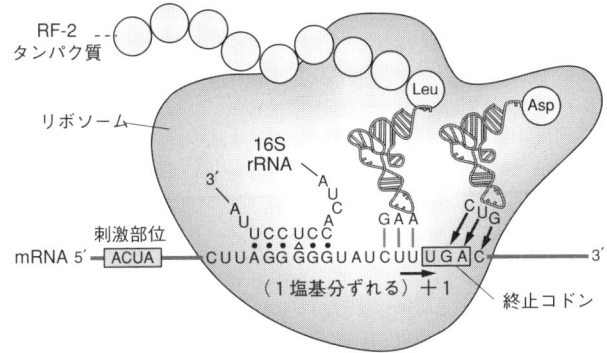

◆リコーディング：コロナウイルスIBVの例

野島 博/著「ゲノム工学の基礎」（東京化学同人，2002）より改変

状に切り抜いた断片．これをあらかじめ培養して増やしてあったアグロバクテリウム*を含む培養液の中へ浸して効率よく感染させる．その後，リーフディスクを芽（shoot）誘導培地へ移して培養しカルス*状態にする．この培地に抗生物質（カルベニシリンなど）を加えておくと，この段階でアグロバクテリウムを除菌できる．このまま培養を続ければ植物体にまで生育できる．この時ベクターに含まれる選択マーカーに相当する抗生物質（ネオマイシンなど）を加えておくと組換え体のみを選択的に生育させることができる．

リボザイム
[ribozyme]

酵素活性をもつRNA分子の総称．RNAと酵素（enzyme）の合成語である．1981年，米国のチェック（Cech, T.）により原生動物繊毛虫に属するテトラヒメナ（Tetrahymena）におけるrRNA前駆体を用いたin vitroスプライシングの実験から，RNAも酵素と同様の触媒活性をもつことが初めて発見された．この後，同様の触媒活性をもつリボザイムが次々と発見され，それらは高分子量リボザイムと低分子量リボザイムの2つに大別される．高分子量リボザイムは一般に細胞内でタンパク質と複合体を形成して機能する．自己スプライシングをするグループIイントロン，グループIIイントロン，あるいはRNase P（tRNA前駆体の5'末端を切断する）が知られている．低分子量リボザイムには以下の3種類が知られている（次ページ図）．

a) ハンマーヘッド型リボザイム

触媒領域が鎚頭形（hammer head）をしており，全体は3つの幹（ステム：stem）から構成されている．標的RNAをMg^{2+}イオン存在下でNU（A，C，U），特にCUC配列のすぐ後で切断する．最初，植物ウイルスに関連したRNAで見つかったが，その後

◆ リボザイム

a) ハンマーヘッド型リボザイム

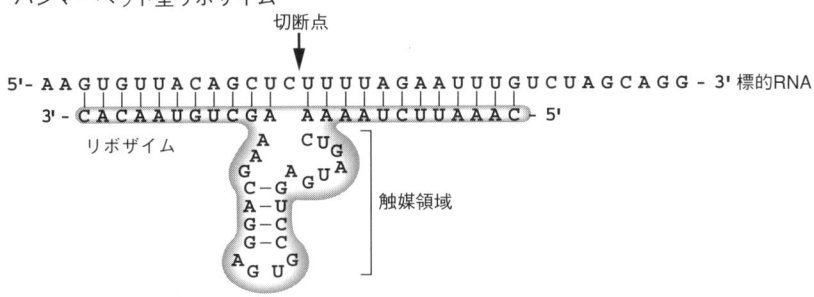

5'- AAGUGUUACAGCUCUUUUAGAAUUUGUCUAGCAGG -3' 標的RNA
3'- CACAAUGUCGA　　　AAAAUCUUAAAC -5'
リボザイム　　　　　　　　　　　　　　　　触媒領域

切断点↓

b) ヘアピン型リボザイム

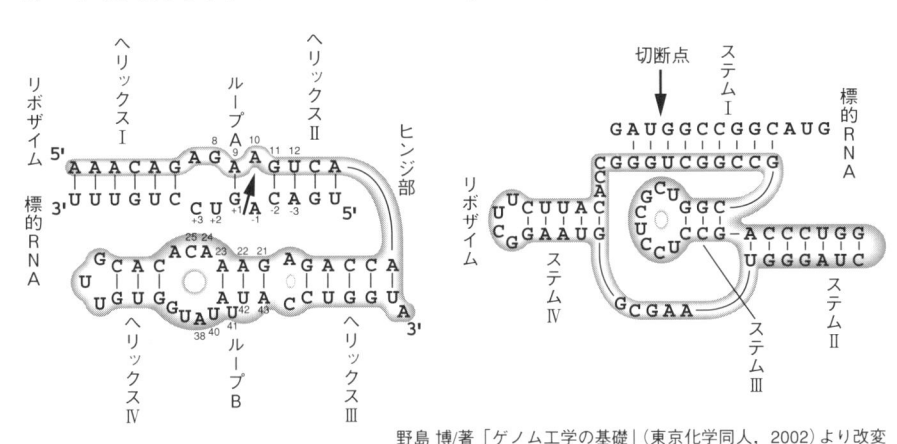

c) HDVリボザイム

野島 博/著「ゲノム工学の基礎」(東京化学同人, 2002) より改変

イモリなどでも見出されてきた．

b) ヘアピン型リボザイム

4つのヘリックスと2つのループからなるリボザイム．基質RNAループのA$_{-1}$G$_{+1}$間のリン酸ジエステル結合を特異的に切断する．

c) HDVリボザイム

4つのステムからなるリボザイム．ホルムアミドや尿素などのRNA変性剤で活性化される．

リボスイッチ
[riboswitch]

mRNA自身がタンパク質を必要とせずに，そのmRNAの代謝産物である低分子物質に直接結合するしくみのこと．これによってmRNA発現量のフィードバック調節をしている．最初に見つかったのは大腸菌のコバラミン輸送タンパク質であるBtuBをコードする遺伝子（*btuB*）で，そのmRNAの5'非翻訳領域が，代謝産物であるビタミンB$_{12}$補酵素に選択的に結合し，その結果mRNAの構成する立体構造を変化さ

せて翻訳制御を受けていたのである．ついで，大腸菌の*thiM*, *thiC* mRNAの5'非翻訳領域にある「*thi*ボックス」と呼ばれる特殊な立体構造に，その代謝産物であるチアミン（ビタミンB_1）補酵素が結合して，18～110倍もの翻訳抑制を受けていることが見つかった．これらの反応はタンパク質を必要としない．ここでmRNA-補酵素複合体がリボゾーム結合部位を封鎖するような構造をとる様子は，補酵素分子による調節を受ける一種のアロステリック・リボザイムであるといえる．そこで，この現象は「リボスイッチ」と名づけられた．これら補酵素は，タンパク質がまだ地球上に出現していない「原始RNAワールド」においてすでに存在していたと考えられるので，「リボスイッチ」が遺伝子発現制御の最も原始的なしくみではないかと指摘されている．「リボスイッチ」は自然界に広く存在する可能性が高いので，その意味では「リボスイッチ」は生きた分子化石である．

リボソームディスプレイ
［ribosome display］

mRNA・リボソーム・タンパク質から構成される複合体の形で標的タンパク質を提示する方法．cDNAライブラリーの中にある標的遺伝子由来のcDNAの塩基配列から終止コドンを除いておき，ライブラリーDNAごと無細胞タンパク質合成系で転写・翻訳させると，標的遺伝子由来のmRNAだけが，その3'末端で複合体のまま翻訳を停止する．この状態で，標的タンパク質に対してスクリーニングすれば，回収されたmRNAからRT-PCRにより標的タンパク質をコードする遺伝子を単離できる．

操作の手順 （次ページ図）

❶ まず二本鎖DNAからなるライブラリーをmRNA転写の鋳型として用い，mRNAライブラリーを調製する

◆ リボスイッチ

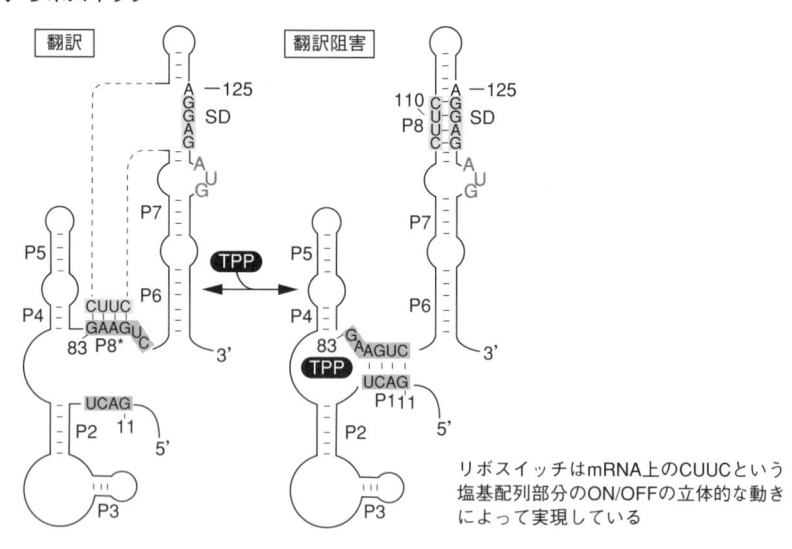

リボスイッチはmRNA上のCUUCという塩基配列部分のON/OFFの立体的な動きによって実現している

❷ in vitro 翻訳系と混ぜ，約1時間ほど反応させる
❸ 反応後，低温処理，Mg^{2+}やタンパク質合成阻害剤添加などにより翻訳を停止する．この時点でmRNA・リボソーム・タンパク質からなる三者複合体のライブラリーディスプレイができる
❹ 標的分子に対してアフィニティー選択を行い標的分子を認識するタンパク質とmRNAを濃縮する
❺ 三者複合体を単離後，キレート剤（EDTA）処理により解離させmRNAのみを単離する
❻ 逆転写酵素によりcDNAを合成しPCRで増幅して二本鎖DNAを単離する
❼ この濃縮サイクルを繰り返して標的分子を強く認識するタンパク質を選択する．ライブラリーとしてはcDNAライブラリーのみでなく，抗体ライブラリー，ランダムペプチドライブラリー，特定位置に変異を入れたタンパク質ライブラリーなどが利用できる．ベクターにはT3/T7 RNAプロモーター，リボソーム結合配列，タンパク質をコードするORF（open reading frame）が備わっていなければならない

リポ・ネットワーク
[lipo-network]

　細胞内の脂質の恒常性に関与する転写因子，核内受容体，細胞膜を介する脂質輸送

◆ リボソームディスプレイ法

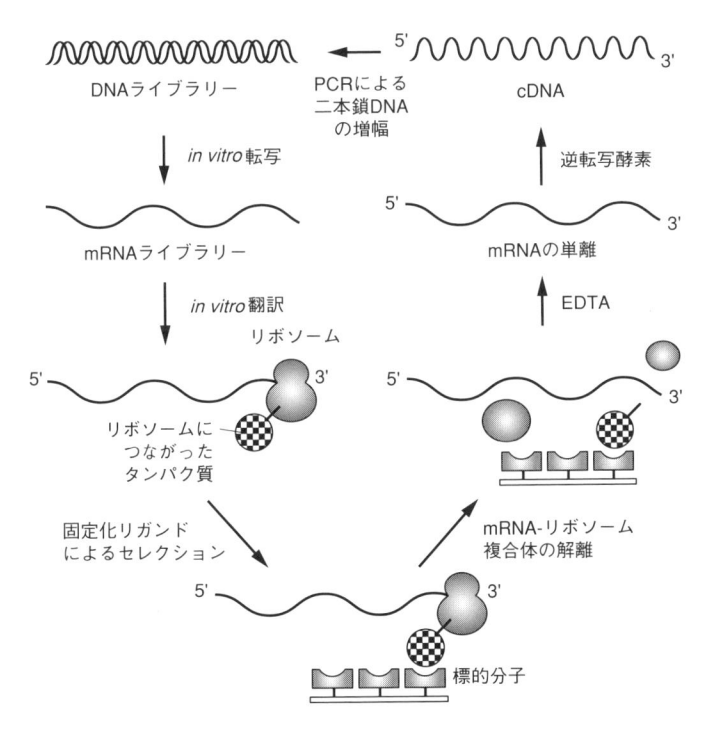

(lipid transport) や細胞内における脂質移送 (lipid transfer) を制御する諸因子が構成する重層的なネットワーク．核内受容体のリガンドである脂質は，脂質特異的な転写因子の制御を受ける遺伝子群より産生される脂質代謝酵素，脂質輸送・移送関連タンパク質によって代謝・輸送・移送される．あるいは輸送・移送因子間の相互作用もある．脂質の恒常性制御の理解には，ネットワークとしての総体的な解析が必要となっている．

リポプレックス
[lipoplex]

DNAをリポソーム (liposome) で内包した複合体 (complex)．精製したDNAと脂質を混ぜるだけで自然にできあがる．遺伝子治療のための実験に使われる場合には多くは大腸菌由来のプラスミドDNAを内包している．

リボプローブマッピング
[riboprobe mapping]

RNase保護アッセイ (RNase protection assay) とも言う．mRNAの検出，定量化やmRNAの転写開始点，終結点，スプライシングの位置を決定するのに有用な方法である．実験では^{32}Pで標識したmRNAをプローブとして試料RNAとハイブリダイズさせる．これをRNaseによって消化すると，ハイブリッド形成によって二本鎖になった部分のみが消化されずに残る．その反応産物のバンドサイズをポリアクリルアミドゲル電気泳動で検出して解析する．

レトロウイルス
[retrovirus]

一本鎖RNAゲノムからなるウイルス．マウス白血病ウイルス (murine leukemia virus：MuLV) が古くから使われておりレトロウイルスベクターの原型となっている．レトロウイルスゲノムにコードされる逆転写酵素によってDNAに転換されたのち宿主ゲノムに組込まれて発現する．哺乳動物細胞にほぼ100％の効率で感染するため形質転換効率が高く，その後は宿主細胞のゲノムに組込まれる安定した高い発現が期待できる．ウイルスゲノムは小さく，逆転写酵素 (polymerase：Pol) およびグループ特異的抗原 (group specific antigen：

◆ レトロウイルス

a) レトロウイルスの遺伝子構造

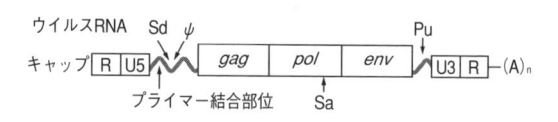

Sd：スプライスドナー配列
Sa：スプライスアクセプター配列
ψ：パッケージングシグナル
Pu：プリンに富んだ配列

（次ページに続く）

b) レトロウイルスの生活環

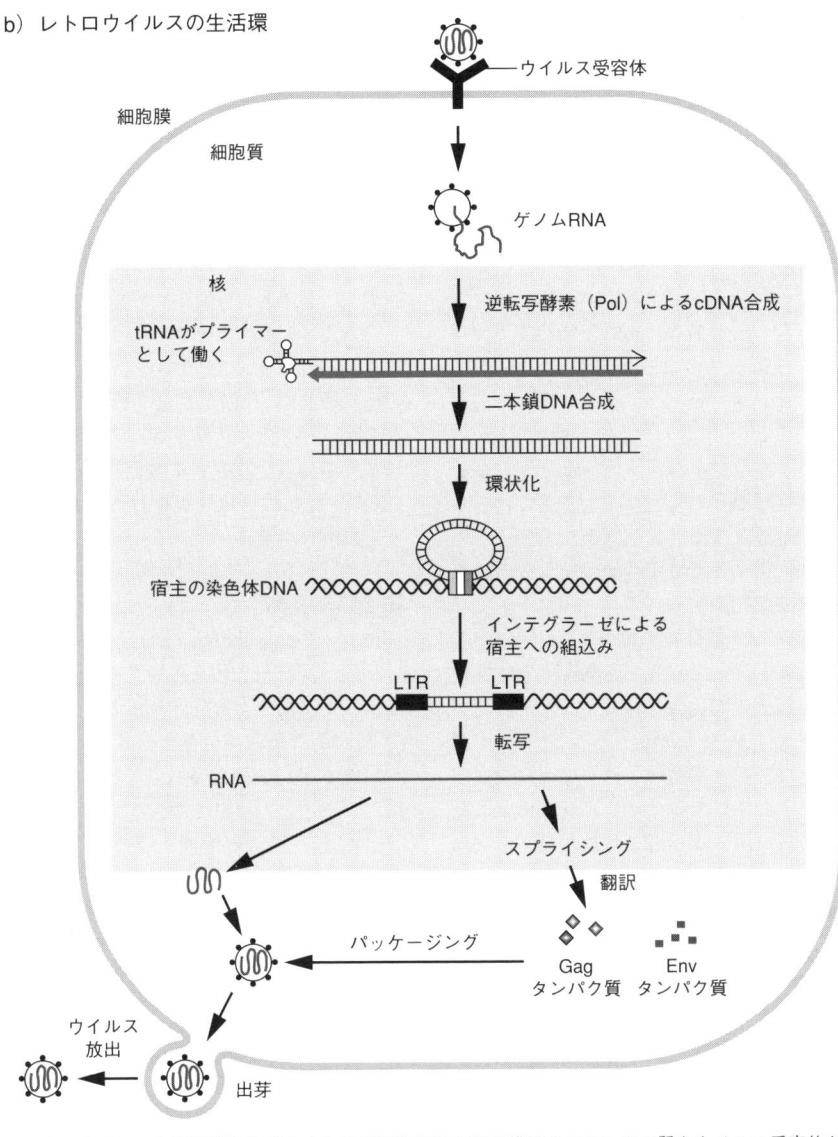

レトロウイルスの生活環はまずウイルスが標的細胞の細胞膜にあるタンパク質をウイルス受容体として認識して結合することから始まる．エンドサイトーシスによって細胞内に進入したウイルスはさらに核内にまで入り込み，ウイルス粒子の殻を脱いだウイルスのRNAゲノムが自身のコードする逆転写酵素（Pol）によって二本鎖に変換された後に宿主のゲノムに組込まれる．このまましばらくは潜伏するが，折を見て自身の強力なLTRプロモーターによって転写され，宿主の翻訳装置を使ってウイルス粒子タンパク質を大量に発現させ，パッケージングによって成熟ウイルス粒子を構成してから出芽によって細胞外へ脱出する

Gag）と外被タンパク質（envelope：Env）の合計3つのタンパク質しかコードしていない．これらはヘルパーファージ*によって補充することができるという意味でベクターから省くことができる．

レプチン
[leptin]

オビース（obese；極度に肥満している意味をもつ）と名づけられた突然変異マウスの責任遺伝子がコードする全長167アミノ酸のタンパク質（ペプチドホルモン前駆体）のこと．ギリシア語の"痩せている"を意味するレプトス（λεπτοσ）という言葉を語源としてレプチンと名づけられた．オビースマウスはレプチン遺伝子が先天的に欠損するだけで普通のマウスの2倍以上にまで肥満する．オビースマウスではレプチンの55番目のアルギニン（Arg-55）が終始コドンに変異して未熟な生理活性のないレプチンが発現されていた．一方，ダイアベティック（diabetic）と呼ばれる肥満型マウスの変異遺伝子はレプチン受容体をコードしていたことから，レプチンと肥満の密接な関係が示唆された．レプチンはインスリンとともに長期的に作用し，体脂肪量が増すと「満腹」ホルモンとして分泌され，エネルギー消費を促しながら食物摂取を阻害する．満腹ホルモンが順調に分泌されないと食べ過ぎてしまう．そこでレプチンをオビースマウスに皮下注射したところ，体重が減り，過食もしなくなり，脂肪量も低下した．レプチンは夢の"痩せ薬"として実用化できるのではないかという期待が高まったが，実験の結果それはあっさりと裏切られた．ヒトの肥満者ではレプチンの血中濃度は低いどころか，逆に体重に比例して増加していたのだ．レプチン投与で肥満を解消できるのは，レプチンあるいはレプチン受容体が遺伝的に欠損している家系の患者のみであるらしい．その後の研究から，一般の肥満の原因はレプチンに対する反応性の低下だと考えられている．

レプリコンプラスミド
[replicon plasmid]

HVJ-リポソーム*などにより標的細胞内へ導入したDNAを長期間安定に持続発現させるために開発されたプラスミド．ヒトBリンパ球に潜伏感染するEpstein-Barr virus（EBV）の潜伏要素であるori P配列とEBNA-1タンパク質をもつように構築されている．核マトリックスに結合して宿主DNAとともに自律複製を行うため長期間安定に維持される．

連鎖不平衡
[linkage disequilibrium：LD]

子孫へ同一染色体上の対立遺伝子あるいはSNPが不均等に配分されること．例えば図のように同一染色体上3つのSNP部位（X，D，Y）が同定され，XとDのみが近接しており，DのSNPがAに変わっていることがある病気の原因となる場合を考える．このとき，連鎖によってX部位がC（またはA）のときは高い確率でD部位もC（またはA）であるというふうに連動することが連鎖不平衡の一例として知られている．もし，YのSNPを調べる方がDのSNPを調べるよりよほど簡単であるとすると，わざわざ困難なDのSNPを調べなくてもYのSNPによって病気の診断が代用できる．そこですべてのSNPを網羅しなくても多くの病因遺伝子の診断が可能となるという考え方が出てきた．どのくらい近接していればLDとして利用できるかについては病因遺伝子によって異なり，数kb～100kbの幅があるとされる．

◆ 連鎖不平衡

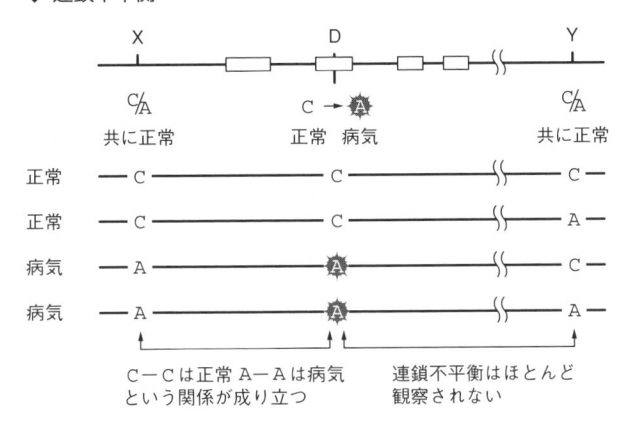

```
          X           D                    Y
          |    □ □ ▓ □ □              |
          C/A        C→Ⓐ                 C/A
       共に正常     正常 病気            共に正常

正常   ―C――――C―――〳〵――C―
正常   ―C――――C―――〳〵――A―
病気   ―A――――Ⓐ―――〳〵――C―
病気   ―A――――Ⓐ―――〳〵――A―
         ↑         ↑              ↑        ↑
       C―Cは正常 A―Aは病気       連鎖不平衡はほとんど
       という関係が成り立つ        観察されない
```

レンチウイルスベクター
[lenti virus vector]

レトロウイルス*科に属するレンチウイルスを用いて作製されたプラスミドベクター．非分裂細胞にも遺伝子導入できる．非分裂細胞ゲノムに外来遺伝子を組込むには核膜を通過できる核移行シグナルがウイルスベクターに存在しなくてはならない．なぜなら分裂細胞では分裂する直前に核膜を消滅させるためレトロウイルスが宿主染色体に接近できるが，非分裂細胞では核膜はずっと存在しているので核移行シグナルを使って自ら核内へ進入しなくてはならないからである．エイズの病原体であるHIV-1は代表的なレンチウイルスで，ゲノム内に4種類の核移行シグナルをもつため非分裂細胞を標的としたベクターとして有用である．開発されてきたエイズウイルスベクターは粒子形成と感染に必要なシス配列だけを残して複製不可能にしてあるので安全である．これにプロモーターを組込んで，すぐ下流に外来遺伝子を挿入して発現できるようにしてある．挿入遺伝子（最大で10 kbのDNA断片を挿入できる）の発現プロモーターは自由に選べ，動物の種類を問わず幅広い種類の細胞に遺伝子導入できる．制御遺伝子である*tat*と修飾遺伝子群を含むHIVゲノムの1/3以上を欠失させたうえで，ウイルス構成に必須な要素を4種類のプラスミドに分割してある．さらに，3'側のLTRのプロモーター部分を削除してあるため染色体に組込まれた後にはウイルスゲノムが転写されないようにして安全性を高めてある．ウイルスベクターはこの4種類のプラスミドを培養細胞（主として293T細胞）に導入して調製する．このベクターではES細胞や血液幹細胞に導入した場合でさえ長期遺伝子発現の抑制（silencing）がほとんど起きないという点でも他のレトロウイルスベクターより優れている．粒子形成と感染に必要な構造タンパク質は別のプラスミドDNAから供給される．HIV-1はCD4陽性細胞にしか感染できないので宿主域を広げるため外被（エンベロープ*）には水疱性口内炎ウイルスGタンパク質（VSV-G）を用いるよう設計してある．

ローカリゾーム
[localizome]

局在（localization）とゲノム（genome）を融合した用語．1つの生物がもつすべての遺伝子のセットをゲノムと呼ぶのに倣って，1つの生物あるいは細胞に発現しているすべてのタンパク質の局在を包括的・網羅的に解析すること．

ロバストネス　→ システムバイオロジー
[robustness]

環境の変動や自分の個体内もしくは細胞内でのさまざまな変動に柔軟に対応できる能力のこと（頑健性）．その逆は脆弱性（fragility）．生命システムとして最も顕著な特徴であるため，システムバイオロジーの中では「ロバストネス」が最も重要な研究テーマの1つである．

ワンハイブリッドシステム

➡ ツーハイブリッドシステム，スリーハイブリッドシステム
[one hybrid system]

特定の標的DNA塩基配列に結合するタンパク質をコードする遺伝子を直接クローニングする方法（図）．結合能を高めるため，標的塩基配列を少なくとも3回繰り返したDNA断片をDNA-BD（binding）ベクターのレポーター遺伝子（*LacZ*）のプロモーター上流に組込む．市販のpGBT9またはpAS2-1ベクターを利用する．一方，標的塩基配列に結合するはずの対象タンパク質（DNA-BP；binding protein DNA結合タンパク質）をコードするcDNAをAD（activation domain）ベクター（pGAD424あるいはpACT2）に組込む．このベクターを使うと対象タンパク質は*LacZ*プロモーターの転写制御因子の活性化ドメイン（AD）と融合されるので，発現されたDNA-BP・AD融合タンパク質が*LacZ*の発現を誘導してコロニーは青くなる．未知のDNA-BPをクローニングする目的においてはcDNAライブラリーをADベクターを用いて作製し，ワンハイブリッドアッセイにより青くなるクローンを選択すればよい．

◆ ワンハイブリッドシステムの原理

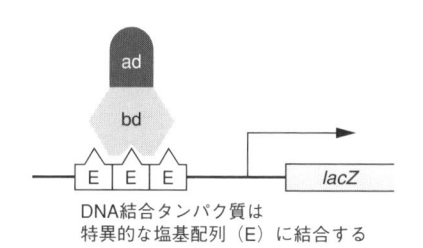

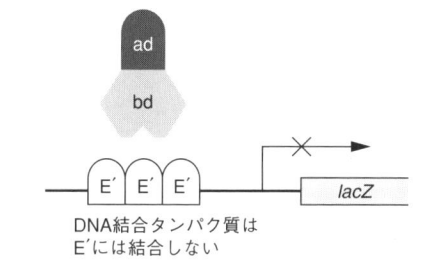

DNA結合タンパク質は特異的な塩基配列（E）に結合する

DNA結合タンパク質はE′には結合しない

欧文

ABCタンパク質
[ATP–binding casette protein]

　分子内に高度に保存されたABC（ATP-binding casette）と呼ばれるアミノ酸配列をもつ一群のタンパク質の総称．多剤耐性に関与する膜タンパク質に見つかる．ABC部分はヌクレオチド結合領域（Nucleotide-binding domain：NBD）内に存在し，その両端をはさむようにして，保存性の高いWalker A, Walker Bが存在する．この領域でATPを加水分解し，そのエネルギーを利用して物質を膜を介して輸送する．

AAV　⇒　アデノ随伴ウイルス

ARES　⇒　エイレス標識法

ARF　同　Arfタンパク質
[alternative reading frame]

　CKI*の1つであるp16の遺伝子の中に読み枠（reading frame）を1つずらしてコードされているタンパク質のこと．p16/INK4a遺伝子が座位するヒト第9染色体長腕（9p21）領域は多くの癌患者の細胞で欠失が高頻度に検出される．9p21は多くの癌患者の細胞で変異が見つかってきた臨床的に重要な場所の1つであり，欠失変異の報告が多いことから癌抑制遺伝子の存在が予測されていた．まず，そこにCdkの阻害因子の1つであるp16/INK4a遺伝子が癌抑制遺伝子として発見されたことで問題は解決したと誰もが思ったが，詳しく調べてみるとp16/INK4a遺伝子そのものの中に読み枠を1つずらしたもう1つのタンパク質が発現していることが発見されて大きな話題をさらった．p16/INK4a遺伝子は3つのエクソンから構成され，125アミノ酸からなる分子量16kDaのタンパク質をコードする（図）．一方，ARF遺伝子はp16/INK4a遺伝子のエクソン2，エクソン3を借用しながら，エクソン1のさらに上流にある別のDNA領域をエクソン1の代わりに採用（エクソン1β）して選択的スプライシングによってARF mRNAを生成し翻訳している．このARF mRNAはp16/INK4aとは違う読み枠で翻訳されるため，翻訳停止信号も早めにエクソン2で現れ，遺伝子産物としてのタンパク質（Arf）はp16/INK4aとは全く異なるアミノ酸配列をもつ．また，ヒトとマウスのp16/INK4aはアミノ酸配列が良く似ている（73%一致）のに，ヒトとマウスのArfは別のタンパク質ではないかと見間違うほどにアミノ酸配列が異なる．その理由はもちろんのことながら別の読み枠を無理して使用しているためであり，そこから進化的にはARF mRNAの方が新しいのであろうとの予測がなりたつ．それでも塩基性アミノ酸（とくにアルギニン）に富むという性質は保持されており，細胞内局在に必要なアルギニンが連続するという特徴あるアミノ酸配列を分子内の違う場所にもっている．

　p16/INK4aはサイクリンDと競合する形でCDK4（タンパク質はCdk4と表示することもある）と結合することで，Cdk4のキナーゼ活性を失活させる．そのためリン酸化標的であるpRBをリン酸化することができず，pRBがいつまでもE2F転写制御因子に阻害的に結合したままになる．その結

◆ ARFとp16の2つを同時にコードする遺伝子領域はp53とRbの経路を結びつける

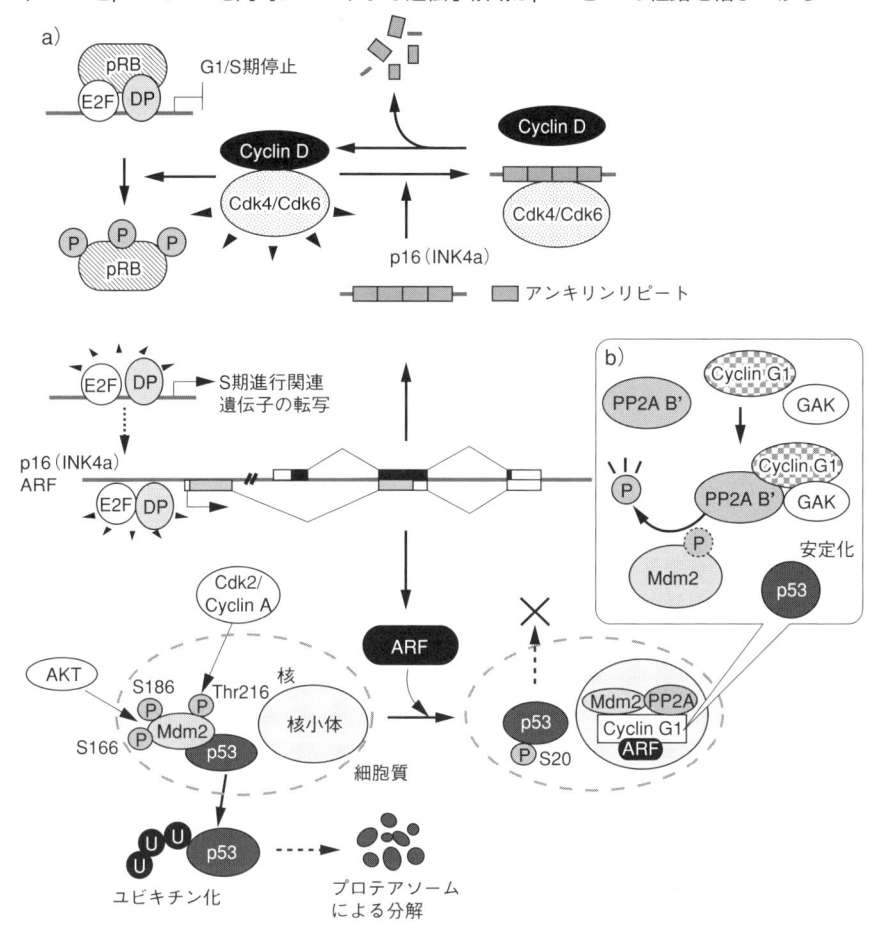

p16癌抑制遺伝子のコードするp16タンパク質の役割．a) p16（別名INK4a）はCDK4/CyclinDと結合して活性を阻害する．その結果pRBタンパク質はリン酸化され，E2F/DP-1からはずれることなく細胞周期を停止してしまう．逆に癌抑制遺伝子であるp16が欠損すると常にS期が開始され細胞増殖を進めてしまう．ところで，この領域にはARFという遺伝子も発現されている．ARFはp53にユビキチンを付加して壊してしまうMdm2をp53から引き剥がしてp53を安定化する働きをしている．一方，脱リン酸化酵素（PP2A）の制御タンパク質であるサイクリンG1はMdm2と結合しThr216（ヒトHdm2の場合にはS166）を脱リン酸化することでMdm2の活性を調節している．b) サイクリンG1は脱リン酸化酵素PP2AのB'サブユニットと結合して脱リン酸化機能を活性化し，例えばMdm2を脱リン酸化してp53より引き離すことでp53を安定化する．サイクリンG1（およびサイクリンG2）には必ずGAKキナーゼが結合している．GAKはPP2Aをリン酸化することでその活性を制御している

野島 博/著「新 細胞周期のはなし」（羊土社，2000）より改変

果，E2Fの標的遺伝子であるS期開始制御遺伝子群が転写誘導をうけることができずに細胞周期はG1/S 期に停止したままになって増殖抑制が起こる．ちなみに*ARF*遺伝子もE2Fの標的遺伝子である．一方，ArfはMdm2およびp53と複合体を形成する．ArfはArfのN末端側とMdm2のC末端側を介してMdm2に結合する．図に示すような機序によるArfのMdm2への結合により，p53はプロテアソームによる分解から免れ安定化する．かくして，p16/INK4aはRb-pathwayを，Arfはp53-pathwayというふうに9p21領域は2つの重要な増殖制御系にかかわっているため，とくにエクソン2の中で起こる変異は細胞増殖制御に重篤な影響を与える．Arfは核小体へ局在し，p53からMdm2を引き離して核小体へ運びこむことにより，細胞質において発揮されるMdm2のユビキチンリガーゼE3としての機能を邪魔して，p53をプロテアソーム*による分解から守って安定化するのである（前ページ図）．

ARS
[autonomously replicating sequence：ARS]

出芽酵母で見つかった染色体DNAの複製開始点となる特殊な塩基配列（自律的複製配列：5'-（T/A）TTTA（C/T）（A/G）TTT（T/A）-3'）のこと．出芽酵母のゲノムDNAはこの位置から複製を開始する．他の生物ではこのような特異的な複製開始点となる塩基配列は見つかっていない．

AS ➡ PWS
[Angelman syndrome]

ゲノム刷り込み*の異常が原因で発症する神経疾患で，重度の精神発達遅滞，笑い発作，歩行失調（操り人形様の歩行をする）などを主な症状とする．第15染色体（15q11-13）に配座するゲノム刷り込みセンター*の１つと考えられている*SNRPN*プロモーターの35kb上流に欠失が発見され，それが原因で母由来遺伝子から発現すべき遺伝子群（*Meg*）の発現が欠損しているらしい．この欠失領域は雌性生殖細胞で父型の修飾状態を母型に変換するスイッチの役割を果たすとされる．

ASA ➡ 対立遺伝子特異的増幅法

ASO ➡ 対立遺伝子特異的オリゴヌクレオチド法

ASP ➡ 自動スライド解析機

ATAC ➡ エイティーエイシー法

BAC
[bacterial artificial chromosome]

細菌人工染色体と訳されるが，バックと呼ぶ方が一般的である．大腸菌のFプラスミドをもとにして作られたベクターで，約300kbまでの巨大なサイズのDNA断片を大腸菌内で安定に保持し増殖させることができる．ヒトゲノム塩基配列解読などのプロジェクトにおいて，巨大DNAをBACベクターに組込んで作製されたBACライブラリーが用いられた．

bFGF ➡ 塩基性線維芽細胞増殖因子

BPA ➡ ビスフェノールA

BWS
[Beckwith-Wiedemann syndrome]

ゲノム刷り込み*の異常が原因で発症する神経疾患で，巨大な舌，臍ヘルニア，過成長を3主徴とする．BWSの85%は非遺

伝性で，第11染色体（11p15.5）の重複やトリソミーなどが認められることもある．重複やトリソミーの過剰領域はすべて父由来の染色体で，転座はすべて母由来の染色体上で起こっている．父由来遺伝子から発現すべき遺伝子群（Peg）の過剰発現，あるいは母由来遺伝子から発現すべき遺伝子群（Meg）の発現欠損が原因とされる．遺伝性のBWSでは母親から伝達されたときにのみ発症するので，この場合はMegの発現欠損が原因である．症状の多くは細胞増殖の異常ととららえることができ，Pegではp57KIPが，MegではIGF2（insulin-like growth factor）が主たる原因だと考えられている．

CAD
[computer aided design]

さまざまな分野におけるコンピューターを利用した設計のこと．ゲノム情報を自在に設計し改変することで目的とする機能や特性をもたせた自然界にはない生命体を創造するという試みが進められている．

CAE ➡ キャピラリーアレイ電気泳動

CASP ➡ ab initio法
[Critical assessment of techniques for protein structure prediction]

1994年の第1回から2年おきに開かれているタンパク質の立体構造予測コンテスト．参加者はどのような方法でもよいから近いうちに発表されるであろう課題タンパク質についての立体構造の予測をし，その結果を実際にX線結晶解析で得られた立体構造の結果と比較して予測結果を競う．2000年に開かれたコンテストのAb initioの部門で米国のベーカー（Baker, D.）教授は正解とわずか6.5Åしかずれていないという驚異的な正確さで予測し，2位に大差をつけて優勝して一挙に有名になった．正解の分解能が2.5Åという事実から考えてほぼ正確な予測である．彼の使ったプログラム（Rosetta）は局所構造に注目したところが成功の鍵だと言われている．そこでは与えられたアミノ酸配列を3〜9残基ずつ区切ってタンパク質データバンクを検索し既知の立体構造から採り得る構造を予測する．次いでそれらの部分構造を繋ぎ合わせ，最終的にできた立体構造を独自のプログラムで評価した．

CASTing ➡ REPSA
[cyclic amplification and selecion of targets]

DNA結合タンパク質が結合する特異的なDNA塩基配列を決定する方法の一つ．原理はDNAとタンパク質を結合させ，その複合体を抗体で特異的に免疫沈降させたのち，PCRで増幅して塩基配列を決定する．

操作の手順　（図参照）

❶ 30塩基程度のランダムな塩基配列の両端にPCRのプライマーとなる塩基配列を付加したオリゴヌクレオチドを化学合成する
❷ これを対象タンパク質と混ぜ，対象タンパク質に対する抗体で免疫沈降する．抗体がない場合にはタグをつけた融合タンパク質を準備し，抗タグ抗体で免疫沈降する
❸ フェノール処理により除タンパク質することで，対象タンパク質に結合しているオリゴヌクレオチドを回収する
❹ これをPCRで増幅する
❺ 増幅したDNA断片を用いて対象タンパク質を再度結合させ，免疫沈降してPCR増幅するという作業を5回くらい

繰り返す
❻ こうして濃縮されたDNA断片をプラスミドDNAに挿入してクローニングし,その塩基配列を決定する

❼ 塩基配列を比較し,いくつかのDNA断片に共通している数塩基の配列を選び出す.これが対象タンパク質の特異的な結合配列だと解釈できる

◆ CASTingの原理と実際の手順

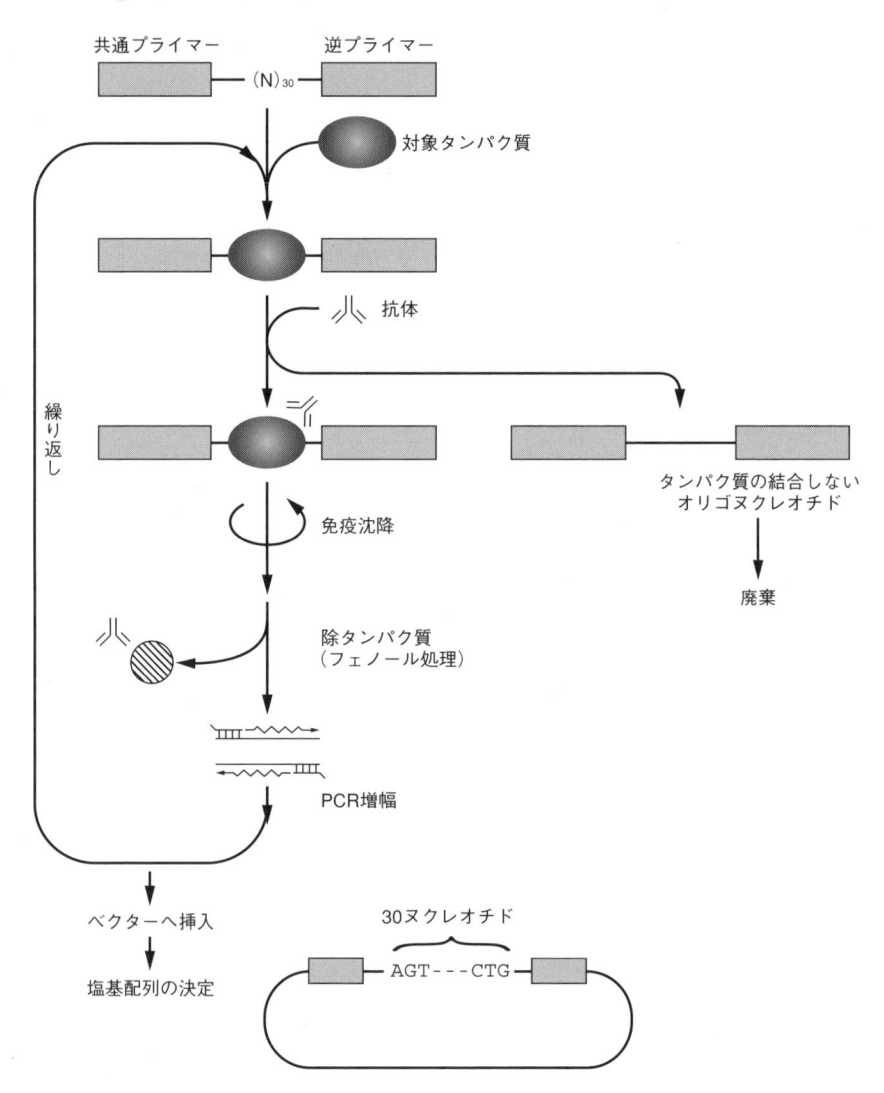

共通プライマー　逆プライマー
$(N)_{30}$

対象タンパク質

抗体

免疫沈降

タンパク質の結合しないオリゴヌクレオチド
↓
廃棄

繰り返し

除タンパク質
(フェノール処理)

PCR増幅

ベクターへ挿入
↓
塩基配列の決定

30ヌクレオチド
AGT---CTG

C57BL/6J

代表的な実験用近交系マウスの系統名．単にB6と呼ぶこともある．国際共同研究グループによってこのマウスのゲノムについて全ゲノム塩基配列が解読された．

CCD
[charge coupled device]

カメラの画像の取り込みに用いられる装置．従来の写真はカメラが捕えた光情報を化学反応によって記録するが，CCDカメラは光情報を半導体からなるCCD素子に捕え電気信号に変えて記録する．そのため，情報の劣化が少なく，コンピュータによる画像処理も可能となった．解像度は素子数（26〜600万素子）と素子サイズ（6.8〜28μm）に依存する．画質にはCCD固有の量子効率（％）とダイナミックレンジ（dynamic range）も重要である．量子効率は入射光（光子：photon）が光電子（電荷：photoelectron）として半導体で検出される量子効率（photoelectron/photon）で値が高いほど高品質となる．ダイナミックレンジは光強度に対する検出範囲を規定する値で，それが大きいほど広範囲の測定に正確な対応ができる．熱励起によりCCD上に発生するノイズを防ぐためCCDカメラは通常は−35℃に冷却する．CCD素子は1970年に米国ベル研究所のボイル（Boyle, W. S.）とスミス（Smith, G. E.）によって開発されたMOS（metal oxide semiconductor）型を原型とし，その後幾多の改良が加えられて現在に至っている．

CCM ➡ ミスマッチ化学切断法

cDNA 同 コンプリメンタリーDNA，相補的DNA
[complementary DNA]

真核細胞*のmRNAを鋳型にして逆転写酵素*（reverse transcriptase）により生合成される相補的な塩基配列をもつDNAのこと（A⇄Tへ，G⇄Cへと変換される）．逆転写酵素はRNA型癌ウイルス（レトロウイルス）であるAMV（avian myeloblastosis virus）やRAV-2（Rous associated virus-2）やM-MLV（Moloney murine leukemia virus）などから見つかっている．この酵素は一本鎖RNA（またはDNA）を鋳型としてそれに相補的なdNTPをプライマー（DNAまたはRNA）の3'-OH末端に順々に重合させることで5'→3'の方向にcDNAを合成する（図）．鋳型になるmRNAのポリAテイルにハイブリダイズさせるため，12〜17塩基からなるオリゴ（dT）をプライマーとして用いることが多い．次いでRNaseH

◆ 逆転写酵素によるmRNAを鋳型にしたcDNAの生合成

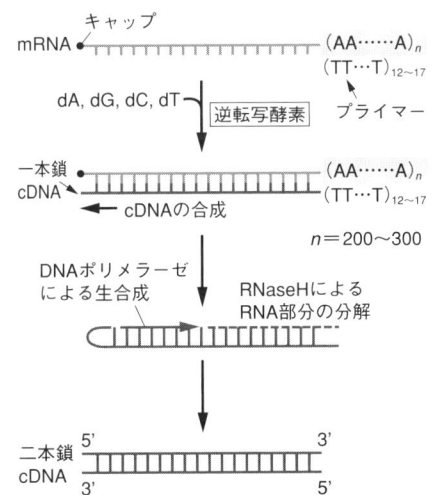

mRNA キャップ
━━━━━━━━━━━━ (AA……A)$_n$
                    (TT…T)$_{12〜17}$
dA, dG, dC, dT 逆転写酵素 プライマー

一本鎖 ━━━━━━━━━━━━ (AA……A)$_n$
cDNA   (TT…T)$_{12〜17}$
← cDNAの合成
$n = 200〜300$

DNAポリメラーゼによる生合成 RNaseHによるRNA部分の分解

二本鎖 5'━━━━━━━━3'
cDNA 3'━━━━━━━━5'

と呼ばれるヌクレアーゼを用いれば，RNA/DNAハイブリッドのRNA部分のみが3'→5'方向に分解される．逆転写酵素も弱いながらこれと同様のエキソヌクレアーゼ活性をもつ．さらにDNAポリメラーゼを用い，分解されたmRNA部分をDNAに置き換えてcDNA合成が完了する．

cDNAライブラリー ➡ ライブラリー
[cDNA (complimentary DNA) library]

cDNA*の集合体のこと．cDNAライブラリー作製においては完全長cDNAを効率良

◆ cDNAライブラリー作製法（リンカープライマー法）

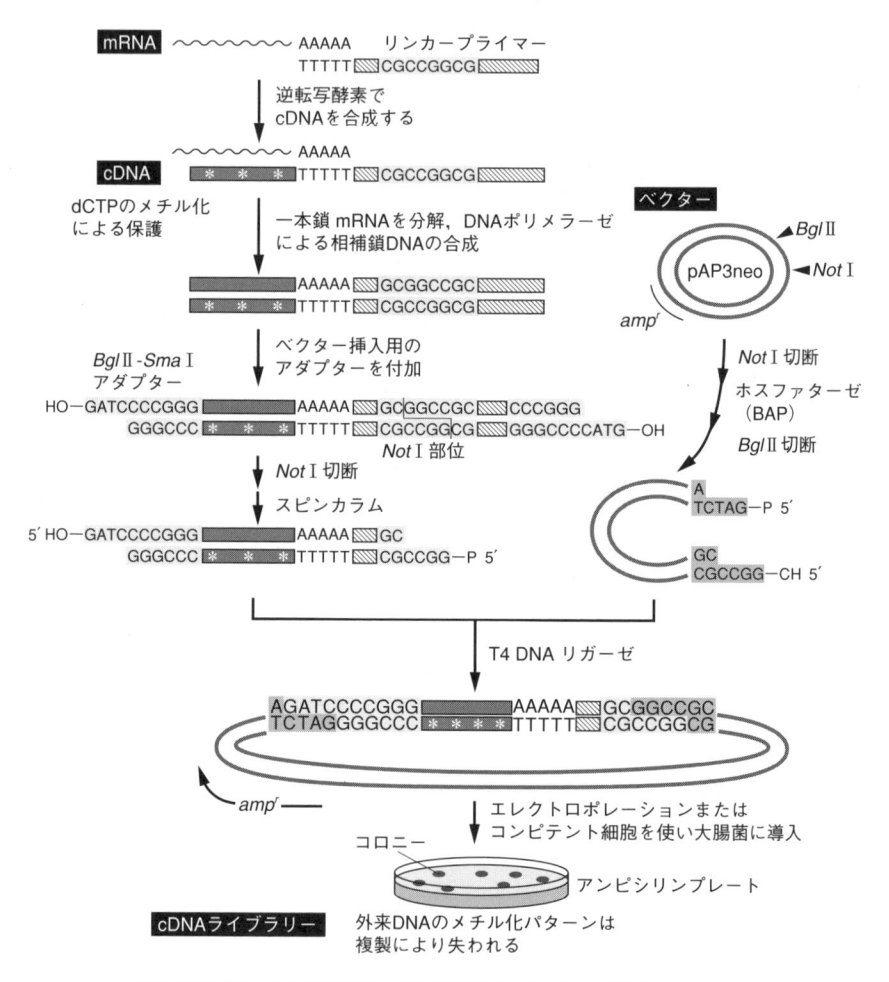

野島 博/著「ゲノム工学の基礎」（東京化学同人，2002）より改変

くクローン化でき，挿入cDNAはどれも一方向を向いていて，少量のmRNAから複雑度の大きい高品質なcDNAライブラリーを作製することが重要である．リンカープライマー法と呼ばれる方法は優れているので以下に手順を列挙する（図）．❶まず制限酵素サイト（*Not*Iなど）を含むオリゴヌクレオチドを5'側に付加したオリゴdT（これをリンカープライマーと呼ぶ）をプライマーとし，dA，dG，dTおよび5メチルdCを用いてmRNAよりcDNAを逆転写酵素により合成する．❷RNaseHによる一本鎖mRNA部分の消化と同時にDNAポリメラーゼIを働かせて相補鎖DNAを合成した後，T4DNAポリメラーゼにより5'末端を平滑化する．❸制限酵素突出端（*Eco*RIなど）をもつアダプターをこのcDNAの両端にDNAリガーゼにより連結してから，制限酵素（*Not*Iなど）によりcDNAを切断した後，スピンカラム（Clonetech：CHROMA400）により300ヌクレオチド以下を除去する．❹挿入したいベクターを前もって*Not*Iなどで切断した後，BAPにより脱リン酸化し，さらに*Bgl*IIで切断して不要な部分はスピンカラムにより除去する．❺T4DNAリガーゼにより❸と❹を連結し，これを大腸菌コンピテント細胞*に導入すればcDNAライブラリーが作製できる．

cfu ▶ コロニー形成単位

CHIP ▶ クロマチン免疫沈降法

ChIP-Chip法

クロマチン免疫沈降（Chromatin immunoprecipitation：ChIP）法とDNAチップを組合わせて網羅的に転写複合体（▶トランスクリプトソーム）のゲノムDNAへの結合状態を解析する技術のこと（次ページ図）．実際には，まず培養細胞に直接，架橋剤（ホルムアルデヒド）を添加することによりタンパク質間あるいはタンパク質・DNA間へ可逆的な共有結合を短時間で導入する．これにより，その時点で動いていたトランスクリプトソームとDNAの相互作用が固定化される．これを超音波破砕によりタンパク質が結合していないDNA部分をランダムに切断することで，免疫沈降が可能となるサイズまで断片化した後，トランスクリプトソーム内の標的タンパク質に対する抗体で，それが結合してるDNAごと免疫沈降する．免疫沈降物に熱を加えて架橋を外し，フェノール処理により除タンパク質することでDNA断片のみを得る．これをPCRにより蛍光色素で標識してタイリングアレイ*とハイブリダイズすれば，トランスクリプトソームが細胞内で結合していたDNA領域をゲノム全体のレベルで網羅的に同定できる．

CKI
[CDK inhibitor]

細胞周期エンジン*という別名をもつサイクリン・CDK複合体に結合し，エンジンが暴走しないようにSer/Thrキナーゼ活性を阻害することでブレーキの役割を果たすタンパク質のこと（283ページ図）．CKIは細胞周期のなかでサイクリン・CDK複合体がキナーゼ活性を発揮すべき時点が到来する前にはプロテアソーム*により分解される．これらが欠損するとキナーゼ活性が適切に低下しないため細胞は際限なく分裂し始め，やがて癌化してしまう．

哺乳類ではこれまでに2グループ（合計7種類）のCKIが詳しく研究されてきた．第1グループにはp15，p16/INK4，p18，p19が含まれ，いずれもCDK4，CDK6と強固に結合する．そうしてサイクリンが

CDKに結合するのを競合的に阻害してキナーゼ活性が発揮できないようにし,主として細胞周期をG1期で停止させる.これらCKIは分子のほとんどがタンパク質分子間の結合に重要なアンキリンリピート*と呼ばれる反復アミノ酸配列からできている.p15はp16のすぐ上流にあるp16と塩基配列が酷似した遺伝子として見出された兄弟のような遺伝子である.第2グループにはp21/CIP1, p27/KIP1, p57/CIP2, が含まれ,いずれもCDK/サイクリン複合体を押さえ込むように結合してキナーゼ活性を阻害する.C末端側にはおのおのに特徴的なドメインをもち,それらを通して多彩な制御を行う.例えば,p21はDNA損傷のシグナルを受けた癌抑制遺伝子p53による転写誘導によって発現され,多くのサイクリン・CDK複合体に対して阻害作用をもち,G1期以外にもいくつかの時点での制御にかかわっている.p21はDNA複製開始にとって必要とされるPCNAに結合することでS期開始をも阻害する.p27/Kip1は接触阻止やTGFβなどの増殖抑制因子により誘導・活性化され,細胞周期のみでなく個体発生における細胞分化や細胞癌化の抑制,さらにはアポトーシス*をも制御している.p57/Cip2はマウスとヒトの間でさえ構造が大きく異なるという特徴をもつ.p57/Cip2遺伝子が座位する第11染色体長腕(11p15.5)領域は広範にゲノム刷り込み*

◆ ChIP-Chip法の原理

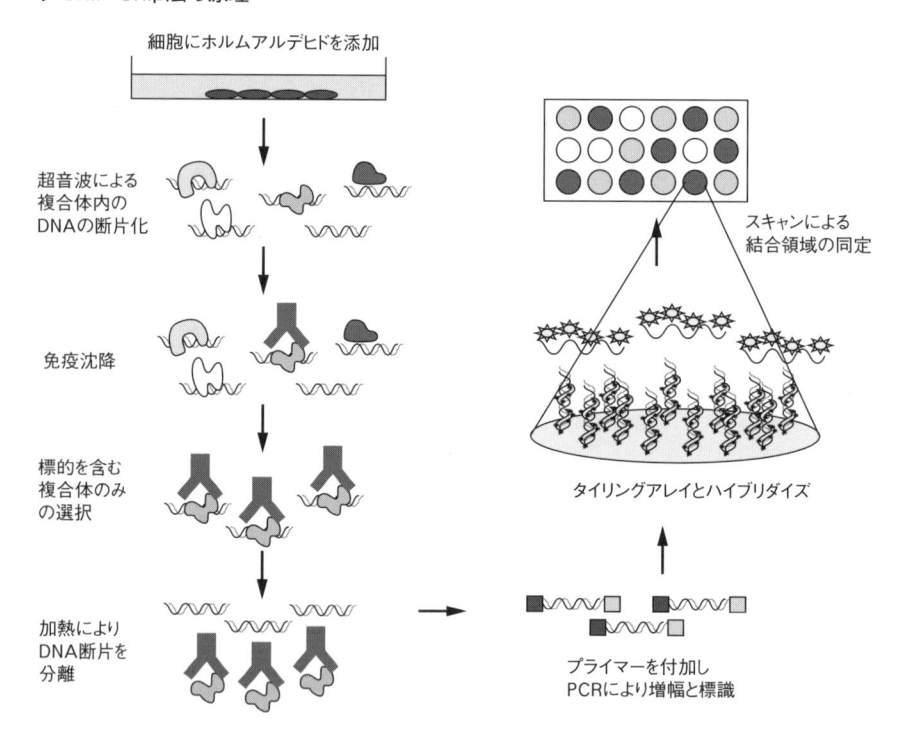

細胞にホルムアルデヒドを添加

超音波による複合体内のDNAの断片化

免疫沈降

標的を含む複合体のみの選択

加熱によりDNA断片を分離

スキャンによる結合領域の同定

タイリングアレイとハイブリダイズ

プライマーを付加しPCRにより増幅と標識

を受けており，p57/Cip2も母性遺伝する．
→ ARF

CNT → カーボンナノチューブ

CNV
[copy number variation]

ヒトのゲノムのコピー数における個人差のこと．通常は父親と母親由来の2コピーだが，部分的に1コピーしかなかったり，逆に3コピーを受け継いでいる状態．遺伝性疾患に関連するだけでなく，健常人の間にも数百キロ塩基対程度の長さで重複や欠失が個人差として見つかってきた．とくにヒトのゲノム中の約5%に存在する，分節重複（segmental duplication）と呼ばれる，千塩基対（1kb）以上の領域にわたり他の場所と90%以上の相同性がある重複配列領域（反復配列は省く）に多く見つかる．大規模な検索によりヒトのゲノムの約12%（360Mbに相当：1Mb=1,000kb）以上もの広い領域にわたってCNVが見つかったため，SNP*と同等に意味のある個人差として注目をあびている．遺伝性疾患ではないが自己免疫疾患や生活習慣病などにかかりやすい体質と関わっている可能性が指摘されている．データは公共のデータベースで公開されている（例えばhttp://www2.genome.rcast.u-tokyo.ac.jp/CNV/）．

CPA → 円順列変異解析

CpG島 同 CG島（CG island）
[CpG island]

哺乳動物ゲノムにおいてシトシン（C）とグアニン（G）が続くCGという塩基配列

◆ 2グループ（7種類）のCKIの結合による細胞周期エンジンのキナーゼ活性阻害のしくみ

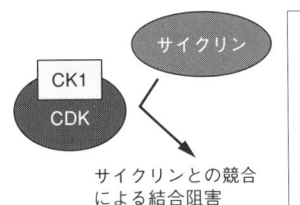

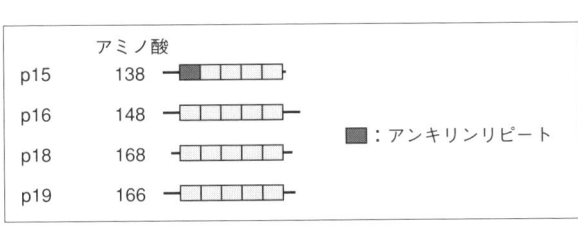

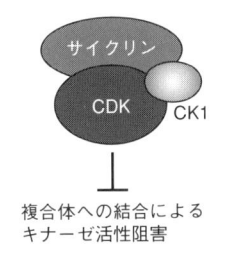

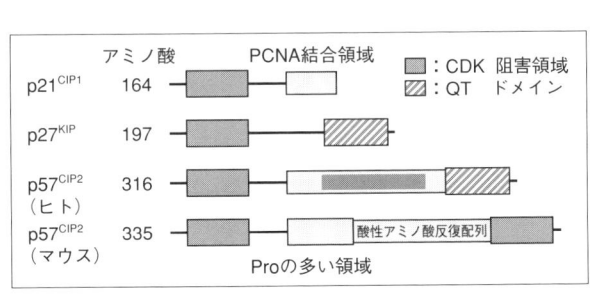

野島 博/著「新 細胞周期のはなし」（羊土社，2000）より改変

の大半のシトシンはメチル化されている．とくに遺伝子の上流にあるプロモーター領域に高頻度に出現し，メチル化されていないCpG（真ん中のpはリン酸ジエステル結合を表す）の出現頻度が高い配列をCpG島と呼ぶ．ヒトゲノム全体では約4万5千個のCpG島が平均約100kbの間隔で存在し，全遺伝子の約56%がその近傍にCpG島をもつと考えられている．

CTD
[carboxy-terminal domain]

RNA合成酵素の最大サブユニットのC末端側に存在する反復配列をもつ領域．CTDがリン酸化されることで転写が開始する．CTDはmRNAの5'末端でのキャッピング酵素，スプライシングおよび転写の終結にかかわる因子群と相互作用しており，転写，スプライシング，転写の終結などの諸過程を互いに共役させる役割を果たす．すなわち，mRNAは転写が最後まで進むと，5'末端と3'末端がmRNAに結合している複数の因子とともに近より，輪状の構造体をとることでmRNAが成熟するための諸過程が進むと考えられている．実際，これまで転写開始に必要であると考えられていた基本的転写因子TFⅡBがmRNAの3'末端の成熟形成にも重要な働きをすることがわかってきた．

Dループ
[D-loop structure, displaced loop, displacement loop]

二本鎖DNAの一部分が，相補的な一本鎖DNAと置き換わったときにできるアルファベットのD字型の構造のこと（図）．置き換わるものが一本鎖RNAの時にはRループという．細胞内ではDNA複製や遺伝子組換えのときに生じる．元来はミトコン

◆ DループとRループ

Dループ

DNA ― DNA

Rループ

DNA ― RNA

ドリアDNA（MtDNA）のDNA複製のときにみられた構造体に与えられた名称である．この領域（Dループ領域；ヒトの場合は約280bp）は突然変異が起こる速度がMtDNA全体の置換速度の4～5倍も速く，塩基配列の個体差が大きいため，DNA鑑定などに有用である．もともとMtDNAの塩基置換（突然変異）の速度は核内遺伝子の5～10倍もあるので，生物種の進化の速度や系統樹を描くためにも有力な道具となっている．

DALPC-MS
[directanalysis of large protein complex-mass spectrum]

陽イオン交換と逆相HPLCを用いてタンパク質複合体の直接分析を行う質量分析システム．リボソームやプロテアソームなどの巨大タンパク質複合体の解析が可能であるという（次ページ図）．

DBA2

代表的な実験用近交系マウスの系統名．ベンター（Venter,C.）らが全ゲノム塩基配列を解読したのはこのマウスの系統である．

DDS
[drug delivery system]

　至適濃度の薬物を患部へ長期間に渡って特異的に分配する薬剤送達システム．毒性があったり，複数の作用をもつ薬剤の副作用を軽減して安全に使用する目的で開発される．DDSが認知されるようになったのは1968年に米国にアルザ社（Alza）が設立されて薬物の副作用軽減と効果の持続の研究が系統的に始められてからで，その後，この概念が広く製薬メーカーにも浸透し，1980年代以降には実用化の段階に入ってきた．静脈注射では薬剤は全身の血管を巡り，患部の毛細血管の内皮細胞を通過してから組織に分配されるが，毛細血管の直径（5 μm）の制限から直径（0.2 μm）以上大きな薬剤分子を注射するのは望ましくない．経皮吸収の薬剤送達の場合には1 nm以下の分子サイズをもつ薬剤でないと効果的に吸収されないと考えられている．抗癌剤を薄い高分子膜やリポソームで内包する方法，ホルモンなどを添付したパッチを皮膚に貼って経皮的に患部に吸収させる方法などが開発されている．またコラーゲンの一種を針のように成型し，針の中に薬剤（インターフェロンなど）を注入したミニペレットでは，これを注射をするように体内に埋め込めば長期間にわたり低用量の薬剤を安定に放出させることができるという．

DEHP ➡ フタル酸ジエチルヘキシル

DGGE ➡ 変性勾配ゲル電気泳動法

DIG ➡ ジゴキシゲニン
[digoxigenin]

DNA暗号
[DNA steganography / DNA cryptography]

　20種類のアミノ酸と3種類の停止コドンは26文字からなるアルファベットに対応させやすいことから，巧妙なDNA暗号が考案されている．3文字足りない分は6つもあるArg, Leu, Serコドンのうち第1文字が異なる2つを各々別の暗号文字として割り当てればよい．DNAマイクロドット（microdot）と呼ばれるスパイ用の暗号システムでは（図），発信者は受信者にプライマーの塩基配列と対応表（コドン／暗号文字）を事前に知らせておく．機密性を高めるためにはこれらも別々に暗号文として知らせておくとよい．まず暗号文を対応表に従ってDNA塩基配列に変換するが，この文章の両端には暗号文ではないプライマーとなる塩基配列を付加しておく．プライマーの塩基配列は，これに挟まれた塩基配列の中に暗号文が潜んでいることを知らせる役割ももつ．発信者はこの塩基配列を含むオリゴヌクレオチド（DNA断片）を合

◆ DALPC-MS法の原理

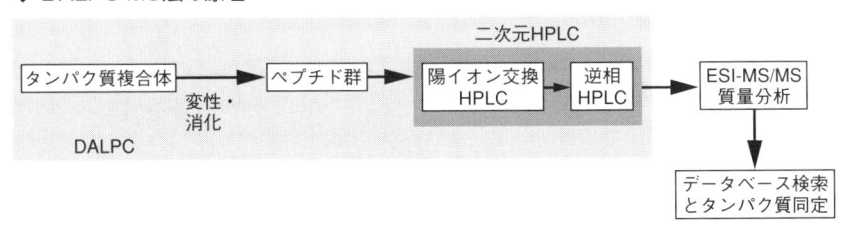

タンパク質複合体 →（変性・消化）→ ペプチド群 → [二次元HPLC: 陽イオン交換HPLC → 逆相HPLC] → ESI-MS/MS質量分析 → データベース検索とタンパク質同定

DALPC

成し，ヒトのゲノムDNAと一緒にインクの中に溶かし，そのインクを用いて手紙の最後にサインをする．受信者はこのサインの部分を手紙からハサミで切り取って水に浸してからDNAを回収し，あらかじめ教えられていた塩基配列をもとに自身で化学合成したプライマーを用いたPCRによって暗号文を含むDNA断片を大量に増幅し，塩基配列を決定して暗号文を読む．約30億塩基対の塩基配列をもつヒトのゲノムDNAを混ぜておけば，間違ったプライマーを用いた場合に偽のDNA断片が増幅されるので無駄な時間をつぶすという意味で有効な防御策となる．この方法を使って，第二次世界大戦におけるドイツ軍の敗退を決定づけたノルマンジー大作戦の日付を示す「June 6 INVASION：NORMANDY」を暗号として送る実験は成功したという．

DNA鑑定
[DNA profiling]

　DNAの塩基配列の比較により同一性を鑑定すること（次ページ図）．最も多いDNA鑑定のケースは未婚の男女の間に生まれた女性から男性への子供の父親認知請求で，次いで多いのが，その逆に男性が自分の子供ではないと訴える嫡出子否認請求である．現在ではいずれの場合も非常に高い精度で決定できる．

◆ DNAマイクロドット暗号法

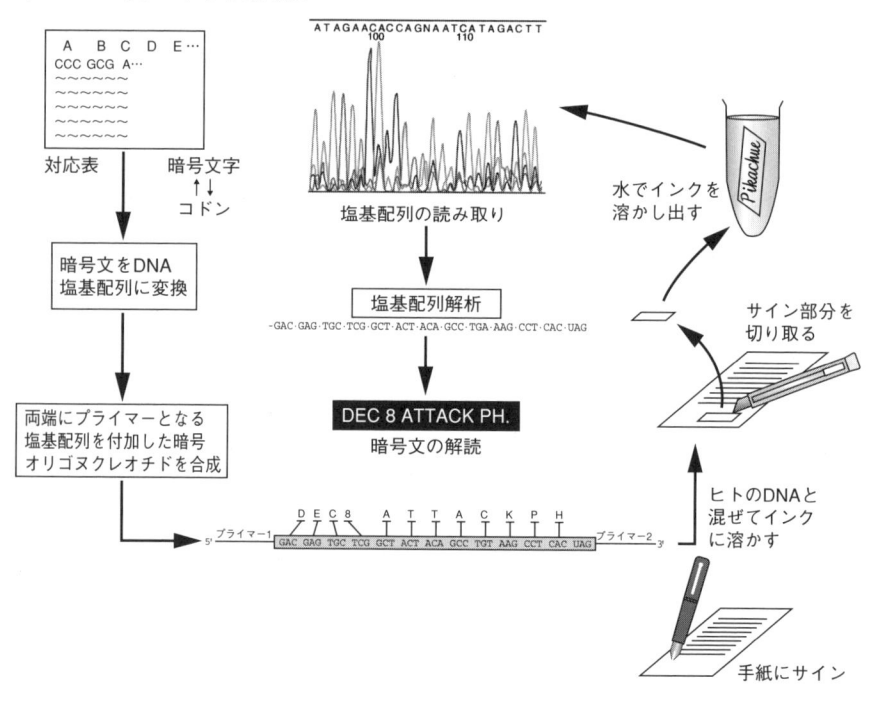

野島 博/著「ゲノム工学の基礎」（東京化学同人，2002）より改変

DNAコンピュータ
[DNA computor]

　従来の2進法の代わりにDNAの塩基の4文字（A, G, C, T）を採用し, コンピュータ上でのプローブとのハイブリダイゼーションを利用して, 答えのみがDNA断片として得られるように工夫したコンピュータ. DNAコンピュータは溶液中の反応によって計算がなされるという意味で液体コンピュータである. 従来のコンピュータより優れた点は, 効率よいナノマシーンとしての酵素のおかげで高速で省エネルギー的に計算できることと, 同じソフトウェアを共有する並列計算がオリゴヌクレオチドの分子数だけ可能な点にある. 実際, 室温の下120μl程度の少量の溶液中で独立に, かつ入力に並行して10^{12}個のオートマトン*が動き, 10^{-10}W以下しか消費せずに1秒あたり10^9回の変化が99.8％以上の正確さで起こせるという. その能力はコンピュータの能力を評価するときに用いられる「ハミルトン経路問題」を解くことで示された. これは出発した都市から終点都市まで一筆書きで1回しか訪問しないですむ経路を探す古典的な問題で, 従来のコンピュータを用いた計算では膨大な時間がかかる超難問である. しかし, オリゴDNAを一筆書きの経路と考え, 各都市が塩基であってハイブリダイズによって認識するならば答えは簡単に出てしまう.

「ハミルトン経路問題」の計算の実際の例

◆ マイクロサテライトを利用したDNA鑑定法

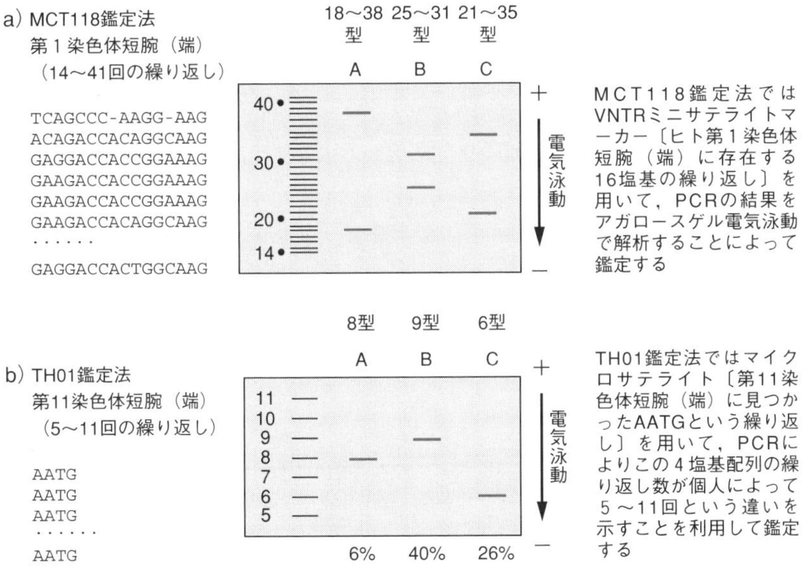

a) MCT118鑑定法
　第1染色体短腕（端）
　（14〜41回の繰り返し）

```
TCAGCCC-AAGG-AAG
ACAGACCACAGGCAAG
GAGGACCACCGGAAAG
GAAGACCACCGGAAAG
GAAGACCACCGGAAAG
GAAGACCACAGGCAAG
……
GAGGACCACTGGCAAG
```

MCT118鑑定法ではVNTRミニサテライトマーカー〔ヒト第1染色体短腕（端）に存在する16塩基の繰り返し〕を用いて, PCRの結果をアガロースゲル電気泳動で解析することによって鑑定する

b) TH01鑑定法
　第11染色体短腕（端）
　（5〜11回の繰り返し）

```
AATG
AATG
AATG
……
AATG
```

TH01鑑定法ではマイクロサテライト〔第11染色体短腕（端）に見つかったAATGという繰り返し〕を用いて, PCRによりこの4塩基配列の繰り返し数が個人によって5〜11回という違いを示すことを利用して鑑定する

野島 博/著「遺伝子と夢のバイオ技術」（羊土社, 1997）より改変

実際の計算は以下のようなソフトウェアでプログラムされた。理解を容易にするため図のような6航空便をもつ4都市（A，B，C，D）をちょうど1回だけ通って，開始都市（A）から終点都市（D）に至る経路が存在するか否かを決定する問題を考える（図a）。各都市には名前と苗字にあたる2組の塩基配列をつなぎ合わせたオリゴヌクレオチドを割り当て，各航空便は出発都市の苗字と終点都市の名前をつなぎ合わせ

◆ DNAコンピュータの原理

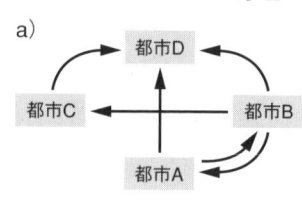

a)

都市	名前　苗字	相補的DNA
A	5'-ACTTGCAG-3'	3'-TGAACGTC-5'
B	5'-TCGGACTG-3'	3'-AGCCTGAC-5'
C	5'-GGCTATGT-3'	3'-CCGATACA-5'
D	5'-CCGAGCAA-3'	3'-GGCTCGTT-5'

航空便	DNA航空便番号
A→B	5'-GCAGTCGG-3'
C→D	5'-GCAGCCGA-3'
B→C	5'-ACTGGGCT-3'
B→D	5'-ACTGCCGA-3'
B→A	5'-ACTGACTT-3'
C→D	5'-ATGTCCGA-3'

b)

c)

d)

野島 博/著「ゲノム工学の基礎」
（東京化学同人，2002）より改変

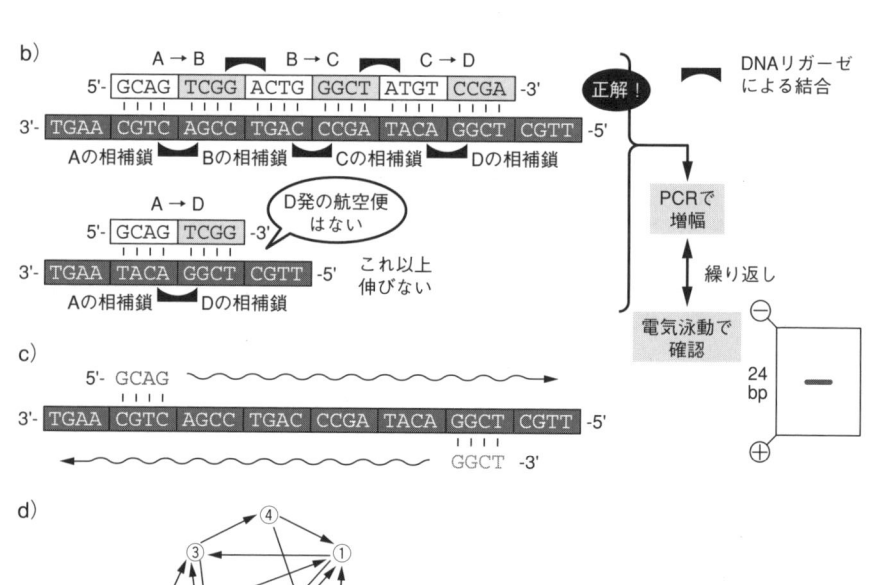

た塩基配列をもつオリゴヌクレオチドで定義する．実際の計算手順は以下のようにして行う．

❶ 各航空便に相当する，または各都市の相補的な塩基配列をもつオリゴヌクレオチドをRキットとDNAリガーゼを含む反応液の入った共通の試験管に入れる
❷ 反応を開始するとハイブリッドを形成したオリゴヌクレオチドをDNAリガーゼが末端を結合させるため，最長で5'-GCAGTCGGACTGGGCTATGTC-CGA-3'という塩基配列をもつ24塩基までオリゴヌクレオチド鎖が長くなる．経路が存在しないと短いままで留まる（図b）
❸ 開始都市（A）の苗字の相補鎖（GCAG）と終点都市の名前の相補鎖（GGCT）をプライマーとしてPCRで増幅する
❹ 増幅されたDNA断片（24塩基対）をアガロースゲル電気泳動で分離し，バンドとして検出したのちバンドを切り出しDNA断片を抽出する（図c）
❺ これと極微小な鉄粉に付着させたすべての都市に対する相補オリゴヌクレオチドとハイブリダイズさせたのち，磁石によって回収する．このステップはすべての都市を1回は通る答えだけを選択するために有用である
❻ 再度PCRで増幅し，アガロースゲル電気泳動にかけて24塩基対のDNA断片を分離し回収する
❼ このバンドを切り出し塩基配列を決定すれば唯一のハミルトン経路（A→B→C→D）が存在することがわかる．DNAコンピュータを発明したエイドルマン（Adleman, L. M.）は7都市14航空便の問題（図d）を1週間の実験をするだけで解いたという．

DNA傷害チェックポイント
[DNA damage checkpoint]

DNA傷害（損傷）が生じた時にその傷害を修復するまで次のステージへの進行を阻止するチェックポイント制御機構．

DNA複製チェックポイント
[DNA replication checkpoint]

DNA複製中に何らかの異常によりDNA複製が阻害されると，複製の速度を遅くさせM期に入らないように調節する制御機構．

DNAチップ
[DNA chip]

半導体集積回路製造で培った光リソグラフィー（lithography）技術を応用して，シリコンなどの基盤上で超高密度に多種類のオリゴヌクレオチドを直接合成することで作製されたオリゴDNAマイクロアレイ．広義にはDNAマイクロアレイ*全体を指すこともある．

DNAブック
[DNA book]

日本の理化学研究所で発明されたDNAを点状に染み込ませた本のこと．「DNAブック™」と商標（TM：trade mark）をつけて呼ぶこともある．例えば約6万種類のマウスcDNAを約6万個のスポットにして点状に染み込ませると，1冊の本を購入するだけで約6万種類のcDNAが入手できる．この本は水に濡らすと溶ける紙でできているため，購入者は欲しいcDNAの点を切り抜いて水に漬けるだけで欲しいプラスミドが入手できる．それを増やしたければ大腸菌に導入して増やせば良い．場所をとらず保存は室温で問題ないため，輸送のコストも大幅に削減でき便利である．

DNAマイクロアレイ
[DNA microarray]

　小さな基盤の上に微小な間隔で数千種類ものDNAを規則正しく並べて固定化させた製品（device）の総称．並べるDNAの種類によってcDNAマイクロアレイ，オリゴDNAマイクロアレイなどと呼び分ける．マイクロアレイは2種類に大別できる．1つは米国Stanford大学のブラウン（Brown, P.）らが開発した型（Stanford Type）で顕微鏡用のスライドガラスの上にDNA溶液をスポットする．もう1つはAffymetrics社型で，半導体作製で培った微細加工技術を用いてシリカ基盤上に直接オリゴヌクレオチドを化学合成してゆく．DNAマイクロアレイを用いれば，1つの細胞から調製したmRNAを蛍光ラベル標識してcDNA化したプローブとハイブリダイゼーションし，そのシグナルをレーザースキャン顕微鏡により定量的に解析することにより，その細胞で発現されている多数の遺伝子発現の動態を一挙に観察できる．トランスクリプトーム*解析の有力な手段の一つである（MGED：Microarray Gene Expression Databaseのホームページ http://www.mged.org/）．

DNAマクロアレイ
[DNA macroarray]

　ナイロン膜上に高い密集度で規則正しく数百～数千種類のDNAをスポットして並べた高密度フィルター（high density filter）．DNAはナイロン膜上でアルカリにより単鎖化され，その後80℃で2時間熱処理していつでもプローブとハイブリダイゼーションを行うことができるようになっている．

EG細胞
[embryonic germ cell]

　始原生殖細胞*が特定の環境因子にさらされることで脱分化してできる胚性幹細胞*．1998年にギアハルト（Gearhart, J.）の研究室で初めて培養に成功した．その由来を反映して，全分化能と増殖能力を有する以外に生殖細胞系列へ分化するという始原生殖細胞としての性質も保持している．例えば，始原生殖細胞の分化過程で特異的に起こるとされるゲノム刷り込み遺伝子の脱メチル化が，樹立されたEG細胞においても観察される．一方，ES細胞ではゲノム刷り込み遺伝子は他のすべての体細胞と同様に母親由来の遺伝子がメチル化されている．

ELA
[E1A-like activity]

　未分化細胞に限局して存在するアデノウイルス*E1Aの機能を代償するような生理活性．E1Aとよく似た機能をもつタンパク質の存在が予測されるがいまだ同定・単離はされていない．

EM ➡ エクステンシブ・メタボライザー

EMD ➡ エムドゲイン

ERAD ➡ 小胞体ストレス応答
[endoplasmid reticulum associated degradation]

　細胞はある種のストレスを受けると小胞体に不適切な形をもったままのタンパク質が停滞するが，放っておくと小胞体は機能不全に陥ってしまう．これを防いで機能不全から回避する応答機構のこと．

ESI
[electro-spray ionization]

質量分析器（MS：mass spectrometer）で用いられるイオン化法の一つ（図参照）．タンパク質やペプチド溶液を細管（capillary）の先端から大気圧中で強い電場の中に噴霧することでイオン化する．多価イオンが生成しやすいという特徴をもつ．ESIスペクトルでは隣接イオン価数が1つずつ異なっており，これらが連なった多数のピークを示す．ESIと相性のよいイオン分離法にはQ-TOF-MSがある．この装置ではイオン化されたペプチドを直流と高周波交流とを重ねた電圧のかかった四重極（quadrupole）の電極中を通過させる．すると，一定の質量/電荷の比をもつイオンだけが安定な振動をしてイオン検出器に到達できるので，それらを測定する．Q-MSを3個並列させた装置はトリプルステージ（triple stage）型MSと呼ばれ，この最後の四重極のみをTOF（▶ TOF-MS）型にしたものをハイブリッド型MSと呼び，高感度・高精度の測定を行うことができる．

ES細胞　同 胚性幹細胞
[embryonic stem cell]

初期胚*の胚盤胞*内部に存在する，多分化能を保ったまま増殖することができる未分化幹細胞のこと．イギリスのエバンス（Evans, M. J.）とカウフマン（Kaufman, M. H.）はマウスを用いて初めてES細胞を樹立した（1981年）．正常細胞でありながら不死性（immortality）を獲得してほぼ無制限に増殖および継代できるES細胞は，あらゆる種類の細胞に分化できる全能性（totipotency）あるいは多分化能（pluripotency）をも保持しているため，培地に分化誘導能をもつ物質やタンパク質を加えるだけで脳や筋肉などの特殊に分化した細胞へ分化誘導できる．類似の未分化細胞であるEC細胞（embryonic carcinoma cell）は生殖巣内に発生する奇形腫由来の細胞で，ES細胞同様の分化能をもつ．彼らが行ったES細胞樹立の手順は以下のように要約できる．❶交配（受精）4日後に卵巣を除去し，受精卵（胚）が子宮に着床するのを遅らせ，空洞をもつ着床前の胚（胚盤胞）を回収する．❷胚盤胞の内部にある内部細胞塊（ICM：inner cell mass）を顕微鏡下で分離して採取する（図）．内部細胞塊はあらゆる細胞に分化できる全能性（totipotency）をもつ未分化細胞である．❸これを特殊な培養液で培養することでES細胞株として樹立する．

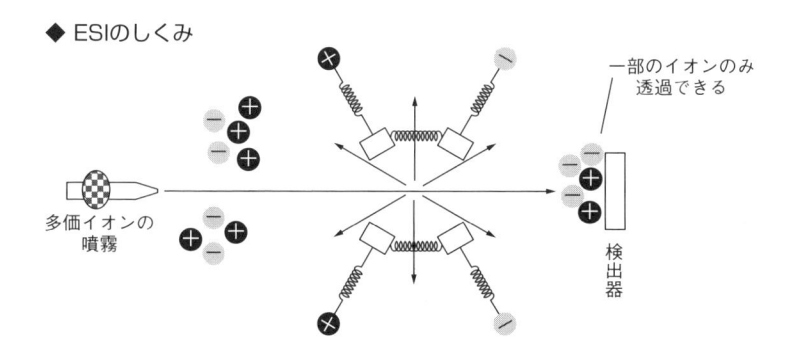

◆ ESIのしくみ

EST　同 発現配列タグ
[expressed sequence tag]

　cDNAライブラリーの中から無差別にcDNAクローンを選択し，片端から塩基配列を決定して遺伝子データベースに登録したもの．ヒトゲノムプロジェクトやcDNAプロジェクトが完了した現在でもなお，癌細胞ごとの塩基配列の違いを比較する目的などcDNA塩基配列の多彩さの検索などに有用である．

F因子（F プラスミド）　→ 接合
[F factor, F plasmid]

　大腸菌もある意味で雌雄の別がある．すなわち雄（供与細胞；male）の大腸菌は接合架橋を通してDNAを雌（female）の細胞へ伝達する．この働きを担っている因子を稔性（fertility）の頭文字をとってF因子と呼ぶ．雄の大腸菌はそのゲノム内にFプラスミド由来のDNAを組込んでいる．染色体伝達はFプラスミドの組込まれた位置で開始するが，一般にプラスミドの組込みは染色体上のランダムな場所で起こるので個々の菌株では異なった染色体上の位置から染色体伝達が始まる．ゲノム内に組込まれずに細胞内に独立して存在するF因子はFプラスミドと呼ぶ．Fプラスミドをもつ株はF因子の供与型（雄）として働くことからF^+と表記される．逆にF因子をもたない受容型（雌）はF^-と表記する．F因子は大腸菌の接合を促進するのでF因子をもつ株では染色体伝達が高頻度で起こるようになる．実際Hfr（high frequency of recombination）と呼ばれる株では通常のF^+株に比べて千倍もの効率で染色体伝達が起こる．アクリジン色素処理によりF因子が宿主大腸菌から除去される（これをcuring操作と呼ぶ）とF^-菌株となる．Fプラスミド

◆ ES細胞の作製手順

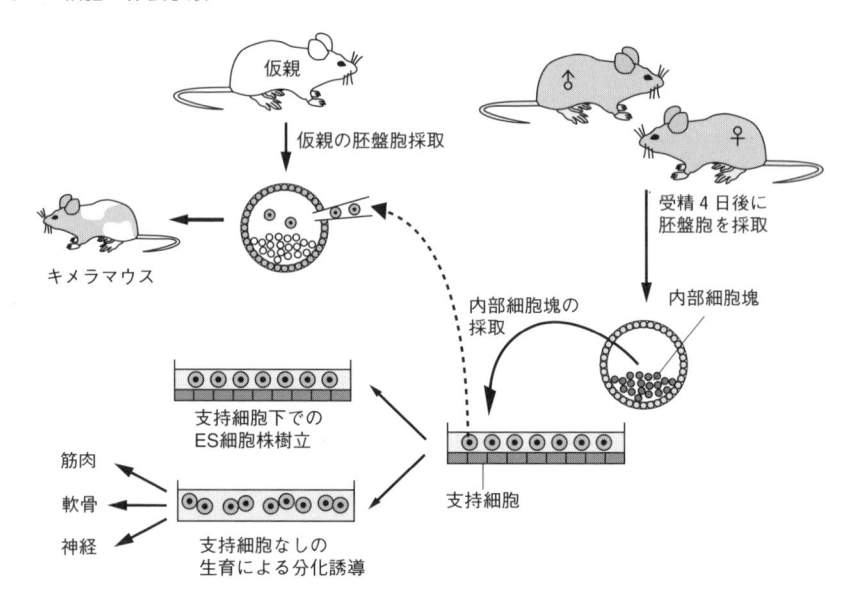

の伝達はすべてが一斉になされるわけでなく，一部が初期に残りは最後に伝達される．大腸菌の染色体全体を伝達するには100分もかかるので，大概はすべてが伝達される前に大腸菌同士が離れてしまい，雌細胞はFの最初の一部と雄大腸菌染色体の一部を受け取ることになる．このように大腸菌染色体由来のDNA断片をもち出しているF因子は右肩に［'］（プライムと読む）を添えてF'（エフプライム）のように区別して記し，その中にある遺伝子の名前をつけて呼ぶ．例えばF'*lac pro*はこのF'プラスミドが lacとproの2つの大腸菌遺伝子を搬出して保有していることを示す．F'プラスミドはコピー数1～2の厳格複製をする伝達性を有する分子量の大きい（94.5 kb）環状二本鎖DNAプラスミドである．

FACS ➡ ファックス

FLARE ➡ フレアモジュール

FRET ➡ 蛍光共鳴エネルギー転移法

FRET Probe

標的に特異的な塩基配列をもつ1組のオリゴヌクレオチドプローブ．その1つは3'末端にドナー型蛍光色素をもち，他方は5'末端に受容型蛍光色素をもつ（図）．リアルタイムPCRのプローブとして用いた場合，❶プローブが標的に結合していない時には蛍光は発しないが，❷標的とハイブリダイズするとドナー型蛍光色素と受容型蛍光色素が接近するため，エネルギーが遷移して，受容型蛍光色素が発する蛍光が検出される．その蛍光強度は標的の量に比例す

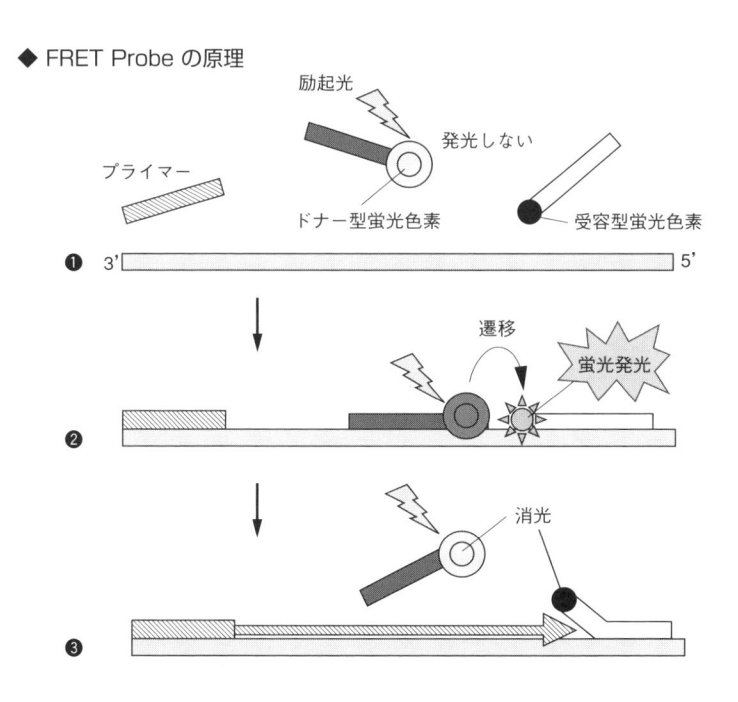

◆ FRET Probe の原理

るため定量ができる．❸PCRにおいてDNAポリメラーゼにより相補鎖が合成されてプローブがはがされてゆくにつれて蛍光が消えてゆく（図）．

Gタンパク質
[G-protein]

　細胞外からの刺激を細胞内へ伝達する役割を果たすシグナル伝達制御因子の1つ．細胞外領域にホルモンなどをリガンド（ligand）として結合させることで刺激を感知するGタンパク質共役型受容体に細胞膜の内側から結合して制御する．Gタンパク質α，β，γという3つのサブユニットで構成され，GPCRへのリガンドの結合を感知すると，αに結合していたGDP（guanosine 5'-diphosphate）が遊離し，代わりにGTP（guanosine 5'-triphosphate）が結合する（図）．その結果βγ複合体がαから解離し，別個にその後のシグナル伝達を担ってゆく．哺乳動物細胞では16種類のα，5種類のβ，11種類のγが知られており，主としてαの違いにより特異性が決まる．例えば，αサブユニットのうち$α_i$はアデニル酸シクラーゼ（AC）に結合して活性を抑制するが，$α_s$はACを活性化して大量の環状AMP（cAMP：cyclic AMP）を産生することでシグナルを増幅する．cAMPは細胞内シグナル分子として普遍的に重要な役割を果たすことから，二次メッセンジャー（second messenger）とも呼ばれる．cAMPは2種類のサブユニットからなる四量体（R_2C_2）であるAキナーゼに結合し，触媒サブユニット（C）を次々と遊離させることで活性化する（さらにシグナルを増幅する）．Aキナーゼは標的タンパク質の特定のセリン（Ser）あるいはスレオニン（Thr）をリン酸化することで代謝酵素や転写制御因子を活性化（または不活性化）する．活性化された$α_s$は役割を果たすと速やかに自らのもつGTPase活性によりGTPをGDPに変換してもとの不活性型に戻る．ACによるリン酸化で活性化された標的タンパク質も脱リン酸化酵素（phosphatase）によって短時間のうちに不活性化される．大量産生されたcAMPはホ

◆Gタンパク質（a）：αサブユニットへのGTP／GDP結合による活性調節

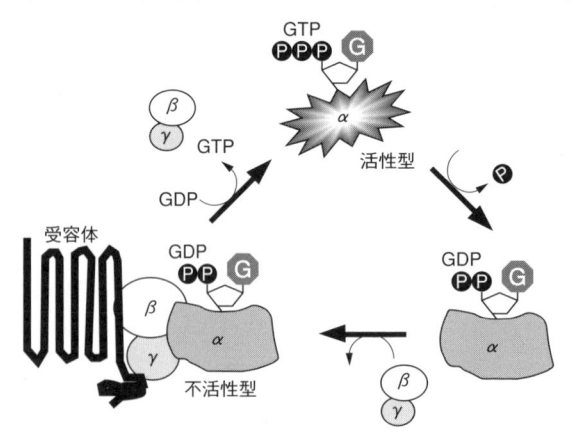

GTPが結合したαサブユニットは活性化され，GTPのもつエネルギーを利用して標的（adenylate cyclase）に作用する．その際，GTPはGDPへ変換されてαサブユニットは活性化される．そこにβ/γサブユニットが結合し，7回膜貫通型受容体（GPCR）につなぎ留められて，次の信号を待つ

スホジエステラーゼ（phosphodiesterase）によって分解され5'-AMPとなる．

Gタンパク質共役型受容体
[G-protein coupled receptor：GPCR]

　細胞外からの信号を細胞内へ伝達する重要な働きをしている受容体のうち，Gタンパク質*によって制御されている受容体は細胞膜を貫通する領域を7つもつ．これらを総称してGタンパク質共役型受容体（GPCR）と呼ぶ．ヒトでは約1,000種類のGPCRが見つかっており，網羅的・系統的に研究して創薬の標的を絞り込むというゲノム創薬の研究テーマとなっている．

GCR ▶ 大規模染色体再構成

GCV ▶ ガンシクロビル

GFP融合タンパク質
[GFP fusion protein]

　GFP（green fluorescent protein）はオワンクラゲ（*Aequorea voctoria*）がもつ238個のアミノ酸（27kDa）からなる，緑色に自家発光するタンパク質である．65～67番目のアミノ酸残基の間で環状化が起こって発色団となりO_2の存在下に励起スペクトル（395nmと475nm），発光スペクトル（508nm）の蛍光を出す．GFP融合タンパク質は標的タンパク質がGFPのN末端側あるいはC末端側で融合したキメラタンパク質である．GFP融合タンパク質を発現した細胞に無害な励起光を当てるだけで検出容易な緑色蛍光を発色するため，細胞が生き

◆Gタンパク質（b）：Gタンパク質の細胞内におけるシグナル伝達のしくみ

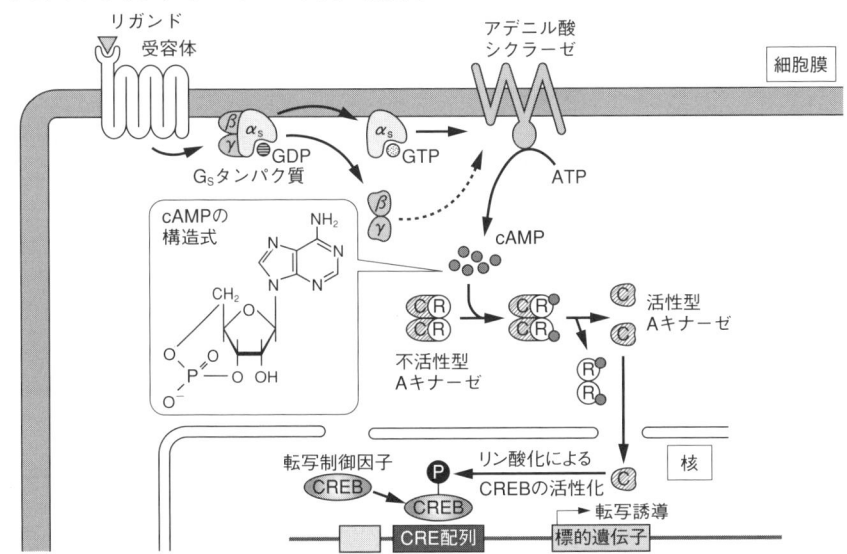

CRE：cAMP response element, CREB：cAMP response element-binding protein

野島　博/著「医薬分子生物学」（南江堂，2004）より改変

たままの状態で標的タンパク質の挙動を時間を追って追跡観察できる．ヒトのコドン使用偏向性を考慮して64，65番目のアミノ酸を各々Phe，SerからLeu，Thrへ置換した変異体（EGFP-S65T）はヒト細胞内で効率よく翻訳されるだけでなく励起スペクトルがずれて野生型の35倍もの強い蛍光を出すようになった．さらに，青（ECFP）や黄（EYFP）を発色する変異体も得られている． ➡ ディーエスレッド

◆ GFPの立体構造

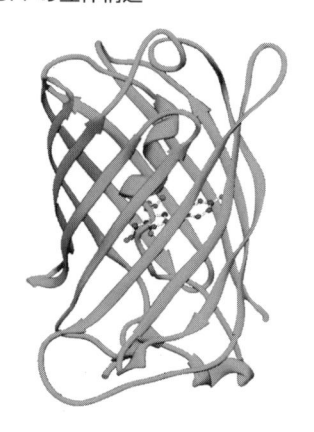

G-freeカセット法

 *in vitro*転写法の一つ．発現させたい領域の非鋳型鎖にグアニン（G）をもたないDNAを用い，反応液にもGを加えずに*in vitro*で転写させてGの位置までの一定の長さのRNAを合成する技術．*in vitro*転写法にはほかにもrun off法やS1マッピング法などがある．

GISH
[genomic *in situ* hybridization]

 全ゲノムDNAをプローブとして行う*in situ*ハイブリダイゼーション法．ゲノムレベルで染色体上の遺伝子の位置を顕微鏡下で直接に観察できるため，倍数性ゲノム構成の研究に有用である．例えば，ユリ科のツルボという植物には自然界に二倍体から五倍体までの種が存在する．二倍体種にはAゲノム，Bゲノムというゲノムの異なる2系統がある．この2種類のゲノムDNAをプローブとしてGISHにより倍数性種を解析すると染色体がどちらのゲノムに属するかがすぐに判明する．

GMO ➡ 遺伝子組換え作物

GMP
[good manufacturing practices]

 「優良製造規範」と翻訳される．医薬品製造に際して品質のよい製品を作るために製造時に守らなくてはならない規範を定めたもの．建物，原料の購入手続き，設備，機械，品質管理などについて厳しい基準が設定されている．例えば，医薬品としてのアンチセンスオリゴヌクレオチドを生産するためのGMP基準に適合した設備は日本にはなく，そのような施設の建設計画すら存在しない．現在，英国のアベシア社（Avecia）と米国のプロリゴ社（Proligo）で世界の9割のシェアを握って受託生産している．

GOI ➡ LOI
[gain of imprinting]

 突然変異によってゲノム刷り込み*を新たに獲得する現象．その結果，本来はゲノム刷り込みによって発現が抑制されているはずの父由来あるいは母由来の対立遺伝子からも発現がみられるようになる．

GOX ➡ グリホサート酸化還元酵素

gPOC ⇒ 遺伝学的投薬基準

GTR ⇒ エムドゲイン,歯周炎
[guided tissue regeneration]

歯の再生医療*で用いられる技術の一つで,歯槽骨の再生を促進する.歯周病の治療に再生医療が応用できることを証明した歴史的意義のある技術としても評価されている.歯周ポケットが形成された後でも,GTR法によって周囲に残存する歯根膜から歯根膜細胞を増殖誘導することができればセメント質の再生を伴う組織修復ができるはずである.しかし,実際には増殖が早い肉芽由来の線維芽細胞がポケットに侵入してきてしまい,再生は妨げられてしまう.そこで人工膜をあらかじめ張って線維芽細胞の歯周ポケットへの侵入を防護しながら再生を期する方法をGTRと呼んでいる.GTRは人工膜を6週間も患部に挿入していなくてはならず,治療期間も2年と長く,しかも医師の熟練が必要など改善すべき点も多く残されている.

GUS
[β-glucuronidase]

植物細胞や植物体に導入した外来遺伝子が,実際に発現しているのか否かを色素によって容易に検出する方法に用いる遺伝子.植物はβGAL遺伝子をもつので,動物で成功した$LacZ$はバックグラウンドが高くて使えない.そこで活性発現されると青い沈殿を生じ,かつほとんどの植物には存在しない大腸菌のGUS遺伝子が代用される.外来遺伝子にGUSを融合させることで,組織化学的にも感度が高い発現量の検出法として利用されてきた.しかし,最近ではもっと感度が高い蛍光色素を用いる系に取って代わられている. ⇒ GFP融合タンパク質

HapMap

ハプロタイプ地図(haplotype map)の略称.国際ハップマップコンソーシアムが公開したヒトゲノム上に存在する頻度の高い一般の多型についての公共データベース.100万カ所以上の一塩基多型(SNP;スニップ)のデータから構成され,複数のヒト集団から提供された数百人分のDNAサンプルを用いて正確かつ網羅的なジェノタイプを公開しているため,ゲノム構造の多様性や染色体組換えの解明,生活習慣病などの診断ツールの開発などさまざまな研究に役立つと期待されている.さらに現在,国際的な共同研究体が「複数民族のヒト集団からDNAサンプルを収集し,ヒトゲノムにおけるDNA多型の一般集団におけるパターンを特定して医学や医療の発展に役立てる」ことを目標として大規模な国際ハップマッププロジェクトを推進している.

HA Tag ⇒ アフィニティータグ

HDGS
[homology dependent gene silencing]

ある遺伝子を導入して過剰発現させると,導入した遺伝子とともに,それと類似の塩基配列をもつ宿主ゲノムの遺伝子が共に遺伝子発現の抑制を受ける現象の総称.コサプレッション*はHDGSの一種である.

HeLa
[Henrietta Lacks]

ヒト子宮頸部癌(cervical cancer)由来の細胞株.患者の米国女性の名前(Henrietta Lacks;1920～1951)を語源とする.1951年にGeorge Geyによって採取され,細胞株として樹立されて以来この方,その扱いやすさによって,これまでに癌研究をはじめとして多くの細胞レベルでの研

究に役立っている.

HET　→ ヘテロ二重鎖法

hnRNA
[heterogeneous nuclear RNA]

真核生物の核内に見つかるサイズの大きなRNAでスプライシングを受ける前のmRNA前駆体であると考えられている．タンパク質との複合体（heterogeneous nuclear ribonucleoprotein：hnRNP）として存在する．

HUGO　→ ヒトゲノム機構

HVJ
[hemagglutinating virus of Japan：別名 Sendai virus]

パラミキソウイルス属に分類されるマウスのパラインフルエンザウイルス．1950年代に東北大学で分離されたのでセンダイ（仙台）ウイルスとも呼ばれ，細胞融合*能をもつことも大阪大学微生物病研究所で発見された（岡田善雄，1957年）．ウイルスゲノムは約15kbの一本鎖RNA（マイナス鎖）からなる．

HVJ-リポソーム
[HVJ-liposome]

ウイルスとリポソームの特徴を活かした遺伝子治療*用の混成ベクター．標的遺伝子を負電荷リポソームで内包したのち紫外線照射により不活性化したHVJ*と融合させて融合小胞体を形成する．この小胞体はHVJウイルスと同様に細胞膜と融合し，内包したDNA/HGM-1（核タンパク質）複合体を細胞質に導入する．紫外線処理により破壊されたウイルスゲノムからはウイルスタンパク質は生合成されないので非ウイルス性となり，安全性も高い．DNA（100kbまで可能）のみでなくRNA，タンパク質，薬剤までをも細胞質に注入できるのでDDS*（drug delivery system）としても期待されている．

iAFLP
[introduced amplified fragment length polymorphism]

PCRにより遺伝子発現量を解析する方法で．ATAC*の改良法．原理はATACと同

◆ iAFLPとATAC-PCRの比較

	ATAC-PCR	iAFLP
原理	Competitive PCR	Competitive PCRおよびAFLP
内部標準の数	3 (キャリブレーションカーブを描くため)	1 (測定に使用する臓器cDNAのmix)
試料間の濃度調整方法	分光光度計により 全RNA(cDNA)の濃度測定 ↓ 簡便，一般的	cDNAのpoly A側末端にAFLPを導入しシークエンサーによる泳動 → cDNAの相対比を測定 ↓ 正確
cDNAの増幅	なし	あり
1回の実験で測定可能な組織数	3～6 (2種類の組合わせにより測定を行う)	5

じであるが，下の表にあげてある点で改良されているため効率的に大量のサンプルを解析でき，測定値は正確である．

操作の手順 （図）

❶ 各組織よりRNAを抽出しcDNAを生合

◆ iAFLPの操作法概略

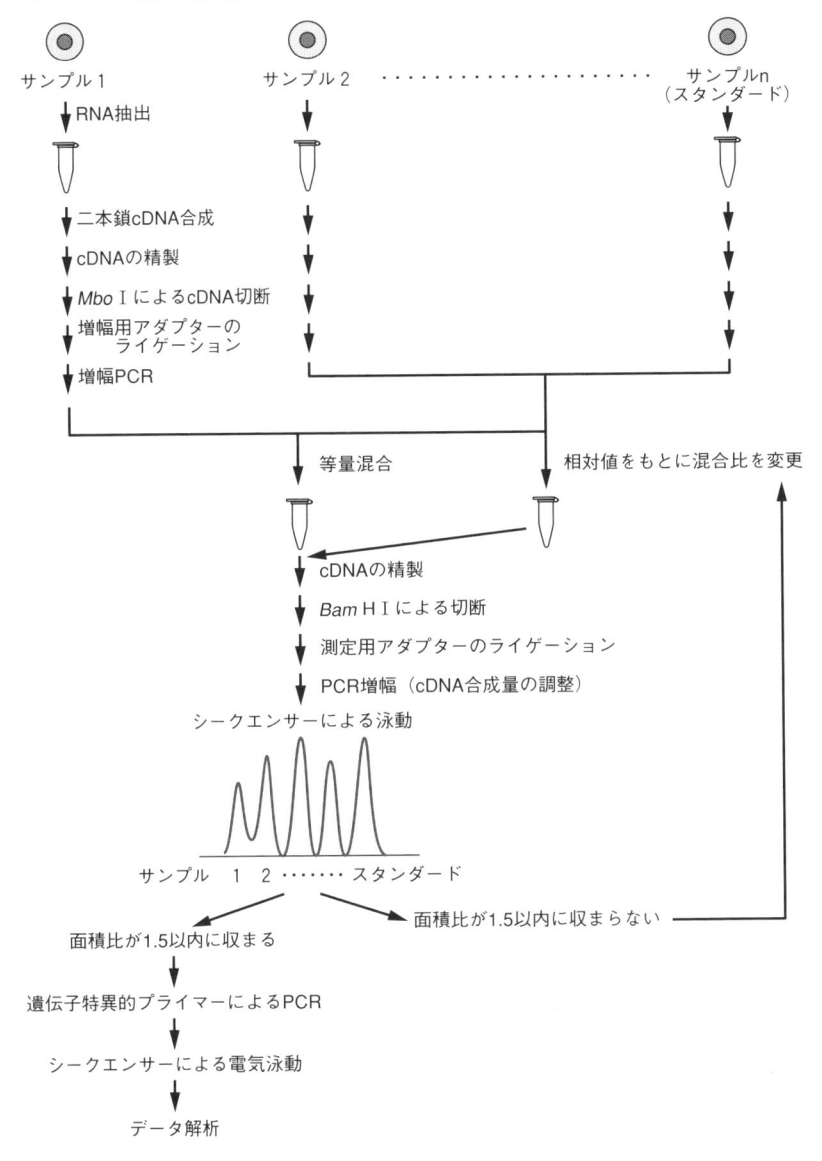

```
サンプル1          サンプル2     ……………     サンプルn
                                              （スタンダード）
  ↓RNA抽出           ↓                          ↓
  ↓二本鎖cDNA合成
  ↓cDNAの精製
  ↓MboIによるcDNA切断
  ↓増幅用アダプターの
    ライゲーション
  ↓増幅PCR
            ↓等量混合              ↓相対値をもとに混合比を変更
              ↓cDNAの精製
              ↓BamHIによる切断
              ↓測定用アダプターのライゲーション
              ↓PCR増幅（cDNA合成量の調整）
              ↓シークエンサーによる泳動
```

サンプル　1　2 ……… スタンダード

面積比が1.5以内に収まる　　　　面積比が1.5以内に収まらない
↓
遺伝子特異的プライマーによるPCR
↓
シークエンサーによる電気泳動
↓
データ解析

成して精製する
❷ 制限酵素（*Mbo*I）で切り出す
❸ 増幅用アダプターを制限酵素の切断位置に付加する
❹ 各サンプルを混合しcDNAを精製してから制限酵素（*Bam*HI）で切断する
❺ 測定用アダプターを付加してPCR増幅し，シークエンサーを用いた電気泳動によってcDNA合成量を測定し，各サンプル間で揃える条件を設定する
❻ もし面積比（発現量比）が1.5倍以内に収まらなければ❹，❺を繰り返す
❼ 解析したい遺伝子特異的なプライマーを付加しPCR増幅する
❽ シークエンサーを用いた電気泳動によってcDNA合成量（遺伝子発現量）を測定する

ICAN ➡ アイキャン

ICAT ➡ 同位体コード化アフィニティー標識法

ID配列
[identifier sequence]

ラットのゲノム内に見つかっている82bpの塩基からなる繰り返し配列のこと．機能はよくわかっていない．

IGS
[interchromatin granule cluster]

細胞核内のクロマチンとクロマチンの間に存在する構造体で，転写やスプライシングを阻害すると構造が著しく変化することなどからRNAスプライシング因子などの貯蔵・修飾・複合体形成の場を提供すると考えられている．スプライシング因子を多く含むが，IGS自身はスプライシングの場ではない．プロテオミクスが進んでおり，300種類近くのIGSに含まれるタンパク質が同定されて，そのうち70％以上がRNAに関連したタンパク質であるという．また，その中にはRNA生合成，pre-mRNAプロセッシング，RNAスプライシング，RNAの細胞質への輸送のすべての段階に関与することが知られている因子群が含まれていたことから，IGSがこれらの過程すべてを制御する場であることが示唆されている．

IMDA
[isothermal multiple displacement amplification]

高い伸張性と強いDNA鎖置換能を有するφ29ファージのDNAポリメラーゼを用いたDNA増幅法．ランダムな配列をもつヘキサマー（6塩基）の混合プライマー（random hexamer）を用いて伸張反応を行うと，平均70塩基対の長さのDNAが増幅される．このとき伸張に伴うDNA鎖置換によって一本鎖のDNAが次々と産生するので，これを鋳型として一定の温度での増幅が可能となるという他にはない特徴をもつ．1つの細胞のゲノムDNAを増幅する目的で使われる．

IMPACT ➡ インパクトシステム

IPTG ➡ アルファ相補
[isopropyl-thio-β-D-galactoside]

β-ガラクトシダーゼ*（β-gal）の基質であるガラクトース（galactose）の類似化合物．IPTGはβ-ガラクトシダーゼの基質とはならないが，β-ガラクトシダーゼをコードする*lacZ*遺伝子の発現を誘導するので，*lacZ*遺伝子の発現誘導剤として利用される．

IRES ➡ アイレス

IT ➡ アイティー

LAMP
[loop-mediated isothermal amplification]

日本の栄研化学（株）が独自に開発した遺伝子増幅法のこと．標的遺伝子の6つの領域に対して4種類のプライマーを設定し，鎖置換反応を利用して一定温度で反応させる（次ページ図）．以下の利点がある．❶特別な試薬，機器を使用せず，増幅反応はすべて一定温度（65℃付近）で連続的に進行するので検出までの工程が1ステップで済む．❷二本鎖から一本鎖への変性を必ずしも必要としない．❸増幅効率が高く，DNAを15分～1時間で10^9～10^{10}倍に増幅することができる．❹特異性が高いため，増幅産物の有無だけで目的とする標的遺伝子配列の有無を判定することができる．❺鋳型がRNAの場合でも，逆転写酵素を添加するだけでDNAの場合と同様にワンステップで増幅可能である．

LCM ➡ エルシーエム

LCR ➡ エルシーアール

LD ➡ 連鎖不平衡

LIF
[leukemia inhibitory factor]

白血病阻害因子，白血病増殖阻止因子，あるいはD因子（differentialtion stimulating factor）とも呼ばれる．IL-6（interleukine-6）ファミリーに属するサイトカイン（cytokine）でESGRO®という商品名をもつ．このファミリーは受容体以降のシグナル伝達分子としてgp130を共有し，STAT3の活性化が分化抑制に必須であることがわかっている．180個のアミノ酸からなり，それに20～40kDaの糖鎖が付加された糖タンパク質．白血病細胞を分化誘導することで増殖抑制効果をもつ物質として単離されたが，1988年に分化抑制活性が発見されて一躍注目をあびるようになった．最近ではES細胞*やGS細胞の増殖や分化抑制因子としての有用さが重宝されるようになった．

LIM domain

酵母からヒトに至るまで幅広い生物種で保存されているアミノ酸配列が構成する機能ドメインの一つ．線虫のlin-11，mec-3および脊椎動物のisl-1という3種のタンパク質で見出された時に，頭文字をとってLIMと名づけられた．システインに富む約60アミノ酸から構成され，亜鉛イオンの存在下で他のタンパク質と結合することで生理機能を発揮する．

LINE
[long interspersed element]

真核生物のゲノムに普遍的に存在する長さ約6kbpの散在反復配列で，ヒトゲノムの場合にはその17%を占めるほど多数見つかっている．レトロポゾンの仲間であるLINEは自分でコピーを作ってゲノムの別の場所に移動する能力をもつ．実際ゲノムDNAからRNAに転写された後，自分の中にコードされた逆転写酵素の働きでcDNAになり，再びゲノムに挿入されてゲノムの大きさを増やしている．このような転移は，移動先の遺伝子を破壊して病気を引き起こしたりもするが，新しい機能を付与することで種の進化に寄与してきたとも考えられる．

LNA
[locked nucleic acid]

固定化核酸の一種．これを取り込んだ核

◆ LAMP(1)：原理

標的遺伝子に対して、3'末端側からF3c, F2c, F1cという3つの領域を、5'末端側からB1, B2, B3という3つの領域をそれぞれ規定し、この6つの領域を用いて右のような4種類のプライマーを設計する。

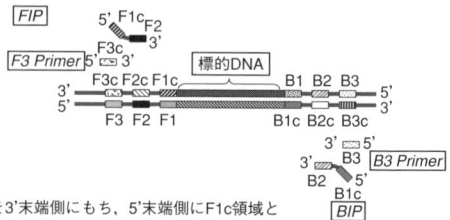

FIP ：F2c領域と相補的な配列であるF2領域を3'末端側にもち、5'末端側にF1c領域と同じ配列をもつように設計する。
F3 Primer ：F3c領域と相補的な配列であるF3領域をもつように設計する。
BIP ：B2c領域と相補的な配列であるB2領域を3'末端側にもち、5'末端側にB1c領域と同じ配列をもつように設計する。
B3 Primer ：B3c領域と相補的な配列であるB3領域をもつように設計する。

標的遺伝子(鋳型例：DNA)と全試薬を混合し、65℃でインキュベートすることにより、以下に示す反応過程を進める。

- **STEP1**：二本鎖DNAが65℃付近ではプライマーと動的平衡状態にあるため、いずれかのプライマー(図ではF1P)が二本鎖DNAの相補的な部分に結合して伸長反応を開始する。PCR法のようにあらかじめ二本鎖DNAを一本鎖に熱変性する過程を必要としないことが、LAMP法の特徴である。

- **STEP2**：DNAポリメラーゼにより、FIPのF2領域の3'末端を起点として鋳型DNAと相補的なDNA鎖が合成される。

- **STEP3**：FIPの外側にF3 Primerがアニールし、その3'末端を起点としてDNAポリメラーゼにより、すでに合成されているFIPからのDNA鎖を剥がしながらDNA合成が伸長してゆく。

- **STEP4**：F3 Primerから合成されたDNA鎖と鋳型DNAがアニールして二本鎖DNAとなる。

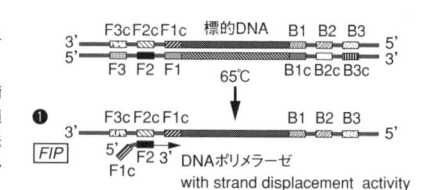

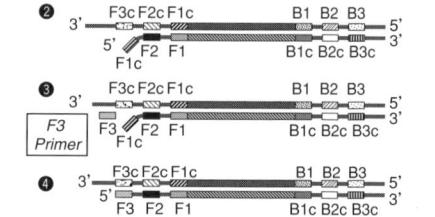

- **STEP5**：すでにFIPから合成されていたDNA鎖は、F3 PrimerからのDNA鎖によって剥がされて一本鎖DNAとなる。このDNA鎖は、5'末端側に相補的な領域F1c, F1をもつため、自己アニールを起こしてループを形成する。

- **STEP6**：ステップ5で生成したDNA鎖にBIPがアニールすることで形成されたBIPの3'末端を起点として相補的なDNAの合成が進む。この過程でループは剥がされて伸長する。ついでBIPの外側にB3 Primerがアニールし、その3'末端を起点として、DNAポリメラーゼにより、すでに合成されたBIPから、DNA鎖を剥がしながら新たなDNA鎖の合成が進む。

- **STEP7**：ステップ6により二本鎖DNAが生成される。

- **STEP8**：1〜7の過程により、LAMP法における増幅サイクルの起点構造を作るための過程が終了した。増幅過程では、ステップ8に図示した構造を起点とする。このダンベル型の構造は、ステップ6において剥がされたBIPから合成されたDNA鎖の両端に相補的な配列が存在するため、自己アニールしてループを形成することにより得られる。

栄研化学(株)のホームページ (http://loopamp.eiken.co.jp/lamp/) より改変

◆ LAMP（2）：LAMP法による増幅サイクルの原理

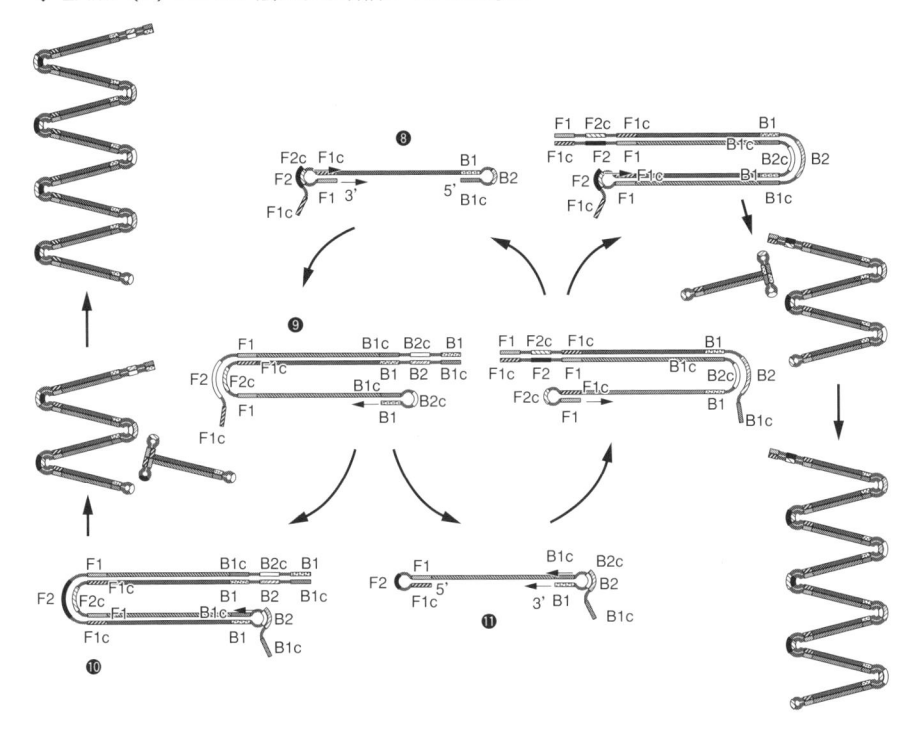

- STEP9：まず❽の構造で，3'末端のF1領域を起点として自己を鋳型としたDNA合成が伸長する．この時，5'末端側のループは剥がされて伸びる．3'末端側のループのF2c領域は一本鎖であるためFIPがアニールする．そのF2領域の3'末端を起点として，F1領域から先に合成されているDNA鎖を剥がしながらDNA合成が伸長していく．
- STEP10：❾において，FIPから伸長合成されたDNA鎖によって剥がされて一本鎖となったF1領域から伸長したDNA鎖は，その3'末端側に相補的な領域をもつためループを形成する．このループのB1領域の3'末端から，一本鎖となった自己を鋳型として新たなDNA合成が始まる．そのDNA鎖が二本鎖部分となっているFIPからのDNA鎖を剥がしながら伸長し，❿の構造となる．
- STEP11：FIPから合成されたDNA鎖は一本鎖となる．その両端には，それぞれ相補的な領域F1，F1cおよびB1c，B1が存在する．そのため自己アニールしてループを形成し，⓫の構造となる．この⓫の構造は，先ほどの❽の構造と全く相補的な構造となる．
- STEP12：⓫の構造では，❽の場合と同様にB1領域の3'末端を起点として自己を鋳型としたDNA合成が行われる．さらに一本鎖となっているB2c領域にBIPがアニールしてB1領域からのDNA鎖を剥がしながらDNA合成が行われる．それにより，❽，❾，⓫と同様の過程を経て再び❽の構造ができる．
- STEP13：❿の構造において，一本鎖となっているB2c領域にBIPがアニールし，二本鎖部分を剥がしながらDNA鎖が合成される．これらの過程の結果，同一鎖上に互いに相補的な配列を繰り返す構造の増幅産物がいろいろなサイズで生成される．

栄研化学（株）のホームページ（http://loopamp.eiken.co.jp/lamp/）より改変

酸の融解温度を上昇させることができる．これを用いることで，従来は困難であった小分子RNA（miRNA）の in situ ハイブリダイゼーションの結果が可視化され，miRNAの時空間発現解析が可能となったことで注目されている．一方，構造のよく似た2'-O-メチルオリゴヌクレオチド（図）もショウジョウバエの胚に導入することでmiRNAの機能を効率よく阻害できる．現在，この2つはmiRNAの研究に有用なツールとして活躍している．

◆ LNAの構造

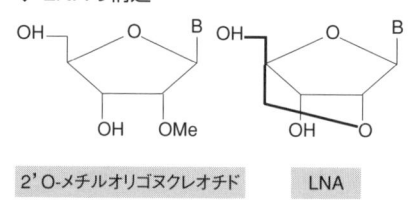

2'-O-メチルオリゴヌクレオチド　　LNA

LOI ▶ GOI
[loss of imprinting]

突然変異によってゲノム刷り込み*が失われる現象．その結果，本来はゲノム刷り込みによって発現が抑制されているはずの父由来あるいは母由来の対立遺伝子からも発現がみられるようになる．

M13ファージ
[M13 phage]

大腸菌に感染する単鎖DNAをゲノムとするファージのこと．大量に増幅してから宿主細菌を殺さずに細胞外へ放出されるという他にないユニークな特徴をもつため，ベクターとして重宝されてきた．ファージM13のゲノム（約6.4kb）はファージ遺伝子にコードされたタンパク質によって構成された筒状の外皮（capsid）に内包されており，そのうちg3pは外側に露出されているためファージディスプレイに利用される．M13ファージ生活環を以下に解説する（図）．❶ファージの端に位置するタンパク質（g3p，g6p）を介して大腸菌の性繊毛に付着する．❷外皮タンパク質は細胞外へ残し，ファージM13のゲノムDNAのみが性繊毛を通過して細胞内へ侵入する．❸大腸菌のDNAポリメラーゼを用いて二本鎖DNAへ転換する．❹大腸菌の複製機構を利用してファージDNAを複製する（細胞あたり数百コピー）．❺大腸菌の翻訳機構を利用してファージ構成タンパク質を多量に翻訳して細胞膜の内側へ蓄積する．❻g5p（二量体）が二本鎖DNAを鋳型として生合成されたM13単鎖DNAへ結合する．❼g3p，g6pが結合し，ファージ粒子の構築が完成する．❽g5pが単鎖DNAからはずれ，コートタンパク質がついてファージ粒子は細菌細胞を傷つけずに細胞外へ出る．

MALDI 同 マトリックス支援レーザー脱離イオン化
[matrix assisted laser desorption ionization]

主として質量分析器で測定するために，試料タンパク質をタンパク質分解酵素でペプチドまで切断したあとイオン化する方法．金属板にペプチドをスポットしておき，レーザー光を照射することでイオン化する．▶ イオンスプレイ

MALDI-TOF型質量分析器
[MALDI-TOF MS（matrix-assisted laser desorption/ionization-time of flight）mass spectrometry]

質量分析器は物質の質量（分子量）を正確に測定する機器で，特に低分子の構造解析には必須の手段である．質量の精密測定は試料分子の同定や元素組成の解明ができ

◆ M13ファージの生活環

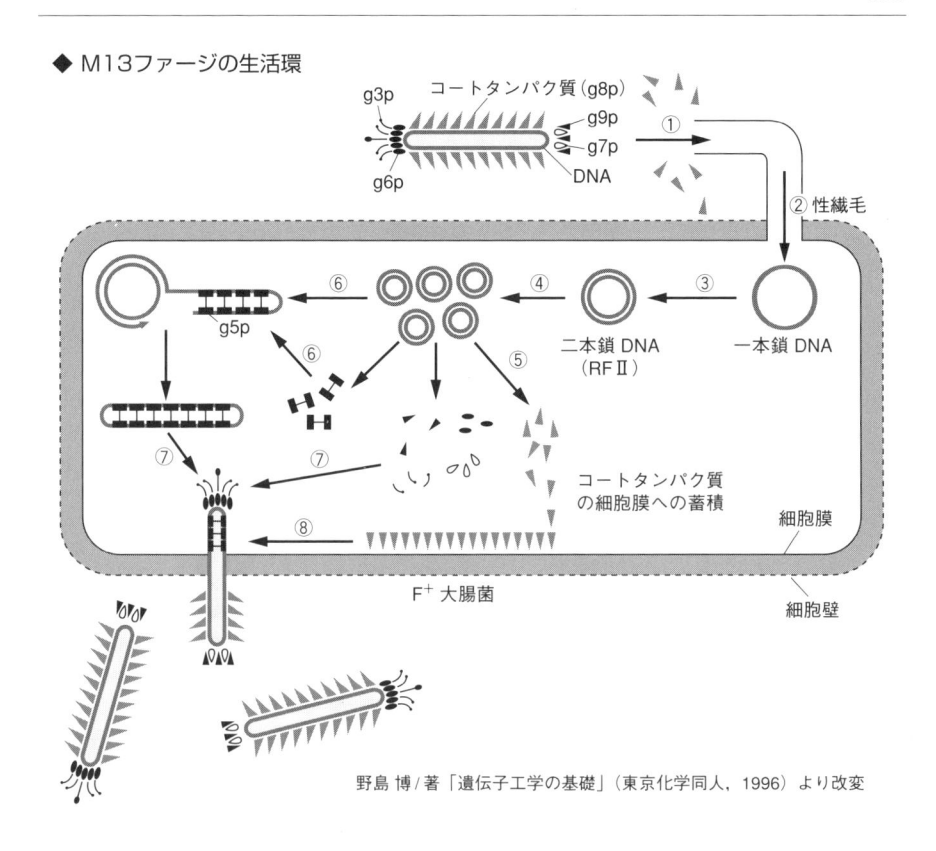

野島 博/著「遺伝子工学の基礎」(東京化学同人, 1996) より改変

るだけでなく機器内で試料を断片化して個々の分子の質量を測定することで試料全体の化学構造を解析することもできる．タンパク質などの親水性物質を分解せずにイオン化する技術（ソフトイオン化法）が開発されて，バイオ技術の一つとして幅広く応用されるようになった．このうちMALDI-TOF型質量分析計は支持体（マトリックス）を援用してレーザー光により生成したイオンを離脱させて試料の質量を測定する装置でプロテオミクス*において広く使われる機器である． ➡ 飛行時間型質量分析器

MAR
[matrix attachment region]

クロマチンが核マトリックスに結合するとされる領域．実在するか否かも含めて詳細は不明な点が多く残されている．

MCI ➡ 分子クラスターインデックス

Mdm2
[mouse double minute 2 homolog]

ユビキチンリガーゼ（E3）の一つで，細胞質でp53と特異的に結合してユビキチン*を結合しプロテアソームへ運んで分解してしまう．核内ではp53と結合してp53の転写制御因子としての機能を失わせる．

いずれにしてもp53の阻害因子として働いて細胞を癌化する．一方，核小体に局在するArf*と結合することで核小体に取り込まれてp53から引き離される結果，p53はプロテアソームによる分解から逃れる．サイクリンG1はこの複合体に結合し，この核小体移動に必須な役割を果たしているため，サイクリンG1ノックアウトマウスではp53が不安定になっている．ヒトのMdm2はHdm2（human double minute 2）と呼ばれたこともあったが，最近ではhomologという言葉を最後につけることでMdm2という名前が一人歩きしているため，human Mdm2という表現も可能となっている．

miRNA　→　siRNA，stRNA
[microRNA]

ショウジョウバエ*の胚の中に発見された21～25ヌクレオチドの長さのRNA分子の総称．stRNA*とほとんど同義であるが，細胞内に100種類近くも大量に発見したグループが，21～23ヌクレオチドの長さのRNA分子と定義されたsiRNAよりサイズも2ヌクレオチド増えた分だけ包括的になったという意味を込めてmiRNAと命名した．これらはstRNA*と同様にダイサー（Dicer）によって約70ヌクレオチドからなる前駆体RNAから切り出され，前駆体RNAをコードする遺伝子は順番に*mir-1*，*mir-2* …などと呼ばれている．ショウジョウバエゲノム上に数個のmiRNA遺伝子が群集している場所も見つかっている．安定なヘアピンを構成するのが特徴的である．同様なmiRNAがヒトの培養細胞からも多数発見されている．miRNAは細胞内では550kDaという巨大なサイズの一つのタンパク質複合体であるmiRNP*を形成している．

miRNP
[micro ribonucleoprotein complex]

細胞内に存在する550kDaという巨大なサイズのタンパク質複合体で，いくつかのタンパク質とともに40種類近くのmiRNAを含む．タンパク質因子としてはGemin 3, Gemin 4, eIF2C（eukaryotic initiation factor 2C）が見つかっている．Gemin 3, Gemin 4は常染色体劣性遺伝性疾患である脊髄性筋萎縮症（spinal muscular atrophy：SMA）において欠損している原因タンパク質SMN（survival of motor neurons）が構成する複合体の6つの構成因子（SMN, Gemin2, Gemin 3, Gemin 4, Gemin 5, Gemin 6）に含まれる．eIF2Cはアルゴノート（Argonaute，図）タンパク質ファミリーに属するタンパク質である．これらのmiRNAはPTGS*にかかわっていると推測されている．

◆ 超高熱性古細菌 *Pyrococcus furiosus* アルゴノートの立体構造

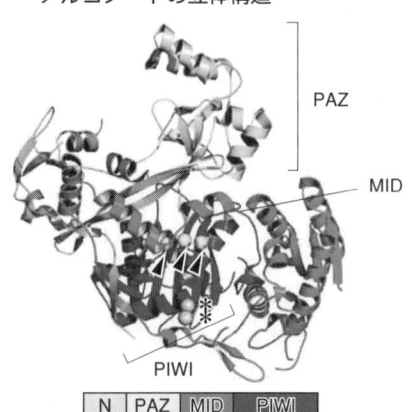

N末端の中央領域（MID）を隔ててPAZとPIWIという2つの領域をもつ．RNase H活性をもつPIWI領域にはマンガン（▶）とタングステン（*）が結合している
Collins,R.E., Cheng,X. FEBS Lett.,579:5841-9.2005 より改変

MS/MS　→ タンデム質量分析法

MSP
[methylation-specific PCR]

メチル化されたDNAの有無と分布をPCRにより判別する方法．ゲノムDNAを重亜硫酸処理するとメチル化されたシトシン（C）は変化しないが，メチル化されていないシトシンはウラシル（U）に変換される．その変化が起きると働かなくなるプライマーを設計しておいてPCR反応を行うと，メチル化の有無が鋭敏に検出できる．

MS-RDA
[methylation sensitive representational differences analysis]

2つのゲノム間におけるメチル化状態の違いを検出することで，ゲノム全体からメチル化状態が異なる部位を探し出す方法．例えば一部のみメチル化のパターンが異なる2種類のDNA断片（AとB）を比較する場合，以下の手順で実験する．❶認識配列上のシトシンがメチル化されていると切断できなくなる制限酵素HpaⅡでDNAを切断する．❷切断端に共通なアダプターを接着し，これに対応するプライマーを用いてPCR増幅を行う．Bでのみメチル化された領域では，HpaⅡで切断が起きないため，DNA断片が長いまま残されてPCR増幅が進まない．❸全PCR産物を再びHpaⅡあるいはMspⅠで切断してアダプターをはずし，PCR産物Aにのみ新しいアダプターを接着する．少量のPCR産物Aと，数千倍量のPCR産物Bを混合する．❹新しく接着したアダプターの配列をもつプライマーでPCR増幅する．Aにのみ存在するDNA断片は，アダプターのついたDNA断片同士が再アニールするため，指数関数的に増幅

◆ MS-RDAの原理

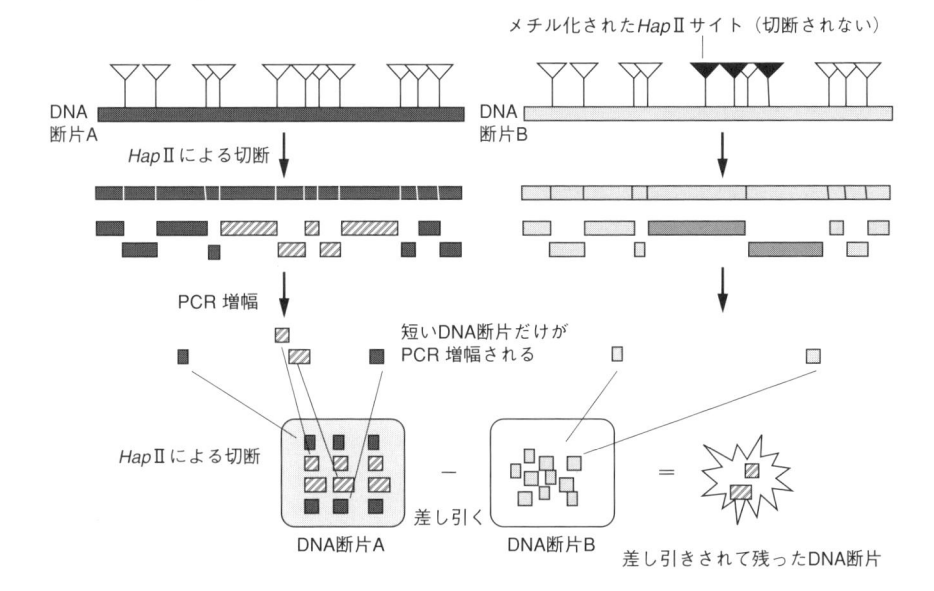

される．❺一方，AとB共通に存在するDNA断片は，アダプターのついたDNA断片Aに，アダプターのついていないDNA断片Bが再アニールし，PCR増幅はわずかしか起きない．以上を繰り返すことで，AとBでメチル化状態の異なる部位のDNA断片を濃縮する．この結果を比較すればメチル化状態の違いを検出できる．

μ-TAS ➡ ミュータス

nanoES ➡ ナノスプレー法

NASBA ➡ ナスバ

NCBI
[National Center for Biotechnology Information]

　米国の国立衛生研究所（NIH：National Institutes of Health）の一部門である国立医学図書館（NLM：National library of Medicine）に属する国立機関の名称．バイオインフォマティクスの中心的な存在であり，古くから医学を始めとしたバイオ技術に関する情報を収集・統合して世界に向けて発信している（http://www.ncbi.nlm.nih.gov/）．

ncRNA
[non-coding RNA]

　non-protein-coding RNAとも呼ばれる．タンパク質をコードできるほどの長い連続読み枠（open reading frame：ORF）をもたないRNA分子のことで，翻訳されないので非翻訳RNAと呼ばれることもある．タンパク質をコードしないが独自の機能をもつので機能性RNA（functional RNA：fRNA）とも呼ばれる．ポリAテールをもたないもの（ポリAマイナス）ともつもの（ポリAプラス）とがある．ポリAマイナス非翻訳RNAにはtRNA（transfer RNA），rRNA（ribosomal RNA），snRNA*（small nuclear RNA），snoRNA*（small nucleolar RNA），hnRNA*（heterogeneous nuclear RNA），siRNA*，stRNA*，miRNA*，shRNA*，rasiRNA*，piRNA*などが知られている．ポリAプラス非翻訳RNAにはsnRNAの一部や分裂酵母*の減数分裂を制御するmeiRNAが知られていたが，最近さらに多くのRNAが発見されている．転写される遺伝子のうち95％以上は非翻訳RNAであることがわかっているのでポストゲノム時代のゲノム解析にはこれら非翻訳RNAの解析が欠かせない．その意味でアールエノミクス*の展開に期待がかかっている．

NMD
[nonsense-mediated mRNA decay]

　RNAにおいて本来の終止コドンより上流に終止コドンが出現した場合において，翻訳される前の段階で迅速にそのmRNAを分解する制御機構のこと．mRNAサーベイランス（mRNA surveillance）とも呼ばれる．大腸菌で最初に見つかったが，哺乳動物細胞にも同様な制御機構が存在することも明らかにされた．NMD複合体の中には，NMD因子であるUpf1，Upf2，Upf3X以外に，脱キャップ酵素（Dcp2），5'→3'エキソヌクレアーゼ（Rat1），5'→3'エキソヌクレアーゼ（Xrn1），エキソソーム因子（PM/Scl100，Rrp4，Rrp41）とポリA分解酵素が含まれる．これによってmRNAは5'端と3'端の両方から分解すると考えられている．

NRPS
[non-ribosomal peptide synthetase]

　非リボソーム型ペプチド合成酵素の略

号．微生物界に見出されるこの巨大な酵素複合体（>1000kDa）の働きにより，セントラルドグマのルールに反して，アミノ酸を基質とはするが，mRNA・tRNA・リボソームにより構成される翻訳装置を一切使わずに特定のタンパク質が生合成される．すでに1960年代には枯草菌の一種が産生するペプチド性抗菌物質（gramisidin S, Tyrocidine A）がNRPSの触媒により直接に生合成されることが報告されている．例えば油田土壌に生息する微生物（Pseudomonas sp. MIS38）が産生するarthrofactinは，特定のNRPS（arthrofactin合成酵素）に触媒されて脂肪酸が付加した11個のアミノ酸からなる環状ペプチドとして生合成される．arthrofactin合成酵素（Arf）は40キロ塩基対に広がる遺伝子領域から3つの巨大なORF（open reading frame；ArfA, ArfB, ArfC）として翻訳されるが，そのアミノ酸配列は11個のモジュール構造（C-A-Tドメイン）と呼ばれる規則正しい繰り返し配列から構成される．11個のモジュールはarthrofactin合成に必要とされる11回のアミノ酸結合においてリボソーム型翻訳装置が担うコドンの役割を果たす．個々のモジュールには縮合（condensation：C），アデニル化（adenylation：A），チオール化（thiolation：T）というステップを担う3つのドメインが備わっている．反応には，まずCドメインが基質アミノ酸を認識して取り込み，AドメインにおいてATPを加水分解してAMPとして付加することで活性化する（アミノアシルアデニル化）．次いでTドメイン上にある補酵素（リン酸パンテテイン）がもつSH基と共有結合したのち，2番目のCドメインに運ばれて待機している次のアミノ酸と縮合反応を起こす．こうして次々とドメインの間をバケツリレーよろしく運ばれていって，最後の11番目のアミノ酸が付加された時点でチオエステラーゼ（TE）ドメインによって完成された環状ペプチドが切り離される．このように，特定のNRPSは1種類のペプチドしか生合成できない．この点で，mRNAという設計図さえあればどのようなペプチドも生合成できるリボソーム型翻訳装置とは本質的に異なるしくみをもっている．

Oct-3/4

POU（パウ）ファミリーに属する転写制御因子の一種．マウス発生過程およびES細胞*の未分化状態特異的に発現して多能性の維持に重要な働きをする．実際，Oct-3/4ノックアウトマウス由来の胚は胚盤胞*までは発生できるが，そこに存在する内部細胞塊は多能性を失っていて栄養外胚葉にしか分化できない．さらにOct-3/4の発現量によって以下の3通りの分化運命の決定がなされることもわかっている．❶低量発現→原始内胚葉へ分化誘導する．❷通常発現→ES細胞を未分化の状態に維持する．❸大量発現→栄養外胚葉へ分化誘導する．

O-157　同 病原性大腸菌O157, H7

病原性をもつ腸管出血性大腸菌（EHEC・enterohemorrhagic Escherichia coli）の一種．無害な大腸菌が進化の過程でベロ毒素*を産生する遺伝子を取り込んで有害になったもの（図）．Oは菌体抗原の，Hは鞭毛抗原の名称を語源とする．潜伏期間は4～9日と長く100匹程度の少数の菌でも発症する．患者の大半は10日程度で回復するが，約1割が溶血性尿毒症症候群（HUS：hemolytic uremic syndrome）になって重症化し，その半数が死亡することもある．熱に弱く70℃・数秒程度でも死滅するので食器などの熱湯消毒が有効である．

◆ 病原性大腸菌出現のしくみ

外来DNAの侵入による病原性の獲得

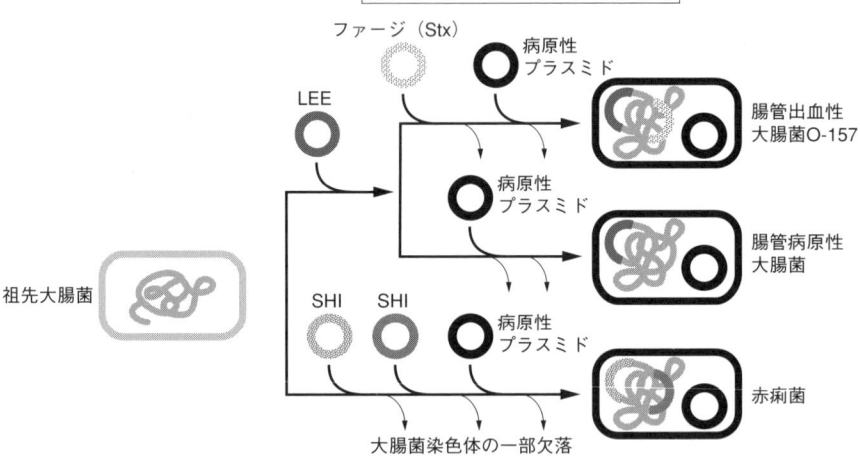

進化の間にさまざまな病原性の外来DNAが侵入した結果無害な祖先大腸菌が腸管出血性大腸菌O-157のような病原性大腸菌に変ってしまった．（戸邉　亨，Bioベンチャー4，32，2004より改変）

p53
[p53]

約半数のヒトの癌で異常あるいは欠損が見つかる癌抑制遺伝子．分子量53kDa（393アミノ酸）のタンパク質（protein）という単純な名前の由来をもつp53タンパク質は，腫瘍ウイルスであるSV40の大型T抗原*と結合するタンパク質として最初に発見された（1979年）．昆虫や軟体動物を含めて進化的に保存されているタンパク質で，哺乳動物では類似遺伝子（パラログ*）としてp63やp73が見つかっている．p53は多彩な機能をもってゲノムの保全状態を監視しているため，ゲノムの管理者（guardian of the genome）と呼ばれている（次ページ図）．普段は少ししか発現されていないが，DNA損傷が起こると大量に発現誘導され，細胞周期をG1期あるいはG2期で停止させて傷害を修復されるまでの時間をかせぐための細胞周期チェックポイント制御を行う．この時，DNAの傷が深くて修復不能と判断した時には細胞をアポトーシスへと誘導して殺してしまう．さらには転写制御因子として，細胞周期停止やアポトーシス誘導にかかわる一群の遺伝子のプロモーター領域にあるRRRC（A/T）（A/T）GYYY　という塩基配列に2分子（dimer）として特異的に結合して転写を増大させる．あまりにも重要な機能を担っているため，ひとたびp53に欠損が生じると染色体DNAの不安定性が増大し，癌の悪性化を促進する．p53を欠損したノックアウトマウスは正常に生まれて生育するが，細胞の中心体の数が異常となって染色体も不安定となり，生後6カ月以内に高頻度で悪性リンパ腫を発症する．家系内にさまざまな悪性腫瘍が多発する遺伝性疾患であるLi-Fraumeni症候群（リ・フラウメニ症候群）はp53遺伝子の変異が原因であることが知られている．

◆p53遺伝子のコードするp53タンパク質の構造と果たす役割

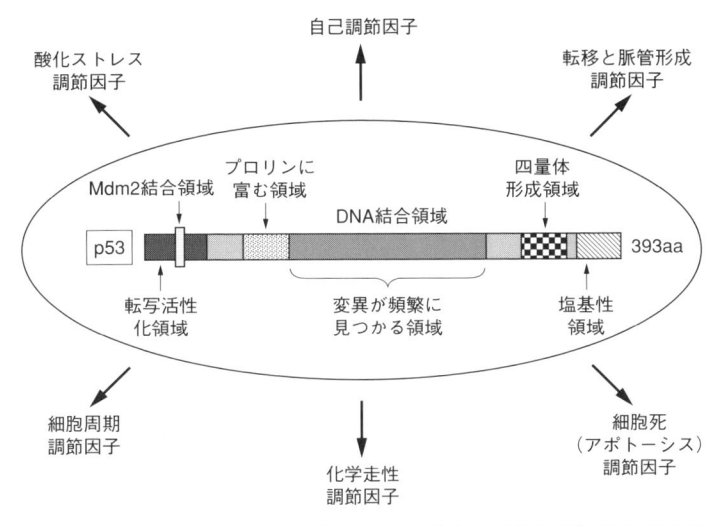

酸化ストレス調節因子

自己調節因子

転移と脈管形成調節因子

Mdm2結合領域　プロリンに富む領域　DNA結合領域　四量体形成領域

p53　　　　　　　　　　　　　　　　　　　　　　　　　　393aa

転写活性化領域　　変異が頻繁に見つかる領域　　塩基性領域

細胞周期調節因子

化学走性調節因子

細胞死（アポトーシス）調節因子

p53は転写制御因子でもあるので，矢印で示した数多くの種類の調節因子の遺伝子の転写量を制御している

野島 博/著「絵でわかる癌のしくみ」（講談社, 2007）より改変

PARN
[poly（A）ribonuclease]

mRNAのポリAテールを認識して特異的に分解するRNA分解酵素．

P-body

出芽酵母の核内で発見された，mRNAのポリAテールが蓄積している構造体の名前である．その数や大きさは時々刻々と変化する．哺乳動物細胞などにも類似の構造体が見つかる．mRNAの分解に必要な酵素がここに蓄積していることから，mRNAの分解やプロセシングが行われている場所だと考えられている．最近ではRNAiを実行するRISC複合体の主要因子であるAgo1, Ago2もP-bodyに蓄積することが見つかったため，RNAi*の場でもあると考えられるようになった．

PCR 同 ピー・シー・アール
[polymerase chain reaction]

米国のマリス（Mullis, K.B.）によって考案された（1983年），2つのプライマー*で挟まれたDNA部分を，試験管内で限りなく大量に増幅させることができる方法（次ページ図）．DNAの一本鎖への変性*→プライマーの結合→DNAポリメラーゼによる相補性DNAの合成→変性→プライマーの結合というプロセスを繰り返すことで，目的とする遺伝子領域だけを試験管内で増殖させる．高度好熱菌（Termus aquaticus）より純化したDNAポリメラーゼ（Taq DNAポリメラーゼ*）を採用したことで，自動化が可能となって一挙に世界中に普及した．

PDD ▶ プロテインディファレンシャルディスプレイ

◆ PCRの原理

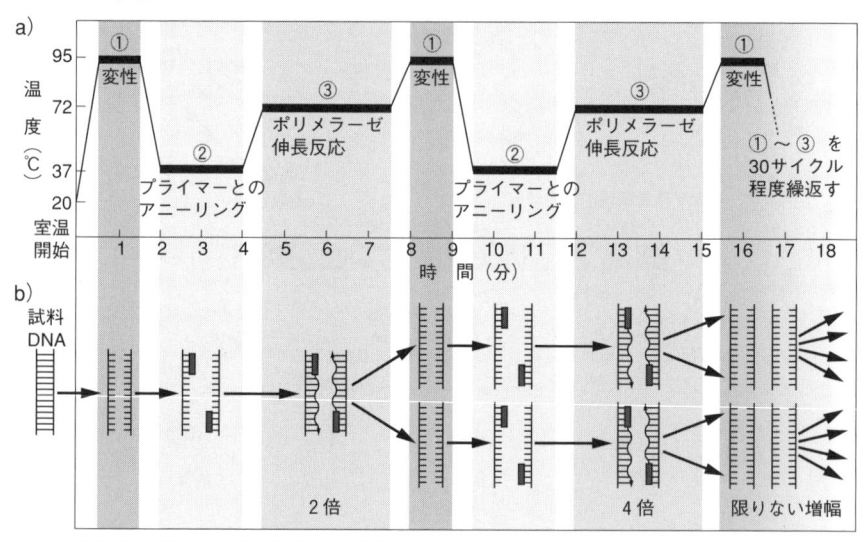

a)

[温度変化のグラフ: 95℃で①変性、37℃で②プライマーとのアニーリング、72℃で③ポリメラーゼ伸長反応。①〜③を30サイクル程度繰返す。時間(分)は1〜18。室温開始。]

b) 試料DNA → 2倍 → 4倍 → 限りない増幅

野島 博/著「ゲノム工学の基礎」（東京化学同人, 2002）より改変

PEX ▶ プライマー伸長法

piRNA ▶ rasiRNA
[PIWI-interacting RNAs]

ゲノム上で主として一方のDNA鎖に偏ってクラスターを形成してコードされている小分子RNA（26〜31塩基対）の総称.哺乳動物で精巣の生殖細胞で特異的に発現されているため、精子形成過程に重要な役割をはたしていると推測されている.

PM ▶ プア・メタボライザー

PML
[promyelocytic leukemia gene product]

約95%の急性前骨髄性白血病（acute promyelocytic leukaemia：APL）患者の癌細胞では、ヒト第15番染色体（PML）と第17番染色体（RARα）の間の染色体転座が起こっている. PMLはその結果、レチノイン酸受容体（retinoic acid receptor α：RARα）と融合して発現されているとして発見されたタンパク質である. PMLは細胞核の中で10〜30個見つかるPML核体（サイズは0.2〜1.0μm）と呼ばれる特殊な構造の中に含まれる. PMLはRING族ファミリー（哺乳動物細胞には2,000種類近くも見つかっている）に属する. 多種類のPMLアイソフォームが選択的スプライシングによって産生され、その中には細胞質にのみ見出されるものもある（図a）. PML核体の中には約30種類のタンパク質が局在しており、その中にはFas結合性のアポトーシス制御因子（Daxx）や癌抑制タンパク質（p53, Rb）などが含まれる（図b）.

DNA傷害チェックポイント制御因子であるChk2の少なくとも一部はPMLと結合

◆ PMLの遺伝子構造と細胞内局在

a) PMLのアイソフォームの構造

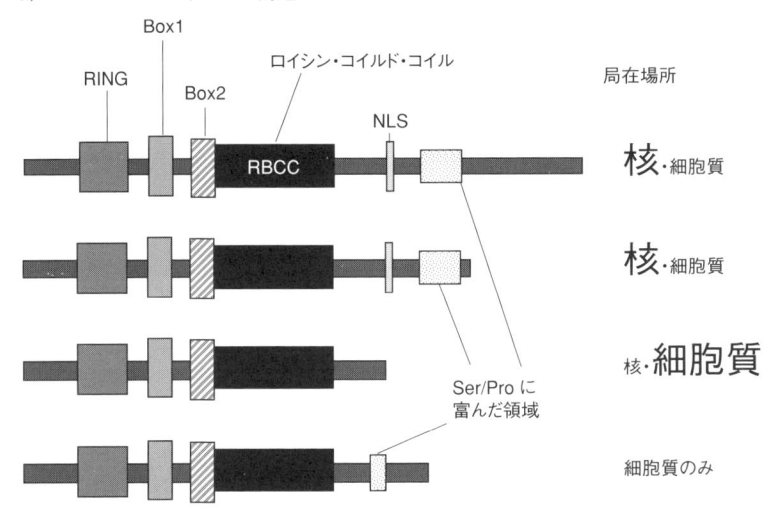

局在場所:
- 核・細胞質
- 核・細胞質
- 核・細胞質
- 細胞質のみ

(RING, Box1, Box2, ロイシン・コイルド・コイル(RBCC), NLS, Ser/Pro に富んだ領域)

b) PMLは核体の中でさまざまな因子と結合してアポトーシスや増殖停止，細胞老化などを制御する

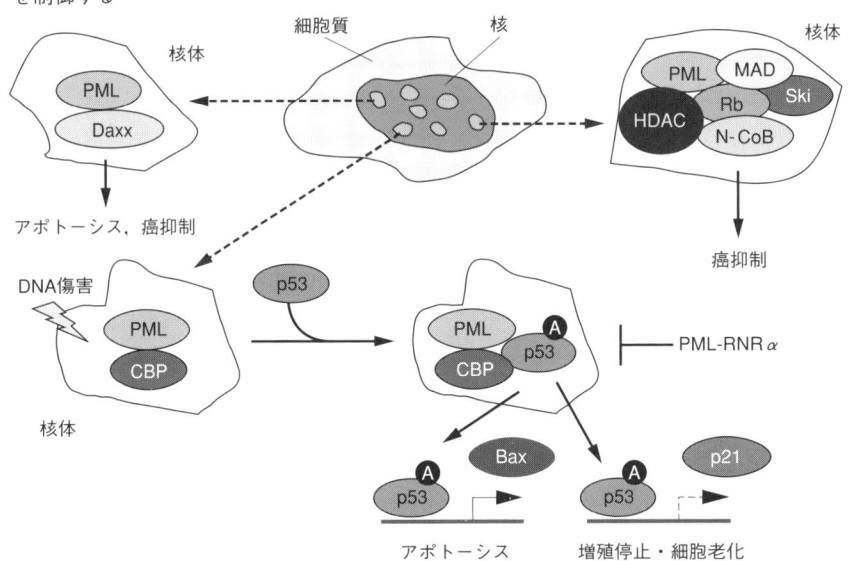

アポトーシス，癌抑制 ← 核体 (PML, Daxx)

核体 (PML, MAD, Rb, Ski, HDAC, N-CoB) → 癌抑制

DNA傷害 → 核体 (PML, CBP) + p53 → (PML, CBP, p53-A) ⊣ PML-RNRα

→ p53-A + Bax → アポトーシス
→ p53-A + p21 → 増殖停止・細胞老化

（次ページへ続く）

c）PMLとChk2の相互作用

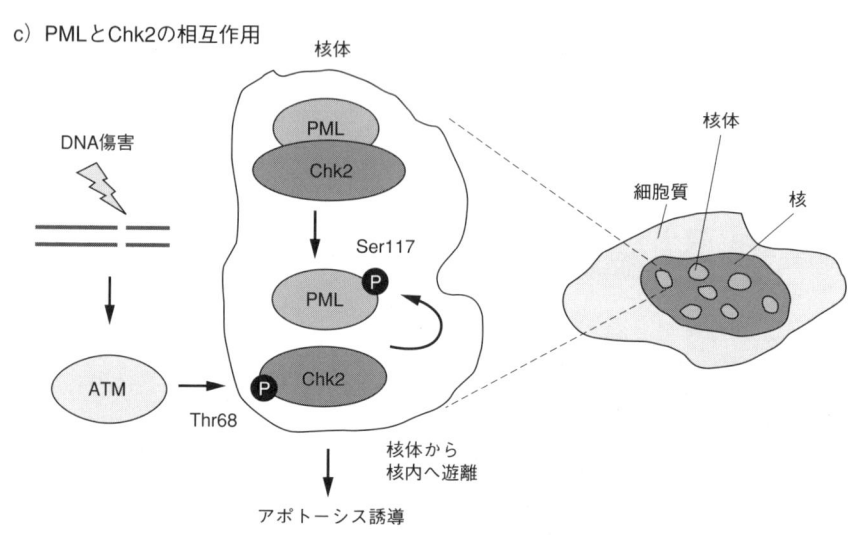

DNA傷害が起こるとChk2が活性化されて，PMLのSer117をリン酸化する．このリン酸化によってもともと核体の中で結合していたPMLとChk2が解離し，その結果Chk2は核体から遊離してアポトーシスを誘導する因子をリン酸化して活性化する

して核体に局在し，細胞にガンマ線を照射してDNA傷害を起こすと，ATMキナーゼによってリン酸化される（図c）．その結果，活性化されたChk2キナーゼは，PML核体の中でPMLのSer117を特異的にリン酸化する．このリン酸化によって，もともとPLMと結合していたChk2のPLMへの結合性が弱まり，Chk2はPML核体から遊離して核内に分散する．その後，いくつかの標的タンパク質をリン酸化することで活性化してアポトーシスを誘導する．

PNA　→　ペプチド核酸

PPAR
[peroxisome proliferator activated receptor]

核内受容体スーパーファミリーに属しているリガンド応答性の転写制御因子．α，β/δ，γという3種類のサブタイプがあり，PPARαは肝臓で，PPARγは脂肪組織で主として発現されているが，PPARδは普遍的に見出せる．ある種の脂肪酸や脂肪酸誘導体をリガンドとし，レチノイドX受容体（retinoid x receptor：RXR）ヘテロ二量体を形成して，その応答配列であるPPRE（PPAR responsive element）をもつ各種遺伝子のプロモーター領域に結合して転写を制御する．

PTGS
[post-transcriptional gene silencing]

転写後に起こる遺伝子発現の抑制現象の総称．RNAi*もこのうちの一つで，siRNA*が制御にかかわっていることが知られている．最初，植物で見つかった現象だが，やがてアカパンカビ（Neurospora crassa）で見つかっていたクウェエリング（quelling）という現象も同様なしくみで起こっていることが明らかにされた．さらに線虫*，ショウジョウバエ*から植物細胞，

マウスやヒトの細胞内にまでsiRNAが見つかってきたことからPTGS現象は進化的に保存されたしくみであると考えられている．ただし，酵母などの単細胞真核生物や細菌などの原核生物にはsiRNAは見つかっていない．

PWS ➡ AS
[Prader-Willi syndrome]

ゲノム刷り込み*の異常が原因で発症する神経疾患で，中等度の精神発達遅滞，筋緊張低下，肥満，過食などを主な症状とする．第15染色体（15q11-13）に配座するゲノム刷り込みセンター*の一つと考えられているSNRPNプロモーターの微小欠失が発見され，それが原因で父由来遺伝子から発現すべき遺伝子群（Peg）の発現が欠損している．この欠失領域は雄性生殖細胞で母型の修飾状態を父型に変換するスイッチの役割を果たすとされ，この領域をマウスで欠損させると遠くの遺伝子の発現を抑制する．またショウジョウバエにこの欠失領域を導入した場合にも遺伝子発現を抑制する．

Rプラスミド
[R plasmid]

大腸菌プラスミドの一種で，薬剤耐性遺伝子をもち，抗生物質や重金属に対する耐性などを宿主細胞（主にグラム陰性菌）に与える．R因子（resistance factor：R factor）とも呼ぶ．

RAC
[NIH Recombinant DNA Advisory Committee]

組換えDNAアドバイザリー委員会．米国の公的〔NIHは国立衛生研究所（National Institute of Health）の略〕な遺伝子治療*審査機関の略称．

RAG複合体
[recombination activating gene]

V，(D)，J分節のDNAを切断する際に働く酵素複合体．抗体受容体遺伝子はDNAレベルの組換え再編成によりV，(D)，J遺伝子断片がつなぎ合わされて多様性が生み出される．このV(D)J組み換えにおいては，まず12-RSSと23-RSSという2つのRSS（recombination signal sequence）がRAG（recombination activating gene）1/GAG2複合体により捕捉されたのち，境界で切断され，DNAヘアピン構造をもった複合体が形成されることにより開始される．

rasiRNA
[repeat-associated small interfering RNA]

ショウジョウバエで見つかったヘテロクロマチン領域などの反復配列やレトロトランスポゾンに由来する24～26塩基ほどの小分子RNAの総称．哺乳動物ではPiwi-interracting（pi）RNAと呼ばれる．ダイサーはrasiRNAの形成には関与していないので，miRNAやsiRNAとは別の経路で働いている新しいタイプの低分子RNAである．

ゲノム上では主として一方のDNA鎖に偏って存在し，生殖細胞特異的に発現されて，卵ではRNA分解作用によるトランスポゾンの発現抑制をしている．また，精巣ではパキテン期精母細胞から減数分裂後の円形精子細胞にかけて発現しており，精子形成に関与しているらしい．

RCA ➡ アールシーエー

REPSA ➡ CASTing
[restriction endonuclease protection selection amplification]

転写制御因子などのDNA結合タンパク質が特異的に結合するDNA塩基配列を決

定する方法の一つ（図）．タンパク質と結合しているDNA領域は制限酵素で切断されないという特徴を利用したこの方法は，DNAとの結合能力が弱いタンパク質の場合にも有効である．30塩基程度のランダムな塩基配列をもち，端に認識配列と切断配列が異なる制限酵素（FokIなど）の認識配列を付加させたオリゴヌクレオチドを用意する．これを対象タンパク質と混ぜ，制限酵素で切断した後にPCR増幅する．この操作を数回繰り返すと対象タンパク質が特異的に結合するDNA断片のみが濃縮される．個々のDNA断片をプラスミドDNAに挿入してクローニングし，その塩基配列を決定するといくつかのDNA断片に共通している数塩基の配列が見つかるはずで，これが対象タンパク質の特異的な結合配列だと解釈できる．

◆ REPSA法の原理と手順

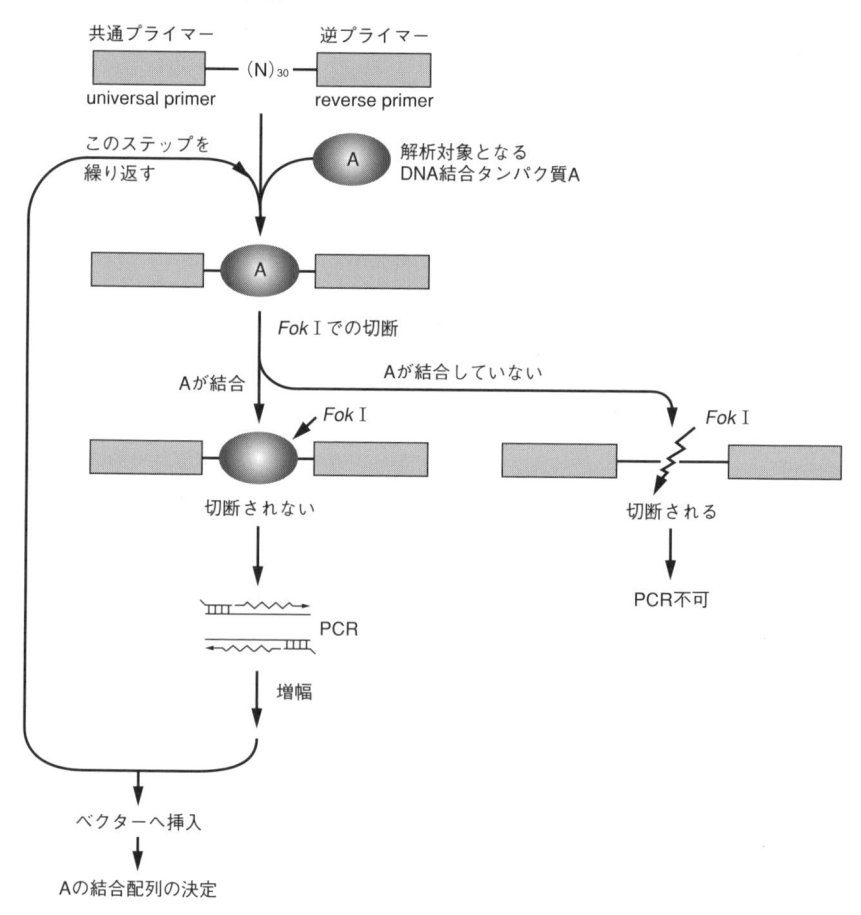

RFLP 同 制限酵素断片長多型，制限酵素断片多型性
[restriction fragment length polymorphism]

　DNAを種々の制限酵素*で切断したときに生じる断片（fragment）の長さの違いによって見出される個々人の間でのDNAの多型性．

RIP
[repeat induced point mutation]

　アカパンカビ（*Neurospora crassa*）で見つかったHDGS*現象の一つで，減数分裂の前期（peophase）において450塩基対程度以上の相同性のある遺伝子領域においてCからTへの点変異を頻繁に起こすこと（図）．これ以外にもシトシンのメチル化が頻繁に起こることも知られている．これらの修飾・変異により遺伝子の発現抑制が起こるとされる．メチル化による発現抑制現象は別種のカビ（*Ascobolus*）でよく研究されており，特別にMIP（methylation induced premeiotically）と呼ばれることもある．

RISC
[RNA-induced silencing complex]

　RNAi*を起こす細胞内に見出される約500kDaの大きさの複合体．RNAiを実行するエフェクターとして，Dicerによって切り出されたsiRNA*と結合し，siRNA二本鎖を単鎖に開いて標的mRNAの分解プライマーとして認識，分解する役割を果たす．アルゴノート（Argonaute）を中心として，VIG（Vasa intronic gene），Tudor-SN，Fragile X-related，Dmp68，Gemin3などのタンパク質が結合している．アルゴノートには2種類あり，そのうちAgo1がmiRNAに，Ago2がsiRNAに結合して，それぞれの機能を発揮させる．アルゴノートには類似タンパク質がたくさんあってファミリーを形成している．いずれのアルゴノートもPAZ（miRNA/siRNAに結合する領域）とPIWI（RNase H活性をもつ領域），という2つの共通な領域をもつ．

RLGS
[restriction landmark genomic scanning]

　ゲノムのメチル化状態を簡便かつ網羅的に解析する方法．制限酵素のなかには認識塩基配列に含まれるシトシンがメチル化されているとDNAを切断できなくなるものがいくつか知られている（*Not* I など）．ゲノム塩基配列のうち，そのような制限酵素の認識塩基配列をランドマーク（道標）としておいて，実際にゲノムDNAを切断して解析すればメチル化分布の解析ができる．

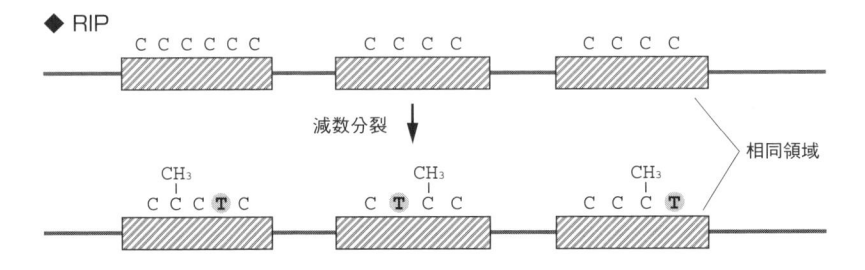

◆ RIP

RNA工学
[RNA engineering]

　細胞内で多彩な役割を担っているRNAに遺伝子操作を加えた技術の総称．1982年にチェック（Cech, T.）らによってなされた酵素活性をもつリボザイム（ribozyme）*の発見を契機にRNAの潜在能力を見直す研究が一層盛んになってきた．新たな機能性RNA*が続々と見つかっており，それらを応用した技術も次々と開発されて，まさにRNA工学と呼ぶにふさわしい華やかな応用研究が展開されている．

RNA診断　同 RNA diagnostics
[RNA diagnosis]

　遺伝子の働き具合をmRNAの転写レベルで包括的に調べること．DNA診断が個人レベルでのDNA塩基配列の違いを元に，原則的に「不変」な遺伝情報を調べる「静的な検査」であるのに比べて，時々刻々と「変化」する遺伝子発現の動態を調べるRNA診断は「動的な検査」である．

　現行の血液検査はDNA→RNA→タンパク質という遺伝情報の流れの中で最後にくるタンパク質（酵素）あるいはそれが触媒して生ずる産物の量を計測する．例えば肝臓の解毒，抱合，排泄機能などの作用をしているγ-グルタミールトランスペプチダーゼ（γ-GTP；γ-glutamyl transpeptidase）は，肝・胆道系の異常の推測に有用である．CRP（C-reactive protein）の量は体内のどこかで起きた炎症に敏感に反応する．この検査値は病気の可能性を疑うために有用ではあるが，何が病気の原因であるかという本質にまで迫ることはできない．あくまで皮相的な結果を検査しているだけである．

　一方，DNA診断はDNAの塩基配列を個人間の一塩基の違い（SNP）などに注目して調べる．検査の対象となる遺伝子は，機能が既知のものも多いが，機能未知な遺伝子でも検査はできる．その遺伝子を足がかりとして研究を進めれば，その病気の遺伝子レベルでの原因に迫れるかもしれない点で現行の血液診断とは一線を画す．その成果をもって治療薬を開発することは，ゲノム情報を駆使した「ゲノム創薬」の一つとして発展させることもできよう．しかも検査結果はA，G，C，Tという4種類しかないため，結果をデジタル化しやすく，多数のSNPを同時に測定して解析することで高度な情報を与える血液検査ができる．ただし，その検査結果は一度測定すれば一生涯その値は変化することはない．それどころか，自分のみならず，子供や親，兄弟に至るまで皆同じ値をもつことになる．血縁（世代）が離れるにつれて半分ずつ減るとはいえ，一度診断された遺伝情報は親族や孫以降の世代にも伝達しているのである．ここに究極の個人情報であるゲノム情報を得ることの危険性が問題となってくる．

　他方，遺伝子の活動状況を検査するRNA診断は体調や病状など現況によって変動しうる点で，DNA診断から得られるゲノム情報とは本質的に異なる．その意味でRNA診断はDNA診断を相補することができよう．さらに，その個人でさえ刻々と変化するのであれば，当然のごとく家族や親族では変動の状況が異なるため，万が一診断情報が漏洩しても何ら問題は生じない．それにもかかわらず，RNA診断によって異常な働きをしている遺伝子が特定できるので，その遺伝子を標的として「ゲノム創薬」を展開できる．ゲノム倫理上の問題が生じる可能性が低いにもかかわらずゲノム情報を駆使できるというRNA診断の特徴は有用である．もちろん，RNA診断の結果，当該遺伝子の働きを指令する異常がDNA上に書き込まれた遺伝性である可

能性が高くなった場合には，そのプロモーター領域での変異点の検出はDNA診断の管轄となる．

RNA制限酵素
[RNA restriction enzyme]

　RNAを標的として特定の塩基配列特異的に認識して切断する酵素．特定のtRNAのアンチコドンを塩基配列特異的に切断するコリシンE5と，アンチコドンヌクレアーゼの異名をもつ大腸菌のPrrCが同定されている．これらはいずれも生理的には致死作用をもち，制限性にかかわるわけではない．あくまで制限酵素のアナロジーとしての命名で，制限酵素の原義とは意味が異なる点に注意すべきである．人工的な改造酵素としてはガイドDNAを用いて，それとアニールさせたRNAをRNase Hを用いて切断することでRNA制限酵素としての活性をもたせるという報告がある．あるいはリボザイム*（ribozyme）を改造して塩基配列特異的に切断する能力をもたせようとする試みがある．

RNA編集
[RNA editing]

　転写後のRNAにDNAには記されていない塩基が付加されたり，塩基配列の一部が

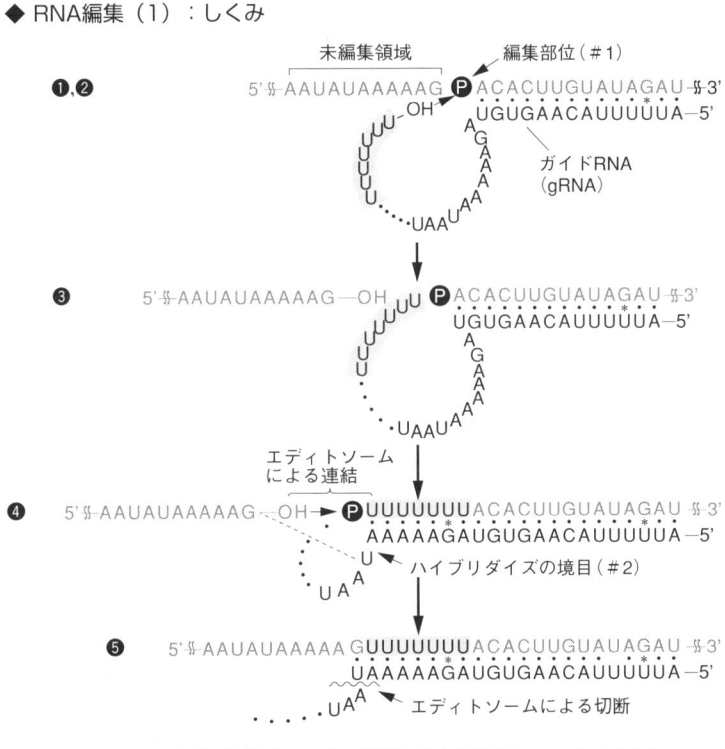

◆ RNA編集（1）：しくみ

野島 博／著「遺伝子工学の基礎」（東京化学同人，1996）より改変

◆ RNA編集（2）：例

原生動物（*Leishmania tarentolae*）ミトコンドリアのシトクロームオキシダーゼ・サブユニットⅢから転写されるmRNAにはウリジン（U）の挿入やチミジン（T）の削除がみられる．これらはDNAの塩基配列とは異なるためRNA編集によって生じたと考えられている

```
                    mtDNA（ミトコンドリアDNA）
5'…CG・G・A・・・・G・・・G・GTTTTGATTTTTGTTTGTTTTGTTG…3'
5'…CGuGuuAuuuuuGuuuGuG・・・UGA・・・・G・UG・・・G・UG…3'
                         mRNA
```

哺乳動物のRNA編集では標的mRNAの特定のシトシンやアデニンがAPOBEC1やADAR1～3という酵素によって脱アミノ化されることでC→U、A→Iに変化する．イノシンはグアニンの代理として読まれる．すなわちCIGはCGGと読まれることで、グルタミン（CAG）がアルギニン（CGG）へ置換される

削除されたりする修飾のこと（図1）．遺伝情報はDNAからRNAを介してタンパク質に伝えられるというセントラルドグマの反例である．原虫の一種であるトリパノソーマ（*Trypanosoma*）のミトコンドリアに相当するキネトプラスト（kinetoplast）のマトリックスにあるマクシサークル（maxicircle）という環状DNAから転写されたmRNAにおいて初めて見つかった（1986年）．このmRNAにはウリジン（U）の挿入が多くの個所で起こっており、本来の遺伝子がコードするものとは異なるアミノ酸配列をもつタンパク質が生合成されていた．ついで、原生動物（*Leishmania tarentolae*）ミトコンドリアのではチトクロームオキシダーゼサブユニットⅢ（COⅢ）ではUの付加のみに止まらず、チミジン（T）の削除によるRNA編集も見つかった（図2）．トリパノソーマでは編集される部位の前後にある短い配列に相補的なガイドRNA（gRNA）が重要な働きをする（図1）．まず、転写された元のmRNAに編集酵素と複合体を構成したgRNAがUの挿入される位置の手前まで塩基対（G・U塩基対も含める）を形成することでエディトソーム（editosome）が構成される．エディトソームのもつRNaseP様のリボヌクレアーゼ活性は標的mRNAとgRNAがハイブリダイズしなくなった位置（図1では＃1で示す）を認識して切断する．その後やはりエディトソームのもつRNAリガーゼ活性によって標的mRNAの5'切断端とgRNAの3'側が連結される．次に、gRNAの内部のA・U塩基対が伸長して新たなハイブリダイズ

の境目（図1では＃2で示す）ができる．これをエディトソームが認識して切断したうえで，今度は先ほど切断した標的mRNAの3'末端と連結しU連結のRNA編集が完結する．一方，挿入されるUの長さが異なる反応中間産物も検出されていることから，やはりエディトソームのもつ酵素（TUTase：terminal uridyl transferase）によりgRNAのAを鋳型として切断されたmRNAの5'側断片の3'末端にUが取り込まれ，これがRNAリガーゼによって3'側に連結されるという別の反応機構も使われているらしい．ヒトのアポB（ApoB：apolipoprotein B）には肝臓で主に生合成されるapo-B100と小腸で主に生合成されるapo-B48がある．これらのcDNAと1つしかない遺伝子の塩基配列を比較したところ，グルタミンのコドン（CAA）が小腸では停止コドン（UAA）にRNA編集されていることがわかった．CからUへの変換は原生動物とは違ってapo-B mRNA特異的な編集酵素であるアポBエディテース（apoB editase：APOBEC1）が特定の位置のアデニンのみを標的として脱アミノ化して達成される．構造式（図2）から明らかなようにシトシンからアミノ基を1つ奪ってしまえばウラシルになる．この他，脳のグルタミン受容体（GluR）遺伝子，セロトニン2C受容体Gタンパク質遺伝子，ウィルムス（Wilms'）腫瘍の原因遺伝子，などのコードするmRNAで哺乳動物版のRNA編集が次々と見つかっている．

RNAワールド
[RNA world]

地球上で生命が創生された太古の時代に，タンパク質もペプチドもDNAもないRNAのみが世界に存在した時代のこと．地球上では「タンパク質と核酸はどちらが先に生まれたのであろう」という問題が古くから論じられてきたが，この問いの答えとしてRNAがすべての始まりであるとする仮説が有力になっている．なぜならRNAは遺伝情報としての塩基配列をもつのみでなく，触媒活性も合わせもつリボザイム*の形態をとることが，下等生物であるトリパノソーマで発見されたからである．タンパク質を構成するアミノ酸は遺伝情報とはなりえないし，DNAはRNAとは違って複雑な立体構造をもつことができず触媒活性はもたない．現在でも小さなRNA分子が多彩な機能をもって働いている事実はRNAワールドが実際にあったことを示唆する．

RNAi 同 RNA干渉
[RNA interference]

小分子RNA（miRNA/siRNA）が，それと同じ塩基配列をもった遺伝子の発現を抑制する現象（図）．線虫*（C. elegans）で発見されてからのち，ヒトの細胞にいたるまで，ほとんどの生物種で見つかっている．

RNA干渉にはmiRNA*を介するmRNAの翻訳抑制経路とsiRNA*を介するmRNA分解経路がある．ただしmiRNAはmRNAの分解にも作用する．miRNA経路ではゲノムにコードされたPri-miRNAが転写されたのちに核内でPashaとRNaseIIIによって切り出されて前駆体（Pre-miRNA）となる．これがExportin-5によって核外に排出され，エンドヌクレアーゼであるダイサー（Dicer-1）によって21〜23ヌクレオチドに切断されてからAgo1を主要因子とするRISC複合体によって加工されて活性化されたのち標的mRNAに結合してリボソームにおける翻訳を抑制する．一方，siRNA経路では，内在性あるいは外来性の二本鎖RNA（dsRNA）がDicer-2によって21〜23

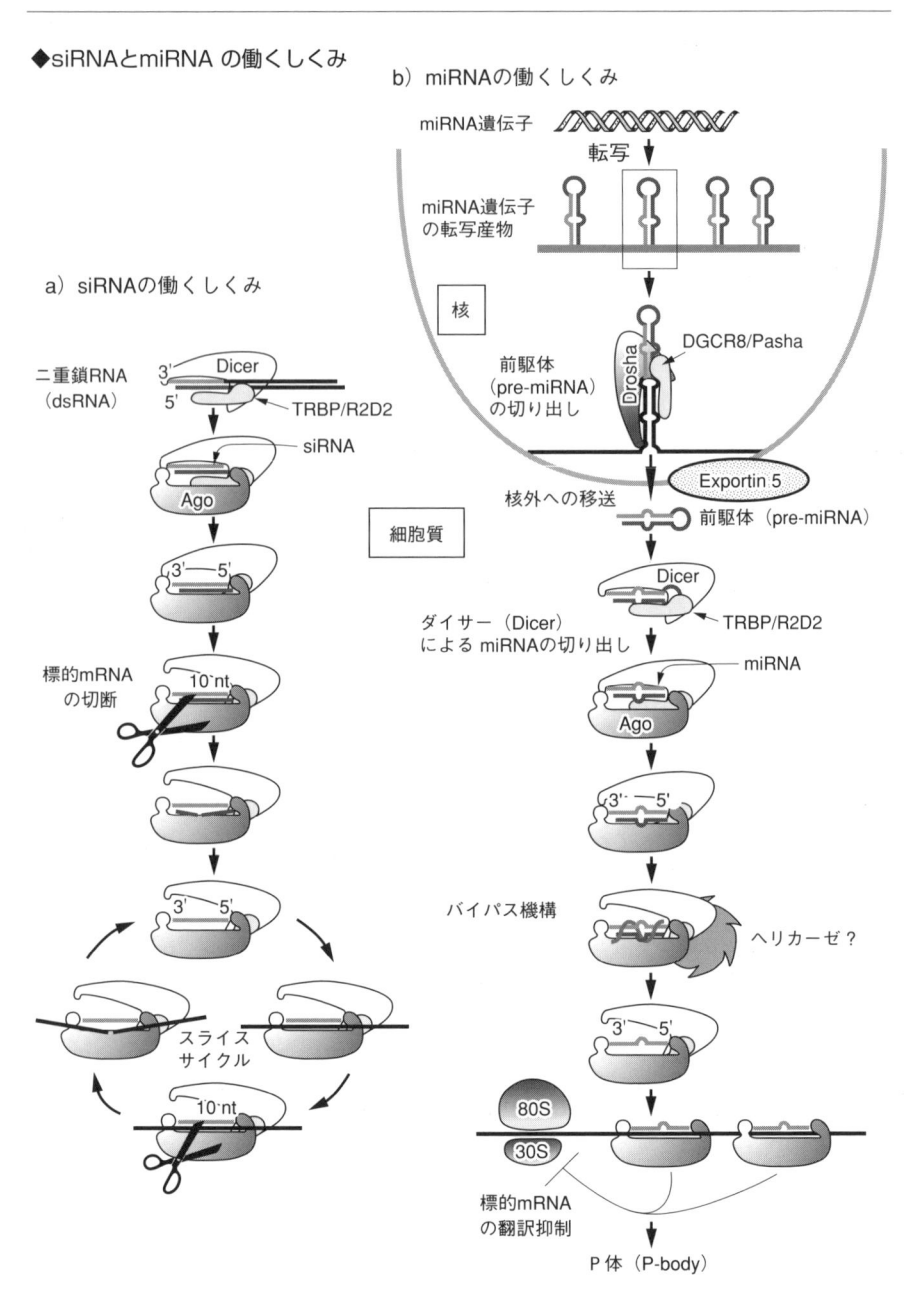

◆siRNAとmiRNAの働くしくみ

a) siRNAの働くしくみ

二重鎖RNA（dsRNA）、Dicer、TRBP/R2D2、siRNA、Ago、標的mRNAの切断、10 nt、スライスサイクル

b) miRNAの働くしくみ

miRNA遺伝子
転写
miRNA遺伝子の転写産物
核
前駆体（pre-miRNA）の切り出し
Drosha、DGCR8/Pasha
核外への移送
Exportin 5
細胞質
前駆体（pre-miRNA）
ダイサー（Dicer）によるmiRNAの切り出し
Dicer、TRBP/R2D2
miRNA
Ago
バイパス機構
ヘリカーゼ？
80S
30S
標的mRNAの翻訳抑制
P体（P-body）

Tolia, N.H., Joshua-Tor, L., Nat Chem Biol. 2007 Jan ; 3（1）: 36-43. より改変

ヌクレオチドに切断されると，今度はAgo2を主要因子とするRISC複合体によって加工されて標的mRNAに結合して分解する．miRNAも一部は分解にも働く．最近ではAgo1，Ago2とも核内のP-body*で見つかったため，mRNA分解経路のRNA干渉は核内で起こっている可能性もでてきた．

RT-PCR法
[reverse transcription PCR]

RNA鎖のPCR*を行う方法のこと．まず逆転写酵素*とオリゴ（dT）プライマーを用いてcDNA*を作製し，それを基質としてPCRを行う．

r^+m^-
[res$^+$ mod$^-$]

自分自身のゲノムDNAの修飾（modification）はしないが，制限（restriction）はするので死滅する細菌株の遺伝学的略称．

r^-m^+
[res$^-$ mod$^+$]

自分自身のゲノムDNAの制限はしないが，修飾はする細菌株の遺伝学的略称．

r^-m^-
[res$^-$ mod$^-$]

DNAの制限も修飾もしない細菌株の遺伝学的略称．

SAGE ➡ セイジ

SARS
[severe acute respiratory syndrome]

重症急性呼吸器症候群（severe acute respiratory syndrome）の略号．主な症状は，38℃以上の高熱，痰を伴わない咳，息切れと呼吸困難であり，頭痛，筋肉のこわばり，食欲不振，全身倦怠感，意識混濁，発疹，下痢などの症状がみられることもある．また胸部レントゲン写真を撮ると肺炎の所見がみられる．新型肺炎（atypical pneumonia）とも呼ばれる新種のウイルス感染症である．原因となる病原ウイルス（SARSウイルス）がすぐに単離されたところ，形状などから本来は夏風邪などしか起こさない無害なコロナウイルス（名前の由来は太陽の火炎に類似した電子顕微鏡画像による）の変異型ウイルスであることが判明した．ほどなく米国の疾病対策センター（CDC：Centers for Disease Control and Prevention）によって全ゲノム塩基配列（17.5kb）も決定された．その結果，毒性の強いトリコロナウイルスからヒトのコロナウイルスへ毒性遺伝子が移動したことが凶暴化変異の原因であった可能性が指摘されている．世界保健機構（WHO：World Health Organization）がSARSの警戒情報を出した2003年3月から1カ月あまりのことで，感染症対策史上もっとも早い．感染した人の飛沫，体液に接触することが感染の重要な経路で，患者の大部分は，SARS患者に医療行為を行った病院スタッフ，患者と接触のあった家族である．抗生物質は無効なため，2007年時点で予防，治療のために推奨される薬剤はない．潜伏期は2〜7日と短くインフルエンザより感染性が低いが，海外旅行の移動により患者が急速に世界中に拡大する危険性が懸念されている．

第1号患者は2002年11月に中国広東省広州市の40代の男性（入院後回復した）であることまで突き止められた．この患者から感染した医師が2003年2月親戚の結婚式に出席するために発熱をおして香港へ飛び，

宿泊したホテルで他の宿泊客に感染し，カナダ，ベトナム，シンガポールへと飛び火した．一方，カナダの病院で感染した男性が，香港へ戻り，九竜湾の民間団地アモイガーデン（淘大花園）で集団発生する原因となった．世界保健機関の発表では，患者は中国の広東省，北京，香港を中心にして32の国，地域で7,739人に達し，400人を越す死者がでたという（2003年5月16日）．

SELEX
[systematic evolution of ligands by exponential enrichment]

アイゲン（Eigen, M.）の進化分子工学*という発想に基づいてアプタマー*を選択すること．

shRNA ➡ siRNA
[short hairpin RNA]

線虫*やショウジョウバエ*で効果的なRNAi*による遺伝子発現の抑制も哺乳動物細胞では当初はさほど効果はでなかった．shRNAはこの問題点を解決するために二本鎖RNAの右端に小さなヘアピンをもつように化学合成されたsiRNA*の改善型で（図），哺乳動物細胞でも効果的に標的遺伝子の発現抑制を起こす．

SINE ➡ LINE
[short interspersed element]

真核生物のゲノムに普遍的に見出されるRNAポリメラーゼⅢ（Pol Ⅲ）のプロモータ配列をもつ，100～300塩基対程度の小さなレトロポゾン（転移因子）のこと．SINEはゲノムに挿入された際に生じた重複した標的配列を両端に有し，塩基配列の相同性からtRNA様，7SL RNA様（霊長類のAlu），5S rRNA様の3種類に分類される．SINEは高度にメチル化されているが，SINE配列から発現したsiRNAがこのメチル化を制御するとともに，近傍の遺伝子の発現を抑制する可能性が示唆されている．

siRNA
[short interference RNA, small interfering RNA]

細胞内に見出される21～23ヌクレオチドの長さのRNA分子の総称．ポリAテールはもたない．RNAi*を含むPTGS*現象において主たる役割を果たすと考えられている．

◆ shRNAの構造の例

```
            siRNA
                UCGAAGUACUCAGCGUAAGUG
                AAAGCUUCAUGAGUCGCAUUC

         ┌ shFf
         │                                    U
         │  CAUCGACUGAAAUCCCUGGUAAUCCGUUG  U
         │  GUAGCUGACUUUAGGGACCAUUAGGCAAC  A
  shRNA ─┤                                    A
         │  shFf-L7
         │                              ----------      U
         │  CAUCGACUGAAAUCCCUGGUAAUCCGUUU           GGGGC \
         └  GUAGCUGAUUUUAGGGACUAUUAGGUAAA           UCCCG  C
                                         UAGGGUAUCG       U
```

stRNA*もsiRNAの一種であるという考え方もあるが，作用機序が異なるので別に分類する考え方もある．すなわち，前駆体二本鎖RNA（dsRNA）かDicer（RNaseⅢ族の核酸分解酵素）によりATP依存的に切り出されるところまでは類似しているが，siRNAはdsRNAのまま（あるいは単鎖RNAとして）作用して標的mRNAの「分解を誘導する」のに対して，stRNA*は単鎖RNAとしてハイブリダイズすることで標的mRNAの「翻訳を阻害する」点で両者は異なるのである（図）． ▶ RNAi

snoRNA
[small nucleolar RNA]

核小体に存在する約70～250ヌクレオチドの長さのRNAで，リボソームRNAの加工や修飾にかかわっている．塩基配列の類似性からC/D box型（次ページ図a）とH/ACA box型（図b）の2種類に分類される．C/D box型snoRNAはメチル化酵素と複合体を形成して標的であるリボソームRNAの相補的な塩基配列にハイブリダイズして特定の位置の塩基がメチル化されるガイドの役割を果たす．一方，H/ACA box型snoRNAは偽ウリジン合成酵素と複合体を形成して，標的であるリボソームRNAに図のようにハイブリダイズして特定の位置の塩基への偽ウリジン基（ψ）の付加反応をガイドする．

SNP ▶ スニップ

snRNA
[small nuclear RNA]

真核生物の核内に存在する約60～300ヌクレオチドの長さのRNAで20数種類のsnRNAが見つかっている．初期に発見さ

◆ siRNAとstRNA（miRNA）の違いと共通性

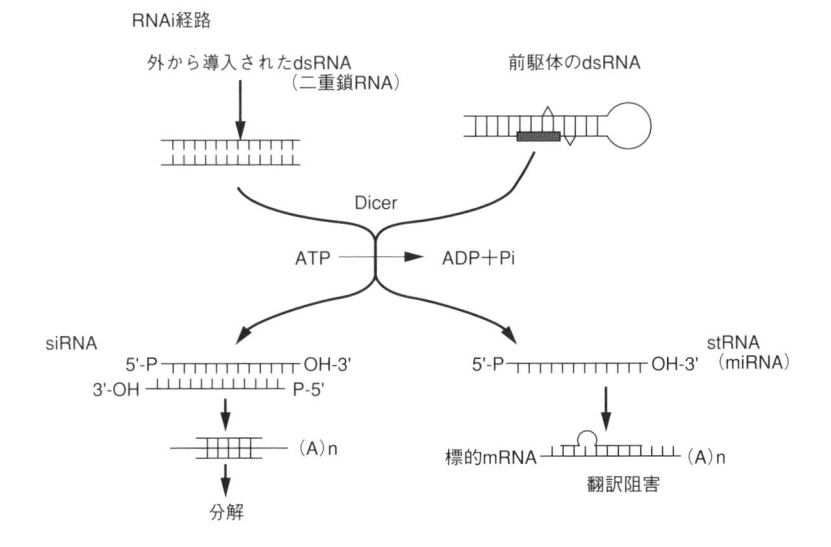

◆ 2種類のsnoRNAの作用機序

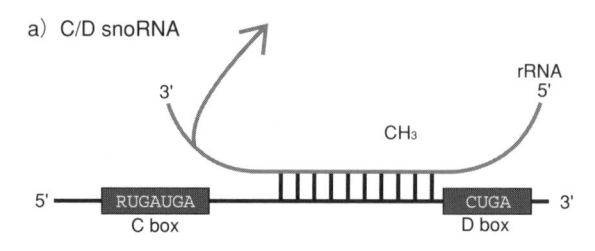

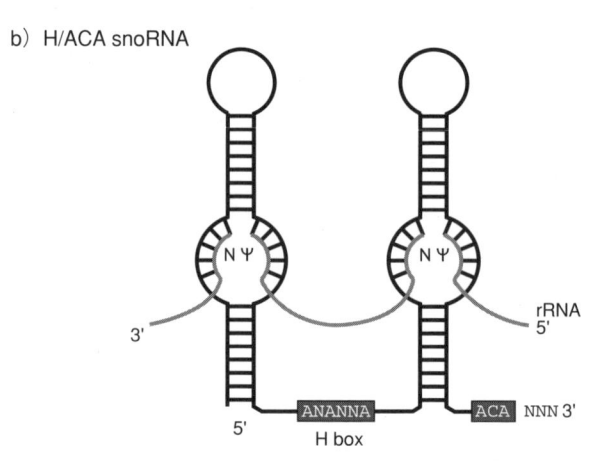

a) C/D snoRNA

b) H/ACA snoRNA

れたもののいくつかがウリジンに富んでいたことからU snRNAとも呼ばれる．主としてタンパク質との複合体（small nuclear ribonucleoprotein：snRNP）として存在する．U1, U2, U4, U5はスプライセオソーム（spliceosome）の構成因子としてmRNAの成熟過程で起こるスプライシングを制御し，U3, U8, U14はリボソームRNA前駆体の加工反応に，U7はヒストンmRNAの3'末端形成にかかわっている．

SOB培地

Bacto-tryptone 20.0g；Bacto-yeast extract 5.0g；5 M NaCl 2 ml；2 M KCl 1.25mlを加え，水で990mlにしオートクレーブしたのち，室温あるいは4℃で保存する．使用する直前にオートクレーブした2 M MgCl$_2$を5 ml加える．

SOC培地

1 lのSOB培地*に10mlの2Mグルコース溶液（別のビンでオートクレーブしたもの）を加え，100mlのビンに分注し，室温あるいは4℃で保存する．

Sox-2

性決定因子Sryに類似したHMGボックスをもつ転写制御因子．Oct-3/4*による*Fgf-4*遺伝子エンハンサーの活性化に必要な随伴分子として最初に同定され，その後，

Oct-3/4による未分化状態特異的なco-factorである*Utf-1*エンハンサーの活性化にも働いていることがわかった．Sox-2のHMGボックスとOct-3/4のPOU（パウ）ホメオボックスを介して両者は直接に結合することも示されている．Sox-2は初期胚では内部細胞塊*や原始外胚葉に発現するが，その後の発生過程では未分化細胞に限局せずにさまざまな場所で発現される．

SP細胞
[side population cell]

骨髄中の造血幹細胞*はDNAに結合する色素（Hoechst33342）を積極的に排除する機構をもつため色素を取り込まない．Hoechst33342は紫外線を当てると蛍光を発色するため造血幹細胞を検出できる．そこでFACS*を用いて蛍光染色の弱い細胞を分離することにより造血幹細胞を効率よく分離できる．骨髄だけでなく脳，肝臓，腎臓，膵臓にもSP細胞が見つかり，体性幹細胞*の高効率分離法における指標として広く用いられるようになってきた．

SPR ▶ 表面プラズモン共鳴

SRY

元来はヒトのY染色体にある性決定領域（sex-determining region Y）のこと．雄性の決定に必須な遺伝子領域で，ここからクローニングされた遺伝子はDNA結合タンパク質であるSryをコードする．*SRY*遺伝子は受精後6〜7週目に発現され，その後に発現されるべき雄性決定遺伝子群（*SOX9*, *Ad4BP/SF-1*など）の転写を制御することで連鎖反応を開始して精巣の分化を引き起こし，男性を作るマスター遺伝子としての役割を果たす．Y染色体にあるべきはずの*SRY*遺伝子がX染色体に転座した遺伝性疾患の患者ではXX染色体をもつにもかかわらず男性としての性徴をもつ．ヒト以外で調べたすべての哺乳動物で同じ機能をもつ*SRY*遺伝子が発見されている．実際，雌のマウスに*SRY*遺伝子を導入すると雄化して精巣ができてしまうことが確かめられている．ただし，哺乳類以外の脊椎動物ではY染色体をもたないものも多く，*SRY*遺伝子は見つかっていない．

SSCP ▶ エスエスシーピー

STA
[shifted termination assay]

点変異を蛍光色素の発光によって迅速に検出するシステム．すでに点変異の位置がわかっているSNPの検出に有用である．例えば図のようにAからC（G，Tでも同様）へ点変異が起こっている場合，反応液にダイデオキシチミジン（ddT）とA，C，G（蛍光標識）を加えてDNAポリメラーゼを反応させると，変異が起こっていない場合には最初のAで反応が停止するので伸長鎖は光らない．一方，Aが変異していると，次のAがくるまで反応が進むので，蛍光標識したGが取り込まれる．この場合には伸長鎖は蛍光を発するので，AからC（あるいはG，T）への点変異が検出できる．

STE
[substrate trapping enzyme]

基質との結合部位を含む酵素断片をマイクロタイタープレートの孔底に固定し，テストしたい試料の酵素基質となりうる物質と，蛍光が発光するような標識を施した酵素基質を，競合的に結合させることで試料中の基質濃度を決定する方法．

stRNA
[small temporal RNA]

　線虫*（*C. elegans*）における*lin-4*あるいは*let-7*遺伝子産物のように，一時的に切り出されて標的mRNAに結合して発現を抑制するRNA分子の総称．ポリAテールはもたない．*lin-4*は安定なヘアピンを構成する約70ヌクレオチドからなる二重鎖RNA前駆体（*lin-4L*）から，細胞内でDicerと呼ばれるRNase III族の核酸分解酵素によってATP

◆ STAの原理

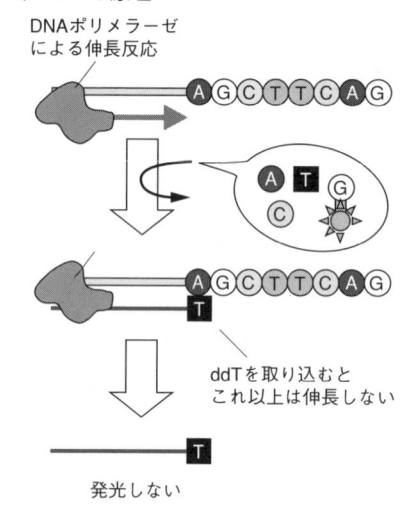

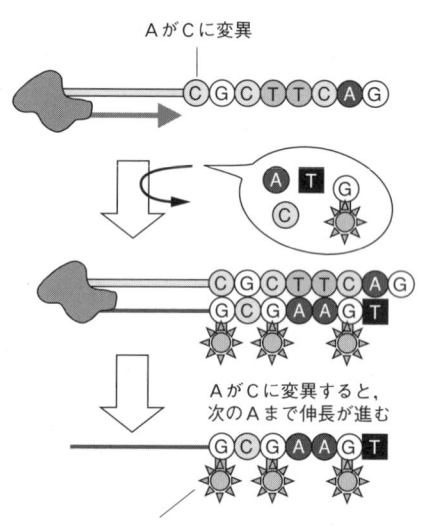

◆ stRNA（1）：stRNAの例

```
mir-1   線虫（C.elegans）                          線虫（C.briggsae）
          C      GC  -    AUC                        C      GC  -    ACU
     CUGCAUACUUC UUACAU CCAUA CUAU  \           CUGCAUACUUC UUACAU CCAUA CUGU  \
     GAUGUAUGAAG AAUGUA GGUAU GGUA   A          GAUGUAUGAAG AAUGUA GGUAU GGUA   G
        A          A-       A   AAU                A          A-       A   AGU

ショウジョウバエ（D.melanogaster AE003667）    ヒト（H.sapiens  AL449263）
          C         A    AUA                    A         GC  ---   AC
     GUUCCAUGCUUC UUGCAUUC AUA GUU   \         ACAUACUUCUUUAUAU CCAUA  UGG  \
     CGAGGUAUGAAG AAUGUAAG UAU CGA    U        UGUAUGAAGAAAUGUA GGUAU  AUC   C
          A          G    A  ACU              A        A-        CGA   GU
```

stRNAは進化的に保存されたヘアピン構造をもっている．青字の部分がDicerにより切り出されて，標的mRNAとハイブリダイズし，発現抑制をする

◆ stRNA（2）：作用機序

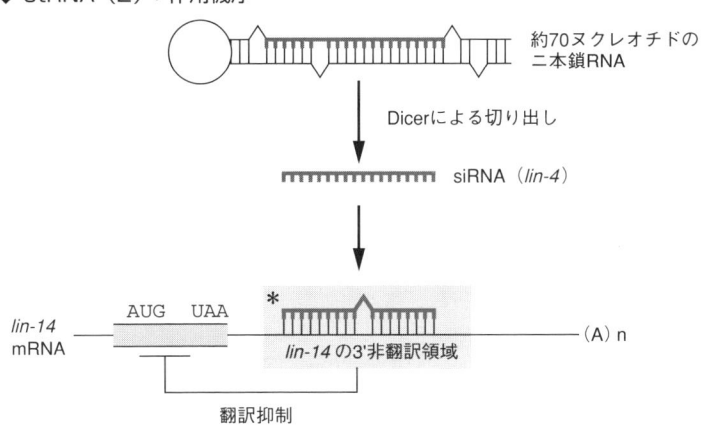

約70ヌクレオチドの二本鎖RNA

Dicerによる切り出し

siRNA（*lin-4*）

lin-14 mRNA ——— AUG　UAA ——*——(A)n
lin-14 の3'非翻訳領域
翻訳抑制

lin-4 siRNAは*lin-14*あるいは*lin-28*の翻訳を抑制する

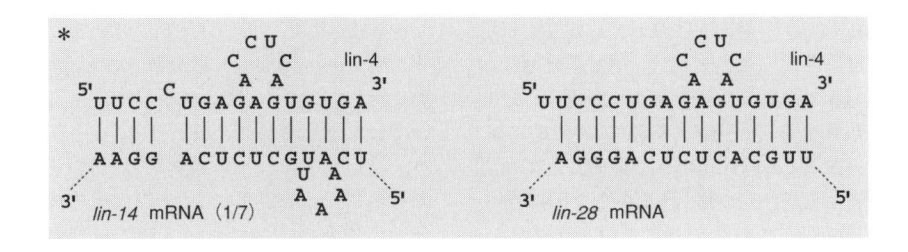

```
*                C U                              C U
             C C        lin-4                 C C        lin-4
        5'  A A        3'                5'  A A        3'
         UUCC C UGAGAGUGUGA               UUCCCUGAGAGUGUGA
         ||||  ||||||||||||               ||||||||||||||||
         AAGG ACUCUCGUACU                 AGGGACUCUCACGUU
    3'           U A       5'         3'                     5'
  lin-14 mRNA (1/7) A A             lin-28 mRNA
                  A
```

◆ stRNA（3）：大腸菌に見つかったstRNA様のDsrAの構造

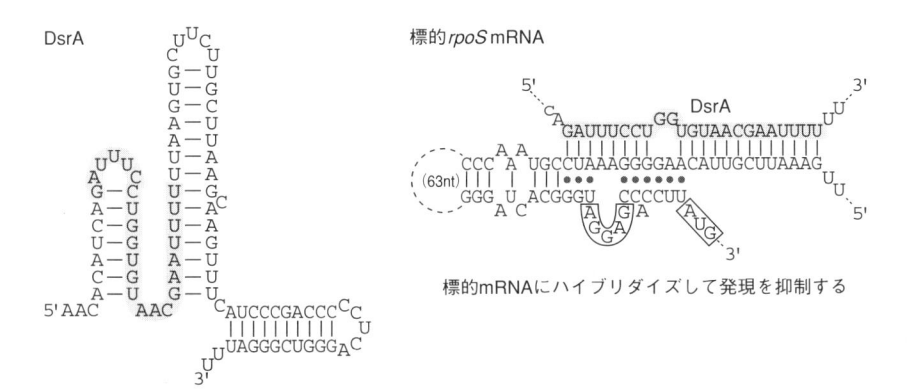

DsrA

標的 *rpoS* mRNA

DsrA

標的mRNAにハイブリダイズして発現を抑制する

依存的に切り出され，標的mRNAとしてのlin-14 mRNAの3'非翻訳領域にハイブリダイズする．これによって，lin-14 mRNAは翻訳抑制を受ける．これはPTGS*の一種で，線虫*やショウジョウバエ*において発生のタイミングを制御しているのではないかと考えられるようになってきた．その後，コンピュータによる遺伝子バンクの検索などにより，let-7の9種類のサブタイプも含めて類似の構造をもつstRNAが100種類近く発見され，miRNA*（microRNA）と包括的に命名された．そのため現在ではstRNAという名称はあまり使われなくなった．前駆体RNAはヘアピンを構成し，その一部がダイサーにより切り出されて機能する．これらの構造は進化的に保存されており，マウスやヒトにおいても同じ遺伝子が見出され，mir-1, -2, …と系統的に命名されている．実際，ヒトの細胞から200種類以上ものmiRNAが見つかっている．大腸菌にはrpoS mRNAを標的として発現抑制するDsrAと呼ばれる小さなRNA分子が見つかっており，miRNAと同様なしくみで標的遺伝子の発現抑制を起こすであろうと推測されている（図1，2，3）．

STS
[sequence tagged site]

配列認識部位と訳される．ヒトDNA断片の染色体上の位置を知るために用いられる塩基配列マーカーで，ゲノム上で唯一しか存在しないような特異的DNA配列を選んである．

SUMO
[small ubiquitin related modifier]

97アミノ酸からなるタンパク質で標的タンパク質をプロテアソームによって分解するためのタグ配列として機能する．同様な働きをするユビキチン（76アミノ酸）と同様，C末端のグリシン残基のカルボキシル基が標的タンパク質の（I/L/V）KX（E/D）という配列のリジン残基（K）のアミノ基とイソペプチド結合することで不可される．ただし，ユビキチン同士が次々と結合してポリユビキチン化するのに比べてSUMOはポリマー化せず単独で標的タンパク質に結合して分解シグナルとなるという違いがある．

T系ファージ
[T phage, T group phage]

大腸菌に感染するファージのうちTグループに属する7種類の大腸菌ファージの総称．T1，T3，T7のT奇数ファージ（T odd phage）とT2，T4，T6のT偶数ファージ（T even phage）に分類される．T奇数ファージはT5を除くと小型で，尾部はいずれも非収縮性である．T2ファージはハーシェイ・チェイスの実験*に用いられて有名になった．T4ファージはその後の分子生物学の実験において頻繁に使われた．小型のT3とT7はNAポリメラーゼが抽出されて標準的に使われるなど，遺伝子工学において活躍してきた．

T-DNAタグライン　→ タグライン

T-DNAは植物に感染する土壌細菌のアグロバクテリウム*（Agrobacterium tumefaciens）が有するTiプラスミド上の領域の名称である．Tiプラスミドの感染部位にはクラウンゴール（crown gall）と呼ばれる奇形腫が形成される．T-DNAはその両端に25bpからなる同方向反復配列をもつことからトランスポゾンの一種と考えられる．実際，植物ゲノム内に挿入することができ，この操作をT-DNAタギング（tagging）と呼ぶ．一方，トランスポゾン

を挿入することはトランスポゾンタギングと呼ぶ．シロイヌナズナゲノムにランダムにT-DNAを挿入することで全ゲノム遺伝子の遺伝子破壊体を系統的に作製する計画が進んでいるが，そのうちT-DNAを利用した遺伝子破壊株をT-DNAタグラインと呼ぶ．他方，トランスポゾンを利用した遺伝子破壊株はトランスポゾンタグラインと呼ばれる．

T-DNA領域　▶ Tiプラスミド

TDT　▶ 伝達不平衡解析法

TEバッファー　同 TE緩衝液
[TE buffer]

　核酸を溶解，保存するために用いられる標準的な緩衝溶液．Tはトリス（Trisma base）[tris (hydroxymethyl) aminothane]，Eはエチレンジアミン四酢酸（ethylenediaminetetracetic acid：EDTA）の略号に由来する．10mMのトリスを塩酸でpH 7.5に調整したものに，EDTAを1 mM加える．自然界に広く存在する核酸分解酵素（nuclease）が作用するためには二価の陽イオン（Mg^{2+}）が必要な場合が多いが，キレート剤（金属イオンを分子間に結合させて取り込める薬剤）であるEDTAを加えておけば，核酸が分解されにくくなる．

TGS　▶ PTGS
[transcriptional gene silencing]

　転写レベルでの遺伝子発現の抑制のこと．HDGS*を意味する用語としてTGSが用いられることもある．PTGS*と対比して使われることが多い．

Tiプラスミド
[Ti plasmid]

　土壌細菌（Agrobacterium tumefaciens）に寄生する約150～250kbの二本鎖環状DNAで，細胞あたりのコピー数は1～5個と少ない．この細菌が双子葉植物に感染するとTiプラスミド上のT-DNA領域（10～20kb）が植物ゲノムDNAに組込まれ，動物のレトロウイルスと同じようなしくみでクラウンゴール（crown gall）と呼ばれる腫瘍を形成する．T-DNAの植物細胞への移行と染色体への組込みには両端にある25bpの境界配列（right border：RBとleft border：LB），Tiプラスミド上のvir（virulence）領域およびAgrobacterium染色体上の遺伝子群（chvなど）の3つが必須であって，T-DNA内部の遺伝子は必要でない．そこで必須ユニットを含み，RBとLBの間に20kb以上の外来遺伝子を挿入して，植物細胞（ただし双子葉植物のみ）へ組込むことのできるTiプラスミドベクターが作製され，基礎研究のみでなく遺伝子組換え作物*の作製にも重宝されている．

TOF-MS　同 飛行時間型質量分析器
[time of flight mass spectroscopy]

　質量分析器の一種．MALDI*などでイオン化された試料ペプチドは一定の加速電圧によって運動エネルギーを与えられて真空度の高い管の中を自由飛行して検出器に到達する．その飛行時間を測定して質量を算定する（図）．▶ MALDI-TOF型質量分析器

TRC蛍光モニタリング法
[fluorescence TRC monitoring method]

　「TRC反応*」を「発蛍光プローブ（INAF probe）」存在下で行い，反応液の蛍光強度を測定することによってRNAの複製生産過程をリアルタイムでモニターする方

◆ TOF-MS

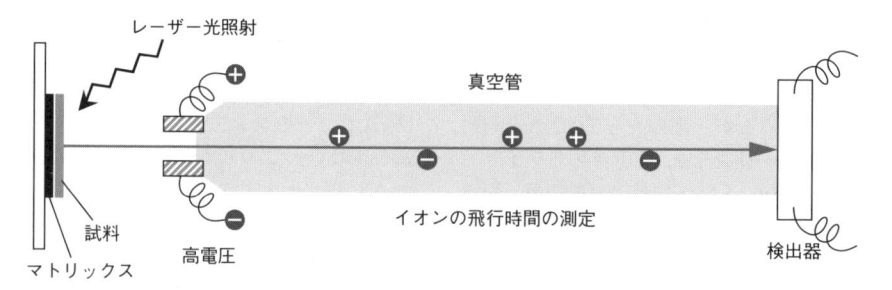

法．試料中の標的RNAを，増幅産物の分離分析を一切行うことなしに検出・定量することができる．

T7 RNAポリメラーゼ
[T7 RNA polymerase]

T7ファージDNAのプロモーター配列に高い特異性を示すDNA依存性のRNAポリメラーゼのこと．T7ファージは大腸菌に感染して増殖する奇数ファージ（▶T系ファージ）の一つで，T3ファージとともに古くから盛んに使われてきたファージである．

TRC反応
[transcription-reverse transcription concerted reaction]

RNAを指数関数的に増幅する技術で日本の東ソー（株）の発明である．原理はナスバ*とほとんど同じで，RNAを鋳型として，転写酵素，逆転写酵素およびRNase Hの3種類の酵素の協調的な作用によって，一定温度でRNAを複製生産する．ナスバではプラス鎖を基質にしてマイナス鎖が増幅されてくるのに対し，TRCではシザーズプローブとRNase Hの作用によって，標的RNAの任意の領域についてプラス鎖が大量に増幅されるので，その後の実験に有用である．反応の進行には，1組のプライマー（プロモータープライマー，アンチセンスプライマー）とシザーズ（鋏）プローブと呼ぶ計3種類のDNAオリゴマーが必要．プロモータープライマーには，センスプライマー配列の5'側に転写酵素に対するプロモーター配列がぶら下げてある．シザーズプローブの配列は標的RNAの増幅領域の5'端側に結合するように選ばれていて，標的RNAにおいてシザーズプローブとアンチセンスプライマーの結合位置で囲まれた領域が増幅領域となる．標的配列におけるシザーズプローブの結合部位は，対抗鎖におけるプロモータープライマーの結合位置と互いに相対して隣接する関係にある．

反応の手順 （図）

❶ まず標的RNAの5'末端をトリミングする

❷ 次いでシザーズプローブを標的RNAの特定配列に結合させ，結合部分でRNase HによってRNA鎖を切断する．これによって，最終的に調製されるプロモーターつき二本鎖DNAの転写開始点が準備されたことになる

❸ トリミングされた標的RNAは，3'末端側の特定配列にアンチセンスプライマ

◆ TRC反応

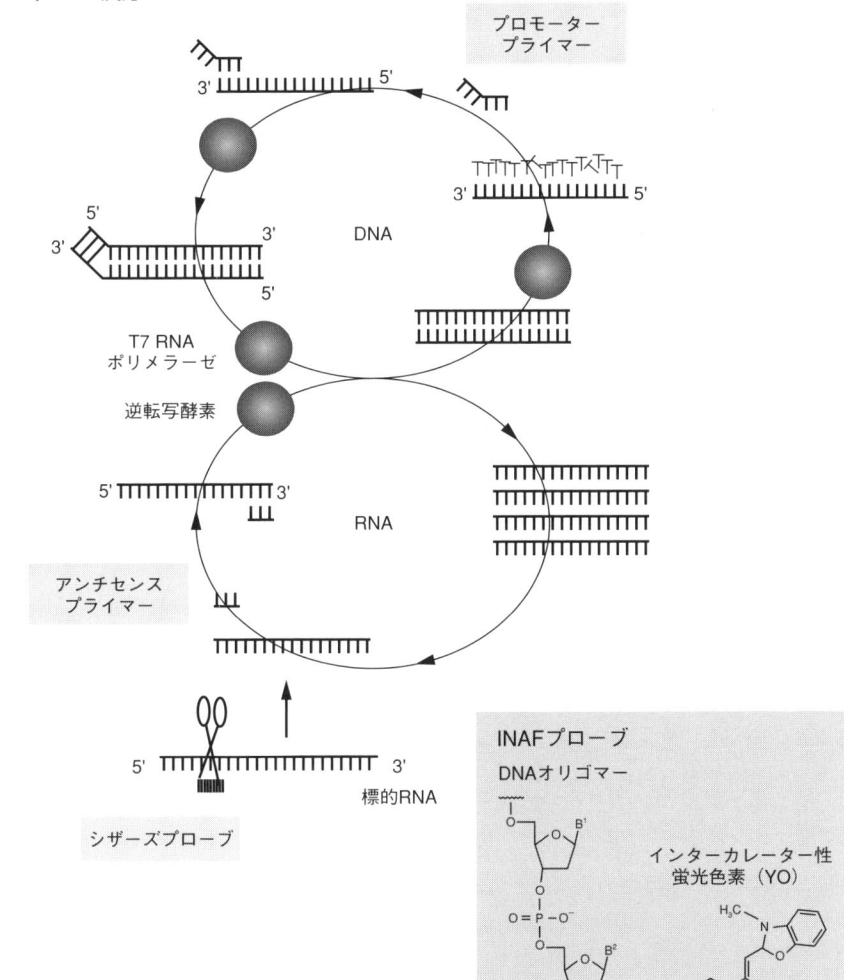

ーが配位し増幅プロセスに入っていく
❹ このRNAを鋳型として，逆転写酵素とRNase Hの作用によってまずcDNAが合成される
❺ 引き続き，cDNAの3'末端にプロモータープライマーが結合し，逆転写酵素のDNA依存性DNAポリメラーゼ活性によって，最終的にプロモーターつき二本鎖DNAが合成される

❻ いったんこれが合成されると，鋳型RNAと相同なRNAが次々と転写されてくる

❼ これらのRNAのそれぞれは，再び増幅サイクルに取り込まれ，最終的にプロモーターつき二本鎖DNAに変換されることとなる．このようにしてRNAは指数関数的に大量に複製生産されていく

TUNEL　➡ タネル

VNTR
[variable number of tandem repeat]

　ゲノムの中に見つかる短い繰り返し塩基配列，あるいはそれが示す多様性のこと．ミニサテライト*は代表的なVNTRである．

Z型DNA
[Z-form DNA]

　DNAは主に水分の含有率によって，右巻きのA-, B-, C-, D-, E-型と，左巻きのZ型という6つの異なった立体構造を取りうる．このうち，生体内ではA-, B-, Z-型が見つかっている．もっとも一般的な立体構造はB型であり，A型は二本鎖RNAで，Z型はプリンとピリミジンとが交互に繰り返す塩基配列（CGCGCGCなど）で観察されている（図）．右巻きはアルファベット順に名前がつけられてきたが，左巻きは逆にZから名前が付けられた．それとともに形がジグザグ（Zig-zag）であるということも名前の由来とされている．各型の物理的なデータは以下のようである．A型：右巻き，1回転あたり塩基数11，塩基対間距離2.6Å，らせんの直径23Å．B型：右巻き，1回転あたり塩基数10，塩基対間距離3.4Å，らせんの直径20Å．Z型：左巻き，1回転あたり塩基数12，塩基対間距離3.7Å，らせんの直径18Å．

◆A，B，Z型DNAの立体構造

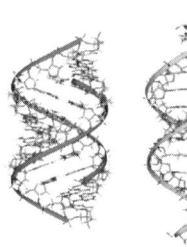

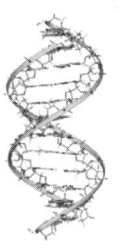

A型DNA　　B型DNA　　Z型DNA

1色法/2色法

　DNAマイクロアレイにおけるプローブの標識の違いによる2種類の方法．1色法は1種類の蛍光色素で標識したサンプル（下図ではCy3）を1枚のマイクロアレイにハイブリダイゼーションさせ，シグナルの比較をマイクロアレイ間で行う方法である（下図）．1色法では，実験後に望む数のサンプルを随時追加できることが利点であり，たくさんのアレイをまとめて比較解析する場合には有用である．欠点は色素交換（カラースワップ）ができないため，相補的な会合（ハイブリダイズ）結果の再現性が1枚のアレイでは確認できない点である．精度をあげるためには複数のアレイを用いて実験しなくてはならない．再現性をとらずに1枚の結果を解釈して比較すると，実験に伴うさまざまなばらつきに由来するデータ誤差が大きくなって信頼性が低くなる．2色法では2つのプローブを2色の蛍光色素（次ページ図ではCy3とCy5）で別個に標識したうえで，1枚のアレイに対して競合的にハイブリダイズさせる．1枚目でプローブA（Cy3；緑），プローブB（Cy5；赤）を用いた場合，2枚目のアレイでは色素を逆に標識してプローブA

◆ 1色法の原理

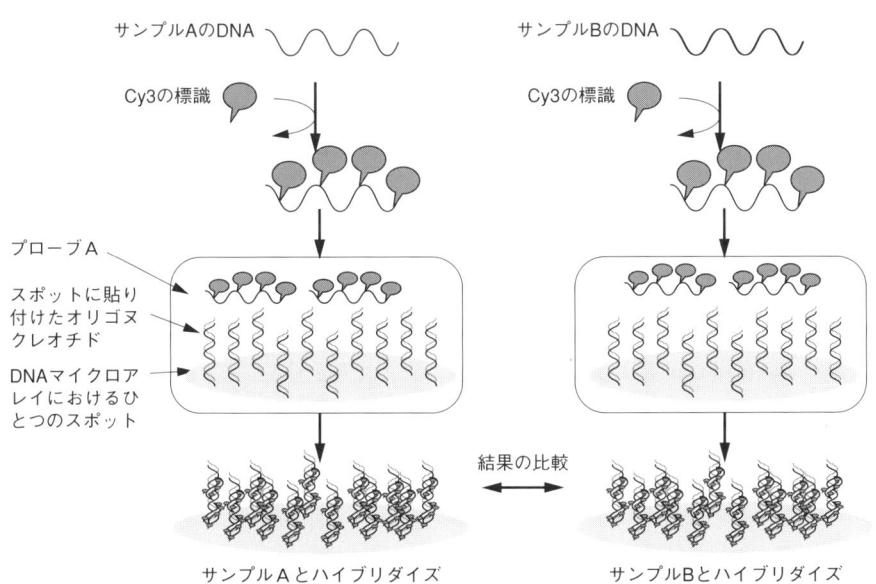

1種類の蛍光色素により標識したプローブを2枚のDNAマイクロアレイと別々にハイブリダイズさせる

◆ 2色法におけるカラースワップの原理

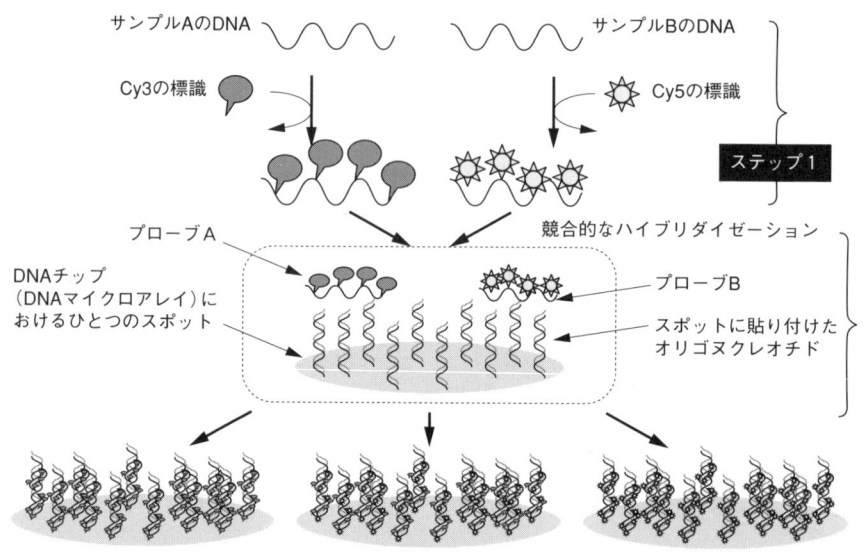

2種類の蛍光色素により標識したプローブを混ぜて競合的にハイブリダイズさせて発現量を観察する

(Cy5), プローブB (Cy3) というふうに標識してハイブリダイズさせて, 出てきた結果を比較すれば2枚のアレイだけで再現性が評価できる. カラースワップすると信頼性の高いデータが得られる点は2色法の大きな利点である.

293細胞

グラハム (Graham, F. L) によって樹立された (1977年), ヒト胎児腎由来細胞の染色体にアデノウイルス*5型の$E1A$, $E1B$遺伝子を組込んで持続発現するsことで不死化した細胞株. $E1A$, $E1B$遺伝子を欠失させた組換え体アデノウイルスも, 293細胞に形質転換すると宿主から E1A, E1Bタンパク質が供給されるため野生型ウイルスと同等の複製・増殖を起こし, 細胞あたり数千の子ウイルス粒子を産生できる. これにSV40 Large T antigenを組込んだ293T細胞株も樹立されている.

3T3　➡　スリーティースリー

付　録

付録1：生命科学研究における頻出略語一覧
付録2：発音を間違えやすい英単語の発音記号一覧
付録3：ノーベル賞受賞者一覧（生命科学関連分野）
付録4：DNAやタンパク質関連データ各種早見表

付録1 生命科学研究における頻出略語一覧

2-DE	two dimentional electrophoresis（二次元電気泳動）	**BAC**	bacterial artificial chromosome（細菌人工染色体）
5-HIAA	5-hydroxyindol acetic acid	BIA	biospecific interaction analysis
aaRS	aminoacyl-tRNA synthetase（アミノアシル転移酵素）	**BioFab**	Biotechnology Fabrication
AC	adenylate cyclase	BP	binding protein
AD	Alzheimer's disease	**BPA**	bisphenol A（ビスフェノールA）
AD	activation domain	BrdUTP	bromodeoxyuridine triphosphate（ブロモデオキシウリジン三リン酸）
ADAM	a disintegrin and metalloprotease		
ADI	accepted daily incorporation（許容一日摂取量）	**BWS**	Beckwith-Wiedemann syndrome
AE	axial element	**CAD**	caspase-activated DNase
AIDS	acquired immunodeficienct syndrome（後天性免疫不全症候群）	**CAK**	Cdc2 activating kinase
		CAE	capillary array electrophoresis（キャピラリーアレイ電気泳動）
AML	acute myeloblastic leukemia（急性骨髄性白血病）	cAMP	cyclic AMP
AMV	avian myeloblastosis virus	**CASP**	Critical assessment of techniques for protein st ure prediction
APL	acute promyelocytic leukemia		
APP	amyloid precursor protein	**CASTing**	cyclic amplification and selecion of targets
ARS	autonomously replicating sequence	catmab	catalytic monoclonal antibody
AS	Angelman syndrome	CBB	coomasie brilliant blue（クーマシーブリリアントブルー）
ASA	allele specific amplification（対立遺伝子特異的増幅法）	CBD	chitin binding domain（キチン結合ドメイン）
ASO	allele specific oligonucleotide（対立遺伝子特異的オリゴヌクレオチド法）	CBD	Convention on Biological Diversity
ASP	automated slide processor（自動スライド解析機）	**CCD**	charge coupled device
ATAC	adapter-tagged competitive PCR	**CCM**	chemical cleavage of mismatch（ミスマッチ化学切断法）

- <u>下線</u>の語句は見出し語として掲載されています．
- **太字**は本文中に解説がある語句（掲載ページは索引参照）．

付録1：略語一覧

CDC	Centers for Disease Control and Prevention	**DGGE**	denaturing gradient gel electrophoresis（変性勾配ゲル電気泳動法）
CDK	cyclin dependent kinase	**DIG**	digoxigenin
cDNA	complementary DNA	**D-loop**	displacement loop
CE	central element	DMR	deffierentially methylated region
CFU	colony forming unit	DSB	double strand break
CGH	comparative genomic hybridization	DTT	di-thio threitol（ジチオトレイトール）
CHIP	chromatin immuno-precipotation（クロマチン免疫沈降法）	EBI	European Bioinformatics Institute
CID	collision-induced dissociation（衝突誘起解離）	EDEM	ER degradation enhancing alpha-mannosidase I-like protein
CKI	CDK inhibitor	EDTA	ethylenediaminetetracetic acid
CMV	cucumber mosaic virus	EEA	economic espionage act（経済スパイ法）
CNT	carbon nano tube（カーボンナノチューブ）	**EG細胞**	embryonic germ cell
CNV	copy number variation	EGFR	epidermal growth factor receptor
CPA	circular permutation analysis（円順列変異解析）	EHEC	enterohemorrhagic *Escherichia coli*
CRP	C-reactive protein	**ELA**	E1A-like activity（E1A様活性）
CSC	cancer stem cell	**EM**	extensive metabolizer（エクステンシブ・メタボライザー）
CSF	colony stimulating factor	ENCODE	ENCyclopedia Of DNA Elements
CT	computer tomography	ENOR	expressed noncoding region
CTD	carboxy-terminal domain	ER	endoplasmic reticulum
DALPC-MS	directanalysis of large protein complex-mass spectrum	**ERAD**	endoplasmic reticulum associated degradation
DBMS	database management system（データベース管理システム）	**ES細胞**	embryonic stem cell（胚性幹細胞）
DD	differential display（ディファレンシャルディスプレイ）	**ESI**	electro-spray ionization
DDS	drug delivery system（薬物送達システム）		
DEHP	diethylhexylphthalate（フタル酸ジエチルヘキシル）		

付録1　略語一覧

EST	expressed sequence tag（発現配列タグ）	**GMO**	genetically modified organism（遺伝子組換え作物）
F3'5'H	flavonoid 3'5' hydroxydase（フラボノイド3'5' ヒドロキシダーゼ）	**GMP**	good manufacturing practices（優良製造規範）
FACS	fluorescent-activated cell sorter（蛍光活性化セルソーター）	**GOI**	gain of imprinting
		GOX	glyphosate oxide reductase（グリホサート酸化還元酵素）
FADD	Fas associated death domain protein	GPCR	G-protein coupled receptor
FAP	familial amiloidotic polyneuropathy	**gPOC**	genetically-based point of care（遺伝学的投薬基準）
FDA	Food and Drug Administration（米国食品医薬医局）	GS細胞	germinal stem cell
		GSS	Grestmann-Straussel syndrome
FENIB	familial encephalopathy with neuroserpin inclusion bodies	GST	glutathion-S-transferase（グルタチオン-S-トランスフェラーゼ）
FITC	fluorescein isothiocyanate（フルオレセインイソチオシアネート）	GTP	guanosine 5'-triphosphate
		GTR	guided tissue regeneration
FLARE	fragment length analysis using repair enzyme	HAT	histone acetyltransferase（ヒストンアセチル化酵素）
FRET	fluorescence resonance energy transfer（蛍光共鳴エネルギー転移法）	HDAC	histone deacetylase
		HDGS	homology dependent gene silencing
FT	flowering locus T	HDL	high-density lipoproteins
γ-GTP	γ-glutamyl transpeptidase	**HET**	heteroduplex method（ヘテロ二重鎖法）
GAPDH	glyceraldehyde-3-phosphate dehydrogenase	HIV-1	human immunodeficiency virus type 1（ヒト免疫不全ウイルス1型）
GC	gass chromatography（ガスクロマトグラフィー）	hnRNA	heterogeneous nuclear RNA
GCR	gross chromosome rearrangements（大規模染色体再構成）	HPLC	high-performance liquid chromatography spectrometry（高速液体クロマトグラフィー質量分析法）
GDP	guanosine 5'-diphosphate		
GFP	green fluorescent protein	HR	hypersensitive reaction
GISH	genomic *in situ* hybridization	HRP	horseradish peroxidase（西洋ワサビペルオキシダーゼ）

- <u>下線</u>の語句は見出し語として掲載されています．
- **太字**は本文中に解説がある語句（掲載ページは索引参照）．

HTS	high throughput screening（ハイスループットスクリーニング）	LC	liquid chromatography（液体クロマトグラフィー）
HUGO	Human Genome Organization（ヒトゲノム機構）	**LCM**	laser capture microdisection
HUS	hemolytic uremic syndrome	**LCR**	ligase chain reaction
HVJ	hemmaglutinating virus of Japan（センダイウイルス）	**LD**	linkage disequilibrium（連鎖不平衡）
iAFLP	introduced amplified fragment length polymorphism	LE	lateral element:
ICAD	inhibitor of CAD	LFS	lacrymatory- factor synthase
ICAN	isothermal and chimeric primer-initiated amplification of nucleic acids（アイキャン）	**LIF**	leukemia inhibitory factor（白血病阻害因子）
ICAT	isotope coded affinity tag（同位体コード化アフィニティー標識法）	LIMS	laboratoey information management system
ICM	inner cell mass	**LINE**	long interspersed element
ID 配列	identifier sequence	LMO	living modified organism
IFN	interferon	**LNA**	locked nucleic acid
IGF-1	insulin-like growth factor-1	LOH	loss of heterozygocity
IGS	Interchromatin Granule Cluster	**LOI**	loss of imprinting
IL	interleukin	LTR	long terminal repeat
IMDA	isothermal multiple displacement amplification	**MALDI-TOF**	matrix-assisted laser desorption ionization/ionization-time of flight（飛行時間型質量分析器）
IMPACT	intein mediated purification with an affinity chitin-binding tag（インパクト）	**MAR**	matrix attachment region
IPD	immobilized pH-gradient gel	MAS	Marker Assisted Selection
IPTG	isopropyl-thio-β-D-galactoside	**MCI**	molecular cluster index（分子クラスターインデックス）
IRES	internal ribosomal entry site	**Mdm2**	mouse (murine) double minute 2
IT	information technology（情報技術）	MEF	mouse embryonic fibroblast（マウス胎仔線維芽細胞）
IVS	intervening sequence	*Meg*	maternally expressed gene
LAMP	loop-mediated isothermal amplification	MGB	minor groove binder
		miRNA	microRNA
		miRNP	micro ribonucleoprotein complex

MIWI	murine piwi 3	NPV	nuclear polyhedrosis virus
MJD	Machado-Joseph Disease	**NRPS**	non-ribosomal peptide synthetase
MLV	murine leukemia virus	ocDNA	open circular DNA
M-MLV	Moloney murine leukemia virus	OCM	outer cell mass
MMP-2	matrix metalloproteinases-2	ORF	open reading frame（オープンリーディングフレーム）
MRSA	methicillin-resistant Staphylococcus aureus	PAI-1	plasminogen activator inhibito-1
MS	mass spectrometry（質量分析器）	**PARN**	poly(A) ribonuclease
MS/MS	tandem mass spectrometry（タンデム質量分析法）	**PDD**	protein differential display（プロテインディファレンシャルディスプレイ）
MSP	methylation-specific PCR	PEG	polyethyleneglycol（ポリエチレングリコール）
MS-RDA	methylation sensitive representational differences analysis	Peg	paternally expressed gene
MTOC	microtubule organizing center	**PEX**	primer extention（プライマー伸長法）
μ-TAS	micro total analytical system（マイクロ総合分析システム）	PGC	primordial germ cell（始原生殖細胞）
nanoES	nanoelectrospray（ナノスプレー法）	**piRNA**	PIWI-interacting RNA
nanoLC	nanoflow liquid chromatograph（ナノ液体クロマトグラフ）	PLK	polo like kinase
		PM	poor metabolizer（プア・メタボライザー）
NASBA	nucleic acid sequence based amplification	**PML**	promyelocytic leukemia gene product
NBD	nucleotide-binding domain		
NCBI	National Center for Biological Information	**PNA**	peptide nucleic acid（ペプチド核酸）
ncRNA	non-coding RNA	**PPAR**	peroxisome proliferator activated receptor
NIH	National Instituts of Health（米国国立衛生研究所）	**PPRE**	PPAR responsive element
NLM	National Library of Medicine（米国国立医学図書館）	PRENCSO	1-Propenyl-L-cysteine sulphoxide
NMD	nonsense-mediated mRNA decay	PSTI	pancreatic secretary trypsin inhibitor（膵臓トリプシン阻害タンパク質）

- **下線**の語句は見出し語として掲載されています。
- **太字**は本文中に解説がある語句（掲載ページは索引参照）。

付録1：略語一覧

PT	perinuclear theca	RXR	retinoid x receptor
PTGS	post-transcriptional gene silencing	SA	stretch activated
		SAA	serum amyloid A
PTSO	propanethial S-oxide	**SAGE**	serial analysis of gene expression
PWS	Prader-Willi syndrome		
RA	Rheumatoid Arthritis	**SARS**	severe acute respiratory syndrome
RAC	NIH Recombinant DNA Advisory Committee（組換えDNAアドバイザリー委員会）	SC	synaptonemal complex
		SDSC	San Diego Supercomputing Center
RAG	recombination activating gene）	SE	substantial equivalence（実質的同等性）
RAR	retinoic acid receptor		
rasiRNA	repeat-associated small interfering RNA	**SELEX**	systematic evolution of ligands by exponential enrichment（セレックス）
RAV-2	Rous associated virus-2		
RCSB	Research Communication for Structural Biology	**shRNA**	short hairpin RNA
		SINE	short interspersed element
REPSA	restriction endonuclease protection selection amplification	**siRNA**	short interference RNA, small interfering RNA
		SIT	sterile insect technique
R factor	resistance factor	**snoRNA**	small nucleolar RNA
RFLP	restriction fragment length polymorphism	**SNP**	single nucleotide polymorphism（一塩基多型）
RIP	repeat induced point mutation		
RISC	RNA-induced silencing complex	**snRNA**	small nuclear RNA
		SP細胞	side population cell
RLGS	restriction landmark genomic scanning	SPB	spindle pole body
		SPR	surface plasmon resonance（表面プラズモン共鳴）
RNAi	RNA interference（RNA干渉）		
ROS	reactive oxygen species	SRP	signal recognition particle
RSS	recombination signal sequence	SRS	Silver-Russell syndrome
		SRY	sex-determining region Y
RT-PCR	reverse-transcription polymerase chain reaction	**SSCP**	single strand conformation polymorphism
RU	repopulating unit（造血幹細胞活性）	**STA**	shifted termination assay

StAR	steroidogenic acute regulatory protein	TRC	transcription-reverse transcription concerted reaction
START	StAR-related lipid transfer	TTA	transthyretin
STE	substrate trapping enzyme	TTP	thrombotic thrombocytopenic purpura
STR	short tandem repeat		
stRNA	small temporal RNA	**TUNEL**	terminal deoxydyl transferase mediated dUTP nick end labeling
STS	sequence tagged site（配列認識部位）		
SUMO	small ubiquitin related modifier	UNG	uracil-DNA glycosylase（ウラシルDNAグリコシラーゼ）
TARs	transcriptionally active regions	UPD	uniparentally disomy
TCR	T cell receptor	VDAC	voltage-dependent anion channel
TdT	terminal deoxydyl transferase（末端修飾酵素）	VEGF	vascular endothelial growth factor（血管内皮増殖因子）
TDT	transmission disequilibrium test（伝達不平衡解析法）	VIP	vasoactive intestinal peptide
		VMO	vacuolar ATPase subunit A
TE	Trisma base EDTA	**VNTR**	variable number of tandem repeat
TGF	transforming growth factor		
TGS	transcriptional gene silencing	VRE	vancomycin-resistant enterococcus
TLO	technology licensing office [organization]（技術移転機関）	VSV-G	vesicular stomatitis virus protein G（水疱性口内炎ウイルスGタンパク質）
Tm	melting temperature		
TMA	transcription mediated amplification	VWF	von Willebrand factor
		VT	vero toxin
tmRNA	transfer-messenger RNA	WHO	World Health Organization
TNV	tabacco necrosis virus		
TNF	tumor necrosis factor		
TNFR	tumor necrosis factor receptor		
TOF-MS	time of flight mass spectroscopy（飛行時間型質量分析器）		
TOP	thimet oligopeptidase		

付録2 発音を間違えやすい英単語の発音記号一覧

英語	発音記号
α-amanitin	[əmǽnitin]
abzyme	[ǽbzaim]
activator	[ǽktiveitɚ]
agarose	[á:gəròus]
aggresome	[ǽgrisəum]
allele	[əlí:l]
allelic exclusion	[əlélik iksklu:ʒən]
amyloid	[ǽmilɔ́id]
amylose	[ǽmilòus, ǽmilòuz]
aptamer	[ǽptəmɚ:]
biotin	[báiətin]
caspase	[kǽspeis]
centromere	[séntro(u)miə]
chromatin	[króumətin]
colony	[káləni/kɔ́ləni]
cosmid	[kɔ́smid]
cybrid	[sáibrid]
cytokine	[sáitəkain]
dideoxyribonucleotide	[daidi:ɔ́ksiràibonjú:kliəsaid]
digoxigenin	[daidʒáksidʒenin]
exon	[éksɔn]
extein	[ikstéin]
ex vivo	[éks ví:vo]
gamete	[gǽmi:t/gəmí:t]
genome	[dʒí:noum]

英語	発音記号
heterosis	[hètəróusis]
in situ	[in sáitju]
intein	[intéin]
intron	[intrən]
isozyme	[áisozəim]
isoschizomer	[áisouskitsoumɚ]
nucleosome	[njú:kliəsoum]
null mutation	[nʌl mju:téiʃən]
orthologous	[ɔ́:θárəgəs]
palindrome	[pǽlindròum]
paralogous	[pərǽləgəs]
paratope	[pǽrətoup]
phagemid vector	[féidʒmid véktɚ]
phenocopy	[fí:nəkɔpi]
prion	[prí:ən]
pseudogene	[sjú:dou dʒi:n]
ribosome	[ráibəsòum]
synapsis	[sinǽpsis]
synteny	[sínteni]
TA cloning	[tí: éi klóuniŋ]
ubiquitin	[ju:bíkitin]
vaculovirus	[vǽkjuləvàirəs]
viroid	[váiərɔid]
virusoid	[vírusoid]
zygote	[záigout]

付録3 ノーベル賞受賞者一覧（生命科学関連分野）

ノーベル医学・生理学賞

年度	受賞者（国）	受賞理由
1901	ベーリング（独）	血清療法（特にジフテリアに対する）の研究
1902	ロス（英）	マラリアの侵入機構とその治療法に関する研究
1903	フィンセン（デンマーク）	強力な光照射による疾病，特に狼瘡の治療法の発見
1904	パブロフ（露）	消化生理に関する研究
1905	コッホ（独）	結核に関する研究
1906	ヤハル（スペイン），ゴルジ（伊）	神経系の構造に関する研究
1907	ラブラン（仏）	疾病の発生において原虫類の演ずる役割に関する研究
1908	エールリヒ（独），メチニコフ（仏）	免疫に関する研究
1909	コッヘル（スイス）	甲状腺の生理学，病理学および外科に関する研究
1910	コッセル（独）	タンパク質，核酸に関する研究による細胞化学の確立
1911	グルストランド（スウェーデン）	眼の屈折機能に関する研究
1912	カレル（仏）	血管縫合および血管または臓器の移植に関する研究
1913	リシェ（仏）	アナフィラキシー（過敏症）に関する研究
1914	バラニー（オーストリア）	内耳系の生理学，病理学に関する研究
1915	受賞者なし	
1916	受賞者なし	
1917	受賞者なし	
1918	受賞者なし	
1919	ボルデ（ベルギー）	免疫に関する諸発見
1920	クローグ（デンマーク）	毛細血管運動機能の調節機構の発見
1921	受賞者なし	
1922	ヒル（英）	筋肉中の熱発生に関する発見
	マイアーホーフ（独）	筋肉における乳酸生成と酸素消費との相関関係の発見
1923	バンティング（カナダ），マクラウド（英）	インシュリンの発見
1924	アイントホーフェン（蘭）	心電図法の発見
1925	受賞者なし	
1926	フィビガー（デンマーク）	スピロプテラ・カルシノーマの発見
1927	ワーグナー・ヤウレック（オーストリア）	麻痺性痴呆に対するマラリア接種の治療効果の発見
1928	ニコル（仏）	発疹チフスに関する研究
1929	エイクマン（蘭）	抗神経炎ビタミンの発見
	ホプキンズ（英）	成長を促進するビタミンの発見
1930	ラントシュタイナー（オーストリア）	人間血液型の発見
1931	ワールブルク（独）	呼吸酵素の特性および作用機構の発見

医学・生理学賞は左ページに，化学賞は右ページに掲載．物理学賞はバイオに関連した研究のみを，右ページの表中に掲載した（下線にて示す）．**太字**は日本人

ノーベル化学賞と，物理学賞（一部）

年度	受賞者（国）	受賞理由
1901	ファント・ホフ（蘭）	化学熱力学の法則および溶液の浸透圧の発見
	<u>レントゲン（独）</u>	<u>X線の発見（物理学賞）</u>
1902	E. フィッシャー（独）	糖およびプリン誘導体の合成
1903	アレニウス（スウェーデン）	電解質溶液の理論に関する研究
1904	ラムゼイ（英）	空気中の希ガス類諸元素の発見と周期律におけるその位置の決定
1905	ベイヤー（独）	有機染料とヒドロ芳香族化合物の研究
1906	モアサン（仏）	フッ素の研究と分離，およびモアッサン電気炉の製作
1907	ブーフナー（独）	化学・生物学的諸研究および無細胞的発酵の発見
1908	ラザフォード（英）	元素の崩壊および放射性物質の化学に関する研究
1909	オストバルト（独）	触媒作用に関する研究および化学平衡と反応速度に関する研究
1910	バラッハ（独）	脂環式化合物の分野における先駆的研究
1911	M. キュリー（仏）	ラジウムおよびポロニウムの発見とラジウムの性質およびその化合物の研究
1912	グリニャール（仏）	グリニャール試薬の発見
	サバティエ（仏）	微細な金属粒子を用いる有機化合物水素化法の開発
1913	ベルナー（スイス）	分子内原子の結合に関する研究
1914	リチャーズ（米）	多数の元素の原子量の精密測定
1915	ウィルシュテッター（独）	植物色素物質，特にクロロフィルに関する研究
1916	受賞者なし	
1917	受賞者なし	
1918	ハーバー（独）	アンモニアの成分元素（窒素，水素）からの合成
1919	受賞者なし	
1920	ネルンスト（独）	熱化学における研究
1921	ソディ（英）	放射性物質の化学に対する貢献と同位体の存在およびその性質に関する研究
1922	アストン（英）	非放射性元素における同位体の発見と整数法則の発見
1923	プレーグル（オーストリア）	有機物質の微量分析法の開発
1924	受賞者なし	
1925	ジーグモンディー（独）	コロイド溶液の不均一性に関する研究および現代コロイド化学の確立
1926	スベードベリ（スウェーデン）	分散系に関する研究
1927	ヴーラント（独）	胆汁酸とその類縁物質の構造に関する研究
1928	ヴィンダウス（独）	ステリン類の構造とそのビタミン類との関連についての研究
1929	オイラー・ケルピン（スウェーデン），ハーデン（英）	糖類発酵とこれに与る諸酵素の研究
1930	H. フィッシャー（独）	ヘミンとクロロフィルの構造に関する諸研究，特にヘミンの合成
1931	ボッシュ（独），ベルギウス（独）	高圧化学的方法の発明と開発

ノーベル医学・生理学賞

年	受賞者	業績
1932	シェリントン（英），エードリアン（英）	神経細胞の機能に関する発見
1933	モーガン（米）	染色体の遺伝機能の発見
1934	マイノット（米），マーフィ（米），ホイップル（米）	貧血に対する肝臓療法の発見
1935	シュペーマン（独）	動物の胚の成長における誘導作用の発見
1936	デール（英），レーウィ（オーストリア）	神経刺激の化学的伝達に関する発見
1937	セント・ジェルジ（ハンガリー）	生物学的燃焼，特にビタミンCおよびフマル酸の接触作用に関する発見
1938	エイマン（ベルギー）	呼吸調節における頸動脈洞と大動脈との意義の発見
1939	ドマーク（独）	プロントジルの抗菌効果の発見
1940	受賞者なし	
1941	受賞者なし	
1942	受賞者なし	
1943	ダム（デンマーク）	ビタミンKの発見
	ドイジ（米）	ビタミンKの化学的本性の発見
1944	アーランガー（米），ガッサー（米）	個々の神経繊維の機能的差異に関する発見
1945	チェーン（英），フレミング（英），フローリー（英）	ペニシリンの発見と種々の伝染病に対するその治療効果の発見
1946	マラー（米）	X線による人工（突然）変異の発見
1947	C. F. コリ（米），G. T. コリ（米）	触媒作用によるグリコーゲン消費の発見
	ウサイ（アルゼンチン）	糖の物質代謝に対する脳下垂体前葉ホルモンの作用の発見
1948	ミュラー（スイス）	多数の節足動物に対するDDTの接触毒としての強力な作用の発見
1949	ヘス（スイス）	内臓の活動を統合する間脳の機能の発見
	モニス（ポルトガル）	ある種の精神病に対する前額部大脳神経切断の治療的意義の発見
1950	ヘンチ（米），ケンドル（米），ライヒシュタイン（スイス）	諸種の副腎皮質ホルモンの発見およびその構造と生物学的作用の発見
1951	タイラー（南アフリカ）	黄熱ワクチン発見
1952	ワクスマン（米）	ストレプトマイシンの発見
1953	リップマン（米）	代謝における高エネルギーリン酸結合の意義，およびコエンザイムAの発見
	クレブス（英）	トリカルボン酸サイクルの発見
1954	エンダーズ（米），ロビンス（米），ウェラー（米）	小児麻痺の病原ウィルスの試験管内での組織培養の研究とその完成
1955	テオレル（スウェーデン）	酸化酵素の研究
1956	クールナン（米），フォルスマン（独），リチャーズ（米）	心臓カテーテル法の研究
1957	ボベ（伊）	クラレ様筋弛緩剤の合成に関する研究
1958	ビードル（米），テータム（米）	遺伝子の化学過程の調節による支配に関する発見

ノーベル化学賞と，物理学賞（一部）

年	受賞者	業績
1932	ラングミュア（米）	界面化学における発見と研究
1933	受賞者なし	
1934	ユーリ（米）	重水素の発見
1935	F. ジョリオ・キュリー（仏）I. ジョリオ・キュリー（仏）	人工放射性元素の研究
1936	デバイ（蘭）	双極子モーメントおよびX線，電子線回折による分子構造の決定
1937	ハワース（英）	炭水化物・ビタミンCの構造に関する諸研究
	カラー（英）	カロテノイド類，フラビン類およびビタミンA，B2.の構造に関する研究
1938	クーン（独）	カロテノイド類およびビタミン類についての研究
1939	ブーテナント（独）	性ホルモンに関する研究業績
	ルジチカ（スイス）	ポリメチレン類および高位テルペン類の構造に関する研究
1940	受賞者なし	
1941	受賞者なし	
1942	受賞者なし	
1943	ヘベシ（ハンガリー）	化学反応の研究におけるトレーサーとしての同位体の利用に関する研究
1944	ハーン（独）	原子核分裂の発見
1945	ビルタネン（フィンランド）	農芸化学と栄養化学における研究と発見，特に糧秣の保存法の発見
1946	サムナー（米）	酵素が結晶化されうることの発見
	ノースロップ（米），スタンレー（米）	酵素とウイルスタンパク質の純粋調製
1947	ロビンソン（英）	生物学的に重要な植物生成物，特にアルカロイドの研究
1948	ティセリウス（スウェーデン）	電気泳動と吸着分析についての研究，特に血清タンパクの複合性に関する発見
1949	ジオーク（米）	化学熱力学への貢献，特に極低温における物質の諸性質に関する研究
1950	ディールス（独），アルダー（独）	ジエン合成（ディールス-アルダー反応）の発見とその応用
1951	シーボーグ（米），マクミラン（米）	超ウラン元素の発見
1952	マーティン（英），シング（英）	分配クロマトグラフィーの開発と物質の分離，分析への応用
1953	シュタウディンガー（独）	鎖状高分子化合物の研究
	<u>ゼルニケ（蘭）</u>	<u>位相差顕微鏡の研究（物理学賞）</u>
1954	ポーリング（米）	化学結合の本性ならびに複雑な分子の構造に関する研究
1955	デュ・ビニョー（米）	硫黄を含む生体物質の研究，特にオキシトシン，バソプレッシンの構造決定と全合成
1956	ヒンシェルウッド（英），セミョーノフ（ソ連）	気相系の化学反応速度論，特に連鎖反応に関する研究
1957	トッド（英）	ヌクレオチドおよびその補酵素に関する研究
1958	サンガー（英）	タンパク質，特にインシュリンの構造に関する研究

ノーベル医学・生理学賞

年	受賞者	研究内容
1959	レーダーバーグ（米） コーンバーグ（米），オチョア（米）	遺伝子の組換えおよび細菌の遺伝物質に関する研究 RNA（リボ核酸）およびDNA（デオキシリボ核酸）の合成に関する研究
1960	メダウォワ（英），バーネット（オーストラリア）	後天的免疫寛容の発見
1961	ベケシ（米）	内耳蝸牛における刺激の物理的機構の発見
1962	クリック（英），ワトソン（米），ウィルキンズ（英）	核酸の分子構造および生体における情報伝達に対するその意義と発見
1963	エクルズ（オーストラリア），ホジキン（英），ハクスリー（英）	神経細胞の末梢および中枢部における興奮と抑制に関するイオン機構の発見
1964	ブロッホ（米），リネン（独）	コレステロール，脂肪酸の生合成機構と調節に関する研究
1965	ジャコブ（仏），ルウォフ（仏），モノ（仏）	酵素およびウィルスの合成の遺伝的調節に関する研究
1966	ラウス（米） ハギンズ（米）	発癌性ウィルスの発見 前立腺癌のホルモン療法に関する発見
1967	グラニット（スウェーデン），ハートライン（米），ウォールド（米）	視覚の化学的生理学的基礎過程に関する発見
1968	ホリー（米），コラナ（米），ニレンバーグ（米）	遺伝情報の解読とそのタンパク合成への役割の解明
1969	デルブリュック（米），ハーシー（米），ルリア（米）	ウィルスの増殖機構と遺伝物質の役割に関する発見
1970	アクセルロッド（米），オイラー（スウェーデン），カッツ（英）	神経末梢部における伝達物質の発見とその貯蔵，解離，不活化の機構に関する研究
1971	サザーランド（米）	ホルモン作用機作に関する発見（c-AMPに関する研究）
1972	エーデルマン（米），ポーター（英）	抗体の化学構造に関する研究
1973	フリッシュ（独），ローレンツ（オーストリア），ティンベルヘン（蘭）	個体的，社会的行動様式の組織と誘発に関する諸発見
1974	クロード（ベルギー），ド・デューブ（ベルギー），パラディ（米）	細胞の構造と機能に関する発見
1975	ボールティモア（米），ダルベッコ（米），テミン（米）	腫瘍ウィルスと遺伝子の相互作用に関する研究
1976	ブランバーグ（米） ガイジュセク（米）	オーストラリア抗原の発見 遅発性ウィルス感染症の研究
1977	ギルマン（米），シャリー（米） ヤロー（米）	脳のペプチドホルモン生産に関する発見 ラジオイムノアッセイ法の研究
1978	アルバー（米），ネーサンズ（米），スミス（米）	制限酵素の発見とその分子遺伝学への応用
1979	コーマック（米），ハウンズフィールド（英）	コンピュータを用いたX線断層撮影技術の開発
1980	ベナセラフ（米），ドーセ（仏），スネル（米）	免疫反応を調節する，細胞表面の遺伝的構造に関する研究
1981	スペリー（米） ヒューベル（米），ウィーゼル（米）	大脳半球の機能分化に関する研究 脳皮質視覚野における情報処理に関する研究
1982	ベルクストローム（スウェーデン），サムエルソン（スウェーデン），ベイン（英）	重要な生理活性物質の一群であるプロスタグランジンの発見および研究
1983	マクリントック（米）	移転する遺伝子の発見など，遺伝学上のすぐれた研究

ノーベル化学賞と，物理学賞（一部）

年	受賞者	業績
1959	ヘイロフスキー（チェコスロバキア）	ポーラログラフィーの理論およびポーラログラフの発見
1960	リビー（米）	炭素14による年代測定法の研究
1961	カルビン（米）	植物における光合成の研究
1962	ケンドルー（英），ペルツ（オーストリア）	球状タンパク質の構造に関する研究
1963	ツィーグラー（独），ナッタ（伊）	新しい触媒を用いた重合法開発と基礎的研究
1964	ホジキン（英）	X線回折法による生体物質の分子構造の研究
1965	ウッドワード（米）	有機合成法への貢献
1966	マリケン（米）	分子軌道法による化学結合および分子の電子構造に関する基礎的研究
1967	アイゲン（独），ノリッシュ（英），ポーター（英）	短時間エネルギーパルスによる高速化学反応の研究
1968	L. オンサーガー（米）	不可逆過程の熱力学の基礎の確立とオンサーガーの相反定理の発見
1969	ハッセル（ノルウェー），バートン（英）	分子の立体配座の概念の導入と解析
1970	ルロア（アルゼンチン）	糖ヌクレオチドの発見と炭水化物の生合成におけるその役割についての研究
1971	ヘルツバーグ（カナダ）	分子，特に遊離基の電子構造と幾何学的構造に関する研究
1972	アンフィンセン（米）	リボヌクレアーゼ分子のアミノ酸配列の決定
	ムーア（米），スタイン（米）	リボヌクレアーゼ分子の活性中心と化学構造に関する研究
1973	E. O. フィッシャー（独），ウィルキンソン（英）	サンドイッチ構造をもつ有機金属化合物に関する研究
1974	フローリ（米）	高分子物理化学の理論，実験両面にわたる基礎的研究
1975	コーンフォース（英）	酵素による触媒反応の立体化学に関する研究
	プレローグ（スイス）	有機分子および有機反応の立体化学に関する研究
1976	リプスコム（米）	ボランの構造に関する研究
1977	プリゴジーン（ベルギー）	非平衡の熱力学，特に散逸構造の研究
1978	ミッチェル（英）	生体膜におけるエネルギー交換の研究
1979	ブラウン（米），ビティッヒ（独）	新しい有機合成法の開発
1980	バーグ	遺伝子工学の基礎となる核酸の生化学的研究
	ギルバート（米），サンガー（英）	核酸の塩基配列の解明
1981	福井謙一（日），ホフマン（米）	化学反応過程の理論的研究
1982	クルーグ（英）	結晶学的電子分光法の開発と核酸・タンパク質複合体の立体構造の解明
1983	タウビー（米）	無機化学における業績，特に金属錯体の電子遷移反応機構の解明

ノーベル医学・生理学賞

年	受賞者	業績
1984	ヤーン（英），ケーラー（独），ミルシュタイン（英）	免疫制御機構に関する理論の確立とモノクローナル抗体の作成法の開発
1985	ブラウン（米），ゴールドシュタイン（米）	コレステロール代謝とその関与する疾患の研究
1986	レビ・モンタルチーニ（伊），コーエン（米）	神経成長因子および上皮細胞成長因子の発見
1987	**利根川進（日）**	多様な抗体を生成する遺伝的原理の解明
1988	ブラック（英），エリオン（米），ヒッチングス（米）	薬物療法における重要な原理の発見
1989	ビショップ（米），バーマス（米）	レトロウイルスのもつ癌遺伝子が細胞起源であることの発見
1990	マレー（米），トーマス（米）	人間の病気治療への臓器・細胞移植の適用
1991	ネーアー（独），ザクマン（独）	イオンチャネルの機能に関する発見
1992	フィッシャー（米），クレブス（米）	生体制御機構としての可逆的タンパク質リン酸化の発見
1993	ロバーツ（英），シャープ（米）	分断構造をもつ遺伝子の発見
1994	ギルマン（米），ロッドベル（米）	細胞膜に存在するGタンパク質の発見およびその役割解明
1995	ルイス（米），ニュスラインフォルハルト（独），ヴィーシャウス（米）	ショウジョウバエを使った研究で体節の数を決定し，その発達を支配する遺伝子を解明
1996	ドハティ（米），ツィンカーナーゲル（スイス）	細胞性免疫が，ウイルスに感染した細胞を認識するしくみの研究
1997	プルジナー（米）	病原体プリオンを発見し，その発病メカニズムなどの研究
1998	ファーチゴット（米），イグナロ（米），ムラド（米）	一酸化窒素が循環器系で情報伝達分子としての役割を発見
1999	ブローベル（米）	タンパク質が輸送と局在化を支配する信号を内在していることの発見
2000	カールソン（スウェーデン），グリーンガード（米），カンデル（米）	神経系の情報伝達に関する研究
2001	ハートウェル（スウェーデン），ハント（米），ナース（米）	細胞周期の制御因子の発見
2002	ブレンナー（米），ホルヴィッツ（米），サルストン（英）	器官発生と，プログラムされた細胞死の遺伝制御
2003	ラウターバー（米），マンスフィールド（英）	磁気共鳴断層画像化に関する発見
2004	アクセル（米），バック（米）	においの受容体と嗅覚システムの発見
2005	マーシャル（豪），ウォーレン（豪）	ヘリコバクター ピロリ菌と胃潰瘍におけるその役割の発見
2006	ファイアー（米），メロー（米）	RNA干渉の発見-二重らせん構造のRNAによる遺伝子の沈黙

ノーベル化学賞と，物理学賞（一部）

年	受賞者	業績
1984	メリフィールド（米）	固相反応によるペプチド合成法の開発
1985	カール（米），ハウプトマン（米）	物質の結晶構造を直接決定する方法の確立
1986	ハーシュバック（米），リー（台湾），ポラニー（カナダ）	化学反応素過程の動力学的研究への寄与
	ルスカ（独）	電子顕微鏡に関する基礎研究と開発（物理学賞）
	ビニヒ（独），ローラー（スイス）	走査型トンネル電子顕微鏡の開発（物理学賞）
1987	ペダーセン（米），クラム（米），レーン（仏）	高い選択性で構造特異的な反応を起こす分子（クラウン化合物）の合成
1988	ダイゼンホーファー（独），フーバー（独），ミフェル（独）	光合成反応中心の三次元構造の決定
1989	アルトマン（米），チェック（米）	リボ核酸（RNA）の触媒機能の発見
1990	コーリー（米）	有機合成の理論および方法論の開発
1991	エルンスト（スイス）	高分解能核磁気共鳴（NMR）分光学の方法論の開発への貢献
1992	マーカス（米）	化学系における電子移動反応理論への貢献
1993	マリス（米），スミス（カナダ）	DNA化学における手法開発への貢献
1994	オラー（米）	超強酸を用いた研究により，カルボカチオン（炭素陽イオン）の存在を実証
1995	ローランド（米），モリーナ（米），クルッツェン（独）	オゾン層が窒素酸化物やフロンガスによって破壊されることの発見
1996	カール（米），スモーリー（米），クロート（英）	フラーレンとよばれる新しい立体構造をもつ化合物の合成研究
1997	ボイヤー（米），ウォーカー（英）	生体内のエネルギー源であるアデノシン三リン酸の合成機構の解明
	スコウ（デンマーク：Skou, Jens C.）	細胞のイオン濃度を支配する酵素の発見
1998	コーン（米），ポープル（英）	分子の構造や性質，化学反応の量子化学的な計算手法研究
1999	ズベイル（エジプト）	フェムト秒スケールの化学反応における遷移状態の研究
2000	ヒーガー（米），マクダイアミッド（米），**白川英樹**（日）	導電性ポリマーの発見と開発
2001	ノールズ（米），**野依良治**（日），シャープレス（米）	触媒を用いた不斉水素化学反応の業績
2002	フェン（米），**田中耕一**（日）	生体高分子の質量分析法のための穏和な脱着イオン化法の開発
	ビュートリッヒ（スイス）	溶液中の生体高分子の立体構造決定のための核磁気共鳴分光法の開発
2003	アグレ（米），マキノン（米）	生体細胞膜に存在する物質の通り道の研究
2004	チカノヴァー（イスラエル），ハーシュコ（イスラエル），ローズ（米）	ユビキチンを介した，タンパク質分解の発見
2005	ヴァン（仏），グラッブス（米），シュロック（米）	有機合成におけるメタセシス反応の開発
2006	コーンバーグ（米）	真核生物における遺伝情報の転写の基礎的研究

付録4 DNAやタンパク質関連データ各種早見表

遺伝暗号表（円形表示）

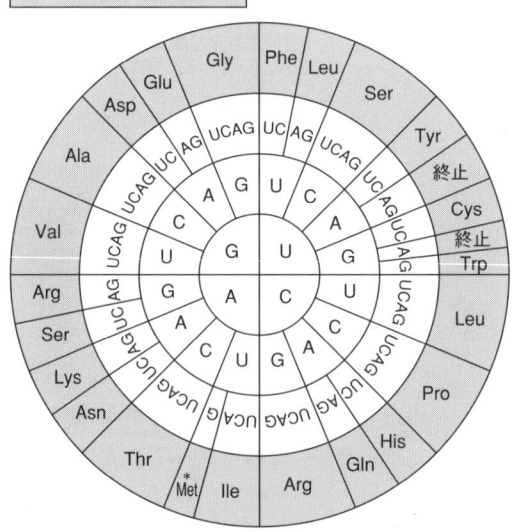

＊：開始コドンになる場合もある

遺伝暗号表（標準表示）

		第 2 コドン					
		U	C	A	G		
第1コドン	U	UUU ⎤ Phe UUC ⎦ UUA ⎤ Leu UUG ⎦	UCU UCC Ser UCA UCG	UAU ⎤ Tyr UAC ⎦ UAA Stop UAG Stop	UGU ⎤ Cys UGC ⎦ UGA Stop UGG Trp	U C A G	第3コドン
	C	CUU CUC Leu CUA CUG	CCU CCC Pro CCA CCG	CAU ⎤ His CAC ⎦ CAA ⎤ Gln CAG ⎦	CGU CGC Arg CGA CGG	U C A G	
	A	AUU AUC Ile AUA AUG Met	ACU ACC Ter ACA ACG	AAU ⎤ Asn AAC ⎦ AAA ⎤ Lys AAG ⎦	AGU ⎤ Ser AGC ⎦ AGA ⎤ Arg AGG ⎦	U C A G	
	G	GUU GUC Val GUA GUG	GCU GCC Ala GCA GCG	GAU ⎤ Asp GAC ⎦ GAA ⎤ Glu GAG ⎦	GGU GGC Gly GGA GGG	U C A G	

汎用核酸の長さおよび分子量

核酸	塩基長	分子量
lambda DNA	48,502 (dsDNA)	3.2×10^7
pBR322 DNA	4,361 (dsDNA)	2.8×10^6
28S rRNA	4,800	1.6×10^6
23S rRNA (*E. coli*)	2,900	1.0×10^6
18S rRNA	1,900	6.5×10^5
16S rRNA (*E. coli*)	1,500	5.1×10^5
5S rRNA (*E. coli*)	120	4.1×10^4
tRNA (*E. coli*)	75	2.5×10^4

各種NTPの特性

NTP	分子量	λ_{max} (nm: pH7.0)	吸光度* (nm: pH7.0)
ATP	507.2	259	15,400
CTP	483.2	271	9,000
GTP	523.2	253	13,700
UTP	484.2	262	10,000
dATP	491.2	259	15,400
dCTP	467.2	272	9,100
dGTP	507.2	253	13,700
TTP	482.2	267	9,600

Absorbance at λ_{max} for 1M Solution (E)
吸光度／核酸濃度換算式

$$\frac{\text{observed absorbance at } \lambda_{max}}{\text{absorbance at } \lambda_{max} \text{ for 1M solution}} = \text{molar concentration of nucleic acid}$$

接頭語とその記号

tera	テラ	T	10^{12}	deci	デシ	d	10^{-1}
giga	ギガ	G	10^9	centi	センチ	c	10^{-2}
mega	メガ	M	10^6	milli	ミリ	m	10^{-3}
kilo	キロ	k	10^3	micro	ミクロ	μ	10^{-6}
hecto	ヘクト	h	10^2	nano	ナノ	n	10^{-9}
deca	デカ	da	10^1	pico	ピコ	p	10^{-12}
				femto	フェムト	f	10^{-15}
				atto	アト	a	10^{-18}

アミノ酸の略語および分子量

アミノ酸	3文字表記	1文字表記	分子量	性質		
Alanine (アラニン)	Ala	A	89	疎水性	脂肪族	中性
Arginine (アルギニン)	Arg	R	174	親水性		塩基性
Asparagine (アスパラギン)	Asn }Asx	N }B	132	親水性		中性
Aspartic acid (アスパラギン酸)	Asp	D	133	親水性		酸性
Cysteine (システイン)	Cys	C	121	疎水性	含硫	中性
Glutamine (グルタミン)	Gln }Glx	Q }Z	146	親水性		中性
Glutamic Acid (グルタミン酸)	Glu	E	147	親水性		酸性
Glycine (グリシン)	Gly	G	75	疎水性	脂肪族	中性
Histidine (ヒスチジン)	His	H	155	親水性		塩基性
Isoleucine (イソロイシン)	Ile	I	131	疎水性	脂肪族	中性
Leucine (ロイシン)	Leu	L	131	疎水性	脂肪族	中性
Lysine (リシン)	Lys	K	146	親水性		塩基性
Methionine (メチオニン)	Met	M	149	疎水性	含硫	中性
Phenylalanine (フェニルアラニン)	Phe	F	165	疎水性	芳香族	中性
Proline (プロリン)	Pro	P	115	疎水性	イミド	中性
Serine (セリン)	Ser	S	105	親水性	水酸基	中性
Threonine (トレオニン)	Thr	T	119	親水性	水酸基	中性
Tryptophan (トリプトファン)	Trp	W	204	疎水性	芳香族	中性
Tyrosine (チロシン)	Tyr	Y	181	疎水性	芳香族	中性
Valine (バリン)	Val	V	117	疎水性	脂肪族	中性

DNAやタンパク質などの換算表いろいろ

重量変換

1 μg = 10^{-6} g
1 ng = 10^{-9} g
1 pg = 10^{-12} g
1 fg = 10^{-15} g

吸光度／DNA濃度変換

1 A_{260} unit of double-stranded DNA = 50 μg/ml
1 A_{260} unit of single-stranded DNA = 33 μg/ml
1 A_{260} unit of single-stranded RNA = 40 μg/ml

DNA重量／mol数換算式

◆一本鎖DNA

pmol → μg

$$\text{pmol} \times N \times \frac{330\text{pg}}{\text{pmol}} \times \frac{1\,\mu\text{g}}{10^6\text{pg}} = \mu\text{g}$$

μg → pmol

$$\mu\text{g} \times \frac{10^6\text{pg}}{1\,\mu\text{g}} \times \frac{\text{pmol}}{330\text{pg}} \times \frac{1}{N} = \text{pmol}$$

N: 塩基長（base）
330pg/pmol：1塩基の平均分子量

◆二本鎖DNA

pmol → μg

$$\text{pmol} \times N \times \frac{660\text{pg}}{\text{pmol}} \times \frac{1\,\mu\text{g}}{10^6\text{pg}} = \mu\text{g}$$

μg → pmol

$$\mu\text{g} \times \frac{10^6\text{pg}}{1\,\mu\text{g}} \times \frac{\text{pmol}}{660\text{pg}} \times \frac{1}{N} = \text{pmol}$$

N: 塩基長（base）
660pg/pmol：1塩基対の平均分子量

DNA重量／mol数変換

1 μg of 1,000bp DNA = 1.52pmol
　　　　　　　　　　　(3.03pmol of ends)
1 μg of pBR322 DNA = 0.36pmol DNA
1pmol of 1,000bp DNA = 0.66 μg
1pmol of pBR322 DNA = 2.8 μg

1. 1kbの二本鎖DNA（Na塩）= 6.6×10^5 ドルトン
2. 1kbの単鎖DNA（Na塩）= 3.3×10^5　〃
3. 1kbの単鎖RNA（Na塩）= 3.4×10^5　〃
4. デオキシヌクレオチドの平均分子量 = 324.5　〃

タンパク質のmol数／重量変換

100pmolのタンパク質（100 kDa）= 10 μg
100pmolのタンパク質（50 kDa）= 5 μg
100pmolのタンパク質（10 kDa）= 1 μg
100pmolのタンパク質（1 kDa）= 100ng

タンパク質／DNA変換

1kb of DNA = 333（コードすることのできるアミノ酸分子）
　　　　　　　37kDa protein
10kDa protein = 270bp DNA
30kDa protein = 810bp DNA
50kDa protein = 1.35kb DNA
100kDa protein = 2.7kb DNA
アミノ酸の平均分子量 = 110ドルトン

索　引

1） 見出し語とその同義語，および解説文中で重要と思われる語句を収録した．

2） 語句は，それぞれ五十音順，アルファベット順に配列した．

・ただし，ギリシャ語については，
$\alpha \to A$，$\beta \to B$，$\lambda \to L$，$\mu \to M$
にそれぞれ配列した．

・数字で始まる語は別にまとめた．

3） ページ数の書体の違いは，下記を表す

・太字……見出し語またはその同義語として収録されている

・細字……解説文中に含まれている

和文

あ

アイキャン ············· 8
アイグラー ············ 185
アイゲン ······ 26, 124, 324
アイスマン ·········· 8, 97
アイスランド ·········· 167
アイソザイム ··········· 10
アイソシゾマー ········· 10
アイソソーム ··········· 10
アイソ制限酵素········· 10
アイティー ············· 10
アイレス ··············· 10
青いバラ ··········· 11, 39
赤の女王仮説 ·········· 11
アカパンカビ ····· 314, 317
アガロース ············· 12
アクセッション番号 ····· 12
アクチベーションタギング 12
アクチベーター ········· 12
アクリジン色素 ········ 135
アグリソーム ··········· 13
アグレトープ··········· 14
アグロバクテリウム
　····· 14, 81, 82, 211, 330
アジア風邪 ············ 206
アシナス ··············· 28
アシロマ会議 ··········· 15
アズキゾウムシ ········ 242
アソシエーション・スタディ
　···················· 15
アダプター ········ 15, 307
圧電効果（ピエゾ効果）··207
アディポサイトカイン/アディ
　ポカイン ············· 16
アデニル化 ············ 309
アデノウイルス ···· 16, 70
アデノウイルスベクター ·16
アデノ随伴ウイルス ·16, 17
アデノ随伴ウイルスベクター
　····················· 17
アナライト ········ 19, 207
アナログ ··············· 19

アニーリング ··········· 8
アニール·············· 20
アノイキス ············· 20
アノテーション ········ 20
アビジン ··············· 20
アビタグ ··············· 23
アファール猿人 ······· 161
アブイニシオ法 ········ 20
アフィニティータグ ·20, 218
アフィニティー精製 ···· 20
アプザイム············· 26
アプタマー
　······ 26, 76, 119, 167, 173
アフリカツメガエル ···· 85
アベシア ············· 296
アポB ················ 321
アポBエディテース（apoB
　editase：APOBEC1）·· 321
アボガドロ数 ·········· 219
アポクリン ············ 231
アポタンパク ··········· 27
アポトーシス
　······ 27, 70, 151, 310, 314
アポプトーシス········· 27
アポプトソーム ········· 30
アポリポタンパク質E ·· 35
アホロートル ········· 187
アポ酵素·············· 27
アミノアシルtRNA合成酵素
　················ 30, 126
アミノアリル（aminoallyl）
　dUTP ················ 57
アミノアリル法 ········ 57
アミロイド ············· 31
アミロイドーシス ······ 31
アミロイド線維 ········ 31
アミロイド変性 ········ 34
アミロース ············· 31
アミロース樹脂カラム ·· 21
アミロペクチン ········· 31
アリイナーゼ ·········· 31
アリール ·········· 32, 147
アリュ配列 ············· 32
アリル ············ 32, 147
アールエヌピー・ハンターシ
　ステム ··············· 32
アールエノーム ········· 33
アールエノミクス ··32, 308

アルゴノート ·········· 306
アールシーエー ········· 33
アルツハイマー病 ······· 33
アルファ・ラクトアルブミン
　（α-lactalbumin）····178
アルファ-アマニチン ··· 35
アルファ相補 ·········· 35
アルフォイド ········· 140
アレイCGH法 ·········· 37
アレイヤー ············ 38
アレイ技術 ········ 37, 76
アロステリック効果 ··· 260
アワノメイガ ··········· 79
アンカープライマー ··· 165
アンキリンリピート ···· 38
アンジオスタチン ······ 64
アンチザイム ········· 263
アンチセンスRNA ·· 38, 82
アンチセンス試薬 ···· 256
アンチパラレル ········· 58
アントシアニン ········· 39
アントシアン ··········· 39
アンバーサプレッサー ·· 39

い

飯島澄男 ········· 71, 185
イオンスプレー ··· 40, 304
生きた化石 ··········· 116
生きた分子化石 ······· 266
異型配偶子 ··········· 192
異種指向性（amphotropic）ウ
　イルス ·············· 202
イソペプチド結合 ····· 330
一塩基多型 ······· 40, 129
異変性接着 ············ 47
イディオタイプ········ 205
イディオトープ········ 205
遺伝学的投薬基準 ····· 40
遺伝型················ 217
遺伝子オントロジー ·40, 69
遺伝子カウンセリング ·· 40
遺伝子クローン ········· 85
遺伝子スパイ事件 ······ 87
遺伝子ターゲティング ·· 42
遺伝子ドーピング ······ 44
遺伝子トラップ········ 45
遺伝子ノックアウトマウス··45

ページ数の書体の違いは，下記を表す．
太字：見出し語またはその同義語として収録，細字：解説文中に含まれている

359

遺伝子ノックイン ········**45**
遺伝子差別 ······· 40, **41**, 53
遺伝子治療 ·· 17, 19, **43**, 74, 75,
　　　151, 167, 228, 245, 253
遺伝子銃············**42**
遺伝子診断 ·········**91**
遺伝子診断法
　·· 58, 147, 218, 234, 240, 246
遺伝子組換え作物
　·······**40**, 81, 108, 116, 180
遺伝子組換え体 ········**85**
遺伝子多型··········204
遺伝子導入動物·······**175**
遺伝子密度 ·········**46**
遺伝子量補償 ········**46**
遺伝的同化 ·········**46**
イネキシン ·········**46**
イブ仮説 ··········**46**
イムノブロット ·······**56**
イモブライン ········**48**
医療の個別化 ········**48**
イレッサ ··········**48**
イン・ビトロ・ウイルス ···**52**
インサイチュ・ハイブリダイ
　ゼーション ·······**48**
インシリコバイオロジー ···**48**
インスレーター ·······**49**
インターフェロン ······107
インターラクトーム ····**49**
インターロイキン ······107
インテイン ·········**49**
インテインシグナル ····**51**
インテグラーゼ ·······**51**
インテグロン ········**51**
イントロン ·········**51**
インパクトシステム ··**51**, 64
インビボ ··········**53**
インフォームド・コンセント
　············**53**, 135
インフラマソーム ·····**53**
インプリンティングセンター
　·············**93**
インフルエンザ········323
インフルエンザウイルス ··131
インフルエンザ菌 ·····**53**
インベーダーオリゴ ····**54**
インベーダー法 ·······**54**
陰陽ハプロタイプ ·····**54**

う

ウイラドセン ········76
ウイルソイド ········**54**
ウイルムス（Wilms）腫瘍
　··············93
ウイルムット（I. Wilmut）
　··········178, 240
ウイロイド ·········**55**
ウエスタンブロット ····**56**
ウエスタン法 ········**56**
ウェルカムトラスト ····20
ウォレン（Warren, J.R.）··212
ウルマン ···········35

え

英国サンガーセンター ··232
エイズワクチン ·······145
エイティーエイシー法 ··**56**
エイドルマン ········68
栄養芽層···········194
エイレス（エーアールイーエ
　ス）標識法 ·······**57**
エキソソーム ········308
エクステイン ········**57**
エクステンシブ・メタボライ
　ザー ···········**57**
エクソソーム ········**57**
エクソン混成 ········**58**
エクトドメインシェディング
　·············**58**
エクリン···········231
餌 ··············161
エスエイチスリー・ドメイン
　アレイ ··········**58**
エスエスシーピー ·····**58**
エックスビボ ········**59**
エッツイ············8
エディトソーム ·······320
エナメル（enamel）基質タン
　パク質 ··········**60**
エバネッセント（evanescent）
　波 ············212
エバンス···········193
エピジェネシス ·······92
エピジェネティックス ··**59**
エピトープ ··14, 205, 223, 248
エムドゲイン ········**60**

エムベーダー ········**60**
エリスロポエチン ······45
エルシーアール ·······**61**
エルシーエム ········**61**
エレクトロポレーション
　·············**61**
エンコード計画 ······**62**
塩基性線維芽細胞増殖因子
　············**61**, 97
円順列変異解析 ···**51**, **64**
炎症 ·············53
エンテロキナーゼ ··23 218
エンドクリン ········232
エンドスタチン ·······**64**
エンドセリン ········**64**
エントリークローン ····**90**
エンハンサー ········115
エンハンサートラップ··**45**, **64**
エンベロープ ·····17, **65**

お

オーカー············39
オーキシン ······ 14, 72
オースチン··········185
オーソロガス遺伝子··**65**, 205
オーダーメード医療
　······**48**, **66**, 92, 173
オートクリン ········232
オートファゴソーム ····**67**
オートファジー ·······**66**
オートマトン ·····**68**, 287
オーファン受容体 ·····**97**
オキシダティブバースト ·**65**
オシゾマー··········10
オッカムのかみそり ····**67**
おとり ············167
おとり型核酸医薬·····**69**
オパール············39
オパイン············14
オビース···········270
オペレーター ········260
オペロン ···········260
オレキシン ·········**69**
オレチシ···········240
オワンクラゲ ····218, 295
オントロジー ········**69**

か

可変領域 ･････････････205
介在配列 ･････････････**51**
解離定数（Kd）･･････207
回文 ･･････････････**205**
階層的ショットガン法
　････････**70**, 100, 123
外部細胞塊･････････158
カウフマン ････････193
核ランオフ（run-off）アッセ
　イ ････････････････70
核ランオンアッセイ ･･･**70**
核酸標識法 ･･････････57
核小体 ･････････････325
カスパーゼ ･････････**70**
カスペース ･････････**70**
片親性ダイソミー ････**70**
活性化因子 ･･････････12
ガッティドベクター ･･**70**
滑膜細胞 ･･･････････119
カーボンナノチューブ ･**71**
カバー率 ････････････**71**
カラースワップ･･････**72**
カール ･････････････184
カルス ･･････**72**, 126, 218
カルタヘナ ･････････**72**
カルタヘナ議定書 ････**72**
カルネキシン ･･････122
カルネキシンサイクル････**73**
カルモデュリン ･･･25, 152
カルモデュリン結合 ･･**25**
ガードン（Gurdon, J. B.）･･･85
ガンシクロビル ････**74**, 228
寒天 ･････････････････12
幹細胞 ･･･････････････**74**
感知因子（sensor）････154
環境ホルモン
　････････**74**, 190, 210, 211
環状（circular）プラスミド
　DNA ･･･････････････160
間葉系幹細胞 ････････**75**
陥入 ･････････････････88
癌幹細胞 ･････････････**73**
眼咽頭筋ジストロフィー ･･180

き

ギアハルト ･････････290

偽遺伝子 ････････････**75**
キイロショウジョウバエ ･･120
奇形癌腫 ････････････75
奇形腫 ･･････････････75
技術移転機関 ････**75**, 193
技術移転法 ････････193
キチン結合ドメイン ･････51
キナーゼアレイ ････37, **76**
機能ゲノミクス ･･･････**76**
機能ゲノム学 ･･･････69
機能性RNA ･･32, **76**, 173, 308
ギープ ･･･････････････**76**
キメラ ･･･････････････**76**
キメラマウス ････････43
逆転写酵素 ･･････75, 268
ギャップ結合 ･･･････98
キャナリゼーション ･･**77**
キャピラリーアレイ電気泳動
　チップ ････････････**77**
キャプシド ･･･････17, 65
キャプソマ ･･････････**77**
キュベット ･･････････61
共抑制 ･･････････････**96**
切れ目 ･････････････**186**
緊縮性プラスミド ････**77**

く

クウェエリング ･････314
クオンティ・プローブ･･**77**
組換えDNA実験指針 ････40
組換えジャガイモ ････**77**
組換えダイズ ･･･････**78**
組換えトウモロコシ ･･**77**, **78**
組換えトマト ･･･**79**, 223
組換えナタネ･･**78**, **79**, 82, 260
グライコーム ･････････79
グライコミクス ･･････80
クラウンゴール ･･14, 331
クラスター解析 ･･････**80**
グラハム ･･･････････336
グラム陰性菌 ･････････**80**
グラム陽性菌 ･････････**80**
グリーンオイル ････192
クリスタルバイオレット･･**80**
グリベック ･････････**81** 201
グリホサート ･･78, 79, **81**, 82
グリホサート酸化還元酵素･･**82**

クリングル ････････64
グルテリン ･････････**82**
グルホシネート ････**82**
クレ・ロックスピー系 ･･**82**
クローニング ･･････85
クローン ･･･････････**84**
クローンヒツジ ････240
クローン人間 ･････**85**, 135
クローン動物 ･･･････**85**
クローン病 ･････････**85**
クロトー ･･･････････184
クロマチン ･･･････**83**, 300
クロマチンコレオグラフィー
　･･･････････････････**83**
クロマチンサイレンシング
　･･･････････････････**83**
クロマチンリモデリング･･**84**
クロマチン免疫沈降法 ･･**84**
クロマトイドボディ ･･**84**
クロモドメイン ････**84**
クロモメア ･････････187

け

形質転換動物 ･････････**175**
形態チェックポイント･･**87**
経済スパイ法 ･･････**86**
継代 ････････････････131
茎頂 ････････････････230
蛍光共鳴エネルギー転移法･･**86**
ケージド化合物 ･････**88**
血液凝固因子（Xa）･･21
血管新生 ･･･････････**88**
血管内皮増殖因子 ･･**88**
血栓性血小板減少性紫斑病･･**88**
血島 ････････････････197
ゲートウェイシステム ･･**88**
ゲノミクス
　･･ 76, **90**, 175, 177, 217, 227
ゲノム ･･････33, 48, **90**, 238
ゲノム ゲノムインフォマティ
　クス ･･･････････････**90**
ゲノムオントロジー ････69
ゲノムの管理者 ････310
ゲノムプロジェクト ･･204
ゲノムライブラリー ･･**93**, 259
ゲノム医療 ･･････173, 177
ゲノム解析 ･･････････90
ゲノム検査･････････**91**

ページ数の書体の違いは，下記を表す．
太字：見出し語またはその同義語として収録，細字：解説文中に含まれている

ゲノム刷り込み
　　　　・・・**92**, 276, 315, 304
ゲノム刷り込みセンター・・**93**
ゲノム初期化 ・・・・・・・・・・**90**
ゲノム情報科学 ・・・・・・・・・90
ゲノム診断 ・・・・・・・・・・・・**91**
ゲノム創薬
　　　　・・**86**, **93**, 173, 177, 318
ゲノム薬理学 ・・・・・・・・・・**93**
ゲフィチニブ ・・・・・・・・・・・48
原核生物 ・・・・・・・・・・・・・233
原形質体・・・・・・・・・・・・・**227**
原始RNAワールド ・・・・・・266
原始紅藻 ・・・・・・・・・・・・・116
原生動物 ・・・・・・・・・・・・・・95
原腸陥入 ・・・・・・・・・・・・・113
減数分裂・・・・・・・・・・・・・・192

こ

コーサプレッション・・**96**, 297
個人の識別 ・・・・・・・・・・・243
個人情報保護 ・・・・・・・・・・168
古細菌 ・・・・・・・・・・・・・・・80
コスミド ・・・・・・・・・・・・・・**97**
古代DNA ・・・・・・・・・**97**, 119
孤児受容体・・・・・・・・・・・・**97**
枯草菌 ・・・・・・・・・・・・・・170
後世的 ・・・・・・・・・・・・・・・92
後成性 ・・・・・・・・・・・・・・・59
後生動物 ・・・・・・・・・・・・・・95
抗原ドリフト ・・・・・・・・・206
抗原決定基 ・・・・・・・205, 255
抗生物質 ・・・・・・・・・・・・・228
抗体アレイ ・・・・・・・・・37, **96**
抗体チップ ・・・・・・・・・・・・96
構造ゲノミクス ・・・・・・・・・**95**
構造ゲノム学・・・・・・・・・・・**95**
酵素アレイ ・・・・・・・・・37, **95**
高度好熱菌 ・・・・・・・・・・・311
高熱性古細菌 ・・・・・・・・・126
合プライマー ・・・・・・・・・300
合胞体 ・・・・・・・・・・・・・・128
骨分化誘導タンパク質・・・**97**
コーティング ・・・・・・・・・・**97**
コドン ・・・・・・・・・・・・・・186
コドン偏位 ・・・・・・・・・・・・**97**
ゴードン（J.Gordon）・・・175

コネキシン・・・・・・・・・・46, **98**
コネクソン ・・・・・・・・・・・・98
コメットアッセイ ・・・**99**, 222
コラーゲン ・・・・・・・・・・・・64
コリシン・・・・・・・・・・・・・200
コロニー ・・・・・・・・・・・・・**100**
コンゴーレッド ・・・・・・・・・31
コンソーシアム ・・・・・・・・**100**
コンティグ ・・・・・・・・70, **100**
コンピケム ・・・・・・・・・・・**101**
コンピテント細胞 ・・・・・・**101**
コンピュータートモグラフィ
　ー ・・・・・・・・・・・・・・・・174
コンフォメーション病・**101**
コンプリメンタリーDNA・・**279**
コーンボーラー ・・・・・・・・・79
コーンルートワーム ・・・・・79

さ

再会合 ・・・・・・・・・・・・・・・20
細菌人工染色体 ・・・・・・・・276
サイクリン ・・・・・・・・・・・**103**
サイクリンD ・・・・・・・・・・274
再生医療 ・・・・・・・・**106**, 126
サイトカイニン ・・・・・・14, 72
サイトカイン ・・・・・・**107**, 301
サイバーグリーン ・・・・・・**107**
サイブリッド・・・・・・・・・・**107**
細胞質雑種 ・・・・・・・・・・・**107**
細胞周期 ・・・・・・・・・・・・・153
細胞周期エンジン ・・・・・・104
細胞融合 ・・・・・・・・・・・・・**107**
細胞融合法 ・・・・・・・・・・・240
サイレンサー ・・・・・・84, 115
サザン ・・・・・・・・・・・・・・189
サザンブロット ・・・・・・・・**108**
サザン法 ・・・・・・・・・・・・・**108**
雑種 ・・・・・・・・・・・・・・・・109
雑種強勢 ・・・・・・・・**109**, 196
雑種形成 ・・・・・・・・・・・・・**195**
サテライトRNA ・・・・・・・**109**
作動因子 ・・・・・・・・・・・・・154
サブトラクション ・・**109**, 150
サラセミア ・・・・・・・・・・・・44
サルストン ・・・・・・・・・・・139
サロゲートマーカー ・・・・**110**
サンガー法・・・・・・・・**110**, 116

三重鎖侵入 ・・・・・・・・・・・**110**
三胚葉 ・・・・・・・・・・・・・・197
珊瑚 ・・・・・・・・・・・・・・・・163
サントリー ・・・・・・・・・・・250

し

ジアルジア ・・・・・・・・・・・**110**
ジェネンテック ・・・・191, 201
ジェミニウイルス ・・・・・・**110**
ジェミュール ・・・・・・・・・**111**
シェルテリン ・・・・・・・・・**111**
ジギタリス（Digitalis purpurea）
　　　　・・・・・・・・・・・・・113
シグナチャー ・・・・・・・・・**111**
シグナルオントロジー ・・・69
シグナルプローブ ・・・・・・54
シグナル認識分子 ・・・・・・32
始原生殖細胞 ・・・74, **113**, 290
ジゴキシゲニン ・・・・・・・・113
自己スプライシング ・・・・**114**
自己触媒的 ・・・・・・・・・・・114
自己増殖能 ・・・・・・・・・・・146
自己複製能 ・・・・・・・・73, 140
シザーズ（鋏）プローブ・・332
脂質ラフト ・・・・・・・・・・・**114**
脂質輸送・・・・・・・・・・・・・267
歯周炎 ・・・・・・・・・・・・・・**114**
歯周病 ・・・・・・・・・・・・・・114
シスエレメント ・・・・・・・・115
シス-スプライシング ・・・177
システオーム ・・・・・・・49, **115**
システムバイオロジー・・**115**
シスト ・・・・・・・・・・・・・・**115**
シス作用性 ・・・・・・・・・・・**115**
雌性前核 ・・・・・・・・・**115**, 175
シゾン ・・・・・・・・・・・・・・116
執行カスパーゼ ・・・・・・・・30
実質的同等性 ・・・・・**116**, 215
質量分析器 ・・・・291, 304, 331
シーディング ・・・・・・・・・116
ジデオキシ法 ・・・・・・・・・116
自動スライド解析機 ・・・・117
シトクロムc ・・・・・・・・・・28
シナプシス ・・・・・・・・・・・117
シナプス形成 ・・・・・・・・・117
シナプトネマ構造 ・・・・・・117
死の五重奏曲 ・・・・・・・・・118

シノビオリン ‥‥‥‥**118**	人工臓器‥‥‥‥**126**, 164	制限酵素‥‥‥‥‥**134**
シミュレーション（simulation）実験‥‥‥‥‥‥‥201	シンジェン‥‥‥‥‥**127**	制限酵素断片多型性‥‥**317**
	シンシチウム‥‥‥‥**127**	制限酵素断片長多型‥‥**317**
シーモア・ベンザー（Seymour）‥‥‥‥‥200	真性細菌‥‥‥‥‥‥80	性決定領域‥‥‥‥‥327
	ジーンターゲティング‥**42**	整列クローン‥‥‥‥100
若年化‥‥‥‥‥‥‥212	シンテニー‥‥‥‥‥**128**	生殖技術‥‥‥‥‥‥168
ジャコブ‥‥‥‥‥‥35		生殖隆起‥‥‥‥‥‥113
ジャコブ（Jacob, F.）‥**260**	**す**	生体異物‥‥‥‥‥‥**136**
シャトルベクター‥‥**119**		生物オントロジー整備委員会
シャペロン‥‥‥‥‥122	水素結合‥‥‥‥‥‥195	‥‥‥‥‥‥‥‥‥69
ジャンクDNA‥‥90, **119**	スーパーコイル‥‥‥**160**	生物情報科学‥‥**134**, **191**
重症化‥‥‥‥‥‥‥212	スーパーファミリー‥‥137	生物農薬‥‥‥‥‥‥**134**
修飾メチラーゼ‥‥‥**134**	スーパー雑草‥‥‥‥**130**	生命情報科学‥‥‥‥**191**
集団ゲノム学‥‥‥‥**119**	スーパー糸‥‥‥‥‥**130**	生命倫理‥‥‥‥**42**, **134**
樹脂‥‥‥‥‥‥‥‥21	スーパー微生物‥‥**130**, 192	精子形成細胞‥‥‥‥84
状態機械‥‥‥‥‥‥**68**	スクレイピー‥‥‥‥**128**	精子・星状体‥‥‥‥257
受精卵‥‥‥‥‥‥‥168	侵入法‥‥‥‥‥‥‥**54**	脊髄筋萎縮症‥‥‥‥306
出芽‥‥‥‥‥‥‥‥88	スタート・ファミリー‥**129**	接合‥‥‥‥‥‥‥‥**135**
出芽酵母	スターリンク‥‥79, **129**	接合子‥‥‥‥‥**135**, 192
‥46, 57, **119**, 133, 232, 238	スタンフォード大学‥‥191	接着帯‥‥‥‥‥‥‥23
シュードジーン‥‥‥**75**	ステファンソン‥‥‥167	ゼノバイオティック‥‥**136**
シュードノット‥‥‥263	ステム・ループ‥‥‥263	ゼブラフィッシュ‥‥‥**136**
シュピーゲルマー‥‥**119**	ストラクチュローム‥‥**129**	セルピノパシー‥‥‥**137**
ショウジョウバエ	ストラクチュロミクス‥**129**	セルピン‥‥‥‥‥‥137
‥46, **120**, 124, 241, 315, 330	ストレプトアビジン‥20, 25	セルフスプライシング‥**114**
焦点化（focused）プロテオミクス‥‥‥‥‥‥‥227	スニップ‥‥‥‥**129**, 246	セルラーゼ‥‥‥108, 228
	スニップコンソーシアム	セレノシステイン‥‥‥**137**
衝突誘起解離‥‥‥‥**120**	‥‥‥‥‥‥‥100, **130**	セレラ・ジェノミクス
小胞体‥‥‥‥‥‥73, 120	スニップタイピング技術 **130**	‥‥‥‥‥‥**138**, 204, 241
小胞体ストレス応答‥‥**120**	スプライシング‥‥**130**, 284	セレン（Se）‥‥‥‥137
触媒抗体‥‥‥‥‥‥**26**	スプライセオソーム‥‥326	センサーチップ‥‥**138**, 207
食品医薬医局‥‥‥‥40	スプライソゾーム‥‥‥131	先体‥‥‥‥‥‥‥‥163
植物バイオ‥‥‥‥‥72	スペイン風邪‥‥‥**131**, 206	センダイ（仙台）ウイルス
女性ホルモン‥‥‥‥190	スペクトリン‥‥‥‥38	‥‥‥‥‥‥107, **138**, 298
ショットガン法‥70, 71, **123**	スミス（Smith, G.）‥198, 279	センチモルガン‥‥‥**138**
徐冷再対合‥‥‥‥‥**20**	スモーリー‥‥‥‥‥184	染色質‥‥‥‥‥‥‥**83**
シランコート（silane coating）法‥‥‥‥‥‥‥‥97	スリーティースリー‥‥131	線維芽細胞‥‥‥‥‥61
	スリーハイブリッドシステム	線形スキャン‥‥‥‥223
シリコンバレー‥‥‥191	‥‥‥‥‥‥‥32, **130**	線状因子‥‥‥‥‥‥118
シロイヌナズナ		線虫‥‥‥46, 124, **138**, 321, 330
‥‥‥‥‥‥12, **124**, 150	**せ**	銭卓‥‥‥‥‥‥‥‥172
真核細胞‥‥‥‥‥‥130	セイジ‥‥‥‥‥‥‥**134**	セントラルドグマ‥‥‥**139**
進化分子工学	世界保健機構‥‥‥‥135	セントロイド‥‥‥‥**140**
‥‥‥‥26, 52, **124**, 324	世代‥‥‥‥‥‥‥‥127	セントロメア‥‥‥**140**, 242
神経幹細胞‥‥‥‥‥74	制限（restriction）‥‥**134**	前立腺特異抗原‥‥‥110
ジーングリップ‥‥‥**124**	制限メチラーゼ‥‥‥**134**	全ゲノムショットガン法 **138**
人工タンパク質‥‥30, **126**	制限メチレース‥‥‥**134**	全欠失突然変異‥‥‥**186**
人工種子‥‥‥‥**126**, 218	制限系‥‥‥‥‥‥‥**133**	

ページ数の書体の違いは，下記を表す．
太字：見出し語またはその同義語として収録，細字：解説文中に含まれている

全能性 ･･････････ 74, 193

そ

組織 in situ ハイブリダイゼーション ･･････････ **144**
組織幹細胞 ･･････ **144**, 146
組織工学 ･･････････ 164
双子 ･････････････ 111
桑実胚 ･･･ **141**, 158, 179
双子葉植物 ･････････ 14
相同遺伝 ･･･････････ 158
相同遺伝子組換え ･･･ **141**
相補的DNA ･･････ **279**
増殖因子 ･･･････････ 58
造血幹細胞 ･･･ 74, 75, **140**
造血幹細胞活性 ･････ **140**
側系遺伝子 ････ **144**, 158
側面要素 ･･･････････ 118
測定曲線 ･･･････････ 207
ソレノイド ･･････････ 187

た

ダイアクリン ･･･････ 232
大学等技術移転促進法 ･･ 193
大規模染色体再構成 ･･ 145
ダイサー ･･･････････ 321
体質 ･･･････････････ 130
代謝オントロジー ･････ 69
代謝プロファイリング ･･ 251
体性幹細胞 ･･･ 75, 140, **146**
第1世代遺伝子組換え作物 ･･････････････････ 145
第2世代遺伝子組換え作物 ･･ 145
第3世代遺伝子組換え作物 ･･ 145
ダイオキシ法 ･･･････ **116**
ダイナミックレンジ 219, 279
ダイニンモーター ･････ 14
ダイマーセプト ･････ **147**
タイムラプス解析 ･･･ **147**
対立遺伝子 ･････ 70, **147**
対立遺伝子特異的オリゴヌクレオチド法 ･････ **147**
対立遺伝子特異的増幅法 **147**
対立遺伝子排除 ･････ **147**
対立形質 ･･･････････ **147**
タイリングアレイ ･･ 38, **147**
ダーウィン ･･･ 26, 111, 124

多機能性プロテアーゼ ･･ **224**
タグスニップ ･････ **148**
タクマンプローブ ･･･ **148**
タクマン法 ･････････ **149**
タグライン ･････ **150**, 330
多段差引法 ･････････ **150**
脱癌化療法 ･････････ **151**
タッグドMS法 ･････ **151**
多分化能 ･････ 74, 140, 146
タネル ･････････････ **151**
タマネギ ･････････････ 31
ターミネーター技術 ･･ **151**
単クローン性抗体 ･････ **253**
短日植物 ･･･････････ 230
単子葉植物 ･････････ 14
タンデムアフィニティー精製法 ･･････････ **151**
タンデム質量分析法 ･･ **153**
タンパク質スプライシング ･･････････････････ **153**
タンパク質などの多量体 ･･ 116
タンパク質相互作用アレイ ･･････････････ 37, **153**
タンパク質複合体検出システム ･･････････････ **161**
単量体 ･････････････ 116

ち

チェイス（M.Chase）･････ 200
チェック ･･･････････ 318
チェック（Cech, T.）････ 264
チェックポイント ･･･ **153**
チェックポイント・ラド **157**
チェーンターミネーター法 ･･････････････････ **116**
チオール化 ･････････ 309
チオボンド ･･･････････ 23
チオレドキシン ･････ 237
チオレドキシンタグ ････ 23
チップファブ ･･･････ 192
チャイラヒャン（Chailakhyan, M.） ･･････････････ 229
着床 ･･････････････ **157**
中間ベクター ･･･････ 158
中間ベクター法 **158** チューブリン ･･･････････ 158
中心教義 ･･･････････ **139**
中心体 ･････････ **158**, 204

中心要素 ･･･････････ 118
治療 ･･････････････ 135
腸管出血性大腸菌 ･･･ 239
長日植物 ･･･････････ 230
超らせん ･･･････････ **160**
直系遺伝子 ･････････ **158**
チンパンジー ･･･････ 161
チンパンジーゲノム ･･ **161**

つ

対合 ･･･････････ **117**, 161
ツニカマイシン ･････ 120
ツーハイブリッドシステム ･･････････････････ **161**
ツーハイブリッド系 ･･ 161

て

低グルテリン米 ･･････ 82
ディ・ジョージ症候群 ･･ 187
ティーエー・クローニング ･･････････････････ **163**
ディーエスレッド ･･･ **163**
ティー抗原 ･････････ **163**
ティカ ･････････････ **163**
ティッシュ・エンジニアリング ･･････････････ **164**
ディファレンシャルディスプレイ ･････････････ **164**
デオキシウリジン ･･･ 257
適合 ･･････････････ **165**
デコイ分子 ･････････ **167**
デコード・ジェネテイックス ･･････････････････ **167**
デザイナーチャイルド ･･ **168**
デスティネーション ･････ 90
デセトープ ･･･････････ 14
デッカー ･･･････････ 185
テトラヒメナ ･･･････ **168**
テトラプロイディ・チェックポイント ･････････ **168**
テトラプロイド ･････ **168**
テーラーメード医療 ･･･････ 48, **66**, 86, **168**
テーラーメード薬 ･･･ 201
デルフィニジン ･････ 250
テレフタル酸 ･･･････ 130
テロメア ･･･････ 111, **168**
テロメラーゼ ･･･････ 169

転位 ……………170, 171
転移メッセンジャーRNA…170
転換 ………………170
電気穿孔法 …………61
転座 ………………170
転写活性化領域 ……148
伝達不平衡解析法 …171
転置 …………170, 171
デンドリマー ………172

と

同位体コード化アフィニティー標識法 ……………172
同型配偶子 …………192
動原体 …………140, 242
同質遺伝子個体群 ……127
同種指向性（ecotropic）ウイルス ………………202
等電点 ………………230
導入抑制 ……………96
トウモロコシ ………40
ドギーマウス ………172
毒性ゲノム学 ………173
土壌細菌 …………14, 331
ドットコム企業 ……173
ドープ選択 …………173
トポロジー形成 ……173
ドミナントネガティブ変異 ……………………173
トモグラフィー ……174
トモグラム …………174
ドラフト …………20, 175
ドラフトシークエンス …174
ドラフト配列 ………241
トランケーション ……253
トランス ……………175
トランス・トランスレーション ………………170
トランスクリプトーム …175
トランスクリプトーム解析 …………………175, 290
トランスクリプトソーム …175
トランスクリプトミクス …175
トランスサイレチン ……31
トランスジェニック動物 …175
トランス-スプライシング ………………175, 176
トランスベクション ……177

トランスポゾン ……150, 233, 330
トランスポゾンタギング ……331
トランスポゾンタグライン ……………………331
トランスレーショナル・リサーチ ………………177
トランスレーショナル医療 ……………………177
トランスロコン ……123
ドリー ………85, 178, 240
トリスタン・ダ・クーナ島 ……………………180
トリパノソーマ …320, 321
トリプトファン事件 …180
トリプルステージ（triple stage）型MS …………291
トリプレックス（三重鎖）構造 …………………235
トリプレットリピート病 180
トリペプチド（tripeptide）アンチコドン ……………235
ドレクスラー ………184
トロンビン …………21

な

内部細胞塊 …158, 183, 193, 195
内分泌攪乱物質
…74, 183, 190, 211, 217
ナズバ ………………183
ナタネ ………………40
ナノスプレー ………183
ナノスプレー法 ……153
ナノチューブ ………184
ナノテクノロジー
…………184, 221, 260
ナノピラーチップ ……185
ナノピンセット …71, 186
ナノマシーン ………287
ナノメーター ………184
ナルコレプシー ……69
ナル突然変異 ………186
南京錠（padlock）型プローブ ………………203
ナンセンスサプレッサー…186
ナンセンス変異 ……186

に

二次元電気泳動 ……186

二重鎖切断 …………186
ニールセン（Nielsen, P. E.）…235
ニック ………………186
ニッケル（Ni） ………23
ニッチ ………………186
ニューリーフ・プラス …77
ニューロセルピン ……137

ぬ

ヌードマウス ………187
ヌクレオソーム …28, 187
ヌル突然変異 ………186

ね

ネオセントロメア ……187
ネオテニー …………187
根絶やし技術 ……151, 189
粘着末端 ……………16
稔性 …………………292

の

ノーザンブロッティング…189
ノーザンブロット …56, 189
ノーザン法 …………189
ノズル ………………40
ノックアウトマウス ……189
ノックイン …………190
ノニルフェノール …190, 217

は

バイ・ドール法 ………193
バイオインフォマティクス ……………………191
バイオオーグメンテーション ……………………192
バイオスティミュレーション ……………………192
バイオテックベイ ……191
バイオデンドリマー ……172
バイオファブ ………191
バイオプラスチック …130, 192
バイオマス …………192
バイオレメディエーション ……………………192
配偶子 …………115, 192
胚結節 ………………195
バイスタンダー効果 ……75

ページ数の書体の違いは，下記を表す．
太字：見出し語またはその同義語として収録，細字：解説文中に含まれている

365

ハイスループットスクリーニング ・・・・・・・・・・・・・・・**192**
胚性幹細胞
・・・・ 74, 107, 113, **193**, 291
バイナリーベクター法 ・**193**
胚培養 ・・・・・・・・・・・・・・**194**
胚盤胞
・・ 43, 158, 179, 193,**194**, 291
胚盤葉 ・・・・・・・・・・・・・・195
ハイブリダイゼーション ・**195**
ハイブリッド・ライス ・**196**
ハイブリッド型MS ・・・・**291**
ハイブリッド種子 ・・・・・**196**
ハイブリドーマ ・・・・ 108, 256
胚様体 ・・・・・・・・・・・・・・**196**
配列認識部位 ・・・・・・**197**, 330
ハウスキーピング遺伝子・・**197**
バカンティ（Vacanti, J.）・・164
パキテンチェックポイント
・・・・・・・・・・・・・・・・・・・・**197**
バキュロウイルス ・・**198**, 200
バクテリオシン ・・・・・・**200**
バクテリオファージP1 ・・・82
バクミッド ・・・・・・**198**, **200**
ハーシェイ（A.D.Hershey）
・・・・・・・・・・・・・・・・・・・・200
ハーシェイ・チェイスの実験
・・・・・・・・・・・・・・**200**, 330
ハーシェイの天国 ・・・・・200
橋渡し実験 ・・・・・・・・・・・200
バスタ ・・・・・・・・・・・・・・・82
ハーセプチン ・・・・・・147, **201**
バーチャル細胞 ・・・・・49, **201**
パーティクルガン ・・・・・・**42**
パッケージングシグナル・・**202**
パッケージングプラスミド
・・・・・・・・・・・・・・・・・・・・**203**
パッケージング細胞 ・・・**202**
白血病 ・・・・・・・・・・・・・・・73
白血病阻害因子 ・・・・・・・301
白血病増殖阻止因子 ・・・・301
発現配列タグ ・・・・・・・・**292**
パドロックプローブ ・・・**203**
歯の再生医療 ・・・・・・・・・297
ハプロタイプブロック ・**204**
ハプロタイプ地図 ・・・・・297
ハブ細胞 ・・・・・・・・・・・・**203**
バミューダ原則 ・・・・・・・204

ハミルトン ・・・・・・・・・・・・11
ハミルトン経路問題 ・・・・287
パラクライン ・・・・・・・・**204**
パラクリン ・・・・・・**204**, 232
パラトープ ・・・・・・・・・・**204**
パラプトーシス ・・・・・・**205**
パラミキソウイルス ・・・298
パラロガス遺伝子 ・・・・・**205**
バラ分泌 ・・・・・・・・・・・・**204**
パリンドローム ・・・・・・**205**
パリンドローム配列 ・・・・140
パルボウイルス ・・・・・・・・16
パルミトイル ・・・・・・・・249
パロアルト ・・・・・・・・・・191
バンコマイシン耐性腸球菌
・・・・・・・・・・・・・・219,.257
半数体 ・・・・・・・・・・・・・・206
ハンチンチン ・・・・・・・・180
ハンチントン舞踏病 ・・・180
パンデミック・インフルエンザ ・・・・・・・・・・・・・・・・206
ハンマーヘッド型リボザイム ・・・・・・・・・・・・・・・・・・264
半量不足性 ・・・・・・・・・・206
汎生論 ・・・・・・・・・・・・・・111

ひ

ビアコアシステム ・・**207**, 212
ピエゾドライブ ・・・・・・**207**
ビオチン ・・・・・・25, 172, **209**
ビオチンリガーゼ ・・・・・・25
比較ゲノム学 ・・・・・・69, **209**
光リソグラフィー ・・・・・289
ピークピッキング ・・・・・**209**
非交差 ・・・・・・・・・・・・・・143
飛行時間型質量分析器
・・・・・・・・・・・・・・305, **331**
ピコルナウイルス ・・・・・・10
ピー・シー・アール ・・・**311**
微小管 ・・・・・・・・・・・・・・158
ヒスチジンタグ ・・・・・・・・23
ヒスチジンヘキサマー ・・・23
ヒストトープ ・・・・・・・・・14
ヒストンコード説 ・・・・・210
ヒストンメチル化酵素 ・・210
ヒストン八量体 ・・・・・・・84
ビスフェノールA ・・・**74, 210**
ビー（B）染色体 ・・・・・**207**

ビタミンH ・・・・・・・・・・**209**
ビッツォゼロ（Bizzozero, G.）
・・・・・・・・・・・・・・・・・・・・212
ビーティートキシン ・・・**211**
ビテロゲニンアッセイ ・・**211**
ヒトアデノウイルス ・・・・16
ヒトゲノム機構 ・・・・・・**211**
ビニッチ ・・・・・・・・・・・・184
非翻訳RNA ・・・・・・・・・・308
ピューロマイシン ・・52, **211**
標的化（targeted）プロテオミクス ・・・・・・・・・・・・・・227
表現型 ・・・・・・・・・・・・・・**217**
表現型スクリーニング ・**211**
表現型模写 ・・・・・・・・・・**212**
表現促進 ・・・・・・・・・・・・**212**
表面プラズモン ・・・・・・**212**
表面プラズモン共鳴 ・・・**212**
表面プラズモン共鳴測定 ・・138
病原性原生動物 ・・・・・・・110
病原性大腸菌O157 ・・・・**309**
ヒヨドリバナ ・・・・・・・・111
広常真治 ・・・・・・・・・・・・・75
ピロリ菌 ・・・・・・・・・・・・**212**

ふ

プア・メタボライザー ・・**215**
ファージディスプレイ ・・**213**
ファージミドベクター ・・**215**
ファックス ・・・・・・・・・・**215**
ファミリアリティの原則
・・・・・・・・・・・・・・116, **215**
フィージビリティー ・・・**215**
フィーダー ・・・・・・・・・・113
フェノミクス ・・・・・・・・**217**
フェノム ・・・・・・・・・・・・**217**
フォーセップス ・・・・・・186
フォンビルブランド因子
・・・・・・・・・・・・・・・・・・・・88
不死化 ・・・・・・・・・・・・・・131
不死性 ・・・・・・・・・・・・・・**193**
フグ ・・・・・・・・・・・・・・・・**217**
複雑度 ・・・・・・・・・・・・・・**217**
部細胞塊 ・・・・・・・・・・・・291
フタル酸ジエチルヘキシル
・・・・・・・・・・・・・・・・・・・・**217**
不定胚 ・・・・・・・72, 126, **217**
不妊虫放飼法 ・・・・・・・・**218**

和文索引

フラーレン ・・・・・・・・・・・・**221**
プライマー ・・・・・・・・・・・・・・**8**
プライマー伸長法 ・・・・・・・**218**
プライムテック ・・・・・・・・**207**
ブラウン ・・・・・・・・・・・・・・**290**
フラジェリン ・・・・・・・・・・**237**
プラスミノーゲン ・・・・・・・**64**
フラッグタグ ・・・・・・・・・・**218**
プラテンシマイシン ・・・・**219**
プラトー効果 ・・・・・・・・・・**219**
フラボノイド3',5'水酸化酵素
・・・・・・・・・・・・・・・・・・・・・**250**
プリオン ・・・・・・・・・・・・・・**221**
フレアモジュール ・・・・・・**222**
プレイ ・・・・・・・・・・・・・・・・**133**
プレーナー（Planar）・・・**191**
フレーバーセーバー・・79,**223**
フレット（FRET）プローブ
・・・・・・・・・・・・・・・・・・・・・・**54**
ブレフェルジンA ・・・・・・**120**
不連続エピトープ ・・・・・・**223**
ブレンナー ・・・・・・・・・・・・**138**
フローサイトメトリー
・・・・・・・・・・・・・・・・215,**223**
プローブ法 ・・・・・・・・・・・・**229**
プログラム細胞死 ・・・・・・**223**
フロストバン ・・・・・・・・・・**223**
プロテアーゼ ・・・・・・・・・・・**58**
プロテアーゼGST-PSP ・・**21**
プロテアソーム ・・・・・・・・**224**
プロテインアレイ ・・・・・・・**37**
プロテインキネシス ・・・・**225**
プロテインチップ
・・・・37, 58, 95, 96, 153, **225**
プロテインディファレンシャ
ルディスプレイ ・・・・・・**227**
プロテインプロファイリング
・・・・・・・・・・・・・・・・・・・・・**227**
プロテオーム ・・・・・・・48,**227**
プロテオームプロファイリン
グ ・・・・・・・・・・・・・・・・・・**227**
プロテオーム解析 ・・120,**227**
プロテオグラフ ・・・・・・・・**227**
プロテオミクス
・・・・・・・・・20, 177, 217,**227**
プロトコール ・・・・・・・・・・**227**
プロトプラスト ・・・・108,**227**
プロドラッグ ・・・・・・・・・・**228**

プロドラッグ療法 ・・・・・・**228**
プロバイオティックス ・**228**
プロモーター ・・・・・・・・・・**115**
プロラクチン ・・・・・・・・・・・**64**
フロリゲン ・・・・・・・・・・・・**229**
プロリゴ ・・・・・・・・・・・・・・**296**
分化能 ・・・・・・・・・・・・・・・・・**73**
分子クラスターインデックス
・・・・・・・・・・・・・・・・227,**230**
分子クローニング ・・・・・・・**85**
分子ビーコン ・・・・・・・・・・**231**
分子擬態 ・・・・・・・・・・・・・・**230**
分子時計 ・・・・・・・・・・・・・・**230**
分節重複 ・・・・・・・・・・・・・・**283**
分泌 ・・・・・・・・・・・・・・・・・・**231**
分裂酵母 ・・・・・・・・・119,**232**

へ

ヘアピン型リボザイム ・・**265**
平滑末端 ・・・・・・・・・・・・・・・**16**
米国の疾病対策センター 323
ベイト ・・・・・・・・・・・・・・・・**133**
ベーカー ・・・・・・・・・・・・・・**277**
ヘキソン ・・・・・・・・・・・・・・・**16**
ペクチナーゼ ・・・・・・・・・・**228**
ペクチン ・・・・・・・・・・・・・・**223**
ペチュニア ・・・・・・・・・・・・・**11**
ヘッケル ・・・・・・・・・・95, 234
ペットシステム ・・・・・・・・**233**
ヘテロクロニー ・・・・・・・・**234**
ヘテロトピー ・・・・・・・・・・**234**
ヘテロ接合性・・・・・・・・・・**206**
ヘテロ接合性の消失・・・・**206**
ヘテロ接合体 ・・147, 174, 190
ヘテロ二重鎖法 ・・・・・・・・**234**
ヘテロ二本重鎖 ・・・・・・・・142
ペプチド ・・・・・・・・・・・・・・**238**
ペプチドアレイ ・・・・・37, 248
ペプチドアンチコドン ・**235**
ペプチドーム ・・・・・・・・・・**238**
ペプチドディスプレイ ・**235**
ペプチドマスフィンガープリ
ンティング ・・・・・・・・・・**238**
ペプチド核酸 ・・・・・・124,**235**
ヘモペキシン ・・・・・・・・・・・**64**
ペラルゴニジン ・・・・・・・・**250**
ペリセントロメア ・・・・・・**238**

ペリリピン ・・・・・・・・・・・・**238**
ヘルパーファージ
・・・・・・・・・・・・・・・**238**, 270
ヘルパーファージ（R408）
・・・・・・・・・・・・・・・・・・・・・**215**
ベロ毒素 ・・・・・・・・・・・・・・**239**
変換シグナル ・・・・・・・・・・137
変換因子 ・・・・・・・・・・・・・・154
変性勾配ゲル電気泳動法 **240**
ベンター（Venter,C.）
・・・・・・・・・・・・138, 204, 284

ほ

哺育細胞 ・・・・・・・・・・・・・・**115**
ボイル ・・・・・・・・・・・・・・・・**279**
放線菌 ・・・・・・・・・・・・・・・・**219**
傍分泌 ・・・・・・・・・・・・・・・・**204**
紡錘糸 ・・・・・・・・・・・・・・・・**187**
補酵素R ・・・・・・・・・・・・・・**209**
ホスホジエステラーゼ ・**294**
ボディマップ ・・・・・・・・・・**240**
ポテトウイルスY ・・・・・・・**77**
ホーニー（Jean Hoerni）・・**191**
ポマト ・・・・・・・・・・・・・・・・**240**
ホモ・エレクトス（原人）
・・・・・・・・・・・・・・・・・・・・・**161**
ホモ接合体 ・・・・・・・147, 190
ポリアミン ・・・・・・・・・・・・**263**
ポリー ・・・・・・・・・・・・179,**240**
ポリエチレングリコール ・・108
ポリオウイルス ・・・・・・・・・**10**
ポリガラクツロナーゼ ・**223**
ポリグルタミン病・・・・・・**241**
ポリクローナル抗体 ・・・・**255**
ホリデイ結合 ・・・・・・・・・・142
ポリマー ・・・・・・・・・・・・・・116
ポリメチレングリコール 130
ポリリジン（poly-L-lysine）
法 ・・・・・・・・・・・・・・・・・・・・**97**
ホールゲノムショットガン法
・・・・・・・・・70, 123, 138,**241**
ボルバキア ・・・・・・・・・・・・**242**
ホルムアミド ・・・・・・・・・・195
ホルムアルデヒド ・・・・・・・84
ポロキナーゼ ・・・・・・・・・・**242**
ホロセントリック ・・・・・・**242**
ホワイト ・・・・・・・・・・・・・・139

ページ数の書体の違いは，下記を表す．
太字：見出し語またはその同義語として収録，細字：解説文中に含まれている

ま

マイクロRNA ・・・・・・・・・**243**
マイクロサテライト ・・・・**243**
マイクロサテライト多型・・243
マイクロタス ・・・・・・・・・・248
マイクロフルイディクスチップ ・・・・・・・・・・・・・・・・**244**
マイクロ化学・生化学分析システム ・・・・・・・**248**, 260
マイクロ染色体 ・・・・・・・**243**
マイクロ総合分析システム
・・・・・・・・・・・・・・・・・・・・**248**
マイコプラズマ ・・・・170, 248
マイトソーム ・・・・・・・・・**246**
マウスENUミュータジェネシスプロジェクト ・・・・・・**244**
マウスエンサイクロペディア計画 ・・・・・・・・・・・・・・**245**
マーカー補助選抜 ・・・・・・**245**
マキシザイム ・・・・・・・・・**245**
マクシサークル ・・・・・・・・320
マクロRNA ・・・・・・・・・・**245**
マクロファージ ・・・・・・・・・31
マーシャル（Marshall, B.J.）
・・・・・・・・・・・・・・・・・・・・212
マスアレイ ・・・・・・・・・・・**246**
マスアレイ法 ・・・・・・・・・・229
マトリックス支援レーザー脱離イオン化 ・・・・・・・・・**304**
マラーのラチェット ・・・・**246**
マラリア ・・・・・・・・・・・・・218
マリス ・・・・・・・・・・・・・・・311
慢性関節リウマチ ・・・31, 118
慢性骨髄性白血病 ・・・・・・・81
万葉集 ・・・・・・・・・・・・・・・111

み

ミエローマ ・・・・・・・・・・・256
ミオシン重鎖遺伝子 ・・・・161
ミスフォールド ・・・・・・・・・13
ミスマッチ化学切断法 ・・**246**
密度計測 ・・・・・・・・・・・・・172
ミトコンドリア・・・28, 110, 114, 124, 233, 246, 284, 320
ミトコンドリア・イブ ・・・47
ミトコンドリアDNA ・・・・97
ミトソーム ・・・・・・・・・・・**246**
ミニFプラスミド ・・・・・・・135
ミニサテライト ・・・・・・・**247**
ミニシークエンス法 ・・・・218
ミミウイルス ・・・・・・・・・**248**
ミモトープ ・・・・・・・・・・・**248**
脈管形成 ・・・・・・・・・・・・・・88
ミュータス ・・・・・・**248**, 260
ミリスチン酸 ・・・・・・・・・・249
ミリストイルスイッチ ・・**249**

む

無性芽 ・・・・・・・・・・・・・・・111
無性生殖 ・・・・・・・・・・・・・246
ムーンダスト ・・・・・・39, **250**

め

メカノセンサー ・・・・・・・**251**
メカノレセプター ・・・・・・**251**
メダカ ・・・・・・・・・・・・・・**251**
メタゲノム解析 ・・・・・・・**251**
メタボローム ・・・・・・・・・**251**
メタ解析 ・・・・・・・・・・・・**251**
メチシリン耐性黄色ブドウ球菌 ・・・・・・・・・・・219, 257
メチル化 ・・・・・・・・284, 307
メディエーター ・・・・**12**, **251**
免疫グロブリン ・・・・・・・・253
免疫遺伝子治療法 ・・・・・・**253**

も

モジュール ・・・・・・・**253**, 309
モディフィコミクス・・227, **253**
モノー（Monod, J.）・・35, 260
モノカイン ・・・・・・・・・・・107
モノクローナル抗体・108, **253**
モノマー ・・・・・・・・・・・・・116
モルガン ・・・・・・・・・・・・・120
モルフォリノ・オリゴヌクレオチド ・・・・・・・・・・・・**256**
モンサント ・・・・・・・129, 260

や

夜蛾 ・・・・・・・・・・・・・・・・・198
薬剤耐性 ・・・・・・・・・・・・・**257**

ゆ

優性阻害 ・・・・・・・・・・・・・**173**
優良製造規範 ・・・・・・・・・・296

有性生殖 ・・・・・・・・・・・・・246
雄性前核 ・・・・・・・・・175, **257**
融解温度 ・・・・・・・・・・・・・195
ユーDNA ・・・・・・・・・・・・**257**
ユネスコ ・・・・・・・・・・・・・135
ユビキチン ・・・・・・・**257**, 330
ユリシス標識法 ・・・・・・・**258**

よ

幼形（幼態）成熟 ・・・・・・187
予定外胚葉 ・・・・・・・・・・・107
ヨードアセトアミド ・・・・172
読み枠 ・・・・・・・・・・・23, 308
ヨハンセン ・・・・・・・・・・・・11

ら

ライブラリー ・・・・・・・・・**259**
ライボザイム ・・・・・・・・・・54
ラウンドアップ ・・79, 81, **260**
ラクトースオペロン ・・・・**260**
ラセットバーバンク ・・・・・78
ラップ（flap）領域 ・・・・・54
ラブオンナチップ・・・249, **260**
ラミダス猿人 ・・・・・・・・・161
ランガー（Langer, R.）・・164
卵核胞 ・・・・・・・・・・・・・・・115
卵筒 ・・・・・・・・・・・・・・・・・197

り

リアルタイムPCR ・・・・・・**261**
リガンド ・・・・・・97, 207, 294
罹患同胞対法 ・・・・・・・・・**261**
リコーディング ・・・・・・・**262**
リゾチーム ・・・・・・・・・・・228
リード ・・・・・・・・・・・・・・・185
リーフディスク法 ・・・・・**263**
リプレッサー ・・・・・・・・・260
リプログラミング ・・・・・・・91
リポ・ネットワーク ・・・・**267**
リポーター ・・・・・・・・・・・162
リボザイム
・・・・76, 245, **264**, 318, 321
リボスイッチ ・・・・・・・・・**265**
リボソームディスプレイ **266**
リポプレックス ・・・・・・・**268**
リボプローブマッピング **268**
両機能性ベクター ・・・・・**119**

量子効率 ・・・・・・・・・・・・279
リンホカイン ・・・・・・・・・107

る
ルイス・キャロル ・・・・・・・11

れ
レーザースキャン顕微鏡
　・・・・・・・・・・・・・・・・・290
レトロウイルス ・・・・・65, 268
レトロトランスポゾン ・・・32
レトロ偽遺伝子 ・・・・・・・・75
レプチン ・・・・・・・・・16, 270
レプリコンプラスミド ・・270
連鎖不平衡 ・・・・・・・・・・・270
連乗 ・・・・・・・・・・・・・・・・128
レンチウイルス ・・・・・・・271
レンチウイルスベクター
　・・・・・・・・・・・・・・・・・271

ろ
老化 ・・・・・・・・・・・・・・・131
ローカリゾーム ・・・・・・・272
ロスリン研究所 ・・・・・・・240
ロドラッグ ・・・・・・・・・・・74
ロバストネス ・・・・・・・・・272
ローラー ・・・・・・・・・・・・184

わ
ワディントン ・・・・・・・・・46
ワンクラゲ ・・・・・・・・・・・86
ワンハイブリッドシステム
　・・・・・・・・・・・・・・・・・273

欧文

A
α-アミノ酪酸 ・・・・・・・・・126
α セクレターゼ ・・・・・・・・34
α 領域相補 ・・・・・・・・・・・35
α-amanitin ・・・・・・・・・・・35
AAV ・・・・・・・・・・・・・・・274
AAV vector ・・・・・・・・・・・17
AAV：adeno associated virus 16
ab initio method ・・・・・・・・20
ABCタンパク質 ・・・・・・・274
Abl ・・・・・・・・・・・・・・・・・81
abzyme ・・・・・・・・・・・・・・26
accession number ・・・・・・・12
α complimentation ・・・・・・35
acrosome ・・・・・・・・・・・・163
activation tagging ・・・・・・・12
activator ・・・・・・・・・・・・・12
activity of hematopoietic stem
　cell ・・・・・・・・・・・・・・・140
ADAMTS13 ・・・・・・・・・・・88
adaptation ・・・・・・・・・・・165
adapter（=adaptor）・・・・・・15
adenovirus ・・・・・・・・・・・・16
adenovirus vector ・・・・・・・16
adhesion zone ・・・・・・・・・23
ADI ・・・・・・・・・・・・・・・217
adipocytokine/adipokine ・・・16
adventive embryo ・・・・・・217
affinity tag ・・・・・・・・・・・20
Affymetrics社 ・・・・・・・・・290
agarose ・・・・・・・・・・・・・・12
aggresome ・・・・・・・・・・・・13
agretope ・・・・・・・・・・・・・14
Agrobacterium ・・・・・・・・・13
allele ・・・・・・・・・・・・32, 147
allele specific amplification：
　ASA ・・・・・・・・・・・・・147
allele specific oligonucleotide：
　ASO ・・・・・・・・・・・・・147
allelic exclusion ・・・・・・・147
alliinase ・・・・・・・・・・・・・31
allosteric effect ・・・・・・・・260

alternative reading frame ・・・274
ALU ・・・・・・・・・・・・・・・・32
Alu sequence ・・・・・・・・・・32
Alu ファミリー ・・・・・・・・32
Alzheimer's disease：AD ・33
amber suppressor ・・・・・・・39
aminoacyl-tRNA synthetase：
　aaRS ・・・・・・・・・・・・・・30
amyloid ・・・・・・・・・・・・・・31
amylose ・・・・・・・・・・・・・・31
analogue ・・・・・・・・・・・・・19
analyte ・・・・・・・・・・・19, 207
anchor primer ・・・・・・・・・165
ancient DNA ・・・・・・・・・・97
Angelman syndrome ・・・・・276
angiogenesis ・・・・・・・・・・・88
anisogamete ・・・・・・・・・・192
ankyrin repeat ・・・・・・・・・38
anneal ・・・・・・・・・・・・・・・20
annotation ・・・・・・・・・・・・20
anoikis ・・・・・・・・・・・・・・20
anthocyanin ・・・・・・・・・・・39
antibiotics ・・・・・・・・・・・228
antibody array ・・・・・・・・・96
anticipation ・・・・・・・・・・212
antigenic determinant ・・・・205
antisense RNA ・・・・・・・・・38
apocrine ・・・・・・・・・・・・231
apoenzyme ・・・・・・・・・・・27
apoptosis ・・・・・・・・・・・・・27
apoptosome ・・・・・・・・・・・30
aptamer ・・・・・・・・・・・・・26
Arabidopsis thaliana ・・・・・124
ARES ・・・・・・・・・・・・・・274
ARES labeling method ・・・・57
ARF ・・・・・・・・・・・・・・・274
Arfタンパク質 ・・・・・・・・274
Argonaute ・・・・・・・・・・・306
array technology ・・・・・・・・37
arrayer ・・・・・・・・・・・・・・38
ARS ・・・・・・・・・・・・140, 276
artificial organ ・・・・・・・・126
artificial protein ・・・・・・・126
artificial seed ・・・・・・・・・126
AS ・・・・・・・・・・・・・・・・276
ASA ・・・・・・・・・・・・・・・276
Asilomar conference ・・・・・15

ページ数の書体の違いは，下記を表す．
太字：見出し語またはその同義語として収録，細字：解説文中に含まれている

369

ASO	**276**
ASP	**276**
association study	15
ATAC	**276**, 298
ATAC：adapter-tagged competitive PCR	**56**
ATP‒binding casette protein	**274**
attB	88
attP	88
authologous gene	205
autocrine	232
automated slide processor：ASP	**117**
automaton	**68**
autonomously replicating sequence：ARS	**276**
autophagy	**66**
Avecia	296
avidin	**20**
AviTag	23

B

βガラクトシダーゼ	35
βセクレターゼ	34
BAC	70, **276**
bacmid	198, **200**
bacterial artificial chromosome	**276**
bacteriocin	**200**
baculovirus	200
BACクローン	100
bait	133, 161
Bamuda rule	**204**
basic fibroblast growth factor：bFGF	**61**
Bayh-Dole Act	**193**
B chromosome	**207**
BDGP	120
Beckwith-Wiedemann syndrome	**276**
bFGF	**276**
β-glucuronidase	**297**
BIA（biospecific interaction analysis）	**207**, 212
BIACORE社	212
binary vector method	**193**
bioaugmentation	192
BioFab：Biotechnology	

Fabrication	**191**
bio-informatics	**191**
biological insecticide	**134**
biomass	**192**
bioplastic	**192**
bioremediation	**192**
biostimulation	192
biotech bay	**191**
biotin	**209**
BirA	25
BirAタンパク質	25
bisphenol A：BPA	**210**
blastderm	195
blastocyst	179, **194**
blood island	197
blue rose	**11**
BODYMAP	**240**
bone morphogenic protein：BMP	**97**
BPA	**276**
BPクロナーゼ	90
brefeldin A	120
bridgeing study	**200**
BT toxin	**211**
BTトキシン	77, 79, 129, 134
budding yeast	**119**
BWS	**276**
bystander effect	75

C

CAD	28, **277**
CAE	**277**
CAE（capillary array electrophoresis）chip	**77**
Caenorhabditis elegans	**138**
caged compound	**88**
callus	**72**
calmodulin binding peptide：CBP	25
calnexin cycle	**73**
canalization	**77**
cancer stem cell：CSC	**73**
capsid	17
capsomer	**77**
carbon nano tube：CNT	**71**
carboxy-terminal domain	**284**
Cartagena Protocol on Biosafety	**72**

CASP	**277**
caspase	**70**
CASTing	**277**, 315
Ca^{2+}キレート剤	25
CBD	51
CBPタグ	25
CCD	**279**
CCDカメラ	147
CCM	**279**
CCNE	134
Cdc2キナーゼ	87
CDK	38, 103
CDK inhibitor	**281**
cDNA	**279**
cDNA library	259, **280**
cDNAマイクロアレイ	37, 38, 97
CE	118
Celera Genomics	**138**
cell fusion	**107**
cell sorter	215
censorgram	207
centi-Morgan：cM	**138**
central dogma	**139**
central element	118
centroid treatment	**140**
centromere：CEN	**140**
centrosome	**158**, 204
CFP	86
cfu	**281**
CG island	**283**
CG島	**283**
charge coupled device	**279**
checkpoint	**153**
checkpoint rad	**157**
chemical cleavage of mismatch：CCM	**246**
chimpanzee genome	**161**
CHIP	**281**
ChIP-Chip法	**281**
chromatin	**83**
chromatin choreography	**83**
chromatin immuno-precipotation：CHIP	**84**
chromatin remodeling	**84**
chromatin silencing	**83**
chromatoid body：CB	**84**

chromodomain **84**	CT 174	displaced loop **284**
circular permutation analysis：	CTD **284**	displacement loop **284**
CPA **64**	curing 135	D-loop structure **284**
cis-acting **115**	Cy3 72	DNA book **289**
cis-splicing 177	Cy5 72	DNA chip **289**
CKI 38, **281**	cybrid **107**	DNA computor **287**
clone **84**	cyclic amplification and selecion	DNA damage checkpoint ..**289**
clone animal **85**	of targets **277**	DNA macroarray **290**
clone-by-clone shutgun sequenc-	cyclin **103**	DNA profiling **286**
ing **70**	cyst **115**	DNA renaturation **20**
cloned human **85**	cytokine **107**	DNA replication checkpoint
clustering analysis **80**	C57BL/6J **279**	....................**289**
CNT **283**		DNA shuffling **58**
CNV **283**	**D**	DNA steganography / DNA
coating **97**		cryptography **285**
codon bias **97**	DALPC-MS **284**	DNA 混成 **58**
colicin 200	DBA2 ....**284**	DNA 再生 **20**
collision-induced dissociation：	ddCTP 116	DNA 修飾酵素 **134**
CID **120**	DDS 298	DNAコンピュータ **287**
colony **100**	DDS **285**	DNAチップ ..38, 111, 249, **289**
color swap **72**	deadly quartet **118**	DNAトポイソメラーゼ
combinatorial chemistry ...**101**	deCODE Genetics **167**	（topoisomerase） 160
comet assay **99**	decoy molecule **167**	DNAブック **289**
Committee **315**	DEHP 190, **285**	DNAポリメラーゼ ..57, 311
common disease 85	delphinidin 250	DNAマーカー 245
comparative genomics **209**	denaturing gradient gel elec-	DNAマイクロアレイ ・72, 80,
competent cell **101**	trophoresis：DGGE **240**	117, 289, **290**
complementary DNA **279**	dendrimer **172**	DNAマイクロドット 285
complexity **217**	densitometry 172	DNAマクロアレイ **290**
computer aided design **277**	designer child **168**	DNA暗号 **285**
conformation disease **101**	destination 90	DNA鑑定 **286**
conjugation **135**	DGGE **285**	DNA傷害チェックポイント
consortium **100**	diacrine 232	................**289**, 312
contig **100**	diagnosis at the genomic level **91**	DNA診断 318
copy number variation ...**283**	Dicer 306, 325, 328	DNA複製チェックポイント
cosmid **97**	dideoxyribonucleotide sequenc-	....................**289**
co-suppression **96**	ing 116	Dolly **178**
coverage **71**	diethylhexylphthalate：DEHP	dominant-negative **173**
CPA **283**	....................**217**	Doogie Mouse **172**
CpG island **283**	differential display：DD法	dope selection **173**
CpG島 92, **283**	....................**164**	dotcom company **173**
Cre-LoxP System **82**	DIG **285**	double strand break：DSB ・**186**
Creリコンビナーゼ 82	Digitalis purpurea 113	draft sequence 174
Critical assessment of techniques	digoxigenin **285**	drug delivery system **285**
for protein structure predic-	digoxigenin：DIG **113**	drug resistence **257**
tion **277**	dimercept **147**	DSB（double strand break）
Crohn's disease **85**	directanalysis of large protein	................111, 118
cSNP 130	complex-mass spectrum	DsRed **163**
	....................**284**	

ページ数の書体の違いは，下記を表す．
太字：見出し語またはその同義語として収録，細字：解説文中に含まれている

DTT ･････････････････51
dynamic range ･･･････････279
Dループ ･･･････････142, **284**
D因子 ･･････････････････301

E

E1A-like activity ･･･････**290**
EBT（ethylene bis-tryptophan）
 ･･････････････････180
eccrine ･･･････････････231
E-CELL ･･･････････････**202**
E-CELL project ･･･････････49
Economic Espionage Act：EEA
 ･･･････････････････**86**
ectodomain shedding ･･･････**58**
EDEM ･･･････････ 73, 123
editosome ･･･････････････320
effector ･･･････････････154
EF-G ･･･････････････････230
EF-Tu ･････････････････230
EGFR ･･････････････････48
egg cylinder ･･････････････197
EG細胞 ･･･････ 74, 113, **290**
EHEC ･････････････････239
eisosome ･･･････････････**10**
ELA ･･･････････････････**290**
electroporation ･･･････････**61**
electro-spray ionization ････**291**
EM ･･･････････････････**290**
embryo culture ･･････････**194**
embryoblast ････････････195
embryoid body：EB ･････**196**
embryonic germ cell ･････**290**
embryonic stem cell ･･ **193, 291**
EMD ･････････････････**290**
emdogain：EMD ･･･････**60**
EMUミュータジェネシス ･･212
ENCODE project ･････････**62**
endocrine ･････････････232
endocrine disruptor ････74, **183**
endogenous ･･･････････96
endoplasmid reticulum associat-
 ed degradation ･･･････**290**
endostatin ･････････････**64**
endothelin ････････････**64**
enhancer trap ･････････**64**
ENOR ････････････････245

Ensemble project ･･･････20
Entelos ･････････････49
enterokinase ･････････23, 218
entry clone ･･････････90
ENU ･････････････････245
envelope ･････････････**65**, 270
enzyme array ･････････**95**
epigenetics ･･････････**59**
epitope ･･････････ 205, 223
EPSPS ･･･････････････81
ER ･････････････ 73, 120
ER associated degradation ･･･122
ER degradation of enhancing
 alpha-manosidase-like protein
 ･･････････････････123
ER stress response ･･･････**120**
ERAD ･･････････122, **290**
ESI ･････････････････**291**
EST ････････････････**292**
ES細胞 ･･･43, 74, 107, 193, **291**
evanescent ･･････････212
Eve hypothesis ･･･････**46**
ex vivo ･･････････43, **59**
exon shuffling ･･･････**58**
exosome ･･･････････57
expressed sequence tag ････**292**
extein ･･････････････**57**
extensive metabolizer：EM ･･･57

F

F factor ･････････････**292**
F plasmid ･･･････････**292**
f1ファージ ････････････238
FACS ･･････････**293**, 327
FACS解析 ･･･････････141
FACS：fluorescent-activated
 cell sorter ･････････**215**
FANTOM ･･･････････245
Fasリガンド ･･･････････**28**
FDA ･･････････････････40
feasibility ･･････････**215**
feeder ･･････････････113
female pronucleus ････**115**
fertility ････････････292
fibroblast ･･･････････61
fission yeast ･････････**232**
FLAG tag ･･･････････**218**

FLAGタグ ･･･････････21
FLARE ･････････････**293**
FLARE（fragment length analy-
 sis using repair enzyme）
 module ･･･････････**222**
flavor saver ･････････**223**
Florigen ･･･････････**229**
flow cytometry ･････････215
fluorescence resonance energy
 transfer：FRET ･･･････**86**
fluorescence TRC monitoring
 method ･･････････**331**
forceps ･･･････････186
formamide ･･････････195
frame ･･･････････238
FRET ･･････････････**293**
FRET Probe ･･･････**293**
Frostban ････････････**223**
fruit fly ･････････････**120**
FT（flowering locus T）･･230
fullerene ････････････**221**
functional genomics ･･････**76**
functional RNA ･･････**76**, 308
Fプラスミド ････････････276
F因子 ･･･････････135, **292**

G

gain of imprinting ･･････**296**
GAK ････････････････105
gamete ･･･････････**192**
ganciclovir：GCV ････**74**
gateway system ･････････**88**
GC content ･･････････195
GCR ･･････････････**295**
GCV ････････････ 228, **295**
geep ･･･････････････**76**
gemini ･････････････111
Geminiviridae Mastrevius ･･**110**
gemmule ･･････････**111**
gene counseling ･･････**40**
gene density ･････････**46**
gene doping ･･･････**44**
gene dosage compensation ･･**46**
gene grip ･･･････････**124**
gene knock-in ･････････**45**
gene library ･････････**259**
gene ontology ･････**40**, 69
gene targeting ･･････**42**

gene therapy **43**
gene trap **45**
Genentech 191, **201**
generation 127
genetic assimilation **46**
genetical discrimination **41**
genetically modified organism：
　GMO **40**
genetically-based point of care：
　gPOC **40**
genome **90**
genome informatics **90**
genome library **93**
genomic imprinting **92**
genomic *in situ* hybridization
　.................... **296**
genomic reprogramming **90**
genomic-base drug discovery
　..................... **93**
genomics **90**
genotype 217
GFP 45, 64, 86, 218, **295**
GFP fusion protein **295**
GFP融合タンパク質 ..45, **295**
G-freeカセット法 **296**
Giardia intestinalis **110**
GISH **296**
Gleevec **81**
globefish 217
gluphosinate **82**
glutelin **82**
glycome **79**
glycomics **80**
glyphosate **81**
glyphosate oxide reductase：
　GOX **82**
GMO 40, **296**
GMO of second generation ..**145**
GMO of third generation ..**145**
GMP **296**
GOI **296**
good manufacturing practices
　.................... **296**
GOX **296**
gPOC **297**
G-protein **294**
G-protein coupled receptor：
　GPCR **295**

Gram-negative bacteria **80**
green oil 192
gross chromosome rearrange-
　ments：GCR **145**
group genomics **119**
gSNP 130
GST 21
GSTタグ 21
GTR 60, **297**
guided tissue regeneration .. **297**
GUS 45, 64, **297**
gutted vector **70**
Gタンパク質 **294**
Gタンパク質共役型受容体
　.................... **295**

H

H7 .... **309**
HA Tag **297**
Haemophilus influenzae **53**
haploid 206
haploid gamete **192**
haplo-insufficiency 206
haplotype block **204**
HapMap **297**
HDGS 96, 177, **297**, 317
HDVリボザイム 265
HeLa **297**
Helicobacter pylori **212**
helper phage **238**
hemagglutinating virus of Japan
　.................... **298**
hematopoietic stem cell **140**
Henrietta Lacks **297**
Herceptin **201**
Hershay's paradise **200**
Hershey-Chase's experiment
　.................... **200**
HET **298**
heterochrony **234**
heteroduplex 142
heteroduplex method：HET
　.................... **234**
heterogeneous nuclear RNA
　.................... **298**
heterosis **109**
heterotopy **234**
heterozygosity 206

Hfr（high frequency of recom-
　bination）........... **292**
HGAC 135
high throughput screening：
　HTS **192**
histon methylating enzyme ·**210**
histone code hypothesis ·· **210**
HIV-1 271
hnRNA 32, **298**
hnRNP **298**
Hoechst33342 327
holocentric **242**
homolog 158
homologous recombination ·**141**
homology dependent gene
　silencing **297**
hormones in our environment
　..................... **74**
housekeeping gene **197**
hub cell **203**
HUGO 100, **298**
human genome organization：
　HUGO **211**
Huntingtin 180
HVJ **298**
HVJ-liposome **298**
HVJ-リポソーム **298**
hybrid **109**
hybrid rice **196**
hybrid seed：F1 seed **196**
hybridization **195**
HypNA-pPNA 60

I

iAFLP 56, **298**
ICAD 28
ICAN 8, **300**
ICAT **300**
iceman 8
ICM 158, 193, 195
identifier sequence **300**
idiotope 205
idiotype：Id 205
ID配列 **300**
IGF2 277
Igf2r 245
IGF-Ⅱ遺伝子（igf2）.... **93**
IGS **300**

ページ数の書体の違いは，下記を表す．
太字：見出し語またはその同義語として収録，細字：解説文中に含まれている

IHF ·················88
IMDA ···············**300**
Immobiline ············**48**
immunoblot ············**56**
immunological gene therapy
　················**253**
IMPACT ·············**300**
IMPACT（intein mediated purification with an affinity chitin-binding tag）system
　················**51**
implantation ··········**157**
imprinting center ········**93**
in silico biology ·········**48**
in silico 生物学 ········**48**
in silico バイオロジー ····202
in situ hybridization ·······**48**
in vitro virus ··········**52**
in vitro ウイルス ········211
in vivo ··············**53**
INAF probe ··········331
inflammasome ··········**53**
Information ··········**308**
informed consent ········**53**
inner cell mass ·······**183**, 195
innexin ··············**46**
insulator ··············**49**
Int ·················88
integrase ··············88
integration host factor ·····88
integron ··············**51**
intein ················**49**
interactome ············**49**
interchromatin granule cluster
　················**300**
intermediate vector method ··158
intervening sequence：IVS··**51**
introduced amplified fragment length polymorphism ···**298**
intron ···············**51**
invader method ··········**54**
invertebrate connexin ······**98**
ion spray ·············**40**
IPTG ·········260, **300**
IRES ···············**300**
IRES：internal ribosomal entry site ················**10**
Iressa ···············**48**

iSNP ···············130
isoelectric point ·········230
isogamete ············192
isopropyl-thio-β-D-galactoside
　················**300**
isoschizomer ···········**10**
isothermal multiple displacement amplification ·······**300**
isotope coded affinity tag：ICAT ···············**172**
isozyme ··············**10**
IT ················**301**
IT：information technology ··**10**
ITR（inverted terminal repeat）
　·················17

J

JSNP ···············130
junc DNA ············**119**

K

KEGG ···············49
kinase array ············**76**
kinetochore ···········140
knock-in ·············**190**
knockout mouse ········**189**

L

λファージベクター ·····94
Lab on a chip ··········**260**
lactose operon ·········**260**
LAMP ·············**301**
large tumor antigen ·······163
lateral element ··········118
LCM ···············**301**
LCM：laser capture microdissection ···············61
LCR ···············**301**
LCR：ligase chain reaction ·61
LD ················**301**
LE ·················118
leafdisk method ·········**263**
lenti virus vector ········**271**
leptin ···············**270**
let-7 ···············328
leukemia inhibitory factor ·**301**
LIF ············113, **301**
life ethics ············**134**

ligand ··············207
LIM domain ··········**301**
lin-4 ···············328
LINE ··············**301**
linear element ··········118
linear scan ············223
linkage disequilibrium：LD
　················**270**
lipid raft ·············**114**
lipid transport ·········**267**
lipo-network ··········**267**
lipoplex ·············**268**
LMO ···············72
LNA ···············**301**
localizome ···········**272**
locked nucleic acid ······**301**
LOH ···············206
LOI ···············**304**
long interspersed element ··**301**
loop-mediated isothermal amplification ············**301**
loss of imprinting ·······**304**
loxP ················82
LTR（long terminal repeat）···233

M

M13 phage ···········**304**
M13ファージ ·····238, **304**
made-to order medicine ····**66**
Makorin1-P1 ···········75
MALDI ·········246, **304**
MALDI-TOF MS（matrix-assisted laser desorption/ionization-time of flight）mass spectrometry ·········**304**
MALDI-TOF型質量分析器
　················**304**
male pronucleus ········**257**
MAR ··············**305**
marker assisted selection：MAS
　················**245**
maRNA ·············**245**
mass array ············**246**
mass spectrometry ········151
matrix assisted laser desorption ionization ············**304**
matrix attachment region ···**305**
maxizyme ············**245**

MBPタグ ･････････････21
MCI ･･･････････････305
Mdm2 ･･･････････276, 305
mechanosensor ････････251
medaka fish ･･････････251
mediator ････････････251
MEF ･･･････････････131
meiosis ････････････192
meiRNA ････････････76
merotelic attachment ･････47
mesenchymal stem cell ････75
meta genome analysis ････251
metaanalysis ･･････････251
metabolic ontology ･･････69
metabolic profiling ･･････251
metabolome ･･････････251
metazoa; metazoan ･･････95
methylation sensitive representa-
　tional differences analysis
　･･････････････････307
methylation-specific PCR ･･307
MGED ･････････････290
MHC分子 ･･････････14
micro chromosome ･････243
micro ribonucleoprotein com-
　plex ･･････････････306
microfluidics chip ･･････244
microRNA ･･････････306
microsatellite ･･･････････243
microsatellite polymorphism
　･･････････････････243
microtubule ･････････158
Mimivirus ･･･････････248
mimotope ････････････248
minisatellite ･･････････247
MIP（methylation induced pre-
　meiotically）･･･････････317
miRNA ･･････････304, 306
miRNP ････････････306
mitosome ････････････246
modificomics ･････････253
module ･････････････253
molecular beacon ･･････231
molecular clock ･････････230
molecular cluster index：MCI
　･･････････････････230
molecular evolution engineering
　･･････････････････124

molecular mimicry ･･････230
monoclonal antibody ････253
monomer ･･･････････116
Monsanto ･･･････････260
moon dust ･･･････････250
morphogenesis checkpoint ･･87
morpholino oligonucleotide
　･･････････････････256
morula ･･･････････141, 179
mouse double minute 2 homolog
　･･････････････････305
mouse encyclopdia project
　･･････････････････245
mouse ENU mutagenesis project
　･･････････････････244
mRNAサーベイランス ･･308
MRSA ･･････････219, 257
MS ････････････････151
MS/MS ････････････307
MSP ･･････････････307
MS-RDA ･･･････････307
μ-TAS ･･････････248, 308
MTOC ････････････14
Muller's ratchet ･･････････246
multicatalytic protease ････224
mVADER ･･･････････60
myeloma ･･･････････256
myristic acid ･････････249
myristoyl switch ･･････････249
M期スリップ（mitotic slippage）
　･･････････････････168

N

nano forceps ･････････186
nano technology ･･････184
nano tube ･･･････････184
nanoelectrospray：nanoES ･･183
nanoES ･･･････････308
nanopillar chip ･･････････185
NASBA ･･････････････308
NASBA：nucleic acid sequence
　based amplification ･････183
National Center for
　Biotechnology ･･････308
NAマイクロアレイ ･････97
NBAC ････････････135
NCBI ･････････････308
ncRNA ･･･････････245, 308

neocentromere ･･････････187
neoteny ･･･････････187
NEXTDB ･･･････････139
NFκB ･･･････････38, 162
niche ･･････････････186
nick ･･･････････････186
NIH ･･･････････308, 315
NIH Recombinant DNA
　Advisory ･････････315
NLM ･････････････308
NMD ･････････････308
NMDA（N-methyl-d-aspartate）
　受容体 ･･･････････172
NOD2 ････････････86
non-coding RNA ･･････308
noncontinuous epitope ･･･223
non-crossover ･･･････143
non-ribosomal peptide syn-
　thetase ･････････････308
nonsense mutation ･･････186
nonsense suppressor ･････186
nonsense-mediated mRNA
　decay ･･･････････308
nonylphenol ･････････190
northern blot ･･････････189
northern hybridization ････189
northern transfer ･･････189
NRPS ･･･････････308
nuclear run-on assay ･････70
nucleosome ･････････187
nude mouse ･････････187
null mutation ･････････186
nurse cell ･･･････････115

O

O-157 ････････････309
Occam's razor ･･････････67
OCM ･････････････158
Oct-3/4 ･･･････････309
one hybrid system ･･････273
ontology ･･･････････69
operon ･･･････････260
orexin ･･････････････69
orphan receptor ･･････････97
ortholog ･･･････････158
orthologous gene ･･･････65
oxidative burst：OXB ････65

ページ数の書体の違いは，下記を表す．
太字：見出し語またはその同義語として収録，細字：解説文中に含まれている

375

P

PAA（3-phenylamino alanine）
 ················180
pachytene checkpoint ·····**197**
packaging cell ···········**202**
packaging plasmid········**203**
packaging signal ·········**202**
padlock probe ···········**203**
palindrome··············**205**
palmitoyl ···············249
pandemic influenza ·······**206**
pangenesis ··············111
PAO（para-aminophenylarsine oxide）················23
paracrine ··········**204**, 232
paralog·············**144**, 158
paralogous gene··········**205**
paraptosis···············**205**
paratope················**204**
PARN ··················**311**
particle gun ··············**42**
P-body ·················**311**
PCM（pericentriolar materilal）
 ·················158
PCR ···················**311**
PDD ···················**311**
peak picking ············**209**
pectinase ···············228
PEG ···················108
pelargonidin ············250
peptide anticodon ········**235**
peptide display ··········**235**
peptide mass finger printing 238
peptide nucleic acid：PNA ··**235**
peptidome ··············**238**
pericentoromere··········**238**
perilipin ················**238**
periodontitis·············114
PERK ··················122
peroxisome proliferator activated receptor ············**314**
personalized medicine ·····**48**
pET system ·············**233**
PEX ···················**312**
phage display············**213**
phagemid vector ·········**215**
pharmacogenomics ········93

phenocopy ·············**212**
phenome ···············**217**
phenomics ··············**217**
phenotype ··············**217**
phenotype screening ······**211**
pI ····················230
piezodrive ··············**207**
piRNA ·················**312**
PIWI-interacting RNAs····**312**
PKA ····················26
PKR-like ER-resident kinase
 ·················122
plateau effect ············**219**
platensimycin ···········**219**
pluripotency ·············74
PM ···················**312**
PML ··················**312**
PNA ···········60, 110, **314**
Polly ··············179, **240**
polo kinase ·············**242**
poly（A）ribonuclease····**311**
polyglutamine disease ·····**241**
polymer ················116
polymerase chain reaction ··**311**
pomato·················**240**
poor metabolizer：PM ····**215**
post-transcriptional gene silencing ··················**314**
potentiation ·············212
POU（パウ）ファミリー··309
POU（パウ）ホメオボックス
 ·················327
PP2A ··················106
PPAR ··················**314**
PPL Therapeutics ········240
pPNA ···················60
Prader-Willi syndrome ····**315**
pRB ···················274
prey ···················133
primer extention：PEX····**218**
primordial germ cell：PGC
 ··············74, **113**
principle of familiality·····**215**
prion ··················**221**
PROBE：primer oligo base extension ··············**229**
probiotics···············**228**
prodrug ················**228**

programmed cell death ····**223**
Proligo ·················296
promyelocytic leukemia gene product ··············**312**
proteasome ·············**224**
protein chip ·············**225**
protein differential display：PDD ·················**227**
protein interaction array ···**153**
protein kinesis ···········**225**
protein profiling ·········**227**
protein splicing ··········**153**
proteograph ·············**227**
proteome ···············**227**
proteome profiling········**227**
proteomics ··············**227**
protocol ················**227**
protoplast···············**227**
protozoa; protozoan ·······95
PSA ···················110
pseudogene ··············**75**
pseudoknot ·············263
PTGS ··96, 306, **314**, 324, 330
puromycin：pur ·········**211**
PWS ··················**315**
p16/INK4a ··············274
p53····················**310**
p53-pathway ············276

Q

quanti probe·············**77**
quelling ················314

R

R plasmid ··············**315**
r^+m^- ··················**323**
r^-m^+ ··················**323**
r^-m^- ··················**323**
RA ················31, 118
RAC ··················**315**
RAG複合体 ·············**315**
rasiRNA ···············**315**
Rb-pathway ·············276
RCA···············203, **315**
RCA：rolling circle amplification ··················**33**
realtime PCR ············**261**

欧文索引

recoding ･･････････････262
recombinant corn ･･･････78
recombinant potato ･･････77
recombinant rapeseed ･･･79
recombinant soy beans ･･78
recombinant tomato ･････79
recombination activating gene
　････････････････････315
Red Queen Hypothesis ････11
regenerative medicine ････106
repeat induced point mutation
　････････････････････317
repeat-associated small interfer-
　ing RNA ･････････････315
replicon plasmid ･･･････270
REPSA ･････････････277, 315
res⁺ mod⁻ ････････････323
res⁻ mod⁺ ････････････323
res⁻ mod⁻ ････････････323
restriction endonuclease protec-
　tion selection amplification
　････････････････････315
restriction enzyme ･･････134
restriction fragment length poly-
　morphism ････････････317
restriction landmark genomic
　scanning ･････････････317
restriction methylase ････134
restriction system ･･････133
retrovirus ･･･････････268
reverse transcription PCR ･･323
RF2（release factor 2）･･･262
RFLP ･････････････････317
Rheumatoid Arthritis ･･31, 118
riboprobe mapping ･････268
ribosome display ･･･････266
riboswitch ･･･････････265
ribozyme ････････････264
RINGドメイン ････････119
RIP ･････････････････317
RISC ･････････････････317
RLGS ････････････････317
RNA diagnosis ････････318
RNA diagnostics ･･････318
RNA editing ････････････319
RNA engineering ･･････318
RNA interference ･･････321
RNA restriction enzyme ･･･319

RNA world ･･････････321
RNAスプライシング ･･･130
RNAi ･･97, 139, 314, 321, 324
RNA-induced silencing complex
　････････････････････317
RNase P ･････････････264
RNase保護アッセイ ････268
RNAプライマー ･･････168
RNAポリメラーゼⅡ ･･･105
RNAワールド ･･･････321
RNA干渉 ･･･････････321
RNA工学 ････････････318
RNA診断 ････････････318
RNA制限酵素 ･･･････319
RNA編集 ･･････････319
RNome ･････････････33
RNomics ････････････32
RNP hunter system ･････32
robustness ･･･････････272
Rosetta ･････････････277
Roundup ･･･････････260
RPA（random peptide array）
　法 ･･････････････････248
rSNP ･･････････････130
RT-PCR法 ･･････････323
run off法 ････････････296
Rプラスミド ･･･････315

S

S1マッピング法 ･･････296
Saccharomyces Genome
　Database ････････････119
SAGE ･･････････････323
SAGE：serial analysis of gene
　expression ･･･････････134
Sanger method ････110, 116
SARS ････････････131, 323
satellite RNA ････････109
schyzon ････････････116
scrapie ･･･････････128
SECIS ･･･････････････137
secretion ･･･････････231
seeding ･････････････116
segmental duplication ･･283
selenocystein：Sec ･････137
SELEX ･･･････26, 124, 324
self splicing ･･･････････114
Sendai virus ･･････････298

sensor chip ･･････････138
sequence tagged site ････330
serpinopathy ･･････････137
severe acute respiratory syn-
　drome ･･･････････････323
SH3 domain array ･･････58
SH3ドメインアレイ ････37
SH3領域 ･･･････････58
shelterin ････････････111
shifted termination assay ･･327
shoot apex ･･･････････230
short hairpin RNA ･････324
short interference RNA ････324
short interspersed element ･･324
shotgun method ･･･････123
shRNA ････････････324
shuttle vector ･･･････119
sib-pair analysis ･･････261
side population cell ･････327
signal ontology ･･･････69
signature ･･･････････111
silane coating ･･････････97
silicon valley ････････191
SINE ･･･････････32, 324
siRNA ･････････314, 324
small interfering RNA ････324
small nuclear RNA ･････325
small nucleolar RNA ･･･325
small temporal RNA ････328
small ubiquitin related modifier
　････････････････････330
sn（small nuclear）RNA ･･233
snmRNA ････････････32
sno（small nucleolar）RNA
　････････････････････233
snoRNA ･･････32, 76, 325
SNP ･･15, 204, 246, 270, 283,
　325, 327
SNP typing technology ･･･130
SNP：single nucleotide poly-
　morphism ････････････129
SNPタイピング ････38, 203
SNP解析法 ･･････････54
snRNA ･･････32, 76, 124, 325
SOB培地 ･･･････････326
SOC培地 ･･･････････326
SOSレギュロン ･･････133
Southern blot ････････108

ページ数の書体の違いは，下記を表す．
太字：見出し語またはその同義語として収録，細字：解説文中に含まれている

377

Southern hybridization ···· **108**	surrogate marker ········ **110**	terminator technology ····· **151**
Southern transfer ········ **108**	SV40 ················ 163	tetraploidy checkpoint ····· **168**
Sox-2 ················ **326**	SYBR Green ··········· 100	TEV（tobacco etch virus）プロ
Spanish Influenza ········ **131**	SYBR Green Ⅰ·········· **107**	テアーゼ ············ 153
sperm aster ············ 257	synapsis ············ **117**, 161	TEVプロテアーゼ ········ 152
spiegelmer ············· **119**	synaptonemal complex：SC	TEバッファー（緩衝液）··· **331**
spliceosome ············ 326	················· 117	TGS ············· 96, **331**
splicing ··············· **130**	syncytium ·············· **127**	The SNP Consortium ····· **130**
Spodoptera frugiperda ····· 198	syngen ················ **127**	Theca ················ 163
SPR ················· **327**	Synoviolin ············· **118**	thiobond ··············· 23
SP細胞 ··············· **327**	synteny ················ **128**	thioredoxin ············· 23
SRY ················· **327**	systematic evolution of ligands	three hybrid system ······· **131**
SSCP ················ **327**	by exponential enrichment	thrombotic thrombocytopenic
SSCP：single strand conforma-	················· **324**	purpura：TTP ········· **88**
tion polymorphism ····· **58**	systems biology ·········· **115**	Ti plasmid ············· **331**
sSNP ················ 130	systeome ············· **115**	TIGR ················ 138
STA ················· **327**		tiling array ············· **147**
Stanford Type ·········· 290	**T**	time of flight mass spectroscopy
Star Link ·············· **129**	T antigen ·············· **163**	················· **331**
START family ·········· **129**	T group phage ·········· **330**	time-lapse analysis ······· **147**
STE ················· **327**	T phage ·············· **330**	tissue engineering ········ **164**
stem cell ··············· 74	T7 RNA polymerase ······ **332**	tissue in situ hybridization · **144**
stem-loop ············· 263	T7 RNAポリメラーゼ ··· **332**	tissue stem cell ·········· **144**
stepwise subtraction ······ **150**	TA cloning ············· **163**	tissue-specific stem cell···· **146**
sterile insect technique：SIT	tag line ·············· **150**	Tiプラスミド ······· 158, **331**
················· **218**	tag SNP ··············· **148**	TLO ················· **75**
STI571 ················ 81	tagged-MS method ······· **151**	TLO法 ··············· 193
STR（Short Tandem Repeat）	TAH ················ 126	TMA（transcription mediated
················· 243	tailor-made medicine······ **168**	amplification）········ 183
Streptomyces platensis ···· 219	TAIR ················ 124	TNF ················· 16
stringent plasmid ·········· **77**	tandem affinity purification：	TNF受容体 ············· 28
stRNA ················ **328**	TAP ················ **151**	TOF-MS ··············· **331**
structural genomics ········ **95**	tandem mass spectrometry：	tomogram ············· 174
structurome ············ **129**	MS/MS ············· **153**	tomography ············ 174
structuromics ············ **129**	TaqMan PCR··········· **149**	topogenesis ············ 173
STS ················· **330**	TaqMan probe ·········· **148**	totipotency ········· 74, 193
substantial equivalence：SE	TaqManプローブ ······· 261	toxicogenomics ·········· 173
················· **116**	T-DNAタギング ········ 330	trans ················· **175**
substrate trapping enzyme · **327**	T-DNAタグライン ··150, **330**	transcriptional gene silencing
subtraction ············ **109**	T-DNA領域 ············ **331**	················· **331**
SUMO ················ **330**	TDT ················· **331**	transcription-reverse transcrip-
SUMO1 ··············· 257	TE buffer ············· **331**	tion concerted reaction ··**332**
super bug ·············· **130**	technology licensing office	transcriptome ·········· **175**
super string ············ **130**	（organization）········ **75**	transcriptomics ·········· **175**
super weed············· **130**	telomerase ············ 169	transcriptososme ········· **175**
supercoil ·············· **160**	telomere ·············· **168**	transducer ············· 154
surface plasmon resonance：	teratocarcinoma ·········· 75	transfer-messenger RNA：
SPR ··············· **212**	teratoma ··············· 75	tmRNA ············· **170**

欧文索引

transgene silencing ········96
transgenic animal ········**175**
transition ···············**171**
translational medicine ····**177**
translational research ······**177**
translocation ············**170**
translocon ···············123
transmission disequilibrium test：TDT ··········**171**
transposition ············**170**
trans-splicing ·······175, **176**
Trans-translation ·········170
transvection ·············**177**
transversion ·············**170**
TRC蛍光モニタリング法 ···**331**
TRC反応 ······183, 331, **332**
triplet repeat disease ······**180**
triplex invasion ··········**110**
Tristan da Kuna island ····**180**
trophoblast ··············194
truncation ···············253
tryptophan accident ·······**180**
TS細胞 ··················146
TTP ·····················88
tubulin ··················158
TUNEL ··················**334**
TUNEL：Terminal deoxydyl transferase mediated dUTP Nick End Labeling ···**151**
Tunicamycin ·············120
two dimentional electrophoresis：2-DE ············**186**
two hybrid system ········**161**
T系ファージ ·············**330**
T細胞受容体 ··············14

U

ubiquitin ················**257**
U-DNA ··················**257**
ULYSIS labering method ··**258**
uniparentally disomy：UPD ·················**70**
uSNP ···················129

V

vaculovirus ·············**198**
variable number of tandem repeat ··············**334**

VAS ···················126
vascular endothelial growth factor：VEGF ···········88
vasculogenesis ············88
Venter ··················204
Vero Toxin：VT ·········**239**
viroid ···················**55**
virtual cell ·············**201**
virusoid ·················**54**
vitellogenin assay ········**211**
VNTR ··················**334**
VRE ············219, 257
VWF ····················88

W

western blot ·············**56**
WHO ··················135
whole genome shotgun method ················**241**
Wolbachia ··············**242**
Worm Base ············139

X

xenobiotic ··············**136**
Xis ·····················89
Xist ···················245
X染色体不活性化 ·······245

Y

YFP ····················86
Ying-Yang haplotype ·····**54**
Y染色体 ···············327

Z

zebrafish ···············**136**
Z-form DNA ············**334**
zygote ············**135**, 192
Z型DNA ··············**334**

数字

1色法/2色法 ············**335**
293細胞 ·················18
293細胞 ················**336**
2-アミノエチル・グリシン ····················235
2回転対称的配列 ·······**205**
3T3 ··············**131**, 336
5-azadeoxyxytidine ·······97
6回膜貫通型タンパク質 ····················119
7回膜貫通型 ···········93

[著者プロフィール]

野島　博（のじま　ひろし）

1951年，山口県生まれ．1974，年東京大学教養学部基礎科学科卒業．1979年，東京大学 理系大学院生物化学専攻課程博士課程卒業，理学博士．日本学術振興会奨励研究員．1979年7月より，米国スタンフォード大学医学部博士研究員（R.Kornberg教授）．1982年，自治医大薬理学教室助手．1983年，同講師．1988年，大阪大学微生物病研究所助教授．1995年より同教授．2004年より同感染症DNAチップ開発センター長兼任．研究テーマは細胞周期（減数分裂）と癌の悪性化に関する基礎研究．これと並行してコンピテントセル作成法や多段差引法など遺伝子工学関連の技術開発を進め，その応用として新たな血液診断システムの構築を目指した応用研究を展開している．

著書には遺伝子診断入門（1992年），遺伝子工学キーワードブック（共著；1996年，2001年），細胞周期のはなし（1996年，2000年），遺伝子と夢のバイオ技術（1997年），顕微鏡の使い方ノート（編著；1997年，2003年），細胞周期の新しい展開（編著；1998年），ポストゲノムがよくわかる先端バイオ用語集（2002年）（以上，羊土社）．生化学・分子生物学演習（共著；1995年），遺伝子工学の基礎（1996年），ゲノム工学の基礎（2002年）（以上，東京化学同人）．遺伝子工学への招待（1996年），医薬分子生物学（2004年）（以上，南江堂），マンガで分かる最新ポストゲノム100の鍵（マンガ：石田まき）（2003年，化学同人）．DNAチップとリアルタイムPCR（編著；2006年，講談社サイエンテイフィク）がある．

本書は「ポストゲノムがよくわかる 先端バイオ用語集（羊土社，2002）」を元に新原稿を加え再構成したものです．

最新 生命科学キーワードブック

2007年3月20日　第1刷発行	著　者	野島　博
	発行人	一戸裕子
	発行所	株式会社 羊土社 〒101-0052 東京都千代田区神田小川町2-5-1 神田三和ビル TEL　03（5282）1211 FAX　03（5282）1212 E-mail　eigyo@yodosha.co.jp
©Hiroshi Nojima, 2007. Printed in Japan ISBN978-4-7581-0714-3	印刷所	株式会社 平河工業社

本書の複写権・複製権・転載権・翻訳権・データベースへの取り込みおよび送信（送信可能化権を含む）・上映権・譲渡権は，（株）羊土社が保有します．

JCLS ＜（株）日本著作出版管理システム委託出版物＞ 本書の無断複写は著作権法上での例外を除き禁じられています．複写される場合は，そのつど事前に（株）日本著作出版管理システム（TEL 03-3817-5670, FAX 03-3815-8199）の許諾を得てください．

本書の姉妹版も好評発売中

初学者から専門家まで使える．わかる，新しいキーワード辞典

遺伝子工学キーワードブック
改訂第2版
緒方宣邦，野島 博／著

「他には載っていなかった語句も載っている」と大好評の，ベストセラー用語辞典！
遺伝子工学の基本用語から最新キーワードまで約1900語を収録．豊富な図表が理解を深め，遺伝子工学とその関連分野の教科書としても利用できる便利な辞典です！

■ 定価（本体6,900円＋税） ■ A5判 ■ 465頁 ■ ISBN 978-4-89706-637-0

英名・和名・別名はもちろん，関連語からも引ける多機能辞典

転写因子・転写制御キーワードブック
編集／田村隆明（千葉大学大学院自然科学研究科）
　　　山本雅之（筑波大学先端学際領域研究センター）

エピジェネティクスやクロマチンを始めとする多様な研究分野との関わりが改めて注目を集めている転写研究．
重要因子，分子機構，生命現象など，あふれる用語を整理整頓した，手元に置いておきたい1冊！

■ 定価（本体6,200円＋税） ■ A5判 ■ 326頁 ■ ISBN978-4-7581-0805-8

ご注文は最寄りの書店，または小社営業部まで

発行 羊土社
〒101-0052 東京都千代田区神田小川町2-5-1 神田三和ビル
TEL 03(5282)1211　　FAX 03(5282)1212　　郵便振替00130-3-38674
E-mail: eigyo@yodosha.co.jp　　URL: http://www.yodosha.co.jp/

バイオ研究マスターシリーズ

歴史から最新トピックスまで一気にわかる
バイオ研究マスターシリーズ
歴史編・レビュー編・UP TO DATE の3部構成

基本からゲノム医療までわかる
遺伝子工学 集中マスター

進化を続ける遺伝子工学のすべてがわかる！

編／山本 雅，仙波憲太郎

■ 定価（本体3,800円＋税）　■ B5判　■ 142頁　■ ISBN978-4-89706-942-5

タンパク質の一生 集中マスター
細胞における成熟・輸送・品質管理

タンパク質の巧妙な制御機構がまとめて学べる!!

編／遠藤斗志也，森 和俊，田口英樹

■ 定価（本体3,800円＋税）　■ B5判　■ 147頁　■ ISBN978-4-7581-0713-6

この他，シリーズ既刊も好評発売中！詳しくは　http://www.yodosha.co.jp　でチェック

実験を強力サポート！ 羊土社の書籍

バイオ実験ってこういうものなんだ！
最適な実験を行うための
バイオ実験の原理

分子生物学的・化学的・物理的原理にもとづいた
バイオ実験の実践的な考え方

著／大藤道衛

原理がわかれば
実験のコツがわかる！
本当に使える入門書！

■ 定価（本体3,800円＋税）
■ B5判　227頁
■ ISBN978-4-7581-0803-4

持ち運びに便利なガイドブックが新登場！
阻害剤 活用ハンドブック

作用機序・生理機能などの重要データがわかる

編／秋山 徹
　　河府和義

ライフサイエンス研究で
頻出する主要な
阻害剤がよくわかる！

■ 定価（本体4,600円＋税）
■ B6判　469頁
■ ISBN978-4-7581-0806-5

ご注文は最寄りの書店，または小社営業部まで

発行　羊土社
〒101-0052　東京都千代田区神田小川町2-5-1 神田三和ビル
TEL 03(5282)1211　　FAX 03(5282)1212　　郵便振替00130-3-38674
E-mail: eigyo@yodosha.co.jp　URL: http://www.yodosha.co.jp

毎日の実験・研究，発表に役立つ実用マニュアル

実用性抜群のポケットマニュアル

バイオ試薬調製ポケットマニュアル

欲しい溶液・試薬がすぐつくれる
データと基本操作

著／田村隆明

試薬の調製法や特性に加え，基本的なバイオ実験の操作法までわかります

溶液・試薬データ編と基本操作編の2部構成！

持ち運びに便利なポケットサイズに！

- 定価（本体 2,900円＋税）
- B6変型判　286頁　ISBN978-4-89706-875-6

大好評ポケットマニュアルの第2弾

バイオ実験法＆必須データポケットマニュアル

ラボですぐに使える基本操作と
いつでも役立つ重要データ

著／田村隆明

実験に必要なデータと汎用プロトコールをポケットサイズにギュッと凝縮した，新しいタイプの実験解説書です

毎日の実験に使える1冊！

- 定価（本体 3,200円＋税）
- B6変型判　324頁　ISBN978-4-7581-0802-7

好評のプレゼン解説書,全面改訂！

改訂第2版 PowerPointのやさしい使い方から学会発表まで

アニメーションや動画も活かした
効果的なプレゼンのコツ

編集／谷口武利

見やすいスライド作成の基本・研究データの処理・発表方法など，必須のテクニックが身につく！

- 定価（本体4,500円＋税）
- B5判　オールカラー　277頁　ISBN978-4-7581-0810-2

すぐに使える実践テクニック満載

画像解析テキスト 改訂第3版

NIH Image, Scion Image,
ImageJ実践講座

編集／小島清嗣，岡本洋一

医学・ライフサイエンスの研究者にお薦め！

細胞数のカウントや，X線画像の解析などの実践テクニックが満載の実用的な1冊！

- 定価（本体 5,500円＋税）
- B5判　270頁　ISBN978-4-7581-0800-3

ご注文は最寄りの書店、または小社営業部まで

発行　羊土社

〒101-0052
東京都千代田区神田小川町2-5-1 神田三和ビル
TEL 03(5282)1211　　FAX 03(5282)1212　　郵便振替00130-3-38674
E-mail: eigyo@yodosha.co.jp　　URL: http://www.yodosha.co.jp/

バイオに役立つ羊土社の英語関連書籍

ネイティブならこう言い換える！
ライフサイエンス英語 類語使い分け辞典

河本 健／編集
ライフサイエンス辞書プロジェクト／監修

- 日本人が迷う類語の使い分けをおよそ15万件の論文データ※に基づき分析！
  ※米／英国から主要学術誌に発表された論文抄録
- 使える"生"の例文も満載！

■ 定価（本体 4,800円＋税）
■ B6判　■ 510頁　■ ISBN978-4-7581-0801-0

生命科学系ポケット辞書の決定版!!
ライフサイエンス必須英和辞典

ライフサイエンス辞書プロジェクト／編著

PubMedの90％をカバー！

生命科学の論文を読むならこの一冊でOK！手のひらサイズで使いやすい!!

すべての単語は和文索引からも引けて和英辞書としても使えます!!

■ 定価（本体 3,800円＋税）
■ B6変型判　■ 413頁　■ ISBN978-4-89706-484-0

"好感をもたれる英語"が的確に身につく！
相手の心を動かす 英文手紙とe-mailの効果的な書き方

理系研究者のための好感をもたれる表現の解説と例文集

著／Ann M. Körner
訳・編／瀬野悍二

手紙例文収録のCD-ROM付き
Mac & Win 対応

研究の国際交流をエレガントに進めるために…

相手に好印象を与え微妙なニュアンスが伝わる丁寧な英文手紙の表現をブラッシュアップ！

■ 定価（本体 3,800円＋税）
■ B5変型判　■ 198頁　■ ISBN978-4-89706-489-5

国際学会に向けて生の英語で耳ならし！
国際学会のための 科学英語絶対リスニング

ライブ英語と基本フレーズで英語耳をつくる！

監修／山本 雅　著／田中顕生
著・英文監修／Robert F. Whittier

CD 2枚付き

CDを聞いて国際学会のための英語力UPをはかる実践本！

基本単語・フレーズ集・発表例・ライブ講演の4Step構成。

ノーベル賞受賞者の講演も収録。

■ 定価（本体 4,600円＋税）
■ B5判　■ 182頁　■ ISBN978-4-89706-487-1

ご注文は最寄りの書店、または小社営業部まで

発行 羊土社
〒101-0052 東京都千代田区神田小川町2-5-1 神田三和ビル
TEL 03(5282)1211　FAX 03(5282)1212　郵便振替00130-3-38674
E-mail: eigyo@yodosha.co.jp　URL: http://www.yodosha.co.jp/

羊土社の教科書でシッカリ基礎固め！

東京大学発の必修教科書—初学者へ向け，強力な執筆陣が書き下ろし！

生命科学

編／東京大学教養学部理工系
　　生命科学教科書編集委員会

理系・文系 全分野向け

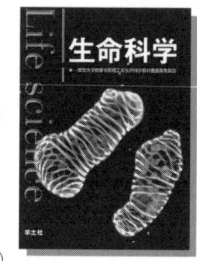

細胞を中心とした生命現象のしくみや面白さ，美しさが理解でき，どの分野に進む人も絶対知っておきたい必須知識を厳選！

- 定価（本体2,800円＋税）
- B5判　158頁
- ISBN978-4-89706-115-3

理系総合のための生命科学

分子・細胞・個体から知る"生命"のしくみ

編／東京大学生命科学教科書編集委員会

理・医・農・薬・歯学部など生物系向け

分子から細胞，個体へと連なる生命現象の全体像を基礎から解説．生物系を専攻するなら，必ず読んでおきたい1冊！

- 定価（本体3,800円＋税）
- B5判　335頁
- ISBN978-4-7581-0711-2

世界中で使われている教科書の改訂版！

Essential Developmental Biology, 2nd Edition

エッセンシャル発生生物学 改訂第2版

著／Jonathan Slack
訳／大隅典子

待望の**オールカラー改訂版！**
発生生物学が面白いほどよくわかる

- 定価（本体5,700円＋税）
- A4変型判　373頁
- ISBN978-4-7581-0709-9

教科書を初めて開く人でも楽しく学べる！

基礎から学ぶ生物学・細胞生物学

著／和田　勝

高校生物を学んでいない人にもわかる，生物学の入門教科書！

- 定価（本体3,000円＋税）
- B5判　285頁
- ISBN978-4-7581-0808-7

発行　羊土社

〒101-0052
東京都千代田区神田小川町2-5-1 神田三和ビル
TEL 03(5282)1211
E-mail: eigyo@yodosha.co.jp

ご注文は最寄りの書店，または小社営業部まで
FAX 03(5282)1212　郵便振替00130-3-38674
URL: http://www.yodosha.co.jp/